Pförtsch/Godefroid
Business-to-Business-Marketing

MODERNES MARKETING FÜR STUDIUM UND PRAXIS

Herausgeber Hans Christian Weis

www.kiehl.de

Business-to-Business-Marketing

Von
Prof. Dr. Waldemar Pförtsch und
Prof. Dr. Peter Godefroid

5., aktualisierte Auflage

Herausgeber:

Prof. Dr. Hans Christian Weis
Institut für Management und Marketing
E-Mail: prof.h.weis@web.de

ISBN 978-3-470-**47175**-4 · 5., aktualisierte Auflage 2013

© NWB Verlag GmbH & Co. KG, Herne 1995

Kiehl ist eine Marke des NWB Verlags

Satz: Da-TeX Gerd Blumenstein, Leipzig
Druck: Griebsch & Rochol Druck GmbH & Co. KG, Hamm

Modernes Marketing für Studium und Praxis

Die Fachbuchreihe „Modernes Marketing für Studium und Praxis" will das aktuelle und praktisch anwendbare Wissen des Marketing anwendungsbezogen, anschaulich und übersichtlich darstellen und vermitteln.

Die einzelnen Bände sind so konzipiert, dass sie einzeln und in sich abgeschlossen über ein Teilgebiet des Marketing ausführlich informieren. Alle Bände der Reihe sind einheitlich gestaltet.

- ► Der Textteil will das jeweilige Wissen vermitteln. Beispiele und grafische Darstellungen sollen die Veranschaulichung erleichtern. Den Abschluss bilden Kontrollfragen, die dem Leser zur Wissenskontrolle dienen.
- ► Der Übungsteil am Ende des Buches enthält Aufgaben/Fälle, die zur Vertiefung und zur Anwendung des im Textteil dargestellten Stoffgebietes dienen sollen.

Die Reihe „Modernes Marketing für Studium und Praxis" wendet sich an alle Marketinginteressierten, insbesondere an

- ► Studenten an Universitäten, Gesamthochschulen, Fachhochschulen sowie sonstigen Instituten, denen eine anwendungsbezogene und aktuelle Einführung in Teilgebiete des Marketing vermittelt werden soll
- ► in der betrieblichen Praxis Tätige, die sich über die verschiedenen Gebiete des Marketing informieren wollen.

Den einzelnen Autoren, die sowohl in der Praxis als auch durch langjährige Lehrtätigkeit im Hochschulbereich sowie im Managementtraining ausgewiesen sind, gilt mein besonderer Dank.

Für weitere Anregungen, durch die diese Fachbuchreihe verbessert werden kann, danke ich allen Lesern.

Hans Christian Weis

Feedbackhinweis

Kein Produkt ist so gut, dass es nicht noch verbessert werden könnte. Ihre Meinung ist uns wichtig. Was gefällt Ihnen gut? Was können wir in Ihren Augen verbessern? Bitte schreiben Sie einfach eine E-Mail an: **c.ziegler@kiehl.de**

Als kleines Dankeschön verlosen wir unter allen Teilnehmern einmal pro Monat ein Buchgeschenk!

Vorwort zu 5. Auflage

Diese neue Auflage unterscheidet sich in drei wesentlichen Aspekten von der 4. Auflage:

1. Mit dieser Auflage hat **Professor Dr. Waldemar Pförtsch** die Überarbeitung des Textes und die Autorenschaft übernommen.

2. Die Quellen wurden aktualisiert und auf den neuesten Stand gebracht.

3. Außerdem wurde das **Markenmanagement** um Industriegütermarken erweitert, um den gegenwärtigen Anforderungen der Globalisierung gerecht zu werden.

Damit das Buch nicht zu dick wird, sind einige Abschnitte gekürzt und überarbeitet. Die Fallstudien wurden erweitert und aktualisiert. Sie sind an unseren Hochschulen und beim Einsatz mit Managern erprobt und vielfach eingesetzt worden.

Für ein Land wie Deutschland wird ein wirtschaftliches Wachstum durch Innovationen gefördert, und auch das Marketing kann Innovationen hervorbringen. Mit dieser Neuauflage wollen wir wesentliche Impulse für die internationale Wettbewerbsfähigkeit der Unternehmen im deutschsprachigen Wirtschaftsraum schaffen. Die Bündelung von Marketing und technologischem Know-how, unternehmerischen Fähigkeiten und finanziellen Ressourcen schafft die Voraussetzung zum Geschäftserfolg. Wir möchten Ihnen helfen, im Business-to-Business-Bereich erfolgreicher zu sein. Falls Sie Anregungen haben, lassen Sie uns dies gerne wissen; falls Sie direkte Fragen haben, nehmen Sie mit uns Kontakt auf.

Wir hoffen, dass auch diese 5. Auflage wieder positiv aufgenommen wird.

Waldemar A. Pförtsch
Stuttgart, im Januar 2013

Benutzungshinweise

Kontrollfragen

Die Kontrollfragen dienen der Wissenskontrolle. Sie finden sich am Ende eines jeden Kapitels.

Aufgaben/Fälle

Die Aufgaben/Fälle im Übungsteil dienen der Wissens- und Verständniskontrolle. Auf sie wird jeweils im Textteil hingewiesen:

Aufgabe 1 > Seite 472
Aufgabe 2 > Seite 472

Der Übungsteil befindet sich als „blauer Teil" am Ende des Buches. Es wird empfohlen, die Aufgaben/Fälle unmittelbar nach Bearbeitung der entsprechenden Textstellen zu lösen.

Aus Gründen der Praktikabilität und besseren Lesbarkeit wird darauf verzichtet, jeweils männliche und weibliche Personenbezeichnungen zu verwenden. So können z. B. Mitarbeiter, Arbeitnehmer, Vorgesetzte grundsätzlich sowohl männliche als auch weibliche Personen sein.

@on Mit Extras im Internet

Laden Sie sich hier Ihre kostenlosen Extras herunter:
www.kiehl.de/b2b

AD	Außendienst	FYI	For Your Information
ASP	Appication Service Providing	HBR	Harvard Business Review
ASS	After Sales Service	HIP	hohes Innovationspoten-
asw	Absatzwirtschaft		zial
B2B	Business-to-Business	ID	Innendienst
B2B2C	Business-to-Business-to-Consumer	IJLM	International Journal of Logistics Management
B2C	Business-to-Consumer	IMM	Industrial Marketing
BITKOM	Bundesverband IT + neue Medien		Management
BSC	Balanced Scorecard	JBIM	Journal of Business &
BSS	Brand Strength Score		Industrial Marketing
		JIT	Just in time
CAD	Computer Aided Design	JoBR	Journal of Business
CAS	Computer Aided Selling		Research
CBO	Chief Brand Officer	JoIM	Journal of Industrial
CI	Corporate Identity oder Corporate Intelligence		Marketing
		JoM	Journal of Marketing
CLTV	Customer Lifetime Value (Kundenwert)	JoMR	Journal of Marketing Research
CLV	Customer Lifetime Value (Kundenwert)	JoMRS	Journal of the Marketing Research Society
CRM	Customer Relationship Management	JoPMM	Journal of Purchasing and Materials Manage-
CRP	Customer Recovery Program (deutsch: KRM)		ment
		KAM	Key Account Manage-
DB	Deckungsbeitrag		ment (Großkunden-
DBM	Database-Marketing		betreuung)
DBW	Der Betriebswirt	KMU	kleine und mittlere
DCC	Digital Customer Care		Unternehmen
DMU	Decision Making Unit	KPI	Key Performance Indicator(s)
EDI	Electronic Data Inter-change	KRM	Kundenrückgewinnungs-management (englisch:
EITO	European Information Technology Observatory		CRP)
EJoM	European Journal of Marketing	LRP	Long Range Planning
EVA	Economic Value Added	MarketingZFP	Zeitschrift für Forschung und Praxis
F&E	Forschung und Entwicklung	MCM	Marketing Centrum Münster
FAQ	Frequently Asked Questions	MIP	mittleres Innovations-potenzial

MJ	Marketing-Journal	SGF	Strategisches Geschäftsfeld
MRO	Material, Repair, Operations	SMJ	Strategic Management Journal
MRO	Maintenance-Repair-Operate	SWOT	Strengths/Weaknesses/Opportunities/Threats
MS	Management Science		
NIH	Not invented her	T&M	Technologie & Management
NIP	niedriges Innovationspotenzial	TX	Thexis
ODM	Original Design Manufacturer	VAR	Value Added Reseller
		VB	Vertriebsbeauftragter
OEM	Original Equipment Manufacturer	VDI-N	VDI-Nachrichten
		WiSt	Wirtschaftswissenschaftliches Studium
RBI	Return of Brand Index		
ROBI	Return on Brand Investment	XML	Extended Markup Language
ROI	Return on Investment (Kapitalrendite)		
		ZfB	Zeitschrift für Betriebswirtschaft
SBU	Strategic Business Unit		
SCM	Supply Chain Management	ZfbF	Zeitschrift für betriebswirtschaftliche Forschung
SFA	Sales Force Automation		
SGE	Strategische Geschäftseinheit	ZfO	Zeitschrift für Organisation

A. Grundlagen des Business-to-Business-Marketing

1. Der Begriff Business-to-Business-Marketing

Im deutschen Sprachraum hatte sich seit 1982 aufgrund der Initiative von *Klaus Backhaus* der Begriff **„Investitionsgüter-Marketing"** eingebürgert. Diese Begriffsbildung führte allerdings zu einer Fülle von Missverständnissen. Die englische Bezeichnung dafür lautete bisher meist **„Industrial Marketing"**, ein Begriff, der dem eigentlichen Inhalt näher kommt, insbesondere wenn man bedenkt, dass mit „industries" im Englischen Branchen gemeint sind: Es geht hier also nicht nur um das Marketing von Industriebetrieben, sondern ganzer Branchen. Allerdings kann dieser Ausdruck ebenfalls in die Irre führen, da auch im Konsumgüterbereich mehrere „industries" tätig sind (*Lilien/Grewal, 2012*).

In der neueren englisch-sprachigen Literatur hat sich die Bezeichnung **„Business-to-Business-Marketing"** oder kurz B2B durchgesetzt, die wesentlich besser erklärt, welcher Bereich des Marketing untersucht werden soll. Siehe dazu auch das englisch-sprachige Standardwerk von *Philip Kotler* und *Waldemar Pförtsch* B2B Brand Management oder Business-to-Business Marketing von *Robert Vitale, Josef Giglierano* und *Waldemar Pförtsch (2011)*. Dieser Begriff setzt sich jetzt mehr und mehr auch in der deutsch-sprachigen Literatur durch, da kein geeigneter deutscher Ausdruck dafür vorliegt. „Business-to-Business-Marketing" schließt Geschäftsbereiche ein, die definitiv nicht unter der Bezeichnung „Investitionsgüter" zu subsummieren sind, also vor allem das Zuliefergeschäft und den gesamten Bereich von Dienstleistungen im Geschäftskundenbereich.

Unter Business-to-Business-Marketing sollen daher alle Bereiche des Marketing verstanden werden, die nicht zum Konsumgütermarketing gehören bzw. sich nicht direkt an private Endabnehmer wenden. Eine sehr einfache Abgrenzung besteht darin, dass sich auf beiden Seiten von Markttransaktionen ausschließlich Organisationen befinden, auf keinen Fall private Konsumenten.

Aus diesem einen entscheidenden Unterscheidungskriterium zwischen den beiden Teilgebieten des Marketing lassen sich eine Reihe von Unterpunkten ableiten, bei deren näherer Betrachtung klar wird, warum Business-to-Business-Marketing sich in vielen Einzelheiten so deutlich vom Konsumgütermarketing unterscheidet, dass es sinnvoll ist, diese getrennt zu betrachten.

Die wesentlichen Unterschiede zum Konsumgütermarketing liegen in den Bereichen Marktstruktur, Produkte, Käuferverhalten, Ursache des Bedarfs, Vertriebswege, Preise und Kommunikation. In den einzelnen Kapiteln dieses Buches werden die Konsequenzen dieser Unterschiede auf die Gestaltung der Marketing-Prozesse eines Anbieters auf diesen Märkten erarbeitet. Es erscheint aber empfehlenswert, die wichtigsten Aspekte zunächst summarisch vorzustellen. Natürlich berühren die Marketingaktivitäten der B2B-Unternehmen auch die Endkunden und verstärkt wird auch die Einbeziehung der Endkundenwünsche in die Produkt- und Vermarktungsplanung von Industrieunternehmen berücksichtigt. Hierbei wird sowohl mit den Wertschöpfungspartnern als auch ohne sie der Endverbraucher adressiert, man spricht dann von der Business-to-Business-to-Consumer-(B2B2C)-Beziehung. Darauf wird speziell im Kapitel zum Ingredient Branding eingegangen. Business-to-Business-Marketing ist auch International Marketing, mehr als 80 % des Internationalen Handelsvolumens von 12,7 Billionen US-Dollar in 2007 wurde von und mit Business-to-Business-Unternehmen (*Hill, 2007*) erwirtschaftet.

1.1 Die Marktstruktur

Business-Märkte sind wesentlich stärker segmentiert, es gibt daher im Allgemeinen wesentlich weniger potenzielle Kunden für ein bestimmtes Produkt oder für einen bestimmten Anbieter. Diese Kunden sind zudem häufig auch geografisch konzentriert (z. B. die Elektronikindustrie in Silicon Valley, die Banken in Frankfurt, New York und London). In extremen Fällen gibt es – zumindest im Inland – nur sehr wenige Kunden (z. B. Automobilhersteller als Kunden der Zulieferindustrie) oder sogar nur einen Kunden (z. B. die Deutsche Bahn für Schnellzuglokomotiven). Zudem ist die Zahl der Anbieter für ein spezielles Produkt hier meist wesentlich geringer als auf Konsumgütermärkten, sodass oft eine oligopolistische Marktsituation herrscht (auf dem gesamten Weltmarkt für Verkehrsflugzeuge gibt es nur sehr wenige leistungsfähige Anbieter, z. B. Airbus, Boeing, COMAC).

1.2 Die Produkte

Produkte, die auf Business-Märkten vertrieben werden, sind oft technisch sehr kompliziert und daher wesentlich erklärungsbedürftiger als die meisten Produkte auf Konsumgütermärkten. Die Erwartungen der Kunden an die Erfüllung bestimmter technischer Eigenschaften sind extrem hoch; Sonderanfertigungen für bestimmte Kunden kommen häufig vor; vielfach besteht bei der Weiterentwicklung von Produkten eine enge Zusammenarbeit zwischen Anbieter und Kunden.

Im Gegensatz zu Konsumgütermärkten, auf denen Produkte meist isoliert angeboten werden, sind Business-Märkte durch Leistungspakete gekennzeichnet, in denen vor allem Dienstleistungen wie Beratung, Installation und Wartung eine oft entscheidende Rolle spielen.

Allerdings gibt es viele Produkte, die sowohl auf Business-Märkten wie auch auf Konsumgütermärkten abgesetzt werden: Ein Pkw kann sowohl für den privaten Bedarf gekauft werden wie auch für den Fuhrpark eines Unternehmens; der Unterschied zwischen den beiden Marketingdisziplinen lässt sich demnach nicht immer eindeutig aus den Produkten ableiten.

1.3 Das Käuferverhalten

Organisationen verhalten sich bei Beschaffungen völlig anders als private Konsumenten. Dies liegt daran, dass bei Organisationen regelmäßig mehrere Personen an Beschaffungsentscheidungen beteiligt sind. Zudem wird meist ein „rationaleres" Beschaffungsverhalten praktiziert, Spontankäufe sind außerordentlich selten. Viele Personen auf der Beschafferseite verfügen über einen außerordentlich hohen Sachverstand, zumal dann, wenn es um Beschaffungen geht, die für die beschaffende Organisation von sehr großer

Bedeutung sind. In vielen Fällen wird eine Kundenorganisation zudem versuchen, ihrerseits ihren Lieferanten als Abnehmer für ihre Produkte oder Leistungen zu gewinnen, also Gegenseitigkeitsgeschäfte abschließen.

1.4 Der Bedarf

Der Bedarf von Organisationen ergibt sich aus den Zielen einer Organisation; er ist daher ein abgeleiteter Bedarf, der vom Anbieter nur in engen Grenzen beeinflusst werden kann. Befindet sich eine Branche in einer Absatzkrise für ihre Produkte (wie z. B. die deutsche Automobilindustrie im Jahre 2009), so werden deren Lieferanten nur geringe Chancen haben, ihren Absatz zu steigern – allenfalls können sich Umverteilungen zwischen den als Wettbewerber anbietenden Lieferanten ergeben.

1.5 Die Vertriebswege

Während auf Konsumgütermärkten relativ lange Vertriebswege (über Großhändler und Einzelhändler) vorherrschen, sind die Vertriebswege auf Business-Märkten wesentlich kürzer: In vielen Fällen ist ein Direktvertrieb zwischen dem Hersteller und dem Kunden üblich; bei indirektem Vertrieb ist selten mehr als eine Handelsstufe zu beobachten.

Viele Aspekte des Business-to-Business-Marketing gelten auch für die Beziehungen zwischen einem Hersteller und seinen Händlern. Ein Händler, der seine Produkte an Organisationen weiterverkauft, wird die Regeln des Business-to-Business-Marketing ebenfalls beachten müssen. Falls er nur an Endkunden weiter verkauft, dann ist auch das Geschäft des Herstellers als B2C-Geschäft zu verstehen.

1.6 Die Gestaltung der Preise und Konditionen

Aufgrund der Intransparenz der Business-Märkte, aber auch aufgrund der relativen Stärke der Kunden, ist die Preisgestaltung sehr differenziert und bietet daher ein weites Feld für verschiedene Ausprägungen des entsprechenden Marketing-Instrumentariums. Auf Konsumgütermärkten hingegen spielt der Preis eine andere, ebenfalls sehr wichtige Rolle; Preisverhandlungen sind allerdings nur bei sehr hochwertigen Konsumgütern wie Autos oder Immobilien üblich.

1.7 Die Kommunikation

Deutliche Unterschiede gibt es im Bereich der gesamten Kommunikation. Während diese bei Konsumgütern vor allem in einer extensiven Werbung besteht, sind die unpersönlichen Kommunikationsformen auf Business-Märkten von eher geringerer Bedeutung. Demgegenüber ist der persönliche Verkauf – durch den Hersteller oder durch Mitarbeiter eines Händlers – von herausragender Bedeutung. Der Bereich des persönlichen Verkaufs wird daher in einem eigenen Kapitel (I.) diskutiert.

1.8 Übersicht

In Abb. 1 sind die Marketing- und Vertriebsbeziehungen zwischen Herstellern von Leistungen und den verschiedenen Kundenkategorien dargestellt:

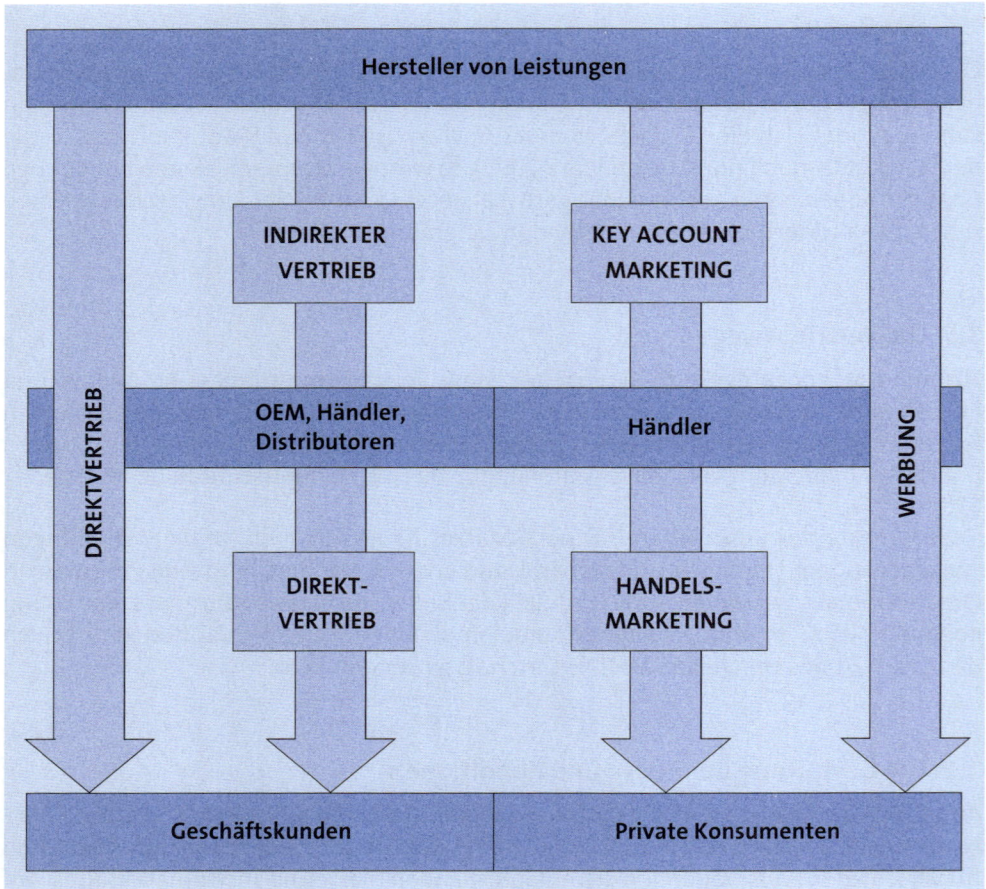

Abb. 1: Übersicht Business-to-Business-Marketing und Konsumgütermarketing

Zum Business-to-Business-Marketing zählen dabei alle dargestellten Beziehungen bis auf das reine Konsumgütermarketing. Auch die Beziehungen zwischen Herstellern und dem Handel im Bereich der Konsumgüter sind vor allem durch Aspekte des Business-to-Business-Marketing geprägt. Eine weiterführende Charakterisierung können Sie in „What is a Business-to-Business company? B2B knowledge of future business leaders" finden (*Pförtsch, 2012*).

2. Nachfrager auf Business-Märkten

Wenn Abläufe auf Märkten untersucht werden sollen, ist es zunächst erforderlich, die potenziellen Teilnehmer auf diesen Märkten zu identifizieren und ihre Ziele und ihre speziellen Verhaltensweisen zu analysieren. Bevor die verschiedenen Strategien und Instrumente der anbietenden Unternehmen in den späteren Kapiteln erarbeitet werden, wird in diesem Kapitel der Schwerpunkt auf die Organisationen gelegt, die als Nachfrager im Business-to-Business-Marketing auftreten; dieses Kapitel beschäftigt sich daher intensiv mit Struktur, Organisation und Ablauf von organisationalen Beschaffungen – soweit sie für das Absatzmarketing relevant sind. Es wird sich zeigen, dass für Erfolge im Business-to-Business-Marketing ein weitgehendes Verständnis der Vorgänge auf der „Gegenseite" – der Beschaffung – sehr förderlich ist.

Ausgehend von dem im Abschnitt 1. beschriebenen weiten Begriff des Business-to-Business-Marketing lassen sich die Kunden aus Marketingsicht nach zwei Kriterien unterscheiden: **Verwendung der Produkte** und **Ziele der Organisation**.

2.1 Kundenarten nach Produkt-Verwendung

2.1.1 Benutzer, Verbraucher

Der „klassische" Kunde im Business-to-Business-Marketing erwirbt ein Produkt, um es zur Erstellung seiner eigenen Leistungen zu benutzen. Zu diesen Gütern gehören die eigentlichen Investitions- und Anlage-Güter (wie Fertigungsmaschinen, Computer, Büromöbel, Kraftfahrzeuge im Fuhrpark), aber auch die für deren Einsatz erforderlichen Roh-, Hilfs- und Betriebsstoffe. Diese Produkte werden nicht – oder nur in sehr stark veränderter Form – Bestandteil der Leistungen des Unternehmens.

2.1.2 Verwender, „OEM"

Unternehmen, die Produkte kaufen, um sie nahezu unverändert in ihre eigenen Produkte einzubauen, bezeichnet man als Verwender oder OEM („Original Equipment Manufacturer").

Beispiel

Ein typisches Beispiel ist die Automobilindustrie: Aus Sicht der Zulieferer sind die Automobilhersteller OEMs. Die eingebauten Komponenten sind für den Käufer des Endproduktes häufig durchaus als Zulieferteile zu erkennen (z. B. Reifen von Conti, Tachometer von VDO, Scheinwerfer von Hella); die Herkunft der Komponenten kann für die Käufer des Endprodukts eine sehr unterschiedliche Bedeutung haben. Bei Personal Computern ist es für Kunden zzt. von großer Bedeutung, wer der Hersteller des Mikroprozessors ist („intel inside"). Diese unterschiedlichen Situationen haben für das Marketing eine erhebliche Bedeutung und werden später noch entsprechend evaluiert.

In diesem Zusammenhang möchten wir auch auf Original Design Manufacturer (ODM) hinweisen. Ein ODM ist ein Unternehmen, das Auftragsfertigungen in großem Maß übernimmt. Es stellt von anderen Unternehmen entwickelte Produkte her, die letztlich unter deren Markennamen verkauft werden. Diese Methode erlaubt es den Kunden von ODMs, eigene Produkte zu verkaufen, ohne eine eigene Produktion zu besitzen. Dieses System der Herstellung ist vor allem im internationalen Handel üblich. Vor allem westliche Unternehmen nutzen es, um in Asien ihre Produkte billig herzustellen und unter dem eigenen Markennamen in aller Welt zu verkaufen. Besonders in China ist dies gang und gäbe, da die dortigen Gesetze verhindern, dass ein westliches Unternehmen direkt investiert. In China werden oft ODM Unternehmen als OEM bezeichnet.

2.1.3 Händler, Distributoren und Value Added Reseller

Neben den Benutzern und den Verwendern können im Business-to-Business-Marketing die Händler bzw. Distributoren eine erhebliche Bedeutung haben. Diese Organisationen kaufen Produkte eines (oder meist mehrerer) Hersteller und vertreiben diese Produkte – auch zusammen mit eigenen Produkten und Dienstleistungen – an Benutzer oder Verwender. Händler und Distributoren steigern die Wertschöpfung des Produktangebotes durch zusätzliche Leistungen wie Finanzierungsunterstützung und Service. Value Added Reseller (VAR) gehen oft noch einen Schritt weiter und bereichern das Produkt zum Beispiel mit Software oder eigenen Produktergänzungen. Zum Teil konzipieren VARs eigene Branchen- oder Anwendungslösungen und sind ein wichtiger Partner bei der Vermarktung von Komponenten und Systemen. Speziell im internationalen Markt spielen sie eine wichtige Rolle. Eine genauere Beschreibung und Analyse dieses Abnehmerkreises wird in Kapitel H. vorgenommen.

2.1.4 Ingenieurbüros, Unternehmensberatungen

Bei komplexeren Produktsegmenten sind am Markt eine Fülle von Beratungs-, Projektierungs- und Ingenieurgesellschaften tätig. Die Bedeutung dieser Unternehmen ist in vielen Branchen von erheblicher Bedeutung, obwohl sie formal im Beschaffungsprozess nur eine „beratende" Funktion haben. Sie sind oft im Auftrag des Kunden tätig und entwerfen für ihn das Anforderungsprofil für eine neue Anlage oder Anwendung. Da sie kein finanzielles Interesse an der Auswahl des oder der Lieferanten haben, sondern vom Kunden nach ihrer Leistung bezahlt werden, genießen sie beim Kunden ein hohes Ansehen, vor allem in Bezug auf ihre fachliche Qualifikation und ihre Herstellerneutralität.

2.2 Kundenarten nach Zielen der Unternehmung

Die Unternehmensziele der potenziellen Abnehmer können erhebliche Konsequenzen für das Beschaffungsverhalten und damit für das Business-to-Business-Marketing haben. Danach lassen sich drei Klassen von Unternehmen gruppieren: **Wirtschaftsunternehmen**, **staatliche Stellen** und **andere Organisationen**.

2.2.1 Wirtschaftsunternehmen

Wirtschaftsunternehmen, deren Ziel die Gewinnerzielung ist, suchen bei Beschaffungen eine nach wirtschaftlichen Kriterien optimale Lösung zu realisieren. Obwohl es sich noch zeigen wird, dass es bei den „wirtschaftlichen Beschaffungskriterien" eine große Zahl von Variationsmöglichkeiten gibt, sind die Entscheidungsprozesse in einem solchen Unternehmen für einen Anbieter im Business-to-Business-Marketing relativ leicht nachzuvollziehen, weil das Anbieterunternehmen sich im Prinzip nach den gleichen Regeln richtet.

2.2.2 Staatliche Stellen

Staatliche Stellen müssen Beschaffungen nach den Regeln des Haushaltsrechts durchführen. Zwar fordern diese Regeln zumeist zur Vergabe an den „wirtschaftlichsten" Anbieter auf; die Art und Weise hingegen, nach der diese Wirtschaftlichkeit ermittelt wird, entzieht sich jedoch häufig einer betriebswirtschaftlichen Analyse. Neben den wirtschaftlichen Kriterien werden oft explizit weitere Kriterien berücksichtigt, z. B. die Bevorzugung von Anbietern aus einer bestimmten Region zur Sicherung von Arbeitsplätzen. Die zunehmende Tendenz zur „Privatisierung" von Teilbereichen der Öffentlichen Hände lässt hoffen, dass diese – dann privatrechtlich organisierten – Unternehmen sich bei Beschaffungen ähnlich wie Wirtschaftsunternehmen verhalten.

2.2.3 Andere Organisationen

Unter „anderen Organisationen" sollen öffentliche und private Organisationen wie Kirchen, Parteien, Wohlfahrtsverbände, Umweltorganisationen, transnationale Organisationen etc. verstanden werden. Wenn diese aufgrund ihrer Rechtsform an das öffentliche Haushaltsrecht gebunden sind, verhalten sie sich bei Beschaffungen wie staatliche Stellen. Sind sie jedoch privatwirtschaftlich organisiert, so haben sie oft ein sehr spezielles Zielsystem, das auch seine Auswirkungen auf das Beschaffungsverhalten haben kann. Bei der Bearbeitung dieses Kundensegments ist daher verstärkt auf das Zielsystem dieser Kunden einzugehen. Während bei Beschaffungsvorgängen zwischen gewinnorientierten Anbietern und Nachfragern letztlich ein Nullsummenspiel vorliegt, besteht bei zieldivergenten Anbietern und Nachfragern die Chance, dass beide Seiten ihre Ziele optimieren, ohne die des anderen zu verletzen.

2.2.4 Handelsunternehmen

Handelsunternehmen sind Vermittler zum Endkunden und stehen für viele B2B-Unternehmen nicht so sehr im Blickfeld der Marketingaktivitäten. In einzelnen Industrien spielen sie jedoch eine außergewöhnliche Rolle. So spricht man zum Beispiel in der Automobilindustrie vom „After Market", also dem Markt, in dem Produkte gebraucht werden, nachdem man sie dem OEM verkauft hat. Das sind Verschleißteile wie Bremsen und Kupplungen, aber ebenso Ersatzteile für Unfallreparaturen. Auch hat in den letzten Jahren der MRO-(Maintain, Repair & Operate)Markt stark an Bedeutung gewonnen, speziell weil entspechende Handelspartner die weltweite Versorgung von Ersatzteilen gewährleisten können. Hinzukommen noch Internethandelsplattformen, die den Direktvertrieb der Unternehmen ergänzen oder übernommen haben.

2.2.5 Endkunden

Ebenso wie die Konsumgüterunternehmen haben die B2B-Unternehmen auch die Endkunden in ihre Marketingüberlegungen integriert. Zum einen werden spezielle Angebote für Endkunden geschnürt, zum anderen werden verstärkt die Anforderungen der Endkunden in die Produkt- und Serviceangebote der Business-to-Business Anbieter aufgenommen. Speziell in Kapitel F. zum Markenmanagement wird auf diese neue Entwicklung eingegangen.

3. Anbieter auf Business-Märkten

Als Anbieter auf Business-Märkten kommen in erster Linie die Hersteller der entsprechenden Produkte infrage. In diesem Buch werden die Marketingaspekte überwiegend aus Sicht eines derartigen Herstellers betrachtet. Allerdings treten auch andere Organisationen als Anbieter auf diesen Märkten auf: zum einen die Händler und Distributoren, wenn sie nicht an private Konsumenten liefern; außerdem verschiedene Arten von Dienstleistungsunternehmen, die Beratungs- und Projektierungsleistungen auf professionellen Märkten anbieten.

Selbst für öffentliche Unternehmen oder die „anderen" Organisationen (aus 2.2.3) kann es wichtig sein, bestimmte Erkenntnisse des Business-to-Business-Marketing zu beachten, und zwar immer dann, wenn sie ihre Leistungen anderen Organisationen anbieten und sich dabei in einer Wettbewerbssituation mit weiteren Anbietern befinden oder um die gleichen knappen Ressourcen (z. B. Spendengelder) konkurrieren.

Die Bedeutung des Business-to-Business-Marketing wird zudem dadurch deutlich zunehmen, dass die Zahl der Marktteilnehmer deutlich steigen wird. In letzter Zeit ist in Europa eine zunehmende Tendenz der Aufspaltung größerer Unternehmen in kleinere selbstständige Einheiten (Spin-off) zu beobachten, wie sie bereits in Japan (Keiretsu) oder Korea (Chebols) seit längerer Zeit existieren. Zwischen diesen einzelnen kleinen Konzernunternehmen herrschte zuvor eher eine innerbetriebliche Planung als ein Markt. Nach der Verselbstständigung entstehen innerhalb eines derartigen Konzerns Marktprozesse, da die einzelnen kleinen Unternehmen im Wettbewerb mit externen Anbietern stehen, andererseits aber selbst ihre Leistungen auch außenstehenden Dritten anbieten können. So kann z. B. eine ausgegliederte Abteilung für Gehaltsabrechnung ihre Leistungen völlig anderen Unternehmen – sogar Wettbewerbern des Konzerns – anbieten, während einzelne Schwestergesellschaften für die Gehaltsabrechnung Dienste anderer Serviceanbieter in Anspruch nehmen können.

Alle diese Geschäftsbeziehungen setzen eine Grundkenntnis der Schwerpunkte des Business-to-Business-Marketing voraus, sodass die Zahl der Personen, die darin ausgebildet sein sollten, deutlich zunehmen wird.

4. Klassifizierung der Geschäftsarten

Selbstverständlich sind nicht alle Geschäfte, die zwischen Organisationen abgewickelt werden, aus Marketing-Sicht als gleichwertig einzustufen. Der Kauf von Schrauben, eines Computers oder einer ganzen Walzstraße hat nicht nur unter finanziellen Aspekten eine sehr unterschiedliche Bedeutung und erfordert daher einen unterschiedlichen Einsatz des Marketing-Instrumentariums.

Auf *Backhaus* geht die Einteilung in

▶ Produktgeschäft

▶ Systemgeschäft

▶ Anlagengeschäft

▶ Zuliefergeschäft

zurück.

Teilt man diese Geschäftsarten nach den Dimensionen Einzeltransaktion – Kaufverbund bzw. Einzelkunde – Anonymer Markt auf, ergibt sich folgende Darstellung:

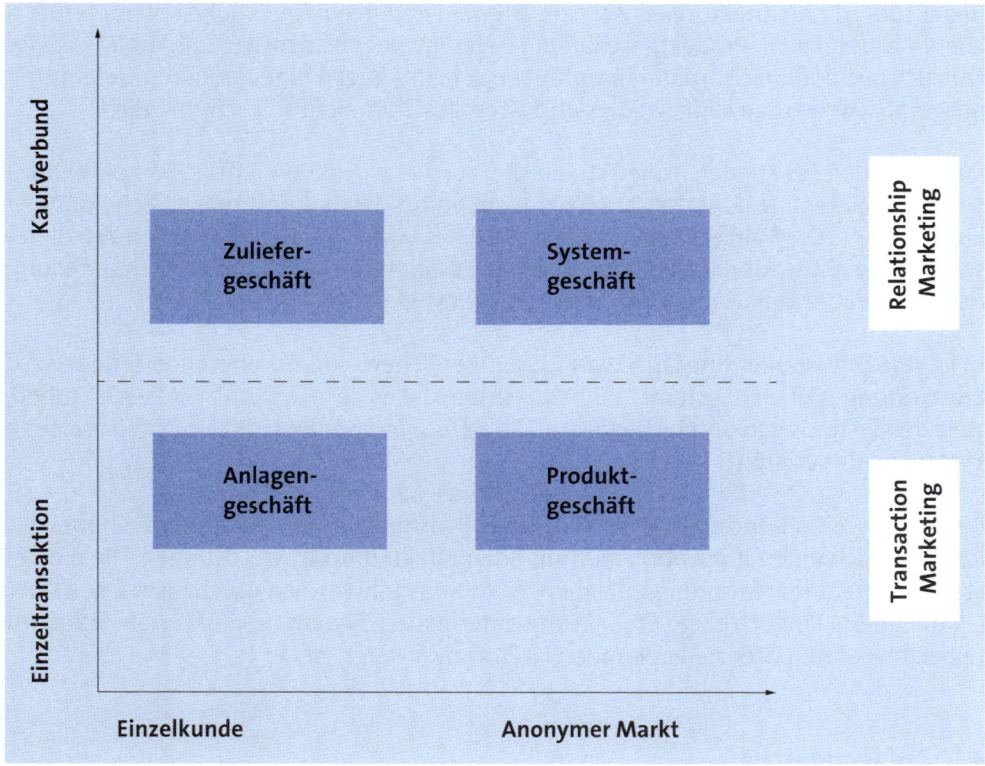

Abb. 2: Klassifizierung von Geschäftsarten

4.1 Produktgeschäft

Produkte in diesem Sinn sind Leistungen eines Anbieters, die weitgehend standardisiert hergestellt und vermarktet werden können, und die zu einem isolierten Einsatz bei den Abnehmern bestimmt sind. Die Produkte können weiter in **Einzelaggregate** und in **Komponenten** unterteilt werden. Einzelaggregate werden isoliert beim Kunden eingesetzt, während Komponenten in die Fertigung des Abnehmers mehr oder weniger unverändert einfließen (z. B. die Leistungen der Automobilzulieferer).

Aus Marketing-Sicht kommt das Geschäft mit Einzelaggregaten dem Marketing hochwertiger Konsumgüter am nächsten, während bereits beim Marketing für Komponenten besondere Aspekte des Business-to-Business-Marketing von Bedeutung sind (genaue Einhaltung der Qualitätsansprüche der Abnehmer, absolute Liefertreue, starker Verbund bei Forschung und Entwicklung).

4.2 Systemgeschäft

Bei Systemen stehen die einzelnen Systembestandteile, zu denen auch Dienstleistungen gehören können, in einem engen Zusammenhang, der durch die Systemarchitektur geprägt wird. Diese Bindung ist vor allem durch ihre zeitliche Komponente von besonderer Bedeutung, da Architekturwechsel bei Systemen im Allgemeinen hohe Kosten verursachen. Während beim Produktgeschäft ein Lieferant, der im Laufe der Zeit aus Preis- oder Qualitätsgründen nicht mehr akzeptabel erscheint, gegen einen anderen Lieferanten ausgetauscht werden kann, ist dies im Systemgeschäft nicht so leicht möglich.

Das Vertrauen der Kunden in die aktuelle und vor allem in die zukünftige Kompetenz des Systemanbieters ist daher oft ausschlaggebend für die Beschaffungsentscheidungen bei Systemen. Die Marketinganstrengungen eines System-Anbieters werden sich daher schwergewichtig auf die Darstellung seiner Kompetenz – auch bei der Bereitstellung der entsprechenden Dienstleistungen – konzentrieren (vgl. E.9).

In letzter Zeit ist allerdings in vielen Systembereichen eine zunehmende Tendenz zur Entwicklung „Offener Systeme" zu beobachten, die es dem Systembenutzer erlauben, Teile des Systems von unterschiedlichen Anbietern ohne Schwierigkeiten in das eigene System zu integrieren.

Derartige weitgehend etablierte Standards (Normen, Industriestandards) haben allerdings auch einen innovationshemmenden Effekt: innovative Lösungen, die die bestehenden Standards sprengen, haben es anfangs schwer sich durchzusetzen, da der Glaube in die längerfristige Etablierung einer neuen Systemarchitektur als Standard nur schwer dem potenziellen Kunden zu kommunizieren ist.

4.3 Anlagengeschäft

Eine Anlage ist ein großes komplexes System, das aber jeweils nur einmal beschafft wird. Insofern spielt beim Anlagengeschäft weniger die langfristige Kompetenz des Anbieters eine Rolle für die Beschaffung, vielmehr ist die Frage entscheidend, ob der Anbieter (allein oder gemeinsam mit anderen Subunternehmern) überhaupt in der Lage ist, die Anlage in der geforderten Zeit mit den geforderten Leistung zu erstellen – und dies zu einem vertretbaren Preis. Die Erstellung von Anlagen erfolgt unterschiedlich in den einzelnen Kontinenten, so bieten in Europa und Asien Großunternehmen Anlagengeschäfte an, in Amerika machen dies eher Beratungs- und Entwicklungsgesellschaften.

4.4 Zuliefergeschäft

Das Zuliefergeschäft ist davon geprägt, dass die Zulieferer ihre Kunden (OEM) mit Komponenten beliefern, die diese nahezu unverändert in ihre Produkte einbauen. In vielen Branchen besteht eine enge Partnerschaft zwischen Zulieferern und OEM: häufig werden dem Zulieferer genaue Vorgaben für neu zu entwickelnde Komponenten gemacht; auch im Bereich der Logistik bestehen enge Beziehungen (JIT, just in time). Da die OEM bei einer Komponente oft nur mit einem oder zwei Zulieferern zusammenarbeiten, ist es für einen Anbieter sehr wichtig, hierbei berücksichtigt zu werden: wer bei einem neuen Automodell nicht als Zulieferer ausgewählt wurde, ist für die Lebensdauer dieses Modells vom Geschäft ausgeschlossen.

5. Klassifizierung der Märkte

Plinke (1991) hat eine nähere Betrachtung der Märkte vorgeschlagen, auf denen Business-to-Business-Transaktionen abgewickelt werden. Er unterscheidet folgende Situationen:

Anonymer Markt

Standardisierte Produkte mit einer großen Zahl potenzieller Nachfrager werden auf relativ anonymen Märkten angeboten; in dieser Situation sind viele Aspekte des Konsumgütermarketing zu berücksichtigen.

Mittel- und langfristige Geschäftsbeziehungen

Diese entwickeln sich vor allem beim Marketing von Komponenten (z. B. bei den Autozulieferern) und im Systemgeschäft.

Einzelaufträge

Das Marketing für einzelne, aber besonders große Aufträge – vor allem im Anlagengeschäft – unterscheidet sich deutlich von den Ansätzen, die für die beiden anderen Marketingsituationen adäquat sind.

Abb. 3: Übersicht Business-to-Business-Transaktionen

Zwischen den so definierten Marktklassen und den Geschäftsarten besteht ein starker Zusammenhang, der in folgender Matrix zusammengefasst werden kann:

	Produktgeschäft	Systemgeschäft	Anlagengeschäft
Anonymer Markt	**1,1**	1,2	1,3
Mittel- und langfristige Geschäftsbeziehungen	2,1	**2,2**	2,3
Produkt-Geschäft	3,1	3,2	**3,3**

Tab. 1: Korrelationen bei Business-to-Business-Marketing-Transaktionen
Quelle: *Plinke (1991)*

Die Felder auf der Hauptdiagonalen stellen die typischen Markt-/Geschäftsart-Kombinationen dar; daneben lohnt die Betrachtung einiger Randfelder:

Ein Anbieter von Anlagen, der typischerweise ein Marketing von Einzelaufträgen betreibt, kann versuchen, für seine Anlagen eine Systemarchitektur zu entwickeln und so längerfristige Geschäftsbeziehungen aufbauen (sich also in den Bereich 2.3 zu bewegen). Geht er noch einen Schritt weiter und bietet bestimmte Anlagen als Komplettpakete auf anonymen Märkten an, so bewegt er sich in den Bereich 1.3.

Ebenso kann ein Anbieter, der im Produktgeschäft auf anonymen Märkten tätig ist, versuchen, eine stärkere Kundenbindung durch eine geeignete Distributions- und Kommunikationspolitik (z. B. durch Key-Account-Management) zu erreichen und sich in den Bereich 2.1 zu entwickeln.

6. B2B und E-Commerce

Bereits in den Jahren 1997/1998 haben Forschungsinstitute wie *Gartner* und *Forrester* das Volumen des E-Commerce im B2B-Bereich mindestens um den Faktor 10 höher prognostiziert als im B2C-Bereich. Dies ist allerdings auch keine besonders mutige Schätzung, denn der konventionelle Umsatz im B2B-Bereich liegt ebenfalls deutlich über den Umsätzen mit den Konsumenten (*Pförtsch, 2000*). Dies ist ganz einfach daraus zu erklären, dass in jedem Endprodukt, das ein Konsument kauft, viele Vor-Umsätze des Handels, des Herstellers, aller Lieferanten, der Logistikketten etc. enthalten sind. Addiert man diese Umsätze auf, so erhält man wesentlich höhere Beträge als den Wert den Endproduktes. Dies hat *Simon (2001)* zu Recht entsprechend kritisiert.

Akzeptiert man die Annahme, dass der B2B-Umsatz generell deutlich über dem B2C-Umsatz liegt, so ist ein entsprechend höherer E-Commerce-Anteil nicht verwunderlich (*Pförtsch, 2000*). Der Anteil sollte allerdings aus zwei weiteren Gründen noch deutlich höher sein:

► **Die Verbreitung und Verfügbarkeit des Internets in Unternehmen ist deutlich höher als bei Konsumenten.** Neuere Untersuchungen behaupten, dass 98 % der KMUs in Deutschland Internet-Zugang haben. Dabei ist allerdings der Begriff „Internet-Zugang" nicht immer klar definiert: Das heißt, dass das Unternehmen über einen schnellen Direktanschluss ans Internet verfügt und jeder Mitarbeiter einen Internet-PC auf seinem Schreibtisch hat – oder nutzt nur der Inhaber eines Kleinbetriebes gelegentlich einen Wählzugang per T-Online? Unabhängig von den genauen Zahlen kann allerdings davon ausgegangen werden, dass in Unternehmen, vor allem in den für diese Überlegungen relevanten Bereichen wie Einkauf und Rechnungswesen, eine deutlich höhere Zugangsdichte zum Internet besteht als bei privaten Konsumenten – die 2011 in Deutschland 75 % erreichte.

► **Die Sicherheitsaspekte waren im B2B-Bereich von geringerer Bedeutung.** Eines der großen Probleme des E-Commerce bei Konsumenten ist die (besonders in Deutschland) stark diskutierte Sicherheit der Zahlungen und des Rückgriffs auf den Lieferanten im Fall von fehlerhaften Lieferungen. Das kann für Konsumenten tatsächlich ein großes Problem sein. Im B2B-Bereich sind demgegenüber schon seit vielen Jahren bei Geschäftsbeziehungen mit Partnern, die man bereits kennt, Bestellungen per Fax oder Telefon üblich, die Lieferung erfolgt per Lieferschein und Rechnung, sodass keine sensitiven Daten übertragen werden müssen. In jüngster Zeit, nach verstärkten Virenangriffen, haben sich die Unternehmen weltweit auf diese neue Situation eingestellt.

► **Kein Einkauf im Ladengeschäft:** Während der überwiegende Teil der Konsumgütereinkäufe in einem Ladengeschäft des Einzelhandels mit sofortiger Bezahlung und Mitnahme der gekauften Ware erfolgt, kaufen Geschäftskunden üblicherweise durch Bestellung und spätere Lieferung bei Bezahlung nach Rechnungsstellung ein. Diese Vorgehensweise entspricht fast vollständig den Abläufen beim E-Commerce, sodass es nicht verwunderlich ist, dass im B2B-Bereich viel schneller als im B2C-Bereich nennenswerte Umsätze über E-Commerce erzielt werden konnten. Ein zusätzliches Logistik-Problem, mit dem sowohl Anbieter wie Kunden im B2C-E-Commerce zu kämpfen haben, entsteht nicht.

► **Ersatz anderer Bestellmöglichkeiten durch das Internet:** Allerdings dürfen diese Überlegungen nicht darüber hinwegtäuschen, dass viele B2B-Anbieter zwar einen relativ hohen E-Commerce-Anteil melden können, dies aber nur durch eine Anpassung von ohnehin bereits existenten elektronischen Systemen an das Internet erfolgt ist. Nach *Simon (2001)* hat WÜRTH, Marktführer in Befestigungssystemen, bereits seit Jahren Milliardenumsätze über sein System ORSYMAT erreicht; diese Umsätze werden jetzt über das Internet realisiert. In 2010 nutzen 23 % aller Unternehmer in Deutschland E-Commerce und erzielten 18 % ihres Umsatzes damit (siehe Abb. 5).

In diesem Zusammenhang muss auch die Frage gestellt werden, welche Produktbereiche jetzt und in Zukunft die größten Potenziale für den Verkauf über das Internet haben. Um dies zu analysieren, ist es sinnvoll, einerseits nach der Digitalisierbarkeit des Produktes zu unterscheiden, andererseits nach der Zahl der Kunden. Je stärker ein Produkt digitalisierbar ist, desto besser ist es für einen Verkauf über das Internet geeignet.

Ebenso ist es offensichtlich, dass die positiven Effekte des Internets vor allem bei großen Kundenzahlen greifen. *Simon (2001)* hat daher folgende Gliederung vorgeschlagen:

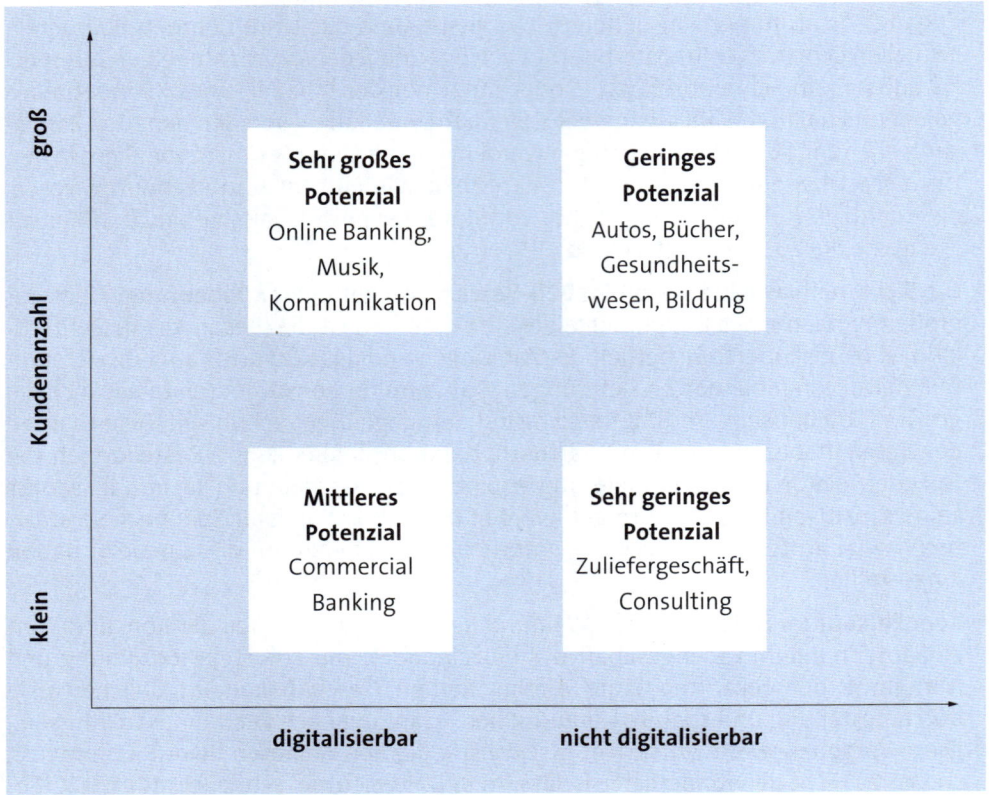

Abb. 4: Kunden-Produkt-Matrix für digitalisierbare Produkte

Akzeptiert man diese Differenzierung, so ergibt sich, dass der B2B-Bereich, der vor allem durch niedrige Kundenzahlen gekennzeichnet ist, nur geringe Potenziale für E-Commerce hat. *Simon* behauptet auch, dass die gerade von B2B-Unternehmen gemeldeten „Einsparungen" eher durch intensivere Verhandlungen mit den Lieferanten als durch den Einsatz von E-Commerce erreicht werden.

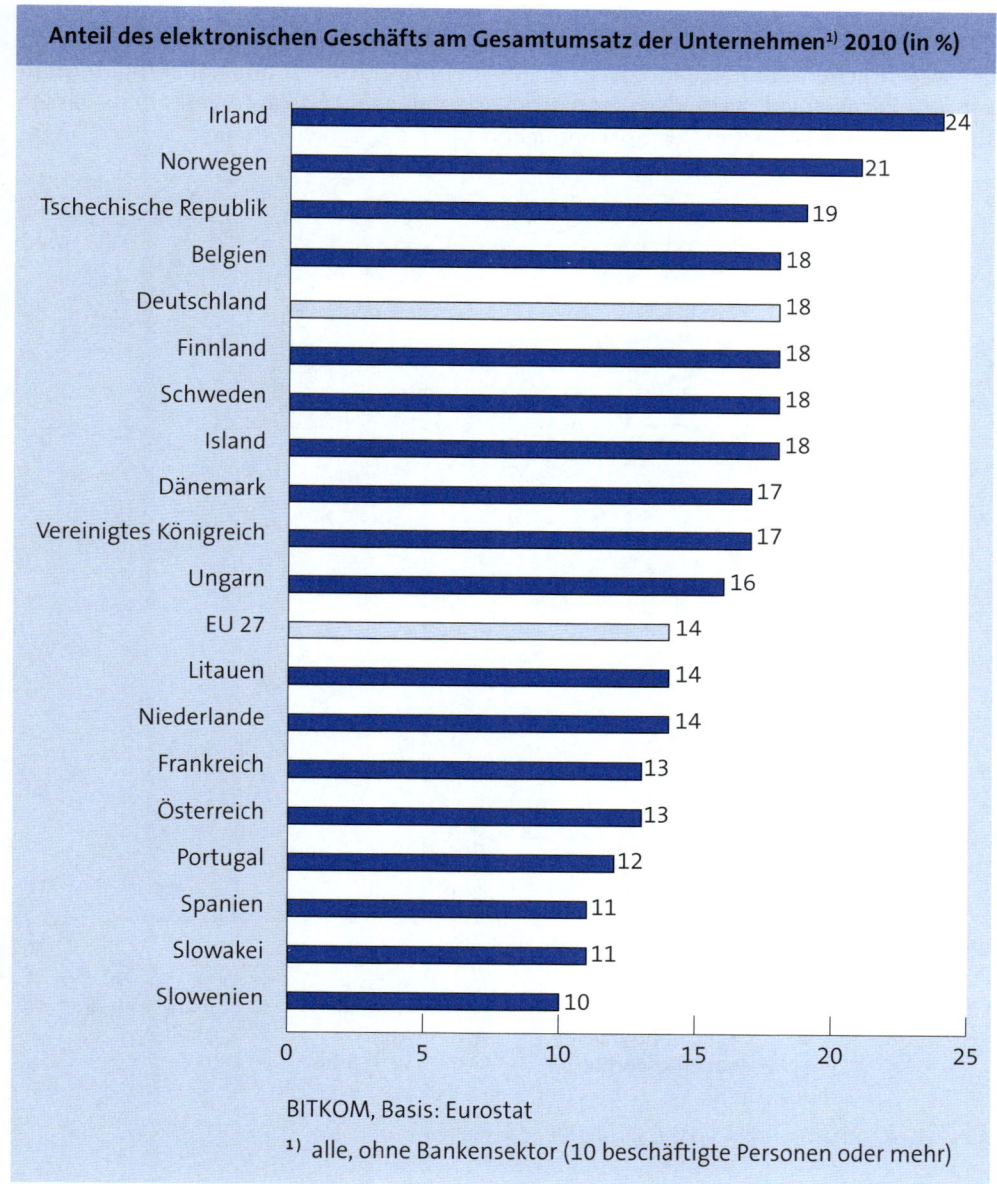

Anteil des elektronischen Geschäfts am Gesamtumsatz der Unternehmen[1] 2010 (in %)

BITKOM, Basis: Eurostat

[1] alle, ohne Bankensektor (10 beschäftigte Personen oder mehr)

Abb. 5: Anteil E-Commerce am Gesamtumsatz

7. Zusammenfassende Übersicht

Die wesentlichen Unterschiede zwischen Business-to-Business- und Konsumgütermarketing – bezogen auf die beiden Parameter Kundenanzahl und Käuferverhalten – lassen sich in folgender Übersicht veranschaulichen:

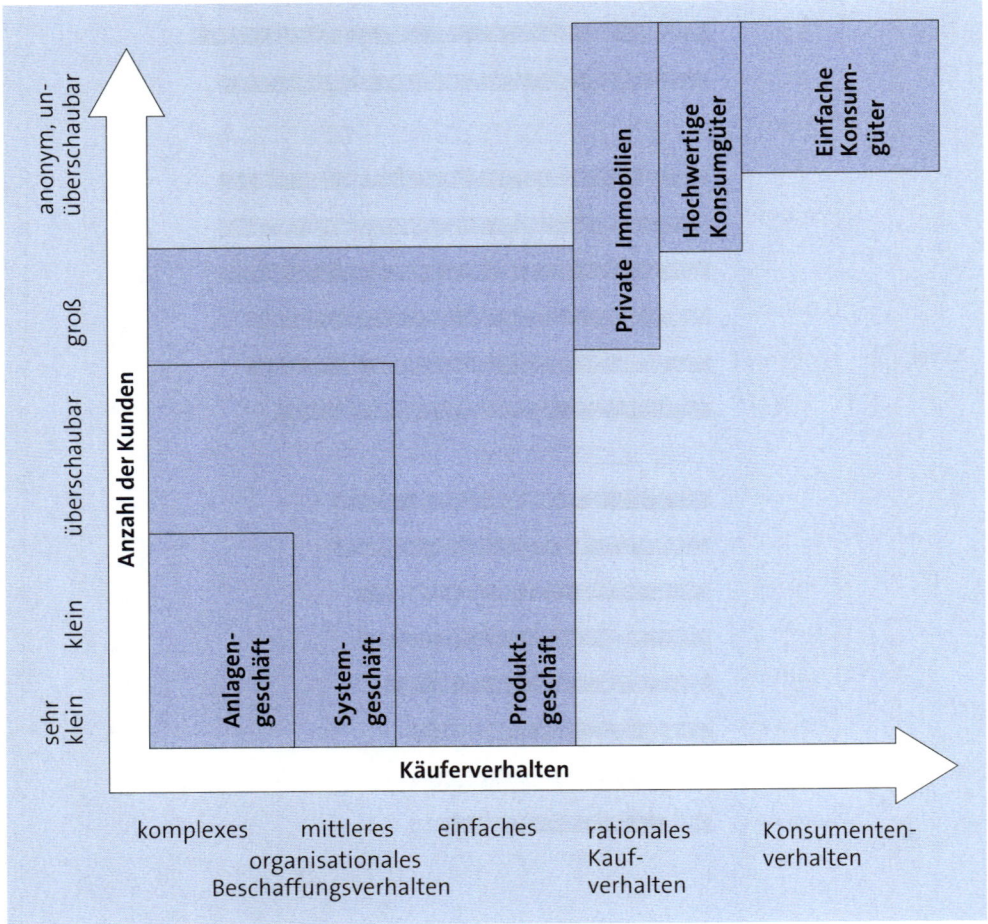

Abb. 6: Geschäftsarten nach Kundenzahl und Käuferverhalten

Aufgabe 1 > Seite 472
Aufgabe 2 > Seite 472
Aufgabe 3 > Seite 472

		Lösung
1.	Was sind die wichtigsten Unterschiede zwischen Business-to-Business- und Konsumgütermarketing bei der Marktstruktur?	S. 24
2.	Was sind die wichtigsten Unterschiede zwischen Business-to-Business- und Konsumgütermarketing bei den Produkten?	S. 24
3.	Was sind die wichtigsten Unterschiede zwischen Business-to-Business- und Konsumgütermarketing beim Käuferverhalten?	S. 24
4.	Was sind die wichtigsten Unterschiede zwischen Business-to-Business- und Konsumgütermarketing beim Bedarf?	S. 25
5.	Was sind die wichtigsten Unterschiede zwischen Business-to-Business- und Konsumgütermarketing bei den Vertriebswegen?	S. 25
6.	Was sind die wichtigsten Unterschiede zwischen Business-to-Business- und Konsumgütermarketing bei der Preisgestaltung?	S. 25
7.	Was sind die wichtigsten Unterschiede zwischen Business-to-Business- und Konsumgütermarketing bei der Kommunikation?	S. 25
8.	Welche Bereiche des Business-to-Business-Marketing werden durch den engen Begriff des „Investitionsgüter-Marketing" nicht abgedeckt?	S. 23
9.	Welche Arten von Nachfragern treten auf Business-Märkten auf?	S. 27
10.	Wie lassen sich die Kunden auf Business-Märkten nach ihrer Zielstruktur klassifizieren?	S. 33
11.	Welche Arten von Anbietern treten auf Business-Märkten auf?	S. 30
12.	Warum wird die Bedeutung des Business-to-Business-Marketing zunehmen?	S. 30
13.	Welche Geschäftsarten lassen sich beim Business-to-Business-Marketing unterscheiden?	S. 30
14.	Wie lassen sich die Märkte des Business-to-Business-Marketing klassifizieren?	S. 31
15.	Warum sind die Umsätze im B2B-Geschäft deutlich höher als im B2C-Bereich?	S. 34
16.	Warum ist das B2B-Geschäft besser für den Einsatz von E-Commerce geeignet?	S. 34
17.	Welche B2B-Produktarten sind besonders für den Einsatz von E-Commerce geeignet?	S. 36
18.	In welchen Schwerpunkten setzen B2B-Unternehmen das Internet bisher ein?	S. 35
19.	Bei welchen B2B-Branchen ist der E-Commerce-Umsatz besonders hoch bzw. besonders niedrig?	S. 38

B. Käuferverhalten auf Business-Märkten

Im Kapitel A. wurden die wichtigsten Aspekte beschrieben, in denen sich das Business-to-Business-Marketing vom Konsumgütermarketing unterscheidet. Um eine effektive Marketingstrategie für die Business-Märkte entwickeln zu können, ist es zuerst wichtig, den Beschaffungsprozess bei Produkten und Leistungen auf Business-Märkten zu untersuchen. Es ist daher unumgänglich, Organisation, Abläufe und Kriterien der Beschaffungsentscheidungen bei Unternehmen zu analysieren und darauf aufbauend geeignete Marketingkonzeptionen zu entwickeln (*Vitale/Giglierano/Pförtsch, 2010*).

Zur Beschreibung und Analyse des organisationalen Beschaffungsverhaltens wurden verschiedene Modelle und Ansätze entwickelt. Die wichtigsten dieser Modelle sollen im Folgenden dargestellt und kommentiert werden.

1. Kaufklassen und Kaufphasen

1.1 Kaufklassen (Buygrid-Modell)

Robinson/Faris/Wind (1967) haben drei Klassen von Beschaffungen definiert:

► Neukauf (new task)

► modifizierter Wiederkauf (modified rebuy)

► identischer Wiederkauf (straight rebuy).

Beim **Neukauf** ist im Unternehmen zum ersten Mal ein bestimmtes Produkt zu beschaffen. Da definitionsgemäß keine eigenen Erfahrungen im Unternehmen vorhanden sind, besteht hierbei ein besonders großer Informationsbedarf wie auch eine erhebliche Unsicherheit über die zu treffende Beschaffungsentscheidung.

Der Neukauf lässt sich weitergehend unterscheiden in Neu-Beschaffungen von Standardprodukten und Beschaffungen von bisher noch nicht etablierten Innovationen. Bei Neubeschaffungen von Standardprodukten (z. B. die erstmalige Beschaffung eines bereits bei vielen Unternehmen eingesetzten Computersystems) besteht das Risiko für das Unternehmen lediglich in der Auswahl des sachlich passenden und kostenmäßig akzeptablen Produktes, da es grundsätzlich bereits funktionierende Systeme gibt. Schwieriger ist es, wenn das gewünschte Produkt noch keine große Reife entwickeln konnte oder erst noch entwickelt werden muss. Bei einer solchen Beschaffung ist es sehr viel risikoreicher, den geeigneten Lieferanten auszuwählen, da Fehler in der Funktionalität des Produkts fatale Folgen für das beschaffende Unternehmen haben können (*Hofmann/Maucher/Hornstein/Ouden, 2012*).

Beim **modifizierten Wiederkauf** geht es darum, bereits im Unternehmen vorhandene Produkte durch Neubeschaffungen auf den neuesten Stand zu bringen oder durch Ergänzungen die Kapazität zu erweitern. Bei dieser Form der Beschaffung sind im Unternehmen viele Erfahrungen über den Einsatz derartiger Produkte vorhanden, sodass sich der Informationsbedarf auf die Unterschiede zu den bereits bekannten Produkten reduziert.

Backhaus/Voeth (2007) kommen zu dem Schluss, dass die Zahl der betrachteten Alternative in dieser Kaufsituation geringer ist als beim Neukauf. Dies gilt sicherlich in Bezug auf die ganze Breite der theoretisch möglichen Beschaffungsalternativen: durch den ursprünglichen Neukauf ist das Spektrum der möglichen modifizierten Wiederkäufe eingeschränkt worden. Andererseits ist zu beobachten, dass bei komplexen Neukäufen aus Sicherheitsgründen häufig nur die (wenigen) etablierten Marktführer als ernstzunehmende Anbieter betrachtet werden; sobald allerdings im Hause eigene Erfahrungen mit der entsprechenden Produktklasse aufgebaut werden konnten, werden beim modifizierten Wiederkauf viele andere − auch zweitrangige − Anbieter aus Kostengründen mit in die Auswahl einbezogen, sodass die Zahl der betrachteten Alternativen durchaus deutlich steigen kann.

Eine modifizierte Wiederkauf-Situation kann auch aus einer Situation des identischen Wiederkaufs entstehen, wenn Zweifel an der Richtigkeit der ursprünglichen Entscheidung für den bisherigen Lieferanten auftraten (z. B. durch Qualitätsmängel, Lieferverzögerungen, Preiserhöhungen).

Beim **identischen Wiederkauf** wird im Prinzip eine einmal getroffene Beschaffungsentscheidung wiederholt. Solange der Lieferant keine wesentlichen Produkteigenschaften oder Preise ändert und am Markt keine wesentlich geänderte Situation herrscht, besteht kein Grund für eine Revision der getroffenen Entscheidung. Derartige Beschaffungen können dann unter Nutzung von Bestelloptimierungssystemen und entsprechender elektronischer Kommunikation (z. B. EDI oder Web-EDI) quasi-automatisch durchgeführt werden.

Aus Marketing-Sicht ist die Situation des identischen Wiederkaufs für den ausgewählten Lieferanten („In-supplier") sehr günstig: Er kann mit relativ geringem Marketingaufwand sein Geschäft fortführen. Die potenziellen Lieferanten, die nicht berücksichtigt werden („Out-supplier"), werden daher versuchen, diese identische Wiederkauf-Situation durch Betonung ihrer Produkt-Innovationen oder preislichen Änderungen wieder auf die Stufe eines modifizierten Wiederkaufs zu heben, um einen neuen Entscheidungsprozess in Gang zu setzen.

Zusammenfassend lassen sich die Kaufklassen und der daraus resultierende Informationsbedarf wie folgt zusammenfassen:

		Dimensionen		
		Neuheit des Problems	Informations-bedarf	Betrachtung neuer Alternativen
Kaufklasse	Neukauf	hoch	maximal	bedeutend
	Modifizierter Wiederkauf	mittel	eingeschränkt	begrenzt
	Identischer Wiederkauf	gering	minimal	keine

Tab. 1: Dimensionen des Kaufprozesses
Quelle: *Backhaus* (1997, S. 82)

1.2 Kaufphasen

Neben der Einteilung in drei Kaufklassen haben *Robinson/Faris/Wind* (1967) den Entscheidungsprozess einer organisationalen Beschaffung näher analysiert und in folgende Klassen eingeteilt:

1. Problemerkennung
2. Festlegung der Produkteigenschaften
3. Beschreibung der Produkteigenschaften
4. Suche nach Lieferanten, Lieferantenbeurteilung
5. Einholen und Bewerten von Angeboten
6. Auswahl des Lieferanten
7. Verhandlungs- und Abschlussphase
8. Bestell- und Abwicklungsphase
9. Leistungsfeedback und Neubewertung.

Etwas weitergehend kann der Ablauf bei Neukauf grafisch in folgender Abbildung dargestellt werden:

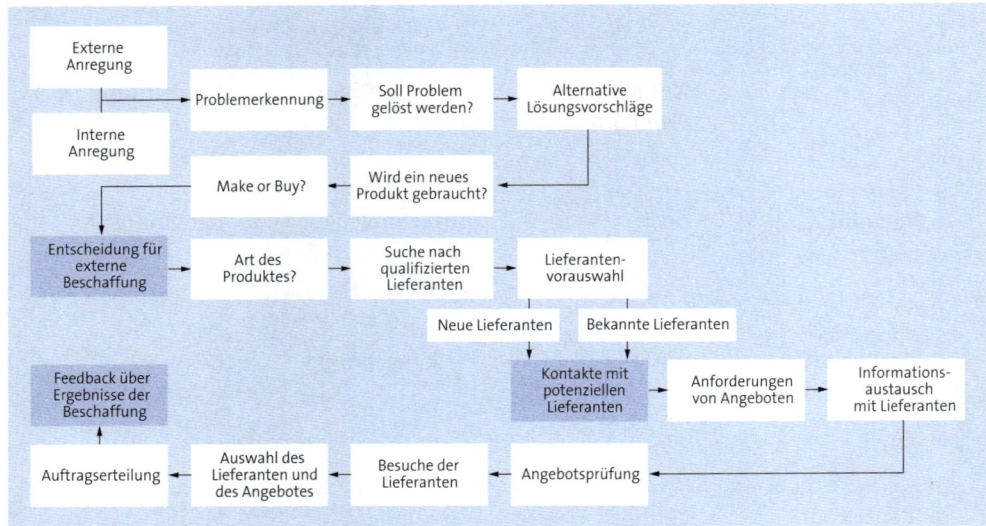

Abb. 1: Ablauf eines Beschaffungsvorgangs bei Neukauf
Quelle: *Reeder/Brierty/Reeder* (*1991, S. 80*)

Die einzelnen Phasen und ihre Implikationen für das Business-to-Business-Marketing sollen für die Situation eines Neukaufs ausführlicher erläutert werden.

1.2.1 Problemerkennung

Der Anstoß für eine neue Beschaffung kann von sehr vielen verschiedenen Seiten aus erfolgen:

► Es besteht der Zwang zur Neubeschaffung, weil die alten Anlagen dringend ersetzt werden müssen (z. B. wegen Abnutzung oder auch wegen nicht mehr akzeptabler Emissions- oder Verbrauchswerte).

► Eine geplante neue Produktion des Unternehmens erfordert neue Anlagen.

► Neue Anlagen sollten kostensenkend wirken.

► Wettbewerber setzen bereits eine neue Technologie ein oder Kunden erwarten oder schreiben eine Produkt- oder Prozessinnovation.

► Es kommt zu einer Kommunikation durch Anbieter (insbesondere Messen, Werbung, Internet, persönlicher Verkauf) etc.

Wenn es einem Anbieter im Business-to-Business-Marketing gelingt, in dieser Phase bei einem potenziellen Kunden aktiv zu werden, kann das erhebliche Vorteile bieten, weil der Anbieter die Gelegenheit hat, die noch relativ offenen Vorstellungen und Anforderungen des Kunden in Richtung Lösungsfelder zu beeinflussen, auf denen er über ein besonders leistungsfähiges Produktangebot verfügt. Darüber hinaus kann ein Anbieter in einer frühen Phase einen Kundenbedarf erkennen und gegebenenfalls spezielle Produkte für diese Kundensituation entwickeln oder modifizieren. Es ist allerdings außerordentlich schwierig, in einer so frühen Situation bei Unternehmen präsent zu sein, wenn diese nicht bereits Kunden sind.

Beispiele

▶ Der Anbieter eines CAD-Systems kann durch seinen Außendienst systematisch die für den Einsatz seiner Systeme infrage kommenden Unternehmen besuchen lassen und bei den Unternehmen, die noch kein derartiges System im Einsatz haben, den Bedarf dafür wecken.

▶ Ein Automobilzulieferer kann den Automobilherstellern eigene Innovationen vorstellen und den Einbau in die nächste Fahrzeuggeneration anregen.

1.2.2 Festlegung der Produkteigenschaften

Sobald ein Grundproblem erkannt ist, sind innerhalb der beschaffenden Organisation die möglichen Handlungsalternativen zu definieren und zu analysieren. In dieser Phase ist zunächst die Frage des „Make-or-Buy" zu klären (sofern eine Selbsterstellung für das Unternehmen überhaupt möglich ist). Dabei geht es nicht nur um die Frage, ob bestimmte Produkte selbst hergestellt oder fremdbezogen werden sollen; in letzter Zeit ist vielmehr auch die Frage hinzugekommen, ob ein gesamter Leistungsprozess des Unternehmens an eine andere Organisation ausgelagert werden kann („Outsourcing"). Der Trend zu einer Verringerung der Fertigungstiefe spricht in vielen Fällen für eine solche Auslagerung. Für den Erwerb einer Spezialmaschine gibt es demnach folgende drei Alternativen:

▶ Die Maschine wird selbst gebaut.

▶ Die Maschine wird gekauft.

▶ Die gesamte Fertigung der mit der Maschine zu fertigenden Teile wird einem anderen Unternehmen übertragen.

Es soll an dieser Stelle nicht über Vor- und Nachteile verschiedener Outsourcing-Alternativen diskutiert werden. Es sollen lediglich die Konsequenzen für das Business-to-Business-Marketing erwähnt werden: Einerseits fällt ein Unternehmen, das sich für das Outsourcing eines bestimmten Projektes entschließt, für den Anbieter als Kunde aus; andererseits kann der Anbieter versuchen, dem auftragnehmenden Unternehmen („in-sourcing") seine Produkte anzubieten – sofern dort nicht bereits ausreichende Kapazitäten bereitstehen. Das Outsourcing kann auch als aktives Marketinginstrument eingesetzt werden. Beim Einsatz von Informationssystemen bieten die IT-Hersteller in letzter Zeit ihren Kunden vermehrt das Outsourcing der gesamten Informationsverarbeitungsdienstleistung (einschließlich der Übernahme der entsprechenden Mitarbeiter) an. Auch auf diese Weise kann der Anbieter eine langfristige Kundenbindung und den Absatz seiner Produkte sichern.

Entschließt sich das Unternehmen für den Kauf der entsprechenden Produkte, so besteht die Aufgabe des Business-to-Business-Marketing in dieser Phase darin, den potenziellen Kunden weitgehend über die Eigenschaften der Produkte zu informieren und durch entsprechende Bewertungshilfen und Argumente eine Vorentscheidung in Richtung auf diejenigen Eigenschaften herbeizuführen, bei denen der Anbieter über besondere Stärken verfügt. Spätestens in dieser Phase muss der Anbieter die Struktur des beschaffenden Unternehmens analysieren und Mitglieder und Funktion des Buying Centers identifizieren (dazu mehr unter 2.2).

1.2.3 Beschreibung der Produkteigenschaften

Nachdem die „Make-or-Buy"-Frage mit der Entscheidung für einen Kauf beantwortet wurde, können nun die Produkteigenschaften genauer beschrieben werden. In dieser Phase wird das Unternehmen von sich aus auf potenzielle Anbieter zugehen und um Informationen bitten, sofern nicht durch eigene Mitarbeiter oder bereits etablierte Anbieter ein guter Informationsstand erreicht wurde. Es kommt daher vor, dass Anbieter, die nicht von sich aus bei dem Unternehmen präsent waren, in diese Phase nicht einbezogen werden und daher keine Gelegenheit haben, die Gestaltung der Produkteigenschaften zu beeinflussen.

In dieser Phase muss der Anbieter erhebliche Anstrengungen unternehmen, das beschaffende Unternehmen von seiner Problemlösungskompetenz zu überzeugen. Dazu sind vor allem Besuche bei Referenzkunden oder auch Kontakte zur eigenen Forschungs- und Entwicklungsabteilung geeignet.

Bei komplexen oder sehr neuartigen Projekten wird das beschaffende Unternehmen sich nicht nur auf eigenes Personal und/oder Anbieter-Informationen verlassen wollen. In derartigen Situationen werden daher häufig Beratungsunternehmen eingesetzt, die Erfahrung mit Beschaffung und Einsatz entsprechender Produkte haben. Da diese Beratungsunternehmen durch die Festlegung von Beschaffungskriterien erheblichen Einfluss auf eine Beschaffung ausüben, ist ein frühzeitiger und regelmäßiger Kontakt zwischen Anbieter und den relevanten Beratungsunternehmen für das Business-to-Business-Marketing in diesem Bereich unerlässlich.

Der Festlegung und Beschreibung der Produkteigenschaften geht in der Regel eine intensive Suche nach Informationen voraus. Hierbei eröffnet das Internet dem interessierten Kunden eine Vielzahl von Möglichkeiten. Anbieter können ihre gesamten Verkaufsunterlagen, Konfiguratoren, Hinweise auf Referenzen etc. ins Netz stellen und dem qualifizierten Kunden auf diese Weise ermöglichen, sich ein genaues Bild davon zu machen, wie weit die Angebote des Anbieters zur Lösung der eigenen Probleme geeignet sind. Eine Grenze findet diese Information allerdings normalerweise bei den Preisen. Bei komplexeren Beschaffungen werden die Anbieter allenfalls Listenpreise im Internet veröffentlichen, und es wird Aufgabe späterer Verhandlungen sein, die genauen finanziellen Konditionen abzuklären.

Ist bereits ein Verkäufer in Kontakt mit dem Kunden, so kann auch diese Phase der Suche nach Lösungen dadurch erleichtert werden, dass sich der Verkäufer vom Büro des Kunden aus in seine internen Informationssysteme einschalten kann und so während einer Verhandlung kurzfristig auftretenden Informationsbedarf klären kann. In früheren Zeiten waren dafür Zeit raubende Fahrten ins eigene Büro und erneute Termine erforderlich.

Das Ergebnis dieser Phase wird in der Regel schriftlich festgelegt und als Lasten- oder Pflichtenheft bezeichnet.

1.2.4 Suche nach Lieferanten, Lieferantenbeurteilung

Auf Basis dieses Pflichtenhefts wird das Unternehmen mögliche Lieferanten suchen. Dabei haben diejenigen Anbieter einen Vorteil, die bereits in mindestens einer der Phasen 1, 2 oder 3 beim Unternehmen aktiv waren. Diese Anbieter haben insbesondere auch einen zeitlichen Vorteil, weil sie bereits früher über das Projekt informiert waren und sich durch eigene Aktivitäten (z. B. Bau von Prototypen) von ihren Wettbewerbern abheben können.

Bei der Auswahl der potenziellen Lieferanten wird das beschaffende Unternehmen auch bisherige Lieferanten anderer – aber ähnlicher – Produkte zum Angebot auffordern, wenn die bisherigen Leistungen dieser Lieferanten insgesamt gut beurteilt wurden. Bei der Auswahl von Anbietern, mit denen bisher keine Geschäftsbeziehung bestand, wird sich das beschaffende Unternehmen vor allem beim Neukauf von kritischen Produkten sehr zurückhalten und eher auf etablierte Anbieter zurückgreifen.

Hier zeigt sich eine eindeutige Stärke von Internet und E-Commerce: Sollte noch kein Lieferant bekannt sein, ist es mit dem Internet sehr gut möglich, potenzielle Lieferanten – auch im Ausland – zu identifizieren. Eine direkte Kontaktaufnahme mit dem Lieferanten ist in der Anfangsphase einer derartigen Untersuchung noch nicht erforderlich, sofern die im Internet verfügbaren Informationen für eine Entscheidungsvorbereitung detailliert genug sind. Spätestens bei den genauen Preisen und finanziellen Konditionen wird aber eine direkte Kontaktaufnahme nötig sein.

1.2.5 Einholen und Bewertung von Angeboten

Bei komplexen Beschaffungen ist es äußerst selten, dass Anbieter alle Anforderungen des Beschaffers erfüllen und dabei gleichzeitig die preislichen Vorstellungen nicht überschreiten. In der Regel werden dem Beschaffer eine Reihe von Angeboten vorliegen, die sehr unterschiedliche Leistungsspektra zu sehr unterschiedlichen Preisen beinhalten. Für eine vergleichende Bewertung derartiger Angebote haben sich eine Reihe von Verfahren entwickelt, die im Abschnitt 3.2 genauer erläutert werden sollen, soweit dies für das Business-to-Business-Marketing von Bedeutung ist.

Die Phase 5 wird bei wichtigen Beschaffungen mehrfach durchlaufen, da eine intensive Verhandlungsphase zwischen Anbietern und Beschaffern einsetzt, die zu Modifikation des Pflichtenheftes und der Angebote führen kann. Bei bedeutsamen Projekten kann diese Phase mehrere Monate oder gar Jahre andauern.

In dieser Vorabschlussphase muss der Anbieter sehr flexibel auf Modifikationen der Kundenanforderungen reagieren. Er muss auch bereit sein, sein Angebot in einigen Teilen sowohl technisch wie auch preislich zu variieren. Er muss versuchen, die aus Kundensicht kaufentscheidenden Faktoren von den eher unwesentlichen Dingen zu trennen, denn oft sind Produkteigenschaften, die der Anbieter für wesentlich hält, für den Kunden weniger bedeutend, verteuern aber das Produkt unnötig. Nur wenn es dem Anbieter gelingt, zwischen seinem Lösungsangebot und den Kundenerwartungen eine sehr weitgehende Gleichheit zu entwickeln, wird er eine Abschlusschance haben. Übererfüllungen einzelner Anforderungen („technical overkill") werden vom Kunden oft nicht bewertet – häufig sogar negativ, weil aufgrund der nicht benötigten Komplexität mit höheren Folgekosten zu rechnen ist (Schulungsaufwand, erhöhte Fehleranfälligkeit).

Für das Einholen von individuellen Angeboten können die Kommunikationskomponenten des Internet genutzt werden. Kunden können die Anbieter verpflichten, die Angebote in einer bestimmten – vom Anbieter vorgegebenen – Form maschinenlesbar zu erstellen und zu übermitteln. Dies ist auch in der Vergangenheit schon geschehen, kann aber durch die starke Verbreitung des Internets jetzt viel effizienter genutzt werden. Die Frage ist nur, ob die Anbieter sich darauf einlassen. Insbesondere in Situationen, in denen der Anbieter relativ stark ist, wird er es bevorzugen, Angebote in seinem Format abzugeben, und der Kunde muss dann Angebote mit verschiedenen Formaten vergleichbar machen.

Die Bewertung von Angeboten wird durch ein kompatibles Format selbstverständlich stark erleichtert. Allerdings kann dem Kunden auch durch E-Commerce und derartige Hilfestellungen nicht die Entscheidung darüber abgenommen werden, ob eine Maschine des Anbieters X oder Y besser für ihn geeignet ist.

1.2.6 Auswahl des Lieferanten

Bei bestehenden Geschäftsbeziehungen können die üblichen Lieferantenbewertungssysteme genutzt werden. Bei bisher unbekannten Lieferanten liegen jedoch genau quantifizierte Erfahrungen über wichtige Faktoren wie Qualität und Liefertreue noch nicht vor, sodass hier keine wesentliche Verbesserung durch E-Commerce zu erkennen ist. Möglicherweise könnte es in der Zukunft ein allgemeines Ranking von Lieferanten durch unterschiedliche Kunden geben (bei eBayBusiness ist das bereits realisiert); es erscheint allerdings fraglich, ob dies tragfähig ist, da im B2B-Bereich die Erwartungen und Ansprüche der Kunden sehr unterschiedlich sind. Außerdem werden Lieferanten einer derartigen Veröffentlichung sehr zurückhaltend gegenüberstehen.

Aus der Fülle der Anbieter werden sich am Ende der Entscheidungsphase nur noch wenige im Auswahlverfahren befinden („short list"). In der entscheidenden Phase liegt der Schwerpunkt der Verhandlungen meist nicht mehr bei den technischen Eigenschaften der Produkte – diese wurden bereits in den früheren Phasen hinreichend evaluiert – sondern in eher kaufmännischen Details wie Preise, Vertragsbestimmungen, Liefertermine, Gegenseitigkeitsgeschäfte etc.

1.2.7 Verhandlungs- und Abschlussphase

Im Gegensatz zu den hier nicht weiter betrachteten Standardbeschaffungen, bei denen durchaus Auktionen und ähnliche automatisierte Vergabeverfahren möglich sind, wird bei komplexeren Neubeschaffungen auf absehbare Zeit eine direkte Verhandlung zwischen Lieferanten und Kunden erforderlich sein. Ob dies allerdings immer persönlich erfolgen muss, ist fraglich – viele Phasen einer Verhandlung können auch über E-Mail und andere Kommunikationswege erfolgen. Letztlich sind in dieser Phase im komplexen B2B-Bereich keine wesentlichen Vorteile durch E-Commerce zu erkennen.

1.2.8 Bestell- und Bestellabwicklungsphase

Diese Phase beginnt mit der Erteilung des Auftrages und umfasst die Lieferzeit, die Auslieferung und Installation bis hin zur betriebsbereiten Übergabe. Da diese Phase mit dem für den Vertrieb entscheidenden Erfolg, dem Auftrag, beginnt, ist das Interesse der Vertriebsorganisation des Anbieters an dieser Phase gering; vielmehr wendet sich die Vertriebsorganisation bereits der nächsten Beschaffung zu. Eine Vernachlässigung dieser wichtigen Phase kann für den Anbieter erhebliche – vor allem langfristige – Konsequenzen haben. Hinzu kommt, dass in dieser Phase völlig andere Abteilungen bei Anbieter (z. B. technische Serviceabteilungen) und Beschaffer (z. B. Produktionsvorbereitung) aufeinander treffen, die häufig an der Entscheidungsfindung nicht beteiligt waren und daher möglicherweise sehr unterschiedliche Vorstellungen vom Projektziel haben. Negative Erfahrungen in dieser Phase können die Akquisition zukünftiger Geschäfte sehr erschweren. Hinzu kommt, dass in dieser Phase weiterhin mit Angeboten von Wettbewerbern zu rechnen ist, die versuchen, die Entscheidung noch in ihre Richtung zu beeinflussen.

Für das Business-to-Business-Marketing folgt daraus, dass in dieser Phase eine eindeutige Kundenverantwortlichkeit definiert werden muss, die jede auftretende Divergenz kurzfristig zusammen mit dem Kundenmanagement klärt. Bei länger andauernden Installationsprojekten empfiehlt es sich, die entsprechenden Methoden und Techniken des Projektmanagements einzusetzen, um Planabweichungen rechtzeitig erkennen und Korrekturmaßnahmen einleiten zu können. Außerdem kann der Anbieter durch eine konsequente Begleitung dieser Projektphase das Vertrauen des Kunden weiter vertiefen und damit eine gute Grundlage für zukünftige Geschäfte legen.

Da die an der Beschaffung beteiligten Personen beim beschaffenden Unternehmen keine Vorteile von der Entscheidung für den einen oder anderen Lieferanten haben (sollten), ist diese Liefer- und Installationsphase die erste Gelegenheit für den Lieferanten, Präferenzen für sich zu erzeugen – oder aber nicht. Wenn in dieser Zeit Probleme durch Lieferverzögerung, schlechte Qualität o. Ä. auftreten, die für die Mitarbeiter des Kunden auf jeden Fall eine zusätzliche und unnötige Belastung beinhalten, wird der Anbieter bei späteren Folgebeschaffungen große Schwierigkeiten haben, wieder in die engere Wahl gezogen zu werden. Erfahrungsgemäß treten derartige Probleme vor allem dann auf, wenn der Vertrieb in den Phasen 5, 6 und 7 leichtfertige Zusagen gemacht hat, deren Erfüllung in Phase 8 durch andere Bereiche des Anbieters (Serviceabteilungen) auf Schwierigkeiten stößt. Da zudem die Mitarbeiter dieser Abteilung nicht sehr stark akquisitorisch geschult sind, eskalieren derartige Konflikte zuweilen heftig und können sogar die gesamte Auftragserteilung infrage stellen.

Sobald eine weit gehende Einigkeit zwischen beiden Vertragsparteien erreicht ist, kann die Bestellung erfolgen, und die Abwicklung des Auftrages auf Basis der vereinbarten Konditionen kann beginnen. Hier zeigen sich wieder die Stärken von Internet und E-Commerce: Einmalige Erfassung der Aufträge und die Verknüpfung mit den Systemen sowohl des Lieferanten wie auch des Auftraggebers sind möglich.

1.2.9 Leistungsfeedback und Neubewertung

In dieser Phase sollte das beschaffende Unternehmen einige Zeit nach Inbetriebnahme der Produkte und Systeme eine kritische Analyse der Ziele der Beschaffung und des eingetretenen Nutzens sowie der aufgetretenen Kosten durchführen. Dabei sollte neben dem technischen Soll-/Ist-Vergleich auch eine Beurteilung des Lieferanten insgesamt durchgeführt werden. Eine solche Analyse kann bei einer starken Abweichung zum Negativen eine Grundlage für eine Nachverhandlung mit dem Lieferanten sein; auf jeden Fall ist sie eine Grundlage für zukünftige gleiche oder ähnliche Beschaffungssituationen.

Leider wird eine derartige Analyse in der Praxis nicht regelmäßig und formal durchgeführt und dokumentiert. Dies mag auch damit zusammenhängen, dass negative Aspekte aus einer solchen Analyse nicht nur auf den Lieferanten, sondern auch auf den an der Auswahl der Produkte und Lieferanten beteiligten Personenkreis (Buying Center) zurückfallen. Wird eine solche Analyse daher vom Buying Center selbst durchgeführt, wird allenfalls über gravierende – und nicht vorhersehbare – Fehler des Lieferanten berichtet werden. In vielen Unternehmen wird daher eine solche Analyse von einer neutraleren Abteilung (Controlling, Revision im öffentlichen Bereich: Rechnungshof) durchgeführt. Es fragt sich allerdings, ob damit eine deutliche bessere Qualität der Analyse erreicht werden kann. Eine Revisionsabteilung kann lediglich die Einhaltung formaler Beschaffungsrichtlinien überprüfen; bei der Beurteilung qualitativer, sachlicher Fragen ist eine sachfremde Abteilung nach wie vor von dem Sachverstand der Personen abhängig, die an der Beschaffung beteiligt waren, sodass auch hier mit einer geringen Bereitschaft zu rechnen ist, eigene Fehler zuzugeben.

Ein Anbieter von Investitionsgütern, der bei der Beschaffung nicht berücksichtigt wurde, kann versuchen, über eigene Kanäle zur Geschäftsleitung des Kunden eine gründliche Überprüfung einer aus seiner Sicht fehlerhaften Beschaffungsentscheidung zu veranlassen. Dies ist allerdings eine sehr gefährliche Vorgehensweise, da im Erfolgsfall einige Mitglieder des Buying Centers erhebliche Schwierigkeiten bekommen können; ob dies eine gute Grundlage für eine weitere Zusammenarbeit mit dem Kunden ist, sei dahingestellt. Sinnvoll kann eine solche Vorgehensweise sein, wenn im Buying Center mindestens zwei Fraktionen bestehen und die unter-legene Fraktion versucht, mithilfe des ebenfalls unterlegenen Wettbewerbers einige Personen aus der erfolgreichen Fraktion anzugreifen, um in Zukunft ihre Auffassungen durchsetzen zu können.

1.3 Typologien von Investitionsentscheidungen

Eine berechtigte Kritik an dem Kaufklassenansatz besteht in der fehlenden Berücksichtigung der Bedeutung eines einzelnen Kaufes für das beschaffende Unternehmen: Einem Neukauf einer unwichtigen Komponente ist sicher weniger Aufmerksamkeit zuzuordnen als dem modifizierten Wiederkauf eines sehr wichtigen und sehr teuren Aggregats. Eine derartige Typologie haben *Kirsch/Kutschker (1978)* aufgestellt:

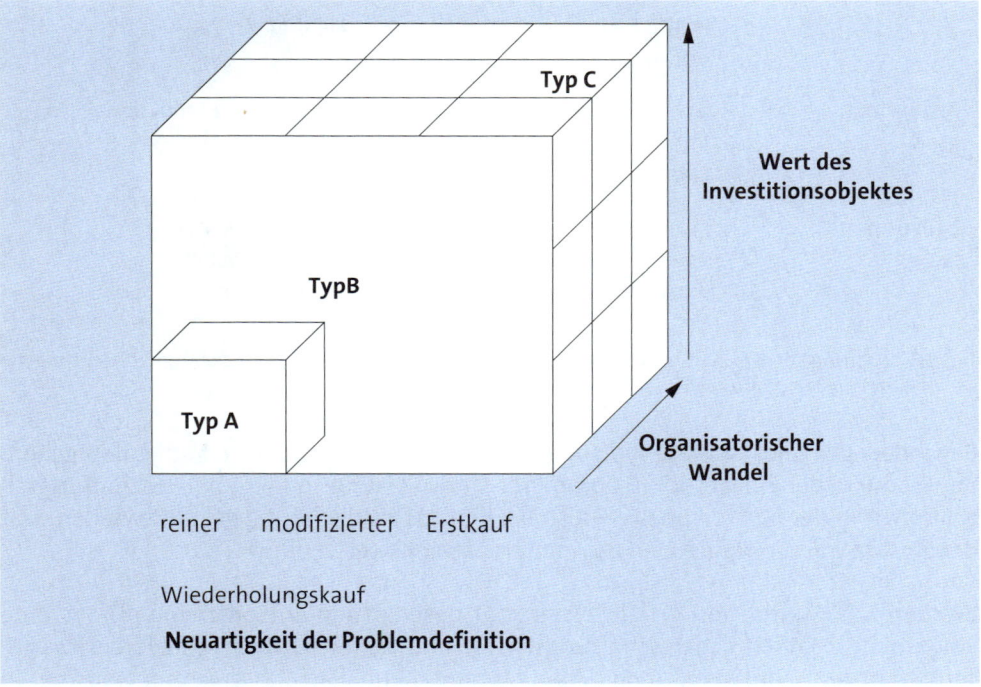

Abb. 2: Typologie von Beschaffungsentscheidungen
Quelle: *Kirsch/Kutschker*

Diese Differenzierung betrachtet drei Faktoren:

▶ die Neuartigkeit der Problemdefinition (im Prinzip die Kaufklassen von *Robinson/Faris/Wind)*
▶ der Wert des Objekts
▶ der Einfluss auf die betrieblichen Abläufe.

Daraus haben *Kirsch/Kutschker* drei Typen von Beschaffungsentscheidungen entwickelt:

Typ A: sehr einfache Beschaffungsvorgänge

Typ B: außerordentlich komplexe und für das Unternehmen bedeutsame Vorgänge

Typ C: alle Zwischenformen, die allerdings in der Praxis am häufigsten anzutreffen sind.

1.4 Typologie von Beschaffungsentscheidungen auf der Basis von Häufigkeit und Bedeutung

Eine weitere sinnvolle Unterscheidung kann nach den Kriterien „Häufigkeit der Beschaffungen" und „Bedeutung der Beschaffung für das Unternehmen" erfolgen. In einer einfachen Gliederung, bei der nur jeweils zwei extreme Ausprägungen betrachtet werden sollen, ergibt folgende Matrix:

	Häufigkeit: selten	Häufigkeit: oft
Bedeutung: groß	Große Maschinen, Immobilien, Fahrzeugflotten	Teile für die Produktion (A- und B-Teile)
Bedeutung: gering	Einzelne Spezialmaschinen, einzelne Fahrzeuge	C-Teile, „MRO", Büromaterial, Dienstreisen

Tab. 2: Gliederung von Beschaffungsentscheidungen im B2B-Bereich nach Häufigkeit und Bedeutung der einzelnen Beschaffungen

Besonders geeignet ist diese Typologie für die Beurteilung, ob beim Kauf entsprechender Produkte der Einsatz von E-Commerce sinnvoll ist. Besonders bei Beschaffungssituationen in der rechten Spalte – also bei Produkten, die häufig gekauft werden – ist der Einsatz von „Computerized Buying" empfehlenswert.

Werden auf Käufer- und Verkäuferseite zur Beschaffung entsprechende IT-Systeme eingesetzt, so lassen sich Beschaffungskosten und -zeiten deutlich reduzieren. Das gesamte Konzept wird als „Supply Chain Management" (SCM) bezeichnet, soll aber in diesem Buch nicht weiter vertieft werden. Entsprechende ausführliche Darstellungen finden sich u. a. bei *Corsten/Gössinger (2001), Corsten/Gabriel (2002)* und *Blecher (2006)*.

Beschaffungstypen, die eher selten in Unternehmen vorkommen und die eine große Bedeutung für das Unternehmen haben, eignen sich weniger für E-Commerce, weil dabei normalerweise sehr viele spezielle Fragestellungen zu bearbeiten sind, die in standardisierten E-Commerce-Anwendungen kaum abgedeckt werden können. Lediglich die Übermittlung von Informationen kann durch das Internet erleichtert werden für Detailfragen wird aber die persönliche Verhandlung nach wie vor erforderlich sein.

Für Beschaffungen schließlich, die selten vorkommen und eine geringe Bedeutung haben, lohnt sich vermutlich der mit einer E-Commerce-Lösung verbundene Aufwand nicht, sodass eine konventionelle Lösung im Vordergrund stehen dürfte.

2. Buying Center

Eine erfolgversprechende Strategie im Business-to-Business-Marketing darf nicht nur die Abläufe einer Beschaffung analysieren, um die in jeder Phase adäquaten Aktionsparameter bestimmen zu können. Vielmehr ist auch eine intensive Beschäftigung mit den organisatorischen und personellen Abläufen auf der Beschaffer-Seite notwendig. Im Gegensatz zum Konsumgütermarketing, bei dem Kaufentscheidungen überwiegend von *einer* Person getroffen werden, hat das Business-to-Business-Marketing zu berücksichtigen, dass Beschaffungsentscheidungen – von extremen Ausnahmen abgesehen – stets von *mehreren* Personen getroffen werden (auch bei den seltenen Fällen, in denen nur eine Person an der Beschaffung beteiligt ist, wird von dieser Person in der Regel eine nachvollziehbare Rechtfertigung der Entscheidung verlangt). Die Gruppe der mit einer Beschaffung befassten Personen (und ggf. Organisationen) bezeichnet man als Buying Center (BC); eine andere Bezeichnung in der englischsprachigen Literatur ist „decision-making-unit" (DMU).

Das Buying Center ist eine informelle Gruppe, die nur für jeweils *eine* anstehende Beschaffungsentscheidung gebildet wird. Dies schließt nicht aus, dass ein großer Teil der Mitglieder des Buying Center regelmäßig oder grundsätzlich an Beschaffungen beteiligt ist (*Rolfes*, 2012).

Für das Buying Center gilt daher:

▶ Es ist eine informelle Gruppe der in einer konkreten Beschaffung involvierten Personen.

▶ Auch Außenstehende können zum Buying Center gehören.

▶ Häufig hat niemand einen vollständigen Überblick über die Mitglieder des BC.

▶ Die Mitglieder des BC spielen verschiedene Rollen.

▶ Eine Rolle kann von mehreren Personen gespielt werden (z. B. mehrere Beeinflusser).

▶ Eine Person kann mehrere Rollen spielen (z. B. Benutzer und Entscheider).

▶ Einzelne Rollen können nicht besetzt sein.

Aus Sicht des Business-to-Business-Marketing ist es wichtig, eine möglichst vollständige Übersicht über das Buying Center zu bekommen. Dazu gehört:

▶ Welche Personen mit welchen Funktionen gehören zum Buying Center?

▶ Welche sachlichen und persönlichen Interessen verfolgen diese Mitglieder?

▶ Welches aktive und passive Informationsverhalten zeigen diese Personen?

▶ Welches Entscheidungsverhalten haben die einzelnen BC-Mitglieder?

▶ Welche Bedeutung hat jedes einzelne Mitglied in den verschiedenen Phasen des Kaufprozesses?

2.1 Rollenstruktur im Buying Center

Folgende Rollen können im Buying Center unterschieden werden:

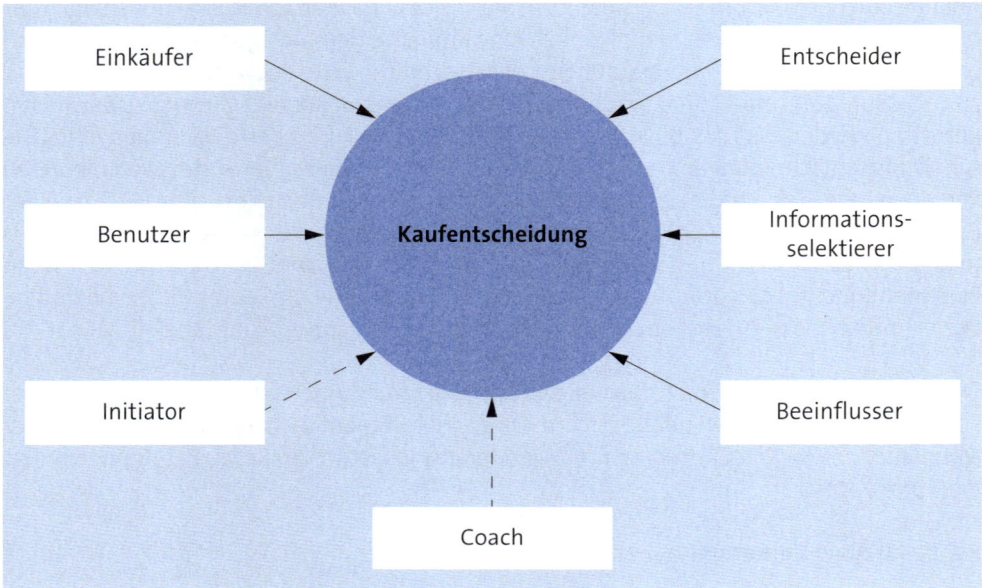

Abb. 3: Rollen im Buying Center

Initiator: Der Initiator liefert die ersten Impulse für eine Beschaffungsentscheidung in einem Unternehmen. Er stellt also fest, dass die Möglichkeit oder die Notwendigkeit besteht, etwas im Unternehmen zu ändern, das nicht nur mit eigenen Ressourcen möglich ist. Im Gegensatz zu den anderen Rollen des Buying Center, die fast ausschließlich durch Mitarbeiter des beschaffenden Unternehmens ausgefüllt werden, kann der Initiator auch außerhalb des Unternehmens stehen: Vor allem Kommunikationsaktivitäten eines Anbieters (z. B. durch Werbung, Verkaufsförderung oder persönlichen Verkauf) können eine neue Beschaffung anregen. Daneben können auch staatliche Stellen (z. B. durch neue gesetzliche Regelungen), Gewerkschaften (z. B. durch Forderungen nach mehr Ergonomie) oder Wettbewerber Anregungen für Neubeschaffungen geben.

In vielen Fällen spielt der Initiator im weiteren Fortgang der Beschaffung keine Rolle mehr, oder aber der Initiator übernimmt eine andere Rolle (z. B. des Benutzers oder des Entscheiders). Ist der Initiator außerhalb des beschaffenden Unternehmens, so kann das Internet vor allem im Rahmen der Vertriebsunterstützung, Verkaufsförderung und Kommunikation eingesetzt werden. Bestehende und potenzielle Geschäftskunden können über dieses Medium leicht und effizient erreicht werden. Für Initiatoren, die im Unternehmen sind, stehen vor allem die Informationsaspekte des Internets im Vordergrund.

Entscheider (decider): Entscheider sind vordergründig diejenigen Personen, die formal oder informell die letztendliche Kaufentscheidung fällen können. Bei identischem Wiederkauf kann das auch ein Mitarbeiter der Einkaufsabteilung sein, bei wichtigen Neukäufen wird eine solche Entscheidung von der Geschäftsleitung beschlossen werden.

Da sich die Geschäftsleitung nur in den seltensten Fällen mit den technischen Details befassen wird, können zu den Entscheidern auch die Personen gezählt werden, die den Beschaffungsvorgang in eine wichtige und irreversible Richtung lenken können; dies kann bereits in einer frühen Phase geschehen, wenn KO-Bedingungen definiert werden, die viele Anbieter aus der weiteren Betrachtung ausschließen.

Bei wichtigen Beschaffungsentscheidungen (und nur um diese soll es hier gehen) dürfte die Nutzung des Internets kaum einen wesentlichen Einfluss auf den Entscheider bzw. das Entscheidungsgremium haben.

Beeinflusser (influencer): Beeinflusser sind Personen im Buying Center, die erheblichen Einfluss auf die Auswahl der Beschaffungskriterien und -alternativen haben. Da diese Personen den Entscheidungsprozess maßgeblich beeinflussen, ist es für die Anbieter-organisation sehr wichtig, einen guten Kontakt zu diesen Mitgliedern des Buying Centers herzustellen und zu halten. Beeinflusser können auch außerhalb des Unternehmens stehen (z. B. die öffentliche Meinung oder Gewerkschaften).

Auch bei der Rolle des Beeinflussers ist – außer den Kommunikationskomponenten – keine wesentliche Änderung des Käuferverhaltens durch E-Commerce bzw. Internet zu erwarten.

Informationsselektierer (gatekeeper) haben Einfluss auf den Informationsfluss im Buying Center; sie haben zwar keinen oder nur einen ganz geringen direkten Einfluss auf die zu treffende Entscheidung, sind aber wegen ihrer guten Übersicht über den Informationsstand im Beschaffungsprozess ein wichtiger Kontaktpartner für die Anbieter-organisation. Informationsselektierer können Assistenten von Entscheidungsträgern sein – aber auch Sekretärinnen.

Für den Informationsselektierer können E-Commerce bzw. Internet ein ganz entscheidendes Instrument sein. Die vielfältigen Möglichkeiten, schnell, global und umfassend Informationen zu gewinnen, vereinfacht die Arbeit eines Informationsselektierers ganz entscheidend. Anbieter, die für einen Informationsselektierer nicht erkennbar sind bzw. mit deren Angebot er nichts anfangen kann, wird er in den weiteren Auswahlschritten nur in Ausnahmefällen berücksichtigen. Für Anbieter bedeutet dies, dass sie sich in ihrem Internetangebot entsprechend einstellen müssen. Zu dem Standardangebot, das ein Anbieter vorhalten sollte, gehören im B2B-Bereich detaillierte technische Daten, möglichst mit einer intelligenten Oberfläche (Konfiguratoren), sodass Informationsselektierer ohne große Mühe erkennen können, ob das Angebot für sie geeignet sein könnte.

Die Bedeutung der **Benutzer (user)** im Beschaffungsprozess ist sehr unterschiedlich: In manchen extremen Fällen werden die Benutzer im Buying Center überhaupt nicht vertreten sein, während in anderen Fällen die Benutzer von entscheidender Bedeutung sind. Es gehört zum Instrumentarium eines B2B-Anbieters, ggf. Benutzer oder Benutzergruppen von sich aus zu informieren und so in die Beschaffung einzuschalten, wenn er den Eindruck hat, dass die Berücksichtigung der Interessen der Benutzer für ihn vorteilhaft sein kann.

Internet und E-Commerce können für die Gruppe der Benutzer sehr unterschiedliche Bedeutung haben. Sofern Benutzer auch Initiatoren sind, gelten die oben erwähnten Aspekte. Andere Benutzergruppen können durch Internet wesentlich leichter informiert und in den Entscheidungsprozess involviert werden. Benutzer können – dadurch, dass sie sich besser informieren – stärker die Rolle des Informationsselektierers übernehmen. Soweit vorhanden ist der Kontakt zu anderen externen Nutzern („User Groups") durch das Internet leicht möglich. In der After-Sales-Phase ist das Internet als Informations- und Kommunikationsmedium sinnvoll einzusetzen, ggf. auch für den Support („Electronic Customer Care").

Der **Einkäufer (buyer)** spielt bei dem hier betrachteten komplexen Neukauf eine untergeordnete Rolle, während er beim modifizierten oder identischen Wiederkauf oft völlig selbstständig entscheiden kann. Einkäufer werden in diesem Fall das Internet während der Abwicklungsphase nutzen.

Der **Coach** ist eine Person im Buying Center, die mit dem Verkäufer besonders vertrauensvoll zusammenarbeitet, über die also der Verkäufer einen mehr oder weniger guten Zugang zum Buying Center hat. Ein Coach sollte vom Verkäufer aber mit großer Vorsicht betrachtet werden; es kommt häufig vor, dass ein Buying Center bewusst über den Coach Desinformation an den Verkäufer schickt, um ihn z. B. in Sicherheit zu wiegen, während tatsächlich der Abschluss mit dem Wettbewerber unmittelbar bevorsteht.

Die einzelnen Rollen haben in den unterschiedlichen Phasen einer Beschaffung nicht die gleiche Bedeutung; *Webster/Wind* haben die Schwerpunkte in folgenden Kombinationen gesehen:

		Rollen				
		Benutzer	Beeinflusser	Einkäufer	Entscheider	Gatekeeper
Beschaffungsphase	Bedarfserkennung	X	X			
	Klärung von Zielen	X	X	X	X	
	Ermittlung von Beschaffungsalternativen	X	X	X		X
	Bewertung von Alternativen	X	X	X		
	Lieferantenauswahl	X	X	X	X	

Tab. 3: Phasen der Beschaffung
Quelle: *Webster/Wind* (1972, S. 80)

Die Benutzer werden allerdings in der Realität nicht immer in dem gebotenen Maß in die Beschaffungsentscheidung miteinbezogen (*Hofmann/Maucher/Hornstein/Ouden*, 2012).

2.2 Zielstruktur im Buying Center

Neben der Kenntnis der Rollen, die in einem Buying Center wahrgenommen werden, ist es für den Anbieter wichtig, die – möglicherweise sehr unterschiedlichen – Ziele der einzelnen im Buying Center vertretenen Funktionen und Personen zu kennen und deren Konsequenzen auf die Beschaffung zu berücksichtigen.

Bei rein aufgabenbezogenen sachlichen Zielen wie Preis, Qualität, Liefertreue, Service etc. gibt es eine Reihe von personenbezogenen „unsachlichen" Kriterien, die gleichwohl das Verhalten von Buying-Center-Mitgliedern beeinflussen können. Dazu gehören positive Aspekte, wie mögliche Beförderungen oder Gehaltserhöhungen aufgrund eines erfolgreich durchgeführten Beschaffungsprojekts, wie auch die Furcht vor negativen persönlichen Auswirkungen einer Beschaffung, die die Erwartungen nicht erfüllt.

2.2.1 Aufgabenbezogene Ziele

Die unterschiedlichen aufgabenbezogenen Ziele sind nicht bei allen Mitgliedern des Buying Centers in gleicher Form vertreten – es ist im Gegenteil eher die Regel, dass im Buying Center unterschiedliche Ziele und Vorstellungen der verschiedenen Unternehmensfunktionen scharf aufeinanderprallen: Ein Benutzer wird vor allem Funktionalität, Leistung und Qualität des neuen Produktes maximieren wollen, während der Vertreter der Finanzabteilung die Wirtschaftlichkeit in den Vordergrund stellen wird. Folgende unterschiedliche Kriterien und deren Bedeutung bei den unterschiedlichen Mitgliedern eines Buying Center sind häufig anzutreffen:

Entscheidungskriterien aus Sicht verschiedener Unternehmensbereiche

Finanzabteilung
- Mengenrabatte
- Anbieter erfüllt alle Verträge

Produktionsplanung
- Anbieter kann auch im Notfall schnell liefern
- reagiert flexibel auf Umbestellungen

Einkauf
- Anbieter erfüllt stets die Qualitätskriterien
- weist rechtzeitig auf Probleme hin
- liefert auch bei Lieferengpässen
- beantwortet immer alle Fragen

Produktion
- pünktliche Lieferung
- nimmt fehlerhafte Produkte fair zurück
- gibt Gutschrift für Nacharbeiten

Qualitätskontrolle
- Anbieter erfüllt stets die Qualitätskriterien

Abb. 4: Entscheidungskriterien im Buying Center
Quelle: *Reeder/Brierty/Reeder* (1991), siehe auch *Hofmann/Maucher/Hornstein/Ouden* (2012)

Diese Ziel- und Kriterien-Divergenz kann in unterschiedlichen Unternehmen sehr verschieden ausgeprägt sein: Ein Computerbenutzer in einer Bank wird auf die Stabilität und den Komfort des eingesetzten Computersystems den höchsten Wert legen, während für einen Informatiker, der einen Computer in einem Informatik-Institut benutzt, diese Kriterien von geringer Bedeutung sind und Novität und Leistung des Systems von entscheidender Bedeutung sind.

Diese eher qualitative Analyse der Beschaffungsziele und Kriterien eines Buying Center können quantifiziert werden, um in einer einfachen Übersicht darstellen zu können, welche Kriterien für welche Mitglieder des Buying Center von besonderer Bedeutung sind. Ein Beispiel ist folgender Darstellung zu entnehmen:

Beispiele

		Bereiche				
		Entwicklung	DV-Abt.	GF	Finanz	Einkauf
	Buying-Center-Rolle	Benutzer	Informations-selektierer	Ent-scheider	Beein-flusser	Einkäufer
Kriterien	Kompetenz des Anbieters	20	20	40		
	Erweiterbarkeit des Produkts, Kompatibilität	10	20	10	10	40
	Installation des Produkts		10			10
	Zahlungsbedingungen				20	
	Ausbildung	30	30	50		10
	Funktionsumfang der Software	40	20			
	Wartung				70	
	Rentabilität					40

Tab. 4: Beispiele einer Beschaffungsanalyse für ein neues CAD-System für die Entwicklungsabteilung eines Unternehmens

Aus dieser Darstellung folgt, dass die einzelnen Funktionsbereiche des beschaffenden Unternehmens mit besonderer Intensität auf die Kriterien und Produkteigenschaften angesprochen werden sollten, bei denen 40 oder mehr Punkte erreicht wurden, während die anderen Kombinationen von sekundärer Bedeutung sind: Mit der Geschäftsführung wird man mehr über die Lösungskompetenz und die notwendige Ausbildung sprechen müssen, während den Finanzbereich vor allem die Wirtschaftlichkeit und den Einkauf die Erweiterbarkeit und die Wartung interessieren.

Es ist allerdings zu fragen, wie diese Angaben gewonnen und quantifiziert werden sollen. Die Autoren schlagen vor, diese Angaben durch Befragen der Einkäufer und anderer wichtiger Personen beim Kunden, aber auch aufgrund eigener Erfahrung festzusetzen. Insofern handelt es sich um ein subjektives Verfahren, das keinen hohen Anspruch an quantitative Genauigkeit erheben kann. Andererseits zwingt sich der Anbieter bei Anwendung des Verfahrens, jede mögliche Kombination zu durchdenken; er hat dadurch die Chance, wichtige Kriterien/Funktionsgruppen-Kombinationen zu identifizieren, die sonst möglicherweise übersehen worden wären.

2.2.2 Persönliche Interessen- und Bedeutungsanalyse

Neben dieser funktionalen Betrachtungsweise empfiehlt es sich, für jede Person im Buying Center eine gründliche Interessen- und Bedeutungsanalyse durchzuführen. *Kohli/Zaltman (1988)* haben folgende Fragen vorgeschlagen, die für jedes Mitglied des Buying Center beantwortet werden sollten:

Items zur Einflussmessung eines BC-Mitglieds:

1. Welches Gewicht messen die BC-Mitglieder seinen Meinungen zu?
2. Wie viel Einfluss hat er auf das Kaufverhalten der anderen BC-Mitglieder?
3. In welchem Ausmaß hat er die Kriterien für die endgültige Kaufentscheidung beeinflusst?
4. Welche Wirkung hat sein Mitwirken im BC in Bezug auf die Rangreihe der Kaufalternativen?
5. In welcher Intensität hat er andere Mitglieder im Hinblick auf die verschiedenen Kaufalternativen beeinflusst?
6. Wie stark kann er die anderen Mitglieder beeinflussen?
7. In welchem Ausmaß stimmt seine Beurteilung der Alternativen mit der Beurteilung der anderen BC-Mitglieder überein?
8. Wie stark beeinflusst sein Mitwirken die letztendliche Kaufentscheidung?
9. In welchem Ausmaß spiegelt die Kaufentscheidung seine Meinung wider?

2.3 Zusammensetzung des Buying Center

2.3.1 Organisation des Buying Center

Die Buying-Center-Organisation lässt sich nach *Johnston/Bonoma* (1981) entsprechend folgender vier Kriterien qualifizieren:

- ▶ **Vertikale Beteiligung** (vertical involvment): Anzahl der hierarchischen Stufen des Unternehmens, die Einfluss ausüben und innerhalb des Buying Center kommunizieren.
- ▶ **Horizontale Beteiligung** (lateral involvment): Anzahl der Abteilungen auf gleicher hierarchischer Stufe, die in den Beschaffungsprozess miteinbezogen werden.
- ▶ **Ausdehnung** (extensivity): Gesamtzahl der Personen, die in das Kommunikationssystem des Buying Center miteinbezogen sind.
- ▶ **Verbundenheit** (connectedness): Grad der tatsächlich in Bezug auf die Beschaffung durchgeführten Kommunikation.

Johnston/Bonoma (1981) haben die Beziehungen zwischen diesen Kriterien und der organisatorischen Struktur bzw. der Attribute der Beschaffungssitutation in folgender Matrix dargestellt:

	Formalisierung, erhöhte schriftliche Kommunikation	Zentralisierung (des Einkaufs)	Bedeutung	Komplexität	Novität	Kapitalgüter vs. Dienstleistungen
Vertikale Beteiligung			X	X		X
Horizontale Beteiligung	X		X	X	X	
Ausdehnung	X		X	X		X
Verbundenheit		X				

Tab. 5: Beziehungen in Beschaffungssituationen

Danach führt eine gesteigerte Formalisierung des Beschaffungsprozesses mit erhöhter schriftlicher Kommunikation zu einer stärkeren horizontalen Beteiligung anderer Abteilungen und zu einer größeren Ausdehnung des Entscheidungsprozesses auf mehr Personen. Eine große Bedeutung und eine große Komplexität führen demnach zu einer Erhöhung der vertikalen und horizontalen Beteiligung sowie zu einer stärkeren Ausdehnung des Entscheidungsprozesses.

2.3.2 Der Zugang zu den Mitgliedern des Buying Center

Bei der bisherigen Diskussion wurde implizit davon ausgegangen, dass die Mitglieder des Buying Center dem anbietenden Unternehmen bekannt und zugänglich sind. Diese Situation ist aber in der Praxis nur in den seltensten Fällen anzutreffen (vgl. *Rudolphi, 1981, S. 122 f.*).

Zunächst ist es wichtig, die Mitglieder des Buying Center zu **identifizieren**. Dies wird nur bei relativ kleinen Unternehmen gelingen; bei größeren Kundenorganisationen haben oft nicht alle Mitglieder des Buying Center einen genauen Überblick darüber, welche Funktionen in ihrem Unternehmen in welcher Stufe der Beschaffung miteinbezogen werden müssen – eine für den Beschaffer selbst oft recht schmerzliche Erfahrung. Es muss jedenfalls davon ausgegangen werden, dass es nicht gelingt, alle Mitglieder des Buying Center zu identifizieren.

Innerhalb der Mitglieder des Buying Center gibt es **dominierende** und weniger wichtige Personen. Da es ohnehin nur in den seltensten Fällen möglich ist, mit allen Personen Kontakt aufzunehmen, sind die dominierenden Personen aus dem Buying Center zunächst von besonderer Bedeutung.

Der dritte Faktor, der bei dieser Betrachtung wichtig ist, ist die **Ansprechbarkeit** dieses Personensegments. Nicht jedes Mitglied des Buying Center ist für den Anbieter in gleicher Weise ansprechbar. Gerade besonders wichtige Personen, insbesondere die Entscheider auf hohem hierarchischen Level im beschaffenden Unternehmen, haben weder die Zeit noch ein ausgeprägtes Interesse, sich mit Mitarbeitern des anbietenden Unternehmens eingehend zu beschäftigen. Sollte dies dennoch notwendig sein, ist im Selling Center der geeignete Gesprächspartner – möglichst auf gleichem oder sogar höheren hierarchischen Level – auszuwählen, der die entsprechenden Gespräche führt (leider haben diese Personen beim anbietenden Unternehmen häufig ebenfalls keine Zeit oder kein Interesse, sich bei relativ kleinen Projekten persönlich zu engagieren).

Diese drei Einschränkungen des Zugangs hat *Rudolphi* (*1981*) in folgender Darstellung veranschaulicht:

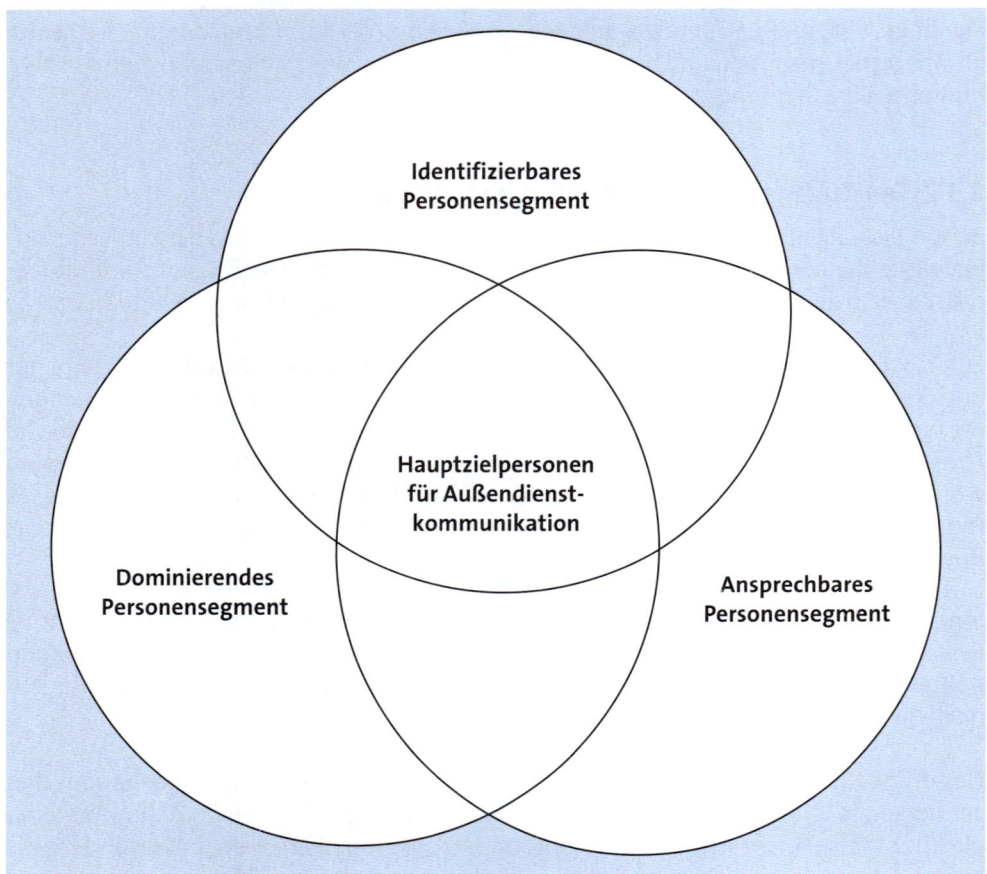

Abb. 5: Zugänglichkeit der Personen im Buying Center
Quelle: *Rudolphi* (*1981, S. 123*)

Wichtig sind die Personenkreise, bei denen eine Überschneidung der Eigenschaften vorliegt. Zunächst wird sich der Vertrieb auf die Personen konzentrieren, die identifizierbar sind, die eine dominierende Rolle spielen und die auch ansprechbar sind. Ausgehend von dieser Basis muss versucht werden, den Kreis der identifizierten Personen zu erweitern und auch zu bisher nicht ansprechbaren Personen einen Zugang zu finden.

2.4 Persönliche Faktoren bei der Entscheidungsfindung

Neben den unterschiedlichen fachlichen Zielen, die jedes Mitglied eines Buying Center aufgrund seiner speziellen Position im Unternehmen verfolgen muss, kommen personenbezogene Faktoren hinzu, die bei einer fachlich identischen Situation zu einer unterschiedlichen Entscheidungspräferenz führen können. Ein großer Teil dieser Differenzen lässt sich im weitesten Sinn erklären durch die Art und Weise, wie ein Individuum im Buying Center mit Risiko umgeht (*Fargel, 2007*).

Da nicht-triviale Entscheidungen stets Entscheidungen unter (z. T. erheblicher) Unsicherheit sind, entsteht aus jeder Beschaffungsentscheidung ein mehr oder weniger großes Risiko, und zwar einerseits ein wirtschaftliches für das Unternehmen, aber auch ein persönliches Risiko für jede der an der Beschaffungsentscheidung beteiligten Personen.

Das Risiko des Unternehmens soll hier in diesem Zusammenhang nicht weiter vertieft werden; vielmehr soll versucht werden, die objektiven und subjektiven persönlichen Risiken der Mitglieder des Buying Center zu analysieren und entsprechende Implikationen für das Business-to-Business-Marketing daraus zu entwickeln.

Hawes/Barnhouse (1987) haben untersucht, welche Art von Risiko die an einer Beschaffung beteiligten **Einkäufer** empfinden und welche Bedeutung sie diesem Risiko zuordnen. Dazu wurde ein „Risikofaktor" entwickelt; dieser Faktor ergibt sich, wenn folgende zwei Beurteilungen miteinander multipliziert werden:

► Bedeutung des Risikos (1: ärgerlich, aber nicht ernst, 2: ziemlich ernst, 3: sehr ernst)

► Wahrscheinlichkeit des Risikos (1: nicht wahrscheinlich, 2: recht wahrscheinlich, 3: sehr wahrscheinlich).

Wird ein Risiko z. B. als sehr ernst, aber unwahrscheinlich empfunden, ergibt sich ein Risikofaktor von $3 \times 1 = 3$, während einem Risiko, das als ziemlich ernst und recht wahrscheinlich empfunden wird, ein Risikofaktor von $2 \times 2 = 4$ zuzuordnen ist.

In der folgenden Tabelle sind die Durchschnittswerte aus der empirischen Untersuchung von *Hawes/Barnhouse* angegeben:

Art des Risikos	Risikofaktor	Rang
Persönliche Enttäuschung, Frustration	6,32	1
Die Beziehungen zu den Benutzern werden leiden	5,13	2
Das Ansehen der Einkaufsabteilungen wird sich verschlechtern	3,59	3
Die nächste Leistungsbeurteilung wird ungünstig ausfallen	3,41	4
Die Chancen auf eine Beförderung verschlechtern sich	2,92	5
Die nächste Gehaltserhöhung wird geringer ausfallen	2,71	6
Das Ansehen unter den Kollegen wird sich verschlechtern	2,68	7
Verlust des Arbeitsplatzes	2,25	8
Verringerung des persönlichen Ansehens	1,78	9

Tab. 6: Risikoeinschätzung in Beschaffungssituationen

In einer Beschaffungssituation mit Unsicherheit gibt es eine Reihe von unterschiedlichen Lösungsstrategien:

► Reduktion der Unsicherheit durch Beschaffen von zusätzlichen Informationen oder durch Ausschluss von Risikoelementen (meist mit höheren Kosten)
► Verteilung des Risikos durch Aufteilung der Beschaffung auf mehrere Lieferanten (soweit möglich)
► Auswahl der intern „vertretbarsten" Beschaffungsalternative.

Während die ersten beiden Lösungsstrategien keiner weiteren Erläuterung bedürfen, soll die dritte Strategie – und ihre erhebliche Konsequenz für den Anbieter – ausführlicher dargestellt werden:

Für jedes am Beschaffungsprozess beteiligte Mitglied des Buying Center stellt sich die – nach Position und Aufgabe unterschiedlich bedeutsame – Frage: Welche Konsequenz hat ein positiver oder ein negativer Ausgang dieser Beschaffung auf meine persönliche berufliche Position?

Es ist offensichtlich, dass eine Beschaffung mit einem positiven Ergebnis eher positive Konsequenzen für die Beteiligten hat, während eine Beschaffung, deren Ergebnis nicht den Erwartungen entsprach, eher negative – möglicherweise sehr negative – Effekte für die Beteiligten haben kann.

Insbesondere bei einem negativen Ausgang stellt sich für jeden Beteiligten die Frage der Verantwortung. Verantwortung trägt jeder Mitarbeiter eines Unternehmens vor allem dann, wenn er eindeutige und nachvollziehbare Fehler gemacht hat. Daraus lässt sich ableiten, dass es für viele Beschaffer vor allem darauf ankommt, keine Fehler zu machen (zu den Entscheider-Typen s. u. 2.7).

In den meisten Beschaffungssituationen ist zwischen Beschaffungsalternativen auszuwählen, die sich einerseits durch ihr Risiko, andererseits durch die Kosten unterscheiden. Ein kostengünstigeres Angebot wird eher mit einem höheren Risiko behaftet sein (unbekannter Anbieter, einfachere Komponenten), während das risikoärmere Angebot eines Marktführers entsprechend höhere Kosten verursacht.

Die Entscheidungssituation lässt sich in folgender Matrix darstellen:

	Beschäftigungsrisiko: hoch Kosten: niedrig	Beschäftigungsrisiko: niedrig Kosten: hoch
Ergebnis: positiv	1	2
Ergebnis: negativ	3	4

Tab. 7: Entscheidungssituationen im Buying Center

Zu den einzelnen Situationen:

1. Es wurde eine kostengünstige, aber risikoreiche Alternative gewählt; das Ergebnis der Beschaffung ist positiv. Konsequenz für den Beschaffer: eine positive Beurteilung.

2. Es wurde eine risikoarme, aber teure Alternative gewählt; positives Ergebnis der Beschaffung. Konsequenz für den Beschaffer: keine besonderen Konsequenzen. Der Vorwurf, dass die kostengünstigere Alternative ebenfalls ausgereicht hätte, kann einerseits nicht definitiv bewiesen werden und andererseits mit dem Argument zurückgewiesen werden, dass der Erfolg der Beschaffung dann nicht sichergestellt gewesen sei; zudem ist bei einmaligen Beschaffungen der Beweis des Gegenteils grundsätzlich nicht möglich, da selbst erfolgreiche Beschaffungen der alternativen Anbieter in anderen Bereichen des Unternehmens oder bei anderen Kunden nicht beweisen, dass in diesem konkreten Fall der Erfolg eingetreten wäre.

3. Risikoreiche und kostengünstige Beschaffung; Ergebnis negativ. Der Beschaffer hat mit erheblichen negativen Konsequenzen zu rechnen. Er wird insbesondere die Übernahme des (erheblichen) Risikos gegenüber einer (niedrigen) Kosten-einsparung zu vertreten haben. Vor allem bei Beschaffungen, deren Leistung für das Unternehmen von vitaler Bedeutung sind („mission critical") wird dem Beschaffer selbst bei erheblichen Kostenunterschieden der Alternativen seine Entscheidung nachträglich als Fehler vorgeworfen werden, zumal das Argument „die teurere Lösung hätte die erwartete Leistung erbracht" nicht widerlegt werden kann.

4. Risikoarme, aber teure Alternative; Ergebnis negativ. Konsequenz für den Beschaffer: Es ist die Frage zu stellen, ob er einen Fehler gemacht hat. Bei einer gründlichen Vorbereitung der Beschaffung und der ordnungsgemäßen Vergabe an einen Marktführer ist dem Beschaffer normalerweise kein Fehler nachzuweisen, denn wenn selbst der Marktführer versagt – welcher andere Anbieter hätte beauftragt werden sollen? Die Annahme, ein kleinerer und unbekannter Anbieter hätte die Leistung besser (und günstiger) erbringen können, kann nachträglich nicht bewiesen werden. Der Beschaffer wird aus dieser Situation ohne erhebliche negative Konsequenzen hervorgehen.

Aus diesen Überlegungen ergibt sich, dass sich Mitglieder des Buying Center häufig – gerade in Großunternehmen – für die risikoärmere (aber kostenungünstigere) Alternative entscheiden werden.

Für das Marketing eines Marktführers ist dies ein ganz wesentliches Argument, welches in der Praxis von besonderer Bedeutung ist. Für IBM war (und ist) dies das entscheidende Verkaufsargument („No one ever got the sack for buying IBM", zit. nach *Hart, 1994, S. 108*).

2.5 Gruppendynamik im Buying Center

Neben diesen persönlichen Gründen für das Vorziehen einer bestimmten Lösung sind die gruppendynamischen Prozesse im Buying Center zu berücksichtigen. Sobald sich mehrere Personen auf eine Entscheidung einigen müssen, ist die Wahrscheinlichkeit groß, dass aufgrund unterschiedlicher Zielsetzungen unterschiedliche Auffassungen über die anzustrebende Lösung existieren; diese Divergenzen können zu einem Konflikt innerhalb des Entscheidungsgremiums führen.

In Abhängigkeit von dem Wunsch der einen Konfliktpartei, die eigenen Ziele und/oder die Ziele der Gegenseite durchzusetzen, haben *Day/Michaels/Purdue* (*1988*) folgende Konfliktlösungsstrategien unterschieden:

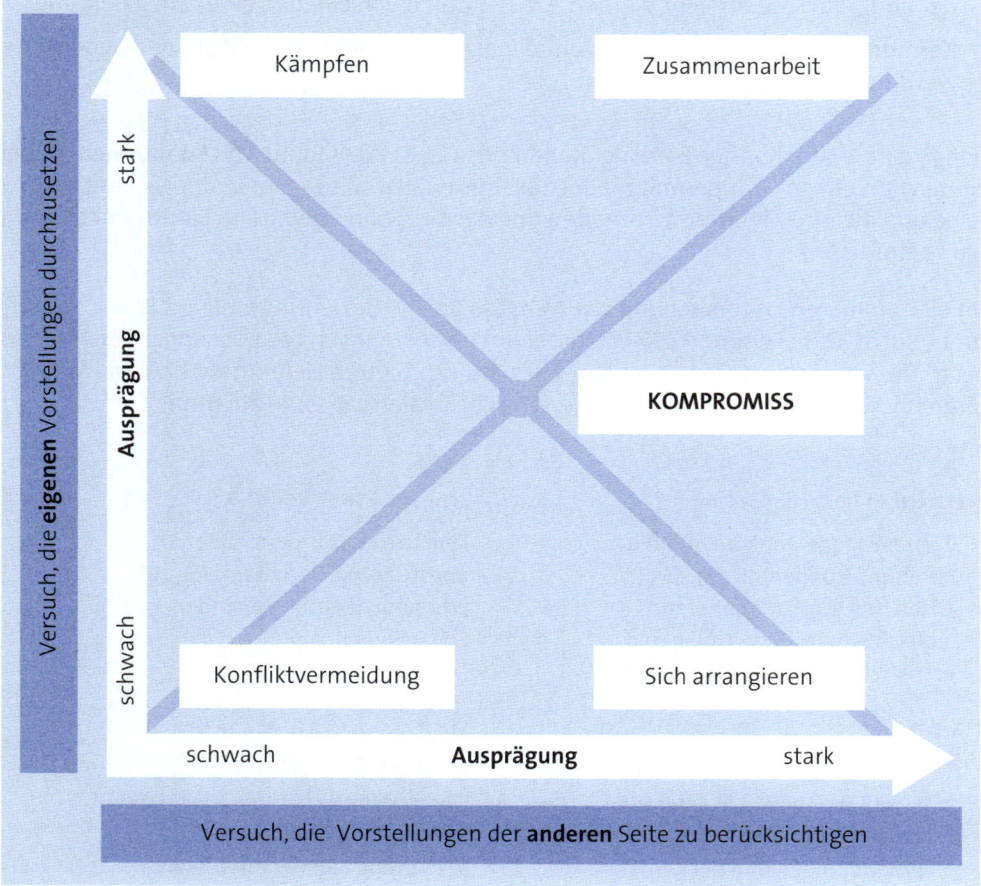

Abb. 6: Konfliktlösungsstrategien im Buying Center
Quelle: *Reeder/Brierty/Reeder* (*1991, S. 122*)

Die fünf Basisstrategien sind durch folgende Eigenschaften gekennzeichnet:

- **Kämpfen** (competing): Der Wunsch, die eigenen Ziele ohne Rücksicht auf die Argumente der Gegenseite durchzusetzen

- **Sich arrangieren** (accomodating): Der Wunsch, die Ziele der Gegenseite zu akzeptieren mit einem Verzicht auf das Durchsetzen der eigenen Vorstellungen (möglicherweise verbunden mit langfristigen persönlichen Zielen, beispielsweise eine erwartete „Belohnung" für dieses „Wohlverhalten")

- **Zusammenarbeit** (collaboration): Der Versuch, sowohl die eigenen Ziele wie auch die der anderen Seite möglichst vollständig zu erreichen

- **Konfliktvermeidung** (avoiding): Strategie, bei der weder die eigenen Ziele noch die der anderen Seite erreicht werden – meist durch Verschieben einer Entscheidung

- **Kompromiss** (compromise): Sowohl die eigenen, wie auch die Ziele der Gegenseite werden nur zu einem Teil erreicht.

Eine weitere sehr häufige Form der Konfliktlösung ist die Bildung von **Koalitionen**. Dabei versuchen einige Gruppenmitglieder zusammenzuarbeiten, um in der Gesamtgruppe eine qualifizierte Mehrheit zu erhalten und das Gruppenergebnis im Sinne der Koalition zu beeinflussen.

In einer neueren Untersuchung hat *Ivens* (2002) die Beziehungsstile im B2B-Geschäft untersucht. Dabei wurden 297 Einkäufer aus zwei Branchen (Verpackungsindustrie und Marktforschungsinstitute) nach ihrer Beziehung zu ihren Lieferanten befragt. Aus den Ergebnissen lassen sich folgende vier typische Beziehungsstile ableiten:

Stil 1 Hart aber herzlich 43,2 %	Stil 2 „Laissez-Faire" Stil 27,3 %
Starkes Engagement, um mit der Beziehung Kundennutzen zu stiften und Wert zu schöpfen. Zugleich striktes Monitoring und restriktive Positionen bei Konflikten	Reaktive statt proaktive Beziehungsführung. Beschränkung auf Erfüllung der grundlegenden Erwartungen.
Stil 3 **Ökonomischer Stil 22,5 %**	**Stil 4** **„Streitbarer" Stil 7 %**
In die Beziehung wird in jeder Hinsicht nur geringer Input gesteckt. In Verhandlungen und bei Konflikten werden weiche Reaktionen gezeigt.	Durchschnittlicher Input in der Beziehung. Zugleich aggressive Vertretung eigener Interessen.

Tab. 8: Beziehungsstile im Business-to-Business-Geschäft
Quelle: *Ivens* (2002)

Wie kaum anders zu vermuten, erweist sich Stil 1 als der erfolgreichste Beziehungsstil; die Stile 2 und 4 folgen auf Platz zwei, während Stil 3 in jeder Hinsicht unterlegen ist.

2.6 Unternehmenstypologien

Eine weitere Möglichkeit der Analyse von Entscheidungsprozessen bei Beschaffungen ist die Bildung von Typologien der beschaffenden Organisationen. Dabei soll es hier weniger um Unterschiede nach Größenordnung und/oder Branche gehen. Vielmehr ist im Bereich des Business-to-Business-Marketing die Bereitschaft zur Realisierung von Innovationen von besonderer Bedeutung.

Strothmann/Kliche (1989) haben vorgeschlagen, eine solche Typologisierung durchzuführen. In einer empirischen Untersuchung wurde versucht, verschiedene Niveaus des Innovationspotenzials zu definieren. Es ließen sich folgende drei Klassen von Organisationen bilden:

► HIPs: Unternehmen mit hohem Innovationspotenzial

► MIPs: Unternehmen mit mittlerem Innovationspotenzial

► NIPs: Unternehmen mit niedrigem Innovationspotenzial.

Nun ist es nicht immer leicht, ein Unternehmen einer derartigen Innovations-Klasse zuzuordnen. Es wurden daher zusätzlich Merkmale von Unternehmen analysiert, deren verschiedene Ausprägungen offenbar ein sehr gutes Indiz für die Zuordnung eines Unternehmens zu einer der Innovationsklassen darstellt.

Merkmale	HIP	MIP	NIP
Corporate Identity	oft	gelegentlich	kaum
Messebeschickung	zahlreich	durchschnittlich	durchschnittlich
Kontakte mit Universitäten und Hochschulen	sehr häufig	mittelmäßig	gelegentlich
Datenbankrecherchen	oft	gelegentlich	kaum
Produktinnovationen für neue Märkte	gelegentlich	kaum	keine
Produktprogramm	jung	durchschnittlich	alt
Kooperationen	häufig	gelegentlich	gelegentlich
Pressearbeit und Außendarstellung	intensiv	durchschnittlich	gering

Tab. 9: Zuordnung von Innovationsklassen
Quelle: *Strothmann/Kliche (1989, S. 75)*

Der Vorteil dieser Charakterisierung besteht darin, dass die einzelnen Merkmale und ihre konkrete Ausprägung relativ leicht – z. B. durch Besuche des Außendienstes – ermittelt werden können. Anbieter mit einem entsprechenden innovativen Produktprogramm können sich nach Durchführung einer solchen Analyse zielgerichtet auf HIP-Unternehmen und wichtige MIP-Unternehmen konzentrieren. Gleichzeitig kann ein solcher Anbieter versuchen, bei Unternehmen mit niedrigem Innovationspotenzial durch geeignete Kommunikation ein größeres Interesse an Innovationen – und damit an seinem Produktprogramm – zu wecken.

In einer Untersuchung des *Spiegel-Verlages* wurde die Verteilung der einzelnen Innovationspotenzialklassen in Abhängigkeit von der Unternehmensgröße ermittelt:

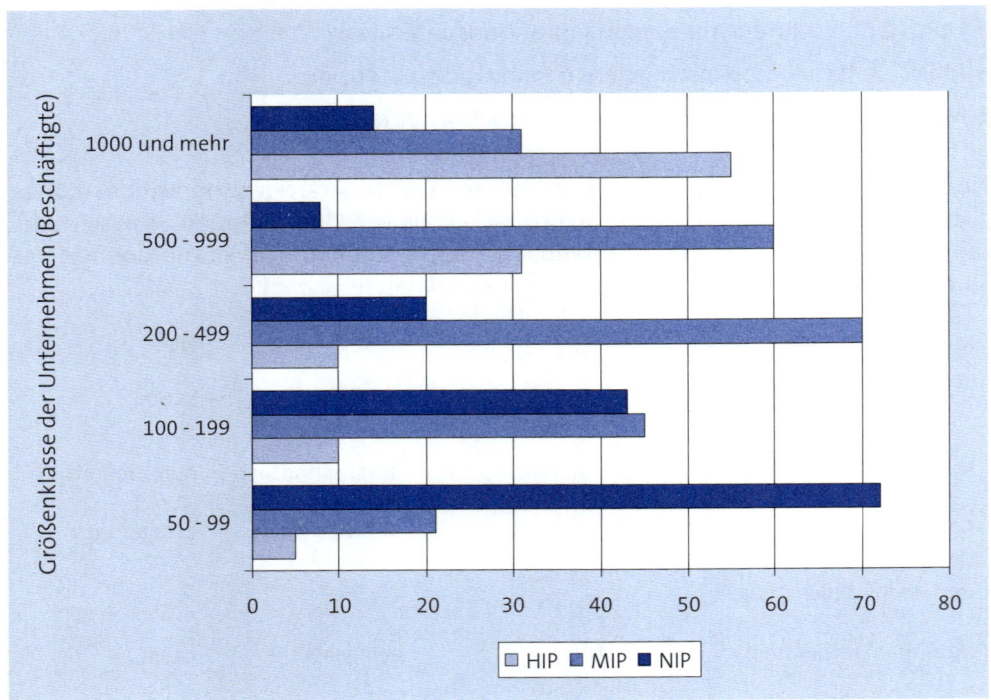

Abb. 7: Innovationspotenzial in Abhängigkeit von der Unternehmensgröße
Quelle: *Spiegel-Verlag* (1982, S. 14)

Demnach ist ein hohes Innovationspotenzial vor allem bei Großunternehmen anzutreffen, während kleinere Unternehmen ein sehr niedriges Innovationspotenzial aufweisen. In jüngster Zeit konnte dieser Trend in Deutschland unter anderem auch durch staatliche Unterstützung umgedreht werden. Dies hat zu herausragenden Innovationsbeispielen geführt, die unter anderem in der Veröffentlichung von *Lothar Späth* (2006) zu finden sind.

2.7 Entscheidertypologien

Mit der Typologisierung der Unternehmen ist ein weiterer wichtiger Schritt zu einer differenzierten Analyse des Beschaffungsverhaltens möglich geworden. Allerdings kann auch in Unternehmen der gleichen Innovationspotenzialklasse bei den unterschiedlichen, an einer Beschaffung beteiligten, Personen ein unterschiedliches Entscheidungsverhalten beobachtet werden. Dazu liegen vor allem drei Ansätze vor: das Promotoren-Modell von *Witte (1973)*, das Innovatoren-Modell von *Strothmann (1979)*; eine weitere Differenzierung haben *Droege/Backhaus/Weiber (1993)* vorgeschlagen.

2.7.1 Das Promotoren-Modell von *Witte*

Witte führt aus Basis empirischer Untersuchungen die Begriffe des Promotors und des Opponenten ein. **Promotoren** sind Personen, die einen Innovationsprozess aktiv fördern, während die **Opponenten** als Personen zu charakterisieren sind, die den Entscheidungsprozess zu hemmen oder zu verhindern versuchen (vgl. *Witte, 1973, S. 16 - 18*).

Daneben können auch Personen identifiziert werden, die dem Entscheidungsprozess eher indifferent gegenüberstehen; diese Personen haben für den Entscheidungsprozess keine besondere Bedeutung, solange sie indifferent bleiben. Aus Anbietersicht kann es sinnvoll sein, sich auch mit diesen Personen zu beschäftigen, da es in vielen Fällen gelingen kann, bei der betreffenden Person ein Interesse an der Entscheidung zu wecken. Insbesondere wenn zu einer derartigen indifferenten Person bereits gute persönliche Beziehungen bestehen, kann es nützlich sein, sie zu veranlassen, zu einem Promotor des Beschaffungsprojektes zu werden.

Sowohl für Promotoren als auch für Opponenten kann eine weitere Unterteilung gefunden werden, die auf der besonderen Qualität ihrer Verhaltensweise begründet ist: Diese kann aus der Macht bestehen, die die betreffende Person in ihrem Unternehmen ausübt (**Machtpromotor, Machtopponent**) oder aber aus den besonderen Fachkenntnissen, die die Person in der betreffenden Beschaffungssituation hat (**Fachpromotor, Fachopponent**); dabei ist auch der Fall zu beobachten, dass eine Person zwei Rollen in Personalunion ausübt (also z. B. gleichzeitig Macht- und Fachpromotor ist). Die Machtpromotoren sind eher in den oberen Hierarchiestufen der Unternehmen anzutreffen, während Fachpromotoren meist der mittleren bis unteren Ebene zuzurechnen sind.

Als weitere Gruppe von Promotoren haben *Hauschildt/Chakrabarti (1988)* den Typ des **Prozesspromotors** eingeführt. Diese Personen verfügen über ausgezeichnete Organisationskenntnisse und können für die Zusammenarbeit zwischen Fach- und Machtpromotor von großer Bedeutung sein. Die empirische Untersuchung von *Stefan Schmucker* zeigt entsprechende Beispiele aus der Automobilzulieferindustrie (*Schmucker, 2008*).

2.7.2 Das Innovatoren-Modell von *Strothmann*

Strothmann (1979) hat diese Analyse des organisationalen Beschaffungsverhaltens um noch stärker personenbezogene Aspekte erweitert. Er hat die Typologie der Fakten-Reagierer und der Image-Reagierer eingeführt.

*„Bei den **Fakten-Reagierern** handelt es sich um einkaufsentscheidende Fachleute, die in Entscheidungsprozessen unter dem Bestreben stehen, eine möglichst vollständige abgerundete Beurteilung hinsichtlich der angebotenen Produkte für sich selbst herbeizuführen."* (Strothmann, 1979, S. 99)

*„Bei den durch **Image-Reaktion** gekennzeichneten Entscheidungstypen handelt es sich um einkaufsentscheidende Fachleute, die in Entscheidungssituationen eher durch imagepolitische Maßnahmen beeinflussbar sind als durch rational bewertbare Datenkonstellationen."* (Strothmann, 1979, S. 100)

Neben diesen meist eindeutig abgrenzbaren Typen hat *Strothmann* Personen beobachtet, die keiner der beiden Typologien zuzurechnen sind. Diese **Reaktionsneutralen** verhalten sich jedoch in unterschiedlichen Entscheidungssituationen wie Image- oder wie Fakten-Reagierer.

In einer neueren Studie (*Spiegel-Verlag, 1988*) hat *Strothmann* eine weitere Typologie entworfen, in die Elemente des Promotoren-Modells wie auch der Image-Fakten-Reaktion eingeflossen sind. Diese **Entscheidertypologie** unterscheidet drei Typen:

- ▶ den **entscheidungsorientierten Typ**, der durch zügiges Entscheidungsverhalten gekennzeichnet ist
- ▶ den **faktenorientierten Typ**, der als „nahezu detailbesessen" zu kennzeichnen ist; er interessiert sich für alle Details und trägt dadurch oft zu einer Verzögerung der Entscheidung bei
- ▶ der **sicherheitsorientierte Typ**, der größten Wert auf die Ausschaltung jeglichen Risikos legt; er ist stark durch das Image eines Anbieters beeinflussbar und kommt daher dem Image-Reagierer recht nahe.

Für die Unterscheidung der drei Typen wurden folgende Merkmale ermittelt (*Spiegel-Verlag, 1988, S. 19; Strothmann/Kliche, 1989, S. 84 f.*):

	Der Entscheidungsorientierte	Der Faktenorientierte	Der Sicherheitsorientierte
Entscheidungsverhalten	▸ souverän ▸ zügig ▸ Alleinentscheider ▸ höchste Entscheidungsbeteiligung	▸ detailbesessen ▸ bedächtig, verzögernd, ohne Zeitdruck ▸ Mitwirkungsfunktion ▸ mittlere Entscheidungsbeteiligung	▸ abhängig von äußeren Faktoren ▸ zögernder Entscheider, macht sich Entscheidungen schwer ▸ Impulsgeber, Prüfer ▸ niedrigste Entscheidungsbeteiligung, mehrere Entscheider
Vorbereitung, Absicherung der Entscheidung	▸ kümmert sich nicht um Details ▸ denkt kausal, kennt wesentliche Fakten ▸ Vorarbeiten werden delegiert ▸ selektive Information, Info wird vorbereitet ▸ ist kein Ansprechpartner	▸ klärt alle Details selbst, treibt Entscheidungen voran ▸ hat Detailwissen, fachlich versiert ▸ Vorbereitende Aktivitäten und Klärungen: Angebote und Informationen ▸ breites Informationsspektrum, akzeptiert Machtpromoter ▸ ist wichtiger Ansprechpartner	▸ kümmert sich nicht um Details ▸ kümmert sich um Sicherheitsfragen: Service, Anwendungsmöglichkeiten ▸ Problemdefinition, Konzepterstellung ▸ selektive Information, Blick für Wesentliches ▸ ist kein Ansprechpartner

Tab. 10a: Kriterien für das Innovatoren-Modell

Imagedenken	▸ immun gegen Firmenimages ▸ qualitätsorientiert, nur bei gleicher Qualität entscheidet der Preis	▸ imageunabhängig ▸ preisorientiert	▸ Imagereagierer, sichert sich durch bekannte Namen ab. ▸ nur qualitätsorientiert
Art des Unternehmens	▸ unabhängig von der Betriebsgröße ▸ Forschungsaufkommen: 6,1 % ▸ Innovationspotenzial: etwa gleiche Verteilung ▸ im Konzern, Firmenverbund ▸ stark exportorientiert bei HIP ▸ GmbH und AG ▸ permanente Neuproduktentwicklung am ausgeprägtesten	▸ eher im mittelständischen Bereich ▸ Forschungsaufkommen hoch: 7,6 % ▸ häufig bei NIP, teilweise bei MIP ▸ eher in Einzelfirmen ▸ exportorientiert bei MIP ▸ häufig in GmbH, selten in AG	▸ überwiegend in Großunternehmen ▸ Forschungsaufkommen: 6,3 % ▸ häufig bei MIP ▸ im Konzern, FIrmenverbund ▸ stark exportorientiert bei HIP ▸ GmbH und AG
Führungsstil	▸ Praktiziert kooperativen Führungsstil, delegiert viel, von guter Zusammenarbeit abhängig	▸ Hierarchie teilweise ausgeprägt (sehr kleine und sehr große Betriebe)	▸ arbeitet am ehesten in Gruppen bedingt durch Firmengröße
Subjektive Meinung über Firmensituation	▸ Hat die negativste Meinung über den Innovationsstand seiner Firma	▸ Schätzt sein Unternehmen am positivsten ein	▸ ambivalent
Betätigungsfeld, Funktion	▸ Techniker, Kaufmann, kein Organisator ▸ Geschäftsleitung, Direktor, kaufmännische Leitung, Bevollmächtigter	▸ in allen Bereichen nicht in kaufmännischen ▸ Geschäftsleitung, Abteilungsleitung, Organisationsleitung	▸ Techniker, Organisator ▸ Konstrukteur, Entwickler, Organisator, Abteilungsleitungsleitung EDV ▸ hat die meisten zusätzlichen beruflichen Aufgaben
Ausbildung	▸ praktische Ausbildung im kaufmännischen, technischen Bereich ▸ Fachschule	▸ Lehre, Fachschule	▸ akademische Ausbildung, ▸ Uni, Technische Hochschule

Tab. 10b: Kriterien für das Innovatoren-Modell

Informationsverhalten im Entscheidungsverhalten	‣ Fachmessen ‣ User-Groups ‣ Dialog mit dem Hersteller ‣ Produkt-präsentation ‣ Fachliteratur	‣ Fachzeitschriften ‣ Fachliteratur ‣ Fachmessen ‣ User-Groups ‣ schriftliches Material der Hersteller ‣ Seminare ‣ Produkt-präsentationen	‣ breites Informations-spektrum, exklusive Quellen ‣ Kurse, Seminare ‣ Messen, Ausstellungen ‣ User-Groups ‣ Dialog mit dem Hersteller ‣ schriftliches Material der Hersteller ‣ Produktpräsentationen

Tab. 10c: Kriterien für das Innovatoren-Modell

Aus der Fülle des Materials der *Spiegel*-Untersuchung seien noch zwei weitere quantitative Ergebnisse dargestellt: Zum einen ist es wichtig zu wissen, in welchen Unternehmenstypen (HIP, MIP oder NIP) die verschiedenen Entscheidertypen anzutreffen sind:

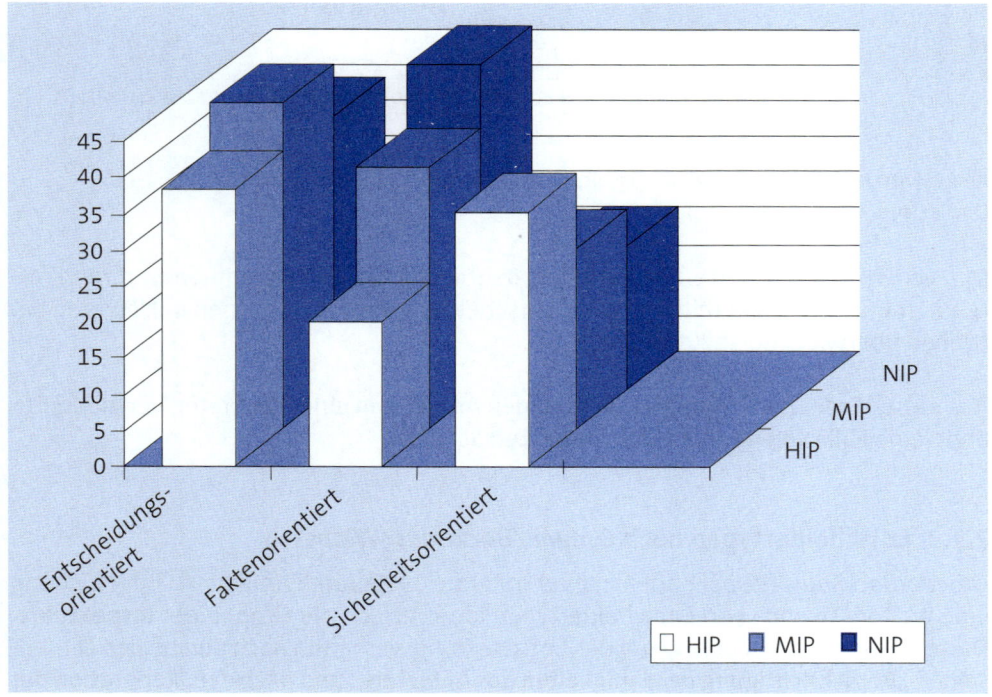

Abb. 8: Entscheidungstypen in Abhängigkeit vom Innovationspotenzial des Unternehmens
Quelle: *Spiegel-Verlag* (1988, S. 15)

Es zeigt sich, dass bei HIP-Unternehmen der entscheidungsorientierte und der sicherheitsorientierte Typ gleich häufig anzutreffen sind, während bei MIP-Unternehmen der entscheidungsorientierte und bei NIP-Unternehmen der faktenorientierte Typ klar dominiert.

Auch eine Analyse der Entscheidertypen in Bezug auf die Betriebsgröße wurde durchgeführt:

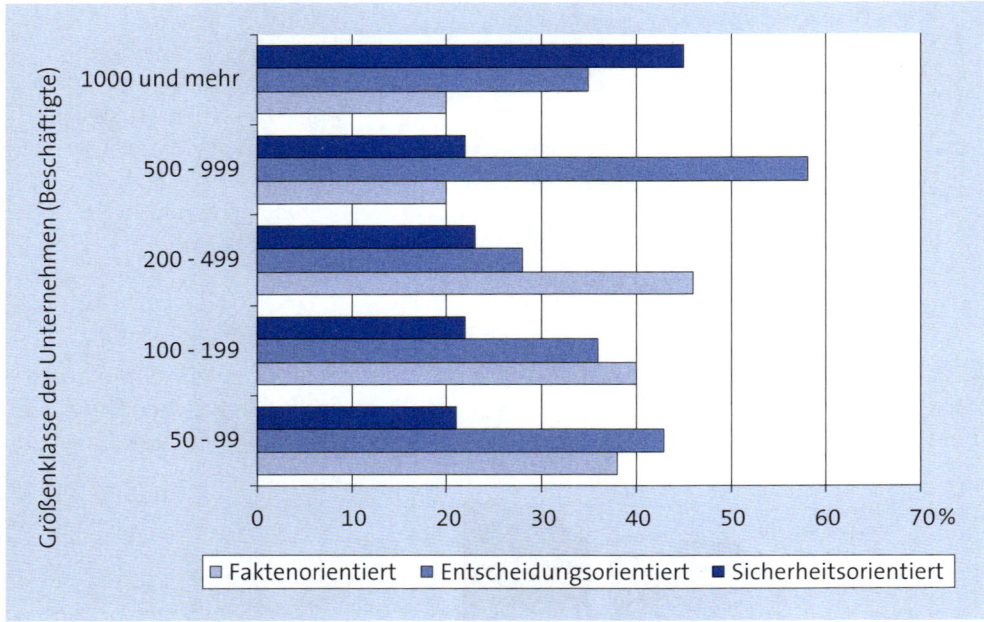

Abb. 9: Entscheidungstypen in Abhängigkeit von der Unternehmensgröße
Quelle: *Spiegel-Verlag* (*1988, S. 16*)

Der sicherheitsorientierte Typ dominiert deutlich in Großunternehmen, während faktenorientierte Typen in mittleren und entscheidungsorientierte Typen in kleineren Betrieben überwiegend anzutreffen sind.

Aus diesen Ergebnissen lassen sich für einen Anbieter in einer konkreten Vertriebssituation eine Fülle von interessanten Aspekten ableiten.

2.7.3 Entscheidertypen nach *Droege/Backhaus/Weiber*

Droege/Backhaus/Weiber haben in ihrer im Jahre 1992 durchgeführten Untersuchung eine weitere Gruppe von Entscheidertypen identifiziert: die Gruppe der **Inspekteure**. Diese Gruppe ist zu bilden, wenn das Entscheidungsverhalten nach den beiden Dimensionen **„Berücksichtigung der Fähigkeiten des Anbieters"** und nach der **„Reputation des Anbieters"** segmentiert wird; es entsteht dann folgende Matrix:

	Unterdurchschnittliche Berücksichtigung der Reputation des Anbieters	Überdurchschnittliche Berücksichtigung der Reputation des Anbieters
Überdurchschnittliche Berücksichtigung der Fähigkeiten des Anbieters	Faktenorientierte 25 %	Sicherheits-maximierer 34 %
Unterdurchschnittliche Berücksichtigung der Fähigkeiten des Anbieters	Inspekteure 23 %	Imageorientierte 18 %

Tab. 11: Entscheidertypen
Quelle: *Droege/Backhaus/Weiber (1993, S. 61)*

Die angegebenen Prozentzahlen geben die Verteilung der einzelnen Entscheidertypen bei den befragten Unternehmen an.

Die zusätzliche Kategorie der Inspekteure ist demnach weder durch die Reputation des Anbieters noch durch seine Fähigkeiten zu beeindrucken; diese Gruppe von Personen glaubt demnach offenbar nur das, was sie auch „inspizieren" kann. Derartige Personen zu überzeugen ist vor allem dann besonders schwierig, wenn das Produkt eine starke Innovation darstellt, deren Erfolg nicht im Voraus bewiesen oder inspiziert werden kann.

2.7.4 Machtstrukturen

Zur Beschreibung von Machtstrukturen wird meist das Konzept von *French/Raven (1959)* verwendet; dabei wird zwischen fünf verschiedenen Erscheinungsformen von Macht in Organisationen unterschieden:

Legitimierte Macht legitimate power	Formale Autoritäten einer Person, einen Entscheidungsvorschlag abzulehnen oder zu genehmigen.
Belohnungsmacht reward power	Die Macht, eine Entscheidung durch monetäre, soziale, karrieremäßige oder psychologische Belohnung herbeizuführen.
Bestrafungsmacht coercive power	Die Macht, eine entsprechende negative Sanktion zu verhängen.
Expertenmacht expertise power	Der Einfluss, der aufgrund speziellen Fachwissens (oder des Vorenthaltens entsprechender Informationen) ausgeübt werden kann.
Persönlichkeitsmacht personality power	Die Macht, die eine Person aufgrund ihrer persönlichen Überzeigungskraft oder Begeisterungsfähigkeit auf andere ausüben kann.

Tab. 12: Machtkriterien in Unternehmensentscheidungen

Wichtig bei der Betrachtung dieser „Macht-" bzw. „Einfluss"-Aspekte ist, dass es in vielen Situationen nicht ausreicht, viele Beteiligte zu einem Ja zu gewinnen; vielmehr reicht oft ein einziges Nein aus, den ganzen Entscheidungsprozess in eine andere Richtung zu lenken oder gänzlich zu stoppen. Ein Anbieter sollte daher sehr großen Wert darauf legen, vor allem Gegner eines Projektes und ihre Machtposition zu identifizieren, um sie entweder umzustimmen oder einen starken Befürworter zu finden, der den Gegner neutralisieren kann.

3. Bedarfsentwicklung in Organisationen

In der Marketingliteratur werden Beschaffungen von Unternehmen implizit vor allem unter dem Aspekt einer Änderung im Beschaffungsverhalten gesehen – dies ist verständlich, denn die Analyse eines unveränderten Wiederkaufs ist gegenüber einem Neukauf wesentlich unergiebiger.

Geht man allerdings von einem Gleichgewichtszustand an den Investititionsgütermärkten aus, so ist die Frage zu stellen, aus welchen Gründen ein beschaffendes Unternehmen seine etablierten Einkaufsbeziehung überprüfen oder sogar ändern sollte. Zum besseren Verständnis dieses Prozesses ist es hilfreich, die möglichen Faktoren, die eine derartige Veränderung initiieren können, systematisch zu betrachten (vgl. *Koppelmann (1993)*, Beschaffungsmarketing):

Es lassen sich vier große Komplexe isolieren, innerhalb derer die Ursachen für eine Überprüfung des Beschaffungsverhaltens liegen können:

1. im beschaffenden Unternehmen selbst
2. im Absatzmarkt des beschaffenden Unternehmens
3. im Beschaffungsmarkt
4. in der Umwelt des beschaffenden Unternehmens.

Zu 1.: im beschaffenden Unternehmen selbst
Die wichtigste Ursache für Änderungen des Beschaffungsverhaltens ist eine **Änderung des Produktsortiments** des Unternehmens; dabei steht die Einführung von neuen Produkten oder die Einführung neuer Technologien (Innovation) im Vordergrund. Daneben können **Rationalisierungsmaßnahmen** bei den produktionstechnischen Anlagen oder aber auch bei der Organisation von Bedeutung sein.

Gerade in wirtschaftlich schwierigen Zeiten kann zudem auch eine generelle Änderung der **Beschaffungs- und Wirtschaftlichkeitskriterien** in einem Unternehmen dazu führen, dass sich das Beschaffungsverhalten ändert – also dass z. B. die Qualität gegenüber dem Preis geringer gewichtet wird, was sofort zu einer Entscheidung für andere Anbieter führen kann.

Wie in dem Abschnitt über das Buying Center bereits erarbeitet wurde, spielen neben den rein wirtschaftlichen Argumenten auch personengebundene Aspekte eine große Rolle bei organisationalen Beschaffungen. Daher können **personelle Änderungen** in der Zusammensetzung des Buying Center Ursache für Änderungen des Beschaffungsverhaltens sein; insbesondere neu in das Buying Center entsandte Mitarbeiter neigen dazu, ihre eigene Wichtigkeit dadurch zu betonen, dass einige Entscheidungen anders getroffen werden als vor der personellen Änderung im Buying Center.

Zu 2.: im Absatzmarkt des beschaffenden Unternehmens

Selbst wenn sich an der Grundstuktur des beschaffenden Unternehmens nichts ändert, so können dennoch Änderungen des Absatzmarktes auf die Beschaffungsseite Auswirkungen haben. Dabei ist vor allem an Mengenänderungen auf den Absatzmärkten zu denken, die im negativen Fall einen entsprechend geringeren Bedarf an Teilen, aber auch einen geringeren Kapazitätsverbrauch und damit eine Streckung der Investitionsbedarfe mit sich bringen. Im positiven Fall einer Absatzsteigerung entsteht demgegenüber ein erhöhter Bedarf an Teilen für die Produktion, gleichzeitig werden die bestehenden Kapazitäten stärker genutzt, sodass für den Anbieter eher die Chance zum Absatz zusätzlicher Kapazitäten besteht.

Auf den Absatzmärkten können sich neben den Mengen aber auch die Preise ändern. Im Fall einer Preissenkung auf den Absatzmärkten wird ein Unternehmen versuchen, einen Teil dieser Margenreduktion durch eine Reduzierung der Beschaffungskosten zu kompensieren. Bei einer Verbesserung des Preisniveaus auf den Absatzmärkten kann die Preissensitivität bei Beschaffungen entsprechend sinken, sodass in einer derartigen Situation für den Anbieter gute Chancen bestehen, ebenfalls höhere Preise durchzusetzen.

Neben diesen ökonomischen Faktoren können auch andere Aspekte des Absatzmarktes für die Beschaffung eine bedeutende Rolle spielen: Auf vielen Konsumgütermärkten ist es von Bedeutung, die Verwendung ökologisch unproblematischer Einsatzstoffe oder Fertigungsverfahren nachzuweisen; daher können diese Anspruchsänderungen des Marktes entsprechende Reaktionen auf der Beschaffungsseite induzieren.

Zu 3.: im Beschaffungsmarkt

Änderungen im Beschaffungsmarkt können zunächst beim bisherigen Lieferanten selbst liegen: Qualitätsprobleme, Preiserhöhungen, unpünktliche Lieferungen oder ähnliche negative Faktoren können dazu führen, dass ein bisheriger Abnehmer sein Beschaffungsverhalten überprüft.

Daneben tritt der Einfluss des Marktes, insbesondere der Wettbewerber. Andere Anbieter werden permanent versuchen, in eine bestehende Lieferanten-Kunden-Beziehung einzudringen, indem sie die Vorteilhaftigkeit ihres Leistungsangebotes für den Kunden darstellen. Da die bestehende Lieferanten-Kundenbeziehung aufgrund von rationalen Beschaffungskriterien aufgebaut wurde, haben die Wettbewerber nur dann eine Chance für eine Re-Evaluation der Beschaffung, wenn sie nachweisen können, dass sich wesentliche Dinge geändert haben. Dies ist vor allem dann der Fall, wenn es dem

Wettbewerber gelingt, innovative Leistungen anzubieten, die eine Neubetrachtung des Beschaffungsvorgangs erforderlich machen. Der etablierte Anbieter hat nur dann die Chance, ein solches Eindringen zu verhindern, wenn er entweder gleichwertige Angebote machen kann oder aber sich vertraglich für einen längeren Zeitraum beim beschaffenden Unternehmen abgesichert hat.

Zu 4.: in der Umwelt des beschaffenden Unternehmens

Unter diesem Aspekt sind vor allem staatliche und gesellschaftliche Einflüsse auf die Entwicklung eines Unternehmens zu betrachten. Viele dieser Einflüsse haben den Charakter von Auflagen, zu deren Beachtung das Unternehmen gezwungen ist. Aus Marketing-Sicht eines Anbieters haben derartige Faktoren den Vorteil, dass sie in der Regel nicht kurzfristig eintreten, sondern eine eher mittelfristige Dynamik zeigen; ein Anbieter kann sich also sehr gut auf derartige Veränderungen – soweit sie sein Produkt- und Leistungsspektrum betreffen – einstellen und den Kunden durch entsprechende Marketingmaßnahmen für sich gewinnen bzw. selbst aktiv darauf einwirken.

Beispiele

Als Beispiel eines derartigen Einflusses ist die Gestaltung von Bildschirmarbeitsplätzen bei Computern zu erwähnen: Unabhängig von den tatsächlich geltenden Arbeitsschutzbestimmungen war Anfang der 90er-Jahre die Erfüllung bestimmter schwedischer Normen auch auf dem deutschen Markt ein wichtiges Kriterium, obwohl diese Normen keine Gesetzeskraft hatten; Anbieter, die die Erfüllung dieser „Normen" nicht nachweisen konnten, hatten wesentlich erschwerte Absatzchancen. Dies ist gleichzeitig auch ein Beispiel dafür, dass offenbar einige Anbieter mit diesen Normen gezielt eine geschickte Marketingpolitik betrieben haben, z. B. auch durch Einschaltung der an dem Beschaffungsprozess dieser Produkte zu beteiligenden Betriebsräte und Gewerkschaften.

Jede Änderung eines der hier beschriebenen Faktoren kann zu einer Überprüfung des bisherigen Beschaffungsverhaltens führen – im trivialen Fall des unmodifizierten Wiederkaufs können Schwankungen auf der Absatzseite eines Kunden zu entsprechenden Korrekturen bei der Beschaffung von Komponenten führen. So führt beispielsweise der Rückgang des Neuwagenabsatzes eines Automobilherstellers zu einem entsprechend geringeren Einkaufsvolumen an Reifen für die Erstausstattung.

Bereits in einem solchen „einfachen" Fall sind Chancen für die Marketingfunktionen des Lieferanten zu sehen: Sofern er nicht der alleinige Lieferant dieser Reifen ist, stellt sich sofort die Frage nach der Verteilung der Mengenänderung auf die verschiedenen Lieferanten.

Erkennt der Anbieter die Situation rechtzeitig, so kann er unter Nutzung seines Marketing-Instrumentariums versuchen, eine für ihn günstigere Situation mit der Reduktion des Reifeneinkaufs möglichst zu Lasten der anderen Lieferanten zu erreichen.

Die „Grundregel" des Business-to-Business-Marketing, dass der Bedarf der Abnehmer ein von deren Zielsetzungen „abgeleiteter" Bedarf ist, gilt daher nur global, also für einen gesamten Abnehmer oder eine ganze Branche. Für jede einzelne Lieferanten-Abnehmer-Produkt-Beziehung gilt dieser abgeleitete Bedarf nicht automatisch. Es ist eine der Hauptaufgaben des Marketing-Bereichs, derartige (positive oder negative) Bedarfsänderungen als Chance zur Änderung des Beschaffungsverhaltens zu Gunsten des Lieferanten zu nutzen.

Ziel derartiger Marketingprozesse ist z. B. bei einem zurückgehenden Markt die Beibehaltung der Absatzmengen (verbunden mit einer Marktanteilserhöhung).

Bei wachsenden Märkten wird man versuchen, einen überproportionalen Teil des Marktwachstums für sich zu gewinnen, um auf diese Weise ebenfalls den Marktanteil zu steigern.

3.1 Grundregeln der Beschaffung bei den verschiedenen Unternehmensarten

3.1.1 Wirtschaftsunternehmen

Wirtschaftsunternehmen sind auf das Erzielen von Gewinn ausgerichtet. Daher steht bei Beschaffungen der Beitrag einer konkreten Beschaffung zum Gewinn dieser und/ oder der nächsten Perioden im Vordergrund.

Einfluss auf den Gewinn haben Erlöse und Kosten. Bei Beschaffungen ist daher vor allem deren Einfluss auf die Senkung von Kosten (z. B. durch geringere Verbrauchswerte oder durch geringeren Personalbedarf) oder die Erhöhung der Erlöse (z. B. durch größere Kapazitäten) von Bedeutung. Die beschaffenden Unternehmen analysieren dies z. B. bei Investitionen durch Investitionsrechnungen. Das anbietende Unternehmen sollte daher diejenigen Eigenschaften seiner Produkte in den Vordergrund stellen, die eine derartige Wirtschaftlichkeitsrechnung positiv beeinflussen können. (Dies gilt zumindest für diejenigen Mitglieder des Buying Center, für die die Wirtschaftlichkeit von besonderer Bedeutung ist.)

In letzter Zeit ist allerdings auch bei Wirtschaftsunternehmen die Berücksichtigung von weiteren Kriterien bei der Beschaffung zu beobachten:

Die Umweltfreundlichkeit einzukaufender Produkte wird zunehmend ein wichtiges Kriterium. In erster Linie geht es dabei selbstverständlich um die Einhaltung gesetzlicher Vorschriften; daneben kann aber auch der Vorgriff auf möglicherweise erst in der Zukunft einzuführende Bestimmungen bereits jetzt ein Beschaffungskriterium sein. (Es ist allerdings auch der gegenteilige Fall denkbar: Wegen der Unsicherheit über die Entwicklung künftiger Normen wird auf eine Beschaffung bis zur Klärung der Normenfrage verzichtet). Viele Unternehmen bevorzugen ökologisch unbedenkliche Produkte im Einkauf, um damit auf ihren Absatzmärkten ein entsprechendes Image aufzubauen.

3.1.2 Staatliche Stellen

Das Beschaffungsverhalten von öffentlichen Stellen ist vor allem durch einen ausgeprägten Formalismus gekennzeichnet. Haushaltsbewilligungs- und -freigabe-Prozeduren erfordern eine beachtliche Zeit; dieser Zeitbedarf wird durch die in vielen Bereichen übliche oder sogar vorgeschriebene Prozedur einer „Öffentlichen Ausschreibung" – die in vielen Fällen sogar europaweit erfolgen muss – noch weiter verlängert.

Diese prozedurale Komplizierung der öffentlichen Beschaffungen wird im Bereich der Kontrahierungspolitik in vielen Fällen weiter erschwert durch von den Ministerien vorgeschriebene Standardverträge, die von den Anbietern akzeptiert werden müssen (z. B. VOL bei Bauleistungen, BVB bei Datenverarbeitungsanlagen).

Die Beschaffungskriterien öffentlicher Stellen weichen ebenfalls deutlich von denen der Wirtschaftsunternehmen ab: Während Wirtschaftsunternehmen einer Wirtschaftlichkeitsargumentation zugänglich sind, ist bei öffentlichen Stellen diese Denkweise zwar auch vorgeschrieben, in der praktischen Durchführung aber in der Regel auf den Kaufpreis der Beschaffung reduziert. Bereits die Betrachtung von Folgekosten bereitet meist Schwierigkeiten, da diese in anderen Haushaltsperioden und oft auch in anderen Bereichen auftreten, sodass sie „der Einfachheit halber" nicht berücksichtigt werden. Die Bewertung von Nutzen oder von Restwerten ist bei Beschaffungen im öffentlichen Bereich ebenfalls außerordentlich problematisch; hinzu kommt das Denken in Haushaltsjahren, das die Nutzung kreativer Finanzierungsangebote in der Regel ausschließt.

Allerdings betrachten viele öffentliche Stellen neben den ökonomischen Kriterien auch regionale oder arbeitsmarktpolitische Aspekte: Es kann vorkommen, dass Anbieter aus bestimmten (z. B. unterentwickelten) Regionen bevorzugt berücksichtigt werden. Ein ähnlicher Fall kann eintreten, wenn durch gezielte öffentliche Aufträge Entlassungen in bestimmten Unternehmen oder Regionen verhindert werden sollen.

Beispiel

So galt beispielsweise in der 70er-Jahren bei Beschaffungen von (Groß-)Computern durch öffentliche Stellen (also z. B. auch für Universitäten) eine mehr oder weniger explizite Anweisung, zur Stärkung der deutschen Computerindustrie „deutsche" Computer zu beschaffen. Dabei wurde leider übersehen, dass viele Systeme, die die (deutsche) Firma Siemens in Deutschland verkaufte, von Fujitsu in Japan gebaut wurden, während die (amerikanischen) IBM-Systeme in Berlin, Hannover, Mainz und Sindelfingen hergestellt wurden.

Eine besondere Bedeutung hat im öffentlichen Bereich eine rechtzeitige Vor-Akquisition: Wenn es dem Anbieter gelingt, zusätzlichen Bedarf für seine Produkte zu erzeugen, kann er eine mittelfristige Einplanung der Mittel in den nächsten Haushalt erreichen. Wenn es darüber hinaus noch gelingt, dass bestimmte Produkteigenschaften des Anbieters, die Alleinstellungsmerkmale sind, in eine Ausschreibung aufgenommen werden, so ist mittelfristig ein erfolgreiches Geschäft möglich (vielleicht ist die oben skizzierte Buy-German-Welle ebenfalls das Ergebnis eines geschickten Marketing der deutschen Computeranbieter). Diese zeitliche Dimension des Geschäfts im öffentlichen Bereich entspricht allerdings nicht den meist kurzfristigen Zielen vieler Marketingorganisationen, sodass hier anbieterinterne Konflikte die Regel sind.

Für Anbieter, die auf diesen – nicht unattraktiven – Märkten aktiv und erfolgreich sein wollen, ist es daher unabdingbar, in diesem Bereich Mitarbeiter einzusetzen, die über gute Kenntnisse der entsprechenden Haushaltsordnungen und Beschaffungsregeln verfügen, um im Bedarfsfall schnell zu kreativen aber zulässigen Lösungen zu kommen.

Eine intensive Beschäftigung mit den Beschaffungsmärkten der öffentlichen Stellen kann auch deswegen recht lohnend sein, da die Schwerfälligkeit und Komplexität gleichzeitig eine hohe Marktzutrittsbarriere für Newcomer darstellt. Anbieter, die sich auf diesen Märkten etabliert haben, können daher relativ sicher sein, nicht kurzfristig von neuen Wettbewerbern bedrängt zu werden.

3.2 Die Bewertung von Lieferanten und Angeboten

Außer im trivialen Fall des unveränderten Wiederkaufs ist im Unternehmen eine Entscheidung über die Beschaffungsalternativen zu treffen (strenggenommen enthält auch der unveränderte Wiederkauf eine Entscheidung, nämlich die Entscheidung, sich in diesem Fall nicht um die Suche nach Alternativen zu beschäftigen). Für die weitere Diskussion dieser Fragestellung soll weiterhin angenommen werden, dass die Frage des „Make-or-Buy" (vgl. 1.2.2) bereits untersucht ist und zu Gunsten eines klaren Beschaffungsauftrages entschieden worden ist. Es geht demnach „nur noch" um die Bewertung unterschiedlicher Anbieter und deren Angebote (*Janker, 2008*).

3.2.1 Lieferantenbewertung

Bevor eine Analyse von konkreten Angeboten vorgenommen wird, ist implizit oder explizit eine Lieferantenanalyse durchzuführen. Diese Analyse ist vor allem bei neu aufgetretenen Anbietern erforderlich; aber auch in etablierten Anbieter-Abnehmer-Beziehungen ist es auf Abnehmerseite erforderlich, in regelmäßigen Zeitintervallen die Leistungen aller Lieferanten zu bewerten und zu vergleichen. Der Marketing-Bereich eines Lieferanten sollte derartige Untersuchungen von sich aus initiieren – z. B. durch regelmäßige Befragungen zur Kundenzufriedenheit.

In eine Lieferantenbewertung gehen die allgemeinen Kriterien ein, die für die Produkte und Leistungen des Lieferanten generell gelten; produktspezifische Aspekte – insbesondere der Preis – sollten erst bei der konkreten Angebotsbewertung berücksichtigt werden.

Es lassen sich eine Vielzahl von Kriterien entwickeln, nach denen eine Lieferantenbewertung sinnvoll durchgeführt werden kann. Üblich ist es, diese Kriterien in einem Scoring-Modell zusammenzustellen und die Bewertung mit einem Punktsystem von den an der Beschaffung beteiligten Unternehmensbereichen durchzuführen. Ein Beispiel eines solchen Modells ist in Tab. 13 dargestellt.

Beispiel

	Max. Punktzahl	Anbieter A	Anbieter B	Anbieter C
Allgemeine Kriterien				
Bonität	5	5	3	3
Internationalität	5	5	2	1
Innovationskraft	10	5	8	9
Kompetenz	10	5	8	10
Industriestandards	5	5	3	1
ISO 900x Zertifizierung	10	10	5	2
Sicherheitskriterien				
Langfristige Perspektive	10	8	5	3
Ersatzteile, Garantieabwicklung	10	7	5	5
Leistungsfähigkeit				
Kapazitäten	5	5	3	4
Lieferfähigkeit	5	2	4	3
Liefertreue	10	3	7	8
Personal für Problemlösung	10	3	5	7
Informationssysteme für Support	5	5	3	0
Distributionsstärke				
Händlernetz	5	5	3	3
Nähe von Supportstellen	10	6	5	7
Umweltgerechte Entsorgung	10	10	10	10
Punktsumme	125	89	79	76

Tab. 13: Scoring-Modell zur Lieferantenanalyse

Aus dieser Tabelle geht hervor, dass der Anbieter A offenbar ein großer internationaler Konzern ist, der aber hinsichtlich Kompetenz und Innovationskraft von den lokalen Anbietern B und C deutlich übertroffen wird. Diese haben trotz ihrer geringeren Kapazitäten Vorteile im Bereich der Lieferfähigkeit und Liefertreue, allerdings wiederum große Schwächen im Händlernetz und in Supportsystemen. Es ist Aufgabe des Buying-Center, diese unterschiedlichen Möglichkeiten der Anbieter mit einer für die konkrete Beschaffung richtigen Gewichtung der einzelnen Faktoren zu versehen.

Aus Marketing-Sicht ist es von großer Bedeutung, Informationen über das in dem konkreten Fall vom beschaffenden Unternehmen benutzte Bewertungsschema, zumindest aber über die zur Beurteilung benutzten Kriterien und über deren Gewichtung, zu erhalten. Nur wenn die Kriterien und ihre Bewertung dem Anbieter bekannt sind, kann er argumentativ darauf eingehen und zumindest fehlerhafte Beurteilungen (die möglicherweise auf unzureichender Information beruhen) korrigieren. Ungünstige – aber zutreffende – Beurteilungen können vom Anbieter nur schwer korrigiert werden; für das anbietende Unternehmen können derartige Negativinformationen jedoch Anlass sein, mit entsprechenden Änderungen im Leistungsangebot oder in der Darstellung des Unternehmens an einer Verbesserung der Situation in zukünftigen Fällen zu arbeiten.

Das beschaffende Unternehmen wird dem Anbieter seine Einzelbeurteilung allerdings nur ungern mitteilen, da es sich in diesem Fall einer Vielzahl von Argumentationsgesprächen ausgesetzt sehen wird. Es ist daher ein Zeichen der besonderen Qualität einer Lieferanten-Kunden-Beziehung, wenn es gelingt, dass derartige Informationen zumindest inoffiziell transparent gemacht werden.

Ein Scoring-Modell kann auch vom anbietenden Unternehmen pro-aktiv genutzt werden, insbesondere bei kleineren und mittleren Unternehmen (KMU), die über weniger formalisierte Beschaffungsprozeduren verfügen. Der Anbieter sollte in diesem Fall versuchen, ein Scoring-Modell zu entwickeln und dem Kunden nahe zu bringen, das vor allem diejenigen Kriterien berücksichtigt und positiv bewertet, bei denen der Anbieter über besondere Stärken verfügt. Diese Vorgehensweise ist mit großer Vorsicht anzuwenden; allerdings wird sie bei vielen KMUs als willkommene Erleichterung des Entscheidungsprozesses begrüßt (*Krogmann, 2012*).

3.2.2 Angebotsbewertung

Die Bewertung von konkreten Angeboten verschiedener Anbieter ist der nächste Schritt bei einer Beschaffungsentscheidung. Es soll an dieser Stelle nicht weiter auf die vom Beschaffer einsetzbaren quantitativen und/oder qualitativen Methoden eingegangen werden. Diese Verfahren sind in der Literatur zur Beschaffung und zur Investitionsrechnung ausführlich dargestellt.

Hier sollen vielmehr die Implikationen für den Marketing-Bereich des Anbieters diskutiert werden: Ähnlich wie bei der Lieferantenbewertung ist es selbstverständlich auch bei der Angebotsbewertung für den Anbieter sehr wichtig, möglichst genaue Kenntnisse über Kriterien, Bewertungsmethoden und seine konkrete Beurteilung zu erfahren. Gerade bei der Angebotsbeurteilung muss der Anbieter versuchen, für ihn günstige Aspekte zu einer entsprechenden Bewertung zu bringen.

Beispiel

Der Markenanbieter eines Computersystems wurde mit der Tatsache konfrontiert, dass bei einem No-name-System mit „identischen" Leistungen der Preis der vergleichbaren Systemeinheit genau 50 % des Preises des Markensystems betrug.

Der Anbieter entwickelte daraufhin eine Gesamtkostenübersicht, bei der eine Vielzahl von für beide Anbieter neutralen Kosten, aber auch einige für den No-name-Anbieter eher negative Positionen (z. B. Restwert und Wartung/Service) berücksichtigt wurden. Beide Analysen sind in Tab. 14/15 dargestellt (auf eine Abzinsung der Werte wurde verzichtet). Aus dieser Analyse ergaben sich nur noch geringe Differenzen zwischen beiden Anbietern. Zusammen mit der eher positiven Lieferantenbeurteilung des Markenherstellers fiel die Entscheidung für den Markenhersteller aus.

	Jahr 1	Jahr 2	Jahr 3	Jahr 4	Gesamt
Hardware - Kaufpreis					
Systemeinheit	1.000			0	1000
Tastatur	50			0	50
Bildschirm	500			-100	400
Netzwerkkarten	100			-20	80
Erweiterungen			500	-100	400
Software Kaufpreis					
Betriebssystem	200				200
Netzwerk	300				300
Anwendungen	500				500
Wartung					
HW - Anteil	350	350	350	350	1.400
Service - Anteil	250	275	300	330	1.155
SW - Anteil	100	100	100	100	400
Ausbildung	750	250	250	250	1.500
Verkabelung	500	0	0	0	500
Netzsteuerung	250	250	250	250	1.000
Benutzerzentrum	1.250	1.250	1.250	1.250	5.000
Ausgaben gesamt	6.100	2.475	3.000	2.310	13.885

Tab. 14: Wirtschaftlichkeitsanalyse No-Name-Produkt

	Jahr 1	Jahr 2	Jahr 3	Jahr 4	Gesamt
Hardware - Kaufpreis					
Systemeinheit	2.000			-200	1.800
Tastatur	50			0	50
Bildschirm	500			-100	400
Netzwerkkarten	100			-20	80
Erweiterungen			500	-100	400
Software Kaufpreis					
Betriebssystem	200				200
Netzwerk	300				300
Anwendungen	500				500
Wartung					
HW - Anteil	350	350	350	350	1.400
Service - Anteil	250	275	300	330	1.155
SW - Anteil	100	100	100	100	400
Ausbildung	750	250	250	250	1.500
Verkabelung	500	0	0	0	500
Netzsteuerung	250	250	250	250	1.000
Benutzerzentrum	1.000	1.000	1.000	1.000	4.000
Ausgaben gesamt	6.850	2.225	2.750	1.860	13.685

Tab. 15: Wirtschaftlichkeitsanalyse Marken-Produkt

Wegen der Fülle und Genauigkeit der benötigten Daten ist diese Methode allerdings eher geeignet für modifizierte Wiederkäufe; gerade bei risikoreichen und innovativen Neukäufen sind viele der benötigten Informationen mit einer so hohen Unsicherheit behaftet, dass die scheinbare Exaktheit der Investitionsrechnungsverfahren nicht weiterhilft. Auf die besondere Problematik des Preispremiums bei Markenprodukten wird in dem Markenkapitel gesondert eingegangen.

3.2.3 Einfluss des Anbieters auf die Bewertungsverfahren

Wie bereits in den vorhergehenden Abschnitten erwähnt, ist es für den Anbieter wichtig, auf die Bewertungsverfahren der Beschaffer so weit wie möglich Einfluss zu nehmen.

Dazu ist es zunächst erforderlich, dem Beschaffer alle von ihm benötigten Daten rechtzeitig und verbindlich zur Verfügung zu stellen. Aus der Art der Daten, die der Beschaffer abfragt (und vor allem der Daten, die er **nicht** abfragt), kann ein Bild des Bewertungsverfahren des Beschaffers entwickelt werden.

Gerade in Fällen, in denen Leistungsdaten, die aus Sicht des Anbieters wichtig und positiv für ihn sind, nicht abgefragt (und daher vermutlich auch nicht berücksichtigt werden), ist mit dem Kunden vorsichtig zu klären, warum er auf diese Informationen keinen Wert legt. Möglicherweise hat er sich diese Daten aus anderen – und daher nicht unbedingt korrekten Quellen – beschafft. In einer guten Lieferanten/Kundenbeziehung muss es zumindest gelingen, das Bewertungsverfahren und die darin für das Angebot des Anbieters verwendeten Daten offen zu diskutieren.

Darüber hinaus sollte der Anbieter versuchen, dem Kunden alle Möglichkeiten zu geben, die Unsicherheit über die Leistungen der angebotenen Produkte durch Tests, Benchmark-Läufe oder Gespräche mit Referenzkunden weiter abzubauen; eine intensive Beschäftigung des Kunden mit derartigen Dingen hat auch den Nebeneffekt, dass eine starke zeitliche Beanspruchung des Kunden eintritt und daher notwendigerweise der Kreis der Wettbewerber, mit denen derart intensiv zusammengearbeitet wird, weiter reduziert wird.

Auch Bewertungsverfahren, die andere Kunden des Anbieters einsetzen, können einen positiven Eindruck bei dem Beschaffer hinterlassen, da sie außerdem ebenfalls zum Abbau von Unsicherheit beitragen. Mit unterschiedlichen Methoden können die Risiken bei der Beschaffung reduziert werden. Neuere Verfahren setzen auf die stochastische Programmierung, um Einkauf und Bestände zu optimieren (*Schade, 2012*).

3.3 Bestellstrategien

Aus einer Lieferanten- und Angebotsbewertung gehen in der Regel mehrere Lieferanten als nahezu gleichwertig hervor. In diesem Fall kann sich das beschaffende Unternehmen für verschiedene Bestellstrategien entscheiden:

▶ Es vergibt den gesamten Auftrag an **einen** Anbieter (Single Sourcing).

▶ Es teilt den Auftrag auf zwei (Dual Sourcing) oder mehrere Anbieter auf (Multiple Sourcing).

Single Sourcing kann für das beschaffende Unternehmen folgende **Vorteile** haben:

▶ günstige Preise durch maximale Mengenrabatte

▶ geringerer Aufwand bei der Qualitätskontrolle (nur gleichartige Güter sind zu überprüfen)

► geringerer Aufwand bei der Auftragsverwaltung (nur ein Ansprechpartner auf Lieferantenseite)

► ggf. niedriger Schulungs- und Wartungsaufwand, da nur gleichartige Produkte beschafft werden.

Demgegenüber stehen die **Vorteile des Dual oder Multiple Sourcing**:

► keine Abhängigkeit von **einem** Lieferanten und daher eine größere Beschaffungssicherheit

► keine Gefahr, dass der Lieferant vom Abnehmer wirtschaftlich abhängig wird

► permanenter Wettbewerb der Lieferanten untereinander.

Die Anbieter, die vom Beschaffer berücksichtigt werden, werden als „In-supplier" bezeichnet, während die übrigen Anbieter „Out-supplier" sind.

Je nachdem in welcher Situation sich der Anbieter befindet, hat die Beschaffungsstrategie des Abnehmers für das Marketing unterschiedliche Konsequenzen; dabei lassen sich folgende Fälle unterscheiden:

Beschaffungspolitik	Anbieter ist In-supplier	Anbieter ist Out-supplier
Single Sourcing	1	2
Dual/Multiple Sourcing	3	4

Tab. 16: Beschaffungspolitik und Anbieterstruktur

1. **Anbieter ist alleiniger Lieferant:** Der Anbieter muss versuchen, diese für ihn optimale Situation abzusichern (langfristige Verträge, hohe Mengenrabatte) und sie wenn möglich noch auszubauen (andere Produktbereiche); Versuche anderer Anbieter, die Single-Sourcing-Strategie zu durchbrechen, müssen permanent abgewehrt werden.

2. **Anbieter wird bei einem Single-Sourcing-Kunden nicht berücksichtigt:** Dem Kunden sind die besonderen Risiken einer Single-Sourcing-Strategie deutlich zu machen; Ziel ist es, zumindest mit einem kleinen Teil der Aufträge bedacht zu werden, um die Chance zu bekommen, sich als leistungsfähiger Anbieter zu bewähren.

3. **Anbieter ist einer von mehreren Anbietern bei einem Multiple-Sourcing-Kunden:** Der Anbieter wird versuchen, seinen Anteil bei diesem Kunden auszubauen; falls er der stärkste Anbieter ist, wird er versuchen, den Kunden attraktive Angebote für eine Single-Sourcing-Strategie zu machen.

4. **Anbieter ist Out-supplier bei einem Multiple-Sourcing-Kunden:** Der Anbieter muss erreichen, mindestens mit einem kleinen Anteil ebenfalls berücksichtigt zu werden. Wenn der Anbieter ein akzeptables Leistungsniveau hat und der Kunde ohnehin mit mehreren Lieferanten arbeitet, fällt dies in der Regel nicht allzu schwer.

Simon/Homburg (1994) haben das Beschaffungsverhalten in der deutschen Industrie untersucht und folgende Häufigkeiten für Single oder Single/Dual Sourcing ermittelt. Bis auf die Metallindustrie – in der offenbar Multiple Sourcing deutlich überwiegt – hat bei den anderen untersuchten Branchen die Konzentration auf einen oder maximal zwei Lieferanten einen hohen Stellenwert.

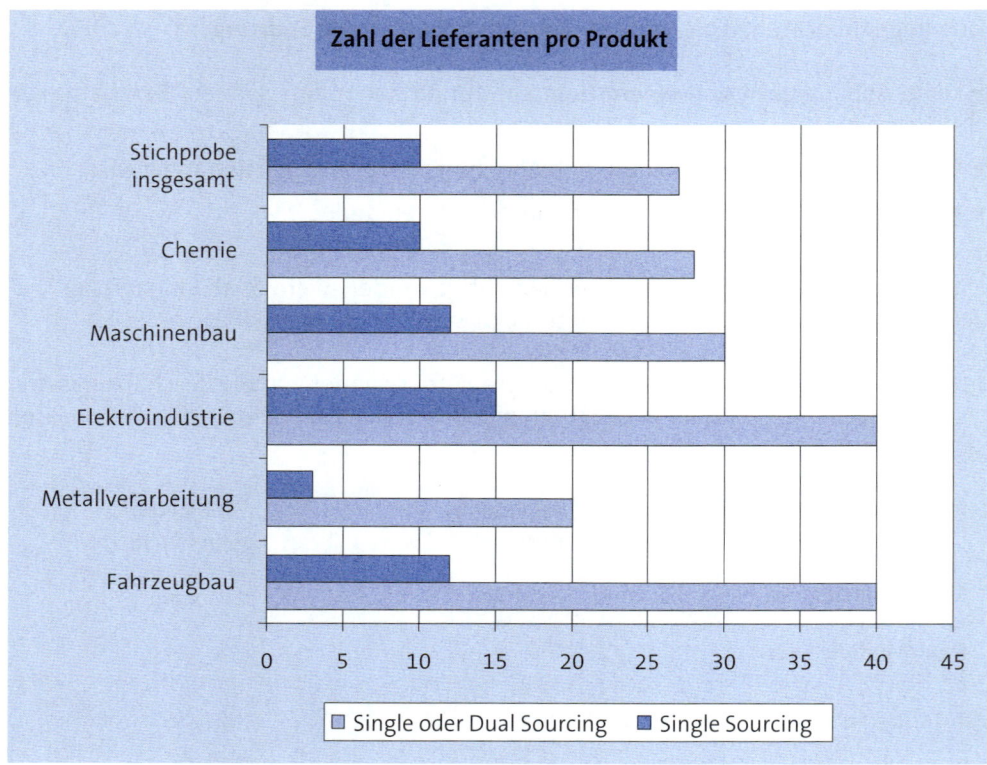

Abb. 10: Zahl der Lieferanten pro Produkt in der deutschen Industrie
Quelle: *Simon/Homburg*, zit. nach *asw 3/94, S. 100*

Aufgabe 04 > Seite 472

3.4 Zentrale vs. dezentrale Beschaffungen

Für Unternehmen, die an mehreren Standorten vertreten sind, stellt sich die Frage, ob Beschaffungen zentral oder dezentral entschieden werden sollen. Auch diese wichtige Frage aus dem Beschaffungswesen soll hier nicht in aller Tiefe diskutiert werden; vielmehr sind auch hier nur die Effekte von Bedeutung, die aus der Marketing-Sicht des Anbieters von Bedeutung sind.

Für das beschaffende Unternehmen gelten für zentrale Beschaffungsentscheidungen ähnliche Argumente wie für Single Sourcing (Mengenrabatte, bessere Qualitätskontrolle); dabei ist aber ein zentrales Beschaffungswesen nicht unbedingt mit Single Sourcing identisch. Negativ kann sich bei zentralen Beschaffungen der oft größere innerbetriebliche Lagerungs- und Logistik-Aufwand auswirken, der aber umgangen werden kann, wenn der Lieferant die zentralen Bestellungen dezentral ausliefert.

Das wichtigste Argument gegen zentrale Beschaffungen ist aber die fehlende Berücksichtigung der speziellen Bedürfnisse von Außenstellen. Wenn beispielsweise eine große Bank oder Versicherung ihre Außenstellen zentral mit Computern und Büromöbeln versorgt, so ist das aus Gründen der Kosten, der Kompatibilität oder der generellen Unternehmenspolitik durchaus verständlich und wirtschaftlich. Nicht berücksichtigt werden dabei allerdings Kundenbeziehungen vor Ort: Ein örtlicher Anbieter von Bürotechnik, der guter Kunde der Bank ist, wird Wert darauf legen, dass die Bank bei Beschaffungen seine Produkte und Dienstleistungen berücksichtigt. Ist dies aufgrund der zentralen Beschaffungsstrategie nicht möglich, kann der Kunde zu einem lokalen Anbieter von Bankdiensten abwandern. Derartige Kundenverluste können die wirtschaftlichen Vorteile der zentralen Beschaffungen durchaus infrage stellen.

Verstärkt werden diese Schwierigkeiten durch die zunehmende Tendenz, immer kleinere Unternehmensteile als Profit-Center zu organisieren: Da für den Leiter eines Profit-Center die Beschaffungen zu Kosten führen, wird er großen Wert darauf legen, an den für seinen Bereich wichtigen Beschaffungsentscheidungen beteiligt zu werden. Dabei wird er Nutzen-Elemente einer zentralen Beschaffung, die lediglich in der Zentrale entstehen, nur gering oder gar nicht bewerten.

Diese Überlegungen sind aus der Marketingsicht des Anbieters ebenfalls mit großer Sorgfalt nachzuvollziehen. Ein Anbieter, der In-supplier ist, wird in der Regel ebenfalls eine zentrale Beschaffung bevorzugen, da er seine Marketingaufwendungen auf die **eine** entscheidende Stelle konzentrieren kann. Vernachlässigt er aber – häufig sogar auf Wunsch der zentralen Beschaffungsstelle – die Information und Akquisition bei den dezentralen Stellen, so kann er bei einem Machtzuwachs der dezentralen Stellen seine gute Position verlieren. Er muss also versuchen, auch die dezentralen Stellen über die Vorzüge seiner Produkte zu informieren, um derartige Situationen gar nicht erst auftreten zu lassen.

Diese Vorgehensweise ist umso wichtiger, wenn kleinere lokale Anbieter stark dezentral akquirieren und dabei ihren Platzvorteil ausnutzen. Da diese Anbieter keine Chance haben, In-supplier für zentrale Beschaffungen zu werden, versuchen sie, an den dezentralen Stellen ihre lokal leistbaren Nutzenvorteile in den Vordergrund zu stellen. Zusammen mit einer in den meisten Außenstellen zu beobachtenden generellen Zurückhaltung gegenüber zentralen Entscheidungen kann diese Konstellation einen starken Druck zu Gunsten der dezentralen Beschaffung erzeugen. Auch aus diesen Überlegungen reicht es für einen starken zentralen Anbieter nicht aus, die Zentrale für sich zu gewinnen; eine starke Präsenz bei den Außenstellen kann durch eine flächendeckende Außendienstorganisation oder durch ein leistungsfähiges Händlernetz mit entsprechender Kommunikationsunterstützung gewonnen werden. In diesem Fall ist eine konsequente Abstimmung der für den jeweiligen Kunden adäquaten und einheitlichen Marketing-Strategie unerlässlich.

4. Das Selling Center

Die bisherige Diskussion hat sich auf die Analyse des Beschaffungsverhaltens bei den (potenziellen) Kunden konzentriert. Daneben sollen hier kurz einige Konsequenzen für das anbietende Unternehmen angesprochen werden; das gesamte Gebiet des persönlichen Verkaufs wird in Kapitel I. vertieft. Als weiterführende Literatur wird empohlen: *Rennie Gould*, Creating the strategy: Winning and keeping customers in B2B Markets, 2012.

Dem Buying Center des Kunden steht zunächst nur die Vertriebsorganisation des Kunden gegenüber. In vielen Fällen – vor allem bei besonders wichtigen Kunden – reicht dies allerdings nicht aus. Daher ist es empfehlenswert, beim Anbieter eine ähnliche informelle oder formelle Organisation zu bilden, die den entsprechenden Funktionen des Kunden adäquat entgegentreten kann. Eine solche Gruppe wird als **Selling Center** bezeichnet.

In einem Selling Center sollten diejenigen Bereiche des Anbieter vertreten sein, die einen Beitrag zur Klärung spezieller Fragestellungen des Kunden leisten können. Diese Kompetenz kann zwei Dimensionen haben: eine fachliche und eine hierarchische.

Hat der Kunde **fachlich** besonders schwierige technische Fragen, so kann die Einbindung des F&E-Bereichs des Anbieters sehr hilfreich sein. Bestehen beim Kunden im Personalbereich oder beim Betriebsrat große Vorbehalte gegen die Einführung eines neuen Systems, kann die Einschaltung der eigenen Personalabteilung oder sogar des eigenen Betriebsrates angezeigt sein.

Viele Kunden legen großen Wert auf Gesprächspartner, die eine ihnen **hierarchisch** adäquate Position beim Anbieter einnehmen: Wenn ein Projekt bei Kunden auf Vorstandsebene diskutiert wird, so wird es notwendig sein, dass der Anbieter ebenfalls Personen aufbietet, die höhere Management-Positionen innehaben. Häufig werden aus diesem Grund im Vertriebsbereich „klangvolle" Titel vergeben (z. B. „Vertriebsdirektor"), die nach außen eine entsprechende Wertigkeit signalisieren sollen, intern aber nicht sehr hoch angesiedelt sind.

4.1 Schwierigkeiten bei der Einbeziehung anderer Unternehmensbereiche

Die Einbeziehung von „vertriebsfernen" Abteilungen und Personen in den Vertriebsprozess muss allerdings sehr gut vorbereitet sein, denn die Mitarbeiter und Führungskräfte der entsprechenden Abteilungen sind meist nicht vertriebsmäßig ausgebildet und oft nicht in der Lage, ihre zweifellos vorhandenen Fachkenntnisse in eine positive Argumentation für die Leistungen des eigenen Unternehmens umzusetzen.

Beispiel

Als Beispiel für die unterschiedlichen Denk- und Argumentationsweisen seien einige permanente Konfliktpunkte zwischen dem Marketingbereich und den technischen Bereichen (F&E, Produktion) angeführt:

Gebiet	Marketingbereich	Technik (F&E, Produktion)
Neuprodukt-entwicklung	Wir haben keine Produkte, die wir verkaufen können; wenn die neuen Produkte fertig sind, sind sie bereits obsolet.	Wir sind in der Entwicklung eingeschränkt, weil wir die Produkte einfach halten müssen, damit sie der Marketingbereich verkaufen kann.
Breite der Produktlinie	Wir brauchen mehr Varianten.	Wir haben jetzt schon viel zu viele Varianten.
Aussehen der Produkte	Die Produkte sehen schlecht aus.	Unsere Produkte brauchen nicht „schön" auszusehen.
Produkt-probleme	Warum haben wir keine Produkte, die funktionieren.	Weder der Kunde noch unser Marketingbereich verstehen das Produkt und was es leisten kann und soll.
Verpackung	Sieht billig aus.	Es ist sehr schwer, so viele Produkte zu vernünftigen Kosten zu verpacken
Qualität	Warum haben wir keine vernünftige Qualität zu vernünftigen Kosten?	Wir müssen so viele Produkte mit vielen Varianten entwickelt und fertigen, dass es sehr schwer ist, gleichzeitig die Qualität hoch und die Kosten niedrig zu halten.
Technische Komplexität	Wir brauchen technische Experten, um die Kunden zu beruhigen, selbst wenn diese eigentlich gar kein Problem haben.	Wir haben nicht genug Personal, um jeden Kunden des Marketingbereichs zusätzlich zu betreuen.
Garantie-abwicklung	Der technische Bereich geht immer nach dem Richtlinienhandbuch vor und versteht nicht, dass man gelegentlich flexibel sein muss.	Der Marketingbereich möchte, dass wir jeden Garantiefall bezahlen, auch wenn er nicht berechtigt ist.

Tab. 17: Konfliktbereich zwischen Marketing und Technik
Quelle: *Weinrauch/Andersen (1982)*

4.2 Bindungsinstrumente im Geschäftsbeziehungsmanagement

Das Selling Center hat eine Vielzahl von Möglichkeiten, eine möglichst intensive Bindung zu einzelnen Personen oder Gruppen in der Kundenorganisation zu etablieren. Für die vier wichtigsten Bereiche sind in der folgenden Tabelle einige Beispiele für entsprechende Möglichkeiten aufgelistet (nach *Rieker, 1992*, siehe auch *Wengler, 2006*):

Vertragliche Bindungen	▸ Langfristige Liefer-/Abnahmeverträge ▸ Rahmenverträge ▸ Exklusivverträge ▸ Just-in-time-Systeme ▸ F&E Kooperationen ▸ Lizenz- und Know-How-Verträge ▸ Wartungs- und Reparaturverträge ▸ Rabattsysteme, finanzielle Anreize
Technologische Bindungen	▸ Alleinstellungen ▸ Systembindungen ▸ Computerized Buying ▸ Schnittstellenerklärungen ▸ Just-in-time-Systeme ▸ gemeinsame C-Technologien
Psychologische Bindungen	▸ Persönliche Beziehungen ▸ Hilfestellungen ▸ Gewohnheiten ▸ Aus- und Weiterbildung, Schulung ▸ gemeinsame Geheimnisse ▸ Vertrauen ▸ Sprachregelungen
Institutionelle Bindungen	▸ Kapitalbeteiligungen ▸ Mandate in Aufsichtsgremien ▸ Tätigkeiten in gemeinsamen Verbänden

Tab. 18: Bindungsoption zwischen Unternehmen

Aufgabe 05 > Seite 472
Aufgabe 06 > Seite 472
Aufgabe 07 > Seite 473
Aufgabe 08 > Seite 473
Aufgabe 09 > Seite 473

Lösung

1.	Welche Kaufklassen unterscheidet das Buygrid-Modell?	S. 41
2.	Wie unterscheidet sich die Zahl der betrachteten Beschaffungsalternativen bei den einzelnen Kaufklassen?	S. 43
3.	Wie groß ist der Informationsbedarf bei den verschiedenen Kaufklassen?	S. 41
4.	Welche Kaufphasen unterscheiden *Robinson/Faris/Wind* in ihrem Modell?	S. 41
5.	Wie ist die „Make-or-Buy"-Entscheidung in die Kaufphasen einzuordnen?	S. 45
6.	Welche Bedeutung hat Outsourcing im Rahmen von Beschaffungsüberlegungen?	S. 46
7.	Wie kann ein Anbieter Outsourcing-Aspekte in sein Angebot miteinbeziehen?	S. 45
8.	Von woher können Anstöße für Neubeschaffungen erfolgen?	S. 44
9.	Welche grundlegenden Alternativen ergeben sich im Beschaffungsbereich nach dem Erkennen einen Problems?	S. 44
10.	Aus welchen Quellen kann sich das beschaffende Unternehmen über die Eigenschaften der unterschiedlichen Beschaffungsalternativen informieren?	S. 46
11.	Warum ist die frühzeitige Präsenz eines Anbieters in dieser Phase für ihn vorteilhaft?	S. 47
12.	Wie bezeichnet man eine schriftliche Festlegung der Anforderungen an die zu beschaffenden Produkte bzw. Systeme?	S. 47
13.	Aus welchen Gründen müssen Angebote im Business-to-Business-Marketing häufig überarbeitet werden?	S. 47
14.	Was ist eine „short list"?	S. 48
15.	Ist die Verantwortung des Vertriebes nach Vertragsabschluss beendet?	S. 50
16.	Aus welchen Gründen können in der Nach-Abschluss-Phase Schwierigkeiten zwischen dem Lieferanten und dem Kunden auftreten?	S. 50
17.	Warum wird die Feedback-Phase vom Kunden in vielen Fällen nicht gründlich durchgeführt?	S. 50
18.	Welche Maßnahmen würden Sie einem Anbieter empfehlen, der nicht den Zuschlag bei einer Beschaffung bekommen hat? Welche Chancen und Risiken bietet die von Ihnen empfohlene Vorgehensweise?	S. 49
19.	Um welche Dimensionen haben *Kirsch/Kutschker* das Buygrid-Modell erweitert?	S. 51
20.	Welche „typischen" Beschaffungsklassen definieren *Kirsch/Kutschker*?	S. 51
21.	Wie lassen sich Produkte nach Beschaffungshäufigkeit und Bedeutung unterscheiden?	S. 52

45.	Zwischen welchen Arten von „Macht" kann in beschaffenden Unternehmen unterschieden werden?	S. 77
46.	Worin können Ursachen für eine Änderung bzw. Überprüfung des Beschaffungsverhaltens liegen?	S. 78
47.	Können Änderungen in der personellen Zusammensetzung des Buying Center zu einem geänderten Beschaffungsverhalten führen? Welche Chancen und Risiken ergeben sich daraus für den Anbieter?	S. 79
48.	Welche Chancen hat ein Anbieter, wenn sein Abnehmer auf seinem Absatzmarkt Preiserhöhungen (und damit Margenverbesserungen) durchsetzen kann?	S. 79
49.	Schlagen mengenmäßige Absatzschwankungen eines Abnehmers notwendigerweise linear auf den Lieferanten durch?	S. 79
50.	Welche positiven oder negativen Konsequenzen können sich abzeichnende Änderungen gesetzlicher Bestimmungen (z. B. Umweltschutzauflagen) auf das Beschaffungsverhalten haben?	S. 80
51.	Mit welchen besonderen Schwierigkeiten muss ein Anbieter bei Kunden rechnen, die staatliche Stellen sind?	S. 82
52.	Warum ist es für den Anbieter wichtig, Informationen über das vom Kunden benutzte Lieferantenbewertungssystem zu bekommen?	S. 83
53.	Wie kann ein Anbieter Einfluss auf das vom Kunden genutzte Angebotsbewertungssystem ausüben?	S. 88
54.	Welche Bestellstrategien kennen Sie?	S. 88
55.	Welche Strategie ist einem Anbieter zu empfehlen, der „Out-supplier" bei einem „Single-Sourcing"-Kunden ist?	S. 89
56.	Welche Schwierigkeiten treten für den Anbieter bei einem Großkunden mit zentraler Beschaffung auf, wenn lokale Wettbewerber direkt an den dezentralen Niederlassungen des Kunden akquirieren?	S. 90
57.	Was verstehen Sie unter einem Selling Center?	S. 92
58.	Welche typischen Schwierigkeiten treten anbieterintern bei der Kommunikation zwischen dem Marketingbereich und anderen Bereichen wie F&E, Produktion oder Finanz auf?	S. 92
59.	Welche Instrumente können zur Kundenbindung im Geschäftsbeziehungsmanagement genutzt werden?	S. 94

C. Marktforschung in Business-Märkten

Für den Bereich der Beschaffung von Informationen über die Absatzmärkte konkurrieren in der deutschsprachigen Literatur zwei Begriffe: Marktforschung und Marketingforschung. *Nieschlag/Dichtl/Hörschgen* (2002) haben die Begriffe so abgegrenzt, dass sie unter Marktforschung die Erforschung der Absatz- und Beschaffungsmärkte mit externen Informationen verstehen, während sie unter Marketingforschung die Informationsbeschaffung der Absatzmärkte unter Nutzung sowohl externer als auch interner Quellen verstehen:

Abb. 1: Begriffliche Abgrenzung der Marktforschung

Diese Abgrenzung hat sich jedoch – außer in Teilen des akademischen Bereichs – nicht durchgesetzt, sodass zum besseren Verständnis in diesem Buch unter **Marktforschung** die **Bereitstellung von Informationen über die Absatzmärkte mithilfe von internen und externen Informationsquellen** verstanden werden soll (siehe auch *Schneider*, 2012).

Das grundsätzliche Ziel der Marktforschung ist die Analyse von Marktentwicklungen für das Produktpotenzial des Anbieters. Beim Konsumgütermarketing liegt der Schwerpunkt der Marktforschung im Testen der Kundenreaktion auf Modifikationen des Marketing-Mixes, also auf Änderungen der Produkte, der Preise, der Vertriebswege und der Kommunikation, insbesondere der Werbung. Dies ist ebenfalls Ziel der Marktforschung im Business-to-Business-Marketing; zum Erreichen des Zieles ist aber eine deutlich genauere Untersuchung des Ist-Zustandes erforderlich und möglich. Daneben ist eine weitgehende Analyse der Wettbewerber und ihres Verhaltens am Markt beim Business-to-Business-Marketing bedeutsam. Diese drei Aspekte sollen im Folgenden genauer erarbeitet werden.

Die grundsätzliche Vorgehensweise der Marktforschung ist für beide großen Bereiche des Marketing jedoch gleich:

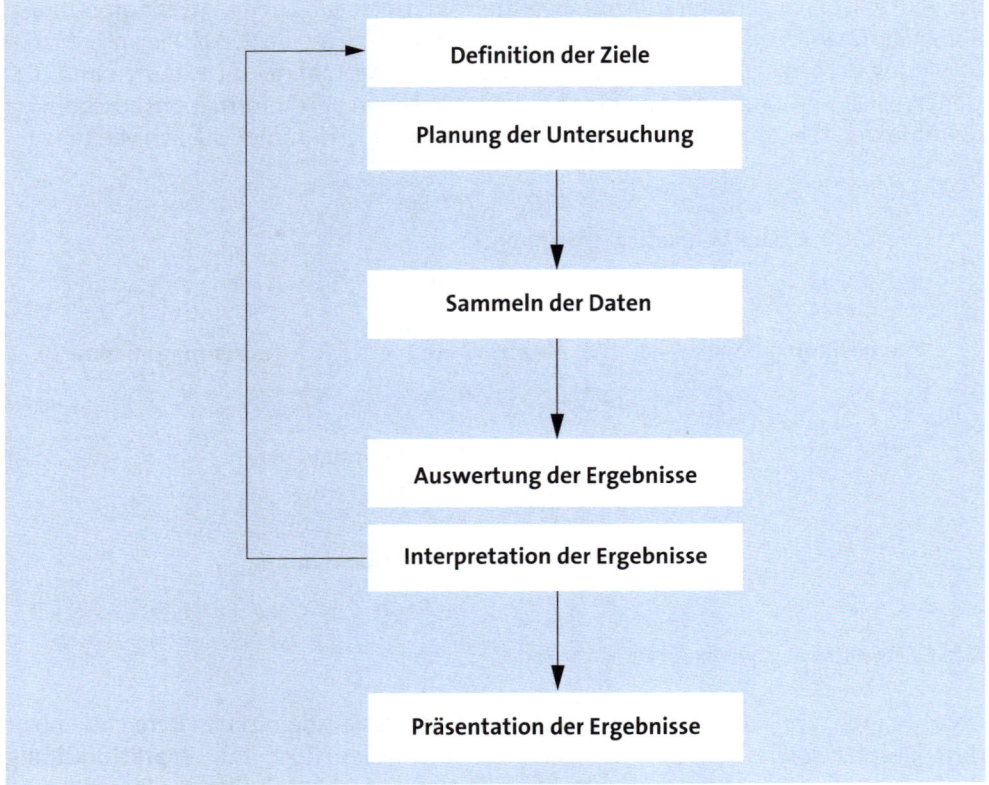

Abb. 2: Grundsätzlicher Ablauf von Marktforschungsprojekten

1. Besonderheiten der Marktforschung auf Business-Märkten

Dieses Buch soll – wie in Kapitel A. erklärt – keine umfassende Darstellung des Business-to-Business-Marketing sein; vielmehr sollen die Unterschiede und Besonderheiten des Business-to-Business-Marketing bezogen auf Gesamtdarstellungen des Marketing – insbesondere des Konsumgütermarketing – herausgearbeitet werden. Wenn im Bereich der Marktforschung ebenso verfahren wird, zeigt sich, dass ein großer Teil der formalen und statistischen Methoden bei der Marktforschung auf Business-Märkten keine nennenswerten Unterschiede aufweist; daher soll auf die Methoden der Datenaufbereitung und Prognosetechnik nicht weiter eingegangen werden.

Deutliche Unterschiede finden sich jedoch – resultierend aus den grundsätzlichen Unterschieden zwischen Konsum- und Business-to-Business-Marketing – in vielen Details der Marktforschung auf Business-Märkten mit der Konsequenz, dass die Marktforschung im Business-to-Business-Marketing andere Ziele, andere Schwierigkeiten und eine andere Bedeutung als im Konsumgütermarketing hat.

Einige der wesentlichen Unterschiede sind in folgender Tabelle summarisch dargestellt (unter „Befragung" soll in diesem Abschnitt generell jede Art von direkter Primärdatenbeschaffung von einem Kunden oder Interessenten verstanden werden; die Vor- und Nachteile und die spezifischen Einsatzmöglichkeiten der einzelnen Techniken werden später ausführlich diskutiert):

Kriterium	Business-Märkte	Konsumgütermärkte
Kundenzahl	klein	groß
Umfang einer Befragung	Vollerhebung möglich	Stichproben
Auswahl der zu Befragenden	sehr schwierig (Buying Center)	relativ einfach
Schwierigkeitsgrad Befragung	sehr schwierig	relativ einfach
„ehrliche" Antworten	sehr problematisch	wahrscheinlich
Experimente	einfach (Intransparenz)	möglich, aber aufwändig (Testmärkte)
Bedarfsgebiet/Zielgruppe	einzelne Branche(n)	geografisch/demografisch
Bedarfsabhängigkeit	Allgemeine Konjunktur, Branchenkonjunktur	Einkommensent-wicklung, Saison, Mode
Bedarfsart	abgeleiteter Bedarf, geringer Einfluss	ständiger Neubedarf, stark beeinflussbar

Tab. 1: Unterschiede der Marktforschung auf Business- und Konsumgütermärkten

Die beim Business-to-Business-Marketing deutlich **geringere Kundenanzahl** hat dramatische Konsequenzen für die Durchführung der Marktforschung: während im Konsumgütermarketing fast nur mit Stichproben gearbeitet werden kann, können beim Business-to-Business-Marketing von einem wesentlich größeren Teil der Kunden und Interessenten konkrete Informationen beschafft werden. Das Schwergewicht der Methoden ändert sich dementsprechend.

Während die kleinere Zahl der zu befragenden Unternehmen die Durchführung einer derartigen Untersuchung vordergründig erleichtert, ist die **Auswahl der in einem Unternehmen zu befragenden Personen** deutlich schwieriger. Während dies bei der Befragung kleinerer Unternehmen relativ einfach ist, ist die Auswahl des oder der richtigen Gesprächspartner bei einem größeren Unternehmen entscheidend für die Qualität des Ergebnisses. Aus der Diskussion über das organisationale Beschaffungsverhalten in Kapitel B. lässt sich klar erkennen, dass bei vielen Beschaffungssituationen im Unternehmen sehr unterschiedliche Auffassungen und Kriterien anzutreffen sind. Wenn es nicht gelingt, in einer Befragung die wichtigsten Entscheider und Beeinflusser miteinzubeziehen, ist dem Ergebnis der Befragung kein besonderer Aussagewert zuzuweisen.

Hat man die entsprechenden „Zielpersonen" identifiziert, so stößt die Befragung auf weitere – im Vergleich zum Konsumgütermarketing erhebliche – Schwierigkeiten: Da es sich beim Business-to-Business-Marketing um komplizierte und erklärungsbedürftige Produkte handelt, müssen die an einer Befragung beteiligten Personen eine entsprechende fachliche Qualifikation haben. Während es im Konsumgütermarketing möglich ist, allgemein qualifizierten Personen (z. B. Studenten) die tatsächliche Durchführung der Feldarbeit einer Befragung zu übertragen, ist dies im Business-to-Business-Marketing nur in Ausnahmefällen möglich. Will man z. B. Entscheidungsträger in Druckereien über die Einsatzmöglichkeiten einer neuartigen Spezialdruckmaschine mit innovativer Technologie befragen, so kommen für die Feldarbeit nur entsprechend qualifizierte Druckereifachleute infrage, da die Auskunftsbereitschaft der Befragten sehr schnell sinkt, wenn sie feststellen, dass der Gesprächspartner fachlich nicht ernstzunehmen ist. Derartig qualifizierte Personen sind aber selbst in dem Unternehmen, das die Befragung durchführen möchte, nicht unbegrenzt verfügbar – in Marktforschungsinstituten wird man sie nur selten antreffen.

Selbst wenn diese Schwierigkeiten überwunden sind und die richtigen Entscheidungsträger durch fachlich qualifizierte Personen befragt werden konnten, so ist dennoch das Ergebnis mit besonderer Vorsicht zu betrachten. Während bei Untersuchungen im Konsumgütermarketing den Aussagen der Befragten normalerweise ein hoher Wahrheitsgehalt zugeordnet werden kann, ist dies im Business-to-Business-Marketing nicht a priori anzunehmen. Gerade auf engen Märkten kann der Befragte aus den vorgestellten Produktinnovationen unschwer einen neuen Beschaffungsbedarf herleiten. Wenn er jedoch das Entstehen einer neuen Beschaffungssituation aus subjektiven Gründen vermeiden will (z. B. weil sich eine von ihm kürzlich durchgeführte andere Beschaffung als „Fehler" erweisen könnte), wird er seine Antworten so steuern, dass der tatsächliche Sachverhalt nicht erkennbar wird.

Experimente hingegen sind aufgrund der großen Intransparenz auf Business-Märkten wesentlich leichter durchzuführen als im Konsumgütermarketing. Während der Test neuer Konsumgüter auf Testmärkten recht aufwändig ist, werden neue Produkte bzw. Prototypen beim Business-to-Business-Marketing ausgewählten Kunden in frühen Entwicklungsphasen kommuniziert oder probeweise zur Verfügung gestellt; auf diese Weise kann eine aktuelle Anpassung der Produktentwicklung an Kundenwünsche effizient sichergestellt werden.

Das **Bedarfsgebiet bzw. die Zielgruppe** ist im Business-to-Business-Marketing nach Branchen strukturiert. Dies kann bei geografisch stark fragmentierten Branchen die Durchführung von Befragungen – in Abhängigkeit von der gewählten Methode – deutlich erschweren.

Der **abgeleitete Bedarf** auf Business-Märkten macht eine Erforschung der Bedarfsentwicklung wesentlich exakter; bei Spezialprodukten auf engen Märkten kann der Ersatz- und Erweiterungsbedarf recht gut prognostiziert werden, sodass eine gute Steuerung der Marketingaktivitäten möglich ist. Aus diesem abgeleiteten Bedarf ergibt sich andererseits eine deutliche Abhängigkeit von der (Branchen-) Konjunktur, während Konsumgütermärkte den Einflüssen von allgemeiner Konjunktur, Mode und Saison folgen, ein Teil dieser Effekte aber durch geeignete Marketingmaßnahmen neutralisiert werden kann.

2. Marketing-Informationssysteme

Die im Rahmen der Marktforschung zu gewinnenden (und z. T. bereits im Unternehmen vorhandenen) Daten und Informationen dürfen nicht isoliert an verschiedenen Stellen des Unternehmens gehalten werden, sondern sollten in einer strukturierten Form in einem Marketing-Informationssystem dem Marketing-Bereich zugänglich sein.

2.1 Grundstruktur eines Marketing-Informationssystems

Ein Beispiel für die Grundstruktur eines derartigen Systems ist in folgender Abbildung dargestellt.

Beispiel

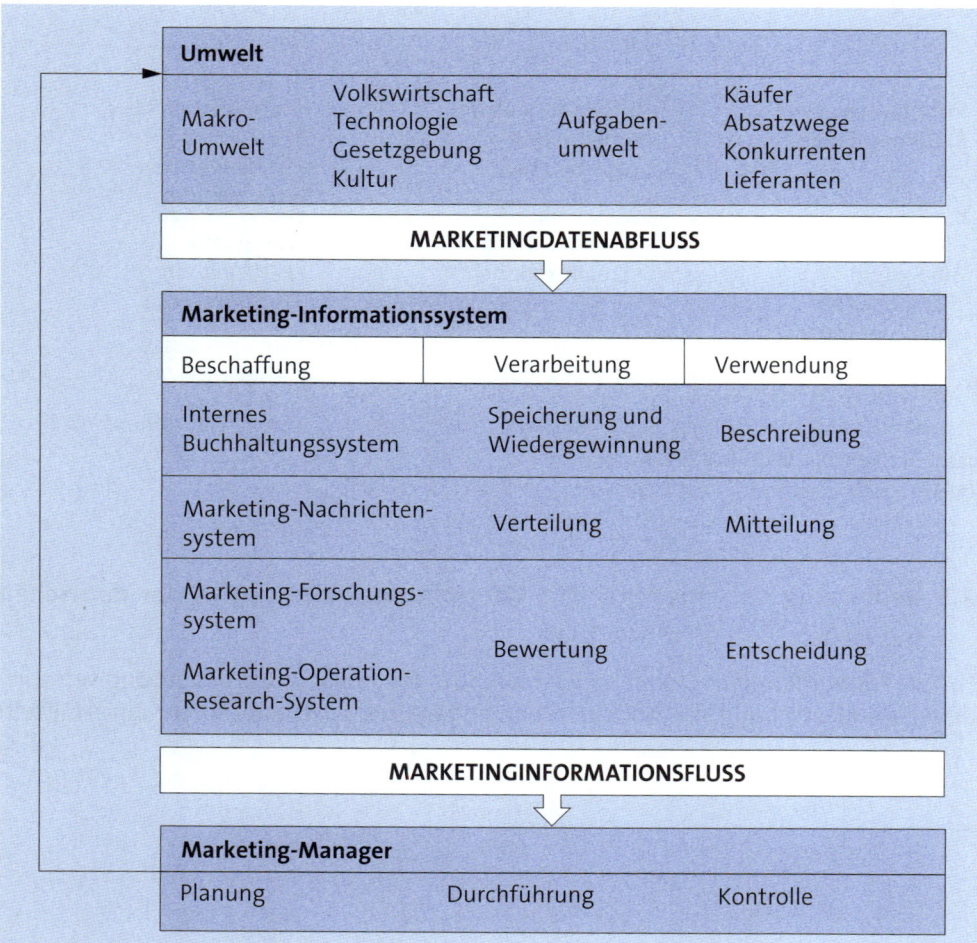

Abb. 3: Grundstruktur eines Marketing-Informationssystems
Quelle: *Kotler/Keller* (*2010, S. 125 ff.*)

2.2 Informationsfelder für Marktforschung auf Business-Märkten

Für die auf Business-Märkten vor allem zu betrachtenden Systemhersteller von innovativer Hochtechnologie lassen sich die wichtigsten Informationsfelder in folgender Tabelle zusammenstellen:

Technologische Informationen	Informationen über Märkte und Machtstrukturen	Gesellschaftliche Informationen
‣ Nutzbare Technologien ‣ Eventualtechnologien ‣ Substitutionstechnologien	‣ Wettbewerber ‣ Kundenpotenzial ‣ Diffusion	‣ Wertewandel ‣ Trends

Informationen zur Systemauslegung	Informationen über Arbeitnehmerunternehmen	Informationen über Werte und Werterhaltungen der Systemnutzer
‣ Anforderungen an Systemkomponenten ‣ Anforderungen an Systemweiterentwicklung	‣ Organisationsstruktur ‣ Qualifikationen	‣ Autonomie ‣ Partizipation ‣ Technikskepsis

Tab. 2: Informationsfelder in B2B-Märkten
Quelle: *Strothmann/Kliche* (*1989, S. 54*)

2.3 Bedeutung verschiedener Marktforschungsmethoden in der deutschen Industrie

Pasquier/Kammermann (*2003*) haben folgendes Ergebnis für die Bedeutung verschiedener Marktforschungsmethoden bei den befragten Industrieunternehmen ermittelt:

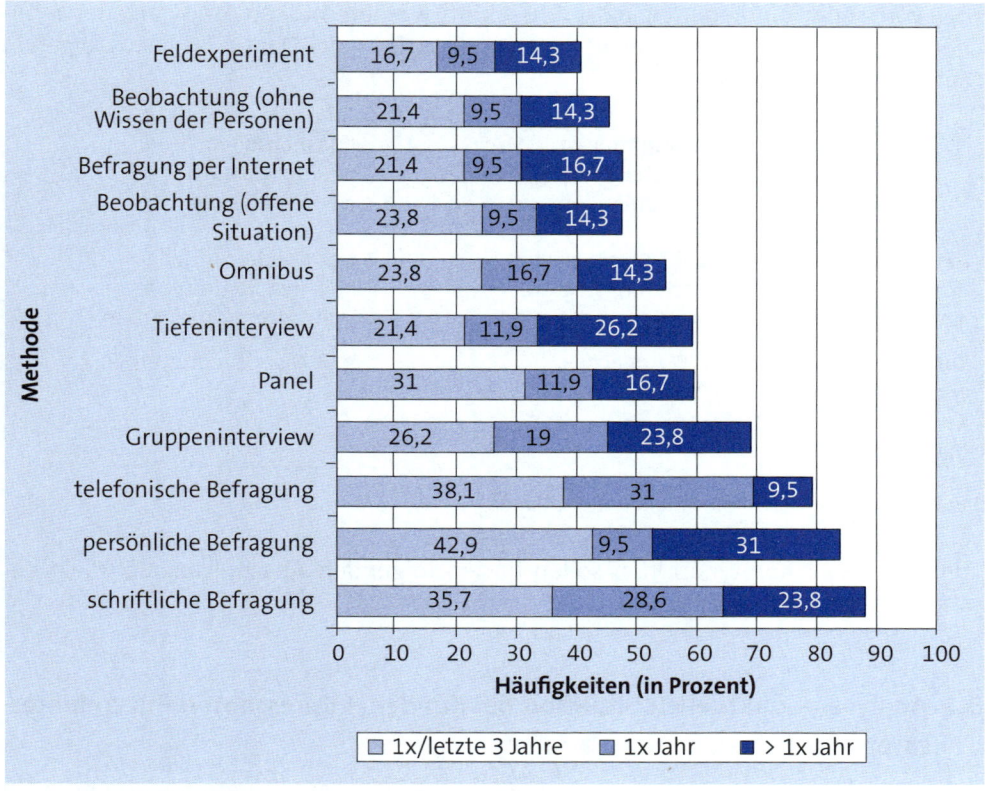

Abb. 4: Bedeutung verschiedener Marktforschungsmethoden
Quelle: *Pasquier/Kammermann (2003)*

3. Untersuchungsobjekte der Absatzmarktforschung auf Business-Märkten

Das grundsätzliche Ziel der Absatzmarktforschung ist die systematische Analyse von Marktentwicklungen für das aktuelle oder potenzielle Leistungssortiment eines Anbieters. Beim Konsumgütermarketing liegt der Schwerpunkt der Absatzmarktforschung im Testen der Kundenreaktionen auf Modifikationen des Marketing-Mixes, also auf Änderungen der Produkte, der Preise, der Vertriebswege und der Kommunikation, insbesondere der Werbung. Diese Themen sind ebenfalls Untersuchungsobjekte der Absatzmarktforschung im Business-to-Business-Marketing; daneben ist aber eine deutlich genauere Analyse des Ist-Zustandes bei den Kunden erforderlich – und wegen der geringeren Zahl der Kunden realisierbar. Weiterhin ist eine Beobachtung der Wettbewerber und ihres Verhaltens am Markt beim Business-to-Business-Marketing besonders bedeutsam. Die für jedes dieser Untersuchungsobjekte zu ermittelnden Informationen sollen im Folgenden genauer erarbeitet werden.

Die für die Absatzmarktforschung auf Business-Märkten relevanten Informationen lassen sich klassifizieren nach Datenherkunft (Daten, die im anbietenden Unternehmen vorhanden sind oder die extern beschafft werden müssen) und nach der zeitlichen Dimension (Vergangenheit/Gegenwart bzw. Zukunft). Daraus lässt sich folgende Matrix bilden:

	Informationen, die im anbietenden Unternehmen vorhanden sind	Informationen, die extern beschafft werden müssen
Aktuelle Situation des Kunden bzw. Marktes	z. B. Stammdaten, Rechnungswesen etc.	z. B. Kundenzufriedenheit, Installation von Wettbewerberprodukten
Zukünftige Entwicklung des Kunden bzw. Marktes	z. B. Angebote, Projekte	z. B. Marktprognosen

Tab. 3: Informationsklassifikation für Business-Märkte

Für jede dieser Kombinationen sollen in den folgenden Abschnitten Beispiele beschrieben werden.

3.1 Analyse der aktuellen Situation bei Kunden/Interessenten mit anbieterintern verfügbaren Informationen

Zur Entwicklung einer Marketingstrategie für einen oder mehrere Kunden oder Interessenten ist eine möglichst genaue Kenntnis der tatsächlichen Ist-Situation bei der betreffenden Kundenorganisation erforderlich, denn wenn z. B. die Informationen über die Geschäftsentwicklung des Kunden und die Struktur seines Buying Center nicht detailliert und aktuell bekannt sind, ist es kaum möglich, Erfolg versprechende Strategien für diesen Kunden zu entwickeln.

Ein (erstaunlich großer) Teil der Informationen über den Kunden ist normalerweise im anbietenden Unternehmen vorhanden, ein anderer Teil kann relativ leicht über allgemein zugängliche Quellen beschafft werden, während es selbstverständlich immer einen Teil von Informationen gibt, der nur sehr schwer oder mit hohen Kosten beschafft werden kann.

Ein wesentlicher Vorteil der extensiven Nutzung der anbieterintern verfügbaren Informationen sind die im Allgemeinen relativ geringen Kosten, mit denen diese Informationen verfügbar gemacht werden können – verglichen mit kostspieligen Untersuchungen durch externe Dienstleistungsunternehmen. Daraus ist ein weiterer Vorteil abzuleiten: Die intern ermittelten Informationen sind Wettbewerbern nur sehr schwer zugänglich. Hingegen kann ein Wettbewerber die Ergebnisse, die ein Marktforschungsinstitut ermittelt, zumindest dann selbst erhalten, wenn er eine identische Untersuchung durchführen lässt.

Zu dieser Klasse der Informationen gehören vor allem:

Informationen über die im Kundenunternehmen bedeutsamen Gesprächspartner: Dieser Bereich ist besonders schwierig zu beherrschen, da es nicht nur darum geht, dass die Informationen **irgendwo** beim Anbieter vorhanden sind, sondern dass sie dann, wenn sie gebraucht werden, den richtigen Personen aktuell zur Verfügung stehen. Gerade solche Informationen werden auch heute noch in Notizbüchern und Karteikarten „gespeichert". Der zunehmende Einsatz von Personal Computern hat die Situation eher noch verschlechtert, weil viele Mitarbeiter und Abteilungen des anbietenden Unternehmens eigene Dateien und Datenbanken für die jeweils benötigten Informationen anlegen. Auf diese Weise ist ein systematischer Änderungsdienst nicht sichergestellt, und viele Daten werden doppelt und/oder unterschiedlich vorhanden sein. Gerade in diesem Gebiet ist es aber außerordentlich negativ, wenn die Namen und Adressen nicht aktuell sind. Eine Lösung dieser Schwierigkeit kann nur darin bestehen, konsequent ein einheitliches Informationssystem im Unternehmen einzuführen und die ausschließliche Benutzung dieses Systems durchzusetzen. Eine Reihe der jetzt am Markt verfügbaren Systeme des „Computer Aided Selling" (CAS) kann eine gute Grundlage für die Einführung eines derartigen Informationssystems sein. Thomas Siebel hatte als erster solche Systeme entwickelt (*Siebel, 2012*), die heute als CRM-Systeme (Customer Relationship Management) bezeichnet werden und sowohl in B2C als auch in B2B Bereichen angewendet werden (*Helmbe, 2012*).

Angaben über Absatz und Umsatz in den vergangenen Perioden: Diese Angaben sind in den Zahlen des Rechnungswesens enthalten. Allerdings zeigt sich in der Realität, dass die Kriterien des Rechnungswesens für die Ansprüche des Marketing häufig nicht ausreichen. So erlauben viele Systeme des Rechnungswesens keine Analysen nach Produkten, Produktgruppen, Kundensegmenten, bestimmten Zeitintervallen usw. Mit dem SAP System SAP On Demand und SAP CRM kann dies heute erreicht werden. Das System von Thomas Siebel ist in dem Oracle System integriert.

Kundenstammstruktur: Unter Kundenstammstruktur soll hier das spezifische Bestell- und Zahlungsverhalten einzelner Kunden verstanden werden. Auch hier leisteten die klassischen Systeme des Rechnungswesens nicht immer die geeignete Hilfestellung. Soll z. B. die durchschnittliche Lieferzeit ermittelt werden, die bei einem Kunden für eine bestimmte Produktgruppe in der Vergangenheit aufgetreten ist, so werden nur wenige Systeme die entsprechenden Ergebnisse ohne Weiteres liefern können. Auch die gleichzeitige Abfrage von Auftragsbeständen und Umsätzen eines Kunden ist in vielen Systemen nicht realisierbar, weil die Auftragsdaten in anderen Systemen verarbeitet werden als die Umsatzdaten. Ähnliches gilt für eine Analyse von **Wirkungen bestimmter Marketingaktionen**. Neben SAP und Oracle liefert heute Microsoft mit MS Dynamics eine effiziente Lösung.

In den Anfängen steckt eine **Deckungsbeitragsanalyse pro Kunde**, denn die umsatzstärksten Kunden sind oft nicht die profitabelsten Kunden, da durch hohe Rabatte und großen Vertriebsaufwand das Ergebnis negativ beeinflusst werden kann.

Eine sehr wichtige Klasse von Informationen sind die **Bestände des Kunden an Produkten des anbietenden Unternehmens**. Bei einem mit einem Direktvertrieb arbeitenden Unternehmen sollte es möglich sein, die wichtigsten Systeme, die beim Kunden installiert sind, vom Verkauf bis zur Verschrottung zu erfassen. Die Kenntnis dieser Installationen ist für das Ersatzgeschäft von entscheidender Bedeutung – für das Dienstleistungsgeschäft im Servicebereich ist sie die entscheidende Basis. Für die verschiedenen Branchen stehen heute vielfältige Systeme zur Verfügung (*Messner, 2009; Micke, 2009*)

Werden die bei einem Kunden installierten Produkte vom Anbieter durch einen **Reparaturservice** (mit Wartungsverträgen oder auf Zeit- und Materialbasis) betreut, so fallen zusätzlich weitere Daten an, die unter Marketingaspekten positiv genutzt werden können: Die Häufigkeit und Art der durchgeführten Wartungs- und Reparaturarbeiten pro Produkt(gruppe) – aggregiert über alle Kunden – ist für das Produktmanagement ein wichtiger Indikator für die Qualität der ausgelieferten Produkte. Eine konsequente Beobachtung dieser Daten lässt Rückschlüsse auf die Kundenzufriedenheit zu und kann bei unerwartet negativen Ergebnissen Anlass zu proaktiven Maßnahmen sein, z. B. der vorsorgliche Austausch ausfallträchtiger Komponenten. Diese Aktivitäten können wiederum vom Marketingbereich positiv genutzt werden.

Neben der Analyse pro Produkt ist eine Analyse pro Kunde empfehlenswert. Zeigt es sich, dass bei einzelnen Kunden eine deutlich **über dem Durchschnitt liegende Reparatur- oder Wartungsintensität** vorliegt, so ist nach den Gründen dieser Abweichungen zu suchen. Die Ursache derartiger Effekte liegt häufig in einer fehlerhaften Installation der Produkte oder in einer unzureichenden Schulung der Mitarbeiter des Kunden. In beiden Situationen – sofern sie identifiziert werden – kann der Anbieter seine Kenntnis zu einem Angebot von zusätzlichem Servicegeschäft (und damit zu einer Ertragsverbesserung), aber auch zu einer Verbesserung seiner Vertrauensposition beim Kunden nutzen, da der Kunde erkennen kann, dass der Anbieter nicht nur am Verkauf seiner Produkte, sondern auch am störungsfreien Betrieb beim Kunden interessiert ist. Sollten im Extremfall bei älteren Produkten weitere Reparaturen unwirtschaftlich werden, ist ein frühzeitiges Einschalten der Marketingfunktionen des Anbieters ebenfalls ein Vorteil, da auf diese Weise dem Kunden bereits Ablösevorschläge gemacht werden können, bevor der Kunde von sich aus eine Neubeschaffung initiiert, die in der Regel mit Einschaltung der Wettbewerber verbunden ist.

Die Kenntnis über **Installationen des Kunden mit Wettbewerberprodukten** ist ebenfalls häufig *irgendwo* im Unternehmen vorhanden – meist im kaufmännischen oder technischen Außendienst. Allerdings ist eine systematische Erfassung und Verarbeitung dieser Informationen ebenfalls ein stark vernachlässigtes Feld, zumal hierbei noch psychologische Schwierigkeiten hinzukommen: Sind die (umfangreichen) Installationen der Wettbewerber bei den Kunden genau erfasst, könnten sie zu negativen Effekten für die entsprechenden Mitarbeiter im Vertrieb führen. Einerseits könnte die Tatsache, dass bei diesen Kunden große Wettbewerberinstallationen existieren, auf schlechte Leistungen des Vertriebsmitarbeiters hindeuten. Daneben sind umfangreiche Wettbewerberinstallationen naturgemäß ein großes Ablösungs- und damit Verkaufspotenzial für den Vertrieb, die sich leicht in entsprechende Vorgaben konkretisieren können. Die Vertriebsmitarbeiter haben demnach kein großes Interesse daran, dass der tatsächliche Installationsbestand der Wettbewerber bei ihren Kunden zu transparent wird. Eine wesentlich bessere Quelle sind die Service-Mitarbeiter im Außendienst, bei denen keine derartigen Interessenkonflikte existieren. Ein entsprechendes Informationssystem sollte daher vor allem diesen Bereich im Unternehmen für Erfassung und Pflege der Daten berücksichtigen.

Neben diesen „harten" Daten gibt es noch eine Reihe von „weichen", also qualitativen Informationen, die ebenfalls im Unternehmen vorhanden sind, aber besondere Schwierigkeiten bei einer Informationsaufbereitung machen. Bei den vielfältigen und zahlreichen Kontakten, die ein Lieferant mit seinen wichtigsten Kunden hat, fallen eine Fülle von qualitativen Informationen an, die für das anbietende Unternehmen bedeutsam sein können. Dazu gehören vor allem Aussagen über die **Zufriedenheit des Kunden mit den Produkten des Anbieters**. Wenn es gelingt, diese Aussagen zu objektivieren und sinnvoll verfügbar zu machen, kann das Unternehmen kostenaufwändige Untersuchungen durch Marktforschungsinstitute vermeiden. Bei einer systematischen Erfassung derartiger Aussagen ist allerdings ebenfalls großer Wert auf die Interessenlage der an der Kommunikation von solchen Urteilen beteiligten eigenen Mitarbeiter (und auch der Kundenmitarbeiter) zu legen.

Negative Äußerungen des Kunden schlagen sich häufig konkret in **Beschwerden** nieder. Daher ist es zum einen wichtig, ein effizientes Beschwerdemanagement im Unternehmen zu installieren (dies wird in Kapitel I.4.7 weiter vertieft). Die Analyse der Beschwerden kann aber auch ein sinnvolles Hilfsmittel in der Absatzmarktforschung sein, zumal wenn es gelingt, über das eigentliche Beschwerdemanagement hinaus Analysen in Bezug auf bestimmte Produkte oder Mitarbeitergruppen durchzuführen und auch deren zeitliche Entwicklung zu beobachten (*Cerwinka, 2009*).

Positive wie negative **Kommentare von Kunden über die Produkte des Unternehmens** sind häufig ein wichtiger Impuls für eine Produktinnovation. Gerade bei größeren Anbietern ist aber der Weg von dem „Eingang" der Information bei einem Außendienstmitarbeiter bis zu der entsprechenden Abteilung im Forschungs- und Entwicklungsbereich so weit und kompliziert, dass diese hilfreichen Informationen die richtigen Adressaten selten erreichen. Auch hierbei kann der Einsatz von Informationssystemen eine erhebliche Vereinfachung darstellen; bereits der Einsatz von so schlichten Dingen wie Electronic Mail und die damit verbundene Nivellierung von Hierarchie- und Abteilungsgrenzen kann deutliche Verbesserungen im Informationsverhalten bewirken. In vielen Fällen erfolgt diese direkte Kommunikation bereits direkt zwischen Kunden und den Entwicklungsteams des Anbieters – allerdings wird diese Entwicklung von den Vertriebsabteilungen des Anbieters nicht immer gern gesehen, da Vertrieb und Entwicklung möglicherweise unterschiedliche kurzfristige oder langfristige Ziele verfolgen.

So wichtig es ist, über die Installationen von Wettbewerberprodukten beim Kunden – und vor allem auch bei Nicht-Kunden – informiert zu sein, so reicht dies nicht aus, um gezielte Marketingaktivitäten entwickeln zu können. Aussagen über die **Zufriedenheit der Benutzer mit den Wettbewerbersystemen** können von entscheidender Bedeutung für ein Unternehmen sein. Unzufriedenheit mit Wettbewerbersystemen sind offensichtlich eine ausgezeichnete Grundlage für eine aktive Bearbeitung dieser Unternehmen mit der Präsentation der eigenen Produktlinien. Positive Erfahrungen der Kunden mit Wettbewerbersystemen sind für einen Anbieter gleichzeitig Warnsignal und Chance: Das Warnsignal deutet darauf hin, dass dieser (Noch-)Kunde möglicherweise in Zukunft seine Einkaufsaktivitäten mehr und mehr auf Wettbewerberprodukte verlegen wird. Die Chance besteht darin, vom Kunden positiv bewertete Eigenschaften der Wettbewerberprodukte in den eigenen Produkte rechtzeitig nachzuvollziehen und so die Wettbewerbsfähigkeit zu behalten. Eine systematische Sammlung der auf diese Weise vom Unternehmen potenziell nutzbaren Informationen kann ebenfalls aufwändige Untersuchungen durch Marktforschungsinstitute ersparen.

3.2 Analyse der zukünftigen Geschäftsentwicklung auf Basis von anbieterintern verfügbaren Informationen

Die kurz- und mittelfristige Geschäftsentwicklung beim Business-to-Business-Marketing kann durch eine konsequente Beobachtung einer Vielzahl von anbieterintern verfügbaren Informationen analysiert werden.

Ein wichtiges Hilfsmittel ist die **Erfassung der Angebotssituationen**. Wenn es gelingt, alle Angebote, die Kunden und Interessenten gemacht werden, mit den darin enthaltenen Produkten, Umsätzen, Margen und geplanten Terminen systematisch zu erfassen, ist dies eine gute Grundlage für die Prognose der Geschäftsentwicklung. Selbstverständlich wird nie der gesamte Angebotsbestand in Aufträgen realisiert werden können. Durch Analyse der Angebots- und Auftragsdaten über einen längeren Zeitraum kann jedoch ermittelt werden, wie groß der Anteil der erfolgreichen Angebote war. Sofern sich die Marktsituation nicht gravierend verändert, ist mit diesen Faktoren eine akzeptable Prognose für den kurz- bis mittelfristigen Bereich möglich. Dabei ist es zu empfehlen, unterschiedliche Faktoren für die verschiedenen Produkt- und Kundengruppen, möglicherweise auch für verschiedene Vertriebseinheiten durchzuführen, sofern sich bei diesen Gruppen signifikant unterschiedliche Faktoren beobachten lassen.

Ein derartiges „Frühwarnsystem" kann vereinfacht in einem Vergleich der aktuellen Angebotsbestände mit denen zum gleichen Zeitpunkt des Vorjahres bestehen – aber selbst dieses einfache Verfahren ist bei vielen Unternehmen nicht realisierbar, weil die erstellten Angebote nicht systematisch erfasst werden. Weitere Hilfestellung geben die Gebrüder *Zerres* (2006) in ihrem Marketing-Controlling Buch.

Die Prognose der kurz- und mittelfristigen Geschäfts kann weiter vertieft werden, wenn nicht erst die Angebote, sondern bereits der **Status vor Angebotserstellung** erfasst wird. Dies lässt sich realisieren, wenn die Vertriebsmitarbeiter gehalten sind, für alle in Diskussion befindlichen Projekte mindestens folgende Informationen in einem geeigneten System zu erfassen:

► Kunde/Interessent

► geplante Produkte und geplanter Umsatz bzw. Deckungsbeitrag

► geplanter Angebotstermin (mit subjektiver Wahrscheinlichkeit)

► geplanter Abschlusstermin (mit subjektiver Wahrscheinlichkeit)

► geplanter Auslieferungstermin (mit subjektiver Wahrscheinlichkeit).

Diese Informationen sind zwar subjektiv; dennoch können mit diesen Daten — insbesondere aus dem Vorjahresvergleich und dem Entwicklungstrend — wertvolle Informationen über die Tendenz bei Kunden- und Produktgruppen gewonnen werden. (Es sei an dieser Stelle bemerkt, dass ein derartiges Erfassungssystem zugleich eine hervorragende Grundlage für CRM-Systeme ist. Dieses Thema wird in Abschnitt I.4. weiter vertieft.)

3.3 Analyse der aktuellen Situation bei den Kunden mit extern zu beschaffenden Informationen

Neben diesen Informationen, die im eigenen Unternehmen vorhanden sind, benötigt die Absatzmarktforschung zusätzliche externe Informationen, um Trends in der aktuellen Geschäftsentwicklung erkennen und zukünftige Entwicklungen analysieren zu können.

Die Erhebung bzw. Messung der **Kundenzufriedenheit** ist im Business-to-Business-Marketing ein sehr bedeutsames Instrument zur Analyse der aktuellen Geschäftssituation; sie ermöglicht zudem eine qualitative Unterstützung von Prognosen der zukünftigen Geschäftsentwicklung — zumindest für den Bestandskundenbereich.

Die Methodik und Technik derartiger Erhebungen soll hier nicht weiter vertieft werden, da diese Aspekte in der Literatur ausführlich dargestellt sind. Es soll hier lediglich auf einige Besonderheiten derartiger Erhebungen hingewiesen werden.

Bei der Auswahl der zu befragenden Kunden ist die Größe und Bedeutung der Kunden für das Geschäft entsprechend zu gewichten, denn es ist wesentlich wichtiger, dass bei Großkunden eine hohe Zufriedenheit herrscht als bei kleineren Kunden. Weiterhin sind bei der Auswahl der zu befragenden Personen die oben bereits diskutierten Aspekte zu berücksichtigen, denn es ist der Qualität einer solchen Befragung nicht zuträglich, wenn die falschen Personen befragt werden. Ein positiver Nebeneffekt von Befragungen zur Kundenzufriedenheit liegt darin, dass die Kunden bereits aus der Tatsache, dass sie um ihre Meinung gefragt werden und dass ggf. die Ergebnisse mit ihnen diskutiert werden, ein hohes Maß an Kundenorientierung beim Anbieter vermuten.

Eine sehr wichtige Bedingung für derartige Erhebungen ist die regelmäßige Durchführung; nur bei Vorliegen einer entsprechenden Zeitreihe können die Erkenntnisse daraus entscheidungsrelevant betrachtet werden.

Es sprechen viele Argumente für die Durchführung derartiger Erhebungen durch neutrale Marktforschungsinstitute, vor allem, weil durch die Neutralität der Befrager eher mit unverzerrten Antworten zu rechnen ist. Sollte die Erhebung durch ein Marktforschungsinstitut durchgeführt werden, können zusätzlich Fragen über die Zufriedenheit der Kunden mit Wettbewerberprodukten gestellt werden, sodass damit bereits ein Teil der Wettbewerbsanalyse realisiert werden kann.

Aufgabe 10 > Seite 473

3.4 Extern zu beschaffende Informationen über die zukünftige Marktentwicklung

Bei dieser Fragestellung – die von vielen als die eigentliche Marktforschung verstanden wird – geht es um die Beantwortung einer Reihe von schwierigen Fragen, deren Antworten aber gerade für Unternehmen auf innovativen Märkten von entscheidender Bedeutung sind (nach *Strothmann/Kliche, 1989, S. 52*):

► *„Wie lässt sich die Entwicklung neuer Technologien beobachten und wie lässt sich ihr Nutzenspektrum für die Innovationsaktivitäten der Systemhersteller rechtzeitig sichtbar machen?*

► *Wie können Systemhersteller neue Märkte identifizieren, die sich ihnen durch den Einsatz neuer Technologien in ihren Produkten öffnen?*

► *Welche Wettbewerbsverhältnisse herrschen auf den neuen, nicht angestammten Märkten und wie können sich die Wettbewerbsstrukturen auf diesen Märkten künftig verändern?*

► *Welche Unternehmen zeichnen sich durch eine besonders hohe Übernahmebereitschaft für innovative Systemtechnik aus?*

► *Wie sind die potenziellen Abnehmer-Unternehmen intern strukturiert, insbesondere welche Produktions-, Kommunikations- und Qualifikationsstrukturen liegen vor?*

► *Bestehen Akzeptanzbarrieren innerhalb der Abnehmer-Unternehmen und welche Ursachen lassen sich hierfür erkennen?*

► *Wie setzen sich die Innovations-Center in den potenziellen Abnehmer-Unternehmen zusammen und wer nimmt die Rolle des Innovators ein?*

► *In welcher technischen Auslegung sind systemtechnische Innovationen zu realisieren, um ihren Einsatz in den Abnehmer-Unternehmen zu gewährleisten und somit ihre Durchsetzung am Markt zu sichern?*

► *Und nicht zuletzt: Welche Informationsquellen sind zu berücksichtigen, und welche Marktforschungsmethoden lassen sich anwenden, um die notwendigen Daten zu beschaffen?"*

4. Wettbewerberanalysen/Benchmarking

Eine intensive Beobachtung der Aktivitäten von Wettbewerbern ist ebenfalls eine wichtige Aufgabe der Marktforschung im Business-to-Business-Marketing. Ein Teil der dabei erzielten Erkenntnisse kann und sollte zu Modifikationen von kurzfristigen, taktischen Marketing-Aktionen führen; andere Ergebnisse einer Wettbewerberanalyse können in strategische Überlegungen bei der mittel- und langfristigen Gestaltung der Marketing-Strategie und des entsprechenden Instrumentariums einfließen.

Zunächst ist es wichtig, alle relevanten Wettbewerber auf den verschiedenen Märkten eines Anbieters zu kennen. Dies mag sich trivial anhören; allerdings ist gerade bei Großunternehmen eine gewisse Arroganz gegenüber kleineren Wettbewerbern zu beobachten, die sich spätestens dann als Fehler herausstellt, wenn es dem kleineren

Wettbewerber gelungen ist, aus einer Nische heraus interessante Marktsegmente des Anbieters anzugreifen und dieser dadurch einen erheblichen Timing-Nachteil hat.

Während es auf etablierten Märkten relativ einfach ist, eine solche Übersicht zu erarbeiten und aktuell zu halten, ist dies bei den sehr dynamisch wachsenden High-Tech-Märkten sehr schwierig, da viele in- und ausländische Anbieter auf den Märkten präsent sind und es kaum möglich ist, die bedeutsamsten Anbieter herauszufiltern.

Eine wesentliche Informationsquelle für derartige Erkenntnisse sind die Kunden und Interessenten, von denen Auskünfte über ihnen bekannte Wettbewerber und deren Aktivitäten unschwer zu erhalten sind. Werden diese – üblicherweise im Außendienst anfallenden – Informationen in einem geeigneten Informationssystem gesammelt und verarbeitet, lässt sich die Entwicklung der Wettbewerber zumindest auf den Märkten, auf denen der Anbieter selbst aktiv ist und daher über entsprechende Kundenkontakte verfügt, recht gut verfolgen.

Sind die Wettbewerber identifiziert, so ist es eine lösbare Aufgabe, über diese Unternehmen weitere Informationen aus allgemein zugänglichen Quellen – z. B. auch von dem Unternehmen selbst – zu erhalten. Ziel dieser Recherchen ist, einen Vergleich des eigenen Unternehmensprofils mit dem des Wettbewerbers zu erstellen. Sind große Ähnlichkeiten zwischen beiden Unternehmen festzustellen, so handelt es sich vermutlich um einen sehr ernstzunehmenden Wettbewerber, da er offenbar fast das gleiche Geschäft betreibt wie das eigene Unternehmen. Sind hingegen deutliche Unterschiede zwischen beiden Unternehmen zu konstatieren, so sollte dies Anlass sein, darüber nachzudenken, warum der Wettbewerber verschiedene Dinge anders macht. Möglicherweise liegen gerade in diesen Unterschieden des Wettbewerbers besondere Stärken, sodass es fatal sein kann, dem Wettbewerber auf den entsprechenden Feldern nicht zu folgen.

5. Corporate Intelligence (CI)

Der Bereich der Marktforschung, der sich intensiver mit der Beobachtung des Wettbewerbs befasst, wird auch als Corporate Intelligence bezeichnet. Die Tätigkeiten, die hier ausgeübt werden, spielen sich teilweise in einer Grauzone am Rande der Legalität ab. Auch Unternehmen, die derartige Methoden nie aktiv nutzen würden, sollten wissen, dass die Wettbewerber möglicherweise so vorgehen, und sich daher entsprechend schützen (*Michaeli, 2006*).

Mithilfe von Online-Marktforschung unter Einbeziehung von Internet-Recherchen kann die CI heute kosteneffizient durchgeführt werden. Viele Unternehmen haben die Online-Marktforschung als integralen Bestandteil ihrer Marktforschung aufgebaut. Der Zeitvorteil durch Online-Analysen hat für viele Unternehmen unter anderem auch ihre internationalen Aktivitäten stark unterstützt. So lassen sich Zielgruppen online schneller rekrutieren und Antwortszeiten reduzieren. Zum anderen können größere Stichproben kostengünstiger gemacht werden. Ebenso kann die Datenqualität online leichter überprüft und gegebenenfalls verbessert werden. Mit dem Medium Internet können auch Darstellungen von Produkten, Verfahren etc. multimedial erfolgen, sodass zum Beispiel Produkttests vor der Produkterstellung visuell besser umgesetzt und durchgeführt werden können. Natürlich hat die Online-Befragung auch Ihre Nachteile, die speziell im qualitativen Teil zu finden sind. Aber wenn große und internationale Analysen, z. B. zur Kundenzufriedenheit, erhoben werden sollen, dann sind Online-Analysen für die Corporate Intelligence nicht verzichtbar.

Typische Aktivitäten der Corporate Intelligence umfassen (nach *Stippel, 2002*):

- ▶ **Testmärkte anzapfen**: Oft ist bekannt, wo Wettbewerber ihre Produkte testen. Es ist daher nicht schwierig, dort ebenfalls den Markt zu beobachten.

- ▶ **Waste Archeology, Dumpster Diving, Trash Trawling**: Die Analyse des Papiermülls von Wettbewerbern ist offenbar nach wie vor eine ergiebige Technik.

- ▶ **Vorgetäuschtes Interesse**: Wissenschaftler aus dem F&E-Bereich neigen dazu, auf Tagungen Teile ihrer Erkenntnisse preiszugeben, wenn Sie glauben, einen kompetenten Interessenten vor sich zu haben.

- ▶ **Befragen von Experten**: Viele Experten im Unternehmen geben auf einfache Telefonanrufe bereitwillig Auskunft und sind sich der Gefahren nicht bewusst.

- ▶ **Messen, Ausstellungen**: Hier ist es offenbar besonders leicht, an Geschäftsgeheimnisse von Wettbewerbern heranzukommen. Die Vertreter auf dem Messestand sind meist sehr kommunikationsorientiert und geben gerade interessierten Besuchern gern detaillierte Auskünfte.

Eindeutig im kriminellen Bereich anzusiedeln sind die Verfahren des Abhörens von Telefonen bzw. das Ausspähen von Datenleitungen. Dieses Thema soll hier nicht weiter vertieft werden, aber gerade durch die Offenheit des Internet sind auch hier mehr Gefahren entstanden.

Ein Unterthema der Corporate Intelligence und der Marktforschung ist die Analyse von Websites und das Kunden- beziehungsweise das Nutzerverhalten. Etwa können mithilfe von Logfile-Analysen Einsichten über Website-Aktivitäten gewonnen werden. Dabei werden Seitenabrufe und Besuche ermittelt. Auch die Identifizierung der Besucher, d. h. der Kunden der eigenen Website, wird durch unterschiedliche Analyseverfahren möglich. Zusätzlich kann Webmining zum Einsatz kommen, um Zusammenhänge im Nutzerverhalten zu ermitteln. Logfile-Analysen sind oft die Ausgangsbasis für das Re-Design von Websites und helfen bei der Veränderung und Optimierung des Seitenaufbaus und der inhaltlichen Programmstruktur.

In der Zwischenzeit haben viele Unternehmen wie Siemens, GE, Caterpillar, IBM, etc. **Corporate Intelligence Units (CI)** aufgebaut. In einem CI-Zentrum fließen unternehmensweit Informationen zusammen, damit wichtige Entscheidungen zeitnah getroffen werden können. Mit einer solchen Einheit kann ein Unternehmen seine Wettbewerbsfähigkeit nachhaltig verbessern, indem es rechtzeitig auf Markt- und Wettbewerbsentwicklungen reagiert und so kostspielige Fehlentscheidungen vermieden werden.

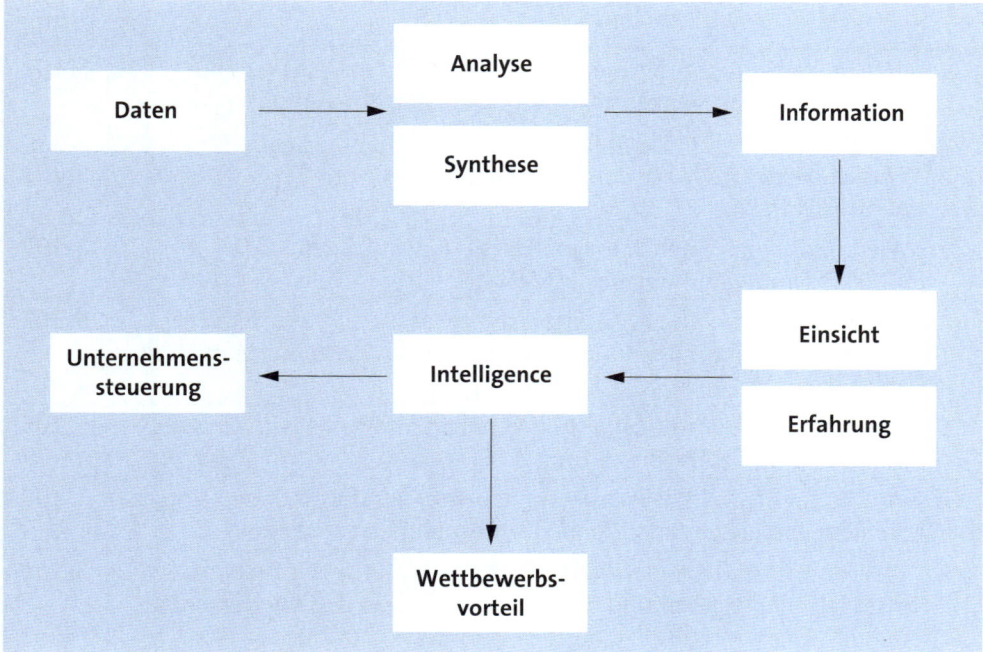

Abb. 5: Ablauf Corporate Intelligence

Um übersteigerte Erwartungen und Rückschläge bei der Implementierung eines CI-Zentrums zu verhindern, müssen vorab Überlegungen zu Ressourcen, Konzeption und Implementierung getroffen und optimiert werden. Zusätzlich sollte eine Integration in die betriebswirtschaftlichen Steuerungssysteme angestrebt werden (*Oehler, 2006*).

Anders als in der Wirtschaftsspionage ist CI nur auf legalen, Datenschutz-konformen, öffentlich zugänglichen und ethisch sauberen Informationen über die Stärken und Schwächen, Pläne und Fähigkeiten von Wettbewerbern und anderen Marktteilnehmern aus. Die nationale Gesetzgebung determiniert die Legalität der verschiedenen Aktionen von CI und Wirtschaftsspionage. In einigen Ländern sind Trash Trawling und Waste Archeology legal, solange sich der Müll auf öffentlich zugänglichen Gelände befindet. Um Überschneidungen mit Wirschaftsspionage zu vermeiden entwickelten die Strategic and Competitive Intelligence einen Code of Ethics, der deren Verhalten regulieren soll (siehe **www.scip.org**).

Lösung

1.	Welche Konsequenzen für die Marktforschung hat die beim Business-to-Business-Marketing im Vergleich zum Konsumgütermarketing deutlich geringere Zahl von Kunden?	S. 101
2.	Was ist bei der Auswahl der zu befragenden Personen zu berücksichtigen?	S. 101
3.	Wie beurteilen Sie den Schwierigkeitsgrad von Fragen bei der Marktforschung auf Business-Märkten?	S. 102
4.	Welche Chancen für die Marktforschung lassen sich aus der speziellen Bedarfsstruktur der Kunden im Business-to-Business-Marketing ableiten?	S. 102
5.	Welche Marktforschungsmethoden haben im Business-to-Business-Marketing die größte Bedeutung?	S. 105
6.	Welche für die Marktforschung bedeutsamen Informationen sind in der Regel bereits im anbietenden Unternehmen vorhanden?	S. 108
7.	Welche Ansätze kann der Marketingbereich aus der Ist-Analyse der Installationen eigener und fremder Produkte bei den Kunden entwickeln?	S. 108
8.	Welche Bedeutung hat eine Befragung über die Kundenzufriedenheit für das Business-to-Business-Marketing?	S. 111
9.	Was versteht man unter „Corporate Intelligence"?	S. 113
10.	Welche legalen Methoden sind bei Corporate Intelligence gebräuchlich?	S. 114

D. Strategische Marketing-Planung

In den bisherigen Kapiteln wurden die Grundlagen erarbeitet, auf denen ein Erfolg versprechendes Business-to-Business-Marketing aufbauen muss – die Grundstrukturen der Bedarfsentwicklung, des Käuferverhaltens und der Informationsbeschaffung über tatsächliche und potenzielle Märkte.

In diesem Kapitel sollen die Aufgaben diskutiert werden, die das Marketing im Bereich seiner strategischen Planung zu leisten hat; für jede der Teilaufgaben werden entsprechende Methoden und Strategien erläutert. In den anschließenden Kapiteln werden dann die Konsequenzen der gewählten Strategien auf die Implementation durch die einzelnen Instrumente des Marketing-Mix zu erarbeiten sein.

1. Marktsegmentierung

1.1 Definition

Es existiert eine Vielzahl von Definitionen des Begriffs Marktsegmentierung. In der deutschsprachigen Literatur zum Business-to-Business-Marketing hat sich die folgende Definition von *Engelhardt/Günter* (1981) durchgesetzt. Im Englischen sei auf die Definitionen im Kapitel: Basis for Segmenting Business Markets in *Kotler/Keller* (2011, S. 2524) hingewiesen.

Marktsegmentierung ist

▶ die Zerlegung eines gegebenen oder gedachten Marktes in Teilmärkte (Marktsegmente) mit Abnehmergruppen, die homogener als der Gesamtmarkt auf bestimmte absatzpolitische Aktivitäten reagieren,

▶ die anschließende Auswahl der zu verarbeitenden Marktsegmente sowie

▶ die Ausrichtung des Marketing-Mix auf die Marktsegmente.

1.2 Makro- und Mikrosegmentierung

Marktsegmentierung auf den Märkten des Business-to-Business-Marketings ist eine komplexe Aufgabe, für die es bisher keine allgemeingültige und allgemein akzeptierte Lösung gibt. Die Segmentierung wird in der Regel mehrstufig durchgeführt, wobei in der ersten Stufe („Makrosegmentierung") die Märkte und Kunden nach Kriterien unterschieden werden, die in der Abnehmerunternehmung als organisatorische Einheit begründet sind. In der zweiten Stufe („Mikrosegmentierung") kann nach Merkmalen der einzelnen an den Beschaffungen beteiligten Personen im beschaffenden Unternehmen unterschieden werden.

Eine Übersicht über die mehrstufige Segmentierung auf Business-Märkten findet sich bei *Günter* (1990):

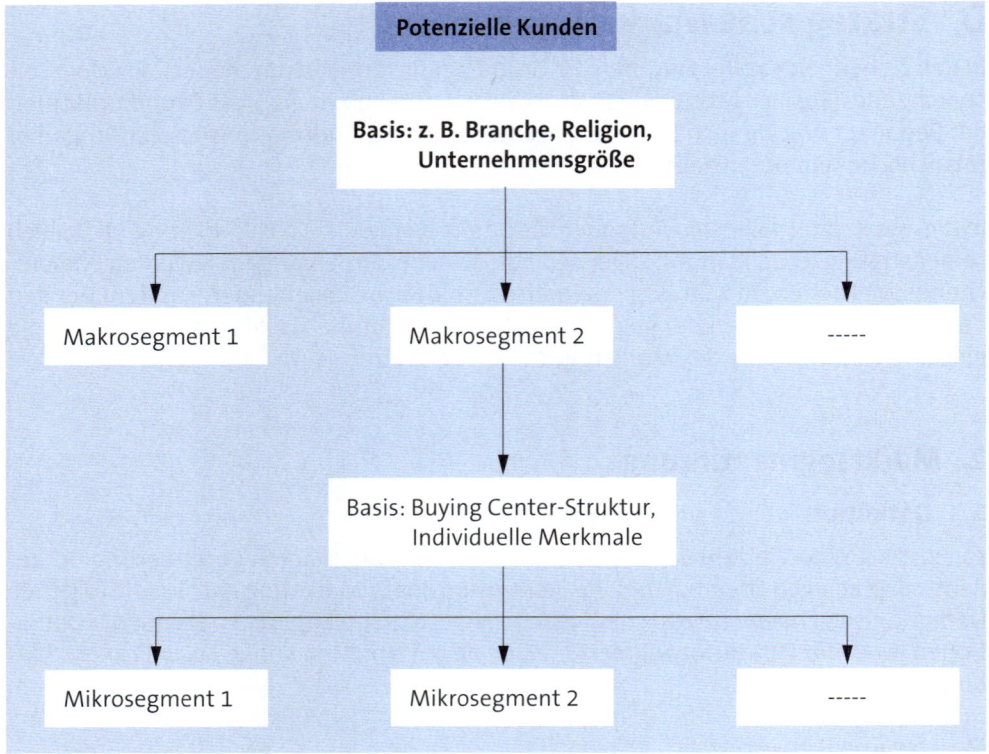

Abb. 1: Mehrstufige Segmentierung auf Business-Märkten
Quelle: *Günter* (*1990, S. 117*)

Dieses Verfahren ist auch für einzelne Branchen wie Banken, Energieversorger, etc. (*Stuhldreier, 2002*) oder Aufgaben wie etwa Innovationen (*Strothmann/Kliche, 1989*) anwendbar. Kriterien für die Makrosegmentierung sind vor allem (*Kestling/Rennhah, 2008, S. 43 ff.*):

Geografische Kriterien: lokal
                            regional
                            national
                            international
                            global

Demografische Kriterien: Branchen
                            Unternehmensgröße
                            (z. B. Anzahl der Mitarbeiter, Umsatz etc.)
                            Einkaufsvolumen bzw. Bedarf
                            Wertsteigerung der eingekauften Produkte
                            Bedeutung der eingekauften Produkte für das
                            beschaffende Unternehmen

Organisatorische Kriterien:	Einkaufspolitik
	Organisation des Beschaffungsprozesses
	Zusammensetzung des Buying Center
	durchschnittliche Auftragsgröße
	Häufigkeit der Aufträge
	Lagerungsmöglichkeiten
Lieferanten-/	Stammkunde
Kundenbeziehung:	ehemaliger Kunde
	Kunde eines Wettbewerbers
	(noch) Nichtverwender der Produkte
	Möglichkeit von Gegenseitigkeitsgeschäften

Die Kriterien der Mikrosegmentierung liegen in den persönlichen Eigenschaften und Verhaltensweisen der am Beschaffungsprozess beteiligten Personen:

Demografische Merkmale:	Alter
	Ausbildung
	Stellung im Unternehmen
Persönlichkeitsmerkmale:	Lifestyle
	Risikobereitschaft
	Entscheidungsstil
	Informationsgrad
Kaufmotive:	Interesse an der Beschaffung
	persönliche Ziele
	Präferenzen für Anbieter bzw. Produkte

1.3 Zeitliche Stabilität von Segmenten

Ähnlich wie im Konsumgütermarketing, bei dem sich z. B. durch Altern der Zielgruppe ein demografisches Segment verändern kann, ist auch bei der Segmentierung auf Business-Märkten die Frage zu stellen, welcher Stabilität eine einmal erarbeitete Segmentierung zuzuordnen ist.

Günter (1990, S. 125) hat für einige typische Segmentierungkriterien aufgelistet, mit welchem Wanderungspotenzial zu rechnen ist:

Kriterientyp	Wanderungspotenzial von Segmenten
Branche	niedrig
Unternehmensgröße	niedrig
Verwendungsart	oft niedrig
Produktanforderungen	oft hoch
Größe des Buying Center	eher niedrig; produkt- und kaufklassenabhängig
Kaufklasse	hoch
Abnahmemenge	hoch
Altersklasse	hoch
Funktion im Unternehmen	mittelfristig hoch
Rollen im Buying Network	eher niedrig; produktabhängig
Informationsstand	hoch
Informationsverhalten	eher niedrig
Risikobereitschaft	niedrig; aber produktabhängig
Lieferantentreue	eher hoch

Tab. 1: Segmentierungskriterien und Wanderungspotenzial

Eine Segmentierung nach Kriterien, die ein sehr hohes Veränderungspotenzial haben, sollte daher nur in besonders begründeten Ausnahmefällen durchgeführt werden.

1.4 Segmentierung nach Innovationspotenzial

Ein erheblicher Teil der auf Business-Märkten beeinflussbaren Beschaffungsentscheidungen und Geschäftsvolumina entscheidet sich im Bereich von Innovationen mit neuester Technologie. Der Bereich älterer Technologie mag aus Umsatz- oder gar aus Deckungsbeitragssicht für Anbieter ebenfalls interessant sein, aus Marketingsicht ist er jedoch weniger bedeutsam, weil in diesen Bereich in der Regel etablierte Kunden/Lieferantenbeziehungen bestehen und ein Wechsel dieser Beziehungen nicht über Produktinnovation, sondern fast ausschließlich nur über den Preis möglich ist. Zudem ist der innovative Bereich aus Marketingsicht auch deswegen bedeutsam, weil im Systembereich eine Entscheidung für einen bestimmten Anbieter oft eine mittel- bis langfristige Bindung erzeugt.

Als geeignetes Hilfsmittel für eine derartige Segmentierung kann die in B.2.6 vorgestellte Typologisierung nach Innovationspotenzial (HIP, MIP, NIP) genutzt werden.

Als weitere Vorgehensweise bei der Segmentierung schlagen *Strothmann/Kliche* (1989) vor, die Makrosegmentierung um die Kriterien Branche und Betriebsgröße zu erweitern. Für ein dann konkret definiertes Segment (z. B. HIP-Unternehmen mittlerer Größe der Elektrotechnik) kann dann eine personenbezogene Mikrosegmentierung durchgeführt werden; dabei werden in dem Unternehmen die jeweils relevanten Innovatoren identifiziert. Für diese Zielgruppe ist eine adäquate Kommunikationsstrategie zu entwickeln und zu realisieren.

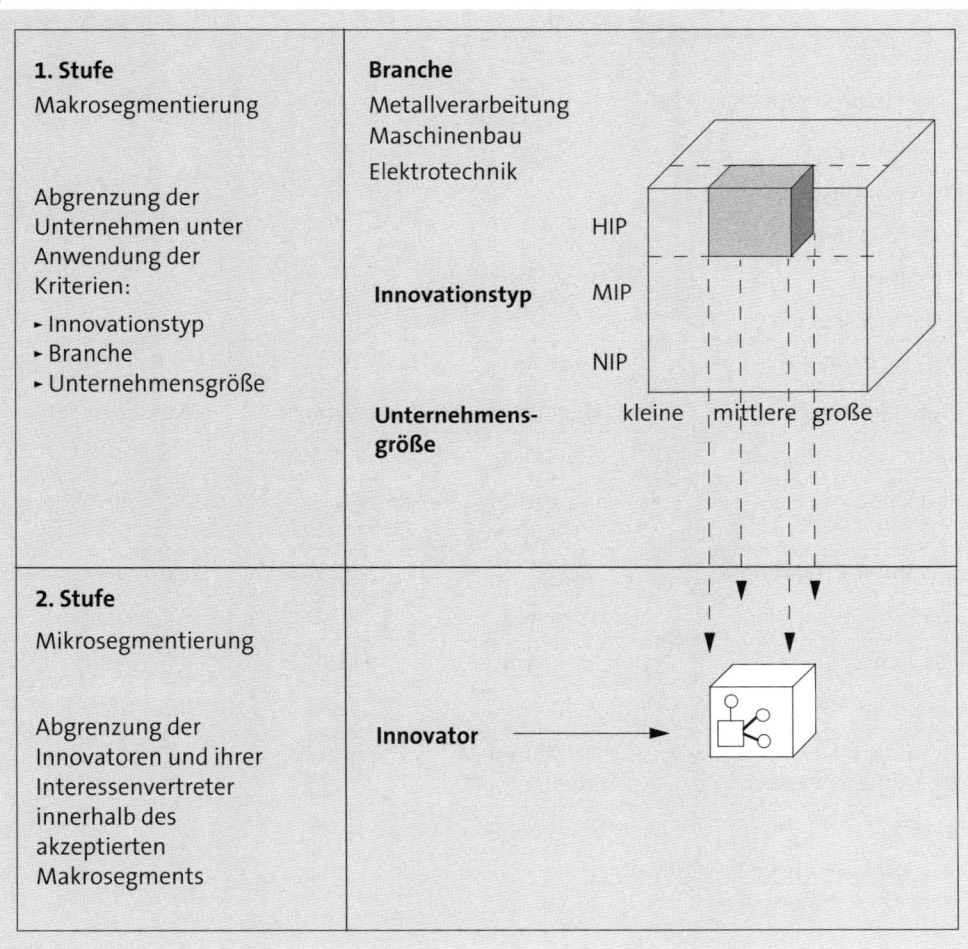

Abb. 2: Mehrstufige Segmentierung nach Innovationspotenzial
Quelle: *Strothmann/Kliche* (1989, S. 77)

1.5 Segmentierung mit Cluster-Analyse

Neben diesen unmittelbar einleuchtenden Segmentierungkriterien kann durch Markt-forschungsstudien mit Cluster-Analyse eine genauere Differenzierung vorgenommen werden. *Köhler/Uebele (1983)* berichten über eine Untersuchung im Industrie-Elektro-nikmarkt, die folgendes Ergebnis hatte:

	Cluster 1	Cluster 2	Cluster 3
Beratung	0	+	-
Technische Kompetenz	0	+	0
Qualität	0	0/+	+
Wirtschaftlichkeit	0/-	+	0/-
Individualität	0/+	+	-
Erfahrung	0/-	+	+
Gebrauchsnutzen	-	+	0
After-Sales-Service	+	0	-
Außenkriterien	**Marktsegment 1**	**Marktsegment 2**	**Marktsegment 3**
Unternehmensgröße	Unwesentlich	> 1.000 MA	< 1.000 MA
Branche	Serienausrüstung Maschinenbau	Anlagen- und Fahrzeugbau	Serienausrüstung Maschinenbau
Elektronik-Erfahrung	Groß	Groß	Elektronikneulinge
Systemverwendung	Endanwender	Ausrüster	Ausrüster
Systemwert	Durchschnittlich	Hoch	Niedrig
Lieferantentreue	Ja	Nein	Nein
Dominanter Beschaffungsbereich	Geschäftsleitung, Fertigung	Einkauf	Entwicklung

Legende: + = hohe Ansprüche, 0 = durchschnittliche Ansprüche, - = keine Ansprüche

Tab. 2: Identifikation von Außenkriterien
Quelle: *Köhler/Uebele (1983)*

Daraus ergeben sich drei klar voneinander abgegrenzte Marktsegmente, die aus Mar-ketingsicht eine differenzierte Bearbeitung sinnvoll erscheinen lassen. Nur durch Beob-achten und Nachdenken hätte der Anbieter diese Segmente vermutlich nicht entdeckt.

1.6 Operative Segmentierung nach Kundendaten

Eher im operativen – also kurz- und mittelfristigen Bereich – sind Kundenportfolioanaly-sen anzusiedeln. Dabei werden bestehende – und soweit möglich potenzielle – Kunden nach verschiedenen Kriterien analysiert. Durch eine grafische Darstellung lassen sich interessante Konstellationen entdecken und daraus spezielle Strategien für die einzel-nen Segmente ableiten.

1.6.1 Datenbasis

Grundlage für die folgenden Überlegungen ist eine relativ einfache Datenbasis für jeden Kunden. Es sollte bekannt sein:

- ▶ der Umsatz, den der Kunde mit uns macht,
- ▶ unser Marktanteil beim Kunden – also wie viel Prozent seines Bedarfes nach Produkten, die wir anbieten, kauft der Kunde bei uns ein? Dieser Wert ist nicht immer einfach zu ermitteln. Sollte der Vertrieb allerdings dazu über keinerlei Informationen verfügen, sollte das schon sehr verwundern.
- ▶ der Deckungsbeitrag, den wir bei diesem Kunden im Durchschnitt erzielen – auch dieser Wert sollte in jedem Unternehmen zu ermitteln sein.

Mit diesen drei Angaben, die eigentlich in jedem Unternehmen vorhanden sein sollten, lassen sich einige aufschlussreiche Analysen durchführen, und zwar eine Potenzialanalyse, eine Machtanalyse und eine Rendite-Analyse (nach *Winkelmann, 1999*).

1.6.2 Potenzialanalyse

Bei der Potenzialanalyse werden für jeden Kunden unser Lieferanteil beim Kunden und sein Gesamtpotenzial gegenübergestellt. Kunden in der rechten unteren Ecke sind Kunden, bei denen wir einen hohen Marktanteil haben, die aber kein großes zusätzliches Potenzial haben. Kunden im linken oberen Bereich sind Kunden, bei denen wir (noch) keinen großen Marktanteil haben, die aber über ein beachtliches Potenzial verfügen. Daraus würde sich die Empfehlung ableiten, sich bei diesen Kunden zu Lasten der erstgenannten stärker zu engagieren.

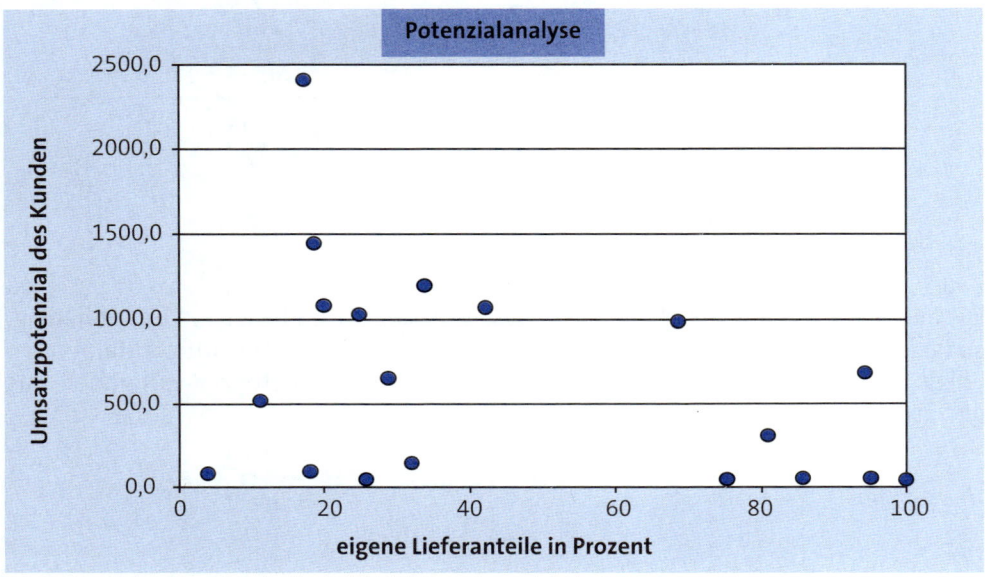

Abb. 3: Kunden-Potenzialanalyse

1.6.3 Macht-Portfolio

Das Macht-Portfolio erhält man, wenn man den Marktanteil beim Kunden mit dem Anteil des Kunden an unserem eigenen Geschäft vergleicht. Von Kunden, die einen großen Teil unseres Geschäfts haben (rechte Hälfte des Diagramms) sind wir abhängig – sollten wir einen dieser Kunden verlieren, so dürfte das erhebliche Auswirkungen auf unser Gesamtgeschäft haben. Während sich das Geschäft bei den Kunden im Feld A wegen des bereits hohen Marktanteils kaum noch steigern lässt, sollten besondere Anstrengungen unternommen werden, bei den Kunden im Feld B zu wachsen. Dort ist noch Potenzial vorhanden, gleichzeitig würde die Abhängigkeit von den A-Kunden etwas reduziert.

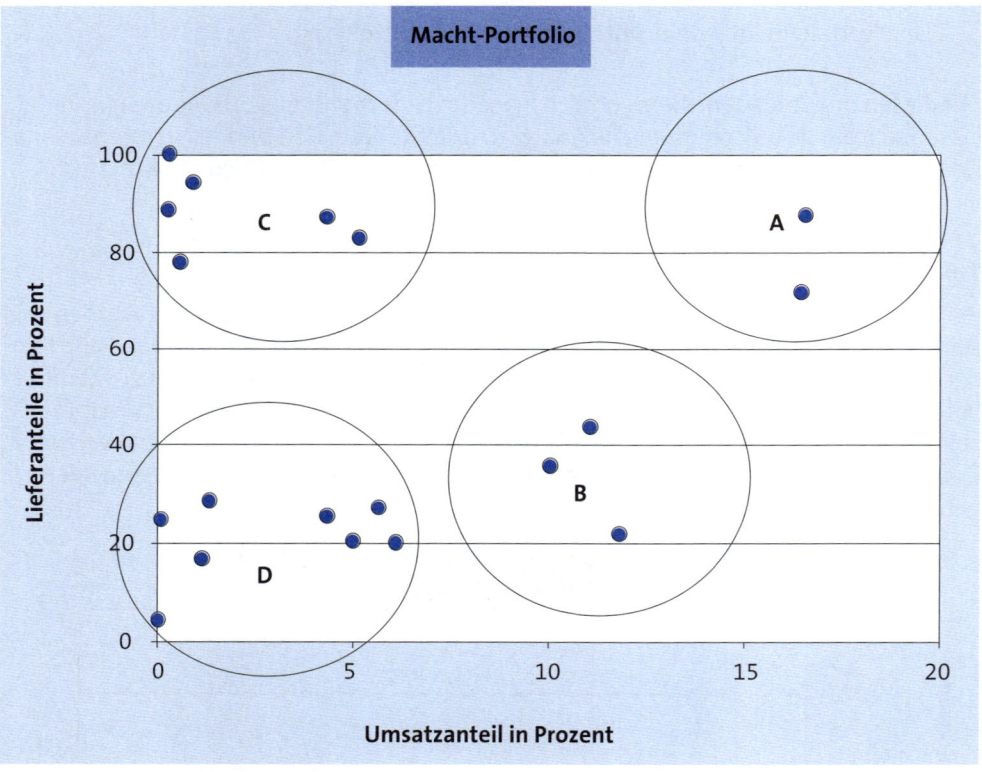

Abb. 4: Macht-Portfolio

Die Kunden auf der linken oberen Seite des Portfolios [C] sind eher von uns abhängig, sodass in diesem Bereich überlegt werden sollte, die Aktivitäten zurückzufahren. Im linken unteren Bereich [D] ist allerdings noch beachtliches Potenzial vorhanden, das ggf. gehoben werden sollte.

1.6.4 Kunden-Rendite-Portfolio

Das Kunden-Rendite-Portfolio entsteht aus dem Vergleich von Rendite (Deckungsbeitrag in Prozent des Umsatzes) und dem Anteil dieser Kunden an unserem Gesamtgeschäft:

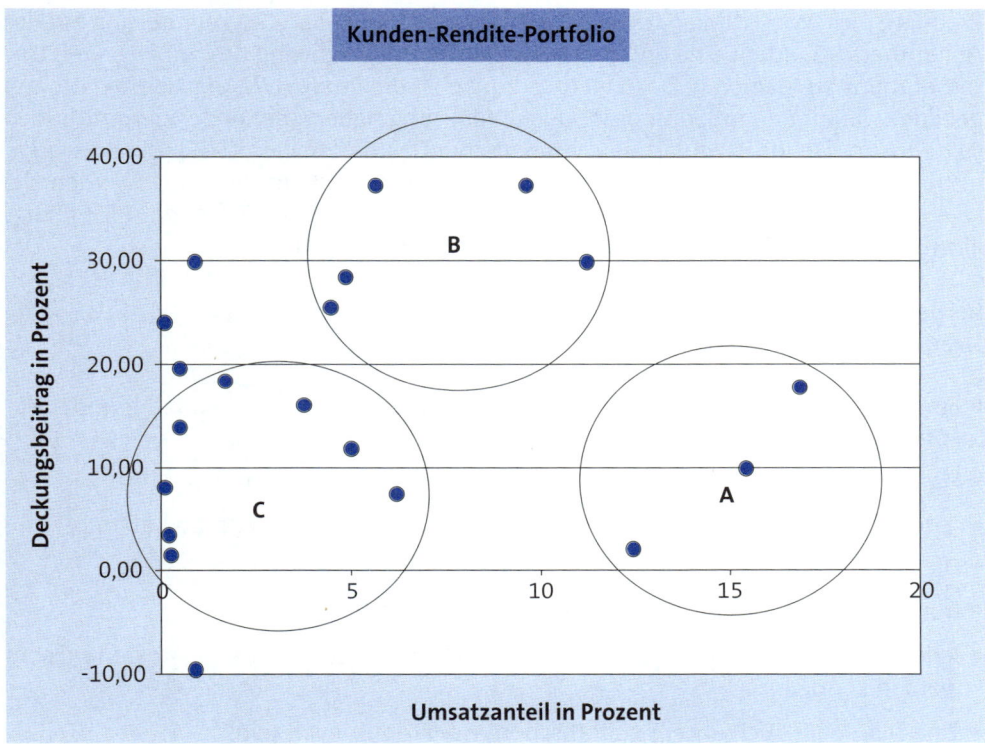

Abb. 5: Kunden-Rendite-Portfolio

In Abb. 5 zeigt sich das typische Bild: Die größten Kunden [A] sind meist nicht die rentabelsten, während im mittleren Bereich [B] einige Kunden gute Renditen bringen. Mit diesen Kunden sollte das Geschäft intensiviert werden (wobei das meist leider nicht ohne Preiszugeständnisse möglich ist). Das Geschäft mit den unprofitablen Kunden [C] sollte ernsthaft überprüft werden.

Diese Analysen haben allerdings eine entscheidende Schwäche: Sie unterstellen, dass ein Kunde nur ein Produkt oder eine Produktgruppe eines Anbieters nachfragt. Sobald mehrere unterschiedliche Produkte beim gleichen Anbieter gekauft werden, kann es natürlich vorkommen, dass der Anbieter bei diesem Kunden in der einen Produktgruppe einen sehr hohen Marktanteil mit guten Margen hat, während bei anderen Produktgruppen noch erhebliches Steigerungspotenzial besteht. Ein typisches Beispiel dafür sind die Produktbereiche Maschinen und Service, also körperliche Produkte und dazu gehörende Dienstleistungen. Die daraus resultierende Problematik wird in Abschnitt E.9 vertieft. Weitere Anwendungen von Segmentierung sind ebenso im operativen Bereich, so etwa im Einsatz von Vertriebs- und Verkaufsmitarbeitersteuerung, zu finden. Empfohlene Literatur dazu: *Yankelovich/Meer* (2006) und *Sarvary/Elberse* (2006).

2. Methoden und Hilfsmittel der strategischen Marketing-Planung

2.1 Definition strategischer Geschäftsfelder

Anbieter auf Business-Märkten verfügen in der Regel über eine Zahl unterschiedlicher Produkte und Produktlinien. Es ist daher nahe liegend, auf die Segmentierung auf der Abnehmerseite durch eine entsprechende interne Ausrichtung des anbietenden Unternehmens zu reagieren. Dazu werden zunächst die Produkt/Markt-Kombinationen gebildet, die für den Anbieter besondere Bedeutung haben oder in der Zukunft haben sollten. Nach Definition derartiger „Strategischer Geschäftsfelder" (SGF) sollte die Organisation – zumindest die des Marketing-Bereichs – entsprechend angepasst werden; die so entstandenen Einheiten werden als „Strategische Geschäftseinheiten" (SGE) (Englisch: Strategic Business Unit, SBU) bezeichnet (*Whitney*, 1996).

Bei der Bildung von SGEs sollten einige Grundsätze beachtet werden (vgl. *Chisnall*, 1989, S. 186):

- ► Eine SGE sollte ein weitgehend eigenständiges Geschäft betreiben (oder in der Zukunft betreiben können).
- ► Für die Leitung einer SGE sollte **ein** Manager verantwortlich sein.
- ► Jede SGE sollte eine deutlich unterschiedliche Rolle im Unternehmen haben.
- ► Die SGEs sollten ausgeprägt marktorientiert gebildet werden.
- ► Der Schwerpunkt einer SGE sollte technologieorientiert sein.
- ► Jede SGE sollte groß genug sein, damit Volumen- oder Erfahrungseffekte wirksam werden können.
- ► Eine SGE sollte auch unter geografischen Aspekten sinnvoll sein.

2.2 Portfolio-Analysen

Nach Durchführung einer Marktsegmentierung und der Bildung von SGFs bzw. SGEs sind die Voraussetzungen geschaffen, eine für die strategische Planung notwendige Positionsbestimmung für jede SGE durchzuführen. Dafür haben sich eine Reihe von Portfolio-Analyse-Verfahren entwickelt, von denen vier wichtige Beispiele vorgestellt werden sollen (weitere Anwendungsmöglichkeiten der Portfolio-Methode liegen in der Produktpolitik oder auch in der Analyse des Kundenportfolios; diese Aspekte werden in den Kapiteln E. und I. diskutiert).

2.2.1 Portfolio-Modell der Boston Consulting Group

Dieser – wohl bekannteste – Portfolio-Ansatz gruppiert SGEs nach den Kriterien „relativer Marktanteil" (eigener Marktanteil/Marktanteil des größten Wettbewerbers) und nach „Wachstum des Marktes".

Teilt man die beiden Achsen jeweils in einen Bereich „hoch" und „niedrig", so bilden sich die folgenden vier Bereiche:

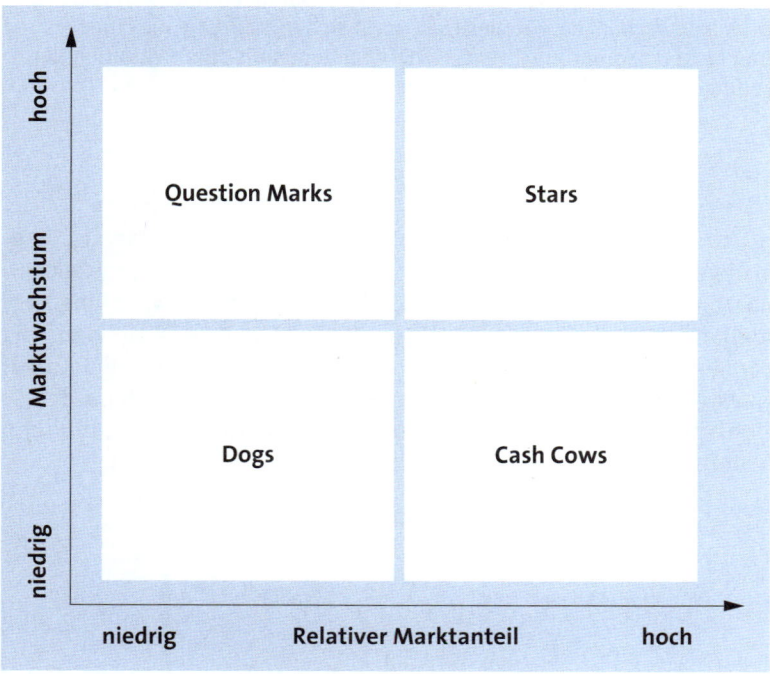

Abb. 6: Portfolio-Matrix der Boston Consulting Group

Für die vier Bereiche sind folgende Bezeichnungen üblich:

Stars („Sterne")	Bereiche mit hohem Marktwachstum und hohem Marktanteil; diese Bereiche sind für die zukünftige Entwicklung des Unternehmens von großer Bedeutung, da sie erheblich zur Sicherung des Wachstums beitragen.
Cash Cows („Milchkühe")	Diese SGE operieren mit einem relativ hohen Marktanteil auf relativ schwach wachsenden Märkten; da diese Bereiche in der Regel einen hohen Cashflow generieren, sind sie für die aktuelle Lage des Unternehmens eminent wichtig.
Question Marks („Fragezeichen") (auch als Problemchilds, „Sorgenkinder" bezeichnet)	Bereiche mit (noch) niedrigem Marktanteil auf stark wachsenden Märkten; wenn es sich um SGE handelt, die erst am Beginn ihrer Tätigkeit stehen, so muss mit höchster Priorität versucht werden, den Marktanteil auf diesen wachsenden und daher vermutlich attraktiven Märkten zu erhöhen und die SGE in Richtung eines „Stars" zu entwickeln. Handelt essich allerdings um eine SGE, die schon länger tätig ist oder die sich aus einer Star-Position in diesen Bereich entwickelt hat, so ist dringend die Frage derNeupositionierung dieser SGE zu stellen.

Dogs ("Arme Hunde")	Diese Position ist sicherlich die unattraktivste Situation für eine SGE; ein niedriger Marktanteil in einem schwach wachsenden Markt bietet wenig Entwicklungschancen. Für diese SGE stellt sich mittelfristig die Frage einer Neupositionierung ihrer Geschäftsfelder, damit durch Variation der Produkte oder Märkte eine bessere Position erreicht werden kann.

Tab. 3: Bereichskriterien für die BCG-Matrix

Eine Portfolio-Betrachtung sollte aber nicht nur statisch, sondern auch dynamisch betrachtet werden. Ein idealer Ablauf im „Leben" einer SGE ist der Beginn als Fragezeichen auf einem neuen Markt; durch Steigerung des Marktanteils kann die Entwicklung zum „Star" erreicht werden; nach Abklingen des Marktwachstums sollte die SGE dann als Cash Cow ihren Beitrag für das Unternehmen leisten. Sollte der Marktanteil deutlich sinken, die SGE sich also in Richtung der „Dogs" entwickeln, ist sie entweder aufzulösen oder durch eine entsprechende Neupositionierung zu revitalisieren. Diese typische Ablauf ist in Abb. 7 dargestellt.

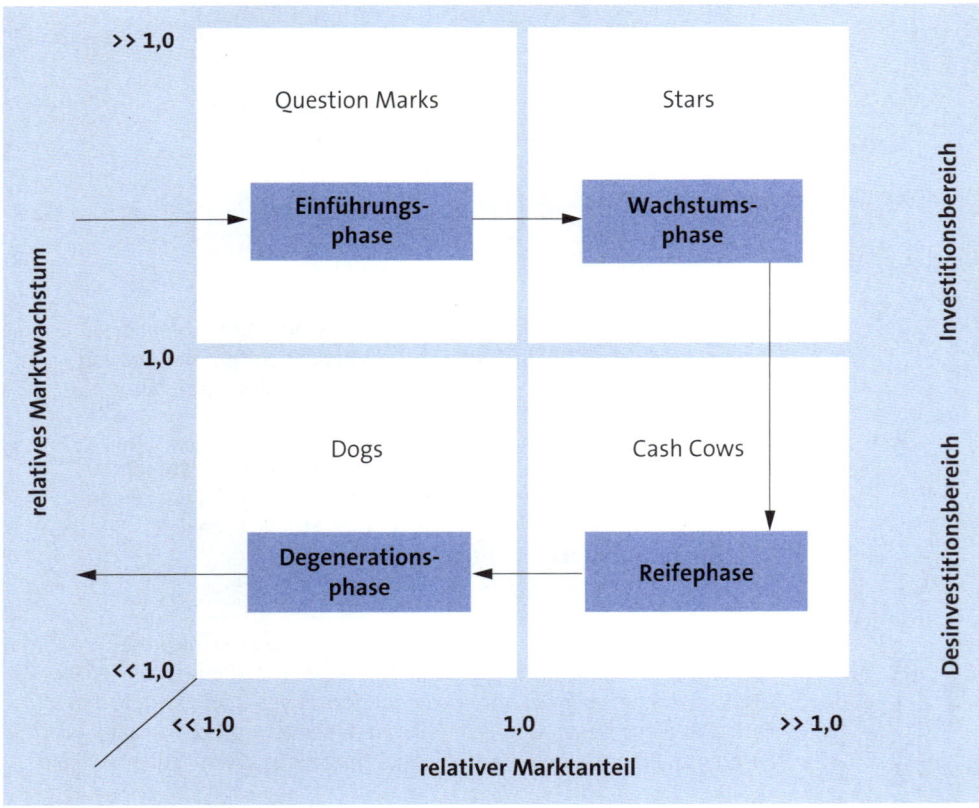

Abb. 7: Portfolio-Konzept und die „natürliche" Produktentwicklung
Quelle: *Böcker* (1994, S. 460)

Die vier Portfolio-Positionen lassen sich u. a. nach folgenden Kriterien beschreiben (vgl. *Böcker, 1994, S. 462*):

Kriterium	Question Marks	Stars	Cash Cows	Dogs
Marktanteil	niedrig	hoch	hoch	niedrig
Markt-wachstum	hoch	hoch	niedrig	niedrig
Markt-positions-ziele	Markt-anteile gewinnen	Dominanz im Markt, dann Gewinne	Liquidität und Gewinne maximieren	SGE aufgeben, umstruk-turieren
Liquiditäts-bedarf	hoch	hoch	niedrig, bringt Liquidität	niedrig, bringt (wenig) Liquidität
Investitionen	hoch	hoch	minimal	keine
Management-erfordernisse	Innovatoren	konse-quente analytische Planer	kosten-orientierte Manager	Krisen-manager

Tab. 4: Positionsausprägungen in der BCG-Matrix

2.2.2 Die Erweiterung des BCG-Ansatzes durch *Barksdale/Harris*

Barksdale/Harris haben den BCG-Ansatz um die Berücksichtigung eines schrumpfenden Marktes erweitert:

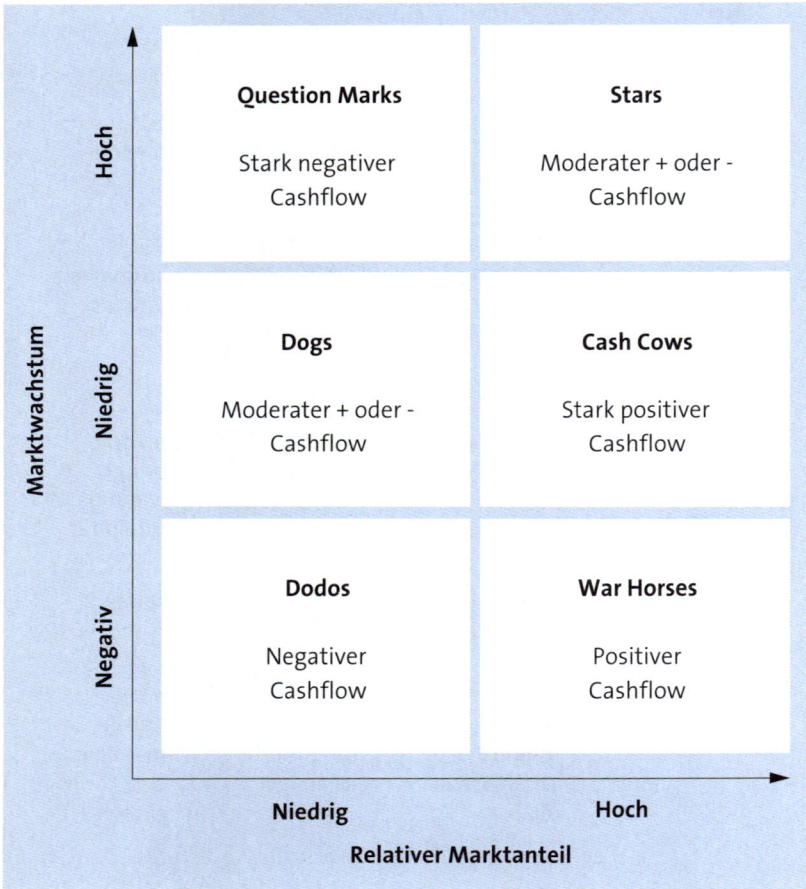

Abb. 8: Erweiterte Portfolio-Matrix
Quelle: *Chisnall (1995)*

Für Dodos gilt offensichtlich, dass die Unternehmen schleunigst das Segment verlassen sollten und aus dem Geschäft sich zurückziehen. Wesentlicher ist das Erkennen von War Horses, wo Produktgruppen trotz geringen oder auch mit negativen Wachstum als gewinnträchtig erweisen. Die Autoren schlagen als Normstrategie das Halten oder das Ernten vor. Sie geben auch die Empfehlung für eine Repositionierung.

Beispiel

Als Beispiel möchten wir hier den UNIMOG von Mercedes-Benz anführen, der über viele Jahre gehalten wurde und erst 2012 eine Repositionierung erfuhr.

Die beiden zusätzlichen Bereiche lassen sich folgendermaßen klassifizieren:

War Horses („Kriegspferde") **oder Buckets („Eimer", „Verlierer")**	Bereiche mit hohem Marktanteil in einem schrumpfenden Markt; sie erbringen aber immer noch einen positiven Cashflow.
Dodos oder Underdogs **(„Unterlegene")**	Diese SEG operieren mit einem niedrigen Markt-anteil auf schrumpfenden Märkten; die Tätigkeit dieser SEG sollte kurzfristig beendet werden, da sie einen negativen Cashflow erzeugen und wenig Hoffnung auf eine Besserung besteht.

Tab. 5: Positionsausprägungen in der erweiterten BCG-Matrix

Die Portfolio-Darstellung und die Produktlebenszykluskurve können gemeinsam darge-stellt werden (Produkte, die sich noch in der Einführungsphase befinden, werden auch als „infants" („Kinder") bezeichnet):

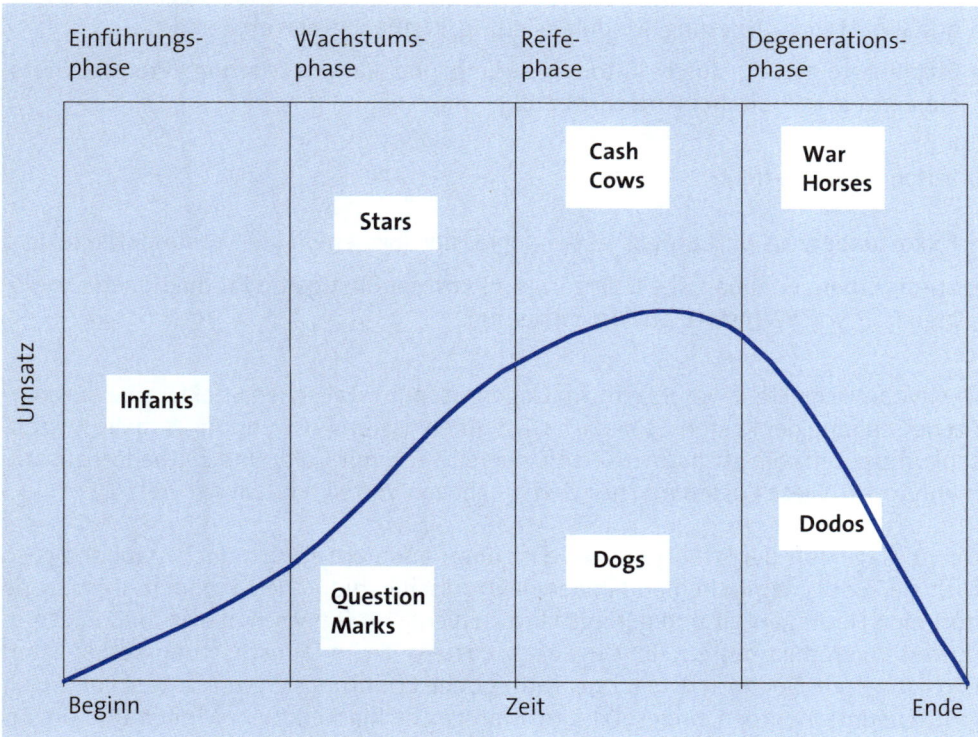

Abb. 9: Portfolio-Positionen im Produktlebenszyklus
Quelle: *Chisnall* (1995)

Zur strategischen Steuerung von Business-to-Business SGFs kann das Konzept der Produktlebenszykluskurve von *Chisnall* mit dem Erfahrungskurvekonzept verknüpft werden. Die Erfahrungskurve ist ein Konzept, welches erstmals 1925 im US-amerikanischen Flugzeugbau festgestellt und angewendet wurde (*Wright, 1936*). Mit dem Konzept wird und wurde vielfach nachgewiesen, dass die realen (inflationsbereinigten) Stückkosten konstant sinken, wenn sich die kumulierte Ausbringungsmenge (= Produktionsmenge) erhöht. Typischerweise sinken die Kosten je nach Branche und Anwendung um 20 - 30 % bei mechanischer Fertigung. Bei einer Verdoppelung der kumulierten Ausbringungsmenge in der Elektronik können bis zu 50 % erreicht werden (siehe auch Kapitel E.4.).

Zum Erfahrungskurveneffekt tragen viele Einzelursachen bei, die in zwei Hauptkategorien zusammengefasst werden können.

Dynamischer Skaleneffekt:

▶ Übungsgewinn aufgrund wiederholender Arbeitstätigkeit

▶ Effizienzsteigerung durch fortschreitende qualitative Verfahrenstechniken (Wertanalyse, Standardisierung, Modularisierung, Kanban Keizen etc.) und

▶ Effizienzsteigerung durch Automatisierung und Rationalisierung (Produktivitätssteigerung, technischer Fortschritt etc).

Statischer Skaleneffekt:

▶ Fixkostendegression, Betriebsgrößendegression (Skaleneffekte, Verbundeffekte) und

▶ ausstoßmengenabhängige Übergänge zu kostengünstigeren Produktionstechnologien (z. B. von Werkstatt- zu Fließfertigung).

Der dynamische Effekt verursacht, im Gegensatz zum statischen Effekt, keine automatische Senkung der Kosten. Es bedarf z. T. der bewussten Anstrengung, um die Kostensenkungspotenziale auch umzusetzen, die teilweise mit Geld- und Zeitbedarf zusammenhängen. Diese Kosten machen den möglichen Vorteil teils wieder wett.

Die Aussagekraft der Erfahrungskurve ist unter anderem stark branchenabhängig, so trifft sie in der chemischen und in der elektronischen Industrie besonders stark zu, da dort eine Homogenität und geringe Unterschiedlichkeit zwischen erst- und letztproduziertem Produkt besteht. Im Gegensatz dazu ist sie im Dienstleistungssektor kaum nachzuweisen. Dennoch wird dieses strategische Erfahrungskurvenkonzept von vielen Industrieunternehmen eingesetzt, um strategische Klarheit zu gewinnen und um Ergebnisverbesserungen konzeptionell vorzubereiten.

Um eventuellen Schwierigkeiten bei der Strategieverfolgung mittels der Erfahrungskurve zuvorzukommen, sollten folgende Aspekte beachtet werden:

► Die Erfahrungskurve schließt aufgrund ihres betriebswirtschaftlichen Effizienzsteigerungsfokus andere Strategien nicht aus. Optimal ist sie jedoch für Preis- oder Kostenstrategien.

► Bei reiner Konzentration auf Produktionsvolumensteigerung entlang der Kurve kann oft der Blick auf den Markt und neue geforderte Produkte verloren gehen.

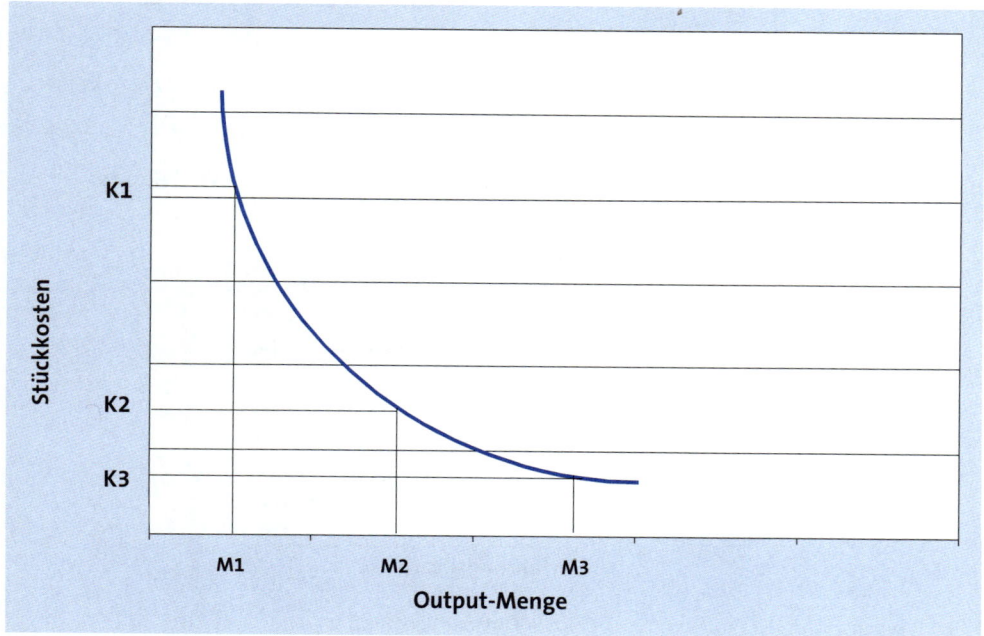

Abb. 10: Beispiel Erfahrungskurve

Aus den Vorteilen der Kostenreduzierung können Unternehmensstrategen jetzt echte Wettbewerbsvorteile erreichen. Es kommt zu einer Gewinnverbesserung, und die Kostenreduzierung kann an die Kunden weitergereicht werden, was zu Preissenkungen führt. Es können aber auch verstärkt Investitionen in die F&E oder die Produktions- oder Vertriebsstruktur vorgenommen werden. Dieses Konzept besagt damit auch, dass es vorteilhaft ist, möglichst schnell große Marktanteile zu gewinnen, um durch hohen Output die internen Kosten senken zu können und dadurch Wettbewerbsvorteile zu erlangen. Es sinken damit natürlich nur jene Kosten, die der Wertschöpfungsveränderung unterliegen (bspw. sinken Materialeinzelkosten dadurch nicht). Auch kann das zugrundeliegende Ziel der Produktionsvolumenerhöhung oder der relativen Marktanteilssteigerung andere Erfahrungsquellen (Technologieersatz etc.) außer Acht lassen, d. h. man darf sich daher nicht mit einem hohen Marktanteil zufrieden geben. Die Verbindung von Lebenszyklus, Erfahrungskurve und dem *Chisnall'schen* Portfoliomodell, angewendet über mehrere Perioden, z. B. 2005, 2010 und zukunftsorientiert 2015, kann Industrieunternehmen eine konzeptionell Klarheit verschaffen, die leicht umgesetzt und intern kommunziert werden kann.

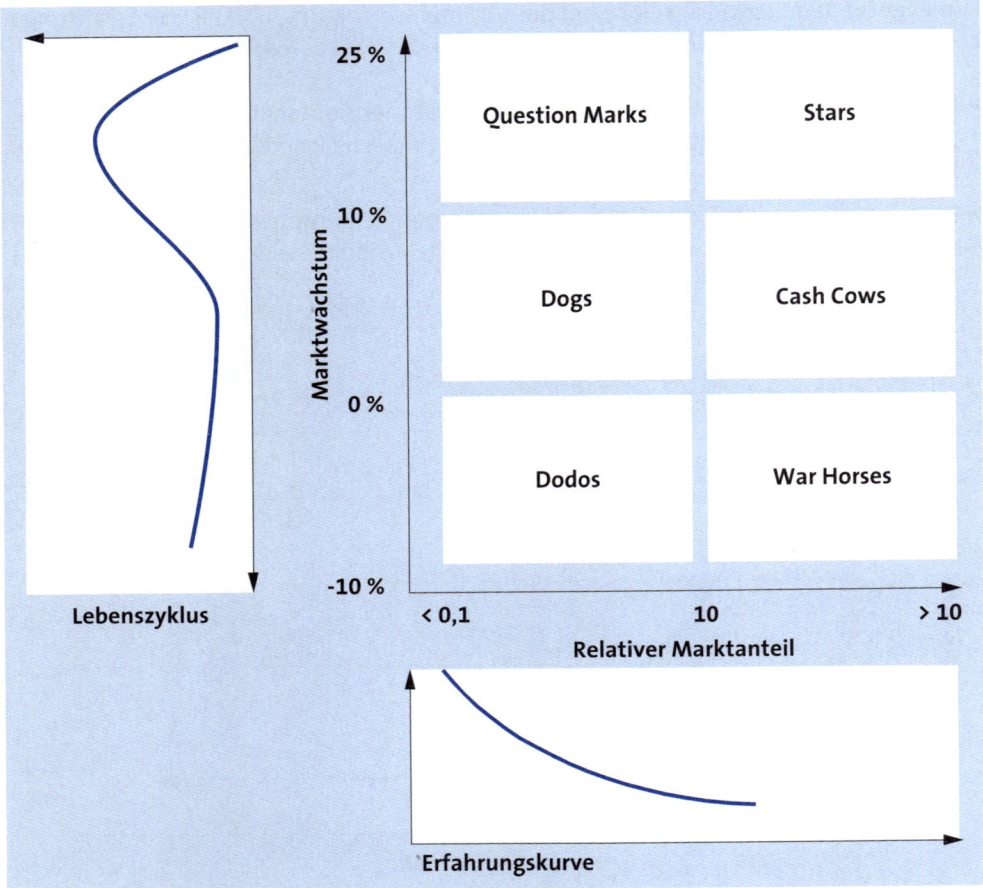

Abb. 11: Lebenszyklus, Erfahrungskurve & *Chisnall*-Portfolio verknüpft

Ergänzt werden kann dieses Modell durch Technologieportfolios (*Metze/Pfeiffer/Schnei-der, 1997*) und dem Instrument der Balanced Scorecard (abgekürzt BSC, engl. wörtl. ausgewogener Berichtsbogen/ausgewogene Wertungsliste). Das BSC-Konzept erlaubt kennzahlenbasiert darzustellen, wie die Unternehmensstrategie, gemessen in finanziellen Ergebnissen, von meist drei anderen unternehmensinternen Voraussetzungen (Kundenansprache, Geschäftsprozesse und Mitarbeiter) abhängt. Daher stützt sich eine BSC notwendigerweise auf ein Ursache-Wirkungs-Diagramm („BSC Map"), in dem herausgearbeitet ist, wie einzelne Maßnahmen auf der Kundenebene, der Prozessabbildung und der Mitarbeiterführung die Gesamtstrategie unterstützen. Das Diagramm wird in einer Geschäftsvision („BSC Story") ausformuliert. Über die Kennziffern in der BSC wird es möglich, die Entwicklung dieser Geschäftsvision ganzheitlich nachzuverfolgen. Auf diese Weise ermöglicht die BSC dem Management, nicht nur die finanziellen Aspekte zu betrachten, sondern auch strukturelle Frühindikatoren für den Geschäftserfolg zu steuern.

Die BSC wurde von *Robert S. Kaplan* und *David P. Norton* entwickelt (*Kaplan/Norton, 1996*). Ausgehend von einer Strategie, die neben den Shareholdern auch andere Stakeholder (z. B. Mitarbeiter, Lieferanten) berücksichtigt, werden kritische Erfolgsfaktoren

(KEF) bestimmt und daraus mit Key-Performance-Indikatoren (KPI) ein Kennzahlensystem (scorecard) erstellt. Die Messgrößen repräsentieren die Erreichung der strategischen Ziele. In einem kontinuierlichen Prozess werden Ziele und Zielerreichung überprüft und durch korrigierende Maßnahmen gesteuert.

Weiterentwickelt wurde das Konzept zum Strategic Mapping (*Kaplan/Norton, 2001*):

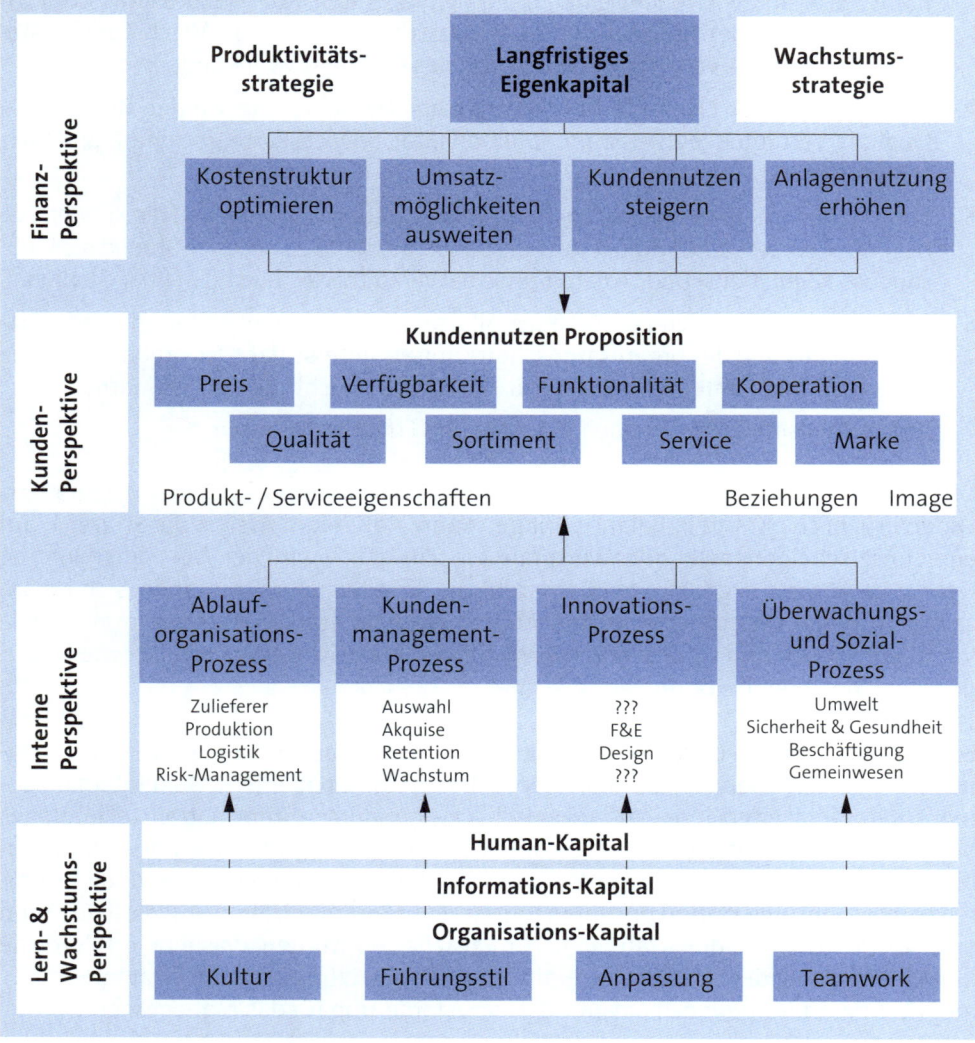

Abb. 12: Strategische Karten (Strategy Maps)

Mit diesem System bekommen auch Business-to-Business-Unternehmen ein Instrument in die Hand, mit dem sie ihre Leistungsverbesserung sichtbar machen und sie in einem System steuern können. In diesem System werden die einzelnen Aspekte der Wertererzeugung sichtbar und nachvollziehbar gemacht, sodass Managemententscheidungen zielorientiert getroffen werden können.

Die Eigenschaften von Strategy Maps sind:

1. Alle Informationen sind auf einer Seite enthalten; dies ermöglicht eine verhältnismäßig einfache strategische Kommunikation.

2. Es gibt fünf Perspektiven: Finanzen, Kunden, Internes, Lernen und Wachstum.

3. Die finanzielle Perspektive betrachtet das Schaffen eines langfristigen Unternehmenswerts und verwendet eine Produktivitätsstrategie des Verbesserns der Kostenstruktur und der Nutzung der Anlagekapazitäten sowie eine Wachstumsstrategie des Erweiterns von Möglichkeiten und des Erhöhens vom Kundenwert.

4. Diese letzten vier Elemente der strategischen Verbesserung werden durch Preis, Qualität, Verfügbarkeit, Auswahl, Funktionalität, Service, Partnerschaften und Marke unterstützt.

5. Von einer internen Perspektive aus helfen die operativen Prozesse und die Kundenmanagementprozesse die Produkt- und die Serviceattribute zu bilden, während die Innovations-, Regulations- und Sozialprozesse bei Verhältnissen und beim Image helfen.

6. Alle diese Prozesse werden durch die Allokation des Humankapitals, des Informationskapitals und des organisatorischen Kapitals unterstützt. Das organisatorische Kapital umfasst Unternehmenskultur, Führung, Ausrichtung und Teamarbeit.

7. Verbindungspfeile beschreiben Ursache- und Effektverhältnisse.

Die Hauptvorteile von Strategy Maps für Industrieunternehmen sind, dass die Strategie widersprüchliche Kräfte in Balance bringen kann. Außerdem basiert die Strategie auf einer unterscheidenden Kundenwertprämisse. Zusätzlich wird der Wert durch interne Geschäftsprozesse ergänzt. Somit entsteht die Strategie aus simultanen, sich ergänzenden Themen. Die strategische Ausrichtung legt ganz starken Wert auf immaterielle Vermögenswerte und ist deswegen auch für die Integration von Produkt- wie Unternehmensmarkenentwicklung gut geeignet.

Business-to-Business-Unternehmen können Strategy Maps nutzen, indem sie Unternehmenswertkreation, Kundenmanagement, Prozessmanagement, Qualitätsmanagement, Kernfähigkeiten, Innovation, menschliche Ressourcen, Informationstechnologie, organisatorisches Design und Lernen miteinander in einer grafischen Darstellung verbinden. So können Strategy Maps beim Beschreiben der Strategie helfen und die Strategie unter Führungskräften und ihren Angestellten kommunizieren. Auf diese Art kann eine Ausrichtung um die Strategie herum geschaffen werden, was eine erfolgreiche Implementierung der Strategie vereinfacht. Die Umsetzung, also die Strategie-Implementierung, ist immer noch die größte Herausforderung für das Management.

2.3 B2B Marketing-Controlling

Um die Marketingstrategien an externe Marktentwicklungen anzupassen und die operative Umsetzung in Detailplanungen zu ermöglichen, bedarf es eines Kennzahlensystems. Ständig sich wandelnde Entscheidungssachverhalte verlangen permanente operative und strukturelle Anpassungen. Die Verknüpfung von operativen und strategischen Marketing-Informationen ermöglicht, Erfolgsindikatoren im B2B -Marketing zu etablieren, z. B. können über die Kennzahl „Umsatzrentabilität" erste Hinweise auf die Erfolgswirkungen bestimmter Marketing-Mix-Maßnahmen bestimmt werden (*Zerres/Zerres*, 2006). Über die Kennzahl „Umsatzstruktur" sowie als Bestandteil der Kennzahl „Relativer Marktanteil" gibt der Umsatz zugleich erste Hinweise auf die zukünftige Umsatzentwicklung, ggf. auch im Zeitablauf als Frühwarnindikator für diskontinuierliche Entwicklungen (*Palloks-Kahlen*, 2003).

Die **Auftragslage** kann z. B. über die Auftragsgrößenklassenkonzentration, die Auftragsstruktur und -effizienz einer zeitreihenbezogenen Analyse als Indikator für eine zukünftige Ausrichtung der Unternehmensstrategie Anwendung finden. Vor dem Hintergrund der gesteigerten **Kundenorientierung** ist eine Analyse der kundenbezogenen Kennzahlen notwendig. Beginnen sollte man hier mit kundenbezogenen Deckungsbeiträgen, die in der Kundenstrukturanalyse ebenso verwendet werden können, wie zur Identifizierung bzw. Erkennung langfristiger Geschäftsbeziehungen. Eine erprobte Messgröße ist der „Grad der Kundenbindung". Aus den einzelnen Indikatoren lassen sich dann strategische („doing the right things") und operative („doing the things right") Handlungsanweisungen ableiten. Weiter Informationen sind bei *Link/Weiser* (2006) und *Ehrmann* (2004) zu finden.

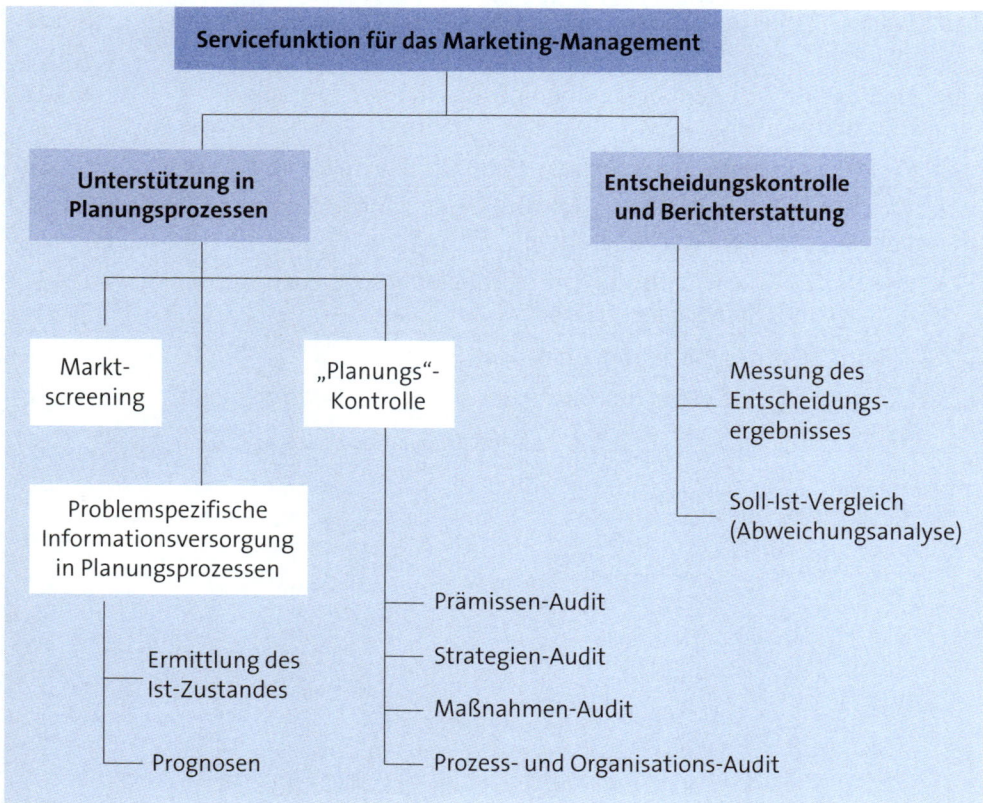

Abb. 13: Aufgaben des Marketing-Controlling

Aufgabe 11 > Seite 474

Aufgabe 12 > Seite 474

Lösung

1.	Welche Kriterien für eine Makro-Segmentierung kennen Sie?	S. 118
2.	Welche Kriterien für eine Mikro-Segmentierung bieten sich im Business-to-Business-Marketing an?	S. 119
3.	Welche Segmentierungskriterien des Business-to-Business-Marketing sind zeitlich eher instabil?	S. 119
4.	Wie lassen sich Unternehmen nach ihrem Innovationspotenzial segmentieren?	S. 120
5.	Wie lassen sich Cluster-Analysen zur Marktsegmentierung einsetzen?	S. 122
6.	Welche Daten werden für die Analyse von Kunden-Portfolios mindestens benötigt?	S. 122
7.	Was versteht man unter einer Kunden-Potenzialanalyse?	S. 123
8.	Was versteht man unter einem Machtportfolio?	S. 124
9.	Welche Erkenntnisse lassen sich aus einem Kunden-Rendite-Portfolio ableiten?	S. 125
10.	Nennen Sie Kriterien für die Abgrenzung einer strategischen Geschäftseinheit!	S. 127
11.	Welche Erweiterungen des klassischen BCG-Portfolios kennen Sie?	S. 130
12.	Welcher Zusammenhang besteht zwischen der Portfolio-Analyse und dem Konzept der Erfahrungskurve?	S. 131
13.	Erläutern Sie die wichtigsten Unterschiede zwischen den statischen und dynamischen Skaleneffekten!	S. 132
14.	Erläutern Sie das Konzept der Balanced Scorecard!	S. 134
15.	Skizzieren Sie Ziele und Methoden des Marketing-Controlling im B2B-Geschäft!	S. 136

E. Produktpolitik

Nach einer generellen Bestimmung der grundlegenden Strategien, mit denen ein Unternehmen die verschiedenen Märkte angehen will, ist die Entwicklung einer generellen Produktstrategie und ihre Umsetzung in der konkreten Produktpolitik eine wichtige Aufgabe, und zwar sowohl im Bereich des Konsumgütermarketings als auch im Business-to-Business-Marketing.

Ähnlich wie im Konsumgütermarketing, bei dem ein Produkt nicht nur aus dem reinen Produktkern, sondern auch aus der Verpackung und aus dem mit der Nutzung oder dem Verbrauch entstehenden Image-Effekt besteht, lassen sich auch bei Produkten auf Business-Märkten verschiedene Stufen von Produkteigenschaften unterscheiden:

Grundeigenschaften (Produktkern)	Das generische Produkt in seinen Grundeigenschaften, also z. B. eine Bohrmaschine oder ein Computerdrucker.
Erweiterte Eigenschaften	Darunter ist die konkrete technische Implementation des Produktes zu verstehen, also eine Bohrmaschine mit bestimmten technischen Eigenschaften, einer bestimmten äußeren Form und von einem konkreten Anbieter.
Zusatzeigenschaften	Überwiegend immaterielle Bestandteile (Dienstleistungen), die grundsätzlich zum Produkt gehören oder separat dazu angeboten werden (Einweisung, Installation, Garantie, Reparatur, Unterstützung etc.).
„virtuelle Eigenschaften"	Sicherheit Image Befriedigung über eine richtige Entscheidung

Tab. 1: Grundeigenschaften von Produkten
Quelle: *Kotler/Keller, 2012, S. 204 ff.*

Erst dieses Bündel von Eigenschaften macht ein vollständiges Produkt auf den betrachteten Märkten für Investitionsgüter aus.

Bei allen Überlegungen zur Modifikation oder zur Neueinführung von Produkten sind daher sämtliche Produkteigenschaften – nicht nur der technische Produktkern – mit in die Überlegungen einzubeziehen.

Gerade auf Märkten mit relativ geringen technischen Differenzierungsmöglichkeiten bestehen in der Variation der erweiterten und der Zusatzeigenschaften oft gute Möglichkeiten für Anbieter, sich vom Wettbewerb abzusetzen.

1. Unterschiede in der Produktpolitik zwischen Konsum- und Business-Märkten

Aufgrund der bekannten Unterschiede zwischen diesen beiden Marketing-Bereichen lassen sich eine Reihe von Faktoren beschreiben, aus denen die unterschiedlichen Schwerpunkte der Produktpolitik deutlich werden:

Faktor	Konsumgütermarketing	Business-to-Business-Marketing
Bedeutung des Produkts im Marketing-Mix	Wichtig, kann aber in vielen Fällen durch Preis und Werbung in den Hintergrund treten	Sehr wichtig, oft wichtiger als jedes andere Instrument des Marketing-Mix
Nachfrage	Produkt soll eine bestimmte Nachfrage befriedigen; Nachfrage kann relativ leicht über Werbung beeinflusst werden	Abgeleitete Nachfrage; geringerer Einfluss der Nachfrage auf Änderungen des Marketing-Mix
Käufer/Benutzer des Produkts	Oft dieselbe Person oder zumindest im engen Zusammenhang (Familie)	Oft weder dieselbe Person noch in derselben Abteilung
Spezifikationen für Produkte	Kaum	Produkte müssen oft genaue Spezifikationen der Kunden erfüllen
Produktlebenszyklus	Oft kurz (durch Mode, Saison, wechselndes Konsumentenverhalten)	Oft länger, insbesondere für traditionelle Industrieprodukte; sehr kurz im High-Tech-Bereich
Produktunterstützung, Service	Nur bei besonders hochwertigen Konsumgütern (Autos, „weiße" und „braune" Ware)	Oft von entscheidender Bedeutung für die Kundenzufriedenheit und damit für langdauernde Geschäftsbeziehungen
Verpackung	Sehr wichtig	Nur für Transportzwecke
Ästhetische Faktoren wie Farbe oder Form	Oft entscheidend für den Erfolg des Produkts	Geringe Bedeutung
Flop-Rate	Oft sehr hoch, 80 - 90 %	Eher gering, 30 - 40 %
Bedeutung der Marktforschung	Oft entscheidend für die Produktentwicklung	Meist kein dominierender Faktor bei der Neuproduktentwicklung

Tab. 2: Faktoren der Produktunterschiede in B2C und B2B

Quelle: *Melfurt/Burman/Kirchgeorg* (2011) und *Bachhaus/Voeth* (2007)

2. Klassifizierung der Produktarten

Neben der Gliederung nach Geschäftsarten sind Unterteilungen der Produktarten für die Entwicklung des geeigneten Marketing-Instrumentariums sinnvoll. Dabei sollen zwei verschiedene Einteilungsmöglichkeiten vorgestellt werden: die Einteilung nach der wahrgenommenen Qualität von Produkten und die Einteilung nach der Bedeutung der Produkte für den Beschaffer.

2.1 Wahrnehmung der Produktqualität

Die Qualität von Produkten kann sehr unterschiedlich vor und nach dem Kauf wahrgenommen bzw. überprüft werden. In der Literatur (z. B. *Kuß, 1993*) werden drei Klassen von Güterarten unterschieden:

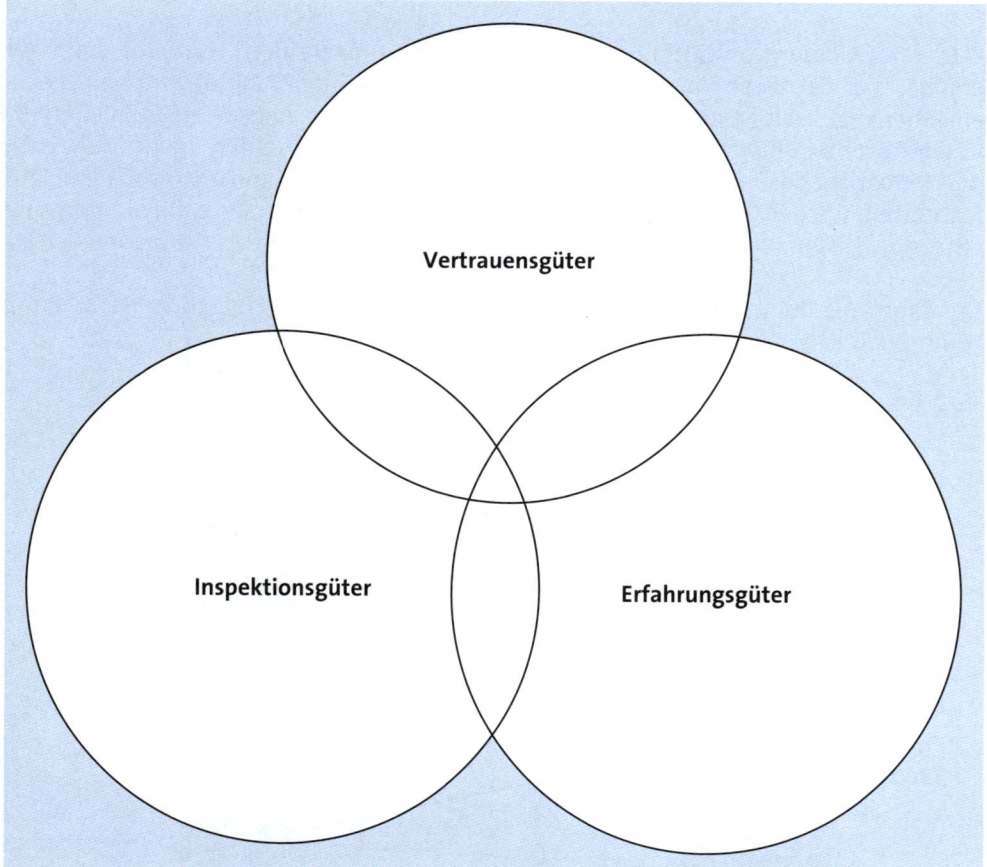

Abb. 1: Klassifizierung von Güterarten
Quelle: *Kuß (1993, S. 13)*

- **Inspektionsgüter** sind Güter, deren Qualität vor dem Kauf eindeutig inspiziert werden kann. Dazu gehören viele technische Produkte, deren technische Eigenschaften eindeutig messbar sind. *Weiber (1995)* bezeichnet die Beschaffung dieser Güter als „Suchkäufe".

- Die Qualität von **Erfahrungsgütern** kann vor dem Kauf nicht beurteilt werden; vielmehr werden positive und negative Qualitätsmerkmale erst bei der Benutzung bzw. beim Verbrauch deutlich. Zu diesem Bereich gehören vor allem fast alle Dienstleistungen, da diese üblicherweise erst nach der Kaufentscheidung erbracht werden; selbst bisherige gute Erfahrungen mit dem Dienstleister schließen nicht aus, dass in dem konkreten Fall eine fehlerhafte Leistung erbracht wird.

- Bei **Vertrauensgütern** handelt es sich um Güter, deren Qualität weder vor noch nach dem Kauf beurteilt werden kann. Dazu gehört z. B. die Durchführung von Wartungsarbeiten, deren Qualität und korrekte Durchführung ohne erheblichen Aufwand nicht überprüft werden kann.

Diese drei Klassen von Güterarten treten selten in ihrer „reinen" Form auf; vielmehr ergeben sich deutliche Überschneidungen bei den einzelnen Qualitätskriterien, die an ein Produkt gestellt werden. Beispielsweise kann die Maßgenauigkeit eines Zulieferteils in der Automobilindustrie vor dem Kauf genau gemessen werden (Inspektionsgut); die Haltbarkeit des Teils während des jahrelangen Gebrauchs kann erst nach dem Kauf festgestellt werden (Erfahrungsgut); eine vom Lieferanten garantierte umweltgerechte Entsorgung kann weder vor noch nach dem Kauf überprüft werden (Vertrauensgut).

Der Raum, der durch diese drei Klassen aufgespannt wird, ist in folgender Darstellung veranschaulicht:

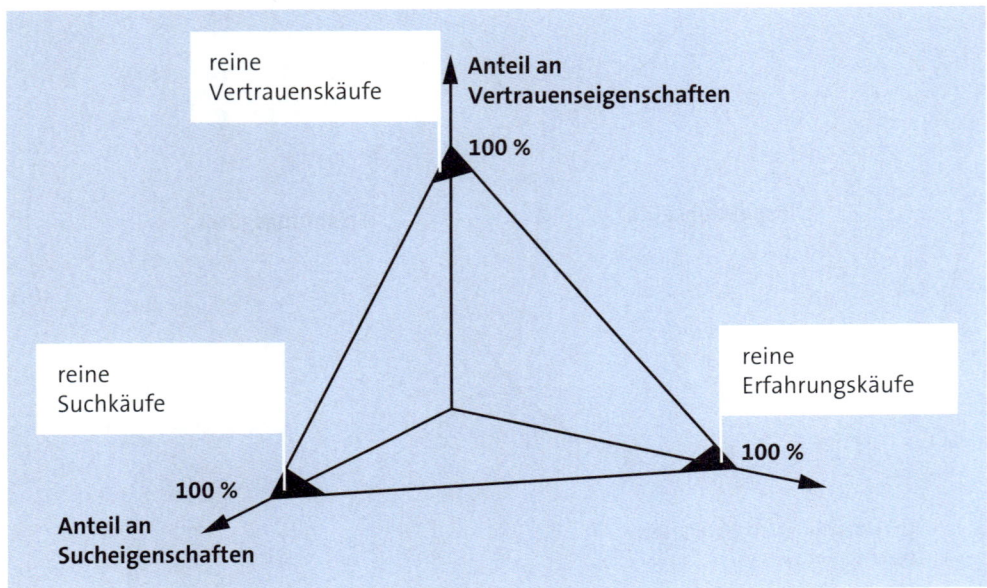

Abb. 2: Komplementarität von Leistungseigenschaften
Quelle: *Weiber (1995, S. 62)*

2.2 Bedeutung der Produkte für den Beschaffer

Eine weitere Möglichkeit, Produkte zu klassifizieren, ist die Ermittlung der Bedeutung eines Produktes für den Beschaffer. Als Beurteilungskriterien bieten sich zum einen das Beschaffungsrisiko an, zum anderen der Gewinneinfluss für das beschaffende Unternehmen. Durch Kombination dieser beiden Kriterien (jeweils mit der Ausprägung hoch oder gering) lassen sich vier Produkttypen gruppieren. Bei der Beschaffung dieser Produkttypen hat der Beschaffer sehr unterschiedliche Aufgabenschwerpunkte zu bearbeiten; auch die Bereiche, über die sich ein Beschaffer schwerpunktmäßig informieren muss, fallen stark auseinander. Die Kenntnis dieser **Sichtweise der Kunden** ist für die Entwicklung eines entsprechenden Marketingansatzes außerordentlich wichtig:

	Beschaf-fungs-risiko	Gewinn-einfluss	Aufgaben-schwerpunkt	Informations-schwerpunkte
Strategische Produkte	hoch	hoch	Präzise Bedarfsprognose, genaue Marktforschung, Schaffung langfristiger Beziehungen zu Lieferanten, Entscheidungen über Eigenfertigung oder Zukauf, Risikoanalyse, Notfallplanung, Logistik- und Lieferantenkontrolle	Sehr detaillierte Marktdaten, Informationen über langfristige Angebots- u. Bedarfsentwicklungen, gute Kenntnisse des Wettbewerbs, Industrie-Kostenkurven
Engpass-produkte	hoch	gering	Mengensicherung (wenn notwendig gegen Aufpreis), Lieferantenkontrolle, Bestandssicherheit, Ausweichpläne	Prognosen über die mittelfristige Entwicklung von Angebot und Nachfrage, sehr gute Marktdaten, Bestandskosten, Erhaltungspläne
Schlüssel-produkte	gering	hoch	Ausnutzen der vollen Einkaufsmacht, Lieferantenauswahl, Produktsubstitution, gezielte Preis- und Verhandlungsstrategien, Mischung aus Vertragseinkäufen und Einkäufen auf den Spotmärkten, Auftragsmengenoptimierung	Gute Marktdaten, kurz- bis mittelfristige Bedarfsplanung, exakte Lieferantendaten, Prognose von Preisentwicklungen und Frachtraten
Normal-produkte	gering	gering	Produktstandardisierung, Überwachung und Optimierung der Auftragsmengen, effiziente Bearbeitung, Bestandsoptimierung	Gute Marktübersicht, kurzfristige Bedarfsprognosen, optimale Bestandshöhe für wirtschaftliche Auftragsgrößen

Tab. 3: Ausprägungen der wesentlichen Produktgruppen
Quelle: *Koppelmann* (1993)

Es ist leicht nachzuvollziehen, dass diese Einteilung aus Sicht des Beschaffers sich nicht mit entsprechenden Kriterien des Anbieters deckt.

Beispiel

Beispielsweise kann die erstmalige Beschaffung eines Computersystems in einem kleinen Unternehmen eine Beschaffung mit hohem Risiko und hohem Gewinneinfluss sein; es handelt sich also nach dieser Klassifizierung um ein „strategisches Produkt". Für das Computersystemhaus, das derartige Systeme täglich verkauft, wird dieses Geschäft hingegen eher von geringer Bedeutung sein.

Diese Überlegungen lassen sich in folgender Matrix kurz zusammenfassen:

		Beschaffungsrisiko	
		gering	hoch
Gewinneinfluss	gering	Normalprodukte **Einkauf und Lager optimieren!**	Engpassprodukte **Lagern!**
	hoch	Schlüsselprodukte **Preise hart verhandeln!**	Strategische Produkte **Wenn möglich: selbst herstellen!**

Tab. 4: Risiko-Ergebnis-Produktmatrix

3. Produktlebenszyklus

3.1 Die Phasen des Produktlebenszyklus

Für die weitere Diskussion ist eine Betrachtung des Produktlebenszyklus hilfreich. Zwar unterscheidet dieses allgemeine Konzept nicht zwischen Konsumgütern und Investitionsgütern; die Konsequenzen, die aus der Produktlebenszyklusanalyse für Ziele und Instrumenteneinsatz in den einzelnen Phasen zu ziehen sind, sind jedoch unterschiedlich.

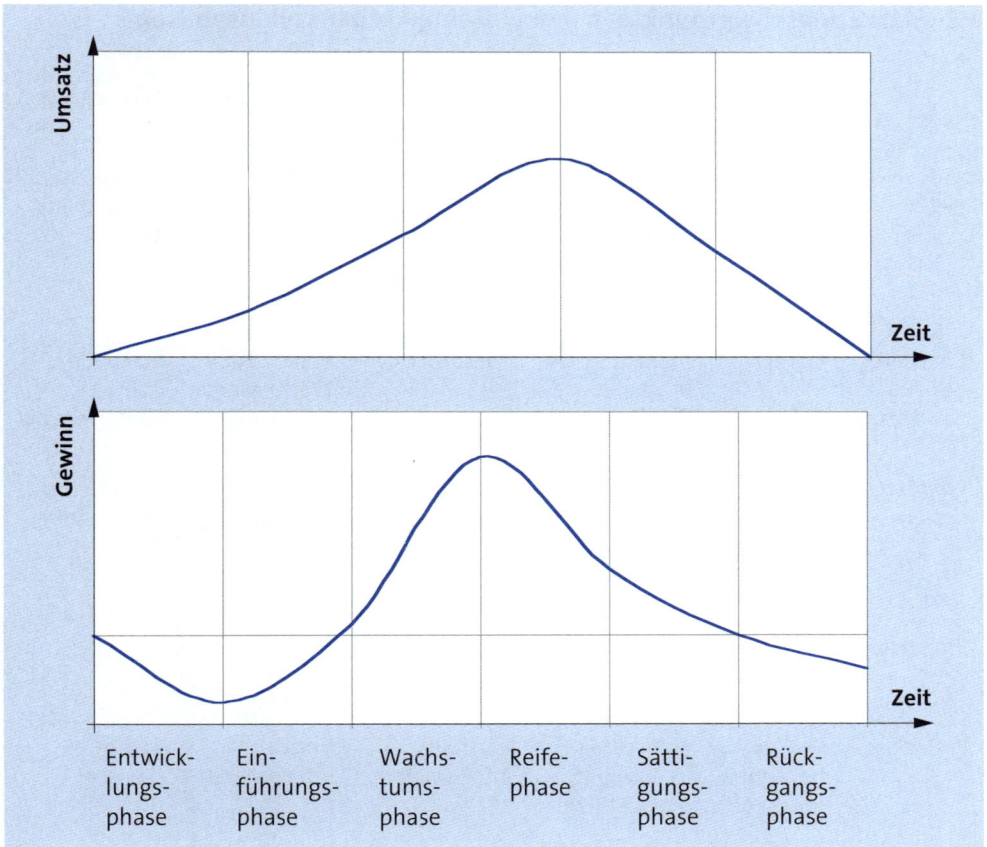

Abb. 3: Produktlebenszyklus

Wichtig ist es für Unternehmen, die Altersstruktur der eigenen Produkte zu kennen. So können bei längeren Erfahrungen in einem Markt Hinweise auf die vermutliche Lebensdauer noch im Markt befindlicher Produkte abgeleitet werden. Je nach Phase des Lebenszyklus, in der sich ein Produkt befindet, sind unterschiedliche Marketingaktivitäten sinnvoll. In der Einführungsphase etwa sind die Ausgaben für die Kommunikationspolitik meist sehr hoch, um das Produkt im Markt bekannt zu machen. In späteren Phasen ist dagegen z. B. der Einsatz von preispolitischen Maßnahmen sinnvoll, um das Produkt neuen Zielgruppen zugänglich zu machen und den Abverkauf kurzfristig zu fördern. Die Frage, in welchen Phasen welche Maßnahmen sinnvoll sind, kann allerdings nur produkt- und branchenspezifisch beantwortet werden (siehe nächste Tabelle).

3.2 Marketingschwerpunkte in den einzelnen Lebenszyklusphasen

	Marktent-wicklungs-phase	Wachs-tums-phase	Phase mit ver-stärktem Wett-bewerbsdruck	Reifephase	Niedergang
Ziel	Lerneffekte maximieren, Produkt bekannt machen	Starke Markt-position erreichen	Ggf. Nische etablieren	Position gegen Wett-bewerb verteidigen	Profitabilität sichern
Chancen des Wett-bewerbs	Gering	Erste Wett-bewerber	Preisdruck	Keine neuen Wettbewerber	Sinkende Zahl der Wettbewerber
Produkt-design	Geringe Produkt-vielfalt	Ausdeh-nung auf neue Markt-segmente	Intensive Produkt-weiter-entwicklung	Kosten-reduktion	Bereinigung der Produkt-linie
Preisziele	Hohe Handels-rabatte	Aggressive Preise	Selektive Preise	Defensive Preise	
Promotion	Produkt bekannt machen	Produkt-bindung verstärken	Vertrieb intensivieren	Vertrieb intensivieren	Keine
Distri-bution	Exklusiv/selektiv	Intensiv, Distribu-toren	Gute Ver-sorgung mit minimalen Lagerkosten	Gute Ver-sorgung mit minimalen Lagerkosten	Gute Ver-sorgung mit minimalen Lagerkosten

Tab. 5: Marketingschwerpunkte in den einzelnen Lebenszyklusphasen

Für Industriemärkte sind Lebenszyklen mit mehr als 20 Jahren keine Seltenheit, für institutionelle Kunden wie Militär, Flugplatzbetreiber oder Infrastrukturunternehmen sind in den Verträgen oft Lieferzusagen für Ersatzteile von 15 Jahren festgeschrieben. Auch kommt bei Anlagen noch die Weiterverwertung in Entwicklungsländern in Betracht.

Beispiel

Ein klassisches Beispiel eines verlängerten Lebenszyklus war der erste Computer von Apple, die so genannte LISA. Der Büro-Computer (Anschaffungspreis damals 30.000 DM) wurde in Elektrounternehmen für die Erstellung von Stromlaufplänen eingesetzt und überlebte mehrere Computergenerationen. Apple hatte nach Einstellung der Produktion die Ersatzteile und den Service an eine Firma verkauft, die den Service weitere 10 Jahre lang durchführte.

3.3 Entwicklung des Produktlebenszyklus in der deutschen Investitions-güterindustrie

Nicht nur in der Konsumgüterindustrie, sondern auch bei den Investitionsgütern verkürzen sich die Innovationszyklen. Unternehmen müssen deswegen die Innovations-geschwindigkeiten erhöhen (*Gassmann/Sutter, 2008*). Schon in der Untersuchung von *Droege/Backhaus/Weiber* (*1993*) wurde die Entwicklung der Produktlebenszyklen in den sechs befragten Industriebranchen in den 70er-, 80er- und 90er-Jahren erhoben. Es zeigt sich damals schon, dass sich die Produktlebensdauer und damit auch die Produktlebenszyklen dramatisch reduziert – in der Informationstechnik sogar mehr als halbiert – haben:

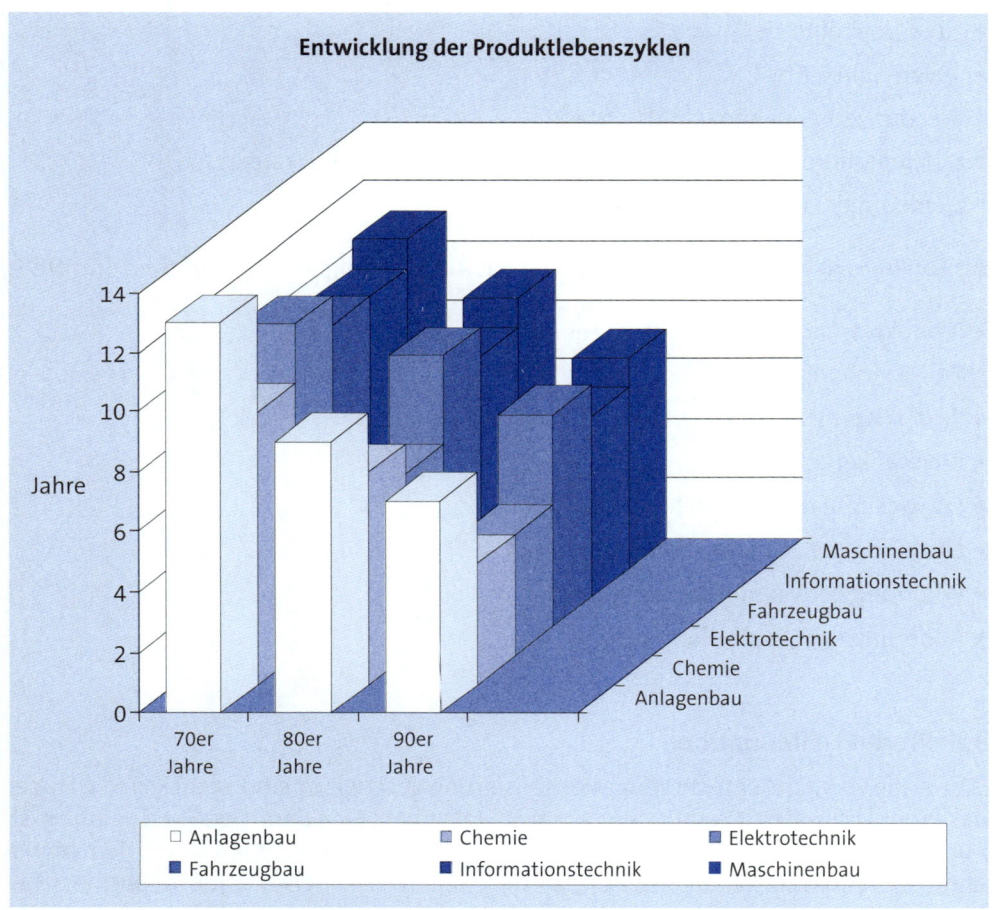

Abb. 4: Verkürzung der Produktlebensdauer

Mit einer weiteren Verkürzung der Produktlebenszyklen ist zu rechnen. Erfolgreiche Unternehmen hatten sich darauf eingestellt (*Gassmann/Friesike, 2012*).

3.4 Produkt-Revitalisierung

Produkte, mit denen nicht die erwarteten Ergebnisse am Markt realisiert werden können, können einer „Revitalisierung" unterzogen werden. Dabei ist zunächst nach den Gründen für die unzureichenden Ergebnisse zu fragen. *Avlonitis (1985)* gibt dafür aus einer empirischen Untersuchung auf Business-Märkten folgende Gründe in absteigender Wichtigkeit an:

- kein wettbewerbsfähiger Preis
- Produktionsprobleme (z. B. wegen veralteter Fertigung-Technologien)
- unökonomische Losgrößen
- zu teure Produktion
- „Overengineering"
- Wettbewerber beherrscht den Markt
- Kundenanforderungen haben sich anders entwickelt als vorausgesehen
- zu niedriger Preis (!).

Als konkrete **Aktionen zur Revitalisierung** hat *Avlonitis* folgende Alternativen ermittelt:

- Produktveränderung (vor allem zur Kostensenkung)
- Preiserhöhung
- Produktverbesserung
- Preissenkung
- Entwicklung neuer Märkte für das Produkt
- Erhöhung der Marketingaufwendungen
- Erhöhung der Vertriebsanstrengungen
- Änderung der Distributionskanäle.

3.5 Produkt-Elimination

Wenn alle Versuche einer Produkt-Revitalisierung gescheitert sind, stellt sich die Frage, das Produkt aus dem Produktprogramm zu entfernen. Eine derartige Entscheidung ist nur dann einfach, wenn ein eindeutiges Nachfolgeprodukt verfügbar ist und dem Markt ohne Zeitverlust zur Verfügung steht. In allen anderen Fällen ist gerade im Business-to-Business-Marketing größte Vorsicht geboten.

Dabei ist vor allem auf die **Vollständigkeit der Produktlinie** zu achten; durch Entfernen einzelner – möglicherweise nicht profitabler – Produkte können gefährliche Lücken im Produktangebot entstehen. Kunden, die auf dieses Angebot angewiesen sind, werden auf diese Weise gezwungen, die Produkte bei einem Wettbewerber zu beschaffen; wenn dieser Wettbewerber mit anderen Produkten im Wettbewerb zum Anbieter steht, wird er die Chance zu nutzen versuchen, diesem „verprellten" Kunden seine gesamte Produktpalette anzubieten.

Neben der Vollständigkeit der Produktlinie ist auch an den **Absatz anderer Produkte** zu denken, deren Absatzchancen durch das Aussteuern eines Produkt direkt oder indirekt betroffen sind. Im Investitionsgüterbereich können das vor allem die hochrentablen Dienstleistungsbereiche sein, denn Produkte, die nicht mehr verkauft werden, können keine Wartungs- oder Reparaturumsätze generieren. In vielen Branchen entsteht der Gewinn erst durch dieses Folgegeschäft.

Daneben kann das **Firmen-Image** durch das ersatzlose Aussteuern von Produkten erheblich geschädigt werden. Auf Konsumgütermärkten mag dies weniger wichtig sein, da in den meisten Fällen die Kunden eine bestimmte Marke kaufen und den Namen des Anbieters gar nicht kennen; auf Business-Märkten, auf denen „Marke" und Anbieter oft synonym sind und auf denen das Vertrauen in eine langfristige Zusammenarbeit mit dem Hersteller eine große Bedeutung hat, kann eine derartige Entscheidung fatale Folgen haben.

Wenn es sich bei dem zu eliminierenden Produkt um **das einzige Produkt** handelt, das bestimmte Kunden bei dem Anbieter beschaffen, ist die gesamte **Kundenbeziehung** beendet. Es wird dann schwer fallen, in Zukunft bei einem Folgeprodukt wieder Kontakt zu den verlorenen Kunden aufzunehmen.

Eine Entscheidung über eine Produkt-Elimination wird in der Regel durch eine Wirtschaftlichkeitsanalyse angeregt, die für das Produkt oder die Produktgruppe unzureichende oder gar negative Ergebnisse ermittelt. Diese Zahlen aus dem Controlling-Bereich müssen vom Marketingbereich mit besonderer Vorsicht interpretiert werden.

Häufig wird eine Vollkostenrechnung präsentiert, die von einer bestimmten Verteilung von Fixkosten auf die Produkte ausgeht. Es ist in einem solchen Fall genau zu prüfen, welche der Kosten durch Elimination des Produkte wirklich wegfallen und welche Fixkosten dadurch nicht nachhaltig abgebaut werden können. Dabei ist vor allem an folgende Kostenblöcke zu denken:

Fixkosten der Produktion: Lassen sich die freiwerdenden Kapazitäten für andere Produkte nahtlos nutzen oder müssen möglicherweise sogar Sonderabschreibungen auf noch nicht abgeschriebene Spezialanlagen vorgenommen werden?

Fixkosten des Vertriebs: Kann der Vertrieb entsprechend verkleinert werden oder hat er die zu eliminierenden Produkte bisher „nebenbei" mitverkauft, sodass durch die Elimination keine Einsparungen eintreten?

Fixkosten der Distribution: Können einzelne Distributionsketten gänzlich eingestellt werden oder werden die Distributionskosten durch die eliminierten Produkte nicht wesentlich gesenkt?

Fixkosten des Servicegeschäfts: Sind im Servicebereich deutliche Einsparungen möglich oder müssen die Servicetechniker aus geografischen und zeitlichen Gründen ohnehin in der bestehenden Anzahl weiterbeschäftigt werden?

Nur wenn diese Fragen eindeutig für eine deutliche Kostenreduktion durch Aufgabe des Produktes sprechen, sollte das entsprechende Produkt ausgesteuert werden.

4. Erfahrungskurven

Ein weiteres Hilfsmittel, das bei der Bestimmung der Produktpolitk wesentliche Erkenntnisse vermitteln kann, ist die Analyse der Erfahrungskurven. Der für viele Fälle empirisch nachgewiesene Effekt besagt, dass Grenzaufwand und Grenzkosten bei einer Steigerung der Volumina zurückgehen; als realistischer Wert ist ein Rückgang um 20 - 30 % bei jeder Verdoppelung der kumulierten Menge anzusehen:

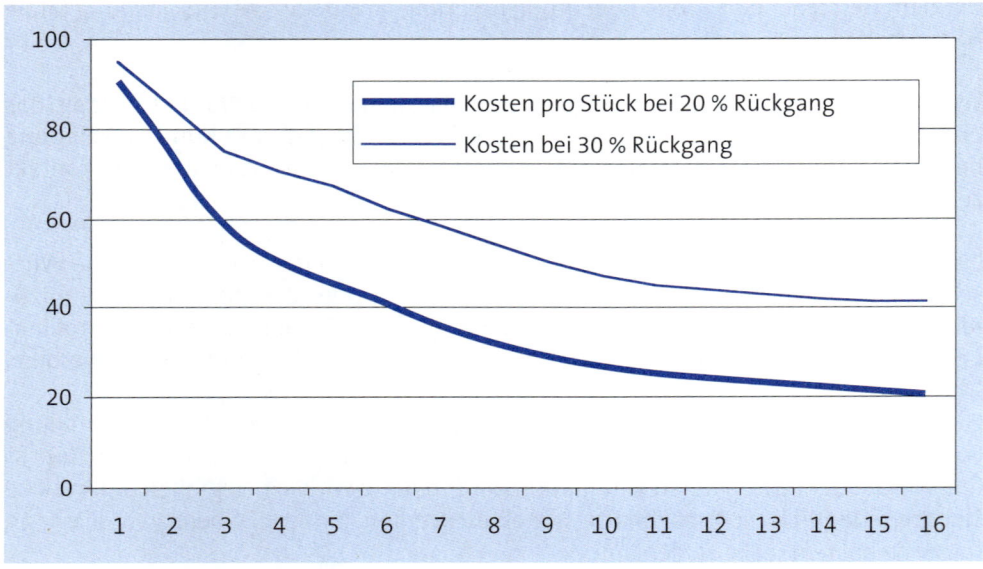

Abb. 5: Erfahrungskurven bei 20 % und 30 % Lerneffekt

Interessanterweise beschränkt sich der Effekt der Erfahrungskurven nicht nur auf die reinen Produktionskosten, sondern auch auf Entwicklungskosten, Absatz- und Verwaltungskosten. Wie von *Cinton* und *Walsh* (2004) in unterschiedlichen Prozesstechnologien nachgewiesen wurde. Dieses Ergebnis kann durch folgende Phänomene erklärt werden (nach *Rupp, 1988, S. 123*):

	Beispiele für Erfahrungseffekte, die unabhängig von einem Absatzwachstum genutzt werden können: **Kostenrückgang durch Know-how-Zuwachs**	Beispiele für Erfahrungseffekte, die bei starkem Absatzwachstum und bei Übergang auf höhere Prozessstadien genutzt werden können: **Kostenrückgang durch Größendegression (economics of scale)**
Bei der Beschaffung	▸ Verbesserter Materialeinsatz ▸ Billigere Beschaffung durch verbesserte Markttransparenz und Beziehung zum Hersteller ▸ Wirtschaftlichere Festlegung der vertikalen Rückwärtsintegration	▸ Mengenrabatte, größere Einkaufsmacht ▸ Mehr Einflussnahme auf Spezifikationen ▸ Höhere vertikale Integration möglich
Bei Entwicklung u. Gestaltung	▸ „Klassischer" Lerneffekt ▸ Effizientere Produktionsverfahren und -abläufe ▸ Bessere Beherrschung der Produktionstechnologie und Entwicklung effizienterer Produktionstechnologien	▸ Bessere Kapazitätsauslastung ▸ Übergang auf höhere Prozessstadien und damit auf höher mechanisierte und automatisierte Produktionsformen
Beim Marketing	▸ Bessere Kundenkontakte ▸ Bessere Absatzkanäle ▸ Bessere Kenntnis der Kundenbedürfnisse und der Merkmale der Kaufentscheidung	▸ Marketingkosten steigen im Allgemeinen unterproportional zum Umsatz (insbesondere Kosten für Verkaufsförderung, Werbung und Außendienstorganisation) ▸ Größere „Absatzmacht"
Beim Management	▸ Verbesserung von Management und Organisation	▸ Sichere Führung durch aufwändigere Informationsbeschaffung und Einsatz von Spezialisten

Tab. 6: Effekt der Erfahrungskurven

5. Produktmanagement

5.1 Aufgaben des Produktmanagements

Aufgabe des Produktmanagements ist vor allem die Entwicklung einer Produktpolitik und die Überwachung ihrer konsequenten Durchführung. Dazu gehören vor allem folgende Tätigkeiten:

▸ Formulierung von Produkt-Zielen

▸ Modifikation bestehender Produkte

▸ Anregung der Konzeption von neuen Produkten

▸ Sicherstellen der erforderlichen Pre- und After-Sales-Dienstleistungen

▸ Sicherstellen eines adäquaten Produkt-Mixes

▸ Suche nach Produkt-Verbesserungen

▸ Aussteuern von unprofitablen Produkten.

Diese Aufgaben unterscheiden sich nicht wesentlich von denen eines Produktmanagers im Konsumgütermarketing; aufgrund der generell größeren Zahl von Produkten im Business-to-Business-Marketing haben Produktmanager hier jedoch meist eine größere Zahl von Produkten – oft ganze Produktfamilien – zu betreuen; sie haben eine größere Verantwortung, die von der Produkt-Planung, über Preisbildung bis hin zur Produktionsplanung reicht; sie sind im Schnitt älter als die Kollegen im Konsumgütermarketing und sind auch länger bei ihrem jeweiligen Unternehmen tätig.

5.2 Organisation des Produktmanagements

Es gibt zwei Grundtypen der Organisation des Produktmanagements:

a) eine Organisation nach **Produkten**, auch wenn diese auf sehr verschiedenen Märkten angeboten werden (Produktmanagement im engeren Sinn)

b) eine Organisation nach **Märkten**, auch wenn auf diesen mehrere verschiedene Produkte angeboten werden.

5.2.1 Produktmanagement im engeren Sinn

Bei einer reinen Produktorientierung hat das Produktmanagement folgende Schwerpunkte seiner Tätigkeit:

► Sicherstellen, dass Produkt-Design, -Kosten und Leistungs-Charakterika den Kunden-Anforderungen in **allen** Märkten entsprechen

► Sicherstellen, dass die Produkt-Eigenschaften nicht plötzlich zu Gunsten **eines** Marktes auf Kosten anderer Märkte geändert werden

► Sicherstellen, dass eine einheitliche Preispolitik über alle Märkte betrieben wird

► Sicherstellen, dass das Produkt zwar auf Markt-Anforderungen reagieren kann, dass aber auch die Anforderungen der Forschung & Entwicklung und der Produktion berücksichtigt werden und dass dies nicht zu unökonomisch kleinen Losgrößen und kaum noch installierbarer oder wartbarer Einzel- oder Spezialfertigung führt

► Sicherstellen, dass die Fertigungskapazitäten für die geplanten Absatzvolumina bereitstehen

► Entwicklung einer hohen technischen Qualifikation – auch zum Einsatz in wichtigen und komplexen Kundensituationen

► Schulung des Vertriebs über wesentliche Produkteigenschaften.

Der Nachteil dieser reinen Form liegt in der fehlenden Berücksichtigung der gerade auf Business-Märkten oft sehr unterschiedlichen Marktgegebenheiten.

5.2.2 Marktmanagement

Im Gegensatz zu einer rein produktorientierten Organisation hat eine rein marktorientierte Organisation folgende Schwerpunkte:

▸ Verständnis der Vorgänge bei den Kunden und ihren Endbenutzern entwickeln, um zu bestimmen, wie die bestehende Produkt/Service-Palette angeboten bzw. verbessert werden kann, um die Kundenbedürfnisse für das Unternehmen optimal zu erfüllen

▸ Identifikation von ergänzenden (und für das eigene Unternehmen neuen) Produkten bzw. Dienstleistungen zur Verbesserung der Marktsituation und der Rentabilität

▸ Information über die Entwicklung auf dem betreffenden Markt bzw. Branche, um rechtzeitig neue Produkttrends zu erkennen und entsprechende Maßnahmen einzuleiten

▸ Entwicklung einer hohen Branchenkenntnis und einer entsprechenden Reputation bei den Kunden und Endbenutzer-Gruppen

▸ Nutzung dieser Branchenkenntnis beim Realisieren wichtiger Aufträge und zur Schulung der Vertriebs-Mitarbeiter.

Diese Organisationsform führt in ihrer reinen Form zu einer Überbetonung der unterschiedlichen Marktbedürfnisse und daher meist zu einer unübersehbaren, unökonomischen und kaum noch wartbaren Produktvielfalt.

5.2.3 Matrix-Organisation

Beide Organisationsformen sind daher in ihrer reinen Form nur bei kleineren Unternehmen sinnvoll. In der Praxis größerer Anbieter wird daher zumeist eine Matrix-Organisation aus beiden Grundtypen eingesetzt, wodurch versucht wird, die Konflikte zwischen den beiden extremen Zielrichtungen innerhalb des Produktmanagements zu lösen.

Für einen Anbieter von Informationssystemen könnte eine derartige Matrixorganisation folgende Form haben:

	Markt-segment Banken	Markt-segment Industrie	Markt-segment Handel	etc. ...
Rechner				
Speichersysteme				
Bildschirme				
Netzwerke				
Drucker				
Software				
etc. ...				

Tab. 7: Produkt-Markt-Matrix am Beispiel von Informationssystemen

6. Produkt-/Markt-Strategien für etablierte Produkte

6.1 Grundlegende Produkt-/Markt-Strategien

Die grundlegenden Produkt-/Markt-Strategien hat bereits *Ansoff* (*1966*) in der „Ansoff-Matrix" zusammengefasst. *Michael Porter* hat sie 1987 in sein Hauptwerk integriert und heute ist sie noch ein wesentlicher Bestandteil des strategischen Controlling (*Grünig/ Gaggl, 2006*).

		Märkte	
		Alt	Neu
Produkte	**Alt**	Marktausschöpfung	Marktentwicklung
	Neu	Produktentwicklung	Diversifikation

Tab. 8: Produkt-/Markt-Strategien

Daneben gibt es eine Reihe von weiteren Ansätzen, die Systematik dieser Strategien weiter zu beschreiben. Dies soll hier nicht vertieft werden; eine ausführliche Darstellung – allerdings meist mit Beispielen aus dem Konsumgütermarketing – findet sich bei *Becker* (*1998*).

6.1.1 Marktausschöpfung, Marktdurchdringung

Bei dieser naheliegenden Strategie ist es das Ziel des Anbieters, mit bestehenden Produkten auf bestehenden Märkten ein besseres Ergebnis zu erzielen. Dies kann durch folgende Aktivitäten erreicht werden:

► **Intensivierung des Geschäfts bei bestehenden Kunden**

Dies ist im Business-to-Business-Marketing nicht leicht zu erreichen, da eine Bedarfssteigerung des Kunden aufgrund des abgeleiteten Bedarfs durch den Anbieter kaum zu beeinflussen ist. Eine intensivere Betreuung durch den Vertrieb kann aber dennoch Schwachstellen in der Verwendung der Produkte identifizieren und so eine Absatzsteigerung ermöglichen. In manchen Fällen kann eine Steigerung der Nachfrage der Endkunden durch Pull-Marketing eine gesteigerte Verwendung bei den professionellen Abnehmern bewirken.

Beispiel

So zielt die Kommunikation von INTEL („intel inside") daraufhin, bei den Endkunden den Bedarf an Systemen mit einem Intel-Chip zu steigern; PC-Hersteller werden es sich daher überlegen, ob es geschickt ist, auf kompatible Chips anderer Anbieter (wie AMD oder Cyrix) umzusteigen (siehe auch das Kapitel zum Ingredient Branding).

▸ **Abwerbung von Kunden der Wettbewerber**

Dies ist die naheliegendste Möglichkeit, auf bestehenden Märkten mit bestehenden Produkten zusätzliches Geschäft zu generieren. Sie verlangt allerdings einen starken Einsatz des Vertriebs; ein Erfolg ist oft auch nur unter Preiszugeständnissen möglich, wobei vor allem die Wirkungen von Preismaßnahmen für Wettbewerberkunden auf den eigenen Kundenstamm zu bewerten sind.

▸ **Gewinnung bisheriger Nichtverwender der Produkte**

Auch dies ist im Business-to-Business-Marketing eine sehr schwierige Aufgabe, da die infrage kommenden Unternehmen – zumindest bei etablierten Produkten – normalerweise gute Gründe haben, warum sie das Produkt nicht verwenden. Da sie auch keine Wettbewerberkunden sind, ist bei ihnen die ganze Überzeugungsarbeit für das Produkt zu leisten – eine sehr personal- oder kommunikationsintensive Aufgabe, deren Erfolg möglicherweise auch dem Wettbewerb zugute kommen kann.

6.1.2 Marktentwicklungsstrategie

Diese Strategie zielt darauf, die bestehenden Produkte auf neuen, bisher unbearbeiteten Märkten anzubieten. Dabei können drei Zielrichtungen verfolgt werden:

▸ **geografische Markterweiterung**

Anbieter, die ihr Produkt bisher noch nicht global anbieten, können durch Erweiterung des geografischen Gebietes (regional, national, international, global) ihre Geschäftsmöglichkeiten deutlich erweitern. Dies setzt aber voraus, dass die Produkte für diese Märkte geeignet sind und entsprechende Distributionsmöglichkeiten geschaffen werden.

▸ **neue Anwendungen (new uses)**

Hierbei sind für die bestehenden Produkte Marktsegmente zu identifizieren, auf denen die Produkte in anderer Weise genutzt werden können.

Beispiel

Der Markterfolg der gesamten Informationstechnik in den letzten 30 Jahren ist dafür ein gutes Beispiel, da ausgehend von wenigen Anwendungen (meist im Rechnungswesen von Großunternehmen) Computer immer neue Anwendungsfelder gewinnen konnten, die jetzt sogar sehr stark den Konsumgüterbereich erfasst haben.

► **neue Benutzer (new users)**

Diese Teilstrategie ist in der Regel mit einer Erweiterung der Distributionsmöglichkeiten verbunden. Potenzielle Abnehmer, die bisher durch die etablierten Vertriebswege nicht erreicht wurden, können so – ggf. mit geringen Produktmodifikationen (z. B. Verpackung, Konfektionierung) und einem gezielten Kommunikationseinsatz – zusätzlich erreicht werden.

6.1.3 (Neu-)Produktentwicklung

Hier geht es um die Entwicklung mehr oder weniger neuer Produkte für bestehende Märkte. Wegen der besonderen Bedeutung dieser Strategie wird dieser Punkt im Abschnitt 7. ausführlicher diskutiert.

6.1.4 Diversifikation

Während die bisher skizzierten Strategien noch recht eng mit der bestehenden Strategie eines Unternehmens zusammenhängen, ist die Diversifikation ein deutlicher Bruch, da es sowohl um neue – dem Unternehmen bisher nicht bekannte – Produkte wie auch um neue Märkte geht, über deren Verhalten das Unternehmen ebenfalls keine eigenen Erfahrungen hat. Während der Ausgangspunkt für eine Markt- oder Produktentwicklung sich zumeist logisch ergibt, ist zunächst nach der Ursache einer Diversifikation zu suchen.

Eine Ursache, über eine Diversifikation nachzudenken, besteht darin, dass die anderen Strategien offenbar keinerlei weitere Wachstumsmöglichkeiten bieten und es daher keine andere Alternative gibt, als mit neuen Produkten auf neue Märkte auszuweichen. Ein anderes Argument für diesen Schritt ist eine Risikostreuung; durch Eintritt in ein gänzlich anderes Produkt-/Markt-Segment kann sich der Anbieter von den Risiken, die seiner speziellen Branche innewohnen, teilweise abkoppeln: Dieser Diversifikationsgrund wird dann verstärkt, wenn es um die Anlage von Geldern geht, für die eine rentable Investition auf den bisherigen Produkt-/Markt-feldern nicht möglich erscheint.

Es lassen sich drei Richtungen der Diversifikation unterscheiden:

► Horizontale Diversifikation

Der Anbieter erweitert seine Produktpalette um für ihn neue Produkte, die aber eine ähnliche Kundenstruktur haben. Diese Alternative liegt noch im Grenzbereich zur Produktentwicklungsstrategie.

Beispiel

Ein Beispiel für den Fehlschlag einer derartigen Diversifikation ist der Versuch von IBM in den frühen 80er-Jahren mit einem neuen Produkt (dem PC) in neue Märkte (Konsumenten) einzusteigen; dazu wurde ein eigener Distributionsweg geschaffen, die IBM-Läden, die sich nach kurzer Zeit als Fehlschlag erwiesen.

Anbieter auf Investitonsgütermärkten sollten nur mit großer Vorsicht eine Diversifikation in Richtung auf die für sie völlig andersartigen Konsumgütermärkte unternehmen.

► Vertikale Diversifikation

Bei dieser Variante wird versucht, in dem eigentlichen Produkt vor- oder nachgelagerte Marktsegmente einzudringen. Dabei werden entweder Teile, die bisher eingekauft wurden, selbst erstellt – und auch auf dem Markt angeboten. Dabei besteht gerade auf den engen Business-Märkten die Gefahr, mit seinen bisherigen Lieferanten in Wettbewerb zu treten; andererseits wird man möglicherweise in die Situation kommen, mit den neuen vorgelagerten Produkten aus Rentabilitätsgründen seine eigenen Wettbewerber im Hauptprodukt beliefern zu müssen und diesen dadurch Wettbewerbsvorteile zuzugestehen.

Bei dem gegenteiligen Fall tritt der Anbieter mit seinen bisherigen Kunden, die seine Produkte weiterverwendet haben, in Konkurrenz. Dazu kann auch eine Erweiterung in Richtung der Distribution gehören, z. B. die Aufnahme eigener Handelstätigkeit – zur Verärgerung der bisherigen Distributoren. Auch dieser Schritt muss daher sehr gut überlegt sein. Dabei spielt der Zeitfaktor eine entscheidende Rolle: Der Aufbau einer eigenen Distribution dauert recht lange; demgegenüber können die bisherigen Distributoren recht kurzfristig auf andere Anbieter ausweichen. In dieser zeitlichen „Lücke" kann der Anbieter einen großen Teil seines Absatzes verlieren und daher in ernste Schwierigkeiten geraten.

► Laterale Diversifikation

Dies ist die Diversifikation im eigentlichen Sinn; es werden völlig neue Produkte auf völlig neuen Märkten angeboten. Zwar besteht dabei keine Gefahr, in Konflikt mit bestehenden Lieferanten oder Kunden zu geraten. Diesem „Vorteil" steht aber die völlige Unkenntnis über Produkte und Märkte als großes Risiko gegenüber.

Daher wird diese Form der lateralen Diversifikation in der Regel mit dem Erwerb bestehenden Know-hows in der Form von Lizenzen, Zukauf der neuen Produkte als Handelsware, Joint Ventures oder in der Übernahme ganzer Unternehmen oder Unternehmensteile verbunden sein. Gerade kleinere innovative Unternehmen gehen auf diese Weise oft in größere Unternehmen auf, weil für das größere Unternehmen eine derartige Übernahme mit recht geringem Risiko behaftet ist; der Unternehmer des kleinen Unternehmens hat meist auch keine andere Chance, weil seine Mittel für eine starke Expansion nicht ausreichen und er oft auch persönlich einen Teil seines bisherigen Erfolges sichern will.

Beispiel

Ein Beispiel für eine offenbar erfolgreiche Diversifikation ist das Engagement des Stahlunternehmens Mannesmann im Bereich der digitalen Mobilfunknetze.

Andererseits ist in den letzten Jahren ein Rückgang der „conglomerates" zu beobachten, da es sich gezeigt hat, dass die Synergieeffekte bei einer Tätigkeit in sehr unterschiedlichen Geschäftsfeldern offenbar eher begrenzt sind; vielmehr ist eine Konzentration auf die Kernbereiche festzustellen.

6.2 Strategie-Sequenzen

Es stellt sich die Frage, mit welcher Priorität die einzelnen Produkt-/Markt-Strategien angegangen werden sollten.

Die Marktdurchdringung/Marktausschöpfung ist die natürlichste Strategie; sie sollte daher zunächst mit maximaler Intensität verfolgt werden.

Die Marktentwicklung ist vor allem Anbietern zu empfehlen, deren Stärken bei den Produkten liegen. Sie müssen versuchen, ihre Produktvorteile auf neuen Märkten umzusetzen.

Distributionsstarke Unternehmen sollten demgegenüber eher versuchen, ihre guten Kundenbeziehungen zu nutzen, um zusätzliche Produkte mitanzubieten, also die Produktentwicklungsstrategie zu verfolgen.

Die Diversifikation sollte nur verfolgt werden, wenn alle anderen Möglichkeiten ausgeschöpft sind oder wenn die Diversifikation aus Risikogründen unumgänglich erscheint. Wenn eine Diversifikation angestrebt wird, sollte sie ggf. in Schritten erfolgen.

Becker (*1998*) hat dafür „alphabetische" Sequenzen beschrieben:

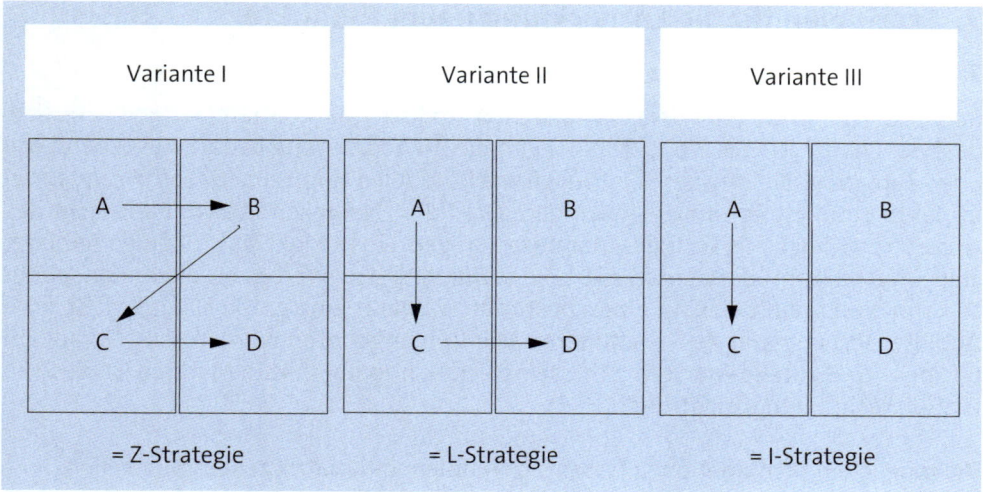

Abb. 6: Alphabetische Strategiesequenzen

Diese Z-, L- oder I-förmigen Sequenzen stellen jeweils eine logische und häufig verwendete Strategiensequenz dar. Daneben werden aber auch andere – „nicht-alphabetische" – Sequenzen erfolgreich durchlaufen:

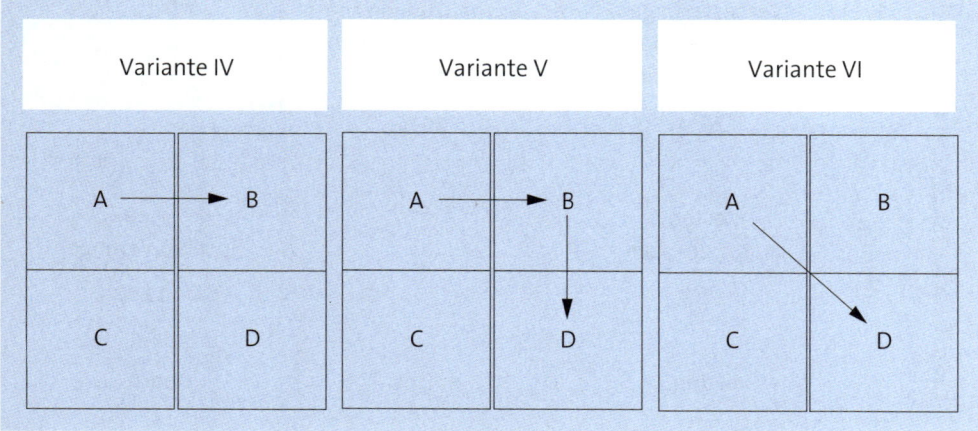

Abb. 7: Nicht-alphabetische Strategiesequenzen

7. Strategien für die Entwicklung neuer Produkte

7.1 Klassifizierung „neuer" Produkte

Bereits bei der Diskussion der verschiedenen Produkt-/Markt-Strategien zeigte es sich, dass der Begriff „Neues Produkt" einer genaueren Abgrenzung bedarf. Ausgehend von einer Kategorienbildung der Beratungsfirma Booz Allen Hamilton (*Dekoff/Neely, 2004*) im Jahre 1982, ist es sinnvoll, nach dem Grad der „Neuigkeit" sowohl aus Sicht des Anbieters als auch aus Sicht des Marktes zu fragen. Ein Produkt, das für einen Anbieter völlig neu ist, kann auf dem Markt bereits durch Wettbewerber etabliert sein; ebenso kann ein Produkt, das für einen bestimmten Markt eine große Neuigkeit ist, vom Anbieter seit längerer Zeit auf anderen Märkten angeboten worden sein. Gerade im Business-to-Business-Marketing mit seinen stark fragmentierten Märkten ist diese Situation recht häufig anzutreffen.

Die möglichen Kombinationen lassen sich in folgender Matrix zusammenstellen:

		niedrig	mittel	hoch
Grad der Novität für das anbietende Unternehmen	**hoch**	Neue Produktlinie **20 %**		Weltneuheiten **10 %**
	mittel	Verbesserungen einer bestehenden Produktlinie **26 %**	Ergänzungen zu einer bestehenden Produktlinie **26 %**	
	niedrig	Kosten-reduzierungen **11 %**		Neu-positionierungen **11 %**
		niedrig	**mittel**	**hoch**
		Grad der Novität für den Markt		

Tab. 9: Produkt-Markt-Novität-Matrix
Quelle: *Reeder/Brierty/Reeder (1991, S. 278)*

In der Praxis sind folgende Klassen von „neuen" Produkten am häufigsten anzutreffen (Häufigkeit des Vorkommens nach *Reeder/Brierty/Reeder*):

1. (26%): **Ergänzungen zu einer bestehenden Produktlinie** in einem bestehenden Markt (z. B. Daimler-Benz bietet einen neuen Lkw-Typ an; auf dem Markt gibt es aber bereits vergleichbare Modelle)

2. (26%): **Verbesserung einer bestehenden Produktlinie** mit erweiterten Anwendungsmöglichkeiten mit mittlerem Innovationsgrad für den Markt (z. B. ein Anbieter von Telefonen bietet zusätzlich kombinierte Fax-Telephone an)

3. (20%): **Neue Produktlinie** eines Anbieters auf einem bestehenden Markt (z. B. VW bietet schwere Lkw an)

4. (11%): **Kostenreduzierungen**: Das neue Produkt bietet den gleichen Nutzen wie bisher, allerdings zu geringen Kosten – und ggf. auch zu einem geringeren Preis für die Kunden

5. (10%): **„Weltneuheiten"**: Neue Produkte, die für den Markt völlig neu sind (möglicherweise aber bestehende Lösungen ablösen, z. B. der Personal Computer als Ablösung für die Schreibmaschine)

6. (7%): **Neupositionierungen**: Bestehende Produkte werden mit geringen Modifikationen auf anderen Märkten angeboten (z. B. professionelle Hochdruckreiniger werden – ggf. mit geringerer Leistung – in Baumärkten für Konsumenten angeboten).

Es zeigt sich, dass „neue" Produkte nur in wenigen Fällen Weltneuheiten sind; in der überwiegenden Zahl der Fälle geht es darum, Ideen, die im Markt oder Unternehmen bereits vorhanden sind, in einem intelligenten Produktpaket (z. B. mit Einschluss von Dienstleistungen) in neuen Produkt-/Marktkombinationen anzubieten.

7.2 Das Entstehen neuer Produkte

Innerhalb dieser Kategorien gibt es eine Vielzahl von Möglichkeiten, Ideen für die Einführung von neuen Produkten zu entwickeln. Einige wichtige Quellen für das Entstehen dieser Innovationen sollen jetzt vorgestellt werden.

7.2.1 Innerhalb des Unternehmens („intrapreneurship")

Eine wichtige Quelle für die Initiierung von innovativen Projekten liegt im Unternehmen selbst. Dass dabei der eigene Forschungs- und Entwicklungsbereich von besonderer Bedeutung ist, soll hier nicht weiter vertieft werden.

Daneben hat es sich aber gezeigt, dass eine organisierte Beteiligung aller Mitarbeiter des Unternehmens an der Verbesserung von Produkten und Produktionsprozessen ein wesentliches Aktivum für ein Unternehmen darstellen kann. Dieses „intrapreneurship" kann über das betriebliche Vorschlagswesen strukturiert werden, um der Gefahr zu begegnen, dass gute Vorschläge aus anderen Abteilungen an internen bürokratischen Barrieren scheitern: In vielen F&E Bereichen tritt gelegentlich das „NIH-Syndrom" auf (NIH = „not invented here").

7.2.2 Kundenanforderungen

Darüber hinaus ist der Kontakt zu Kunden bei der Konzeption neuer Produkte von entscheidender Bedeutung. Im Business-to-Business-Marketing ist dies aufgrund der überschaubareren Kundenzahl und der teilweise sehr speziellen Anforderungen der Kunden leichter möglich, aber auch noch wichtiger als im Konsumgütermarketing. Wichtige Kunden stellen von sich aus Anforderungen an ihre Lieferanten; diese Anforderungen können für den Hersteller wertvolle Anregungen für die eigene Entwicklungsarbeit sein.

In vielen Branchen ist bei sehr engen Lieferanten-/Abnehmer-Beziehungen eine gemeinsame Entwicklungsarbeit von großem Vorteil. Der in der Automobilindustrie bekannte „Lopez-Effekt" kann für beide Seiten positive Ergebnisse liefern, wenn es gelingt, im Wege des „Simultaneous Engineering", d. h. durch Mitgestaltung des Lieferanten bzw. Abnehmers bereits bei der Produktentstehung durch gemeinsame Entwicklungsteams Parallelentwicklungen zu vermeiden und dadurch Kostenreduzierungen zu erreichen.

Bertsch (1994) berichtet aus Abnehmersicht über positive Effekte aus einer verstärkten Zusammenarbeit zwischen Mercedes-Benz und seinen Lieferanten mit folgenden Argumenten:

▶ Vermeiden von Parallelentwicklung bei Lieferanten und Herstellern

▶ Nutzen des spezifischen Lieferanten-Know-Hows

▶ Entfeinerung der technischen Anforderungen

▶ gemeinsame Identifikation mit dem Kostenziel

▶ niedrige Kosten und hohe Qualität sowie größere Funktionssicherheit

▶ Optimierung der Kommunikation mit den Lieferanten durch Datenverbund.

Bertsch berichtet von Kostenreduktionen für einzelne Komponenten (z. B. Türen oder Stoßstangen) in der Größenordnung von 50 % und mehr.

7.2.3 Markt- bzw. Wettbewerber-Anforderungen

Wenn weder im anbietenden Unternehmen noch durch Anregungen von Kundenseite innovative Projekte identifiziert werden können, so ist die Beobachtung des Marktes, insbesondere der Wettbewerber, umso dringlicher. Dabei ist es empfehlenswert, andere geografische Märkte oder andere Branchen zu analysieren, um daraus Ideen für Produktentwicklungen zu generieren. Eine Zusammenarbeit mit Hochschulen und Forschungsinstitutionen kann ebenfalls eine wesentliche Innovationsquelle sein; in vielen Fällen können dort auch Entwicklungsarbeiten geleistet werden, die helfen, eigenes fehlendes Know-how oder Entwicklungskapazitäten zu kompensieren.

7.2.4 Auswirkungen neuer Produkte auf die bisherige Produktpalette (z. B. geplante Obsoleszenz)

Bei der Evaluierung von Ideen für neue Produkte sind die Auswirkungen auf die bisherige Produktpalette zu betrachten. In fast allen Fällen hat die Ankündigung neuer Produkte erhebliche Auswirkungen auf die bestehende Produktpalette. Diese Auswirkungen können vom Anbieter durchaus gewünscht sein und entsprechend beeinflusst werden. Insbesondere durch eine „künstliche Alterung" von Produkten kann der Absatz neuer Produkte gesteigert werden. Diese „geplante Obsoleszenz" wird allerdings vielfach kritisiert.

Der einfachste Fall besteht in der technologischen Veralterung der Vorgängerprodukte, die mit Vorhandensein technologisch besserer neuer Produkte obsolet werden. Gerade im High-Tech-Bereich werden Produkte, die noch voll gebrauchsfähig sind, durch neue Produkte verdrängt, die bestimmte Leistungs- oder Preisvorteile bieten. Wenn diese neuen Produkte zudem wirtschaftlicher sind, kann die wirtschaftliche Lebensdauer deutlich unter der technischen Lebensdauer liegen.

Diese Überlegungen können auch in der anderen Richtung ausgenutzt werden: Mögliche Innovationen werden – wenn es der Markt erlaubt – aufgeschoben, um bestehende Produkte länger am Markt zu halten und so die Investitionen in die Anlagen zur Herstellung der älteren Produkte zu schützen. INTEL hat die Massenproduktion der Prozessoren 486, Pentium und Core™2 Duo Prozessoren jeweils erst begonnen, nachdem mit der vorherigen Chip-Generation die erforderlichen Erträge erwirtschaftet worden waren. Dabei ist zwischen der Ankündigung eines Produkts und der tatsächlichen Lieferung in großen Mengen zu unterscheiden. Der Zeitraum zwischen diesen beiden Punkten kann je nach Markterfordernis genutzt werden.

In manchen Märkten ist es üblich, Produkte nicht mit der maximalen Lebensdauer zu bauen, um das eigene Folgegeschäft nicht infrage zu stellen. Diejenigen Produkte, die in besonders sicherheitsintensiven Bereichen (wie z. B. im Verteidigungsbereich oder in der Luftfahrt) eingesetzt werden, verfügen über eine wesentlich geringere Ausfallrate bzw. über eine längere Lebensdauer.

Im Investitionsgüterbereich spielt die Veralterung im Produktdesign keine so bedeutende Rolle wie im Konsumgüterbereich; allerdings sind Aspekte der äußeren Formgebung auch für diesen Bereich gelegentlich von Bedeutung.

7.2.5 Gründe für den Misserfolg von Neuprodukten

Folgende Gründe für den Misserfolg neuer Produkte auf Business-Märkten lassen sich beobachten:

Gruppe 1	**„Die bessere Mausefalle, die keiner wollte"** (28 % der fehlgeschlagenen Neueinführungen) Produkte dieser Kategorie haben zwar relative Konkurrenzvorteile, aber die Zahl der potenziellen Kunden wurde überschätzt.
Gruppe 2	**„Das Me-Too-Produkt, das auf eine Konkurrenzbarriere trifft"** (24 % der fehlgeschlagenen Neueinführungen) Neuprodukte dieser Gruppe waren abweichende Imitationen bereits im Markt befindlicher Produkte (Betriebsneuheiten). Die Kunden zeigen jedoch hohe Markentreue zu dem bisherigen Lieferanten.
Gruppe 3	**„Produkte mit Wettbewerbsschwächen"** (13 % der fehlgeschlagenen Neueinführungen) Es handelt sich um Me-Too-Produkte, die dem Wettbewerbsdruck neuer Konkurrenten nicht standhielten.
Gruppe 4	**„Produkte mit Umfeldschwächen"** (7 % der fehlgeschlagenen Neueinführungen) Diese Produkte trafen nicht die Kundenbedürfnisse. Der Markt wurde im Hinblick auf Kunden, Wettbewerber und staatliche Einflüsse völlig falsch eingeschätzt.
Gruppe 5	**„Produkte mit technischen Schwächen"** (15 % der fehlgeschlagenen Neueinführungen) Diese Produkte hielten technisch nicht aus, was sie versprachen.
Gruppe 6	**„Der Preisbruch"** (13 % der fehlgeschlagenen Neueinführungen) Diese Produkte wurden zu höheren Preisen angeboten, als der Kunde zahlen wollte. Preiseinbrüche durch Preissenkungen der Konkurrenz führten zum Fehlschlag.

Tab. 10: Produktgruppen des Misserfolgs

7.3 Organisation und Management der Neuproduktentwicklung

7.3.1 Grundsätzliche Vorgehensweise

Es existieren viele Konzepte zur Beschreibung der Vorgehensweise bei der Neuproduktentwicklung. Beispielhaft sei hier das Konzept von *Böcker* (1994) vorgestellt:

Entwicklungs-phase	Auszuführende Tätigkeiten im Marketingbereich	Auszuführende Tätigkeiten im technischen Bereich	Entscheidungs-techniken
1. Ideenfindung	Analyse von Markt-berichten und Bedürf-nissen, Zielgruppen-bestimmung	Analyse der technischen Möglichkeiten	
2. Screening			z. B. Prüflisten
3. Produkt-studien	Erarbeitung des absatzpolitischen Grundkonzepts	Bestimmung der Produktionsverfahren u. Beschaffungsquellen	
4. Selektion der Produktideen			z. B. Punktbewer-tungsverfahren
5. Produkt-entwicklung	Erarbeitung eines spezi-fischen Nutzenprofils und der Marketing-konzeption, Schätzung des Absatzpotenzials	Herstellung von Prototypen, Schätzung der Kosten	
6. GO/NO-GO Entscheidung auf der Basis v. Wirtschaftlich-keitsanalysen			z. B. Break-Even-Analysen, finanz-mathematische Analysen
7. Tests	Produkttest, Einsatz bei Lead-Usern	Versuchsproduktion, Zulassungstests	
8. Entscheidung über Marktein-führung			Finanzmathema-tische Verfahren, Entscheidungs-modelle zur Markteinführung, Netzplantechnik
9. Einführung	Regionale oder nationale Produkteinführung	Serienproduktion	

Tab. 11: Vorgehensweise bei der Neuproduktentwicklung im Business-to-Business-Marketing
Quelle: *Böcker* (1994, S. 208), überarbeitet

7.3.2 Kriterien für die Beurteilung eines neuen Produkts auf Business-Märkten

Die Kriterien für die Auswahl einer Produktidee lassen sich in drei große Gruppen einteilen: Marktkriterien, technische Aspekte und finanzielle Rahmenbedingungen. Für jeden dieser Punkte müssen eine Reihe von Unterpunkten untersucht werden (nach *Reeder/Brierty/Reeder, 1991, S. 292*):

Marktkriterien:

► aktuelle Größe des Marktes

► Wachstumspotenzial

► Anzahl der vorhandenen oder neu zu gewinnenden Kunden

► Zahl der Wettbewerber

► Stärke des Wettbewerbs

► Preisempfindlichkeit des Marktes

► Bedarf an technischem Service

► Eignung der bisherigen Distributionswege

► Verschiedenartigkeit der möglichen Verwendung des Produkts

► Einfluss auf bestehende Produkte

Produkt- bzw. technische Aspekte:

► Grad der Innovation

► Wettbewerbsvorteile

► Vorsprung vor dem Wettbewerb

► patentierbare Produkte bzw. Prozesse

► geschätzte Produktlebensdauer

► Größe des Entwicklungs-Know-hows

► eigene Erfahrung mit der Technologie

► technische Machbarkeit

► alternative Technologien

► andere benötigte Ressourcen

Finanzielle Aspekte:

► Anfangsinvestition

► erwartete Umsätze

► Umsatzrendite

► geschätzte Rentabilität

► Höhe der Herstellkosten

► erwarteter Cashflow

► Amortisationsdauer

► Nettogewinn unter Berücksichtigung der anderen Produkte.

Konkurrierende Produktideen können durch eine Bewertung nach einem derartigen Schema vergleichbar gemacht werden. Gleichzeitig zwingt die Benutzung solcher Bewertungsregeln dazu, die verschiedenen Konsequenzen der Entwicklung neuer Produkte genau zu prüfen.

7.3.3 Einfluss einzelner Unternehmensbereiche auf den Produktentwicklungsprozess

Droege/Backhaus/Weiber (1993) haben untersucht, welche Unternehmensbereiche tatsächlich in den Branchen des Business-to-Business-Marketing Einfluss auf den Produktentwicklungsprozess ausüben:

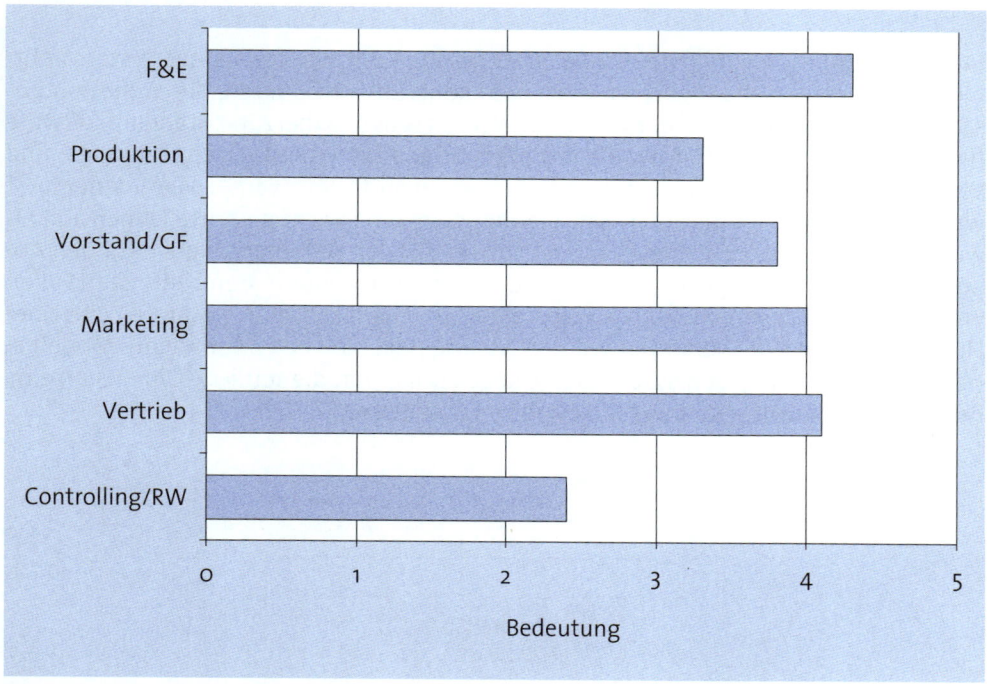

Abb. 8: Bedeutung der einzelnen Unternehmensbereiche auf den Produktentwicklungsprozess
Quelle: *Droege/Backhaus/Weiber* (1993, S. 75)

Die besondere Bedeutung des F&E-Bereichs ist nicht unerwartet; die relativ geringe Bedeutung des Produktionsbereichs zeigt allerdings, dass auch im Bereich der Industrie ein starkes marktorientiertes Verhalten nachzuweisen ist.

167

8. Besonderheiten beim Marketing von Systemen

Der Arbeitskreis „Marketing in der Investitionsgüterindustrie" der Schmalenbach-Gesellschaft hat 1975 die folgende Definition eines „Systems" erarbeitet (zitiert nach *Engelhardt/Günter, 1981*):

 **MERKE**

Ein System ist ein durch die Verkaufs(Vermarktungs)fähigkeit abgegrenztes, von einem oder mehreren Anbietern in einem geschlossenen Angebot erstelltes Anlagen-Dienstleistungs-Bündel zur Befriedigung eines komplexen Bedarfs.

In dieser Definition sind bereits zwei wesentliche Komponenten eines Systems enthalten: Es besteht aus mehreren einzelnen konkreten Produkten, die in diesem Zusammenhang als „Hardware" bezeichnet werden sollen (dabei zählt Standardsoftware für Computer auch zur Hardware); die zugehörigen Dienstleistungen, Zahlungs- und Vertragsbedingungen können hierbei unter dem Begriff „Software" zusammengefasst werden. Die Systemdefinition muss allerdings um eine wichtige dritte Dimension erweitert werden: Der zeitliche Ablauf ist sowohl für den Anbieter als auch für den Abnehmer eines Systems von entscheidender Bedeutung. Nur in den seltensten Fällen wird ein System zu **einem** Zeitpunkt installiert und danach für die gesamte Zeit seiner Nutzung nicht wieder verändert werden. Vielmehr ist eine fast permanente Modifikation bzw. Erweiterung von Systemen die Regel. Daher hat die zeitliche Dimension eine besondere Bedeutung für das Marketing von Systemen.

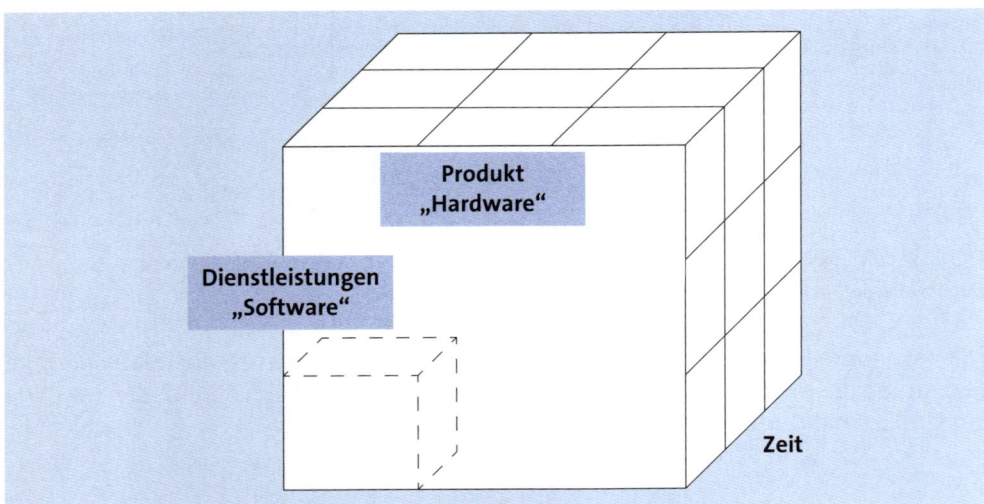

Abb. 9: Dimensionen eines Systems

Aufgrund dieser Überlegungen sollen beim System-Marketing folgende Aspekte gesondert betrachtet werden: Zunächst sind einige spezielle Eigenschaften (Normen, Kompatibilität etc.) zu diskutieren; daraus sollen besondere Chancen (Mischkalkulation, Folgegeschäft), aber auch Risiken (Kritische Masse) des Systemgeschäfts aus Anbietersicht erörtert werden.

8.1 Charakterisierung von Systemen

Eine **Norm** ist *„eine technische Beschreibung oder ein anderes Dokument, das für jedermann zugänglich ist und unter Mitarbeit und im Einvernehmen oder mit allgemeiner Zustimmung aller interessierten Kreise erstellt wurde. Sie beruht auf abgestimmten Ergebnissen aus Wissenschaft, Technik und Praxis. Sie erstrebt einen größtmöglichen Nutzen für die Allgemeinheit. Sie ist von einer auf nationaler, regionaler oder internationaler Ebene anerkannten Organisation gebilligt worden."* (Definition der Economic Commission for Europe (ECE), zitiert nach *Weiber, 1993*).

Demgegenüber ist ein **Typ** eine von einem einzelnen Hersteller erarbeitete Schnittstelle zwischen unterschiedlichen eigenen Komponenten des Herstellers selbst oder zur „Außenwelt". Je nachdem, wie genau derartige Schnittstellen extern beschrieben werden, haben andere Anbieter die Möglichkeit, Komponenten an die Systeme des Herstellers extern anzuschließen oder sogar Komponenten zu liefern, die anstelle von Komponenten des Herstellers eingesetzt werden können (sog. „Steckerkompatible", Plug-Compatible-Manufacturers, PCM).

Industriestandards sind eine Zwischenstufe zwischen den Typen eines Herstellers und den Normen von Normungsinstitutionen. Industriestandards gehen üblicherweise aus Typen von Herstellern hervor, deren Installationszahlen ein hinreichend hohes Niveau erreicht haben, sodass sie von vielen Anbietern als Quasi-Norm akzeptiert werden.

Beispiel

Ein typisches Beispiel ist der Standard der PCs, der 1981 von IBM geprägt wurde und seitdem weiterhin fortbesteht, obwohl IBM diesen Standard bereits 1987 als veraltet erkannte und einen neuen Standard einzuführen versuchte (Microchannel-Konzept). Auch in anderen Bereichen der Informationstechnik waren von IBM definierte Schnittstellen vielfach die einzige Möglichkeit, Systemkomponenten verschiedener Anbieter (wie z. B. DEC oder SIEMENS) miteinander zu verbinden – auch wenn keine einzige IBM-Komponente in dem System installiert war.

Der Zusammenhang und die teilweise Überschneidung dieser drei Arten von Standards lassen sich in folgender Abbildung erkennen:

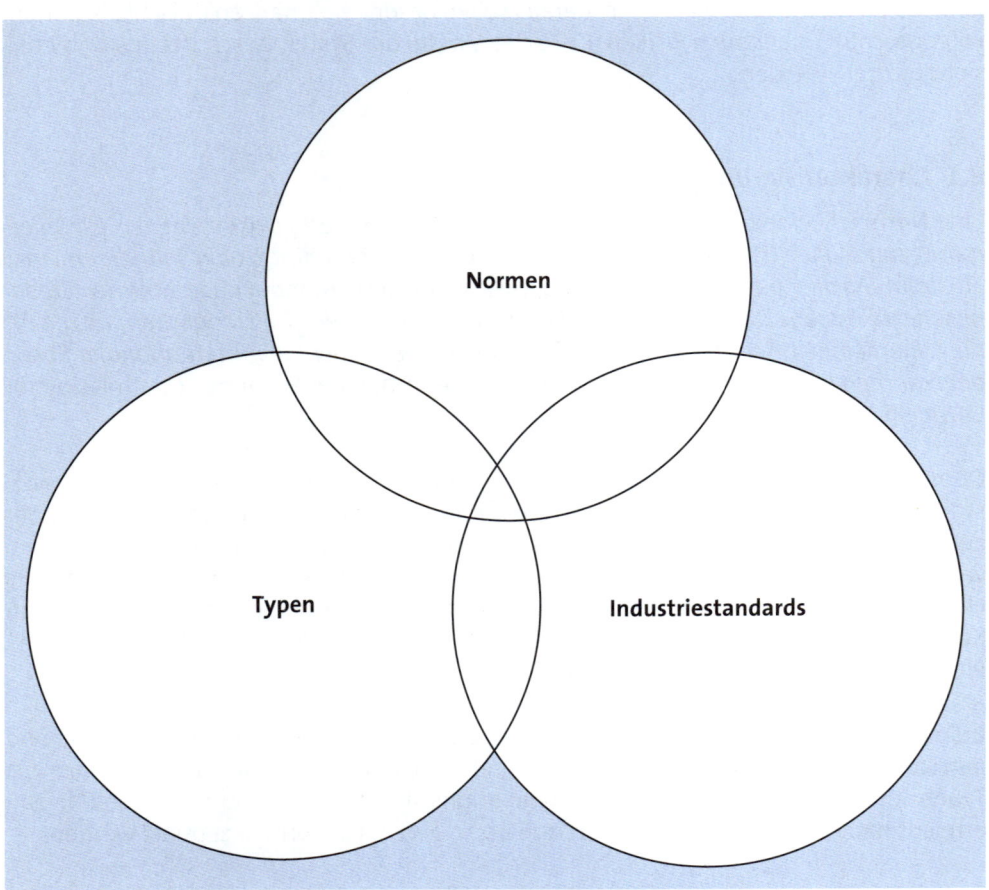

Abb. 10: Überschneidung von Normen, Typen, Industriestandards
Quelle: *Weiber (1993, S. 149)*

In den stark innovativen Technologiemärkten hat es sich in der Vergangenheit gezeigt, dass die Normungsinstitutionen vielfach die schnelle Entwicklung nicht nachvollziehen konnten und daher vor allem Industriestandards die entscheidende Rolle am Markt spielen. Industriestandards haben allerdings zwei gravierende Nachteile, auf die an dieser Stelle hingewiesen werden soll:

Die **Kompatibilität** von Industriestandards kann sehr unterschiedlich sein. Da diese Standards nicht so detailliert beschrieben werden wie Normen und auch der Hersteller, dessen Typ den Standard geprägt hat, über die Zeit verschiedene Versionen des Typs hervorgebracht hat, reduziert die Nutzung von Industriestandards die Funktionalität meist auf die wichtigsten und meistbenutzten Aufgaben der Schnittstelle. Bei seltener benutzten Funktionen treten häufig Schnittstellenprobleme durch unterschiedliche Implementationen des Industriestandards auf.

Die **Aktualität und Leistungsfähigkeit** von Industriestandards entspricht meist nicht dem letzten Stand der Technik. Da ein Industriestandard auf Basis hoher Installationszahlen geprägt wird, diese aber erst nach einem bestimmten Zeitablauf erreicht werden können, entsprechen Industriestandards in der Regel einem technischen Stand, der vor einigen Jahren bestand (der PC-Standard [16-bit-slots] hat auch heute noch weitgehend den Stand der Einführung des IBM-AT von 1984).

8.2 Chancen im Systemgeschäft

Das Systemgeschäft hat aus Anbietersicht zwei besondere Vorteile:

Mischkalkulation: Durch das Angebot eines (mehr oder weniger) vollständigen Systems hat der Anbieter Gelegenheit, eine Reihe von sehr unterschiedlichen Leistungen zu erbringen. Dazu gehören verschiedene Einzelkomponenten von „Hardware", aber auch – vor allem – Dienstleistungen verschiedenster Art. Die Rentabilität dieser Komponenten ist in der Regel sehr unterschiedlich und für den Kunden nicht nachvollziehbar. Der Abschluss eines derartigen Systems ist daher für den Anbieter meist recht profitabel. Für den Kunden kann der Abschluss eines gesamten Systems bei einem Anbieter andererseits auch Vorteile haben, die sich durchaus auch in geringeren Kosten auswirken können: Die Beschaffung und vor allem die Installation von Einzelkomponenten kann einen wesentlich höheren Personalaufwand erfordern als die Differenz zwischen dem Systempreis und der Summe der Preise der Einzelkomponenten.

Folgegeschäft: Ist der Abschluss von Systemen für den Anbieter meist bereits per se attraktiv, so kann das Folgegeschäft von noch größerer Bedeutung sein: Bei Systemen, für die es keine kompatiblen Komponentenanbieter gibt, hat der Anbieter ein begrenztes Monopol bei dem Kunden, der das System installiert hat. Bei Erweiterungen wird der Anbieter daher einen relativ großen Deckungsbeitrag erzielen können, zumal die Erweiterung eines einmal eingeführten Systems regelmäßig in eine niedrigere Kaufklasse (unveränderter oder modifizierter Wiederkauf) fällt und daher auch der erhebliche Vertriebsaufwand entfallen kann, der für den Gewinn der Systementscheidung erforderlich war.

Bei Systemen mit kompatiblen Alternativanbietern von Komponenten ist die Situation für den Systemlieferanten nicht ganz so günstig; die Anfangsentscheidung für einen Systemlieferanten hat aber im Allgemeinen für einige Zeit einen gewissen Bindungseffekt, sodass der Anbieter auch in dieser Zeit ein gutes Nachfolgegeschäft generieren kann.

Für den Kunden stellt sich in einer solchen Situation die Frage, ob er die Vorteile einer Systembeschaffung mit einheitlichen Komponenten durch den Einsatz verschiedener Komponenten reduzieren will, da die Komponenten anderer Anbieter zwar mehr oder weniger kompatibel sind, aber unterschiedliche Ersatzteile und Servicefunktionen erfordern können.

Zudem ist der Begriff „kompatibel" in vielen Fällen außerordentlich problematisch, sodass der Systemanbieter die Verantwortung für das Funktionieren des Gesamtsystems infrage stellen kann, wenn der Kunde an entscheidenden Stellen zu viele Komponenten zweifelhafter Kompatibilität installiert.

8.3 Risiken im Systemgeschäft

Das größte Risiko bei der Entwicklung und Vermarktung von Systemen ist die Frage, ob es gelingt, eine hinreichend große Anwenderbasis für die entsprechende Systemarchitektur zu gewinnen. Im direkten Zusammenhang mit diesem Risiko steht die Frage der Kompatibilität. *Weiber (1993)* unterscheidet zwischen zwei Dimensionen der Kompatibilität: der direkten bzw. indirekten sowie der einseitigen bzw. wechselseitigen Kompatibilität.

		Kompatibilität	
		einseitige	**wechselseitige**
Kompatibilität	**direkt**	► einseitige Ausnutzung der installierten Basis ► einseitige Vergrößerung der Nachfragesynergien	► wechselseitige Ausnutzung der installierten Basis ► wechselseitivge Vergrößerung der Nachfragesynergien
	indirekt	► einseitige Ausnutzung der installierten Basis ► einseitige Vergrößerung indirekter Nachfrage-synergien	► wechselseitige Ausnutzung der installierten Basis ► wechselseitige Vergrößerung der Nachfragesynergien

Tab. 12: Vermarktungsrisiko im Systemgeschäft
Quelle: *Weiber (1993, S. 157)*

Direkt kompatible Systeme können interaktiv zusammenarbeiten (z. B. Telekommunikationssysteme), während indirekt kompatible Systeme lediglich auf gleiche Systemkomponenten zurückgreifen können. Die zweite Dimension der Kompatibilität ist die Frage der ein- oder wechselseitigen Kompatibilität. Eine einseitige Kompatibilität liegt vor, wenn eine Systemtechnologie eine andere nutzen kann, dies in der Gegenrichtung aber nicht möglich ist. Wechselseitige Kompatibilität liegt vor, wenn beide Technologien wechselseitig kompatibel sind.

9. Besonderheiten beim Marketing von Dienstleistungen

9.1 Charakterisierung von Dienstleistungen

Dienstleistungen unterscheiden sich von „Hardware"-Produkten durch einige spezielle Eigenschaften, deren daraus resultierende Marketingprobleme und entsprechende Lösungsstrategien in folgender Aufstellung zusammengefasst sind:

		Resultierende Marketingprobleme	Lösungsstrategien
Eigenschaft	„Unfass-barkeit"	▸ Keine Lagerfähigkeit ▸ Geringer Patentschutz ▸ Schlechte Sichtbarkeit ▸ Schwierige Preisfindung	▸ Fassbare Signale setzen ▸ Persönliche Ansprache ▸ Starkes organisatorisches Image ▸ Genaue Kostenerfassung
	Untrenn-barkeit	▸ Kunde an der Produktion beteiligt ▸ Keine Massen-produktion möglich	▸ Auswahl und Ausbildung ▸ Geografische Präsenz ▸ Guter Kundenkontakt
	Hetero-genität	▸ Standardisierung schwierig	▸ Standardisierung von gemeinsamen Servicekomponenten
	Verderb-lichkeit	▸ Keine Lagerfähigkeit	▸ Flukturierende Nachfrage managen ▸ Nachfrage und Kapazität (auch über Preise) gegenseitig anpassen

Tab. 13: Charakterisierung von industriellen Dienstleistungen
Quelle: *Reeder/Brierty/Reeder* (1991, S. 268)

Die aktuelle Situation für das Angebot von Dienstleistungen auf den Märkten des Business-to-Business-Marketings kann als sehr günstig bezeichnet werden, da viele Unternehmen eine Strategie der „Konzentration auf das Kerngeschäft" verfolgen und daher die Vergabe von Dienstleistungen nach außen („Outsourcing") an Bedeutung stark zugenommen hat. In vielen Fällen ist die Übernahme von größeren Dienstleis-tungsverträgen allerdings auch an die Übernahme der entsprechenden Mitarbeiter des auftraggebenden Unternehmens gebunden.

9.2 Spezielle Strategien im Dienstleistungsmarketing

Im Business-to-Business-Marketing sind zusätzlich noch zwei weitere Differenzierun-gen beim Vermarkten von Dienstleistungen von Bedeutung:

▸ Wird die Dienstleistung zusammen mit „Hardware" oder getrennt davon angeboten?

▸ Wird die Dienstleistung gegen gesonderte Berechnung angeboten oder ist sie im Preis der „Hardware" enthalten?

Die Kombinationen lassen sich in folgender Matrix zusammenfassen:

	ohne Berechnung	mit Berechnung
gemeinsam mit Hardware	1.	2.
reines Dienstleistungs- angebot	- (kommt nicht vor)	3.

Tab. 14: Kombination von Angeboten im Dienstleistungsmarketing

Die praxisrelevanten Kombinationen haben folgende Marketing-Implikationen:

1. Vom Hardwarelieferanten werden üblicherweise eine Reihe von Dienstleistungen ohne gesonderte Berechnung bzw. auf Anfrage geleistet. Es ist dabei besonders wichtig, diese Leistungen permanent in der Kommunikation mit dem Kunden herauszustellen und ggf. zu bewerten. Gerade bei größeren Kundenorganisationen haben die für eine Beschaffung entscheidenden Stellen oft nur eine geringe Kenntnis von Umfang und Bedeutung dieses für ihr Unternehmen kostenlosen Services. Eine Bewertung dieser Leistungen ist gerade bei Preisvergleichen mit Wettbewerbern unerlässlich, insbesondere wenn diese Wettbewerber im Servicebereich Schwächen haben. In letzter Zeit ist zu beobachten, dass diese kostenlosen Dienstleistungen immer weiter abgebaut werden und durch kostenpflichtige Leistungen ersetzt werden – verbunden mit einer entsprechenden Reduzierung der Hardwarepreise.

2. Serviceleistungen, die vom Hersteller gegen gesonderte Berechnung angeboten werden (z. B. Wartungsverträge), sind meist sehr profitabel und daher mit allem Nachdruck zu vertreiben. Zudem haben sie einen zweiten wichtigen Effekt: Da sie zur Gesamtleistung des Anbieters gehören, bestimmen sie oft sehr entscheidend die Kundenzufriedenheit. Gelingt es dem Anbieter nicht, diese Dienstleistungen selbst abzuschließen, so können Problemsituationen entstehen, für die der Anbieter selbst nicht verantwortlich ist, deren Konsequenzen er durch eine niedrige Kundenzufriedenheit aber dennoch zu tragen hat (z. B. fällt eine schlechte Wartungsleistung einer „preiswerten" Fremdfirma auch auf den Lieferanten der Systeme selbst zurück).

3. Dienstleistungen, die von einem reinen Dienstleistungsunternehmen angeboten werden: Dieser Dienstleister wird in den soeben skizzierten Fällen auf den entschiedenen Widerstand der Hardwarelieferanten stoßen. Er wird dagegen vor allem bei gemischten Installationen mit seiner größeren Kompetenz bei der Lösung von herstellerübergreifenden Schnittstellenproblemen argumentieren können.

In diesem Marktsegment hat sich in letzter Zeit ein starker Wettbewerbsdruck durch „Drittwarter" bzw. „Third Party Maintainer" (TPM) entwickelt. Diese Firmen bieten Service für Produkte verschiedener Hersteller an und bieten neben preislichen Vorteilen oft auch „Service aus einer Hand" für Produkte unterschiedlicher Hersteller an (Multivendor-Service). Dieses Thema ist ausführlich dargestellt in *Godefroid (1999)*.

9.3 Das Betreibergeschäft

Während die bisher erwähnten Dienstleistungen entweder für sich allein (z. B. Unternehmensberatung) oder in engem, aber untergeordnetem Zusammenhang zum Produkt stehen (z. B. Service, Wartung etc.) ist in letzter Zeit eine neue Kombination von Produkt- und Dienstleistungen entstanden: das Betreibergeschäft. Dabei liefert ein Hersteller nicht nur seine Produkte und einige produktbegleitende Dienstleistungen, sondern er übernimmt auch noch den Betrieb seiner gelieferten Produkte. Entstanden ist dieses Geschäft ursprünglich aus dem Finanzierungsgeschäft, hat aber in letzter Zeit auch andere Schwerpunkte hinzugewonnen.

Beispiel

Ein Beispiel (aus *Baaken, 1999*) soll dies erläutern: Ein Hersteller von Autolacken lieferte bisher seine Lacke an den Automobilhersteller. Als der Automobilhersteller immer größere Anforderungen an die Lacke stellte, kooperierte der Lackhersteller zunächst mit den Herstellern der Lackiermaschinen, um gemeinsam die optimale Kombination von Lack und Lackiermaschine zu ermitteln. In der nächsten Stufe lieferte dieser Lackhersteller komplette Lackierstraßen (und natürlich die für diese Anlagen optimierten Lacke). Als höchste Stufe der Integration ist die Übernahme des Betriebs (und der Betriebsverantwortung) für den gesamten Bereich Lackierung bei diesem Automobilhersteller anzusehen. Tabellarisch dargestellt sieht das so aus:

Stufe 1	Farben und Lacke	Produktgeschäft
Stufe 2	Kooperation mit dem Hersteller der Lackierstraßen	Systemgeschäft
Stufe 3	Lieferung der kompletten Anlagen	Anlagengeschäft mit produktbegleitenden Dienstleistungen
Stufe 4	Betreiben der Anlage	Dienstleistungsgeschäft

Tab. 15: Betreibergeschäft am Beispiel eines Autolackeherstellers

Aus Sicht des Automobilherstellers handelt es sich dabei um eine spezielle Art des Outsourcing. Auch in der IT-Branche sind derartige Geschäftsarten häufig anzutreffen: IBM hat für viele Unternehmen den Betrieb des kompletten IT-Bereiches übernommen. Dabei wurden auch die bisher in dem Kundenunternehmen tätigen Mitarbeiter übernommen; in manchen Fällen wurden dazu gemeinsame Tochtergesellschaften gegründet. Aus Sicht des Betreibers ist wegen der meist recht langen Laufzeit derartiger Betreiberverträge für längere Zeit der Absatz bei diesem Kunden gesichert. Das outsourcende Unternehmen sichert sich einen (hoffentlich) guten Service zu überschaubaren Preisen; in letzter Zeit ist auch der Personalabbau für das Management von Bedeutung.

Eine etwas schwächere Form des Betreibergeschäfts könnte das Application Service Providing (ASP) sein. Dabei stellen Softwareanbieter ihre Software nicht wie üblich auf

Lizenzbasis zur Verfügung, sondern bieten ihren Kunden die Nutzung der Software auf eigenen Rechnern an. Die Bezahlung erfolgt dann nach dem Umfang der tatsächlichen Nutzung. Für den Kunden hat dies den Vorteil, dass er sich nicht mit Installation und Pflege der Software beschäftigen muss, während es für den Softwareanbieter vorteilhaft ist, gerade dieses Kundensegment zu gewinnen.

9.4 Segmentierung bei Dienstleistungen

Wie bereits in Kapitel D. angedeutet, ist das Geschäft mit produktbegleitenden Dienstleistungen (also Schulung, Einweisung, Installation, Wartung etc.) von der relativen Größenordnung häufig sehr unterschiedlich: Große Kunden im Produktgeschäft müssen nicht notwendig auch große Kunden im Service sein (weil diese Kunden vielleicht eigene Wartungsabteilungen haben und nur ein Minimum an Leistungen extern einkaufen). Dagegen sind häufig kleinere Kunden auf den vollständigen Service des Anbieters angewiesen, weil es sich für sie nicht lohnt, eigene Servicekompetenzen aufzubauen. Daraus folgt, dass es durchaus vorkommt, dass ein A-Kunde im Produkt-Vertrieb ein C-Kunde im Servicegeschäft sein kann – und umgekehrt.

Die daraus resultierenden Kombinationen lassen sich in folgender Matrix zusammenfassen (nach *Impuls*).

		Position im Produkt-Vertrieb		
		A-Kunde	B-Kunde	C-Kunde
Position im Service-Geschäft	A-Kunde	Unterstützung, Neugeschäft	Priorität: Abschöpfung Servicepotenzial	
	B-Kunde		Entwicklungspotenzial Service	
	C-Kunde		Kostenoptimierung	Minimalbetreuung

Abb. 11: Produkt- vs. Dienstleistungsgeschäft
Quelle: *Impuls (2002)*

Die Bedeutung des Services ist vor allem deswegen so groß, weil in vielen Branchen zwar nur 20 - 25 % des Umsatzes durch den Service realisiert werden, die Anteile am Gewinn aber deutlich höher sind (*Impuls, 2002*). Durch so genannte Serviceinitiative konnte eine Reihe von Unternehmen den Serviceanteil stark steigern. So hat der Aufzughersteller Schindler laut Geschäftsbericht 2011 seinen Serviceanteil auf über 38 % gesteigert. Ähnlich beeidruckende Zahlen werden von IBM und GE berichtet.

Aufgabe 13 > Seite 474
Aufgabe 14 > Seite 474

		Lösung
1.	Welche Klassen von Eigenschaften lassen sich bei einem Produkt im Business-to-Business-Marketing unterscheiden?	S. 139
2.	Welche Unterschiede zwischen Business-to-Business- und Konsumgütermarketing bestehen bei der Bedeutung der Produkteigenschaften?	S. 140
3.	Welche Unterschiede zwischen Business-to-Business- und Konsumgütermarketing bestehen bei Einheit von Käufer und Benutzer?	S. 140
4.	Welche Unterschiede zwischen Business-to-Business- und Konsumgütermarketing bestehen beim Produktlebenszyklus?	S. 140
5.	Welche Unterschiede zwischen Business-to-Business- und Konsumgütermarketing bestehen bei der Bedeutung des Service?	S. 140
6.	Welche Unterschiede zwischen Business-to-Business- und Konsumgütermarketing bestehen bei der Bedeutung der Verpackung und des Produktdesigns?	S. 140
7.	Welche Unterschiede zwischen Business-to-Business- und Konsumgütermarketing bestehen in der Höhe der „Flop-Rate"?	S. 140
8.	Welche Erfahrungseffekte treten – auch ohne mengenmäßiges Wachstum – in Beschaffung und F&E auf?	S. 151
9.	Welche Erfahrungseffekte treten im Marketingbereich und beim Management bei mengenmäßigem Wachstum des Absatzes auf?	S. 151
10.	Welche Aufgaben hat das Produktmanagement auf Business-Märkten?	S. 151
11.	Welche Organisationsformen für das Produktmanagement gibt es?	S. 152
12.	Nach welchen Kriterien lassen sich „neue" Produkte klassifizieren?	S. 160
13.	In welchen Bereichen sind die Mehrzahl der „neuen" Produkte angesiedelt?	S. 161
14.	Was sind die wichtigsten Quellen für die Neuproduktentwicklung?	S. 161
15.	Was versteht man unter geplanter Obsoleszenz?	S. 163
16.	Was sind die wichtigsten Gründe für Misserfolge bei der Neuprodukteinführung auf Business-Märkten?	S. 164
17.	Welche drei Dimensionen sind bei einem System zu betrachten?	S. 168
18.	Grenzen Sie die Begriffe Norm, Industriestandard und Type gegeneinander ab!	S. 169
19.	Welche Nachteile hat ein Industriestandard?	S. 170
20.	Welche Chancen bieten Systeme dem Anbieter auf Business-Märkten?	S. 171
21.	Was ist das Hauptrisiko für Anbieter im Systemgeschäft?	S. 172
22.	Welche Eigenschaften unterscheiden Dienstleistungen von konkreten Produkten?	S. 172
23.	Was versteht man unter dem Betreibergeschäft?	S. 175
24.	Wo liegen die besonderen Vorteile des Betreibergeschäftes im Vergleich zum reinen Produktgeschäft?	S. 175
25.	Was versteht man unter ASP?	S. 175 f.
26.	Wie lassen sich Dienstleistungen im B2B-Geschäft segmentieren?	S. 176
27.	Welche Konflikte entstehen aus einer unterschiedlichen Segmentierung im Produkt- und Dienstleistungsbereich für einen Anbieter?	S. 176

F. Markenmanagement

Markenmanagement gehört zu den nachhaltigsten Marketingleistungen eines Unternehmens (*Pförtsch, 2012*). Daher soll in diesem Kapitel auf den Zweck und die Aufgaben von Marken näher eingegangen werden. Unter Fachleuten bezeichnet man das Markenmanagement auch als Kunst und zugleich als Eckpfeiler des Marketing. Als einer der wesentlichen Unterschiede zwischen Business-to-Business- und Konsumgütermarketing wurde häufig die Abwesenheit von Marken im Business-to-Business-Marketing angesehen. Dies entspricht jedoch nicht den heutigen Gegebenheiten. Von den 500 größten europäischen Markenunternehmen waren 2012 341 mit überwiegendem Schwerpunkt B2B-Unternehmen. Mehr als 50 % hatten eine Dachmarkenstrategie (Branded House). Alle diese Unternehmen hatten ein mehr oder weniger bewusstes Markenmanagement. Bei kleinen und mittleren Unternehmen sieht das leider anders aus. Jüngste empirische Ergebnisse zeigen, dass das Wissen um Markenkonzepte mit der Unternehmensgröße dramatisch abnimmt. Auf der Hannover Messe 2007 analysierten wir den Sachverhalt und mussten feststellen, dass speziell in kleinen und mittleren Unternehmen noch großer Nachholbedarf besteht. Andere Veröffentlichungen bestätigen diese Feststellung (*Hague/Jackson, 1994*; *Hague, 1996*; *Malaval, 2001* und *Lamons, 2005*).

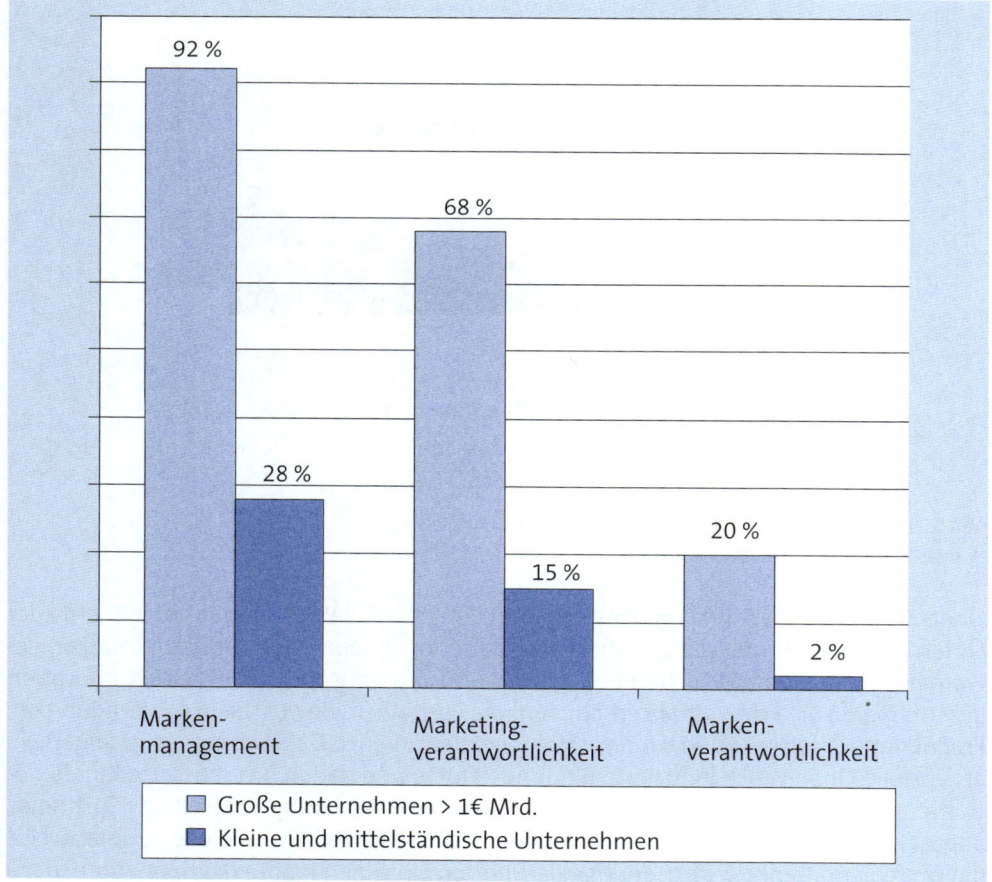

Abb. 1: Bedeutung von Markenwissen bei Industrieunternehmen

Aus verschiedenen Untersuchungen (z. B. *Droege/Backhaus/Weiber, 1993*) wissen wir, dass die Markenvielfalt der Konsumgüter im Business-to-Business-Marketing bis heute nicht verbreitet ist; als Marke wird vorzugsweise der Name der Firma oder **eine** Dachmarke benutzt. Mehrere Einzelmarken oder gar produktspezifische Einzelmarken haben lediglich in der chemischen Industrie eine besondere Bedeutung (siehe Abb. 2):

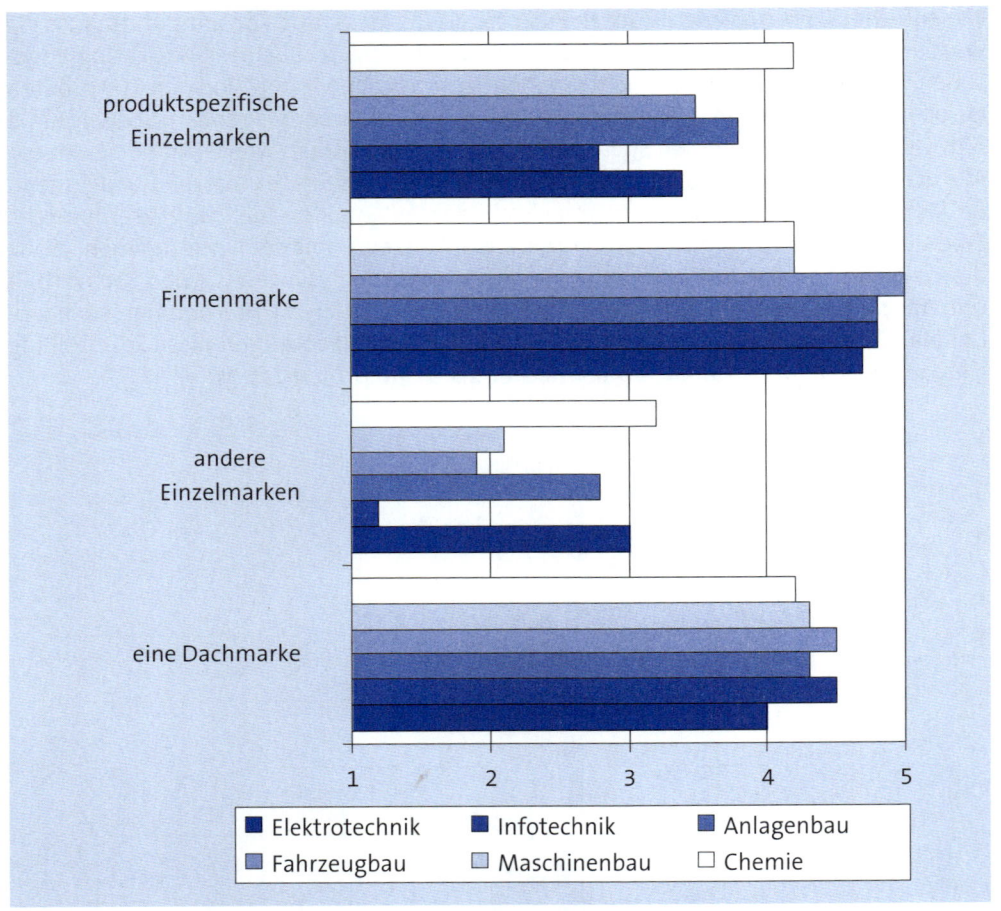

Abb. 2: Bedeutung der Markenstrategien nach Branchen
Quelle: *Droege/Backhaus/Weiber (1993, S. 77)*

Ohne Zweifel ist das Markenmanagement in den letzten Jahren ein zentrales Thema der Unternehmensführung mit zunehmender Bedeutung speziell für Industrie-Marken geworden (*Pförtsch, 2012a*). Nicht mehr regionale Ausbreitung oder reine Produktinnovation determinieren die Erfolgschancen, sondern die Position im Bewusstsein der Kunden, d. h. Produktinnovation wird durch Marketinginnovation ergänzt. Dabei können ganz allgemein als Vorteile einer Marke induzierte Bindungseffekte und dadurch verbesserte Kundenloyalität, geringe Risiken und das Beschleunigen der Realisierung zukünftiger Cashflows angesehen werden. In jüngster Zeit kamen neue innovative Konzepte wie beispielsweise das Ingredient Branding (d. h. der Markierung von einzelnen Produktkomponenten) dazu (*Pfoertsch, 2000; Pfoertsch/Linder, 2009; Kotler/Pfoertsch, 2010; Pfoertsch/Chen, 2011*).

Hierdurch wird Komponentenlieferanten die Möglichkeit gegeben, ihre Markenbotschaft über die Endproduktunternehmen über mehrere Wertschöpfungsstufen hinweg zu den Endproduktkäufern zu bringen. All diese Markenkonzepte sind anspruchsvoll und benötigen Zeit und Investitionen, sowohl beim Kunden als auch im Management.

1. Grundlagen der Markenführung

In Konsumgütermärkten macht der Markenwert oft mehr als die Hälfte des Unternehmenswertes aus, bei Industriekunden liegt der Wert meist unter 20 % vom Umsatz (*Pförtsch, 2006*). Markenpolitik richtet sich dabei neben dem Kunden auch an Investoren, Mitarbeiter und die breite Öffentlichkeit. Ein Markenversprechen alleine genügt hier nicht, alle Marketingkommunikationsmassnahmen müssen aufeinander abgestimmt sein. Um eine Marke auch stimmig für den Kunden erlebbar zu machen, bedarf es mehr. In der unmittelbaren Interaktion mit dem Kunden erfordert das Branding eine „gemeinsame Sprache" sowie ein gemeinsames Verständnis der kommunizierten Werte. Hier setzt die Markenführung an. Ziel der Markenführung ist es, nachhaltig ein positives Image eines differenzierten Angebots zu vermitteln und dieses Image durch Substanz zu sichern. Image heißt hier die Wahrnehmung, die aktuelle und potenzielle Kunden vom eigenen Angebot haben. Unerlässlich ist hierbei, dass das Image mit Substanz wie Produkt- und Servicequalität untermauert ist. Das was versprochen wird, muss überall dort, wo die Marke erlebt wird, gehalten werden. Der folgender Teil führt in die Markenführung speziell im B2B-Marketing ein.

1.1 Was ist eine Marke?

1.1.1 Begriffe der Markenführung/des Markenaufbaus

In der wissenschaftlichen Diskussion ist eine große begriffliche Vielfalt zum Thema „Marke" vorzufinden. Auffällig ist, dass viele Autoren auf eine Wesensbeschreibung der Marke verzichten. Stattdessen überwiegt eine Definitionsvielfalt im Sinne von „Die Marke als …"-. Vorzufinden sind hier Begriffsverständnisse der Marke als: „Informationsspeicher", „Programm", „Konzept des Produktes", „Bedeutungsträger" oder aber auch „Vertrag". Das implizierte Markenverständnis ergibt sich hierbei als Konglomerat unterschiedlicher Bestimmungsdimensionen. Am deutlichsten umreist *Kotler* die Bestandteile der Marke.

► **Marke:** Ein Name, Begriff, Zeichen, Symbol, Gestaltungsform oder Kombination aus diesen Bestandteilen mit dem Zweck der Kennzeichnung der Produkte bzw. Dienstleistungen sowie der Differenzierung gegenüber Konkurrenzangeboten.

► **Markenname:** Der „artikulierbare" Teil der Marke. Er kann verbal wiedergegeben werden, zum Beispiel Mannesmann.

► **Markenzeichen:** Der erkennbare, aber nicht verbal wiedergebbare Teil der Marke. Beispiele hierfür sind Symbole, Gestaltungsformen oder charakteristische Farbgebung bzw. Schrift.

► **Warenzeichen (Copyright):** Rechtlich geschützte Marke bzw. Markenbestandteil. Der Anbieter sichert sich hierdurch die ausschließliche Nutzung des Namens oder Zeichens.

Für das Verständnis vom Markenmanagement ist es wichtig, dass Klarheit darüber besteht, dass die Marke in der Wahrnehmung der Kunden existiert. Alle Maßnahmen dienen dazu, die Wahrnehmung und das Verhältnis zum Kunden zu verbessern (*Aaker*, *2004*). Für das Unternehmen ist die Marke ein Versprechen, die bisherigen Markenerfahrungen des Kunden weiter oder besser zu gestalten (*Kotler/Pfoertsch*, *2006*).

1.1.2 Aspekte/Assoziationsebenen der Marke

Durch Markennamen werden dem Käufer Produkte konstanter Qualität, in einheitlicher Verpackung und mit hoher Verkehrsgeltung zugesichert. Sowohl aus Kunden- als auch aus Herstellersicht wird jedoch weit mehr als nur die Identifikation der Herkunft kommuniziert:

► **Eigenschaften:** Die Marke ruft Assoziationen mit bestimmten Eigenschaften hervor. Mercedes suggeriert zum Beispiel als Automobilmarke die Eigenschaften teuer, haltbar, solide gebaut und hoher Wiederverkaufswert. Das Unternehmen kann eine oder mehrere dieser Eigenschaften in der Werbung besonders herausstellen und sich dadurch vom Wettbewerb differenzieren und positionieren.

► **Nutzenaspekte:** Die Eigenschaften müssen in ihrer Gesamtheit in funktionalen oder emotionalen Kundennutzen umgesetzt werden. Die Eigenschaft „Haltbarkeit" könnte z. B. in den funktionalen Nutzen „längere Laufleistung" umgesetzt werden.

► **Wert:** Die Marke signalisiert auch etwas über die dem Produkt und Markeninhaber zugeordneten Werte. So signalisiert Mercedes z. B. „Zuverlässigkeit". Der Markenstratege muss herausfinden, welche Kundengruppen diese Werte am meisten schätzen.

► **Kultur:** Die Marke kommuniziert eine gewisse Produkt- und Markenkultur. Sie kann auch, wenn sie z. B. mit einer Nation oder Region verknüpft ist, deren kulturellen Hintergrund mit assoziieren. Amerikanische Autofahrer verbinden z. B. mit der Marke Mercedes kulturelle Werte, die Deutschland zugeschrieben werden, wie etwa Effizienz.

► **Persönlichkeit:** Die Marke kann ein ihr eigenes Persönlichkeitsprofil projizieren. Wenn man Mercedes eine Persönlichkeit zuordnen würde, dann würde man sich wohl für den Industrievorstand entscheiden.

► **Nutzeridentifizierung:** Die Marke wird oft mit bestimmten Nutzern verbunden, die speziell diese Marke suchen, sie nutzen und sich damit zeigen wollen.

Diese Assoziationsebenen zeigen, dass die Bedeutung der Marke äußerst komplex ist. Die besondere Aufgabe des Markenmanagments liegt darin, der Marke eine tief verankerte Bedeutung zu geben. Der Markenstratege muss entscheiden, auf welcher Assoziationsebene er die Identität der Marke beim Kunden verankern will.

Soll die Marke z. B. schwerpunktmäßig mit ganz konkreten Produkteigenschaften oder Ausstattungselementen verankert werden oder mit abstrakteren Nutzenaspekten und Werten? Gelingt eine Verankerung beim Kunden, so spricht man von einer gefestigten Marke, andernfalls von einer ungefestigten Marke (*Kotler/Keller*, *2006*). Alle Assoziationsarten müssen laufend gepflegt, gefestigt und nach dem Trend zeitgemäß „verjüngt" werden, wenn die Marke nicht langfristig veralten und ihre Bedeutung verlieren will.

1.1.3 Markenarchitektur

Die Organisation von Produkten und Marken in Form von Portfolios ist seit langem Teil der Managementpraxis. Es geht bei der Gestaltung der Markenarchitektur um die systematische Zusammenstellung von oft historisch gewachsenem und strategisch geplantem Markenmanagement. Nach dem Genfer Markeninstitut ist in den Portfolios die Markenenergie des Unternehmens gespeichert und die Ordnungs- und Gestaltungsabsichten sollen gebündelt werden (*Meyer/Deichsel, 2007*). Mit der Markenarchitektur ist es möglich, die komplexen Zusammenhänge der einzelnen Marken darzustellen und zu erfassen und sie unter markentechnischen Gesichtspunkten zu ordnen. In vielen Unternehmen hat sich ein Portfolio durch Akquisitionen und Neugründungen entwickelt, sodass es oft zu Konflikten bezüglich der Beziehung untereinander oder beim Kunden kommt. Deswegen ist eine klare Definition und Zuordnung notwendig.

Im Hinblick auf die Markenarchitektur lassen sich zwei Arten von Beziehungen unterscheiden. Statische Markenstrategien betrachten die isolierte Beziehung zwischen einer Marke und der Leistung, während die dynamische Architektur eine simultane Betrachtung mehrerer Marken zulässt und auf Entscheidungen bezüglich der zwischen ihnen bestehenden Beziehungen ausgerichtet ist. Zu den statischen Markenstrategien zählen: Breite der Markenstrategie und Tiefe der Markenstrategie. Die Breite der Markenstrategie gibt an, wie viele Produkte unter einer Marke vermarktet werden. Grundsätzlich lassen sich drei Idealtypen unterscheiden:

► Einzelmarke (= Produktmarke, = Monomarke)

► Familienmarke (= Produktgruppenmarke, = Rangemarke)

► Dachmarke (= Programmmarke, = Unternehmensmarke).

Die Tiefe der Markenstrategie wiederum bezieht sich darauf, wie viele Marken in einem Leistungsbereich Verwendung finden. Grundsätzlich lassen sich zwei Alternativen unterscheiden: Einmarkenstrategie und Mehrmarkenstrategie. Bei einer Mehrmarkenstrategie werden mehrere selbstständige Marken parallel geführt, wobei diese folgende Merkmale erfüllen müssen:

► Verwendung im gleichen Leistungsbereich

► Unterscheidbarkeit anhand zentraler Merkmale

► getrennt wahrgenommener Auftritt aus Nachfragersicht.

Zu den dynamischen Markenarchitekturen zählen: Markenhierarchie und Markenportfolio. Die Markenhierarchie, auch als Markensystem bezeichnet, beinhaltet Möglichkeiten der Kombination verschiedener Markenebenen im Unternehmen. Mehrere Ausprägungen sind hierbei denkbar:

► Markenhaus, Dachmarke (House of Brands)

► Haus der Marke, Markenfamilie (House of Brands) und

► Mischformen (Hybrid).

Hinzu können noch Submarken (Untermarken) und unterstützende Marken (Empfehlungsmarken) kommen. Die Ingredient Brand kann als Sonderform der unterstützenden Marken bezeichnet werden.

Das häufig mit der Mehrmarkenstrategie gleichgesetzte Markenportfolio umfasst sämtliche Marken eines Unternehmens. Es umfasst inhaltlich sowohl die Breite und Tiefe der Markenstrategie als auch die zuvor beschriebene Markenhierarchie. Im Rahmen des Portfoliomanagements gilt es, die folgenden vier Ziele zu verfolgen:

► optimale Budgetallokation

► Realisierung von Synergien

► Maximierung des Markenwertes und Identifikation von Wachstumschancen.

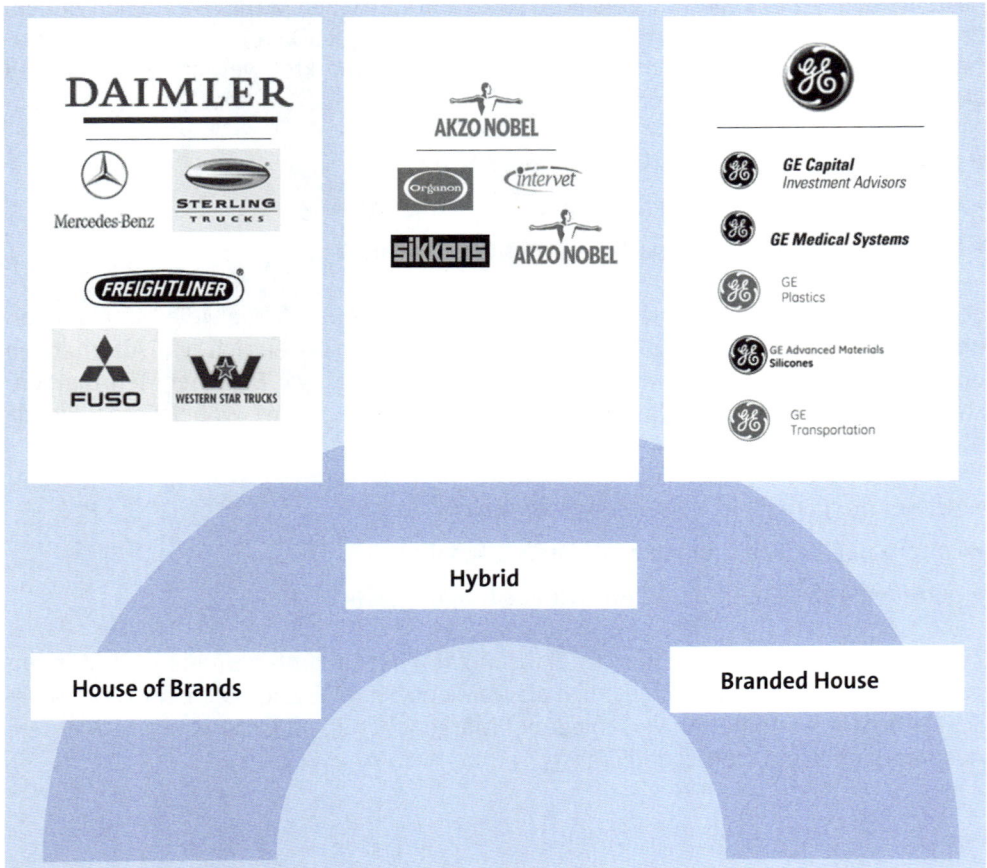

Abb. 3: Beispiele von Markenarchitekturen (*Kotler/Pförtsch, 2006, S. 180*)

2. Geltungswert der Marke

2.1 Stufen der Marken/Markenwert/Markengeltung

Der Markenwert umschreibt eine Gruppe von Vorzügen und Nachteilen, die mit einer Marke, ihrem Namen oder Symbol in Zusammenhang stehen. Sie mehren oder mindern den Wert eines Produktes oder Dienstes für ein Unternehmen oder seine Kunden, die gemessen und gesteuert werden können (*Pförtsch, 2012*).

Grundsätzlich unterscheiden sich Marken stark in der Zugkraft und der Geltung, die sie im Markt haben. Dennoch lassen sich Markenstufen identifizieren, sodass sie in die aktuellen Marken einklassifiziert werden können. Dabei lassen sich vor allem folgende Stufen nennen:

► **Wenig bekannte Marken**: Diese Marken haben am wenigsten Markengeltung.

► **Bekannte Marken**: Für die Mehrheit der Käufer eines Segmentes bekannt.

► **Akzeptierte Marken**: Diese Marken sind stärker als die beiden zuvorgenannten, da viele Kunden sie kennen und sie zudem nicht ablehnen würden.

► **Präferierte Marken**: Diese Marken werden durch den Käufer bevorzugt, obwohl konkurrierende Marken existieren.

► **Marken mit Kundentreue**: Diese Marken werden auch trotz Unannehmlichkeiten für den Kunden bevorzugt. Der Idealfall der Markentreue zeigt sich dadurch, dass der Käufer weitersucht, auch wenn er seine Stammmarke nicht sofort findet.

Im Zuge einer immer stärkeren Wertorientierung der Unternehmen, kommt dem Markenwert und seiner Bestimmung eine immer größere Bedeutung zu. Marken stellen auch in der Industriegüterbranche einen wichtigen Vermögensgegenstand des Unternehmens dar.

Auch wenn der Anteil des Markenwerts am Gesamtunternehmenswert im Industriegüterbereich (18 %) im Vergleich zu anderen Branchen gering wirkt, ist er dennoch beachtlich (siehe Abb. 4).

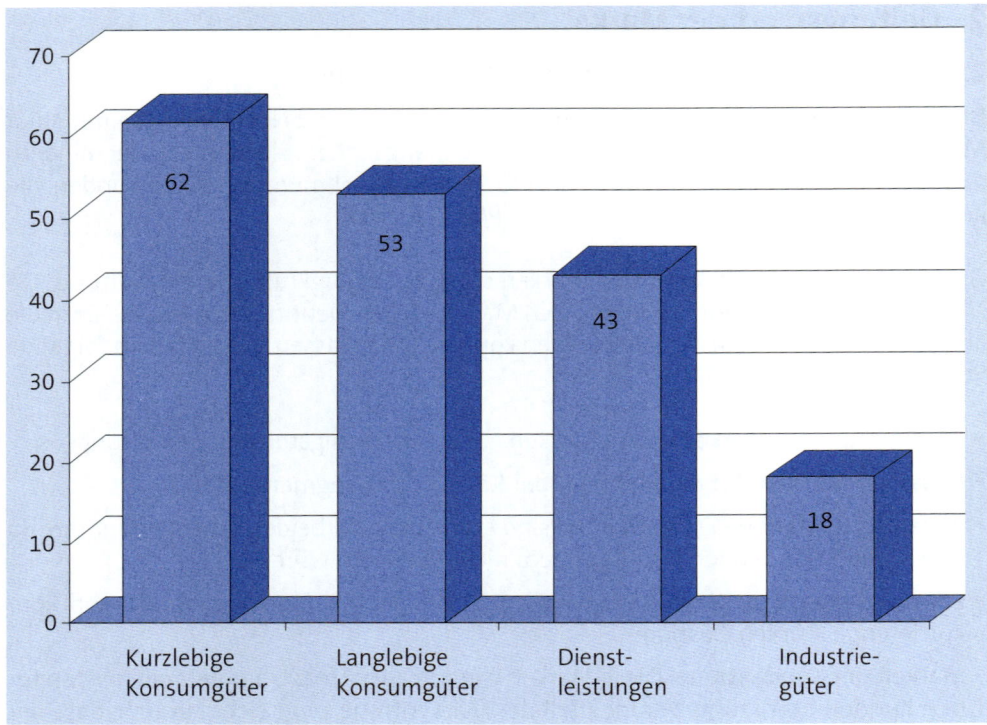

Abb. 4: Anteil Markenwert am Gesamtunternehmen
Quelle: *Pförtsch/Schmid* (*2005, S. 88*)

Bei einer wertorientierten Unternehmenspolitik muss immer auch eine Steigerung des Markenwerts zu einem wichtigen Unternehmensziel gemacht werden. Unabhängig davon gehört der Markenwert zu den strategischen Erfolgsgrößen eines Unternehmens.

Um positive Markenwerte zu schaffen, müssen die Unternehmen die Leistungsversprechen der Marke, die über die Marke transportiert werden, sukzessive entwickeln. Dies kann entweder explizit, beispielsweise mittels technischer Leistungsbeschreibungen des Produktes, oder implizit geschehen. Bei letzterem werden die Erwartungen der Nachfrager beispielsweise bewusst über die Unternehmenskommunikation gesteuert.

Das Markenwissen und Markenvertrauen eines Käufers bezeichnet man als Geltung der Marke bzw. Marktgeltung. In angelsächsischen Räumen spricht man hierbei von „brand equity" (*Keller, 2003*). Diese Geltung stellt für den Markeninhaber das so genannte Markenkapital dar. Es wird durch Investitionen in die Marke aufgebaut und später können hieraus Erträge erzielt werden.

Einige Unternehmen haben speziell einen „Markenkapital-Manager" (Chief Brand Officer, CBO) eingesetzt. Dieser ist zuständig für den Schutz des Markenimages, der damit verbundenen Assoziationen und der Markenqualität.

Unternehmen, deren Marke eine hohe Geltung erwirbt, haben gleich mehrere Vorteile:

- Die Marketingaufwendungen können optimiert werden, da Markenbekanntheit und Markentreue bereits aufgebaut sind.

- Das Unternehmen kann im Absatzkanal bei den Handelspartnern eine stärkere Verhandlungsposition einnehmen.

- Das Unternehmen kann meist einen höheren Preis als die Wettbewerber verlangen, da dem Markenprodukt posivtive Attribute wie höhere Qualität, Technikvorsprung oder Innovation zugesprochen wird.

- Das Unternehmen kann die Marke auf zusätzliche Produkte übertragen, wenn der Markenname hohe Glaubwürdigkeit besitzt und somit die Imagewirkung ausweiten.

- Die Marke bietet dem Unternehmen als Differenzierungsmerkmal Schutz gegen den reinen Preiswettbewerb.

Hinter jeder Marke mit hoher Geltung steht eine Gruppe treuer Kunden, deren Markenwissen, Markenvertrauen und Kaufbereitschaft den eigentlichen Wert des Markenkapitals darstellen. Daher ist Markenkapital Kundenkapital. Die Markenpolitik und Marketingstrategie sollte danach streben das Kundenkapital durch langfristige Kundenbindungen zu mehren (*Kotler/Keller, 2012; Piller, 2006*).

2.2 Bewertungsmethoden

Die Bestimmung des Markenwerts ist aufgrund verschiedener Tatsachen wichtig. Anbieter müssen den Wert der Marke einschätzen, um einen Preis für die Leistung bzw. das Produkt zu finden. Für Nachfrager gilt dasselbe, um entscheiden zu können, welchen Preis sie bereit zu zahlen sind. Zudem ist die Markenbewertung bei verschiedenen externen Problemstellungen notwendig. Die Einbeziehung des Markenwerts ist besonders relevant

- bei der Festlegung des Kaufpreises im Rahmen von Unternehmensakquisitionen und
- bei der Lizenzierung von Markenrechten.

Die Bestimmung des Markenwerts kann als Voraussetzung für die Festsetzung der Höhe der Gegenleistung gesehen werden, bzw. im Falle von Missbrauch von Markenrechten dient der Markenwert als Referenzgröße für Schadensersatzansprüche. Diese Herausforderungen können optimal durch eine Quantifizierung des Markenwertes in Geldeinheiten gelöst werden. Geplante Investitionen, die auf eine Steigerung des Markenwerts abzielen, müssen gerechtfertigt werden. Dies zählt zu den unternehmensinternen Problemstellungen und erfordert ebenfalls eine Markenbewertung. Hier kann die Wirkung verschiedener Maßnahmen auf die Markenstärke und damit auf den Markenwert analysiert werden.

Die Bestimmung von Referenzgrößen, z. B. die Marke im Zeitablauf oder die Marke eines Wettbewerbers, ist wichtiger als eine reine Quantifizierung in Geldeinheiten. Mithilfe der Referenzgrößen kann die relative Position der Marke (bezogen auf die betreffende Referenzgröße) ermittelt werden. Eine Positionsveränderung kann auf einer so bestimmten Maßnahme zur Steigerung des Markenwerts zugeordnet werden. Hierdurch können langfristige Erfolgsgrößen bestimmt werden (*Kotler/Pfoertsch, 2006*).

Abb. 5 unterscheidet die Anlässe der Markenbewertung nach internen und externen sowie Verhandlungssituationen als gemischte Anlässen (vgl. *Esch/Geus, 2001, S. 1028*; *Schalberg, 1997, S. 34*).

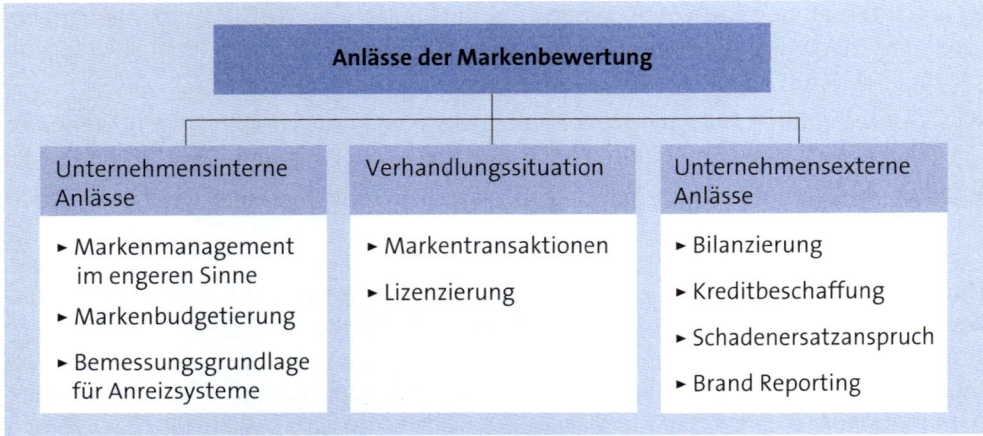

Abb. 5: Anlässe der Markenbewertung

Was die jeweilige Marke mit ihrer Geltung wert ist, hängt auch von den Interessen und Zielen des Bewerters sowie von bestimmten Anlässen und situativen Gegebenheiten ab. *Hammann (2001)* unterscheidet hier fünf Fälle:

► Das markenführende Unternehmen möchte die Höhe des Markenkapitals feststellen. Der Controlling-Bereich ist interessiert, Veränderungen zu erfassen, die aufgrund von Marketingmaßnahmen das Erfolgspotenzial der Marke anzeigen. Man will unter anderem den Kapitalwert herausfinden, dem die Nutzung der Markenrechte gleichstehen könnte.

► Für potenzielle Erwerber der Markenrechte ist natürlich der Kaufpreis interessant. Man versucht das Markenpotenzial zu ermitteln, d. h. die gegenwärtigen und zukünftigen Umsätze und Gewinne, die sich mit der Marke erzielen lassen.

► Handelsunternehmen, die die Marke vertreiben wollen, beurteilen die Geltung der Marke und welche Wirkung sie bezüglich Profilierung bei den Kunden, Attraktivität der Einkaufsstätte und Synergien im Angebotssortiment haben könnte. Es wird also die Geltung der Marke bei den Endabnehmern geschätzt.

► Potenzielle Produktkäufer bewerten die Marken verschiedener Hersteller, um darunter auszuwählen. Hierbei fließt der Wert ein, den der Kunde dem Markenprodukt beimisst und der dafür verlangte Preis im Vergleich zu anderen Alternativen. Ausschlaggebend ist schließlich der empfundene Nettonutzen.

► Um Schadensersatzansprüche ermitteln zu können, die z. B. durch widerrechtliche Inanspruchnahme des Markenzeichens entstehen, muss der Markenwert errechnet werden.

Unter Berücksichtigung der verschiedenen Standpunkte der Bewertenden, der verschiedenen Zielsetzungen und Verwendungsmöglichkeiten der Produkte bzw. Leistungen, wird klar, dass es für die Ermittlung des Markenwerts kein allgemeingültiges Bewertungsverfahren gibt. Daher sollen im Folgenden einige wichtige Verfahren/Methoden kurz erläutert werden.

Die Markenbewertung genießt seit den 80er-Jahren ein immer größer werdendes Interesse, sodass heute eine fast unüberschaubare Vielfalt von Bewertungsverfahren existiert. Ungeachtet aller Divergenzen im Detail kann die Vielzahl von Markenbewertungsverfahren bzw. das ihnen zu Grunde gelegte Verständnis von Markenwert in zwei Gruppen kategorisiert werden:

▶ finanzorientierte Verfahren, die durch Marken ausgelöste bis zur Gegenwart erreichte und/oder zukünftig erwartete Zahlungsströme erfassen (wollen)

▶ verhaltenswissenschaftlich orientierte, zumeist kundenpsychologische Verfahren, die auf kundeneinstellungs- und/oder -verhaltensbezogene Größen (z. B. Markenbekanntheit und -loyalität, Marktanteil) abheben.

Daneben existiert noch eine weitere Mischform. Diese kombinierten Ansätze verbinden Aspekte der finanzorientierten Verfahren mit denen der verhaltensorientierten Verfahren. Im Folgenden werden ausgesuchte Bewertungsmethoden näher vorgestellt.

2.2.1 Finanzorientierte Ansätze

Bei der finanzorientierten Markenwertbemessung wird die Bewertung der Marke als immaterieller Vermögensgegenstand analog zur Bewertung herkömmlicher Vermögengegenstände vorgenommen. Für diese Bewertung kommen das kostenorientierte Verfahren, der preisorientierte Ansatz sowie die kapital- und ertragswertorientierten Bewertungen in Betracht.

Die kostenorientierten Verfahren basieren im Wesentlichen auf dem Substanzwertverfahren. Der Substanzwert ergibt sich aus der angenommenen Rekonstruktion des Unternehmens und setzt sich aus den mit Wiederbeschaffungskosten bewerteten Vermögensgegenständen abzüglich der Verbindlichkeiten sowie unter der Berücksichtigung der Abschreibungen zusammen.

Bei Verfahren der historischen Kosten ist die Grundlage der Ermittlung des Markenwertes die Summe aller Investitionen, die in der Vergangenheit für den Aufbau der Marke notwendig waren; also alle Kosten für Forschung und Entwicklung, Werbung, Distribution usw. Dabei müssen die Kosten aufgespalten werden in direkte Kosten, die von der Marke selbst verursacht wurden und indirekte Kosten.

Schwierigkeiten bei Verfahren zur Markenbewertung auf Basis von Markenkosten:

► Im B2B-Bereich ist die Durchführung schwieriger als im Konsumgüterbereich, da hier insbesondere FuE-Kosten im Vordergrund stehen und nicht Marketingkosten herangezogen werden können.

► Es ist zudem unklar, über welchen Zeitraum Kosten erfasst und wie die Kosten für Marken, die seit Jahren bestehen, ermittelt werden sollen.

► Des Weiteren besteht die Problematik zwischen vergangenheitsorientierter Markenwertermittlung und zukunftsorientiertem Markenerfolgspotenzial, also der einseitigen Input-Orientierung zu Ungunsten einer angemessenen Outputorientierung.

► Auch die Gefahr der Markensteuerung in die falsche Richtung besteht. Zum Beispiel Investitionen in die Marke, um den Markenwert zu steigern, die allerdings keine gewinn- bzw. renditefördernden Auswirkungen haben werden.

Der preisorientierte Ansatz geht davon aus, dass ein Unternehmen für eine Marke Preisaufschläge aufgrund von Markenbekanntheit und Qualität durchsetzen kann. Die Basis hier ist die Vorstellung, dass Marken höhere Zahlungsbereitschaften auslösen als No-Name-Produkte. Dies wird im Allgemeinen durch Verbraucherbefragungen und Marktpreisbeobachtungen festgestellt.

Schwierigkeiten bei Verfahren zur Markenbewertung mithilfe von Preisprämien:

► Im B2B-Bereich sind Befragungen bei Einzelkunden allerdings nicht durchführbar (Buying Center). Preisunterschiede zwischen Anbietern können auch das Ergebnis ungünstiger Kostenstrukturen oder preispolitischer Überlegungen sein.

► Im B2B-Bereich bestehen oftmals keine vergleichbaren Produkte, da vieles oft maßgeschneidert angeboten wird.

► Statische bzw. periodenbezogene Betrachtungsweisen vernachlässigen zukünftig erwartete Gewinne, d. h. statt Erfolgspotenziale der Marke werden nur gegenwärtige Markenerfolge abgebildet. Dies widerspricht der Begründung von Marken und Markeninvestitionen.

Der kaptialmarktorientierte Markenbewertung liegt der Gedanke zu Grunde, dass die Börsenentwicklung eines Unternehmens die Zunkunftschancen einer Marke widerspiegelt, d. h. die Basis dieses Verfahrens ist die Betrachtung des Unternehmenswertes am Kapitalmarkt.

Schwierigkeiten bei Verfahren der kapitalmarktorientierten Markenbewertung:

► Voraussetzung bei dieser Methode ist, dass die Kapitalmärkte effizient sind (also alle verfügbaren Informationen im Aktienkurs verarbeiten). Es wird davon ausgegangen, dass sich Marketing-Ausgaben zur Beeinflussung des Markenwertes im Aktienkurs auswirken.

► Der Markenwert wird hier von anderen Vermögensgütern getrennt und als Markenwert vom Kapitalmarkt geschätzt. Das Verfahren beschränkt sich daher allerdings auf börsennotierte Kapitalgesellschaften.

► Der Markenwert ist von der allgemeinen Börsenentwicklung abhängig. Diese wird allerdings oftmals von exogenen Faktoren beeinflusst.

► Einzelne Marken können nicht herausgerechnet werden.

Die Markenbewertung auf Basis von Lizenzeinnahmen orientiert sich an den Einnahmen von Lizenzen. Der Markenwert wird direkt aus den montären Lizenzeinnahmen für die Markennutzung abgeleitet.

Schwierigkeiten bei Verfahren der Markenbewertung auf Basis von Lizenzeinnahmen:

► Das Ergebnis wird verfälscht, da sowohl Einnahmen aus eigener Nutzung als auch die Ausgabenseite außer Acht gelassen werden.

► Es besteht eine hypothetische Annahme zur Lizenzbestimmung.

Verfahren zur Markenbewertung über die Barwertmethode

Der Markenwert ist hier der Barwert aller zukünftigen Einzahlungsüberschüsse. Es werden also die mit dem Markenaufbau und dem Markenmanagement verbundenen, zukünftig zu tätigenden Investitionen den ausschließlich auf die Marke zurückzuführenden zukünftigen Einzahlungen gegenübergestellt und diskontiert. Da das Ergebnis eine monetäre Größe ist, eignet sich dieses Verfahren für die Darstellung des ergebniswirksamen Erfolgs des Markenmanagements.

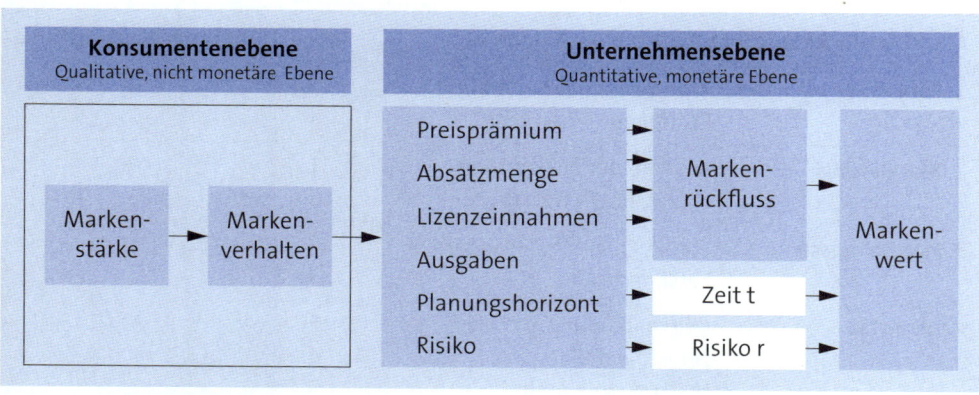

$$\text{Markenwert} = \sum_{t=1}^{r} \frac{\text{Markenrückfluss}_t}{(1+r)^t} + \frac{\text{Markenrückfluss}_T}{r \times (1+r)^T}$$

t = Zeit
r = Risiko (Diskontierungssatz)

Abb. 6: Markenwertberechnung

Schwierigkeiten bei Verfahren zur Markenbewertung über die Barwertmethode:

► Das Ergebnis liefert keine Erklärung über die Generierung des Markenwertes.

► Es besteht keine Möglichkeit zur Unterstützung des Steuerns von Marken.

2.2.2 Verhaltensorientierte Ansätze

Diese Ansätze basieren auf der Theorie, dass alle vom anbietenden Unternehmen getätigten Marketingmaßnahmen und persönliche Erfahrungen des Käufers mit der Marke ein spezifisches Vorstellungsbild der Marke erzeugen. Dieses, in der Psyche des Nachfragers verankerte, subjektive Vorstellungsbild, bestimmt maßgeblich deren künftige Markenwahl. Gleichzeitig wird hierdurch der Markenwert bzw. die Markenstärke bestimmt. Die Ergebnisse dieser Ansätze geben wichtige Informationen zur Optimierung der Marketingmaßnahmen und eignen sich vor allem für unternehmensinterne Problemstellungen. Sie erleichtern das effektive und effiziente Markenmanagement.

Schwierigkeiten bei Verfahren der Markenbewertung mit Markenstärkeindikatoren:

► Problematisch ist die Auswahl und die Verzahnung der eingesetzten Faktoren.

► Oft ergeben sich Interdependenzen und Probleme bei der Erhebung.

► Die Anwendung in B2B-Bereich kann oft nur durch Hilfskonstruktionen bei der Auswahl der Indikatoren und der zu erhebenden Personen gewonnen werden.

Im Folgenden wird eine idealtypische Analyse der Markenstärke mit beispielhaften Werten vorstgestellt (siehe Abb. 7).

Markenstärke			
Markenentwicklung (pro Aspekt max. 5 Punkte)		**Wert**	**Wert der Markenstärke**
1. Funktion	Wahrgenommene Qualität	3	7
	Rechtliche Festlegung	4	
2. Markierung	Ausmaß der Bekanntheit	1	6
	Niveau der Distribution	5	
3. Psychologisch	Stärke, Qualität, Besonderheit,	4	7
	Persönlichkeit	3	
4. Identität	Markenbindung	2	20
	Selbstdarstellung	4	
	Markengemeinschaft	3	
	Markenvertrauen	2	
	Marken Identifikation	5	
	brand relatedness	4	
5. Mythos	Individuelle Werte	5	22
	Soziale Werte	3	
	Lebensgefühl	5	
	Zeitlosigkeit	3	
	Tradition	2	
	Wunsch	4	
Summe		62	62

Abb. 7: Beispiel für eine verhaltensorientierte Markenanalyse

2.2.3 Kombiniertes Modell von *Interbrand*

Dieses Modell verbindet die finanz- und verhaltensorientierten Ansätze und ist international anerkannt. Die *Interbrand*-Methode kann heute als Standard zur Markenbewertung gesehen werden und wird hier umfassender dargestellt, da sie bereits mehr als 3.000 Marken eingesetzt wurde. Sie unterscheidet sich von vielen anderen am Markt durch folgende Vorteile:

1. Sie verbindet als einzige die Marken- mit der Finanztheorie.

2. Sie ist weitestgehend transparent, d. h. dass sie keine proprietären Formeln anwendet, sondern sie benutzt bei allen Prozessschritten die gängigen Methoden der Statistik, Finanztheorie und Marketingwissenschaft.

Die **Interbrand-Methode** bezieht sich direkt auf die ausschlaggebende Frage: „Was macht eine Marke denn wertvoll?" Daraus ergeben sich drei prinzipielle Antworten, die als Wertschöpfung der Marke dienen:

1. Die Kommunikationsplattform

Sie besteht aus den Kommunikationssynergien, d. h. je deutlicher sich die Marke auf das Wesentliche reduziert, je stärker sie die Wiedererkennbarkeit absichert und je kontinuierlicher sie ihre Position aktualisiert, desto mehr profitiert der Markenbesitzer von diesen Synergien. Die Synergien drücken sich in einer höheren operativen Effizienz und damit in niedrigeren Investitionen aus.

2. Die Differenzierung

Durch die Differenzierung der Marke werden die Produkte für die Kunden identifizierbar gemacht und beeinflussen ihre Kaufentscheidung. Dadurch werden die Nachfrage erhöht, neue Geschäftsfelder erschlossen und höhere Erträge erlangt.

3. Die Kundenbindung

Sie ist das dritte Kriterium der Wertschöpfung der Marke. Die Marke stellt oft die einzige erkennbare Konstante in der Beziehung zwischen Unternehmen und Kunden dar. Aufgrund dessen werden alle Erfahrungen mit der Marke und den Leistungen auf die repräsentierende Marke bezogen und in ihr gespeichert. Dadurch schafft die Marke Kundenbindung und sichert die zukünftige Nachfrage. Zusätzlich reduziert die Kundenbindung das Risiko und senkt die Kapitalkosten.

Diese drei prinzipiellen Aspekte der **Markenwertschaffung** werden im *Interbrand*-Ansatz methodisch in den drei Analyseschritten Finanzanalyse, Nachfrageanalyse und Markenstärkenanalyse umgesetzt.

Der Wert einer Marke liegt in ihrem ökonomischen Nutzen, der als gegenwärtiger Wert der zukünftigen Erträge definiert und durch die Marke erwirtschaftet wird. Dementsprechend umfasst die Markenbewertungsmethode von *Interbrand* die drei zuvor erwähnten Analyseschritte. Mit der Finanzanalyse wird der **Economic Value Added (EVA)** identifiziert, d. h. der Wert des unter der Marke erzielten Geschäftssegments. Damit der Markenanteil am EVA ermittelt werden kann, wird eine Nachfrageanalyse durchgeführt. Sie isoliert den spezifischen Wertschöpfungsbeitrag der Marke im Kauf- und Nachfrageprozess. Deshalb wird bei der *Interbrand*-Methode die Wertschöpfungskette der Marke analysiert. Aus dieser Analyse können wertvolle Informationen für das Markenmanagement gezogen und Einsichten zur **Markenpositionierung** im Kopf der Kunden gewonnen werden. Dieses Ergebnis ist der Markenstellenwert, auch **Role of Brand Index (RBI)** genannt, der als prozentualer Anteil des EVA die Markenerträge ergibt. Die dritte Analyse, die Markenstärkenanalyse oder **Brand Strength Score (BSS)**, ist für das Markenmanagement ein weiterer wesentlicher Parameter für die Berechnung des Markenwerts. Sie belastet bzw. diskontiert die Markenerträge mit einem Zinssatz, um die markenverbundenen Risiken mit einzubeziehen. In einem letzten Schritt wird die Diskontierung des Prognosezeitraums und die Errechnung der ewigen Rente vollzogen. Die Abb. 8 zeigt die *Interbrand*-Methode in der Übersicht. Im Folgenden wird auf die einzelnen Schritte der Analyse eingegangen.

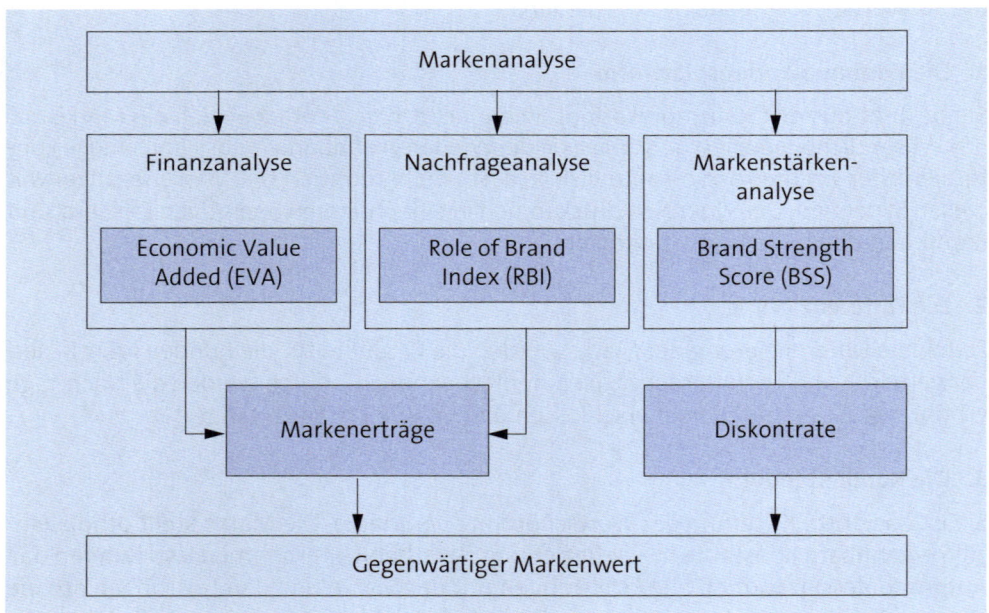

Abb. 8: Markenwertberechnungsvorlage Interbrand

Finanzanalyse

In einem ersten Schritt wird der EVA ermittelt. Dieser Wert sagt aus, ob ein Unternehmen einen Gewinn erwirtschaftet hat, der über den für die Gewinnerwirtschaftung notwendigen Kosten des eingesetzten Kapitals liegt. Ist ein Gewinn erwirtschaftet worden, wird der Anteil der Marke an diesem errechnet. Ausgangspunkt dieser Berechnung ist eine **Fünfjahresprognose** der zukünftigen Umsätze der InBrands. Im Allgemeinen werden solche Prognosen von den Unternehmen zur **Budgetierung** in jährlichen Abständen ohnehin erstellt.

Zur Ermittlung der eigentlichen Markenerträge sind die folgenden Schritte notwendig:

1. Allen nicht markenbezogenen Leistungen wird mit der Bereinigung der Gewinn- und-Verlust-Rechnung bezüglich der Umsätze aus Geschäftstätigkeiten außerhalb der markierten Produkte Rechnung getragen.

2. Die zur Erwirtschaftung der Markenumsätze notwendigen operativen Kosten werden von den resultierenden, markenbezogenen Umsätzen abgezogen. Daraus ergibt sich das mit der Marke erzeugte Ergebnis vor Steuern und Zinsen, das auch Earnings Before Interest and Taxes (EBIT) genannt wird.

3. Als Letztes werden die Steuern und die Kapitalkosten, auch Weighted Average Cost of Capital (WACC) genannt, subtrahiert. Die Kapitalkosten spiegeln die Renditen wider, die für die eingesetzten Vermögensbestandteile erwartet werden können. Sie werden als Opportunitätskosten des Kapitals betrachtet.

Nachfrageanalyse

Der ermittelte EVA in der Finanzanalyse ist nie ausschließlich auf die Marke zurückzuführen, da zusätzlich noch andere Vermögensbestandteile, wie z. B. Mitarbeiter, vorteilhafte Rechte, Know-how etc. Ursache für die Erwirtschaftung der Erträge sind. Daher werden in diesem Analyseschritt die aus der Marke generierten Erträge, d. h. die Markenerträge, isoliert – durch eine Analyse des Nachfrageverhaltens der Kunden. Es wird festgestellt, zu welchem Anteil die Nachfrage und damit der EVA auf die Marke zurückgeführt werden kann. Dieser Anteil am Nachfrageverhalten wird als **Role of Brand Index (RBI)** oder auch Stellenwert der Marke im Nachfrageverhalten bezeichnet. Die Konsumentennachfrage nach dem Produkt bzw. Zulieferteil ist immer auf verschiedene Nachfragefaktoren wie z. B. Preis, Qualität, persönliche Beziehung etc. zurückzuführen. Die Marke als **immaterieller Vermögenswert** leistet auch ihren spezifischen Anteil an der Nachfragedynamik. Zur Feststellung des Markenanteils an der Nachfragedynamik ist wie folgt vorzugehen:

1. Ermittlung der Nachfragefaktoren und -motivationen der Kunde

2. Gewichtung nach ihrer Bedeutung im Nachfrageverhalten

3. Eruierung des Einflusses der Marke auf jeden einzelnen Nachfragefaktor.

Durch das Ergebnis kann festgestellt werden, ob der Nachfragefaktor ganz, teilweise oder gar nicht auf das Vorhandensein der Marke zurückzuführen ist. Nachdem alle Faktoren der Nachfrage analysiert worden sind, wird der Gesamteinfluss der Marke an der Nachfrageentscheidung aggregiert und als Prozentsatz (RBI) ausgedrückt, mit dem EVA multipliziert und daraus ergeben sich die Markenerträge. Die relevanten Nachfragefaktoren und der Anteil der Marke an der Nachfrageentscheidung werden für die Markenbewertung objektiv ermittelt. Die Nachfrageanalyse liefert einen qualitativen Einblick in die Nachfrage nach der Marke bzw. nach der InBrand. Sie stellt eine Informations- und Entscheidungsgrundlage für die verschiedenen Fragestellungen des Markenmanagements dar.

Markenstärkenanalyse

Zur Beurteilung des Ertragsrisikos einer Marke wird im *Interbrand*-Verfahren die Markenstärke oder **Brand Strength Score (BSS)** im Vergleich zum Wettbewerb anhand der folgenden sieben Faktoren analysiert:

1. **Markt:** Wie dynamisch ist der relevante Markt?
   Die Sub-Attribute des Marktes sind Marktwachstum, Volatilität und Entwicklungsstadium, Eintrittsbarrieren und spezifische Risiken sowie Marktgröße.

2. **Stabilität:** Wie gut hat die Marke vergangene Veränderungen überstanden?
   Die Markenstabilität setzt sich zusammen aus Kundenbindung, Kaufbereitschaft, historischer Marktanteilsstabilität, historischer Preisstabilität, Befürworter und Supply-Chain-Risiko.

3. **Marktführerschaft:** Wie viel Einfluss hat die Marke in ihrer Kategorie?
   Die Marktführerschaft beinhaltet Marktanteil, Bekanntheit, Zufriedenheit, Vertriebsführerschaft, Innovationsführerschaft, Imageführerschaft/Sympathie, Qualitätsführerschaft und Preisführerschaft.

4. **Trend der Marke:** Wie entwickelt sich die Marke gegenüber ihren Wettbewerbern?
   Im Wert des Markentrends sind Prognosen über Marktanteile, Einfluss strategischer Maßnahmen und Prognosen über Marketingmaßnahmen enthalten.

5. **Unterstützung der Marke:** Wie gut wird die Marke geführt?
   Die Sub-Attribute der Markenunterstützung sind Differenzierung des Markenbildes, Kontinuität und Homogenität der Erlebniskette, Aktualität und Klarheit des Markenbildes sowie Share of Voice.

6. **Diversifikation:** Wie gut sind die Risiken der Marke diversifiziert?
   Die Markendiversifikation besteht aus der geografischen, angebotsspezifischen, vertriebsspezifischen Diversifikation, aus dem Potenzial der Internationalisierung, der Markenspreizung und der Vertriebsausweitung sowie aus der grenzüberschreitenden Bekanntheit, der demografischen/einkommensspezifischen Diversifizierung der Mitbesitzer und Nutzer sowie aus der Bindung mit Beziehungsgruppen.

7. **Schutz:** Wie gut ist die Marke rechtlich geschützt?
   Der Markenschutz setzt sich aus interner und externer Überwachung zusammen.

Die sieben **Attribute der Markenstärke** werden unterschiedlich gewichtet. Es fließen in die Markenstärke vom Markt max. 10 %, von der Markenstabilität max. 15 %, von der Markenführerschaft max. 25 %, vom Markentrend max. 10 %, von der Markenunterstützung max. 10 %, von der Markendiversifikation max. 25 % und vom Markenschutz max. 5 % in die Berechnung mit ein. Anschließend erfolgt die Überführung der erreichten Punktwerte der Marke anhand einer Transformationsfunktion in einen Diskontsatz. Er drückt das Risiko der Marke aus. Die Diskontierung belegt die zukünftigen Markenerträge mit einem Abschlag, um der ökonomischen Unsicherheit der prognostizierten

Erträge Rechnung zu tragen. Sie dient dazu, einen in der Zukunft liegenden Ertrag als gegenwärtigen ökonomischen Wert auszudrücken. Das Markenrisiko hat einen direkten Zusammenhang mit der Markenstärke, jedoch ist dieser nicht linear. Da die Markenstärke im Vergleich zu den Wettbewerbern ermittelt und über eine Standard-Normalverteilung in den BSS umgerechnet wird, ergibt sich eine S-Kurve. Die Bildung der Diskontrate erfolgt aus dem marktspezifischen Risiko und der spezifischen Markenrisikoprämie. Die Errechnung der Diskontrate ist im direkten Kontext des spezifischen Marktes und der Finanzstruktur des Unternehmens selbstverständlich kritisch zu beurteilen.

Dieses Verfahren bringt natürlich einige Vorteile mit sich. Nennenswert wären zum einen die relativ einfache Anwendbarkeit und zum anderen der bereits angelegte Kriterienkatalog, der versucht, die Komplexität einer Marke möglichst umfassend abzubilden. Allerdings weist das *Interbrand*-Modell auch einige Nachteile auf. Es birgt ein nicht unerhebliches subjektives Beeinflussungspotenzial in sich. Die Subjektivität wirkt sich z. B. auf die erfolgte Auswahl und Gewichtung der Faktoren bzw. ihrer Kriterien, auf die notwendige Abgrenzung des Marktes etc. aus.

Schwierigkeiten bei Verfahren der Markenbewertung von *Interbrand*:

▶ Kritsch anzumerken ist, dass das Modell von *Interbrand* in hohem Maße von Subjektivität geprägt ist. Es sind lediglich die sieben Hauptkriterien festgelegt, während die einzelnen Unterkriterien je nach Art der Verwendung variieren.

▶ Viele der Unterkriterien beinhalten auch Zunkunftsperspektiven, die ein großes Unsicherheitspotenzial darstellen.

▶ Die große Anzahl der Bewertungskriterien kommt der Komplexität von Marken sehr entgegen, führt aber zu Korrelationen verschiedener Kriterien und damit zur mehrfachen Berücksichtigung eines Bewertungsfaktors.

2.3 Pflege der Marke

Auch der B2B-Bereich sollte gezielte Markenpolitik durchführen, um sich am Markt den Kunden und den Wettbewerbern gegenüber zu profilieren und positionieren. Durch Marken werden häufig höhere Einnahmen erzielt (z. B. durch Preisprämien). Außerdem sind geringere Vertriebsausgaben nötig, da Kunden, die eine bestimmte Marke favorisieren, eher bereit sind, höhere Preise für diese favorisierten Produkte zu bezahlen. Treue Kunden verursachen weniger Betreuungsaufwand und reagieren spontaner auf diverse Marketingaktionen.

Früher wurde aufgrund der Langlebigkeit der B2B-Güter und der rationalen Einkaufsentscheidungsprozessen hauptamtlicher gewerblicher Einkäufer im Buying Center die Wichtigkeit der Marken unterschätzt. Einer VDMA-Studie zufolge konnte schon 2002 nachgewiesen werden, dass bei vielen VDMA-Mitgliedsfirmen die Markenorientierung deutlich an Bedeutung gewonnen hat; *Baumgart* (*2006*) belegt diese Entwicklung mit seiner Analyse zur Markenorientierung.

Die Marke stellt einen bedeutenden Werttreiber dar. Bilanztechnisch ermöglichen es Marken sogar, dass das Unternehmen beim Rating der Banken besser abschneidet, somit also einen Beitrag zur Kreditsicherung leistet. Dies spielt gerade im Investitionsgüterbereich eine wichtige Rolle, denn immer mehr Bereiche, wie z. B. Entwicklungsaufwand und Entwicklungsrisiken, werden von den OEMs auf Zulieferer verlagert. Ein weiterer Vorteil einer erfolgreichen Markenstrategie ist, dass hoch qualifizierte Personen angezogen werden. Umgekehrt liefern diese Mitarbeiter dann wertvollere Beiträge zur strategischen Stärkung und operativen Kommunikation von Marken. Mitarbeiter können sich zudem besser mit ihrem Unternehmen identifizieren. Dieser Faktor wirkt sich via Mitarbeiterzufriedenheit maßgeblich auf die individuelle Leistungsbereitschaft jedes Mitarbeiters aus.

Um den Wert einer Marke Aufrecht erhalten zu können, ist es notwendig, die Marke sorgfältig zu pflegen. Dies bedeutet also, dass Markenbekanntheit, perzipierte Qualität und Funktionserfüllung, positive Markenassoziation usw. aufrechterhalten und kontinuierlich verbessert werden müssen. Diese Standards können lediglich durch Aufwendungen für Produktverbesserungen, durch Forschung und Entwicklung, für Werbung, Service und Handel erreicht bzw. gehalten werden. Marken müssen kontinuierlich am Markt durchgesetzt, d. h. nicht ohne Aufwand positioniert und profiliert werden. Am Beispiel zur Verbesserung der **Markenpositionierung und -profilierung** sind folgende Schritte notwendig (vgl. *Meffert, 1998, S. 788 - 791*):

1. **Kontinuierliche Analyse der Kundenbedürfnisse**: Aus der Zielgruppen-Analyse ergeben sich die Idealanforderungen an das Produkt bzw. die Marke.

2. **Markendominanz**: Alle Jahre sollten die Idealanforderungen mit den Kerneigenschaften der Marke verglichen werden. Sie sollten so weit wie möglich übereinstimmen, denn ein Kunde, der alle seine Bedürfnisse durch ein Produkt befriedigt sieht, wird zu diesem Produkt schneller greifen als zu einem Produkt, das seinen Anforderungen nicht entspricht.

3. **Markendifferenzierung**: Nur wenn sich ein Produkt jederzeit deutlich von der Konkurrenz unterscheidet, kann es sich als Marke durchsetzen, Marktanteile gewinnen und dauerhaft sichern.

4. **Markengestaltung**: Die Marke sollte sich nicht nur von der Konkurrenz deutlich abgrenzen; sie sollte auch durch ihr äußeres Leistungsprofil und Erscheinungsbild einen hohen Wiedererkennungswert besitzen. Dieser Schritt kann durch einen einprägsamen schutzfähigen Namen und ein individuelles Design erreicht werden. Ein originelles und der Zeit entsprechendes Logo schafft nicht nur eine optische Verbindung zur Marke, sondern erleichtert auch den den Wiedererkennungswert.

5. **Markenintegration**: Im nächsten Schritt werden alle Marketing-Mix-Instrumente auf die Marke abgestimmt. Kontinuität ist dabei von besonderer Bedeutung, denn wenn sich das Erscheinungsbild der Marke in der Öffentlichkeit ständig ändert, wird beim Kunden kein Vertrauen geschaffen. Er wird gerade bei Software oder Service besonders vorsichtig sein und auf ein Produkt vertrauen, das beständig ist und auch dann noch am Markt ist, wenn er ein Problem hat und sich an den Hersteller wenden will. Ein niedriger Grund-Preis, der dem Kunden ein angemessenes Preis-Leistungsverhältnis verspricht, kann mit höheren Schulungs-/Implementationskos-

ten kompensiert werden. Ein Vertrieb über Partner, die dem Kunden eine zusätzliche Vertrautheit bringen und das Produkt schnell in der breiten Öffentlichkeit bekannt machen, würden einen zusätzlichen Schub bringen.

6. **Markenpenetration**: Dieser Schritt bringt die Durchsetzung am Markt; hier sollte eine möglichst große Verbreitung und später die Marktführerschaft angestrebt werden, denn diese Position bringt weitere Wettbewerbsvorteile.

7. **Markenadaption**: Das Produkt sollte natürlich laufend an die sich ändernden Kundenbedürfnisse und Marktverhältnisse angepasst werden. Dabei dürfen die Eigenheit der Marke nie aufgegeben werden, denn dadurch würde die Marke zerstört.

Auch die Bedeutung des Designs für das Marketing Management von Investitionsgütermarken hat in den letzten Jahren zunehmend an Bedeutung gewonnen. Marktstrukturveränderungen wie Globalisierung, Standardisierungsdruck und sinkende Produktlebenszyklen führen Unternehmen dazu, neben den üblichen Erfolgsfaktoren wie Preis und Qualität verstärkt nach Ansatzpunkten zur Differenzierung zu suchen. Es werden hierbei Faktoren gesucht, die die Wettbewerbsposition eines Unternehmens langfristig sichern können. Da sich Produkte sowie Dienstleistungsangebote immer mehr angleichen und die Profilierung einer Marke im Wettbewerb verstärkt von Komponenten wie Corporate Identity und Corporate Design abhängt, kann der Einsatz von Design eine Möglichkeit sein, um sich im harten Wettbewerb abgrenzen zu können.

Beispiel

Ein vorbildliches Beispiel in diesem Kontext stellt Siemens dar. Bereits im Jahre 1937 wurde bei Siemens das Design als eigene Fachabteilung installiert mit der Aufgabe *„unseren technischen Erzeugnissen eine ihnen zukommende Form zu geben."* Herausragendste und bekannteste Designleistung, die aus dieser Zeit zu nennen ist, war der so genannte Einheitsfernsprecher, der für die damalige Reichspost gefertigt wurde: der FeApp37. Bei der großen Anzahl von Produkten bei Siemens hat das Design gleich zwei Aufgaben zu erfüllen: Zum einen muss dem Produkt ein Zusatznutzen bzw. Value Added zugefügt werden, damit es sich gegenüber den Konkurrenzprodukten abheben kann, zum anderen soll jedoch eine gemeinsame Handschrift erkennbar sein, in diesem Fall die von Siemens.

3. Markenentscheidungen

Die Entscheidungen im Zusammenhang mit der Markierung der Produkte stellt eine grundlegende strategische Ausrichtung des gesamten Unternehmens dar. Die Entscheidung für die Marke, die Markenrepositionierung, die Markenkontrolle und die Markenmetrik sind zu allererst Aufgabe des Top Managements. In folgendem Punkt werden diese Aspekte der Markenentscheidung kurz vorgestellt.

Zu Beginn steht die Entscheidung, ob ein Unternehmen sich oder ein Produkt überhaupt als Marke führen soll und will. Da die Bedeutung der Markierung so groß geworden ist, gibt es heute kaum noch Unternehmens- oder Produktbereiche ohne sie. Ob der Aufbau einer

Marke sowie eines Markenbewusstsein und einer Markengeltung gelingt, ist für ein Unternehmen von entscheidender Bedeutung für seine langfristige Wettbewerbsfähigkeit.

Im B2B-Bereich tragen mittlerweile fast alle Produkte Markennamen – Zündkerzen oder Filter tragen nicht den Namen des Autoproduzenten, sondern eigene Markennamen wie z. B. Bosch Super-4.

Der Aufbau und auch der Erhalt von Marken bringt einige Kosten wie z. B. für Werbung, Verpackung oder Schutzrechtüberwachung mit sich. Daher sollen einige Vorteile der Markierung nochmals kurz erläutert werden:

▶ Der Markenname bzw. das Warenzeichen ermöglicht dem Anbieter, sein Produkt gegen ein Kopieren durch die Konkurrenz rechtlich zu schützen.

▶ Der Markenartikel erleichtert dem Anbieter sich einen treuen Kundenstamm aufzubauen. Markentreue schützt gegen Konkurrenzprodukte und preislich bedingte starke Absatzschwankungen, ermöglicht aber auch eine zuverlässige Planung des Marketingprogramms und der Elemente des Marketing-Mix.

▶ Die Marktsegmentierung durch den Anbieter wird durch den Markenartikel unterstützt.

▶ Erfolgreiche Marken stellen ein Kapital im Markt dar. Dies spiegelt sich durch Markenbewusstsein, Markengeltung, Markenimage sowie Corporate Image wider. Mit dem Kapital sind auch Qualitätsvorstellungen verbunden – hierauf kann der Anbieter bauen und sein Produktangebot mit größerem und schnellerem Erfolg erweitern.

Der Markenname ist äußerst wichtig und sollte daher dem Produkt nicht nur nebenbei angeheftet werden. Er sollte ein Konzept darstellen, das auch im Produkt zum Ausdruck kommt und auch über Produktverbesserungen lebendig bleibt. Daher kurz einige Kriterien, die bei der Auswahl des Markennamens beachtet werden sollten:

▶ Der Markenname sollte einen Produktnutzen suggerieren.

▶ Er sollte positive Produktassoziationen vermitteln.

▶ Er sollte leicht auszusprechen, zu erkennen und im Gedächtnis zu behalten sein. Daher sind kurze Namen hilfreich.

▶ Der Name sollte unverwechselbar sein.

3.1 Markenrepositionierung und Markenintegration

Markenrepositionierungen können aus verschiedenen Gründen erforderlich werden. Möglicherweise hat ein Konkurrent seine Marke sehr ähnlich positioniert und dadurch eigene Marktanteile abgezogen. Es sind aber oft auch die eigenen Entscheidungen, die Markenveränderungen erfordern. Speziell durch Firmenübernahmen von Wettbewerbern oder Produktbereichen werden Repositionierungen und Markenintegrationen notwendig.

Um Repositionierungsmöglichkeiten zu entwickeln, bedarf es kreatives Denken sowie Forschung über das Kauf- und Entscheiderverhalten. Außerdem muss abgeschätzt werden, mit welcher Erfolgswahrscheinlichkeit die Repositionierung durchgeführt werden kann. Die Kosten einer Repositionierung, z. B. durch die Veränderung der Produkteigenschaften, sind normalerweise umso höher, je weiter die neue Position von der alten entfernt ist und wie stark die alte Position im Bewusstsein der Käufer verankert war.

In Fällen einer sehr risikoreichen und radikalen Repositionierung ist der Aufbau einer neuen Marke zu überlegen, da dies im Endeffekt günstiger sein kann.

Bei der Markenbereichsausweitung soll die Geltung des Markennamens und das Vertrauen der Kunden auf weitere Produktlinien übertragen werden. Man versucht also, das Erfolgspotenzial der bereits im Markt etablierten Marke durch eine Markentransferstrategie zu nutzen. Das heißt, mit dem transferierten Markennamen werden dem neuen Produkt bestimmte Eigenschaften und Imagevorstellungen zugeordnet.

Ein solcher Markentransfer birgt allerdings auch Risiken. Wird die neue Produktlinie ein Misserfolg, kann sich dies auf das gesamte Markenkonzept auswirken und somit auch negative Folgen auf andere Produktlinien der Marke haben.

Bei der Parallelmarkenstrategie werden vom Anbieter zwei oder mehrere Marken innerhalb einer Produktlinie entwickelt. Diese Strategie wird allerdings hauptsächlich von Unternehmen der Konsumgüterindustrie verfolgt und soll deshalb hier nicht näher erläutert werden.

Wenn ein Unternehmen eine neue Produktlinie entwickelt bzw. entwickeln möchte, und für das neue Produkt keiner der bestehenden Markennamen passt, betreiben einige Unternehmen die Entwicklung neuer Marken und Linien. Ob ein bestehender Markenname transferiert werden kann oder nicht muss abgewogen werden. Wenn dies zu viele Risiken birgt, dann sollte sich ein Unternehmen für diese Strategie entscheiden.

Industriepartner und Kunden verlassen sich wie jeder Menschen auf Dinge, die sie kennen und denen sie vertrauen – wenn man daran etwas ändert, wird das entgegengebrachte Vertrauen herausgefordert und folglich entweder bestärkt oder geschwächt. Markenveränderungen bzw. Imagewechsel sollten nicht leichtfertig ausgeführt werden.

3.2 Markenkontrolle

Unternehmen sollten in gewissen Abständen regelmäßig die Performance der Marken überprüfen. Dazu muss man sich zunächst über die Ziele der Prüfung einigen und anschließend Daten und Informationen sammeln, Interviews und Besprechungen ansetzen. Die Absicht der Markenkontrolle besteht darin, die Stärken und Schwächen von einzelnen Marken bzw. dem Markenportfolio aufzudecken. Normalerweise besteht es aus einer internen Beschreibung, bei der berichtet wird, wie die Marke vermarktet wurde ("brand inventory") und einer externen Untersuchung mittels ausgewählten Gruppen, Fragebögen und anderen Methoden zur Abnehmeruntersuchung. Bei letzterem soll identifiziert werden, wie sich die Marken verhalten und was sie dem Kunden bedeuten ("brand exploratory"). Zum Schluss werden die Ergebnisse analysiert und interpretiert.

Die stärksten Marken werden oft durch formale Markentwert-Management-Methoden unterstützt. Die zuständigen Manager verfügen über so genannte „Brand Equity Charter". Diese Bücher enthalten unter anderem Informationen zur generellen Philosophie des Unternehmens hinsichtlich Marken und Markenwert.

Letztendlich muss die Marke einer harten Prüfung unterzogen werden: Die so genannte „Brand Scorecard" erfasst die Leistung (Performance) der Marke hinsichtlich der Kundenbewertung. Generell gibt es 4 Dimensionen, die darauf abzielen, den Kunden an die Marke zu binden:

▶ die funktionale Leistung des eigentlichen Produktes bzw. Service

▶ die Erleichterung und der Nutzen, der durch das Produkt bzw. Service entsteht

▶ die Persönlichkeit der Marke

▶ die Preis- und Wertkomponente.

Die Kombination dieser Attribute gibt ein gut abgerundetes Bild darüber, wie gut die Marke bzw. das Markenkapital wächst und wie viel Cashflow erwartet werden kann. Die oben genannten Attribute sollten in regelmäßigen Abständen, z. B. alle 6 oder 12 Monate, überwacht werden. Große erfolgreiche Unternehmen, wie z. B. GE, IBM oder Accenture, bewegen sich sogar hin zu kontinuierlichen Markenuntersuchungen. Die Markenkontrolle sollte eine kundenfokussierte Untersuchung sein, die Aufschluss über die „Gesundheit" der Marke gibt, die Quellen des Markenwertes aufdeckt und Wege zur Verbesserung des Kapitals aufzeigt.

Die Markenkontrolle kann genutzt werden, um eine strategische Richtung der Marke anzusetzen. Sie liefert dabei Antworten auf die Fragen:

▶ Sind die aktuellen Quellen des Markenwertes befriedigend?

▶ Müssen manche Markenassoziierungen gestärkt werden?

▶ Fehlt der Marke Einzigartigkeit?

▶ Welche Markenmöglichkeiten existieren und welche potenziellen Herausforderungen bestehen für den Markenwert?

Die „Compliance audit" geht noch einen Schritt weiter. Bei dieser Prüfung von der untersten Ebene zur obersten werden die individuellen Marken beurteilt, wie gut jede einzelne Marke als Teil der ganzen Markenstruktur des Unternehmens funktioniert. Die Schlüsselaufgaben sind hier:

▶ Sammlung von Informationen, die Aufschluss darüber geben, wie die Marke in jedem Land, in dem sie vermarktet wurde, genutzt wurde

▶ Einschätzung und Beurteilung der Abweichung der geplanten Position und Gründe hierfür

▶ Auswertung der Leistung der Marke.

Im Gegensatz hierzu steht die „Strategic audit", da hier von oben nach unten vorgegangen, und dies auf mehreren Ebenen durchgeführt wird. Wenn hier beim Endresultat hervorgeht, dass die Markenstruktur des Unternehmens nicht länger zu dem zu Grunde liegenden Eckpfeiler passt, sollten Schritte unternommen werden, um die Struktur zu revidieren und sie auf die neuen Marktgegebenheiten anzugleichen.

Beim Benutzen dieser Kontrollvorgehensweisen kann das Unternehmen ein Marketingprogramm entwickeln, das den langfristigen Markenwert maximiert. Künftige Ergebnisse müssen überwacht werden und wenn notwendig korrigierende Maßnahmen getroffen werden.

3.3 Markenmetriken

Die bestgestaltete und am meisten effektive Markenmetrik kann nur entwickelt werden, wenn die Verbindung zwischen Marken- und Business-Strategie verstanden wird. Wenn dies richtig implementiert wird, d. h. einen permanenten und konstanten Ansatz zur Beurteilung der Leistung der Marken vorweist, kann das Unternehmen als Ganzes Gewinne erzielen.

Corporate Business Intelligence-Lösungen können helfen, manche Markenmetrik- Probleme zu lösen. Die meist verbreitete CI-Technologie heute ist das „Data mining" (siehe auch Kapitel C.5). Es hilft schnell zu analysieren und einen Sinn aus den Bergen von Informationen, die in Datenbanken vorhanden sind, zu erkennen. Es ermöglicht Verkaufsgelegenheiten zu identifizieren und das Senior-Management mit relevanten Daten für die Entscheidungsfindung zu versorgen.

Nachdem man die Markenstrategie eingeführt hat, die Marke identifiziert hat und die Markenanstrengungen eingesetzt hat, wird man den **Return on Brand Investment (ROBI)** wissen wollen, da es ein hilfreiches Mittel ist. *Scott Davis (2000)* beschreibt acht qualitative und quantitative ROBI-Metriken:

▸ Markenkenntnis (qualitativ) – stellt detaillierte Daten auf Ebene des Bewusstseins und Verstehens der Marke zur Verfügung.

▸ Verständnis der Markenpositionierung (qualitativ) – gibt Aufschluss darüber, wie gut verschiedene Kundensegmente die Markenpositionierung und den Kundenservice, persönlichen Kontakt, fachliche und Verkaufsmitteilungen, die an sie gerichtet sind, verstehen.

▸ Markenvertragserfüllung (qualitativ und quantitativ) – ermittelt, wie gut die Markenpersönlichkeit intern und extern kommuniziert wird, wie gut sie wirklich verstanden wird und wie gut sie im Gedächtnis bleibt.

▸ Markengesteuerte Kundenakquise (quantitativ) – gibt darüber Auskunft, wie viele neue Kunden durch das Markenportfolio-Management angezogen wurden und wer diese Kunden sind.

▸ Markengesteuerte Kundenbindung und Loyalität (quantitativ) – misst die Anzahl der Kunden, die durch die eingeführten Markenportfolio-Strategien verloren wurden.

► Markengesteuerter Durchbruch und Erscheinungsweise (quantitativ) – misst die Anzahl der Kunden, die aufgrund des Markenportfolio-Managements mehr Produkte oder Dienstleistungen kaufen.

► Ökonomischer Markenwert (quantitativ) – misst den Preisaufschlag, der gegenüber den Konkurrenten durch die Marke erzielt wird. Außerdem wird der Gewinn gemessen, der der Markenstärke zugeordnet werden kann.

Basierend auf den Ergebnissen der Messung des Markenportfolio-Managements, können Marketer ihre Strategien entsprechend anpassen. Da die Ergebnisse alle Markenaspekte betreffen können, sollte das Unternehmen von Anfang an Teams miteinbeziehen, die mit Personen aus mehreren Funktionsbereichen besetzt sind. Durch diese crossfunctional-Teams wird es möglich, Anpassungen umgehend auszuführen.

Die Auswertungen der Messungen helfen den Firmen zu ermitteln, wie gut das Unternehmen zurzeit da steht, und hebt Bereiche hervor, auf die man zukünftig einen Fokus legen sollte. Viele Unternehmen werden nicht alle ROBI Metriken wollen bzw. benötigen. Wenn man seine Anstrengungen einengen muss, bieten die folgenden drei die wichtigsten Markenmetriken: Verständnis der Markenpositionierung, markengesteuerte Kundenakquise und markengesteuerte Kundenbindung und Loyalität.

Durch das Benutzen dieser Metriken können Manager auf viele Ziele hinarbeiten: Die Leistung der Marke kann hinsichtlich der Portfolio-Strategie gemessen werden. Es geht dabei um die Absicherung, ob die Marke den Unternehmensfokus stärkt, die Entwicklung konstanter und konsequenter Kommunikation unterstützt und zur effektiveren Aufteilung von Ressourcen beiträgt.

4. Markenrelevanz auf B2B-Märkten

Generell stellt sich die Frage, inwieweit Marken auf B2B-Märkten für den Käufer entscheidungsrelevant sind. Da Impulskäufe und das unter Konsumenten verbreitete „Renommiergehabe" auf den rationalen B2B-Märkten kaum anzutreffen sind (allenfalls bei der Beschaffung von Dienstwagen oder exklusiven Büromöbeln), könnte die Marke gegenüber den anderen wesentlichen Eigenschaften eines Produktes von geringerer Bedeutung sein. In einer Untersuchung des Marketing Centrums Münster und McKinsey (*Caspar u. a., 2002*) wurde nachgewiesen, dass Marken auch im B2B-Geschäft sehr wohl eine Bedeutung haben.

Das von *Caspar u. a.* benutzte MCM/McKinsey-Modell definiert drei Grundfunktionen einer Marke:

► die Informationseffizienzfunktion

► die Risikoreduktionsfunktion

► den ideellen Nutzen der Marke.

Die Informationseffizienzfunktion kommt zum Tragen, wenn bei der Auswahl eines Produktes bekannte Marken schneller beurteilt werden können. Durch die Risikoreduktionsfunktion hilft die Marke – insbesondere die eines bekannten und bewährten Anbieters – das subjektive empfundene Beschaffungsrisiko zu reduzieren (vgl. Abschnitt B.2.4). Der ideelle Nutzen ist zwar im B2B-Bereich etwas schwächer ausgeprägt als im Konsumgütergeschäft, aber die Verwendung renommierter Markenprodukte kann die Unternehmensdarstellung und die Selbstdarstellung der Mitarbeiter verbessern und damit einen Marketingnutzen durch Reputationstransfer stiften. Es macht z. B. keinen guten Eindruck, wenn ein Unternehmensberater für seine Präsentationen bei seinen Kunden ein Billig-Notebook verwendet, obwohl objektiv kaum Leistungsunterschiede gegenüber einem Markenprodukt bestehen.

Caspar u. a. haben in einer umfangreichen empirischen Studie (769 Interviews) die Bedeutung der Marke zu messen versucht und die ermittelten Werte zunächst mit denen aus einer parallel durchgeführten B2C-Studie verglichen (*Fischer u. a., 2002*).

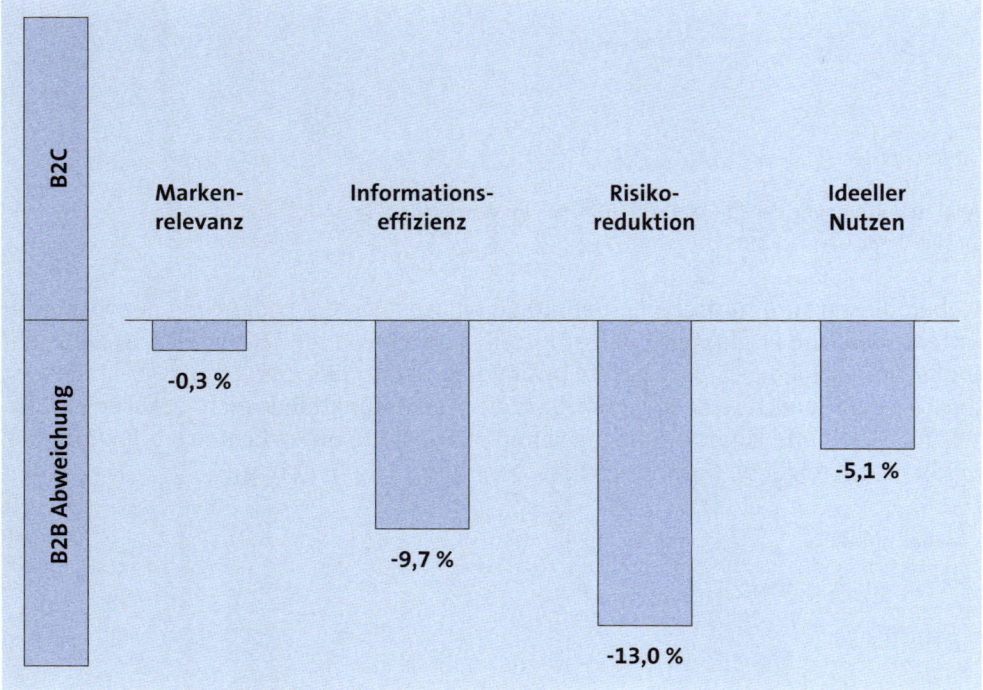

Abb. 9: Abweichung der B2B-Markenrelevanz vom B2C-Durchschnitt
Quelle: *Caspar (2002, S. 43)*

Es zeigt sich, dass die Markenrelevanz insgesamt nur sehr geringfügig von den Werten im B2C-Bereich abweicht. Deutlichere Unterschiede sind bei den drei Funktionen zu verzeichnen. Dabei ist allerdings zu berücksichtigen, dass im Konsumgüterbereich dabei teilweise sehr hohe Werte gemessen wurden.

Im Durchschnitt über alle B2B-Funktionen spielt – wie zu erwarten – der ideelle Nutzen eine etwas geringere Rolle:

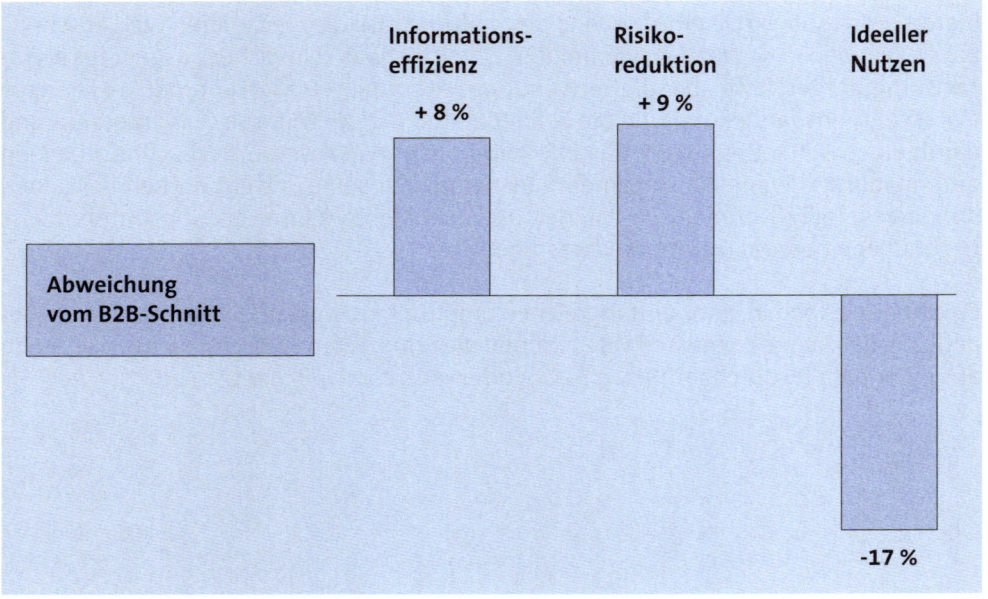

Abb. 10: Ausprägung der B2B-Markenfunktionen im Vergleich
Quelle: *Caspar (2002, S. 44)*

Neben diesen summarischen Ergebnissen wurde auch die Bedeutung der Marke für unterschiedliche Produktgruppen ermittelt. Ähnlich wie im B2C-Bereich, in dem sehr große Unterschiede – z. B. zwischen Designer-Sonnenbrillen und Strom – bestehen, ist auch im B2B-Bereich zu beobachten, dass die Markenfunktionen nicht bei allen Produkten in gleicher Intensität zum Tragen kommen. Für die 18 untersuchten Produktgruppen ergaben sich folgende Gesamtwerte (5: sehr hoch, 1: sehr gering):

Schaltanlagen	3,21
Werkzeugmaschinen	3,04
Dienstwagen	3,00
Fertigungsstraßen	2,85
Telekommunikationsanlagen	2,80
Wirtschaftsprüfung	2,70
Speditionsdienste	2,57
Kantinenservice	2,54
Industrieautomation	2,50
Feuerversicherungen	2,48

Strategieberatung	2,46
Kassensysteme	2,45
Systemsoftware	2,40
Büromöbelsysteme	2,35
Gebäudekomplexe	2,19
Alarmanlagen	2,18
Call-Center-Dienste	2,18
Industriechemikalien	1,97

Tab. 1: Markenrelevanzranking im B2B-Bereich
Quelle: *Caspar (2002, S. 45)*

Es zeigt sich, dass Produkte, bei denen es offenbar bisher kaum gelungen ist, starke Marken zu etablieren, in diesem Ranking besonders schlecht abschneiden. Insofern könnte es durchaus sinnvoll sein, dass Anbieter von Produkten mit geringer Markenrelevanz dennoch eine starke Markenpolitik forcieren, um sich durch Alleinstellungsmerkmale aus diesem schwierigen Markenumfeld zu befreien.

Auch für den Ablauf des Entscheidungsprozesses sind Marken von Bedeutung. So wirkt eine höhere Beschaffungskomplexität eher negativ auf die Markenrelevanz, während eine hohe Bedarfsfrequenz positiv auf die Informationseffizienz wirkt.Bei Beschaffungen, deren finanzielle Konsequenzen von besonderer Bedeutung sind, wird die Marke stark zur Risikoreduktion genutzt (vgl. B.2.4). Der ideelle Nutzen spielt im B2B-Geschäft eine besondere Rolle, wenn die Marke gut wahrnehmbar ist und wenn sie in der Öffentlichkeit bemerkt wird – ähnlich wie im B2C-Marketing. Interessanterweise ist die Marke umso unwichtiger, je mehr Hersteller (bzw. Marken) als Alternativen zur Verfügung stehen.

Wenn Kunden gelernt haben, dass die Produkte einer Firma mehr Vorteile für sie als andere bringen, dann kann das Markenmanagement sie dabei unterstützen. Sie haben dann die Möglichkeit, die Informationen und Erfahrungen aufzunehmen und in ihr eigenes Wert- und Entscheidungssystem einzubauen. Unternehmen, die das verstehen und umsetzen, können mit Markenmanagement viel erreichen, wie erfolgreiche Beispiele belegen. Ausgehend von der Einschätzung, dass Marken nur im Kopf der Kunden existieren und dass bei B2B-Kunden immer mehrere Personen an der Kaufentscheidung beteiligt sind, gibt es eine Reihe von Prinzipien zur B2B-Markenbildung:

1. Markenführung ist eine wichtige Funktion des Unternehmens und damit Chefsache.

2. In einer frühen Entwicklungsphase definieren Sie Markenkern und Markenpositionierung und schaffen eine Markenidentität.

3. Schaffen und kommunizieren Sie Erfolgsfaktoren wie kundenorientiert, ehrlich, glaubwürdig, klar, einfach, konsistent, kontinuierlich und ermöglichen Sie eine Differenzierung vom Wettbewerb durch den professionellen Einsatz von Marketing-Tools.

4. Marken brauchen eine Vision, die für den Kunden und das Unternehmen eine einheitliche Markenbotschaft liefert – intern, extern und bei allen Interaktionen. Erarbeiten Sie eine „Branding-Kultur" mit klarer Positionierung und hoher Qualität.

5. Wenn man definiert, dass „Markenmanagement bedeutet, eine Marke an den Kundenbedürfnissen auszurichten und zu gestalten, um einen Zusatznutzen zu generieren", dann ist diese Einschätzung Grundlage für eine konsistente, einzigartige Imageposition, die durch effiziente und effektive Planung und der Kontrolle von Maßnahmen der Markenführung wie Kommunikation, Preissetzung oder Produktentwicklung erarbeitet und ständig aktualisiert werden muss.

6. Starke Marken sind Assets, damit sind sie gestaltbar und ausschöpfbar wie etwa durch Line/Brand Extensions. Wichtig ist, dass die Marke in den Augen der Kunden über die erforderlichen Kompetenzen verfügt und sie aktuell auch so präsentiert und wahrgenommen werden kann.

7. Markenmanagement ohne Kontrollmechanismen geht ins Leere: Marken-Audits, Informations-, Planungs-, Kontroll- und Koordinationsmechanismen und finanzielle Markenbewertung dürfen nicht unterschätzt werden.

B2B-Marken sind wie komplexe Persönlichkeiten, sie entwickeln sich über die Jahre, gehen durch unterschiedliche Phasen und sind oft ambivalent: Neben funktionalen Eigenschaften gibt es auch emotionale Aspekte. Eine schnelle Markentwicklung beansprucht 2 - 3 Jahre, und in dieser Zeit müssen Mitarbeiter und Ressourcen in hohem Umfang zur Verfügung gestellt werden (> 10 % vom Umsatz). Normalerweise sind 5 - 10 Jahre ein realistischer Zeithorizont, aber dann muss mithilfe von integrierter Kommunikation über alle Kanäle die gleiche Botschaft gesendet werden.

		Lösung
1.	Welche Markenstrategien werden im Business-to-Business-Marketing überwiegend verfolgt?	S. 180
2.	Was versteht man unter Ingredient Branding?	S. 180
3.	Grenzen Sie die Begriffe Marke, Markenname und Markenzeichen gegeneinander ab!	S. 181
4.	Welche Assoziationsebenen einer Marke kennen Sie?	S. 182
5.	Was versteht man unter Markenarchitektur?	S. 183
6.	Grenzen Sie Einzel-, Familien- und Dachmarke gegeneinander ab!	S. 183
7.	Wie klassifiziert man Marken nach ihrer Geltung?	S. 185
8.	Was versteht man unter Markenwert?	S. 187
9.	In welcher Situation ist es sinnvoll bzw. erforderlich, den Markenwert zu ermitteln?	S. 189
10.	Welche grundsätzlichen Methoden zur Markenwertanalyse gibt es?	S. 189
11.	Erläutern Sie die finanzorientierten Methoden der Markenwertermittlung!	S. 189
12.	Welche Vor- und Nachteile haben diese Methoden?	S. 189
13.	Erläutern Sie die verhaltensorientierten Methoden der Markenwertermittlung!	S. 192
14.	Welche Vor- und Nachteile haben diese Methoden?	S. 192
15.	Erläutern Sie das kombinierte Modell von *Interbrand*!	S. 193
16.	Was versteht man unter Markenpflege?	S. 197
17.	Grenzen Sie die Begriffe Markendominanz, Markendifferenzierung, Markengestaltung, Markenintegration, Markenpenetration und Markenadaption gegeneinander ab!	S. 198
18.	Was versteht man unter Markenrepositionierung?	S. 200
19.	Was versteht man unter Markenintegration?	S. 200
20.	Was versteht man unter Markenkontrolle?	S. 201
21.	Welche Markenmetriken gibt es?	S. 203
22.	Welche wesentlichen Funktionen hat eine Marke im B2B-Geschäft?	S. 205
23.	Bei welchem Kriterium weicht die Bedeutung der Marke im B2B-Geschäft deutlich vom B2C-Geschäft ab?	S. 206
24.	Bei welchen Produktgruppen ist im B2B-Geschäft die Marke besonders wichtig bzw. unwichtig?	S. 206

G. Kontrahierungspolitik

Zu den „klassischen" Marketinginstrumenten zählt üblicherweise die Gestaltung der Preise. Im Rahmen des Business-to-Business-Marketing spielt aber neben den Preisen in erheblichem Maß auch die vertragliche Gestaltung sowie die Vorgehensweise bei der Finanzierung eine große Rolle. Daher wird in diesem Fall das Instrument **Preispolitik** um die Instrumente **Vertragsgestaltung** und **Finanzierungspolitik** zur **Kontrahierungspolitik** erweitert.

Die verschiedenen Teilinstrumente haben im Konsum- und Business-to-Business-Marketing eine sehr unterschiedliche Bedeutung, die in folgender Übersicht zusammenfassend dargestellt ist:

Faktor	Konsumgütermarketing	Business-to-Business-Marketing
Bedeutung der Preisstrategie im Marketing-Mix	Oft der entscheidende Faktor	Wichtig; wird in vielen Fällen aber durch andere Faktoren wie Service und Lieferfähigkeit übertroffen
Elastizität der Nachfrage	Sehr unterschiedlich	Bei abgeleiteter Nachfrage teilweise sehr unelastisch
Ausschreibungen	Selten (Versteigerungen)	Häufig
Preisverhandlungen	Selten, allenfalls bei sehr hochwertigen Konsumgütern wie Automobilen oder Immobilien	Regelmäßig
Unterschiede zwischen Listen- und Nettopreisen	Selten (Ausnahme s. o.)	Regelmäßig
Rabatte	Selten, allenfalls geringe Barzahlungsrabatte	Häufig
Finanzierung	Häufig (Kundenkreditkarten, kurzfristige Teilzahlungen)	Häufig, aber eher langfristige Angebote (Leasing)

Tab. 1: Faktoren für die Preisgestaltung im B2C- & B2B-Marketing

1. Preise

Die **Bedeutung des Preises für die Beschaffer** von Investitionsgütern wird sehr unterschiedlich beurteilt. In der Untersuchung von *Droege/Backhaus/Weiber (1993)* gaben die befragten Unternehmen an, dass der Preis nicht unter den wichtigsten Kaufkriterien genannt wird:

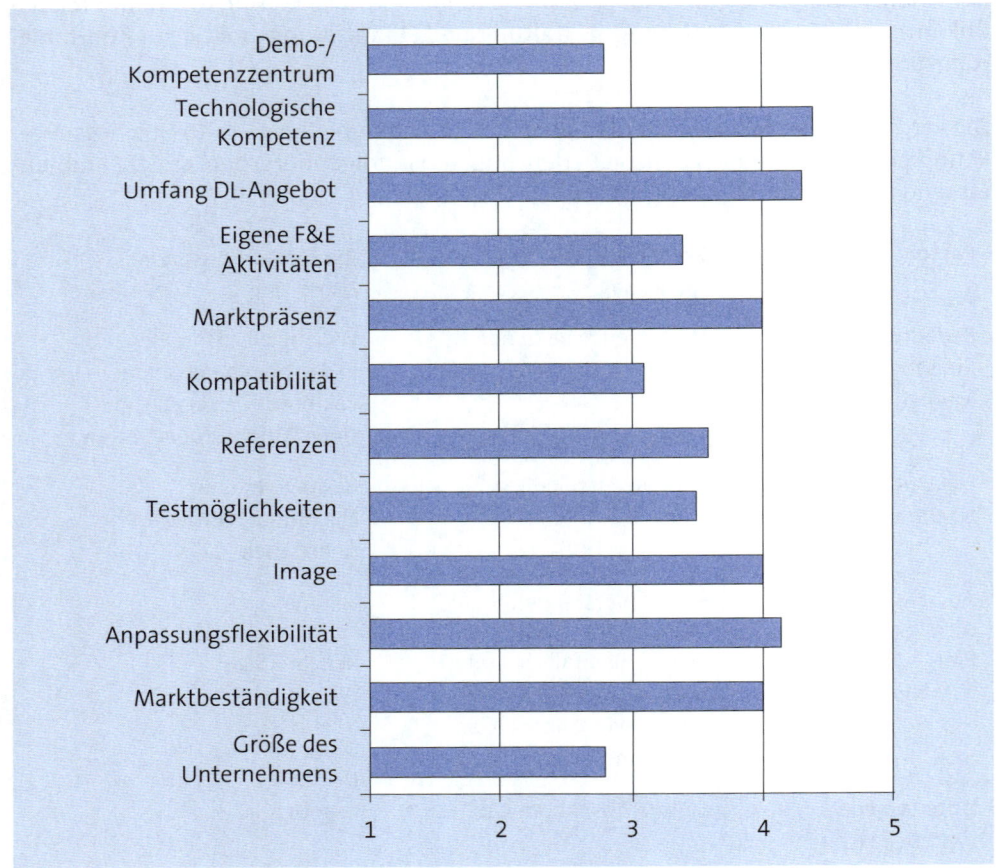

Abb. 1: Bedeutung unterschiedlicher Kriterien beim Kauf von Investitionsgütern
Quelle: *Droege/Backhaus/Weiber (1993, S. 58)*

Es ist aber stark anzuzweifeln, ob dies wirklich der Realität entspricht: Möglicherweise ist es auch ein Effekt einer solchen Befragung, dass es den Befragten unangenehm ist zuzugeben, dass so „triviale" Argumente wie der Preis von ihnen für wichtig gehalten werden. Dem Verfasser sind dagegen viele Beschaffungssituationen bekannt, in der mit äußerster Härte um einzelne Prozentpunkte bei einem Produkt gerungen wurde, das wiederum nur 10 % der gesamten Beschaffungskosten ausmachte.

Für den **Verkäufer** ist der Preis auf jeden Fall von erheblicher Bedeutung. Geringe Preissenkungen und -erhöhungen können erheblichen Einfluss auf den Gewinn eines Produkts ausüben.

Neben der Rentabilitätsbetrachtung steht die Betrachtung des **Marktanteils**. Eine Preisänderung hat dann eine hohe Bedeutung, wenn sie in einer deutlichen Änderung des Marktanteils resultieren würde. Dies ist allerdings im Business-to-Business-Marketing in der Regel bei kleineren Preisänderungen nicht der Fall – ganz im Gegensatz zum Konsumgütermarketing, bei dem kleinste Preisdifferenzen (z. B. beim Benzin) einen erheblichen Einfluss auf das Käuferverhalten ausüben.

Neben einer Veränderung des Marktanteils kann eine Preisänderung (insbesondere eine Preissenkung) in einer deutlichen Ausweitung des **Marktvolumens** resultieren. Auch dieser Effekt ist beim Business-to-Business-Marketing aufgrund der abgeleiteten Nachfrage eher selten zu beobachten. Durch deutliche Preisverschiebungen können allerdings Substitutionseffekte auftreten, z. B. beim Ersatz von Metall durch Plastik bei stark steigenden Metallpreisen oder beim Ersatz von einfachen Computerterminals durch PCs aufgrund der vergleichsweise niedrigen Preise für Personal Computer.

1.1 Preisfindung

Bevor in den weiteren Abschnitten die Variationsmöglichkeiten des Preises und ihre Bedeutung für das Business-to-Business-Marketing diskutiert werden können, ist zunächst zu erarbeiten, in welchem Rahmen die Preise eines Anbieters variiert werden können. Es erscheint zweckmäßig, diese Fragestellung unter Berücksichtigung des Dreiecks **Anbieter – Kunde – Wettbewerber** zu betrachten.

1.1.1 Preisfindung aus Sicht des Anbieters

Das wichtigste Kriterium zur Entwicklung eines Angebots-Preises sind die Kosten, die für die Erstellung der angebotenen Leistung entstehen (werden). In der Praxis erweist es sich jedoch als außerordentlich schwierig, für einzelne Komponenten eines Angebots einen geeigneten Kostenansatz zu finden: Sind **Vollkosten** anzusetzen? Wenn ja, für welche Periode, da Fixkosten über ein längeres Zeitintervall ebenfalls beeinflussbare Kosten sind? Ist eher auf **Teilkosten** zurückzugreifen? Kann im Extremfall zu Grenzkosten angeboten werden? Diese Diskussion soll hier aus Marketing-Sicht nicht weiter vertieft werden, weil eine allgemeine Lösung dieses anbieterinternen Problems auch das Problem der Verteilung von verschiedenen Deckungsbeitragsstufen innerhalb von Profit-Centern des anbietenden Unternehmens umfasst.

Die zunehmende Tendenz, größere Unternehmen in Profit-Center, häufig sogar in rechtlich selbstständige Firmen aufzugliedern, kann hierfür formal hilfreich sein, da zwischen diesen Organisationen Verrechnungs- oder sogar Marktpreise vereinbart werden. Das klärt zwar nicht die Frage, ob die Kosten richtig ermittelt sind, erlaubt aber der einzelnen organisatorischen Einheit (z. B. der Vertriebsgesellschaft) eine aus ihrer partikularen Sicht optimierte Vorgehensweise. Ob dieses Verhalten für das Gesamtunternehmen ebenfalls optimal ist, sei dahingestellt. Aus diesem Grund ist für das anbietende Unternehmen die Wahl der internen Verrechnungspreise von besonderer Bedeutung; der „Kampf" mit dem eigenen Controller kann für eine Vertriebseinheit oft entscheidender sein als der mit dem Kunden.

Die Frage der Bestimmung der Kosten wird im Business-to-Business-Marketing durch einen zweiten wichtigen Aspekt erschwert. Beim Angebot einfacher Komponenten mag die Kenntnis der Kosten als Kalkulationsbasis noch ausreichen; bei komplexeren Systemen oder Anlagen kommt noch eine erhebliche Unsicherheit über den Umfang der zu erbringenden Leistungen hinzu. Dies gilt vor allem für Entwicklungsprojekte.

Für die Kalkulation von komplexen Projekten haben sich eine Reihe von Verfahren entwickelt, die hier nur kurz vorgestellt werden.

Bei der **Kilokostenmethode** werden die zu erwartenden Kosten überschlägig aus dem zu erwartenden Gewicht der gesamten Anlage und einem Erfahrungskostenwert pro kg geschätzt. Diese Methode liefert nur recht grobe Schätzungen, ist aber auch sehr einfach anzuwenden.

Bei der **Einflussgrößenkalkulation** werden neben dem Gewicht mehrere weitere Einflussgrößen als Kalkulationsbasis benutzt. Diese Methode kann schon etwas bessere Ergebnisse liefern, ist aber auch wesentlich aufwändiger.

Eine genauere Vorkalkulation kann jedoch nur aus einer **stücklisten- oder arbeitsplanartigen Auflösung** des Gesamtprojekts in Einzelkomponenten und -kosten erfolgen. Nur auf diese Weise lässt sich auch der Einfluss verschiedener Kostenentwicklungen auf die Gesamtkosten während der Projektlaufzeit evaluieren, z. B. eher steigende Personalkosten und eher sinkende Fertigungskosten in Abhängigkeit von der Situation auf der Erfahrungskurve.

Aus dieser Überlegung folgt konsequent, dass eine exakte Vorkalkulation eines Projekts betriebswirtschaftlich grundsätzlich nicht möglich ist, da die Lernkurvensituation und die Maschinenauslastung auch von anderen Projekten des Anbieters abhängen: Wenn ein Anbieter viele große Angebote macht, hängen die tatsächlichen Kosten eines bestimmten Projekts zu einem erheblichen Teil davon ab, welche dieser unterschiedlichen Angebote zu Aufträgen führen und realisiert werden.

1.1.2 Preisfindung aus Sicht des Kunden

Während bei etablierten Produkten als Basis der Preisfindung vor allem die Kosten und die Wettbewerbssituation die Grenzen des möglichen Preisintervalls definieren, sind diese Kriterien bei neuen Produkten oder bei erheblichen Produktveränderungen kaum einzusetzen. In einer solchen Situation ist in der Regel (noch) kein Wettbewerber vorhanden, und eine Orientierung an den Kosten könnte Deckungsbeitragschancen durch unnötig niedrige Preise verhindern. In diesem Fall ist die Orientierung am Kunden-Nutzen ein sehr geeignetes Mittel, passende Preisgrößenordnungen zu entwickeln.

Ausgehend von den Kosten, die dem Kunden bisher mit dem zu ersetzenden Produkt entstehen, ist der zusätzliche Nutzen zu quantifizieren, der dem Kunden entsteht, wenn das neue Produkt eingesetzt wird. Führt man mit diesen Daten eine Investitionsrechnung durch, so lässt sich der Betrag ermitteln, den der Kunde für das neue Produkt mehr zu zahlen bereit sein müsste, bzw. den Preis, bei dem das neue und das alte Produkt preislich indifferent für ihn sind. Ein Beispiel soll dies verdeutlichen:

Beispiel

Ein neuentwickeltes Aggregat verbrauche 10 % weniger Energie als das Vorgänger-modell (alle sonstigen technischen und wirtschaftlichen Eigenschaften seien gleich). Welchen Mehrpreis wird der Kunde für dieses Produkt zu zahlen bereit sein?

Zur Kalkulation sind folgende Angaben erforderlich:

► Energieverbrauch/Std (alte Anlage)
► Energiekosten/Einheit
► Laufzeit pro Jahr (in Stunden)
► Nutzungsdauer in Jahren

Für einen konkreten Fall seien folgende Daten angenommen:

► Energieverbrauch/Std (alte Anlage)	20 KWh
► Energiekosten/Einheit	0,25 € Laufzeit pro Jahr (in Stunden) 3.000 Stunden
► Nutzungsdauer in Jahren	4 Jahre

Eine Reduktion des Energieverbrauchs um 10 % würde demnach – ceteris paribus – eine Einsparung von 1.500 € pro Jahr erbringen. Für die gesamte 4-jährige Nutzungsdauer würde ein Mehrpreis für das neue Aggregat von ca. 5.000 € für den Kunden ungefähr die gleichen Ergebnisse erwirtschaften wie das alte Aggregat. (Dabei sind andere mögliche Vorteile wie geringere Emissionen, geringerer Lagerbedarf etc. nicht mitberücksichtigt).

Für diesen konkreten Fall ist es gelungen, den „Nutzen" des Kunden zu quantifizieren. Es wird eine Frage der Verhandlungsstärke sein, welchen Teil dieses Nutzens sich der Anbieter über den höheren Preis sichern und welchen Teil der Kunde realisieren kann.

Bei dieser Überlegung ist aber das Hauptproblem dieses Verfahrens deutlich gewor-den: Diese Kalkulation gilt nur für die gewählten Parameter, also nur für Kunden, die in etwa dieses Nutzungsverhalten haben. Für Kunden, die das Aggregat wesentlich stärker oder schwächer nutzen, ergeben sich ganz andere Preisobergrenzen für den Anbieter. Daraus folgt, dass für solche Kunden über eine geringfügige Produktdifferenzierung versucht werden muss, differenzierte Preise anbieten zu können. Gegebenenfalls kann auch das unter Kapitel 1.3 beschriebene preispolitische Instrumentarium dazu benutzt werden. Auch eine differenzierte Distributionspolitik kann helfen, die unterschiedlichen Kundengruppen mit adäquaten Preisen anzugehen.

Darüber hinaus hängt die Nutzenschätzung auch von Parametern ab, die nur mit einer erheblichen Unsicherheit geschätzt werden können und weder vom Anbieter noch vom Kunden beeinflusst werden können, in diesem Beispiel die Energiepreise. Stark sinkende Energiepreise würden den Nutzen des Kunden – und damit auch den Preisspielraum des

Anbieters – stark reduzieren, während starke Steigerungen des Energiepreises in einem noch höheren erwarteten Nutzen resultieren würden. Da zurzeit eher von einer überproportionalen Steigerung der Energiepreise auszugehen ist, sind auch die Anstrengungen der Automobilindustrie bei der Entwicklung kraftstoffsparender Automobile zu verstehen: Der steigende Kundennutzen rechtfertigt eine erhebliche Erhöhung der Verkaufspreise; dadurch können die zusätzlichen Entwicklungs- und Fertigungskosten erwirtschaftet werden.

Diese Art der Preisfindung ist allerdings nur dann zu empfehlen, wenn der Nutzen des Kunden zu Kosteneinsparungen in einer anderen Branche führt (im Beispiel in der Energiewirtschaft). Resultieren die Einsparungen des Kunden jedoch in geringeren Umsätzen des Anbieters (z. B. durch Verringerung der Wartungsintensität und damit sinkendes After-Sales-Geschäft), ist dies bei der Kalkulation zu berücksichtigen (vielleicht ist durch diese Überlegung auch die Zurückhaltung der Automobilindustrie bei der Entwicklung eines reparaturfreundlichen Automobils zu erklären ...).

Allerdings ist es nicht immer einfach, den Nutzen des Kunden durch ein neues Produkt zu quantifizieren. Welchen Nutzen bietet beispielsweise eine verbesserte Antwortzeit eines Computersystems? Viele Vorteile eines Produkts sind für den Kunden zudem nicht ohne Weiteres evident. Es ist daher Aufgabe der Marketingkommunikation, diese **Produktvorteile dem Kunden sehr deutlich nahezubringen** und selbst Vorschläge für die Quantifizierung des Nutzens zu machen. Dies gilt im Prinzip auch für das Konsumgütermarketing – und die Werbung im Bereich der Konsumgüter hat auch als eines ihrer Hauptziele, über Kundennutzen zu informieren (dazu gehören durchaus auch Lifestyle-Komponenten). Im Business-to-Business-Marketing ist diese Aufgabe aufgrund der anderen Kommunikationsstruktur anders zu lösen. Insbesondere die Vertriebsorganisation hat die Aufgabe, mit dem Kunden gemeinsam die neuen Produkte zu analysieren und entsprechende Wirtschaftlichkeitsanalysen beim Kunden zu initiieren.

Bei der Analyse des Kundennutzens ist auch zu berücksichtigen, welche **Alternative** der Kunde für das diskutierte Produkt hat. Gibt es keine wesentliche Alternative, so ist der Preis sicher anders anzusetzen als in einer Situation mit vielen vergleichbaren Produkten.

Auch die **Bedeutung des Produkts** in der konkreten Kundensituation ist dabei von Bedeutung: Wenn das Produkt einen geringen Teil der Gesamtkosten eines Projekts ausmacht, aber dennoch eine große Bedeutung für die Leistung des Gesamtsystems hat, wird der Kunde eher einen hohen Preis akzeptieren. In Computer-Netzwerken wird z. B. der Server – von dessen absoluter Zuverlässigkeit das Gesamtsystem abhängt – in der Regel von einem namhaften Anbieter beschafft, während für die einzelnen Arbeitsplätze durchaus auch sehr preiswerte Lieferanten mit eher ungewisser Qualität betrachtet werden. Fehlfunktionen an einem einzelnen Arbeitsplatz sind eher zu akzeptieren als ein Stillstand des Gesamtsystems.

Letztlich ist der **Preis auch ein Signal** für den Kunden. Wenn der Anbieter dem Produkt keinen hohen Wert zuordnet, wird der Kunde es vermutlich auch nicht tun. Auch dies spricht dafür, den Preis in einer entsprechenden Situation eher höher anzusetzen.

1.1.3 Preisfindung im Wettbewerb

Neben der eigenen Kostensituation und dem Kundennutzen ist bei der Preisfindung auch die Wettbewerbssituation zu berücksichtigen. Dies gilt umso mehr, je weniger differenziert die Produkte sind. Bei Produkten, die nur nach Menge gehandelt werden („commodities") hat der Anbieter kaum eine Chance, eine vom allgemeinen Marktpreis abweichende Preisvorstellung zu realisieren. Dies gilt für einen großen Teil der Grundstoffindustrie. Dennoch kann es auch in diesem Bereich möglich sein, durch vom Kunden ebenfalls zu bewertende Produktmerkmale (wie z. B. pünktliche Lieferung) eine Kundenpräferenz zu erzeugen, die eine geringfügige Preisdifferenzierung ermöglicht.

In den übrigen Business-Märkten, in denen Produkte differenzierter sind, bestehen meist oligopolistische Anbieterstrukturen. Es ist daher besonders wichtig, aber auch möglich – die Wettbewerber stets möglichst genau zu beobachten (zur Vorgehensweise vgl. Kapitel C.). Neben den Preisen der Wettbewerber sind vor allem die Unterschiede zum eigenen Produkt zu bewerten. Eine einfache Formel zur Bestimmung des Preises auf Wettbewerber-Basis wäre demnach:

Eigener Preis = Wettbewerberpreis + bewerteter Zusatznutzen des eigenen Produkts

Wird diese Bewertung korrekt durchgeführt, sollten für den Kunden die Produkte beider Anbieter zumindest preislich gleichwertig sein.

Neben der Preissituation des Wettbewerbers ist bei der eigenen Preisfindung auch die eigene Fertigungs- und Liefer-Kapazität und die kapazitive Situation des Wettbewerbers zu berücksichtigen. Ist der Wettbewerber z. B. aufgrund eines aggressiv niedrigen Preises an die Grenzen seiner Kapazität gestoßen oder hat er sogar schon erhebliche Lieferzeiten aufgebaut, so ist es nicht sinnvoll, hier in einen Preiswettbewerb einzutreten. Im Gegenteil: Bei eigener Lieferfähigkeit empfiehlt sich eher, die Kunden mit lieferfähigen Produkten zu einem höheren Preis anzusprechen.

1.2 Preisstrategien

Unter Preisstrategien sind Maßnahmen zu verstehen, die langfristig das Erreichen bestimmter Unternehmensziele sichern sollen.

Die Diskussion der Preisstrategie ist besonders wichtig bei der Einführung von Produktinnovationen (neuen Produkten oder wesentlichen Produktänderungen); bei bestehenden Produkten ist eine starke Änderung einer einmal etablierten Preisstrategie außerordentlich problematisch. Sollte dennoch eine Änderung der Preisstrategie erforderlich sein, wird in der Regel eine geringfügige – aber vom Kunden deutlich zu erkennende – Produktveränderung vorgenommen, um den Eindruck einer Produktinnovation zu erwecken – dann können wieder die Regeln einer Neu-Produkt-Einführung gelten.

Da die Preise über ein Kontinuum variiert werden können, sollen hier die beiden Extreme von Preisstrategien beschrieben werden. Zwischen diesen beiden Extrempunkten lassen sich beliebig viele Misch-Strategien definieren.

1.2.1 Abschöpfungsstrategie („Skimming")

Bei der Abschöpfungsstrategie versucht der Anbieter, ein neues Produkt zu einem sehr hohen Preis auf den Markt zu bringen. Mit dieser Strategie werden zunächst die Kunden erreicht, für die das neue Produkt auch bei einem sehr hohen Preis einen entsprechenden Nutzen bietet; die Zahl der Kunden wird dabei definitionsgemäß recht klein bleiben: Wenn zu viele Kunden den Preis akzeptieren, war er nicht hoch genug angesetzt.

Für die Abschöpfungsstrategie sprechen folgende Argumente:

▶ Durch den hohen Preis und den damit verbundenen hohen Deckungsbeitrag ist ein schneller Rückfluss der Produktentwicklungskosten und Investitionen gewährleistet.

▶ Häufig ist es gar nicht sinnvoll, am Beginn des Produktlebenszyklus zu viele Kunden zu gewinnen, weil die Fertigungskapazitäten für eine volle Marktbelieferung noch nicht ausreichen.

▶ Preistaktisch ist es leichter, einen zu hohen Preis zu reduzieren, als einen zu niedrigen Preis zu erhöhen.

▶ Durch den hohen Preis des neuen Produkts kann ein Prestigeimage für das Produkt entstehen (verbunden mit der Knappheit des Produkts kann dies auch im scheinbar so rationalen organisationalen Beschaffen zu erhöhter Nachfrage führen).

Gegen die Abschöpfungsstrategie sprechen vor allem folgende Argumente:

▶ Ein hohes Preisniveau (und damit auch eine hohe Rentabilität) wirkt anziehend auf Wettbewerber.

▶ Durch die geringen Absatzmengen entsteht kein Mengengeschäft und das Unternehmen kann keine Vorteile aus der Erfahrungskurve gewinnen – steht also späteren Wettbewerbern ohne wesentliche Vorteile gegenüber.

Daraus lassen sich folgende Situationen ableiten, die **für eine Abschöpfungsstrategie sprechen:**

▶ Es besteht ein starker Patentschutz für das Produkt oder es lassen sich andere Marktzutrittsbarrieren aufbauen.

▶ Es handelt sich um eine echte Innovation, die einen wirklichen Wert für die Kunden hat.

▶ Es gibt genügend Kunden, die bereit sind, den hohen Preis zu zahlen.

▶ Das Produkt hat eine relativ kurze Lebensdauer.

▶ Die potenziellen Wettbewerber sind schwach.

▶ Es besteht eine große Unsicherheit über die Preiselastizität des Marktes (spätere **Preissenkungen** sind leichter möglich als **Preiserhöhungen**).

1.2.2 Marktdurchdringungsstrategie („penetration pricing")

Im Gegensatz zur Abschöpfungsstrategie setzt die Marktdurchdringungsstrategie auf einen niedrigen Preis, der sofort große Absatzvolumina und damit in der Regel auch große Marktanteile sichert.

Für die Marktdurchdringungsstrategie sprechen vor allem folgende Gründe:

▶ Der niedrige Preis und die damit verbundene niedrige Rentabilität zieht keine Wettbewerber an.

▶ Durch die hohen Produktionsvolumina tritt ein starker Erfahrungskurven-Effekt ein; später hinzukommenden Wettbewerbern hat der Anbieter dann eine wesentlich günstigere Kostensituation entgegenzusetzen.

Gegen die Marktdurchdringungsstrategie spricht:

▶ Die Investitionen fließen aufgrund der geringen Deckungsbeiträge nur langsam zurück.

▶ Es besteht nur noch eine geringe Preisänderungsflexibilität.

▶ Die Produktionskapazitäten bzw. die Ausbringungsrate an guten Produkten entsprechen oft am Anfang eines Produkt-Lebens-Zyklus noch nicht der durch einen niedrigen Preis generierten Nachfrage.

Daraus folgt, dass in folgenden Situationen eine Marktdurchdringungsstrategie zu empfehlen ist:

▶ Der Markt erscheint sehr preissensitiv.

▶ Die Herstell- und Distributionskosten fallen stark bei höheren Absatzmengen.

▶ Es gibt starke Wettbewerber, die abzuschrecken sind.

▶ Ziel ist Marktanteil (möglicherweise zur Etablierung auf einem neuen Marktsegment – danach ist ein Folgeprodukt mit der Abschöpfungsstrategie geplant).

▶ Die Vorteile des Produkts werden dem Kunden erst klar, wenn er es tatsächlich benutzt.

▶ Ergänzende Produkte oder Dienstleistungen können vom Absatz dieses Produkts profitieren und die schwachen Deckungsbeiträge mehr als kompensieren.

1.2.3 Preisführerschaft („umbrella pricing")

Während die beiden vorgestellten Preisstrategien eher für neue Produkte infrage kommen, ist auch zu erörtern, wie eine Preisstrategie in der weiteren Produktlebenszyklusentwicklung aussehen kann. Auch in dieser Phase kann ein Anbieter eine Hoch-

preisstrategie (die aus einer Abschöpfungsstrategie in der Neuproduktphase hervorgeht) weiterverfolgen. Dies ist besonders dann möglich und zu empfehlen, wenn der
Anbieter gegenüber den Wettbewerbern eine starke Position hat. Eine starke Position
in diesem Sinne liegt vor, wenn der Anbieter über

► einen hohen Marktanteil

► niedrige Kosten

► eine effektive Distribution und

► innovative Stärke verfügt.

Sind diese Voraussetzungen gegeben, kann von **Preisführerschaft** gesprochen werden.

Ein Nebeneffekt dieser Strategie ist, dass schwächere Wettbewerber aufgrund des hohen
Preisniveaus, das der Preisführer etabliert, durchaus eigene Marktchancen haben, da es
für sie ausreicht, ihre Produkte preislich ein wenig unter dem Preis des Preisführers zu positionieren; auf diese Weise werden diese Anbieter (die eine ungünstigere Kostenstruktur
haben als der Preisführer) auch noch Gewinne realisieren können. Der Preisschirm des
Preisführers („umbrella") sichert also das Bestehen schwächerer Wettbewerber. Diese
Situation ist allerdings als sehr labil zu bezeichnen, denn der Preisführer kann jederzeit
durch entsprechende Preissenkungen (die für ihn immer noch positive Ergebnisse ermöglichen) die schwächeren Wettbewerber in eine Verlustsituation bringen.

Der Preisführer wird eine solche Strategie verfolgen, wenn seine Kapazitäten für eine
größere Ausweitung des Volumengeschäfts (noch) nicht ausreichen oder wenn er be-
fürchten muss, aufgrund eines zu hohen Marktanteils eine marktbeherrschende Stellung zu erringen, die in Konflikten mit den Kartell- oder Wettbewerbsbehörden resultieren kann. IBM hat bis in die späten 80er-Jahre eine solche Strategie verfolgt.

1.3 Preispolitik

Beim Konsumgütermarketing ist der Preis eine Produktkomponente, die bereits in der
Werbung als ein ganz entscheidendes Kaufargument eingesetzt wird, vor allem bei der
Werbung in Tageszeitungen. Der Preis eines bestimmten Produkts – z. B. einer 3-kg-Pa-
ckung PERSIL oder eines Kastens JEVER-Pils – ist jedem Marktteilnehmer leicht zugänglich.

Dies ist auf dem Business-Markt in der Regel nicht der Fall. Selbst bei standardisierten
Produkten wird in der Werbung zumeist auf eine Preisangabe verzichtet. Oft ist es sogar
schwierig, die Preisliste eines Anbieters zu erhalten.

Welche Gründe erklären dieses typische Anbieter-Verhalten im Business-to-Business-
Marketing?

Aufgrund der starken Segmentierung der meisten Business-Märkte betreiben die Anbieter eine sehr differenzierte Preispolitik. Insofern ist es konsequent, wenn Preislisten nur
widerwillig herausgegeben werden – der Listenpreis (sofern überhaupt vorhanden) wird

nur von wenigen Kunden bezahlt werden. Vielmehr erzwingen die Anbieter durch diese Intransparenz der Preise, dass der potenzielle Käufer mit ihnen Kontakt aufnimmt – was allerdings in den meisten Fällen aufgrund der Komplexität der Produkte ohnehin erforderlich ist. Es hat sich ein komplexes System von Rabatten, Nachlässen, Paketpreisen etc. entwickelt, das es für den Käufer nahezu unmöglich macht, Angebote verschiedener Anbieter miteinander zu vergleichen. Die Gesamtheit dieser Maßnahmen soll unter dem Begriff **Preispolitik** jetzt näher beschrieben werden.

In der Beziehung zwischen Hersteller und Kunden eines Investitionsgutes lassen sich folgende Preispolitiken beobachten (die Beziehung zwischen Hersteller und Distributoren weicht davon ab und wird in Kapitel H. näher untersucht).

1.3.1 Rabattpolitik

Während bei einer einmaligen Beschaffung (z. B. im Anlagengeschäft) die absolute Höhe des Preises im Vordergrund steht, hat sich bei länger bestehenden Geschäftsbeziehungen, die sich zudem auf eine breitere Produktpalette erstrecken, ein Rabattsystem etabliert. Dabei werden für die Einkäufe des Kunden beim Lieferanten bestimmte Rabattsätze vereinbart, die sich auf den jeweils gültigen Listenpreis beziehen. Dieses Verfahren bringt für beide Seiten eine erhebliche administrative Vereinfachung mit sich, da nach Abschluss der Rabattvereinbarung für die gesamte Laufzeit keine Preisverhandlungen mehr erforderlich sind. Auch wenn der Anbieter seine Preise erhöht, gibt es normalerweise keine neuen Verhandlungen – es sei denn, dass die Preiserhöhung so stark ist, dass der Abnehmer sie nicht akzeptieren will oder der Anbieter von sich aus das Gespräch sucht, um den Verlust des Kunden gegen Wettbewerber zu verhindern.

Ein weiterer Vorteil für den Anbieter liegt darin, dass bei der Rabattverhandlung der Kunde sich bei seiner Einkaufs-Kalkulation in der Regel nur auf einige wenige, aber besonders wichtige Produkte aus der Preisliste konzentriert. Oft ist dem Kunden zum Zeitpunkt des Abschlusses einer solchen Rabattvereinbarung sein tatsächlicher Bedarf für die Laufzeit nicht klar. Der Hersteller hingegen kennt seine Produktpläne für die nächste Zeit und kann bei geschickter Gestaltung seiner Preislisten dem Kunden optisch günstige Rabatte gewähren, die ihm aber gleichwohl im Laufe der Vertragsperiode durch Ankündigung von neuen Produkten und gezielten Preismaßnahmen ein rentables Geschäft ermöglichen.

Der Nachteil einer solchen generellen Rabattvereinbarung mit dem Kunden liegt aus Marketing-Sicht darin, dass der Anbieter in einzelne Beschaffungssituationen des Kunden nicht mehr miteinbezogen wird, da sein Angebot klar vorliegt. Ein aktiver Wettbewerber kann daher leicht einzelne Preise unterbieten.

In Rabattsystemen müssen folgende **Rahmenbedingungen** fixiert werden:

▸ Für welche **Periode** gilt die Rabattvereinbarung?

▸ Für welche Produkte gelten welche **Rabattsätze**?

► Worauf **bezieht** sich der Rabatt (Mengen, Umsätze)?

► Wie wird der Rabatt **ermittelt**?

► Wie und wann wird der Rabatt **ausgezahlt**?

Zeitliche Komponente

Wird ein Rabattsystem grundsätzlich allen Kunden in gleicher Weise angeboten, so gilt dieses System „bis auf Weiteres". Da zwischen dem Anbieter und den Kunden keine Vereinbarung über das Rabattsystem erfolgt ist, sondern das Rabattsystem zu dem Konditionenpaket des Anbieters gehört, kann der Anbieter das Rabattsystem jederzeit modifizieren. Dabei sollte er natürlich nur behutsame Korrekturen vornehmen, um Kunden, die sich auf das Rabattsystem eingestellt haben, nicht zu irritieren.

Anders sieht es aus, wenn der Anbieter mit einzelnen (Groß-)Kunden eine individuelle Rabattvereinbarung abschließt. In einer solchen Vereinbarung, die auch in einem Rahmenvertrag enthalten sein kann, werden die Regeln definiert, nach denen der Anbieter dem Kunden Rabatte gewährt. Häufig wird in einem solchen Vertrag vom Kunden eine bestimmte Mindestabsatzmenge bzw. ein Mindestumsatz fest zugesagt – was natürlich erheblichen Einfluss auf die Höhe des Rabattes hat. Ein solcher Vertrag kann nur im Rahmen der darin vereinbarten Kündigungs- bzw. Beendigungsklauseln geändert werden.

Produktauswahl

Die Rabatte für bestimmte Produktgruppen sind häufig sehr unterschiedlich. Es besteht allerdings die Gefahr, dass bei einem sehr komplizierten Rabattsystem die tatsächlich zu zahlenden Netto-Preise für den Kunden schwer zu durchschauen sind. Aus Marketing-Sicht ist daher ein einfaches Rabattsystem vorzuziehen. Dabei ist vor allem die Situation im Buying Center des Kunden zu berücksichtigen: Ein Rabattsystem wird normalerweise mit der Einkaufsabteilung des Kunden vereinbart. Diese Fachleute verstehen die Vereinbarung und wissen jederzeit, wie der Erfüllungsgrad des Rahmenvertrages ist. Konkrete Beschaffungen werden aber häufig aus einer Fachabteilung initiiert. Dort ist wenig Verständnis zu erwarten, wenn kein konkreter Nettopreis für ein Angebot genannt werden kann, weil die geplante Beschaffung den Gesamtrabatt des Kunden verändert. Aus diesem Grund wird in der Praxis häufig mit dem Kunden ein auf Basis des erwarteten Geschäfts verhandelter **fester Rabattsatz** vereinbart. Weicht das tatsächliche Geschäft stark nach unten ab, so hat der Anbieter zwar einen zu hohen Rabatt gewährt – da die Menge aber gering ist, halten sich die Nachteile in Grenzen. Weicht das tatsächliche Geschäft jedoch stark nach oben ab, so wird der Kunde selbst eine Neuverhandlung des Rabattes fordern. Oft ist ein solches Rabattangebot eine „self-fulfilling-prophecy", da **gerade wegen** des günstigen Rabattsatzes die geplanten Volumina erreicht werden.

Bezugsgröße des Rabattsystems

Als Bezugsgrößen kommen Mengen und Umsätze infrage. Daneben ist auch zu regeln, ob der Rabatt für die kumulierten Volumina gilt oder ob die Größe einer einzelnen Bestellung oder Lieferung berücksichtigt werden soll. Nur Rabatte, die sich auf bestimmte

Bestell- bzw. Liefermengen beziehen, bringen für den Anbieter auch Kosteneinsparungen (zumeist in der Verwaltung oder in der Logistik). Periodenbezogene Rabatte sind hingegen als klassisches Marketing-Instrument zur Kundenbindung anzusehen.

Rabattermittlung

Die Rabatte werden meist als Prozentsätze des Umsatzes vereinbart. Die **Rabattstaffel** definiert dabei Punkte, an denen sich der Rabatt ändert/erhöht. Dabei sind grundsätzlich zwei Arten von Rabattstaffeln zu unterscheiden:

Bei **angestoßenen Rabattstaffeln** gilt der bei Überschreiten einer Rabattgrenze gültige günstigere Rabattsatz nur für die darüberliegenden Umsätze.

Bei **durchgerechneten Rabattstaffeln** gilt der neue günstigere Rabattsatz auch für die bereits realisierten Umsätze.

Ein Beispiel soll dies verdeutlichen:

Beispiel

Umsatz in €	Rabattsatz
Unter 100.000	5 %
Bis unter 250.000	7 %
Bis unter 500.000	9 %
Ab 500.000	12 %

Tab. 2: Rabattstaffel

Es ist offensichtlich, dass für den Kunden bei einer durchgerechneten Rabattstaffel höhere Rabattbeträge zu erzielen sind. Der Anbieter wird dies bei der Festlegung der Rabattsätze berücksichtigen müssen.

Umsatz in €	Rabatt bei angestoßener Rabattstaffel	Rabatt bei durchgerechneter Rabattstaffel
50.000	2.500	2.500
150.000	8.500	10.500
300.000	20.000	27.000
600.000	50.000	72.000

Tab. 3: Beispiel für angestoßene und durchgerechnete Rabattstaffel

Für einige Umsatzwerte ergeben sich in diesem Beispiel folgende Rabattbeträge:

Speziell bei der durchgerechneten Rabattstaffel entsteht beim Abnehmer die bereits erwähnte Problematik der Zurechnung der exakten Einkaufspreise für die beziehende Fachabteilung.

In diesem Beispiel lässt sich folgender Fall denken:

Der bisher realisierte Umsatz sei 490.000 €, daraus resultiert ein Rabattanspruch von 9 %, also 44.100 €. Ein zusätzlicher Auftrag einer Fachabteilung über 20.000 € bringt den Kunden über die Schwelle von 500.000 € auf 510.000 € Umsatz; der gesamte Rabattanspruch ist jetzt 12 %, also 61.200 €. Bezogen auf den Auftrag von 20.000 € ist der Rabattanspruch um 17.100 € gestiegen, der Auftrag hat demnach netto nur 2.900 € gekostet. Es ist die Frage der internen Verhandlungsmacht der Fachabteilung, wie dieser Rabattzuwachs innerbetrieblich verteilt wird. Diese Verteilung gehört zwar sicherlich nicht zu den Marketingaufgaben des Anbieters. Vertriebsmitarbeiter des Anbieters sollten allerdings beachten, dass durch solche Vorgänge erhebliche Irritationen im Buying Center auftreten können, die letztlich auch in negativen Effekten für den Anbietern resultieren können.

Neben den Rabatten, die direkt gutgeschrieben werden, werden häufig auch **Naturalrabatte** gewährt („bei Bestellung von 10 Einheiten werden 11 geliefert"). Dieses Verfahren wird kurzfristig als Promotion für bestimmte Produkte – meist im Vorlauf einer Preissenkung oder der Zurückziehung eines Produktes – angewandt. Die Zugabe kann dabei in dem gleichen Produkt, aber auch in einem anderen (wenig nachgefragten) Produkt bestehen.

Termin der Rabattzahlung

Der Rabatt wird in der Regel dem Konto des Abnehmers gutgeschrieben, wenn die vereinbarte Rabattstufe erreicht ist. Bei kaufmännisch geführten Unternehmen ist dies unproblematisch, weil mit den Methoden des kaufmännischen Rechnungswesens die geringfügige Unsicherheit über den tatsächlichen Einkaufspreis zu beherrschen ist.

Sehr schwierig ist es hingegen bei kameralistisch geführten öffentlichen Organisationen. Die spätere Rabattgutschrift ist dabei eine **Einnahme**, die meist nicht mit den Beschaffungskosten verrechnet werden darf – insbesondere, wenn die Gutschrift erst im nächsten Haushaltsjahr erfolgt. In diesem Fall empfiehlt sich die weiter oben skizzierte feste Rabattgewährung auf Basis einer für den Kunden geplanten Gesamtabsatzmenge. (Dass es bei derartigen Kunden nahezu ausgeschlossen ist, einen **verbindlichen** Rahmenvertrag zu erhalten, sei hier nur am Rande bemerkt.)

1.3.2 Produktdifferenzierung zur Preisdifferenzierung

Durch eine geschickte Rabattpolitik ist es dem Anbieter möglich, in unterschiedlichen Kundensituationen sehr unterschiedliche Preise anbieten zu können, ohne dass dies am

Markt allzu transparent wird. Dieses Ziel kann weiter unterstützt werden durch eine preisorientierte Produktdifferenzierung. Dazu sollen hier Maßnahmen zählen, die das Produkt zwar letztlich nicht entscheidend verändern, für verschiedene Kundensituationen aber unterschiedliche Angebote entstehen lassen. Im Einzelnen sind das folgende Maßnahmen:

► Verpackung
► äußere Produktgestaltung
► Ausstattungsdifferenzierungen.

Bei der **Verpackung** bzw. Konfektionierung ist aus preispolitischer Sicht vor allem an hochvolumige Paket-, Paletten- oder Containerladungen zu denken, für die eigene Teile-Nummern und Preise gelten können – im Prinzip eine spezielle Art des Mengenrabatts.

Die **äußere Produktgestaltung** ist erstaunlicherweise auch auf Business-Märkten von Bedeutung. So ist es z. B. ein Unterschied, ob das gleiche Produkt eines Herstellers „originalverpackt" mit allen Gebrauchsanweisungen, Installationsanweisungen und sonstigen Unterlagen geliefert wird oder ob das Teil in einem schlichten braunen Karton ohne jede Dokumentation vorliegt. Für den Experten beim Kunden, der täglich mit diesen Produkten umgeht, reicht auch die einfache Verpackung aus. Diese Preispolitik wird von vielen Anbietern vor allem auf OEM-Märkten eingesetzt. Dabei besteht allerdings ein erhebliches Risiko, sich auf diese Weise einen eigenen „grauen" Markt zu schaffen.

Ausstattungsdifferenzierungen sind vor allem der Produktpolitik zuzurechnen; sie sollen hier auch unter preispolitischem Aspekt betrachtet werden. Es geht dabei vor allem um die Frage, ob ein Produkt als sehr einfach ausgestattetes **Grundmodell** mit einer Vielzahl von Zusatzeinrichtungen angeboten werden soll, oder ob es vorzuziehen ist, das Produkt als **Komplettmodell** zu liefern, bei dem nur noch wenige spezielle Zusatzeinrichtungen möglich sind. Es lässt sich keine grundsätzliche Präferenz für eine der beiden Lösungen entwickeln; vielmehr gibt es eine Reihe von Argumenten, die eher für die eine oder für die andere Lösung sprechen.

Für das Grundmodell spricht:

► optisch günstiger Einstandspreis
► der Kunde zahlt nur die Komponenten, die er tatsächlich benötigt.

Gegen das Grundmodell spricht:

► Der Kunde kann auch auf Zusatzeinrichtungen von Wettbewerbern ausweichen.
► Der Preis des hochgerüsteten Grundmodells ist meist höher als das entsprechende Komplettmodell.
► Fertigung und Lagerhaltung wird schwieriger, wenn jedes Produkt anders konfiguriert ist.

Für das Komplettmodell spricht:

- ► Verkauf der Zusatzeinrichtungen ist abgesichert
- ► günstigerer Preis ist möglich
- ► wesentliche Vereinfachung in Fertigung und Lagerhaltung.

Gegen das Komplettmodell spricht:

- ► der Kunde muss auch Komponenten bezahlen, die er eigentlich nicht benötigt
- ► optisch ungünstiger Einstandspreis.

1.3.3 Paketangebote („Bundling")

Eine logische Fortführung dieser Produktdifferenzierung besteht in der Etablierung von Paketangeboten. Bei Paketangeboten werden bestimmt Produkte nur zusammen mit anderen Produkten ausgeliefert – es werden also auch keine Einzelpreise ausgewiesen. Diese Preispolitik ist bei Anbietern sehr beliebt, da sie auf der Beschafferseite den Vergleich mit Wettbewerberangeboten sehr erschwert. Von den Buying Center werden solche Paketangebote daher nicht gern gesehen, jedoch akzeptiert, wenn der Preisvorteil wirklich offensichtlich ist.

Problematisch wird das Bundling allerdings, wenn der Anbieter auf eine der Paketkomponenten ein Quasi-Monopol hat und durch das Bundling auch den Absatz der übrigen Komponenten erzwingen will. So hat IBM in früheren Mainframe-Zeiten das Betriebssystem kostenlos zur IBM-Hardware mitgeliefert. Als die ersten software-kompatiblen Mitbewerber (SCVs) auftauchten, musste IBM erst gerichtlich gezwungen werden, die für den Betrieb der Systeme erforderlichen Betriebssysteme (Software) auch separat an Benutzer von Nicht-IBM-Hardware zu verkaufen (eine sehr ausführliche Darstellung der Preisbündelung mit vielen Beispielen auch aus dem Business-to-Business-Marketing findet sich bei *Simon, 1992, S. 442 - 458* und bei *Olderog/Skiera, 2000*).

1.4 Preisverhalten in Angebotssituationen

Die bisherigen Überlegungen haben einen Überblick gegeben über die Ziele und Möglichkeiten der Preisgestaltung aus Sicht des Anbieters. Im Gegensatz zum Konsumgütermarketing, bei dem der Angebotspreis fixiert wird und nur in Ausnahmefällen Verhandlungen stattfinden, sind Angebotspreise beim Business-to-Business-Marketing regelmäßig die Ausgangsposition für Preisverhandlungen (mit Ausnahme formaler Ausschreibungen, siehe 1.7).

Vor Beginn derartiger Verhandlungen – bei denen nicht nur der Preis, sondern auch Leistungen und Termine Verhandlungsgegenstand sein können – ist es für den Anbieter nützlich, die eigene Verhandlungsposition und die der Gegenseite zu analysieren. Aus dieser so ermittelten Position können dann Preistaktiken abgeleitet werden.

1.4.1 Verhandlungspositionen bei Preisverhandlungen

Jain/Laic (1979) haben zur Abschätzung der Verhandlungsposition von Anbieter und Käufer ein Scoring-Modell aufgestellt, aus dem sich die jeweiligen Stärken und Schwächen beider Seiten ermitteln lassen:

Kriterium	Bewertung (1 - 10)	Gewichtung	Ergebnis
Größe des Unternehmens	9	3	27
Nachfragepotenzial	7	2	14
Umfang des bisherigen Geschäfts	3	4	12
Wichtigkeit den Kunden zu behalten	8	5	40
		Summe	98
		Maximaler Wert	140
		Erreichter Wert	66,4 %

Tab. 4: Quantifizierung der Stärken des beschaffenden Unternehmens

Kriterium	Bewertung (1 - 10)	Gewichtung	Ergebnis
Liefertreue	4	3	12
Unternehmensimage	6	3	18
Produktqualität	3	2	6
After-Sales-Service	5	2	10
Rücknahmepolitik	6	1	6
Preis	8	2	16
		Summe	68
		Maximaler Wert	130
		Erreichter Wert	52,8 %

Tab. 5: Quantifizierung der Stärken des anbietenden Unternehmens
Quelle: *Jain/Laric (1979)*, zit. nach *Reeder/Brierty/Reeder (1991)*

In diesem fiktiven Beispiel ist der Käufer in einer etwas günstigeren Position als der Verkäufer; das beschaffende Unternehmen ist offenbar sehr groß, hat ein großes Potenzial mit relativ geringem Geschäft in der Vergangenheit; für den Anbieter ist es sehr wichtig, diesen Kunden zu behalten. Der Anbieter kann einen günstigen Preis vorweisen, hat allerdings Schwächen bei der Produktqualität.

Die verschiedenen Kombinationsmöglichkeiten der Stärke und Schwächen lassen sich in folgender Preis-Strategie-Matrix aus Sicht des Anbieters zusammenfassen:

	Schwacher Verkäufer	Starker Verkäufer
Starker Käufer	Defensive Strategie des Verkäufers	Verhandlung
Schwacher Käufer	„Versteckspiel"	Diktatorische Strategie des Verkäufers

Tab. 6: Beispiel für Preis-Strategie-Matrix
Quelle: *Jain/Laric (1979)*, zit. nach *Reeder/Brierty/Reeder (1991)*

1. Bei der **Verhandlungsstrategie** sind beide Seiten gleich stark; in dieser Situation wird aus dieser Position der Stärke heraus ein für beide Seiten fairer Preis verhandelt werden.

2. Bei der **„diktatorischen" Strategie** ist der Verkäufer deutlich stärker als der Käufer, sodass der Verkäufer einen für ihn günstigen Preis durchsetzen kann.

3. Bei der Kombination, die zu der **„defensiven" Strategie** führt, ist der Verkäufer deutlich schwächer als der Käufer; der Käufer wird daher seine Preisvorstellungen realisieren können, es sei denn, der Verkäufer verzichtet bei zu niedrigem Preis auf den Abschluss des Geschäftes.

4. In der vierten Situation, in der beide Partner schwach sind, werden sie versuchen, diese Schwäche zu **„verstecken"**; der Preis wird sich dabei innerhalb eines gewissen Rahmens zufällig ergeben.

1.4.2 Dringlichkeit des Abschlusses

Eine weitere Überlegung für die Bestimmung der Preisverhandlungstaktik ist die Dringlichkeit, mit der jede Seite an dem Auftrag interessiert ist. Der Verkäufer kann einen Auftrag dringend benötigen (z. B. weil das Unternehmen zzt. ungenutzte Kapazitäten hat, oder weil der Verkäufer seine Vorgaben noch nicht erreicht hat) oder aber er ist an dem Auftrag weniger stark interessiert (z. B. weil das Unternehmen ohnehin Lieferzeiten hat oder weil der Verkäufer seine persönlichen Vorgaben bereits erreicht hat). Ebenso kann der Kunde die Lieferung dringend benötigen (z. B. weil er die Teile für die Produktion braucht oder weil er ein Budget ausgeben muss, das sonst verfällt) oder eher marginal an dem Angebot interessiert sein.

Jain/Laric haben typische Ausprägungen der Dringlichkeit und die daraus resultierende Situation in folgender Matrix zusammengefasst:

		Käufer		
		Dringender Bedarf	**Mittlere Dringlichkeit**	**Keine Dringlichkeit**
Verkäufer	**Dringender Bedarf**	Neutrale Situation	Käufer hat Vorteile	Käufer hat die Kontrolle
	Mittlere Dringlichkeit	Verkäufer hat Vorteile	Neutrale Situation	Käufer hat Vorteile
	Keine Dringlichkeit	Verkäufer hat die Kontrolle	Verkäufer hat Vorteile	Neutrale Situation

Tab. 7: Käufer-Verkäufer-Dringlichkeits-Matrix
Quelle: *Jain/Laric* (1979), zit. nach *Reeder/Brierty/Reeder* (1991)

1.4.3 Cash Value Pricing

Es ist zwar in allen Disziplinen des Business-to-Business-Marketing wichtig, aus Sicht des Kunden zu argumentieren. Besondere Bedeutung hat dies aber beim Pricing. Der Ansatz des „Cash Value Pricing" (*Schrank/Litschke*, 2002) geht dabei davon aus, den Wert einer Beschaffung für den Kunden auszurechnen oder zumindest zu simulieren. Wichtig dabei ist, dass nicht nur vordergründige Kosteneinsparungen als Nutzen berücksichtigt werden, sondern vor allem auch dynamische Effekte, also z. B. eine Verkürzung der Time-to-market und daher eine frühere Realisierung von Umsätzen durch den Kunden. *Schrank/Litschke* definieren folgende „Werthebel":

1. direkte Kosteneinsparungen
2. frühere Returns
3. später anfallende Kosten
4. mögliche Wettbewerbsvorteile
5. Returns on Re-Invested Savings.

Während die Punkte 1 - 4 selbsterklärend sind, ist „Returns on Re-Invested Savings" erklärungsbedürftig: Dieses selten genutzte Kriterium geht davon aus, dass Einsparungen nicht nur den Einspareffekt haben, sondern dass mit den gesparten Ressourcen erneut positive Projekte initiiert werden können. Wenn also eine neue Maschine weniger Bedienungspersonal benötigt, so ist zu berücksichtigen, dass nicht nur die Personalkosten sinken, sondern dass dieses vorhandene Personal in der gewonnenen Zeit neue Projekte realisieren (oder zumindest schneller realisieren) kann.

1.5 Angebotsformen, Anfragenbewertung

Bisher wurde implizit davon ausgegangen, dass der Anbieter ein Angebot macht und damit ggf. in Preisverhandlungen einsteigt. Da bei komplexeren Projekten des Business-to-Business-Marketing bereits die Erstellung eines Angebots mit z. T. erheblichen Kosten verbunden ist, stellt sich die Frage, aufgrund welcher Kriterien ein Anbieter ein Angebot abgeben sollte, wenn für ihn damit erhebliche Kosten verbunden sind; zudem ist oft die Abteilung, die derartige Angebote erstellt (z. B. der Engineering-Bereich) ein Engpassfaktor, sodass es – unabhängig von den Kosten – nicht möglich wäre, alle angeforderten Angebote zu erstellen.

Wenn Angebote erhebliche Kosten verursachen können, ist es zunächst naheliegend, zwischen verschiedenen Klassen von Angeboten zu differenzieren, die sich hinsichtlich der Genauigkeit und der Verbindlichkeit, aber auch hinsichtlich des Aufwandes unterscheiden. Typische Angebotsformen sind das Kontaktangebot, das Richtangebot und das Festangebot; die charakteristischen Merkmale dieser Angebotsformen lassen sich in folgender Übersicht zusammenstellen:

		Angebotsformen		
		Kontaktangebot	**Richtangebot**	**Festangebot**
Merkmale	**Verbindlichkeit**	Uneingeschränkt	Uneingeschränkt	Uneingeschränkt
	Genauigkeit	Hohe	Sehr Hohe	Höchste
	Informations-gehalt	Begrenzt	Umfangreich	Umfassend
	Aufwand	Gering	Durchschnittlich	Sehr hoch

Tab. 8: Merkmalsausprägungen von Angebotsformen
Quelle: *Kambartel*, zitiert nach *Backhaus* (1997, S. 441)

In der Praxis bietet es sich an, die verschiedenen Angebotsformen in der vorgestellten Reihenfolge zu durchlaufen und nach Abgabe eines jeden Angebots beim Kunden zu überprüfen, ob auf Basis des jeweils vorliegenden Angebots ein Interesse (und eine Abschlusschance) besteht.

Für die Bewertung von Projekten in der Anfragephase haben sich eine Vielzahl von Verfahren entwickelt, auf die hier nicht weiter eingegangen werden kann; ausführlichere Darstellungen finden sich bei *Backhaus* (1997) und bei *Heger* (1987).

1.6 Preisverträge

Für komplexe Projekte, bei denen mehr als nur verschiedene Einzelkomponenten zu liefern sind, sind verschiedene Preisvertragsformen üblich:

1. Festpreis
2. Berechnung auf Zeit- und Materialbasis (Kosten + Gewinn)
3. Kosten-plus-Kalkulation mit Höchstpreis.

Bei **Festpreisverträgen** wird ein fester Preis vereinbart, der in keinem Fall überschritten werden darf. Der Anbieter hat daher ein großes Interesse daran, möglichst geringe Kosten entstehen zu lassen, da sich sein Gewinn aus der Differenz zwischen dem Festpreis und den entstehenden Kosten ergibt. Es besteht daher die Gefahr, dass der Anbieter eine minderwertige Leistung zu erbringen versucht. Bei Festpreisverträgen ist demnach für den Auftraggeber eine besonders genaue Überwachung der tatsächlich erbrachten Leistungen und ihrer Qualität erforderlich.

Eine andere Schwierigkeit bei Festpreisverträgen liegt darin, dass der Festpreis für ein genau beschriebenes Leistungspaket definiert wurde. Selbst geringe Abweichungen von dieser Leistungsbeschreibung wird der Auftragnehmer daher zusätzlich in Rechnung stellen; die Verhandlungsposition des Auftraggebers ist in Projekten, die relativ weit fortgeschritten sind, nicht sehr hoch, sodass der Auftragnehmer bei derartigen Modifikationen einen für ihn sehr günstigen Preis realisieren kann. Obwohl vordergründig bei Festpreisverträgen alle Preisrisiken beim Auftragnehmer liegen, können diese Verträge für den Auftraggeber durchaus erhebliche zusätzliche Belastungen mit sich bringen.

Bei **Verträgen auf Zeit- und Materialbasis (Kosten + Gewinn)** wird lediglich ein Grundpreis pro Leistungseinheit (z. B. Beratungsleistung pro Stunde, Verlegung von Kabel pro Meter) vereinbart; der tatsächliche Preis ergibt sich aus den insgesamt erbrachten Leistungseinheiten. Bei dieser Vertragsart liegt das gesamte Preisrisiko beim Auftraggeber; Kostenvoranschläge grenzen zwar den Rahmen grob ein, können aber im Projektverlauf deutlich überschritten werden.

Mit der Vereinbarung eines Vertrages **Kosten-Plus mit Höchstgrenze** wird versucht, zwischen den beiden extremen Risikopositionen der beiden ersten Vertragsformen einen fairen Mittelweg zu finden.

1.7 Verhalten in Ausschreibungen (Bidding-Modelle)

Ein spezielles Problem der Preisfindung tritt auf Business-Märkten auf, wenn die Auftragsvergabe im Wege einer Ausschreibung erfolgt. Zwar gibt es bei vielen Ausschreibungen nach der Angebotsöffnung noch Nachverhandlungen, in denen ggf. Preiskorrekturen möglich sind; hier soll jedoch auf die strengste Form der Ausschreibung eingegangen werden, bei der alle Anbieter einen Preis fixieren müssen und nach Angebotsabgabe keine Modifikationen möglich sind („closed bid"). Das Dilemma des Anbieters besteht darin, dass er bei einem zu hohen Angebotspreis den Auftrag nicht erhält, während er bei einem zu niedrigen Preis keinen oder nur einen sehr geringen Gewinn erzielen wird.

Zur Lösung dieses Problems gibt es eine Vielzahl von Modellen, die als (competitive) Bidding-Modelle bezeichnet werden. Ein sehr einfacher Ansatz soll hier kurz vorgestellt werden.

Zunächst ist es erforderlich, für die verschiedenen möglichen Angebotspreise die Wahrscheinlichkeit zu ermitteln, mit der der Anbieter den Zuschlag erhalten wird. Liegen derartige Wahrscheinlichkeiten vor, so kann für die verschiedenen Preise und die entsprechenden Deckungsbeiträge der Erwartungswert für die Deckungsbeiträge bestimmt werden. Ein Beispiel soll dies verdeutlichen:

Beispiel

Angebots-preis	Eigene Kosten	Kumulative Wahrscheinlichkeit den Zuschlag zu erhalten	Deckungs-beitrag bei Zuschlag	Erwartungswert des Deckungs-beitrages
450.000	500.000	1,00	-50.000	-50.000
475.000	500.000	0,95	-25.000	-23.750
500.000	500.000	0,90	0	0
525.000	500.000	0,80	25.000	20.000
550.000	**500.000**	**0,60**	**50.000**	**30.000**
575.000	500.000	0,35	75.000	26.250
600.000	500.000	0,20	100.000	20.000
625.000	500.000	0,10	125.000	12.500
650.000	500.000	0,05	150.000	7.500
675.000	500.000	0,02	175.000	3.500
700.000	500.000	0,00	200.000	0

Tab. 9: Beispiel für Angebotspreiskalkulation

In diesem Fall ist daher der Angebotspreis von 550.000 „optimal", da der erwartete Deckungsbeitrag an dieser Stelle sein Maximum erreicht.

Die scheinbare Exaktheit der Ansätze von Bidding-Modellen ist sehr problematisch, da vor allem die Ermittlung der Wahrscheinlichkeiten nur sehr subjektiv erfolgen kann. Weitergehende Ansätze können zudem mögliche Angebote von Wettbewerbern und Präferenzen des Kunden für bestimmte Anbieter berücksichtigen.

1.8 Pricing im Internet

Das Internet bietet eine Reihe von Möglichkeiten, die für das Pricing sehr interessant sind (*Pförtsch*, *2000*). Allerdings ist dies im B2B-Bereich nicht ganz so wirkungsvoll. Zu den wichtigsten Aspekten beim Pricing im Internet zählen:

► Preise können schnell einer großen Öffentlichkeit kommuniziert werden.

► Veröffentlichte Preise können schnell geändert werden.

► Preise können individuell angepasst werden.

► Zusätzliche kaufrelevante Informationen können schnell dem Interessenten verfügbar gemacht werden.

► Die Preise der Wettbewerber, also der Marktpreis, kann leicht von allen Marktteilnehmern beobachtet werden.

Wie leicht zu erkennen ist, sind diese „Vorteile" des Internet-Pricing für B2B-Kunden bisher weniger von Bedeutung. Abgesehen von reinen Commodities sind im B2B-Geschäft einzeln verhandelte Preise üblich – die einzige sinnvolle Ausnahme sind Auktionen (s. u.). B2B-Anbieter haben daher auch kein ausgeprägtes Interesse, ihre Preise einer großen und unkontrollierbaren Öffentlichkeit mitzuteilen (*Pförtsch*, *2000 a*). Eher gilt dies für geschlossene Benutzergruppen: Ein Anbieter könnte für wichtige Kunden einen separaten Zugang einrichten, sodass alle mit Beschaffungen befassten Mitarbeiter des Kunden die aktuellen und für diesen Kunden geltenden Preise einsehen können. Dies könnte den Vertrieb von der Bearbeitung reiner Preisanfragen entlasten – aber ob es eine gute Strategie für den Vertrieb ist, anfragende Kunden auf die Preisdatenbank zu verweisen, sei dahingestellt.

Eine schnelle Veränderung der Preise ist im B2B-Bereich – abgesehen von Auktionen und börsenähnlich notierten Rohstoffen – ebenfalls nicht üblich. In der Regel sind Geschäftskunden organisatorisch gar nicht in der Lage, eine extrem kurzfristige Beschaffungsentscheidung aufgrund von kurzfristig im Internet geänderten „Schnäppchen-Preisen" zu treffen. Buying-Center-Entscheidungen brauchen ihre Zeit, Spontankäufe wie im B2C-Bereich sind sehr ungewöhnlich.

Der Aspekt, dass der Preis des Wettbewerbs über das Internet gut beobachtet werden kann, ist im B2B-Geschäft gerade das entscheidende Gegenargument. B2B-Pricing ist eigentlich permanente kunden- und projektbezogene Preisdifferenzierung – eine Veröffentlichung also sinnvollerweise weder möglich noch erwünscht.

Ein offenbar wirklich gutes Instrument auch im B2B-Internet-Pricing sind allerdings Auktionen. Bei einer Auktion wird ein klar definiertes Gut am Markt angeboten; die Bieter geben Gebote ab, und nach Ablauf der Bietungszeit oder wenn kein höheres Gebot mehr erwartet werden kann, erhält der meistbietende das Gut. Während „reale" Auktionen den Nachteil haben, dass alle Bieter sich zu einer Zeit an einem Ort befinden müssen (oder mühsam über das Telephon informiert werden), ist dieser Nachteil im Internet aufgehoben. Jeder (Berechtigte) kann den Verlauf der Auktion beobachten und sich ggf. durch ein Gebot beteiligen.

Allerdings sind dieser Methode im B2B-Bereich ebenfalls enge Grenzen gesetzt: Der Erfolg des C2C-Auktionshauses eBay beruht vor allem darauf, dass es niemandem ohne das Internet möglich ist, eine große Zahl von ihm unbekannten Privatkäufern kostengünstig anzusprechen. Dieser Vorteil ist im B2B-Bereich deutlich geringer, da es aufgrund der geringeren Zahlen von Anbietern und Nachfragern auch bisher schon relativ gut möglich war, Interessenten zu erreichen. Auf jeden Fall erleichtert das Internet diese Aufgabe. Aber auch hier muss wieder die Frage gestellt werden, ob komplexere B2B-Güter so eindeutig beschrieben werden können, dass sie über Auktionen gehandelt werden können.

Neben diesen „klassischen" Auktionen sind „reverse auctions" möglich – im Prinzip also Ausschreibungen. Ein Unternehmen schreibt eine Leistung aus und die Anbieter müssen sich unterbieten, bis der günstigste den Auftrag erhält. Auch hierbei wird natürlich davon ausgegangen, dass es außer dem Preis keine weitere Differenzierung des Angebotes gibt – ein Albtraum für Marketing- und Vertriebsexperten!

2. Finanzierungs-Marketing

Neben dem reinen Preis der angebotenen Produkte ist im Bereich des Business-to-Business-Marketing in vielen Fällen auch die finanzielle Abwicklung mitzubetrachten (dies ist auch bereits bei hochwertigen Konsumgütern, wie z. B. Pkw, zu beobachten, bei denen eine attraktive Finanzierung sehr aktiv als Marketinginstrument genutzt wird).

Zunächst sollen die allgemeinen Schwerpunkte des Finanzierungsmarketings diskutiert werden; in weiteren Abschnitten werden die wichtigen Spezialformen Leasing, Factoring und Barter mit ihren Konsequenzen auf das Business-to-Business-Marketing näher erläutert.

2.1 Finanzierungsangebote, Auftragsfinanzierung und Financial Engineering

Unter diesem Begriff sollen die Angebotskomponenten verstanden werden, mit denen der Anbieter auf die Zahlungswünsche bzw. Zahlungsmöglichkeiten des Anbieters einzugehen versucht. Neben der – im Business-to-Business-Marketing eher seltenen – Barzahlung bei Lieferung gibt es eine Vielzahl von Möglichkeiten, Teile der Zahlungsströme zeitlich von den Lieferungs- und Leistungsströmen abweichen zu lassen; in der Regel wird es sich dabei um eine Verschiebung der Zahlung hinter den Lieferungszeitpunkt handeln; es sind jedoch auch Vorverlagerungen (Anzahlungen) von Teilen der Gesamtzahlung zu beobachten.

Unter Finanzierungsangebot sollen hier alle (verzinslichen oder unverzinslichen) Abweichungen von der sofortigen Zahlung durch den Kunden verstanden werden. Die interne oder externe Refinanzierung dieser Angebote (Auftragsfinanzierung) beim Anbieter und die daraus entstehenden Probleme sollen hingegen hier nicht weiter diskutiert werden, da der Marketingaspekt dabei nicht mehr im Vordergrund steht.

Aus isolierter Marketing-Sicht sind alle Maßnahmen zu begrüßen, die die aktuelle Bereitschaft der Kunden stärken, einen Vertrag abzuschließen und die Leistung in Empfang zu nehmen – dazu trägt sicherlich das Angebot einer Anpassung der Zahlungsströme an die Möglichkeiten des Kunden in erheblichem Umfang bei.

Ein weiterer Vorteil liegt in der stärkeren Kundenbindung: Solange nicht alle Kaufpreisteile gezahlt sind, kann der Anbieter in der Regel einen Eigentumsvorbehalt geltend machen; der Kunde ist daher in dieser Phase weniger in der Lage, die bezogenen Produkte gegen Wettbewerberprodukte auszutauschen. Der finanzierende Anbieter hingegen kann in dieser Phase ergänzende Produkte oder gar Nachfolgeprodukte anbieten und diese Modifikationen in der Finanzierung – ggf. unter Anrechnung von Rücknahmen – berücksichtigen.

Besondere Bedeutung hat ein attraktives Finanzierungsangebot bei der Akquisition von Neukunden, bei denen auf diese Weise die Entscheidung für den Anbieter erleichtert werden kann. Zudem wird durch Finanzierungsangebote eine Produkt- bzw. Preisdifferenzierung realisiert, da Angebote verschiedener Anbieter mit unterschiedlichen Finanzierungskomponenten für den Kunden schwieriger vergleichbar sind und so Alleinstellungsmerkmale geschaffen werden können. Das beschaffende Unternehmen wird für alternative Finanzierungsangebote die interne Verzinsung bestimmen können und sie mit den eigenen Refinanzierungsmöglichkeiten vergleichen. Der Vorteil in der Finanzierung durch den Lieferanten liegt aber nicht nur in der möglichen Attraktivität des Zinses, sondern auch in der Tatsache, dass die Banklinie des beschaffenden Unternehmens nicht belastet wird und diese Mittel für andere Vorhaben verfügbar bleiben.

Das Finanzierungsangebot kann auch helfen, Preiszugeständnisse zu verbergen – da der Kunde die Refinanzierungskosten des Anbieters nicht kennt, kann er nicht beurteilen, welche ertragsmäßigen Auswirkungen das Finanzierungsangebot für den Anbieter hat. Auch der gegensätzliche Fall ist denkbar: Verfügt der Anbieter über günstige Refinanzierungsmöglichkeiten, kann das Gesamtangebot einschließlich Finanzierung insgesamt einen höheren Deckungsbeitrag erwirtschaften als das reine „Barzahlungs"-Angebot, da aus der Finanzierung zusätzlich Erträge entstehen.

Diesen Vorteilen stehen allerdings auch einige – zum Teil erhebliche – Nachteile gegenüber. Bei einer reinen Finanzierung durch den Lieferanten trägt dieser auch das gesamte Kreditrisiko. Je nach Bonität des Kundenkreises kann es sich dabei um Risiken handeln, die im Extremfall die Existenz des Unternehmens gefährden können. Um diese Risiken zu begrenzen, ist zunächst ein erheblicher Verwaltungsaufwand zur Bearbeitung dieser Kredite zu betreiben (Bonitätsprüfung bei Abschluss, permanente Überwachung der Zahlungen und der Bonitätsentwicklung der Kunden). Die für diese Verwaltungsprozesse entstehenden Kosten können die Vorteile, die sich im Marketing-Bereich aus höheren Umsätzen und höheren Deckungsbeiträgen ergeben, zu einem großen Teil kompensieren.

Bei einer Zusammenarbeit mit Banken im Bereich der Absatzfinanzierung, kann ein großer Teil dieser Kosten und Risiken auf die Banken übertragen werden – allerdings wird damit auch auf einen großen Teil des Nutzens verzichtet werden müssen.

2.2 Leasing

Beim Leasing überlässt der Verkäufer (Leasinggeber) dem Kunden (Leasingnehmer) lediglich das Nutzungsrecht für das Leasingobjekt für einen befristeten Zeitraum (z. B. 24 oder 36 Monate) gegen Zahlung einer monatlichen Leasingrate (ggf. mit zusätzlicher Einmalzahlung am Beginn der Leasingzeit). Nach Ablauf der Leasingdauer kann der

Leasingnehmer das Leasingobjekt dem Leasinggeber zurückgeben, eine Fortsetzung des Leasingvertrages oder einen Kauf des Leasingobjektes verhandeln; diese beiden Optionen können im Leasingvertrag bereits von vornherein vereinbart werden.

Aus Marketing-Sicht lassen sich zwei Klassen des Leasing-Geschäfts unterscheiden:

► Leasing direkt durch den Anbieter oder durch eine ihm sehr nahestehende Leasinggesellschaft („Hersteller-Leasing")
► Leasing durch neutrale Leasinggesellschaften.

Beide Alternativen haben eine Reihe von Gemeinsamkeiten, unterscheiden sich allerdings in einigen Marketing-Aspekten deutlich. Zunächst soll das Herstellerleasing analysiert werden.

Viele der Vorteile der „normalen" Absatzfinanzierung gelten auch für das Leasing (Erhöhung der Absatzchancen für den Anbieter durch niedrigere Eintrittsschwelle; Synchronisierung der Zahlungen mit dem Eintritt des Nutzens beim Kunden). Daneben hat Leasing aus Anbietersicht einige weitere Vor- und Nachteile:

Da das Leasingobjekt im Eigentum des Leasinggebers bleibt, kann dieser die Abschreibungen dafür vornehmen. Dies stellt zwar nur eine Verlagerung der Abschreibungsmöglichkeit vom Kunden auf den Verkäufer dar, kann aber vor allem dann von Vorteil sein, wenn das Kundenunternehmen selbst keine Abschreibungsmöglichkeiten hat (z. B. weil es zurzeit keinen Gewinn macht oder weil es ein öffentliches Unternehmen ist).

Das Kreditrisiko ist häufig deutlich geringer als beim reinen Finanzierungsgeschäft, weil Leasingobjekte klarer zu identifizieren sind und bei Zahlungsschwierigkeiten des Leasingnehmers das Eigentum an dem Leasingobjekt wesentlich leichter zu sichern ist.

Die Kundenbindung ist noch enger als beim Finanzierungsgeschäft, weil der Kunde normalerweise keine Möglichkeit hat, vor Ablauf der Leasingdauer den Vertrag zu beenden; der Leasinggeber hat hingegen permanent die Möglichkeit, dem Kunden Verlängerungen, Erhöhungen oder andere Erweiterungen des Leasingvertrages anzubieten. Das Eindringen von Wettbewerbern ist so stark erschwert, insbesondere wenn es sich bei den Wettbewerberangeboten um Modifikationen des Leasingobjekts handelt; eine solche Modifikation muss der Leasinggeber in der Regel nicht zulassen – zumindest wird er im Leasingfall über wesentlich bessere Informationen über die Nutzung des Leasingobjekts beim Kunden verfügen.

In diesem Zusammenhang sind auch interessante Zusatzgeschäfte zu sehen, die der Leasinggeber beim Kunden leichter durchsetzen kann: Die Wartung von geleasten Objekten durch den Anbieter kann im Leasingvertrag vorgeschrieben sein – damit ist häufig ein beachtlicher zusätzlicher Deckungsbeitrag zu erzielen.

Diesen Vorteilen stehen vor allem zwei Nachteile gegenüber: das Kreditrisiko und das Restwertrisiko. Während das Kreditrisiko meist geringer als beim reinen Finanzierungsgeschäft zu bewerten ist, ist das Restwertrisiko das typische Risiko des Leasinggeschäfts. Für die Kalkulation einer Leasingrate ist neben Neupreis, Laufzeit und Zinssatz vor allem der nach Ablauf der Leasingdauer realisierbare Restwert von Bedeutung. Eine Fehleinschätzung dieses Wertes bzw. das Ausbleiben von Zweit- und Drittverwertungen des Leasinggutes kann die Rentabilität des gesamten Leasinggeschäfts infrage stellen. Insbesondere auf Märkten, die von einem starken Preisverfall gekennzeichnet sind (z. B. Computern) hat es daher in den letzten Jahren eine Reihe von Konkursen von Leasinggesellschaften gegeben.

Die Alternative, den Restwert vorsichtigerweise mit Null anzusetzen (full payout leasing), führt demgegenüber häufig zu sehr unattraktiven Leasingraten und ist am Markt nicht immer leicht durchzusetzen; diese Variante des Leasings gelingt nur bei Laufzeiten, die in der Nähe der Abschreibungsdauer liegen und hat dann fast den Charakter eines normalen Finanzierungsangebotes.

Tritt beim Leasing eine neutrale Leasinggesellschaft zwischen Verkäufer und Kunden, so verlagern sich diese Probleme auf die Leasinggesellschaft; für den Verkäufer entspricht das Geschäft dann fast einem Barzahlungsgeschäft. Allerdings verzichtet der Verkäufer auch auf einige der speziellen Vorteile des Leasings: Die Kundenbindung, die Wettbewerberabwehr und ein einträgliches Servicegeschäft sind nicht mehr automatisch sichergestellt. Hinzu kommt, dass die Leasinggesellschaft mit gebrauchten Produkten des Anbieters als neuer Wettbewerber hinzukommt, während beim Herstellerleasing der Hersteller eine wesentlich bessere Kontrolle über den Second-Hand-Markt seiner Produkte behält.

Aus Sicht des Kunden spricht – neben den Argumenten, die für einen Lieferantenkredit gelten – vor allem die Tatsache eine Rolle, dass die Leasingraten eindeutig Betriebsausgaben sind. Es wird daher keine Diskussion mit den Finanzbehörden über die Abschreibungsdauer und -höhe entstehen. Dies ist vor allem für Unternehmen interessant, die Abschreibungen nur begrenzt oder gar nicht nutzen können. Aus Kundensicht ist die stärkere Bindung an den Anbieter einerseits ein Nachteil, andererseits hat der Kunde eine wesentlich bessere Möglichkeit, Fehler oder Leistungsmängel der geleasten Produkte durch den Anbieter abstellen zu lassen, da er jederzeit die Zahlung der Leasingrate verweigern kann.

2.3 Factoring

Beim Factoring tritt der Verkäufer seine Forderungen an seine Kunden an eine Factoring-Bank ab. Dies kann offen – also für den Kunden erkennbar – geschehen oder auch verdeckt.

Der Factor (in Deutschland oft Tochtergesellschaft einer Bank) kauft die Forderungen seines Factoring-Kunden nach Einreichung oder EDV-mäßiger Übermittlung der Rechnungsdurchschrift und zahlt umgehend den vereinbarten Vorschuss auf den Kaufpreis (*Hibler/Müllner, 2007*). Die Höhe des Vorschusses entspricht dem Nennwert der Forderung abzüglich eines so genannten Sicherungseinbehaltes, der Veritätsrisiken abdecken soll. In der Regel beläuft sich der Einbehalt auf 10 % - 20 % des Rechnungsbetrages. Mit Eingang der Debitorenzahlung beim Factor wird der Einbehalt abzüglich etwaiger Rechnungskürzungen (z. B. Skonto) dem Factoring-Kunden überwiesen.

Die Kosten des Factoring setzen sich zusammen aus einer Gebühr auf den Umsatz, Zinsen für die Bevorschussung und sonstigen Gebühren. Die Umsatzgebühr deckt die Übernahme des Delkredererisikos und die Inkassokosten, die Zinsen werden für den Zeitraum der Bevorschussung (vom Ankauf der Rechnung bis zur Zahlung durch den Debitor) berechnet, die sonstigen Gebühren umfassen Bankgebühren, Kauflimitprüfungsgebühren usw. Als Faustregel gilt, dass die Factoringkosten unter den Kosten einer vergleichbaren Kontokorrentlinie und Warenkreditversicherung liegen, wenn das effektive Zahlungsziel mindestens 30 Tage beträgt und der Umsatz eine branchenübliche Größenordnung erreicht.

Ziele des Factoring-Kunden sind meist ein Liquiditätsgewinn (genauer: eine umsatzkongruente Finanzierung) in Kombination mit einer Bilanzverkürzung sowie eine Versicherung gegen den Ausfall von Forderungen.

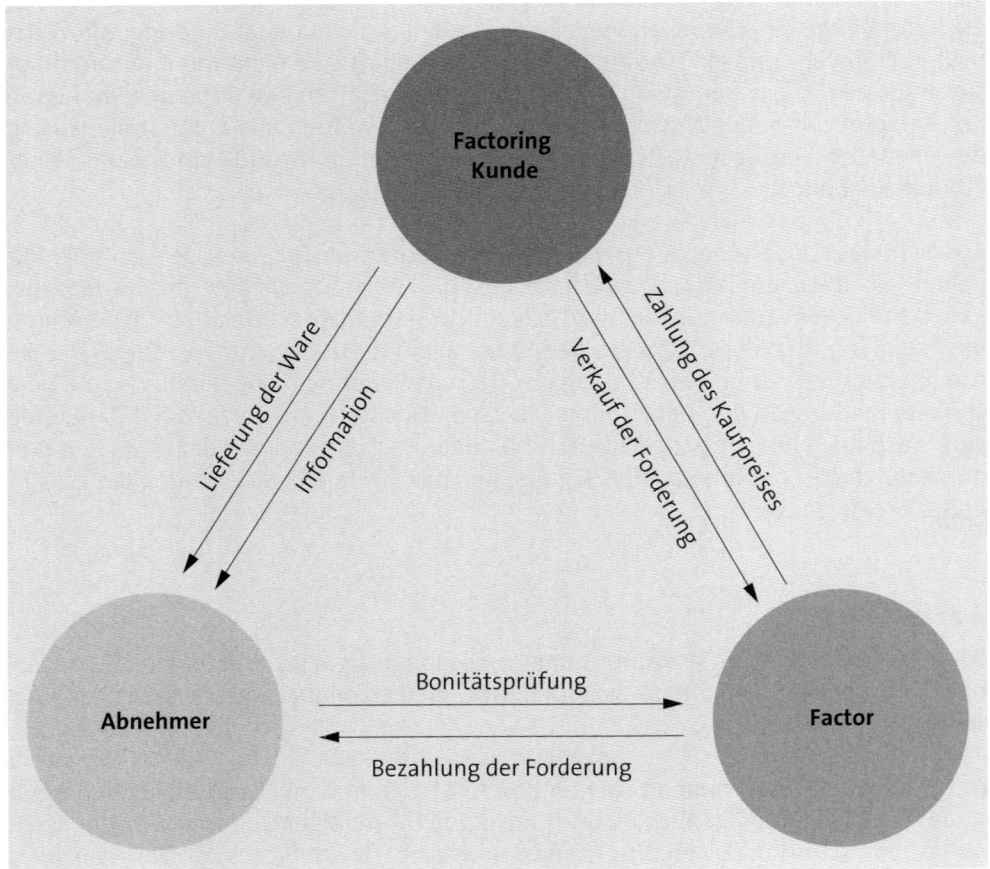

Abb. 2: Beziehungen und Zahlungsströme beim Factoring
Quelle: *Callender (2003)*

Die Vorteile für den Verkäufer liegen im (fast) vollständigen Wegfall des Kreditrisikos, einer wesentlich verbesserten Liquiditätssituation und auch darin, dass die gesamten mit dem Einzug der Rechnungsbeträge entstehenden Verwaltungskosten entfallen. Der Nachteil liegt vor allem in der Factoring-Gebühr; üblicherweise verlangen die Factoring-Banken, dass **alle** Umsätze des Anbieters über das Factoring reguliert werden und berechnen eine Factoring-Gebühr über den gesamten Umsatz. Der Anbieter zahlt die Factoring-Gebühr dann auch für „gute" Risiken, bei denen das Kreditrisiko weniger stark ausgeprägt ist. Bezieht man die gesamten Factoringkosten auf die „schlechten" Risiken, so kann sich das Factoring aus Anbietersicht als wenig attraktiv darstellen.

Aus Marketing-Sicht ist beim Factoring ein weiterer Nachteil zu identifizieren: Die Kundenbindung in der Nachverkaufsphase wird stark reduziert, da ein großer Teil der die Zahlung betreffenden Kommunikation direkt zwischen Factoring-Bank und dem Kunden abgewickelt wird. Der Verkäufer hat nur noch wenig Gelegenheit, in dieser Phase Einfluss auf den Kunden auszuüben und aus Interesse an der weiteren Geschäftsbeziehung Modifikationen des Zahlungsverhaltens zuzulassen. Dies kann zu erheblicher Kundenunzufriedenheit führen. Daneben spricht der Einsatz einer Factoring-Bank nicht unbedingt für die finanzielle Stärke des Anbieters und kann beim Kunden daher auch entsprechende negative Effekte hervorrufen. Trotz dieser Nachteile setzt sich Factoring immer mehr durch. Anstatt lange auf die Bezahlung der offenen Forderungen zu warten werden Kundenforderungen zunehmend verkauft. Vor allem kleine und mittlere Unternehmen (KMU) greifen zum Factoring. Bekanntermaßen leiden heimische KMUs nicht nur unter der Zurückhaltung der Kreditvergabe durch die Banken, sondern zählen selbst zu den größten Kreditgebern des Landes, stellen doch Forderungsbeträge bei einer durchschnittlichen Außenstandsdauer von 40 Tagen nichts anderes als Kredite dar.

2.4 Barter, Tauschhandel, Kompensationsgeschäfte

In besonders schwierigen Situationen kann das Finanzierungsangebot auch die Inzahlungnahme von Produkten des Kunden oder anderer Handelsware vorsehen. Im Extremfall kann der Anbieter Produkte in Zahlung nehmen, die auf den von ihm verkauften Anlagen erstellt werden. Dieses Verfahren ist vor allem im internationalen Geschäft mit wenig zahlungskräftigen Ländern anzutreffen. Allerdings hat IBM in früheren Jahren auch in Deutschland große Mainframe-Computersysteme an Kunden verkauft und dabei einen bestimmten Teil der Rechenkapazität für eigene Zwecke zurückgekauft.

Diese Art von Geschäften enthalten eine Fülle von Risiken, die vor allem aus der zukünftigen Preisentwicklung der zu verrechnenden Produkte und Leistungen resultieren. Andererseits sind derartige Vereinbarungen oft das einzige Mittel, um einen entsprechenden Marketing-Erfolg sicherzustellen und gehören daher auch zum Instrumentarium des Business-to-Business-Marketing.

3. Anbieterorganisationen

Bei den bisherigen Überlegungen wurde implizit davon ausgegangen, dass es sich bei dem Anbieter um ein einzelnes Unternehmen handelt. Bei größeren Projekten im System- und Anlagengeschäft ist es verbreitet, dass sich mehrere Unternehmen zur Abwicklung eines solchen Geschäfts zusammenschließen. Dabei arbeiten vor allem Anbieter zusammen, deren Angebote sich ergänzen, die also ein komplementäres Produktprogramm haben. Der Zusammenschluss von Wettbewerbern ist dagegen eher selten anzutreffen und geschieht dann meist auf Verlangen des Kunden, der ein Interesse daran hat, mit mehreren Anbietern gleichzeitig eine Geschäftsbeziehung zu halten (um z. B. sein Risiko zu minimieren oder um bestimmte lokale Anbieter zu berücksichtigen).

Die Zusammenschlüsse von komplementären Anbietern entstehen dann, wenn folgende Umstände für ein Projekt gegeben sind:

► Die **Kapazität** keines einzelnen Anbieters reicht aus, um das Projekt in der geforderten Zeit abzuwickeln.

► Die **Qualifikation** bzw. das **Know-how** keines einzelnen Anbieters reicht aus, um alle Bereiche des Projekts mit hinreichender Qualität abzudecken.

► Das **Risiko** des Projektes ist so groß, dass kein einzelner Anbieter bereit ist, es zu übernehmen.

► Die **Finanzkraft** keines Anbieters reicht aus, um das gesamte Projekt selbst zu finanzieren.

Ergibt sich für eine konkrete Projektsituation die Notwendigkeit, für das Angebot bzw. spätestens für die Ausführung mehrere Unternehmen einzusetzen, so gibt es dafür drei klassische Formen: die Generalunternehmerschaft, das Konsortium und das Joint-Venture.

3.1 Generalunternehmer

Bei der Generalunternehmerschaft übernimmt **ein Unternehmen** die Gesamtverantwortung für das Projekt. Der Generalunternehmer beauftragt seinerseits Subunternehmer mit der Durchführung von bestimmten Teilleistungen. Gegenüber dem Auftraggeber tritt der Generalunternehmer als alleiniger Ansprechpartner auf. Als Generalunternehmer tritt daher meist das Unternehmen auf, das den wesentlichen Teil der zu liefernden Leistungen erbringt; daneben gibt es auch Generalunternehmer, die reine Ingenieur- oder Projektierungsgesellschaften sind und keinerlei Lieferinteresse haben.

Der Generalunternehmer übernimmt mit seiner Gesamtverantwortung eine Reihe von Risiken wie Lieferprobleme und Fehlleistungen der Subunternehmer, Finanzierung der unterschiedlichen Zahlungsströme und Koordination der Garantieleistungen. Diese Risiken können durch eine sorgfältige Auswahl der Subunternehmer, durch eine entsprechende Gestaltung der Verträge mit den Subunternehmern sowie durch ein straffes Projektmanagement reduziert werden.

Die Tätigkeit als Generalunternehmer bietet andererseits im Erfolgsfall große Gewinn-chancen, da die Gesamtkalkulation erhebliche Risikozuschläge enthalten wird.

3.2 Konsortien

Ein Konsortium ist dagegen ein Zusammenschluss von gleichberechtigten und rechtlich selbstständigen Unternehmen zur Durchführung eines Projektes. Da jeder Konsorte für sein eigenes Teilprojekt die direkte Verantwortung gegenüber dem Kunden hat, ist aus Kundensicht die Zusammenarbeit mit einem Konsortium schwieriger, da es nicht nur einen Ansprechpartner wie bei der Generalunternehmerschaft gibt. Andererseits wird ein Konsortium mit geringeren Risikozuschlägen auskommen, sodass diese Variante für den Kunden finanziell günstiger sein kann.

3.3 Joint-Ventures (Gemeinschaftsunternehmen)

In Sonderfällen kommt die Bildung eines Joint-Ventures infrage. Dabei wird ein Unter-nehmen gegründet, an dem Kunde und Lieferant gemeinsam beteiligt sind. Für viele Mittelständische Unternehmen sind Joint-Ventures (JV) eine wesentliche Möglichkeit ihre Internationalisierung voran zu treiben (siehe auch *Hering/Wordelmann/Pförtsch*, *2001, S. 79*). In folgenden Fällen ist die Bildung eines Joint-Venture denkbar:

▶ Der Kunde möchte den Lieferanten stark und langfristig an den Betrieb der Anlagen binden.

▶ Der Kunde allein ist zu schwach, um das geplante Projekt realisieren zu können; will der Anbieter dennoch diesen Kunden gewinnen, kann er gezwungen sein, sich auch kapitalmäßig in einem derartigen Joint Venture zu engagieren. Dies ist häufig im internationalen Geschäft der Fall. In China ist der Zugang zu einzelnen Industrien nur mit JV möglich, so etwa in der Automobilindustrie. Für chinesische Firmen sind JV für die Expansion weltweit nicht die bevorzugte Alternative. Sie bevorzugen M/A oder Greenfield Investitionen (*Xin/Yeung/Pförtsch*/Liu *2011*).

Aufgabe 15 > Seite 474

Aufgabe 16 > Seite 475

		Lösung
1.	Welche Komponenten hat die Kontrahierungspolitik im Business-to-Business-Marketing?	S. 211
2.	Welche drei Basismethoden der Preisfindung kennen Sie?	S. 213
3.	Welche Probleme treten bei der Preisfindung aus Kundennutzen auf und wie können diese Probleme beim Business-to-Business-Marketing gelöst werden?	S. 216
4.	Was spricht für eine Abschöpfungsstrategie (Skimming)?	S. 218
5.	Was spricht für Penetration Pricing?	S. 219
6.	Was ist unter Umbrella Pricing zu verstehen?	S. 219
7.	Welche Bedeutung haben Rabatte im Business-to-Business-Marketing?	S. 221
8.	Welche Komponenten sollte ein Rabattsystem haben?	S. 222
9.	Welche Produktdifferenzierungen empfehlen sich aus Sicht der Preispolitik?	S. 224
10.	Was versteht man unter Bundling?	S. 226
11.	Welche Formen eines Angebots gibt es im Business-to-Business-Marketing?	S. 226
12.	Was versteht man unter „Cash Value Pricing"?	S. 229
13.	Erläutern Sie den Begriff „Return on Re-Invested Savings"! In welchem Zusammenhang wird er verwendet?	S. 229
14.	Was ist eine Anfragenbewertung und warum ist es beim Business-to-Business-Marketing wichtig, eine Anfragenbewertung durchzuführen?	S. 230
15.	Was versteht man unter Preisverträgen?	S. 231
16.	Welche wesentlichen Aspekte sind zu berücksichtigen, wenn B2B-Anbieter ihre Preise im Internet zugänglich machen?	S. 233
17.	Warum dürften kurzfristige Preisänderungen im Internet auf B2B-Märkten kaum wirken?	S. 233
18.	Welche Schwierigkeiten treten bei B2B-Auktionen im Internet auf?	S. 233
19.	Was versteht man unter „Reverse auctions"?	S. 234
20.	Welche Alternativen gibt es für das Angebot einer Finanzierung durch den Anbieter?	S. 234
21.	Welche Vorteile bietet Herstellerleasing für den Leasinggeber?	S. 236
22.	Was sind die Hauptgefahren des Leasing für den Leasinggeber?	S. 236
23.	Wie ist das Factoring aus Marketingsicht zu beurteilen?	S. 237
24.	Wie unterscheidet sich die Generalunternehmerschaft von einem Konsortium?	S. 241

H. Distributionspolitik

Unter Distributionspolitik versteht man den Teil der Marketing-Instrumente, der beeinflusst, wie die Produkte dem Kunden „nahe"gebracht werden. Der Doppelbedeutung des Wortes „nahe bringen" entsprechend gehören demnach zur Distributionspolitik die Entscheidungen über die marketingorientierte Organisation der Absatzwege wie auch die marketing-orientierten Fragen des physischen Transports der Produkte zum Kunden (*Kotler/Keller, 2012, Part 6, von S. 436*).

Auch im Bereich der Distributionspolitik bestehen deutliche Unterschiede zwischen Konsumgütermarketing und Business-to-Business-Marketing, die in folgender Übersicht zusammengefasst sind:

Faktor	Konsumgüter-marketing	Business-to-Business-Marketing
Bedeutung der Distributionspolitik im Marketing-Mix	Wichtig, weil die Konsumenten vor allem über den Handel die Produktqualität und das Herstellerimage beurteilen; daneben aber auch großer Einfluss der Werbung	Sehr wichtig, da die Bedeutung der Kommunikationsinstrumente geringer ist
Beherrschung der Distributionskanäle	Dominanz des Handels	Dominanz der Hersteller
Tiefe der Kanäle	Oft viele Stufen (Großhandel, Einzelhandel)	Keine oder wenige Stufen
Anteile des Geschäfts durch indirekten Vertrieb	Sehr hoch, nur geringe Direktverkäufe	Eher gering, Direktvertrieb überwiegt
Auswahl der Vertriebswege durch die Kunden	Groß, da ein Produkt von sehr vielen Händlern angeboten wird	Gering, da ein bestimmtes Produkt meist nur über einen oder wenige alternative Vertriebswege bezogen werden kann
Bedeutung der Lagerfunktion	Sehr groß, da Konsumgüter überwiegend sofort mitgenommen werden	Geringer, da Lieferzeiten üblich sind, allerdings ist eine pünktliche Lieferung im Rahmen der vereinbarten Lieferzeit eminent wichtig
Persönlicher Verkauf	Nur in wenigen Branchen von Bedeutung	Große Bedeutung in fast allen Branchen
Existenz und Bedeutung von Großkunden	Eher gering	Sehr groß

Tab. 1: Vergleich der Distributionspolitik in B2C und B2B

Bei der Wahl des geeigneten Absatzkanals unterscheidet man zwei große Klassen von Absatzwegen: den **Direktvertrieb** und den **indirekten Vertrieb**. Der direkte Vertrieb erfolgt ohne Einschaltung von wirtschaftlich unabhängigen Dritten direkt zwischen dem Hersteller und der Organisation, die die Produkte des Herstellers tatsächlich nutzen. Verkäufe eines Herstellers an Absatzmittler werden als indirekter Vertrieb bezeichnet. Diese Einteilung ist nicht als dichotomisch zu betrachten; vielmehr sind in der Praxis viele Mischformen dieser Wege zu beobachten.

In der Untersuchung von *Droege/Backhaus/Weiber* (1993) wurde ermittelt, welche Bedeutung die einzelnen Vertriebswege für die befragten Unternehmen der deutschen Investitionsgüterindustrie haben:

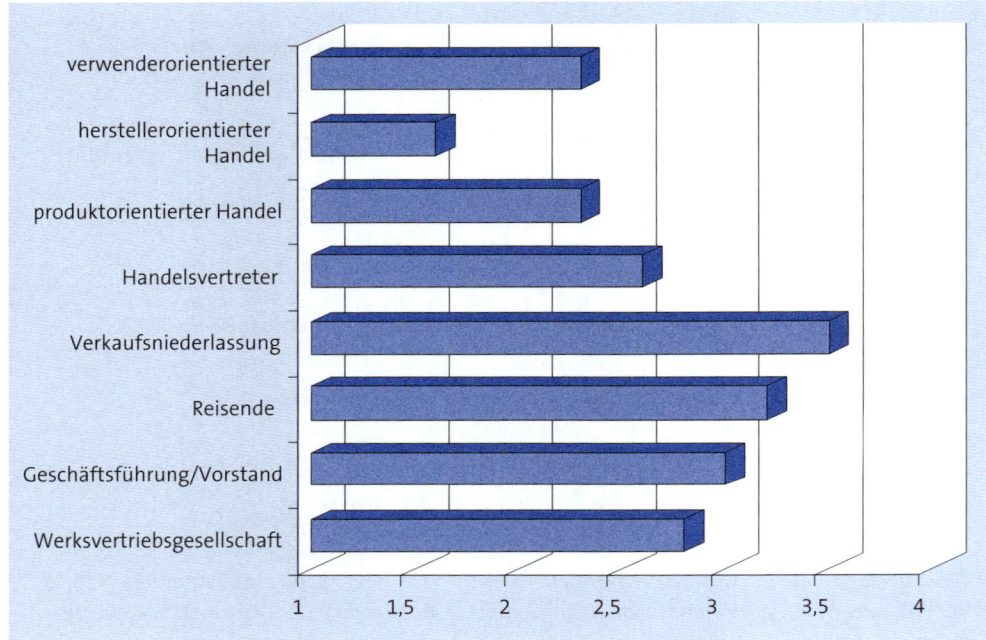

Abb 1: Bedeutung der verschiedenen Vertriebswege im Business-to-Business-Marketing (1 = unbedeutend,
5 = sehr bedeutend)
Quelle: *Droege/Backhaus/Weiber* (1993, S. 87)

Es zeigt sich, dass die Bedeutung der verschiedenen Handelsformen nicht sehr groß ist, während Vertriebsformen, bei denen der direkte Vertrieb im Vordergrund steht, bevorzugt werden; dies gilt insbesondere für Verkaufsniederlassungen.

1. Direktvertrieb

Der Direktvertrieb erfolgt vor allem im „klassischen" Direktvertrieb. Daneben sind in letzter Zeit weitere Variationen des Direktvertriebs entstanden; dazu gehören das Direct-Marketing und das Database-Marketing. Außerdem soll in diesem Zusammenhang das Outsourcing des Vertriebes diskutiert werden.

1.1 Der „klassische" Direktvertrieb

Der indirekte Vertrieb beginnt, sobald wirtschaftlich unabhängige Organisationen mit dem Vertrieb der Produkte betraut werden. In diesem Zusammenhang ist daher auch ein Vertrieb über zwar rechtlich selbstständige Unternehmen, auf die aber der Hersteller aufgrund einer kapitalmäßigen Verflechtung einen wirtschaftlichen Einfluss ausübt, als Direktvertrieb zu bezeichnen. Im Zuge der in letzter Zeit zu beobachtenden zunehmenden Aufteilung größerer Unternehmen in einzelne Konzerngesellschaften, kommt dieser Überlegung eine besondere Bedeutung zu (allerdings ist zu bemerken, dass diese Gesellschaften sich oft aufgrund ihrer alleinigen Ausrichtung an Gewinnzielen gelegentlich nicht mehr so verhalten, wie es von einem Direktvertrieb zu erwarten ist).

Der Direktvertrieb ist üblicherweise in der Form einer Außendienstorganisation aufgebaut; diese sind meist flächendeckend organisiert und in Regionen, Niederlassungen bzw. Geschäftsstellen hierarchisch gegliedert. Neben dem Außendienst, der für die persönlichen Kontakte beim Kunden verantwortlich ist, gibt es häufig einen Vertriebs-Innendienst, der diejenigen Arbeiten übernimmt, für die kein oder allenfalls ein telefonischer Kontakt zum Kunden erforderlich ist. Wegen der besonderen Bedeutung des persönlichen Verkaufs im Business-to-Business-Marketing sind die weiteren Überlegungen zu Aufbau und Steuerung einer solchen Organisation im Kapitel I. ausführlicher dargestellt.

Der Hauptgrund für den Vertrieb über eine eigene Organisation liegt in der **absoluten Loyalität** der Vertriebsmitarbeiter, die sich ausschließlich für den eigenen Hersteller und seine Produkte einsetzen können und müssen. Auf diese Weise können die Marketing-Strategien des Herstellers konsequent umgesetzt werden.

Ein weiteres wichtiges Argument für einen Direktvertrieb ist die Tatsache, dass die Kenntnis über bestehende und potenzielle Kunden im Unternehmen organisiert ist und Dritten nicht zugänglich wird. Unter der Voraussetzung, dass diese Kenntnisse über entsprechende Informationssysteme unternehmensweit verfügbar sind, lassen sich erhebliche Vorteile in der Bearbeitung des Marktes gewinnen. Auf diese Weise – und vor allem durch langfristige Kontakte zu allen Stufen der Buying Center der Kunden – kann eine starke Kundenbindung erzeugt werden, die auch wertvolle Impulse für die Produktentwicklung geben kann. Ein Engagement bereits in der Vor-Investitionsphase eines Kunden kann einem Anbieter mit einem sehr kundennah operierenden Direktvertrieb erhebliche Vorteile sichern, insbesondere wenn es bereits in dieser Phase gelingt, dem Kunden Alleinstellungsmerkmale der eigenen Produkte als wichtige Eigenschaft für die geplante Beschaffung deutlich zu machen.

Der Anbieter hat nur mit einem Direktvertrieb die Chance, beim Kunden als allein kompetenter Anbieter seiner Produkte aufzutreten („one face to the customer"). In den letzten Jahren ist darüber hinaus im Rahmen des Total Quality Managements (TQM) auch der Qualität des Vertriebes eine immer größere Bedeutung zugewachsen. Nur durch einen Direktvertrieb kann der Hersteller die Qualität seiner Vertriebs-Organisation tatsächlich beeinflussen, die Qualitätsbeurteilung aus Sicht der Kunden messen und entsprechende Korrekturmaßnahmen (vor allem eine Schulung der Vertriebsmitarbeiter) veranlassen.

Ein Direktvertrieb kann außerordentlich genau in Richtung auf bestimmte strategische Produkte gesteuert werden, da alle Mitarbeiter in der Organisation des Herstellers sind und demnach auf geänderte Marketing-Ziele sehr schnell reagieren können und müssen.

Aus kontrahierungspolitischer Sicht hat der Anbieter mit einem Direktvertrieb alle Parameter in seiner Hand; er kann über Preise und Rabatte jederzeit mit schneller Wirkung auf den Markt reagieren, kann flexibles Vertragsmanagement betreiben und auch im Finanzierungsbereich die gebotenen Schritte unternehmen. Er bestimmt allein das Preisniveau seiner Produkte am Markt und muss keine Margenanteile an Dritte abgeben.

Neben der Realisierung des reinen Produktgeschäfts sollte ein Direktvertrieb auch in der Lage sein, das After-Sales-Geschäft im Hause des Anbieters zu etablieren. Da dieses Geschäft im Business-to-Business-Marketing häufig den größeren Teil der Deckungsbeiträge ausmacht, ist dies von besonderer Bedeutung. Beispielsweise ist es auf dem Markt der Luftfahrtelektronik („avionics") üblich, dass die Hersteller die Erstausrüstungen fast zu Selbstkosten verkaufen und erst aus dem späteren Ersatz- und Service-Geschäft ihren Gewinn erzielen. Geprägt wurde diese Praxis durch die Dominanz der militärischen Auftraggeber in dieser Branche.

Diesen Vorteilen eines Direktvertriebes stehen allerdings auch einige gravierende **Nachteile** gegenüber:

Ein Direktvertrieb verursacht erhebliche Kosten; neben Reise- und Telephonkosten sind dies vor allem Personalkosten. Neben der Höhe der Kosten ist deren Struktur problematisch: Es sind im Wesentlichen fixe Kosten, die eine kostenmäßige Anpassung an Marktschwankungen nahezu unmöglich machen. Neben die kostenmäßige Inflexibilität tritt beim Direktvertrieb auch eine kapazitätsmäßige Unbeweglichkeit: Insbesondere bei stark wachsenden Geschäftsmöglichkeiten wird es einem qualifizierten Direktvertrieb in einem Business-Markt schwer fallen, schnell zu wachsen, da der Aufbau von geeigneten Vertriebsmitarbeitern erhebliche Zeit in Anspruch nimmt. Neben der rein fachlichen Qualifikation, die möglicherweise kurzfristig am Personalmarkt beschafft werden kann, ist auf jeden Fall eine Anpassung an die Unternehmenskultur erforderlich, die nicht innerhalb weniger Monate erreichbar ist.

Neben diesen kosten- und kapazitätsmäßigen Nachteilen ist die Enge des angebotenen Sortiments häufig ein entscheidender Nachteil. Gerade im Business-to-Business-Marketing lässt sich die Lösung eines Kundenproblems meist nicht mit Produkten eines einzigen Anbieters realisieren – zumindest nicht aus Sicht des Kunden. Um in diesem Fall dennoch als kompetenter Partner des Kunden auftreten zu können, ist ein Direktvertrieb gezwungen, in komplizierte Generalunternehmerschaften, Koalitionen oder sonstige Vertragskonstruktionen einzusteigen. Zudem hat jeder Direktvertrieb aus Kundensicht immer den Image-Nachteil der Parteilichkeit: Von Vertriebsmitarbeitern eines Herstellers wird kein Kunde einen neutralen Rat z. B. über Wettbewerberprodukte erwarten.

Zu diesen Nachteilen kommen ganz konkrete weitere Risiken: Beim Direktvertrieb trägt der Hersteller sowohl das gesamte Lagerrisiko als auch das gesamte Kreditrisiko. Zur Beherrschung dieser Risiken ist ein erheblicher sachlicher und personeller Aufwand unumgänglich.

Aus dieser Betrachtung ergeben sich folgende Situationen, die für einen Direktvertrieb sprechen:

► **Hohe Kundenkonzentration**: Die Kunden sind geografisch oder branchenmäßig stark konzentriert, sodass eine effiziente Betreuung möglich ist.

► **Große Umsätze pro Kunde**: Die Größenordnung der Geschäfte mit den einzelnen Kunden erreicht eine Größenordnung, die eine gezielte Betreuung durch einen Direktvertrieb wirtschaftlich macht und auch eine Übernahme der Lager- und Kreditrisiken rechtfertigt.

► **Hoher Beratungsbedarf**: Die angebotenen Produkte sind so komplex, dass eine kompetente Beratung von keinem Dritten zu erwarten ist und daher der Direktvertrieb die einzige Möglichkeit für den Anbieter ist, am Markt präsent zu sein.

► **Relativ gleichmäßiges Geschäft**: Die Geschäftsentwicklung unterliegt keinen extrem starken Schwankungen, sodass die einem Direktvertrieb immanente An-passungs-Inflexibilität kein Nachteil ist. Dies schließt nicht aus, dass einige Produktsegmente innerhalb des Angebots des Herstellers deutlich wachsen können; in diesem Fall sind dann Verschiebungen innerhalb der Vertriebsorganisation durchzuführen.

1.2 Direct-Marketing

Die beiden wesentlichen Nachteile des klassischen Direktvertriebs mit Außendienstmitarbeitern sind die hohen Kosten und die geringe zeitliche Kapazität. Vor allem die begrenzte zeitliche Verfügbarkeit der hochqualifizierten Außendienstmitarbeiter hat in den letzten Jahren viele Unternehmen veranlasst, die Aufgaben des Direktvertriebs genauer zu analysieren und möglichst viele dieser Aufgaben dem Vertriebs-Innendienst zu übertragen. Dieser Schritt wurde erleichtert durch die deutlich gestiegenen Möglichkeiten der technischen Kommunikation (Fax, Laptops, Electronic Mail) wie auch durch die Entwicklung völlig neuer Arbeitstechniken in verschiedenen Vertriebsbereichen.

Unter der Bezeichnung „Direct-Marketing" werden die Tätigkeiten zusammengefasst, die es erlauben, eine größere Zahl von Kunden und Interessenten „direkt" aber kostengünstig zu erreichen, um diejenigen herauszufiltern, die tatsächlich vom Außendienst besucht werden sollten. Dies wird besonders klar, wenn man berücksichtigt, dass die durchschnittlichen Kosten eines Kundenbesuches durch den Außendienst bei 140 € lagen, in Spitzen sogar bei 350 €.

Für die Entwicklung der Kosten eines Kundenbesuches liegen für den US-Markt folgende Angaben vor:

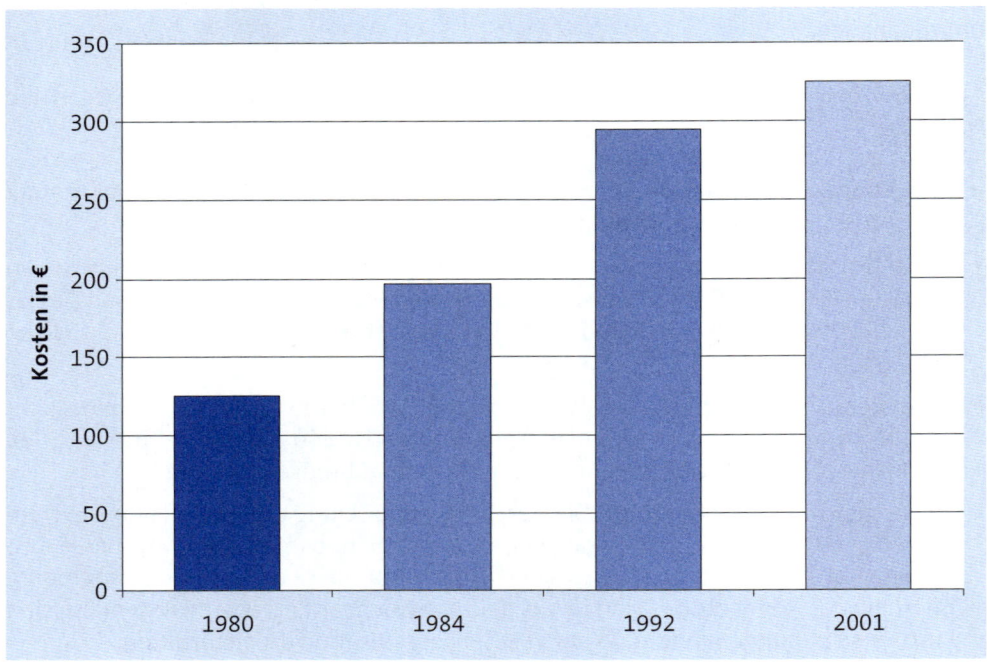

Abb. 2: Kosten pro Kundenbesuch durch einen Außendienst
Quelle: *Mulhacy (2002)*

Demgegenüber bietet eine Innendienstorganisation folgende Vorteile: Die Qualifikation und damit auch die Gehälter dieser Mitarbeiter können deutlich unter denen der Außendienstmitarbeiter liegen. Außerdem können Mitarbeiter dieser Art relativ leicht eingestellt werden, sodass auch eine wesentliche Steigerung der Marketing-Kapazität möglich ist. Einige dieser Tätigkeiten können auch auf darauf spezialisierte Fremdfirmen ausgelagert werden; dies ist besonders wichtig, wenn einmalige Marketing-Aktionen zu einer erheblichen Mehrbelastung der eigenen Mitarbeiter führen würden (z. B. bei Produkt-Neueinführungen, Vertriebs-Outsourcing, siehe I.2.4).

Die beiden wesentlichen Formen des Direct-Marketing sind Direct-Mailings und Telefon-Marketing (auch Telemarketing genannt).

Im Rahmen dieser Überlegungen zur Distributionspolitik sind vor allem die Komponenten des Direct-Marketing zu erwähnen, die unmittelbar mit dem Vertriebsprozess zusammenhängen. (Die übrigen Teile sind eher der Kommunikation zuzuordnen und werden daher in Kapitel J. erläutert.)

Folgt man der üblichen Einteilung der Kunden in A-, B- und C-Kunden, so ist klar, dass A-Kunden und die meisten B-Kunden in der Regel direkt vom Außendienst zu betreuen sind. Viele B-Kunden und alle C-Kunden jedoch können sehr wirksam und kostengünstig durch eine Direct-Marketing-Organisation im Innendienst angesprochen werden.

Die folgende Übersicht zeigt, welcher Anteil der Unternehmen in den verschiedenen Branchen bereits jetzt Direct-Marketing einsetzt:

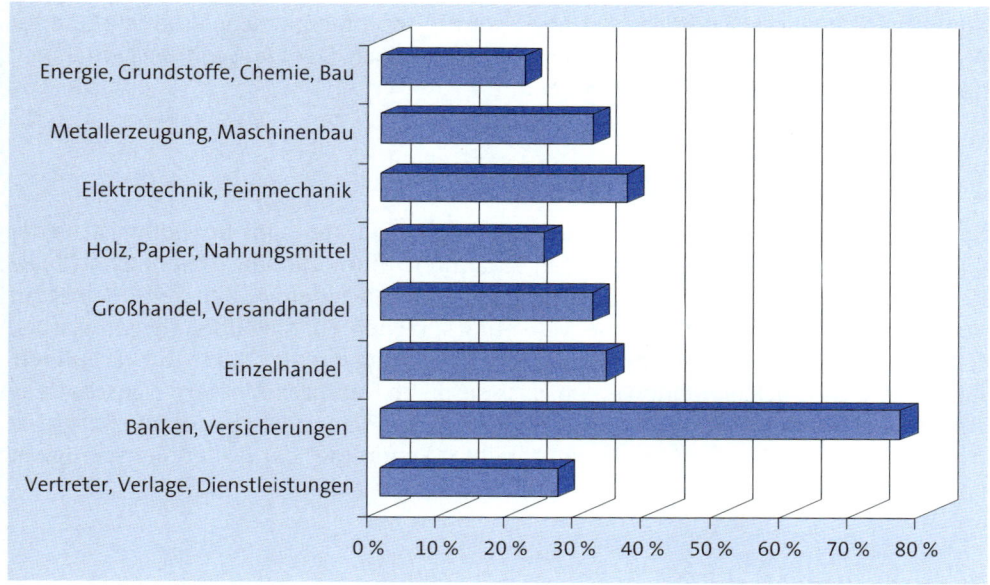

Abb. 3: Einsatz von Direct-Marketing in verschiedenen Branchen
Quelle: *Kreutzer (1993, S. 400)*

Es überwiegen zwar noch konsumentenorientierte Branchen wie Banken und Einzelhandel; der Anteil von Unternehmen, die auf Business-Märkten Direct-Marketing einsetzen, ist aber nicht zu vernachlässigen.

Eine weitere wichtige Aufgabe einer Direct-Marketing-Organisation ist die Selektion von potenziellen Neukunden. Die Generierung von „leads" (qualifizierte Interessenten) kann in einem Direct-Marketing-System nach folgendem Muster ablaufen:

1. Kauf von Adressen der gewünschten Zielgruppe
2. Sofern keine Ansprechpartner vorhanden sind: telefonische Ermittlung der Ansprechpartner
3. Marketing-Mailing
4. Einladung zu einer Response-Aktion (Veranstaltung oder Zusendung von sehr interessantem Informationsmaterial)
5. Nachfassen bei Nicht-Reagierern
6. Erstellung von Standard-Angeboten
7. Übergabe der geeigneten Adressen an den Außendienst.

Auf diese Weise lassen sich relativ kostengünstig neue Kontakte herstellen; die knappe Zeit des Außendiensts kann dann mit hoher Trefferquote für die erfolgversprechendsten Leads eingesetzt werden.

Ein anderer Bereich des Direct-Marketing ist das Tele-In-Geschäft. Hierbei wird bei bestehenden Kunden ein Teil der Nachfrage des Kunden über eine telefonische Bestellannahme abgewickelt; dies ist allerdings nur für unproblematische Produkte und für Abrufe innerhalb bestehender Rahmenverträge möglich. Dem Außendienst wird auch dadurch mehr verkaufsaktive Zeit geschaffen.

1.3 Database-Marketing

Bereits für das Direct-Marketing ist die Erstellung einer Datenbank unabdinglich, in der alle über den Kunden oder Interessenten bekannten Informationen, Aktionen und Reaktionen gespeichert sind. Stellt man diese Datenbank auch dem Außendienst selbst zur Verfügung, kann man von Database-Marketing sprechen. Für die Außendienstmitarbeiter ist dieses Hilfsmittel mit einer deutlichen Steigerung ihrer Produktivität verbunden. Allerdings muss auch erwähnt werden, dass die durch Database-Marketing geschaffene Transparenz aller Marketing-Aktionen für viele Außendienstmitarbeiter psychologisch nicht einfach zu verkraften ist, da die früheren „Freiräume" der Außendiensttätigkeit damit deutlich reduziert werden.

2. Indirekter Vertrieb

Beim indirekten Vertrieb übernehmen Organisationen, die von dem Hersteller wirtschaftlich unabhängig sind, wesentliche Aufgaben im Marketing seiner Produkte. Dabei kann unterschieden werden zwischen:

▶ **Händlern bzw. Distributoren**, die die Produkte auf eigene Rechnung kaufen und nahezu unverändert wieder auf eigene Rechnung und eigenes Risiko weiterverkaufen.

▶ **Handelsvertretern und VARs** („Value Added Resellers"), die für den Hersteller Kunden und Abschlüsse akquirieren und dafür eine Provision erhalten.

▶ **OEM** („Original Equipment Manufacturer"): Diese Organisationen bauen die eingekauften Teile in ihre eigenen Produkte ein.

▶ **Beratungs-, Projektierungs- und Ingenieurgesellschaften** vermitteln lediglich den Einsatz verschiedener Hersteller bei einem Projekt; sie werden vom Auftraggeber bezahlt.

▶ Auch die Vergabe von **Lizenzen** kann dem indirekten Vertrieb zugerechnet werden.

▶ **Franchising** ist eine relativ neue Möglichkeit, ohne großen Kapitaleinsatz einen loyalen indirekten Vertrieb aufzubauen.

Da diese verschiedenen Absatzmittler im Business-to-Business-Marketing von großer Bedeutung sind, jede dieser Formen jedoch deutlich unterschiedliche Anforderungen an das Marketing stellt, sollen sie jetzt ausführlich dargestellt werden.

2.1 Händler und Distributoren

Zwischen den Begriffen „Händler" und „Distributor" bestehen einige Unterschiede, die aber keine konsistente Differenzierung der Begriffe erlauben. Häufig wird ein Händler eher als Einzelhändler betrachtet: Er ist also die letzte Stufe der Absatzmittlung vor dem eigentlichen Benutzer. Demgegenüber wird Distributoren häufig eine großhandelsähnliche Funktion zugeordnet. Andererseits sind aber auch viele Handelsorganisationen zu beobachten, die sich Distributor nennen, aber durchaus und überwiegend an Endkunden liefern. Diese Sprachverwirrung hat ihre Ursache möglicherweise im englischen Sprachgebrauch: In der englischsprachigen Fachliteratur wird durchweg von „distributor" gesprochen. Im Weiteren werden daher die Begriffe synonym verwendet.

Händler und Distributoren in diesem Sinne sind Organisationen, die von Herstellern wirtschaftlich unabhängig Produkte einkaufen, um sie nahezu unverändert an andere Händler oder an Endkunden weiterzuverkaufen.

Bevor eine Abgrenzung der Vor- und Nachteile gegenüber einem Direktvertrieb möglich ist, sollen zunächst die Aufgaben beschrieben werden, die ein Händler übernehmen muss (und die demnach für den Hersteller entfallen).

Der Händler übernimmt den gesamten Vertrieb der Produkte des entsprechenden Herstellers: Dazu gehört die Betreuung von bestehenden Kunden, die Akquisition von neuen Kunden und die dazugehörende Werbung und Promotion. An diesen Aufgaben kann sich jedoch der Hersteller nach Absprache beteiligen (z. B. durch Lead-Generierung mithilfe zentralen Database-Marketings oder durch zentrale Werbung mit Nennung der Händler-Adressen). Auf jeden Fall ist der Händler bei der Verhandlung der Preise und sonstigen Konditionen autonom.

Daneben obliegt dem Händler ein großer Teil der physischen Distribution: Er muss eine eigene Auftragsbearbeitung einsetzen, muss eigene Lagerhaltung betreiben, muss für die Auslieferung an seine Kunden sorgen und ggf. auch Produkte zurücknehmen.

Die Produktkonfektionierung ist ebenfalls vom Händler zu leisten; dazu gehört die Kombination verschiedener Produkte zu dem vom Kunden gewünschten funktionsfähigen Gesamtsystem. Auch die Inbetriebnahme und ggf. die Garantieabwicklung wird in der Regel dem Händler übertragen.

Aus diesen Überlegungen folgt, dass der Händler dem Hersteller einige wesentliche Risiken abnimmt: Das Lagerrisiko des Herstellers wird wesentlich reduziert, da für ihn der Umsatz bereits realisiert ist, wenn er an den Händler fakturieren kann. Das Kreditrisiko ist ebenfalls deutlich reduziert, da sich der Hersteller nur mit dem Kreditrisiko gegenüber relativ wenigen Händlern, nicht aber mit einer großen Zahl von Endkunden beschäftigen muss. Schließlich hat der Hersteller auch ein deutlich geringeres Investitionsrisiko, da der Händler geeignete Räume, Betriebsmittel und – vor allem – geeignetes Personal vorhalten muss, die mithin nicht vom Hersteller zu finanzieren sind.

Es lassen sich daher für den Hersteller einige deutliche **Vorteile** eines Vertriebs über Händler gegenüber dem eigenen Direktvertrieb feststellen:

▶ Die **Kosten des Vertriebs** sind deutlich geringer; da sie im Wesentlichen in der Marge des Händlers (also der Differenz zwischen dem Umsatz, den der Hersteller selbst erlösen würde und dem Preis, zu dem er an den Händler verkauft) besteht, sind die Kosten überwiegend variabel und nicht mehr Fixkosten wie beim Direktvertrieb.

▶ Die **Anpassung an Marktschwankungen** ist daher auch kostenmäßig leicht möglich; darüber hinaus kann eine starke Steigerung des Geschäfts ggf. durch die Aufnahme zusätzlicher Händler in das Händlernetz herbeigeführt werden.

▶ Da der Händler grundsätzlich auch andere Produkte als nur die des einen Herstellers führt, sind **Synergie-Effekte** bei ergänzenden Produkten möglich.

▶ **Neue Produkte** können über einen bereits etablierten Händler in kurzer Zeit auf den Markt gebracht werden; dies ist beim Aufbau eines eigenen Direktvertriebs meist nicht so schnell möglich.

▶ Falls der Händler ein besseres Image als der Hersteller hat, sind **positive Image-Effekte** für den Hersteller möglich.

Diesen Vorteilen stehen allerdings auch sehr erhebliche **Nachteile** gegenüber:

▶ Die **Loyalität** (Herstellertreue) eines Händlers ist außerordentlich schwach ausgeprägt. Da der Händler eine selbstständige wirtschaftliche Einheit ist, wird er seine Aktionen auf seine eigenen Unternehmensziele ausrichten; diese können nicht gleichzeitig den Zielen aller von ihm vertretenen Hersteller entsprechen. Um das Verhalten des Händlers möglichst weitgehend in seinem Sinn zu beeinflussen, muss ein Hersteller also auch eine eigene Vertriebsorganisation aufbauen, um die Händler entsprechend zu betreuen.

▶ Da der Händler die Kunden selbstständig betreut, kennt der Hersteller die einzelnen Kunden der Händler normalerweise nicht. Er kann daher nicht ohne weiteres Maßnahmen zur Verbesserung der Präsenz seiner Produkte bei den Kunden des Händlers einleiten. Es gibt zwar Händlerverträge, in denen vorgesehen ist, dass der Händler dem Hersteller seine Kunden nennen muss – dies wird aber nur bei einer extrem starken Stellung des Herstellers von den Händlern akzeptiert werden, denn die Kenntnis der Kunden ist eines der wesentlichen Aktiva des Händlers. Kennt der Hersteller die Kunden seiner Händler, so kann er jederzeit eine eigene Direktvertriebsorganisation aufbauen und die Händler auf diese Weise umgehen. Daher gehören die Kundendaten meist zu den bestgehütetsten Geheimnissen der Händler.

▶ Da der Hersteller die Kunden nicht kennt, kann er auch keine systematische Qualitätskontrolle über den Vertrieb durchführen. Allenfalls gelegentliche Kundenbeschwerden, die direkt an den Hersteller gelangen, können ihm einen Hin-weis auf unzureichende Qualität des Händlervertriebs geben. Der Hersteller ist daher immer in der Gefahr, dass negative Image-Effekte eines „schlechten" Händlers auf seine Produkte abfärben. In letzter Zeit haben einige Hersteller versucht, dieses Problem zumindest zum Teil zu lösen, indem sie mithilfe neutraler Marktforschungsinstitute die Händler dazu bewegt haben, unter ihren Kunden eine gleichartige Befragung durchführen zu lassen. Auf diese Weise bekamen die Hersteller zumindest eine grobe

Übersicht über die Leistung der Händler aus Kundensicht. Nach anfänglicher Skepsis wurden diese Untersuchungen von den beteiligten Händlern sehr positiv aufgenommen, da sie auf diese Weise recht preiswert zu einer eigenen Qualitätskontrolle kamen und sich zudem mit konkurrierenden Händlern vergleichen konnten.

► Es ist zudem außerordentlich schwierig, einen Händler in eine bestimmte Richtung, z. B. zur Forcierung bestimmter Produkte oder Kunden zu steuern. Da das wichtigste Kriterium für den Händler sein eigener Gewinn, also vor allem die Marge, ist, wird er Forderungen des Herstellers zur Durchführung bestimmter Aktionen nur dann Folge leisten, wenn für ihn erkennbar ein finanzieller Nutzen damit verbunden ist.

Aus diesen Überlegungen lassen sich folgende Szenarien entwickeln, in denen ein Vertrieb über Händler bzw. Distributoren sinnvoll erscheint:

► geografisch große Märkte, die sich mit einem Direktvertrieb nicht wirtschaftlich abdecken lassen

► stark fragmentierte Märkte, in denen die Synergie-Effekte eines breiten Händler-Sortiments von Vorteil sind

► geringes Umsatzvolumen pro Transaktion

► geringer Beratungsbedarf

► gebündeltes Kaufverhalten: Das Produkt wird als Ergänzung zu einem anderen Produkt mitverkauft.

2.2 Handelsvertreter und VARs

Handelsvertreter sind Personen und Unternehmen, die für einen Dritten einen Teil der Vertriebsfunktionen übernehmen. Dabei ist weniger an einen einzelnen reisenden Vertreter zu denken, sondern an Firmen, die eigene Produkte und Dienstleistungen vertreiben und Produkte eines Herstellers in der Vertragsform des Handelsvertreters mitvertreiben. Da diese Unternehmen dem Produkt wesentliche eigene Komponenten hinzufügen, dies aber für den Kunden durchaus noch erkennbar bleibt, werden sie auch als „Value-added-reseller" (VAR) bezeichnet. Ein typisches Beispiel ist ein Softwarehaus, das in erster Linie seine Software verkauft, dem Kunden aber eine vollständige Lösung anbieten will und daher die entsprechende Hardware „mitverkauft".

Der entscheidende Unterschied zum Händler besteht darin, dass der Handelsvertreter auf Rechnung des Herstellers verkauft. Er vermittelt demnach nur die Aufträge und erhält dafür vom Hersteller eine Vermittlungsprovision. Er wird auch nie Eigentümer der Waren. Wie groß der tatsächliche Umfang dieser Tätigkeiten für den Hersteller ist, lässt sich nicht generell sagen, da ein weites Spektrum zu beobachten ist: In einem Extrem beschafft der Handelsvertreter lediglich die Aufträge, alle übrigen Funktionen, insbesondere Lieferung und Fakturierung, obliegt dem Hersteller. Im anderen Extrem ist der Handelsvertreter vom Händler nach außen fast kaum zu unterscheiden, er kann sogar ein Lager unterhalten (das aber nicht sein Eigentum ist, sondern Kommissionsware des Herstellers enthält). Lediglich einem kleinen Zusatz auf der Rechnung („Verkauf im Auftrag und auf Rechnung der Firma XX") ist zu entnehmen, dass es sich um einen Handelsvertreter handelt.

Aus Marketingsicht ist der Handelsvertreter zwischen dem eigenen Direktvertrieb und dem Händler einzuordnen. Da es sehr verschiedene Ausprägungen von Verträgen mit Handelsvertretern gibt, ist eine generelle Positionierung nicht möglich. Auf jeden Fall hat der Hersteller aber beim Handelsvertreter einen wesentlich stärkeren Einfluss auf die Preisdisziplin, da der Handelsvertreter die Preise nicht selbst bestimmen kann. Diese „reine Lehre" wird aber in der Praxis häufig unterlaufen; der Handelsvertreter bietet zwar die Produkte des Herstellers zu den vorgeschriebenen Preisen an; bei seiner eigenen Leistung, die er mitverkauft, kann er aber einen Teil der Hersteller-Provision an den Kunden weitergeben, ohne dass dies nach außen erkennbar wird.

Ein weiterer Vorteil gegenüber dem Händler ist die Tatsache, dass dem Hersteller in der Regel die Kunden bekannt werden, sodass er viele der Aktions-Möglichkeiten hat, die sonst nur ein eigener Direktvertrieb bietet. Andererseits hat der Hersteller weiterhin das volle Lager- und Kreditrisiko zu tragen.

Aus Sicht des Absatzmittlers sprechen für die Vertragsform des Handelsvertreters der wesentlich geringere Kapitalbedarf und das wesentlich geringere finanzielle Risiko – dafür sind die Verdienstaussichten allerdings auch niedriger als beim Status eines Händlers.

2.3 OEM

„Original Equipment Manufacturer" (OEM) sind Unternehmen, die die Produkte des Herstellers in ihre eigenen Produkte einbauen; für den Endkunden ist nicht ohne weiteres erkennbar, welche Komponenten ein OEM in seinen Produkten verwendet. Aus der Marketingsicht des Herstellers sind die OEMs wichtige, aber auch sehr schwierige Partner. Insbesondere dann, wenn die Abnehmer des Herstellers ausschließlich OEMs sind, hat der Hersteller wenige Aktionsparameter.

Beispiel

Ein typisches Beispiel dafür ist die Situation der Automobilzulieferer in den Jahren 1992 und 2009: Aufgrund der Absatzkrise am Automobilmarkt versuchten die Automobilhersteller (in diesem Fall die OEMs) ihre Kosten zu senken; bei der Suche nach Kostensenkungspotenzialen stießen sie auch auf ihre Zulieferer. Aufgrund der oligopolistischen Marktstruktur (nur wenige Abnehmer, viele potenzielle Lieferanten) konnten den Zulieferern erhebliche Preiszugeständnisse abgerungen werden.

Gerade in solch engen Marktstrukturen ist es also außerordentlich gefährlich, nur von OEMs abhängig zu sein. Bei einer stärker segmentierten Kunden- und Marktstruktur ist ein OEM allerdings auch ein guter Absatzweg, um überschüssige Produktionsmengen ohne erheblichen Einfluss auf die übrigen Marktsegmente abzusetzen. In diesem Fall ist eine erhebliche Preisdifferenzierung möglich, aber auch nötig. In China wird der Begriff OEM anders verstanden. Hier werden Unternehmen, die Produkte für andere Unternehmen herstellen, als OEM angesehen. So hat Acer lange Jahre Produkte für IBM, HP etc. produziert (*Xin/Yeung/Pförtsch/Liu, 2011, S. 37*).

2.4 Beratungs-, Projektierungs- und Ingenieurgesellschaften

Bei komplexeren Produktsegmenten sind am Markt eine Fülle von Beratungs-, Projektierungs- und Ingenieurgesellschaften tätig. Die Bedeutung dieser Unternehmen ist in vielen Branchen von erheblicher Bedeutung, obwohl sie formal im Beschaffungsprozess nur eine „beratende" Funktion haben. Sie sind im Auftrag des Kunden tätig und entwerfen für ihn das Anforderungsprofil für eine neue Anlage oder Anwendung. Da sie kein finanzielles Interesse an der Auswahl des oder der Lieferanten haben, sondern vom Kunden nach ihrer Leistung bezahlt werden, genießen sie beim Kunden ein hohes Ansehen, vor allem in Bezug auf ihre fachliche Qualifikation und ihre Hersteller-Neutralität.

Umso wichtiger ist es für einen Hersteller, zu diesen Organisationen einen engen Kontakt zu pflegen, sie ständig über den aktuellen Stand des eigenen Angebots und auch über Entwicklungstendenzen der eigenen Produkte zu informieren. Nur auf diese Weise kann sichergestellt werden, dass diese Beratungsunternehmen die Produkte des Herstellers bei dem Entwurf ihrer Systeme und Pflichtenhefte angemessen berücksichtigen.

Da bei Beteiligung derartiger Unternehmen die Herstellerentscheidung oft schon in einem frühen Stadium fällt, sind spätere Versuche eines eigenen Direktvertriebs oder der entsprechenden Händler wenig erfolgversprechend. Die Betreuung von Beratungsunternehmen ist vom Hersteller allerdings sehr schwierig zu organisieren: Eine „normale" Vertriebsorganisation kann an ihren Vertriebszielen gemessen werden. Demgegenüber ist das Ergebnis einer solchen Betreuungsarbeit nur schwer messbar, da in vielen Situationen nicht erkennbar wird, welches Beratungsunternehmen eine Kundenentscheidung beeinflusst hat.

2.5 Lizenzen

Eine besonders im Auslandsgeschäft genutzte Variante der Distribution besteht in der Vergabe von Lizenzen. Dabei vergibt der Lizenzgeber das Recht zur Nutzung eigenen Know-hows (Produkte, Fertigungstechniken etc.) für eine befristete Zeit an andere Unternehmen, die Lizenznehmer. Lizenzen haben für Lizenzgeber und Lizenznehmer aus Marketing-Sicht folgende Vor- und Nachteile:

Vorteile für den Lizenzgeber:

► schneller Marktzutritt für seine Technologie in Märkten, auf denen für den Anbieter hohe Markteintrittsbarrieren bestehen

► kostengünstige und risikoarme Erschließung von Randmärkten

► Einbinden von potenziellen Wettbewerbern: Wettbewerber, die die Technologie des Lizenzgebers nutzen, können stärker kontrolliert werden.

All diese Vorteile führen zu einer Vergrößerung des Gesamtmarktanteils der Technologie des Lizenzgebers; dies kann sehr wichtig sein bei der Durchsetzung von Industriestandards im Systemgeschäft.

Nachteile für den Lizenzgeber:

► negative Image-Effekte, falls der Lizenznehmer Produkte schlechter Qualität liefert

► Verlust des lukrativen Dienstleistungsgeschäfts, das mit den Produkten verbunden ist

► Aufbau potenzieller Wettbewerber: Lizenznehmer können die „Starthilfe" der Lizenz nutzen, um sich am Markt zu etablieren, und dann später mit eigenen Produkten dem ursprünglichen Lizenzgeber Schwierigkeiten bereiten.

Vorteile für den Lizenznehmer:

► Wegfall eigener kosten- und risikoreicher Entwicklungsarbeit

► Teilhabe an Industriestandards

► lukratives Dienstleistungsgeschäft

► Image-Gewinn.

Nachteile für den Lizenznehmer:

► keine Alleinstellungsmerkmale

► Abhängigkeit vom Lizenzgeber und dessen Produktplänen.

2.6 Franchising

Franchising kann als Mischform zwischen einer direkten und indirekten Distribution verstanden werden. Im Gegensatz zur Lizenz gibt der Franchisegeber dem Franchisenehmer nicht das Recht zu Nutzung eigener Patente zur Herstellung von Produkten; vielmehr stellt er dem Franchisenehmer ein vollständiges Produkt-, Distributions- und Kommunikationspaket zur Verfügung; nach außen sind Franchisebetriebe oft nicht von Herstellerniederlassungen zu unterscheiden. Der Franchisegeber hat dabei einen großen Einfluss auf den Einsatz aller Marketing-Instrumente durch den Franchisenehmer, ohne die für eine eigene Niederlassung erforderlichen Investitionen durchführen zu müssen. Andererseits ist der Franchisegeber von der Qualität der Leistungen des Franchisenehmers abhängig, da Fehlleistungen direkt auf das Image der gesamten Franchisekette durchschlagen können. Ein Beispiel für Franchising im Business-Bereich war die ComputerLand-Organisation.

3. Management der Kanalkonflikte

Da ein Hersteller im Business-to-Business-Marketing normalerweise mit vielen Produkten auf vielen Märkten aktiv ist, gibt es in der Regel nicht nur **eine** Vertriebsform für all diese Produkte. Er wird daher mit verschiedenen Distributionsformen arbeiten. **Die optimale Auswahl der verschiedenen Distributionsalternativen für die einzelnen Produkte und Märkte des Unternehmens ist daher die eigentliche Aufgabe der Distributionspolitik.**

3.1 Ziele der Distributionspolitik

Wenn von Optimalität gesprochen wird, sind zunächst die **Ziele** der Distributionspolitik zu entwickeln. Aufgrund der bisherigen Diskussion sind folgende Kriterien als die wichtigsten Ziele einer Distributionspolitik abzuleiten:

► minimale Gesamtkosten der Distribution

► Maximierung von Marktanteil, Umsatz und Gewinn

► minimale distributionsspezifische Risiken

► Befriedigung der Kunden-Erwartungen (Produkt-Beratung, Verfügbarkeit, Anpassung, After-Sales-Service)

► hohes Niveau von Informationen über das Geschehen auf den verschiedenen Märkten.

Für eine Politik reicht es nicht nur aus, Ziele zu definieren; vielmehr müssen auch die entsprechenden Aktionsparameter erarbeitet werden. Dazu gehört eine Beschreibung der Elemente der Beziehung zum Distributor und eine daraus abgeleitete Diskussion der Regelungen eines Distributionsvertrages. Danach kann auch aus Sicht eines Distributors die Frage der Hersteller-Auswahl beschrieben werden.

3.2 Elemente der Beziehung zum Distributor

Der Hersteller muss bei der Auswahl eines Distributors und auch während der gesamten Dauer der Geschäftsbeziehung folgende Aufgaben übernehmen:

► Sicherstellen, dass die Produktlinie beim Distributor effektiv vertreten wird

► Sicherstellen, dass die Endkunden sowohl mit dem Produkt als auch mit dem Service des Distributors zufrieden sind

► Vermeiden, dass Preiskämpfe zwischen den Distributoren untereinander oder mit anderen Kanälen des gleichen Herstellers auftreten

► Etablieren von Marktzutrittsbarrieren gegenüber Wettbewerbern durch ein effizientes Distributionsnetz.

3.3 Offenes oder geschlossenes Distributionskonzept

Zunächst ist darüber zu entscheiden, ob ein offenes oder ein geschlossenes Distributionskonzept verfolgt werden soll.

Bei einem offenen Distributionskonzept verkauft der Hersteller an jedes Unternehmen, das sich ihm als Händler zu erkennen gibt. In diesem Fall hat der Hersteller praktisch keine Möglichkeiten, auf das Marketing seiner Produkte weiter einzuwirken. Darüber hinaus ist auch nicht auszuschließen, dass größere Kunden-Organisationen – möglicherweise über eigene Handelsgesellschaften – zu Händlerkonditionen für ihren eigenen Bedarf einkaufen und so das gesamte Handelskonzept unterlaufen. Da bei diesem Konzept keinerlei Qualitätssicherung des indirekten Vertriebs erfolgen kann, kommt die offene Distribution nur für sehr einfache Massenprodukte im Rahmen des Business-to-Business-Marketing infrage.

Bei der geschlossenen Distribution wählt der Hersteller die für ihn tätigen Distributoren aus und schließt mit ihnen einen Distributionsvertrag. Handelsorganisationen, die seinen Vorstellungen nicht entsprechen, können auf diese Weise vom Vertriebssystem ferngehalten werden.

In dem Distributionsvertrag – der oft als „Autorisierung" bezeichnet wird – sind die gegenseitigen Rechte und Pflichten geregelt. Da viele dieser Regelungen erheblichen Einfluss auf die Steuerung des gesamten Marketings haben, sollen einige wichtige Regelungen etwas ausführlicher dargestellt werden.

3.4 Regelungen in einem Distributionsvertrag

Produktlinien

Im Distributionsvertrag muss festgelegt werden, welche Produkte des Herstellers der Distributor vertreiben darf. Es ist dabei durchaus üblich, dass die Autorisierung für bestimmte Produktgruppen von der Teilnahme an entsprechenden, vom Hersteller durchzuführenden, Produktschulungen abhängig gemacht wird.

Hersteller-Exklusivität und Gebietsschutz

In einigen Branchen (z. B. im Kraftfahrzeughandel) ist es üblich, dass ein Distributor nicht gleichzeitig einen anderen direkten Wettbewerber des Herstellers vertritt. In vielen anderen Branchen ist das jedoch nicht üblich. Es ist eine Frage der Marktsituation und der Marktmacht, ob ein Hersteller eine solche Exklusivität seines Distributoren-Netzes wünscht und durchsetzen kann. Dabei kommt es natürlich auch auf die sonstigen Konditionen an, die in einem solchen – den Distributor einschränkenden Fall – gelten sollen. Eine Exklusivitäts-Klausel hat für den Hersteller den Vorteil, dass er sicher sein kann, dass den Kunden des Distributors nicht gleichzeitig Wettbewerber-Produkte angeboten werden. Da bei einem Exklusivitätsvertrag meist auch ein Gebietsschutz vereinbart wird, besteht allerdings auch die Gefahr, dass ein Händler in seinem Gebiet den Hersteller nicht optimal vertritt, dieser aber keine Möglichkeit hat, mit einem anderen aktiveren Distributor die Kunden dieses Gebietes anzusprechen.

Kunden-Zuordnung

Normalerweise kann jeder Distributor jeden potenziellen Kunden ansprechen. In einem Distributionsvertrag kann eine Einschränkung des Kundenkreises definiert werden; dabei bezieht sich diese Einschränkung meist auf geografische Gebiete und/oder auf bestimmte Branchen (z. B. Maschinenbauunternehmen im PLZ-Gebiet 2). Es können auch bestimmte (Groß-)Kunden explizit ausgeschlossen werden, z. B. weil der Hersteller diese Kunden mit seinem eigenen Direktvertrieb betreut oder weil diese Kunden die Betreuung durch den Hersteller wünschen. Dies ist häufig bei großen öffentlichen Organisationen der Fall, z. B. beim Verteidigungsministerium. Auch die Frage, ob in dem so eingeschränkten Gebiet eines Distributors weitere Distributoren autorisiert werden dürfen, ist hierbei zu regeln. Ein solcher Gebietsschutz wird sinnvollerweise gleichzeitig mit einer Hersteller-Exklusivität vereinbart.

Die Weitergabe von Kundennamen und Absatzmengen pro Kunde kann ebenfalls vereinbart werden. Im Falle einer solchen Regelung sichert sich der Hersteller eine bessere Durchgriffsmöglichkeit auf die Endkunden und erhöht damit seine Marketing-Optionen beträchtlich.

Falls für den potenziellen Kundenkreis des Distributors wenige Einschränkungen gelten, ist zumindest zu regeln, ob er an andere nicht-autorisierte Händler verkaufen darf. Lässt der Hersteller dies zu, verzichtet er auf einen großen Teil seiner qualitativen Gestaltungsmöglichkeiten in seinem Distributionsnetz. Der Unterschied zur offenen Distribution besteht dann nur noch darin, dass dem Hersteller von dem autorisierten Distributor das Lager- und Kreditrisiko abgenommen wird.

Konditionen

Ein zentraler Teil der Vereinbarung zwischen Hersteller und Distributor sind die Konditionen. Dazu gehören das für den Distributor geltende Rabattsystem, die Festlegung von Mindestabnahmemengen pro Bestellung und/oder pro Periode, die Formulierung der Zahlungsbedingungen (Zahlungsziel, Kreditlimit) sowie die Forderung zur Einhaltung von Mindestlagerbeständen und zur Abnahme von Vorführprodukten durch den Distributor. In manchen Fällen verpflichtet der Hersteller den Distributor zur Abgabe (und Einhaltung) von Planzahlen für die Folgeperioden. Es ist auch festzulegen, wie sich der Hersteller bei Preissenkungen verhält – in manchen Branchen entschädigt der Hersteller den Distributor voll oder teilweise für die Entwertung seines Lagers durch die Preissenkung („Lagerwertausgleich"). Ähnliches gilt für den Fall der Ankündigung neuer Produkte: Die durch die Neu-Ankündigung obsolet gewordenen älteren Produkte werden in einigen Fällen vom Hersteller zurückgenommen. Gerade diese Punkte haben für die Produkt- und Preispolitik eines Herstellers große Bedeutung, da bei jeder Entscheidung die Auswirkungen auf den Distributionskanal je nach gewählter Regelung berücksichtigt werden müssen.

Bei Herstellern, die in mehreren Ländern vertreten sind, kann es vorkommen, dass Distributoren bei einer anderen Landesgesellschaft des Herstellers einkaufen möchten, z. B. weil die Preise dort aufgrund von Wechselkursschwankungen günstiger sind. In einem Distributionsvertrag kann ein solches Recht eingeschränkt oder ausgeschlossen werden – in der Praxis ist es allerdings sehr schwer, diese „grauen Importe" zumindest in Europa zu verhindern.

Aufgabenverteilung

Über die Verteilung der Aufgaben – und damit auch der Kosten – im Marketing sollten ebenfalls Regelungen geschaffen werden.

Im Bereich der **Werbung** ist über die Intensität und über die Art der Werbung zu sprechen: Häufig gibt der Hersteller fertige Layouts vor, in die der Distributor nur noch sein Firmenlogo einsetzen muss. Andererseits kann der Hersteller eine zentrale Werbekampagne – auch mit Nennung der Distributorennamen – durchführen und dafür von den Distributoren eine Kostenbeteiligung verlangen. Manche Hersteller verpflichten den Distributor, einen bestimmten Anteil des Umsatzes für Werbung auszugeben. Da dies sehr schwierig zu kontrollieren ist, werden dem Distributor häufig in Abhängigkeit vom Umsatz oder für spezielle Marketing-Aktionen „Werbepunkte" auf einem Sonderkonto gutgeschrieben; aus diesem Konto werden die Kosten für nachgewiesene Werbemaßnahmen erstattet. Ähnliches gilt auch für Promotion-Programme.

Zur **Qualitätssicherung** beim Distributor versuchen viele Hersteller (Zwangs-) Schulungen durchzusetzen; da Schulungen für den Distributor immer mit Kosten verbunden sind (zumindest für die Arbeitszeit der Mitarbeiter), gibt es auch dafür oft Gutschriften in separaten „Schulungspunkten".

Die Abwicklung von **Garantiefällen und Reparaturen** ist ebenfalls ein wichtiges Thema für die Beziehung zwischen Hersteller und Distributor. Da sich in vielen Bereichen die Produkte fast nur noch durch die Qualität des Services unterscheiden, kommt diesem Punkt eine nicht zu vernachlässigende Marketing-Bedeutung zu. Unter diesem Serviceaspekt ist auch der **Informationsfluss** zwischen dem Hersteller und dem Distributor einerseits und dem Distributor und dem Kunden andererseits zu betrachten. Durch Einrichtung einer telefonischen Hotline oder durch eine Verbindung über Electronic Mail – auch direkt zwischen Kunden und Hersteller – können erhebliche Wettbewerbsvorteile etabliert werden.

Schließlich ist auch die Frage der Lead-Generierung anzusprechen. Darin ist zu regeln, wie beim Hersteller eingehende Leads (z. B. auf Messen) an die Distributoren weitergegeben werden – oder ob der Hersteller im Rahmen des Database-Marketing eine eigene Lead-Generierung betreibt.

3.5 Kriterien für die Auswahl eines Herstellers aus Sicht eines Distributors

Wichtigstes Kriterium für die Auswahl eines Herstellers durch einen Distributor ist sicherlich die aktuelle Produktpalette und die Marktposition des Herstellers. Daneben sind aber auch andere Aspekte zu berücksichtigen, die häufig übersehen werden:

Beim Marktpotenzial des Herstellers ist nicht nur sein aktueller oder kurzfristig zu erwartender Marktanteil zu betrachten – wichtig ist auch die **installierte Basis** dieses Herstellers. Diese bereits vorhandenen Kunden, die ältere Produkte des Herstellers einsetzen, können ein großes Potenzial für den Absatz aktueller Neu-Produkte des Herstellers und – vor allem – für ergänzende Serviceleistungen des Distributors sein. Unter diesem Blickwinkel können auch Hersteller mit einer eher ungünstigen Marktposition für einen

Distributor von Interesse sein. Diese Chancen reduzieren sich allerdings erheblich, wenn bereits andere Distributoren im gleichen Gebiet tätig sind oder es Kanalkonflikte mit dem Direktvertrieb des Herstellers geben kann.

Der mögliche **Image-Gewinn** ist ebenfalls ein Argument für Distributoren, sich für einen namhaften Anbieter autorisieren zu lassen. Wenn diese Autorisierung allerdings nur aus diesem Grund erfolgt und kein ernsthaftes Geschäft für den namhaften Anbieter geplant ist, wird eine solche Autorisierung von dem Hersteller nur ungern verfolgt werden.

Ein großes Marktpotenzial und ein positives Image allein sollten nicht ausreichen, sich für einen Hersteller zu entscheiden; vielmehr ist die **nachhaltig erzielbare Marge** das entscheidende Argument. Gerade Hersteller mit einer starken Marktposition werden wenig Anlass sehen, den Distributoren besonders hohe Margen zuzugestehen. Bei der Kalkulation der durch den Distributor erzielbaren Erträge ist neben dem reinen Handelsgeschäft auch das Geschäft mit ergänzenden Produkten anderer Hersteller wie auch die Chance für eigene Dienstleistungen – insbesondere Wartungsverträge – miteinzubeziehen.

Neben den rein ökonomischen Kriterien sind einige qualitative Aspekte zu evaluieren. Dazu gehört vor allem der **Schulungsaufwand**, der für die Vertretung der Produktlinien eines zusätzlichen Herstellers erforderlich wird. Im Gegensatz z. B. zum Lebensmitteleinzelhandel, bei dem die Zahl der zu listenden Produkte in erster Linie von der Regalkapazität abhängt, ist auf den komplizierteren Business-Märkten eine erhebliche Qualifizierung für jede zusätzliche Produktlinie erforderlich: Die Personalkapazität wird daher meist zum Engpass. Hinzu kommt, dass nicht nur eine erhebliche Anfangsschulung erforderlich ist, sondern dass bei jeder wesentlichen Produktinnovation bei jedem Hersteller nachgeschult werden muss. Aus diesem Grund beschränken sich viele Distributoren auf eine kleine Zahl von Herstellern bzw. Produktlinien mit dem Ziel, diese dann auch qualifiziert vertreten zu können.

Ein weiterer Aspekt – obwohl eher zum Personalmarketing gehörend – soll an dieser Stelle ebenfalls erwähnt werden: Für qualifizierte Mitarbeiter eines Distributors ist es von erheblicher Bedeutung, welche Produktlinien von ihrem Arbeitgeber vertreten werden. Handelt es sich um Produkte von Marktführern, so ist dies für die Mitarbeiter wesentlich attraktiver, als wenn der Distributor eher unbekannte Produkte vertreibt. Die Wertigkeit der Mitarbeiter (und auch ihre Aufstiegschancen) steigen bei einer Ausbildung in marktführenden Produktlinien. Oft ist die Vertretung derartiger Produkte sogar eine notwendige Voraussetzung, um am Personalmarkt überhaupt qualifizierte Mitarbeiter einstellen (und im Unternehmen halten) zu können.

3.6 Kanalkonflikte

Sobald mehrere verschiedene Distributionskanäle genutzt werden, treten in der Regel Konflikte zwischen diesen Kanälen auf. Diese Konflikte sind umso stärker, je unschärfer die Abgrenzungen der verschiedenen Kanäle in Bezug auf Produkte und Kunden bzw. Gebiete vorgenommen wurden.

Ein besonders häufiger Konflikt zwischen Distributoren soll hier beispielhaft diskutiert werden: **„Qualitätshändler" vs. „Discounthändler"**.

Diese – aus dem Konsumgütermarketing bekannte – Kanaldifferenzierung ist auch im Business-to-Business-Marketing anzutreffen – wenn auch mit geringerer Bedeutung und vor allem im Geschäft mit relativ einfachen Komponenten ohne Dienstleistungsanteil. Wenn ein Discounthändler dem Kunden eines Qualitätshändlers Komponenten zu wesentlich günstigeren Preisen anbietet, wird der Qualitätshändler dieses Geschäft im Normalfall zunächst verlieren. Meist wird er aber das bisherige Dienstleistungsgeschäft behalten, da dies vom Discounter nicht angeboten wird. Für den Qualitätshändler führt dies gleichzeitig zu erheblichen Umsatzverlusten wie auch zu einer deutlichen Margenverbesserung, da die höhere Marge des Dienstleistungsgeschäfts auf den verminderten Umsatz stößt. Da die isolierten Dienstleistungen oft sogar zu höheren Preisen verkauft werden können, sind derartige Verluste an Discounter häufig für den Qualitätshändler ergebnisneutral.

Hersteller können die Visibilität ihrer Qualitätshändler aktiv unterstützen.

Beispiel

Als Beispiel seien Programme von APPLE und IBM genannt: Händler konnten das Label „APPLE Center" bzw. „IBM System Center" vom Hersteller verliehen bekommen, wenn sie eine Reihe von qualitativen (Schulung) und quantitativen Bedingungen erfüllten; reine Discounter kamen für eine solche „Auszeichnung" nicht infrage. Diese Kanaldifferenzierung wurden den Kunden direkt vom Hersteller entsprechend kommuniziert.

Wesentlich ist, dass Kanalkonflikte gemeinsam von Anfang an angegangen und mit den unterschiedlichen Resellern gelöst werden. Voraussetzung dafür ist, dass die Marktsegmente definiert sind, sodass entsprechende Konzepte umgesetzt werden können. Zusätzlich ist es notwendig, Fertigungs- und Dienstleistungsunternehmen in Größenklassen zu teilen, damit Handlungsalternativen transparent sind und leicht kontrolliert werden können.

Ähnlich verhält es sich mit dem Internet. Es wurde zwar behauptet, dass damit Zwischenhändler eliminiert würden. Die Gefahr, dass der physische Vertrieb verschwindet, ist gebannt, solange wir uns in der Übergangsphase vom Kauf bei Händlern und Wiederverkäufern zum Kauf direkt beim Hersteller befinden. Diese Bedenken wurden von vielen in den Anfangsjahren des Internets geäußert, Web-Erfahrungen haben jedoch gezeigt, dass das nicht der Fall ist. Die Wahrheit ist, dass das Internet die Vertriebskette wandelt, sie aber nicht eliminiert.

Die traditionelle Wertschöpfungskette verläuft häufig linear. Die Hersteller erzeugen Produkte, die Großhändler kaufen Produkte von mehreren Herstellern und bringen diese über verschiedene Vertriebsebenen in kleinen Mengen zu den Wiederverkäufern, die dann direkt mit dem Konsumenten handeln. Die Wertschöpfung der Vertriebskette liegt in der Verfrachtung, Lagerung und Lieferung der Produkte.

Einige Kanalpartner sind auf das Internet nicht vorbereitet und können so Kanalkonflikte erzeugen. Kanalkonflikte treten beispielsweise auf, wenn Hersteller Waren über ihre Websites verkaufen, obwohl sie über ein Netzwerk aus Wiederverkäufern verfügen. Damit bringen sie ihr Verkaufspersonal und die Geschäfte, die ihre Produkte verkauft haben, gegen sich auf. Ein ähnlicher Kanalkonflikt kann auftreten, wenn ein großer Händler online geht und so direkt an den Kunden verkauft. Mithilfe des Internets kann jeder Partner der Wertschöpfungskette mit dem Endverbraucher Kontakt aufnehmen. Für den Fall, dass Kanalkonflikte nicht umgangen werden können, können sich Partner der Wertschöpfungskette dafür entscheiden, diese Kette zu verlassen.

4. Das Internet als Distributionsweg im B2B-Geschäft

Das Internet spielt in vielen Branchen eine wachsende Rolle; nicht nur bei der Kommunikation zwischen Personen bzw. Organisationen, sondern auch in der Anbahnung und der Abwicklung von Geschäften. Es stellt sich daher die Frage, wie das Internet sinnvoll als Distributionsweg einzubinden ist (*Pförtsch, 2000 a*). Dafür gibt es grundsätzlich drei verschiedene Optionen:

1. Direktvertrieb über das Internet durch einen Anbieter als Ergänzung oder Ersatz des persönlichen Verkaufes

2. direkter Kontakt zum Kunden durch Ausschaltung bisheriger Absatzmittler (Disintermediation)

3. Einschaltung eines spezialisierten Vermittlers (Marktplatz).

Alle diese Optionen werden tatsächlich in erheblichem Umfang genutzt: Nach *Sarvary* (*2002*) soll der Umfang von B2B-Transaktionen über das Internet inzwischen die Marke von 1.000 Milliarden Dollar überschritten haben.

4.1 Direktvertrieb über das Internet

Auch für das Internet gelten die Überlegungen zum Direktvertrieb aus Abschnitt H.1. Allerdings kann das Internet eines der größten Probleme des Direktvertriebes aufheben: Die hohen Kosten, die normalerweise durch einen Direktvertrieb entstehen, können durch den Einsatz des Internets deutlich gesenkt werden. Die Frage ist nur, ob dies auch im B2B-Geschäft von Bedeutung ist.

Je komplexer eine Beschaffungssituation ist, desto schlechter ist sie für einen Internet-Direktvertrieb, also für eine „Selbstbedienung durch den Kunden" geeignet. Daraus folgt, dass vor allem einfache Standardprodukte über das Internet direkt verkauft werden, vor allem wenn die Kundenstruktur dieser Branche darauf eingerichtet ist. Erfolgreiche Beispiele aus dem B2B-Bereich sind Cisco (Hardware für den Netzbetrieb) und Dell (PCs). Allerdings muss man anmerken, dass in diesen Branchen auch früher schon viel über das Telefon bzw. Fax verkauft wurde, sodass es umstritten ist, ob hier wirklich ein deutlicher Qualitätssprung vorliegt.

4.2 Disintermediation

Im Gegensatz zum konventionellen B2C-Geschäft, das sehr stark auf dem stationären Handel basiert, ist das B2B-Geschäft schon immer sehr stark direkt zwischen Anbieter und Nachfrager abgewickelt worden. Allerdings gibt es in vielen Branchen auch eine starke Handelskomponente. Diese gerät jedoch durch den Einsatz von Internet und E-Commerce stärker in Gefahr.

Da technisch keine Schwierigkeit besteht, direkt mit einem Hersteller in Kontakt zu treten, werden Unternehmen dies auch tun, sofern dadurch Einsparungen möglich sind. Händler werden im B2B-Bereich nur dann erfolgreich tätig sein können, wenn sie ihre höheren Preise durch entsprechende Mehrleistungen rechtfertigen können. Es ist bereits jetzt zu beobachten, dass Hersteller, die bisher im B2B-Bereich über einen Handelskanal verkauft haben, mehr oder weniger vorsichtig versuchen, die Kunden direkt anzusprechen und die entfallende Handelsmarge ganz oder teilweise selbst zu vereinnahmen. Die Händler sehen das natürlich ausgesprochen ungern und werden ihrerseits versuchen, ihre Kunden zu halten.

4.3 Elektronische Marktplätze

Ein klassischer Marktplatz hat das Ziel, Käufer und Verkäufer zusammenzuführen. Elektronische Marktplätze verfolgen das gleiche Ziel und sind dabei teilweise sehr erfolgreich. Es haben sich inzwischen unterschiedliche Formen von Marktplätzen herausgebildet, die für den B2B-Bereich mehr oder weniger geeignet sind. Dies soll genauer diskutiert werden.

Bevor verschiedene Typen elektronischer Marktplätze vorgestellt werden können, ist es sinnvoll, die Situationen herauszuarbeiten, in denen ein solcher Markt überhaupt erfolgversprechend eingesetzt werden kann.

4.3.1 Differenzierung von Marktplätzen nach Produktkomplexität und Marktfragmentierung

Geschäftstransaktionen können unterschieden werden nach der Fragmentierung des Marktes (also der Anzahl und Übersichtlichkeit der Marktteilnehmer) und der Komplexität der Produkte. *Sarvary* (2002) hat die unterschiedlichen Möglichkeiten in folgender Matrix zusammengestellt:

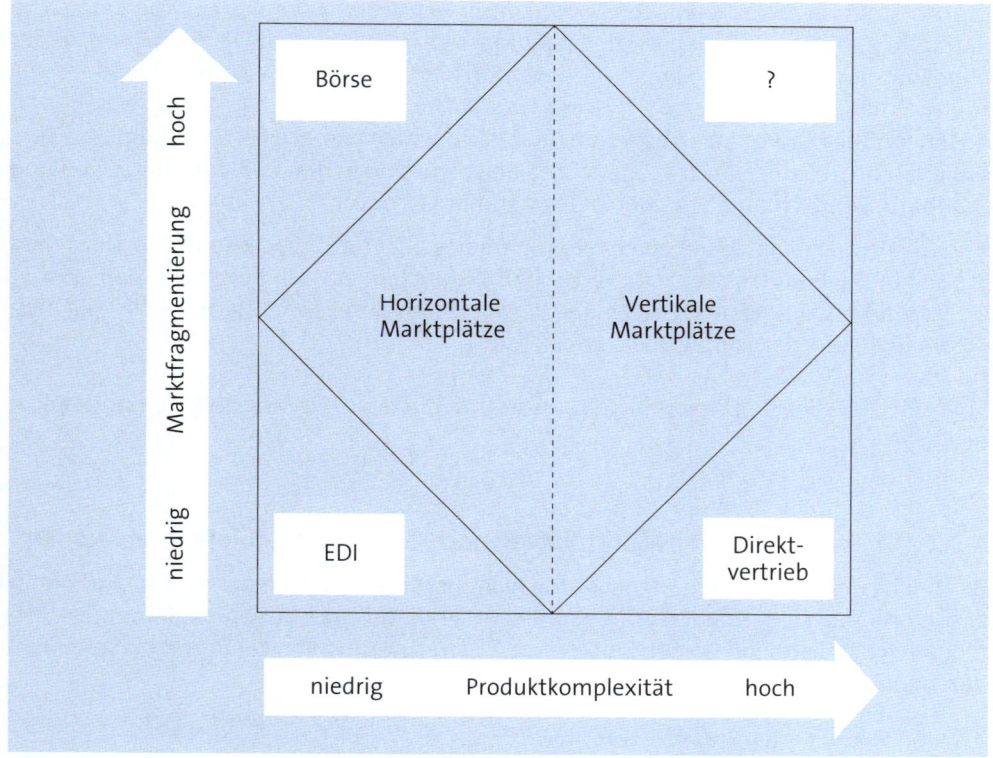

Abb. 4: Distributionskonzepte nach Produktkomplexität und Marktfragmentierung

1. In der rechten oberen Ecke treffen sehr komplexe Produkte auf einen sehr großen und fragmentierten Markt. Dies kann eigentlich in der Realität nicht vorkommen; daher ist dafür keine Lösung vorzusehen.

2. Die rechte untere Ecke betrifft komplexe Produkte, die einer kleinen und wenig fragmentierten Zahl von Kunden verkauft werden. Dieser Bereich – das typische B2B-Geschäft – wird nach wie vor durch einen Direktvertrieb mit persönlichem Verkauf betreut.

3. In der linken unteren Ecke werden unproblematische Standardprodukte zwi-schen wenigen Anbietern und Kunden verkauft. Dieser Markt wurde schon in der Vergangenheit von EDI beherrscht. Teilweise wird dies jetzt über das Internet abgewickelt – ein Marktplatz ist dafür aber nicht erforderlich.

4. Bei einfachen Standardprodukten (wie Rohstoffen oder Chemikalien) kann ein unabhängiger Dritter helfen, Käufer und Verkäufer zusammenzubringen (linke obere Ecke). Dies ist aber nichts Neues: Börsen gibt es mindestens schon seit dem Mittelalter, wenngleich diese Institutionen jetzt natürlich vom Internet als Kommunikationsmedium Gebrauch machen.

Die Ecken dieser Matrix erfordern demnach keine elektronischen Marktplätze. Interessanter sieht es dagegen im Inneren der Matrix aus, wenn also Produkte mittlerer Komplexität auf eine mittelgroße Zahl von B2B-Kunden treffen. Dieser Bereich lässt sich noch einmal unterteilen, und zwar in die linke Hälfte, in der eher unproblematische Produkte gehandelt werden (horizontale Marktplätze) und in die rechte Hälfte, in der eher komplexere Produkte angeboten werden (vertikale Marktplätze):

▶ Horizontale Marktplätze haben ein breites, aber nicht sehr tiefes Sortiment und sind nicht branchenspezifisch ausgerichtet. Beispiele sind in den USA commerceOne und ariba, in Deutschland u. a. econia.de oder mercateo.com.

▶ Vertikale Marktplätze haben ein eher schmales aber tiefes Sortiment, d. h. sie stellen sich auf die Bedürfnisse bestimmter (Sub-)Branchen ein. Ein Beispiel in den USA ist Freemarkets Online, in Deutschland z. B. cc-chemplorer.com (Chemie), clickplastics. com (Plastik) oder SupplyOn (Kfz-Zulieferer).

Eine sehr detaillierte Darstellung zu unterschiedlichen B2B-Marktplätzen findet sich bei *Arndt* (2002).

4.3.2 Differenzierung von Marktplätzen nach Größe von Anbieter und Kunden

Bei den bisherigen Überlegungen wurde nicht berücksichtigt, ob auf einem Markt eher große Anbieter bzw. Kunden oder eher kleine Anbieter bzw. Kunden aufeinander treffen. Auch hier kann auf beiden Seiten eine Differenzierung von sehr groß bis sehr klein durchgeführt werden. Das Ergebnis ist folgende Matrix:

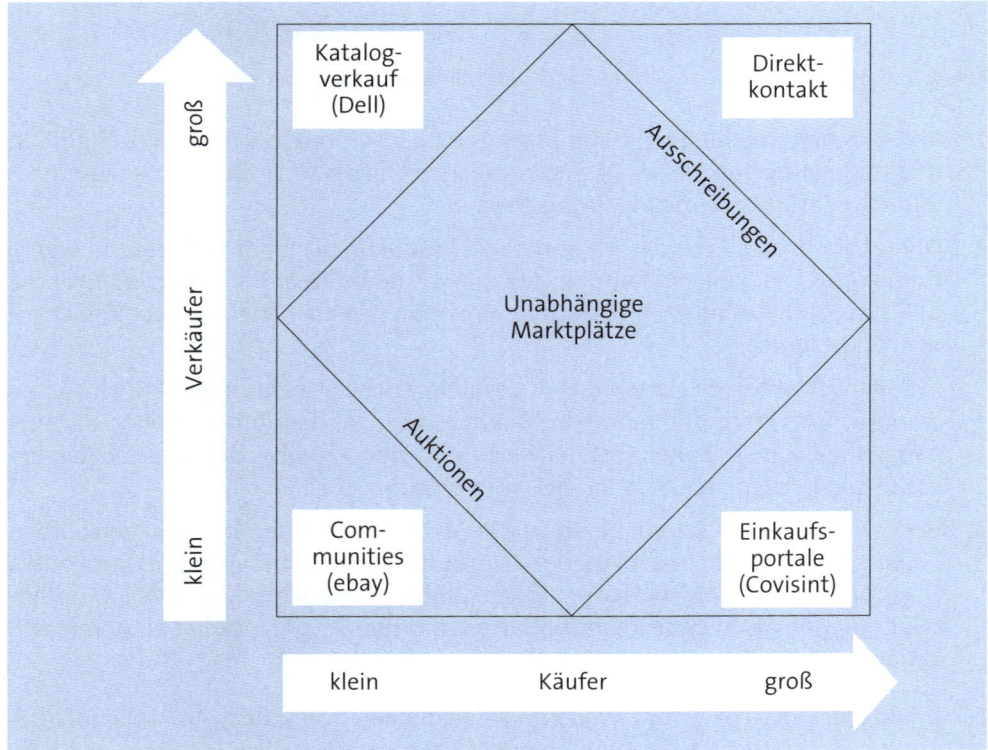

Abb. 5: Distributionskonzepte nach Größe von Käufer und Verkäufer

Falls sowohl Anbieter als auch Käufer sehr groß sind, ist es nicht nötig, einen elektronischen Marktplatz einzurichten: Wenige Telefongespräche, Faxe, E-Mails oder ein persönliches Verkaufsgespräch reichen aus, um die Details zu klären (rechte obere Ecke). Beispiel Verkehrsflugzeuge: Airbus und Boeing können den Kontakt zu den ca. 150 Airlines direkt halten – dies gilt allerdings nur für das Neugeschäft, im Bereich Gebrauchtflugzeuge, Ersatzteile und Wartung kann es schon anders aussehen.

Sind die Käufer sehr groß, die potenziellen Verkäufer aber relativ klein, so handelt es sich offenbar um das Zuliefergeschäft und es bietet sich ein Einkaufsportal („buy-side") für diese Käufergruppe an (rechte untere Ecke); ein Beispiel dafür ist Covisint, das gemeinsame Einkaufsportal einiger großer Automobilhersteller. Andere Beispiele sind click2procure von Siemens und Trimondo (Lufthansa).

Der umgekehrte Fall: Die Anbieter sind groß und die Kunden sind eher klein: Auch in diesem Fall ist ein elektronischer Marktplatz nicht nötig; vielmehr werden die Anbieter das Internet als Medium im Direktverkauf nutzen; im Prinzip stellen in diesem Fall die Verkäufer ihren Katalog ins Internet; Beispiele sind hier Cisco und Dell (linke obere Ecke).

Interessant ist der Fall in der linken unteren Ecke – nur leider kommt er im B2B-Geschäft eigentlich nicht vor: Kleine Käufer treffen auf kleine Verkäufer. Hier sind in der Tat elektronische Marktplätze sehr nützlich, da nur mit diesem Medium Angebot und Nachfrage zu geringen Kosten aufeinander treffen können, allerdings handelt es sich dann meist um das C2C-Geschäft; Marktführer ist hierbei eBay, im B2B-Bereich in den USA auch VerticalNet.

Auch hier bleibt der mittlere Bereich der Matrix zunächst ausgespart: Mittelgroße Verkäufer treffen auf mittelgroße Kunden. Hier liegt die eigentliche Stärke von B2B-Marktplätzen. Sollten Anbieter und Kunden in diesem Fall eher größer sein, werden häufig Ausschreibungen (reverse auctions) durchgeführt, während bei eher kleineren Kombinationen von Anbieter/Kunden Auktionen sinnvoll sind.

4.4 Spezielle Fragestellungen

4.4.1 Kataloge

Ein Grundproblem des E-Commerce besteht in der eindeutigen Beschreibung der angebotenen Produkte. Sobald es sich nicht mehr um standardisierte, sondern um sehr spezielle und komplizierte Produkte handelt – und das ist eines der entscheidenden Merkmale des B2B-Geschäftes – müssen die angebotenen Produkte genau bezeichnet werden, damit der Kunde auf alle für seine Kaufentscheidung nötigen Informationen zugreifen kann.

In der Vergangenheit wurden diese Informationen häufig durch (gedruckte) Kataloge bereit gestellt – ein sehr mühsames und kostenintensives Verfahren, das immer darunter litt, dass gerade in innovativen Branchen die Kataloge bei der Auslieferung schon wieder veraltet waren. Durch verbesserte Möglichkeiten der Speicherung und Übermittlung digitaler Daten ist dies wesentlich verbessert worden: Kataloge werden häufig auf CD-ROM ausgeliefert oder gleich online zur Verfügung gestellt.

Diese Vorgehensweise führte allerdings dazu, dass jeder Anbieter seinen eigenen Katalog erstellt hat und ein Einkäufer, der es mit mehreren Lieferanten zu tun hat, jeweils auf die – miteinander inkompatiblen – Kataloge zugreifen musste. In letzter Zeit ist daher eine Standardisierung der Formate von elektronischen Katalogen zu beobachten, die zumeist auf Basis von XML und spezieller Katalog-Normen wie eclass (siehe eCl@ss e. V.) erfolgt (vgl. *Hentrich, 2002*). Mit der so genannten Cross-Media-Publishing Software können aus einer Vorlage die unterschiedlichen Medien bedient werden, sodass eine Einheitlichkeit und gleichzeitige Aktualität gewährleistet werden kann. Unternehmen, die noch zusätzlich ein Content-Management System einsetzen, können damit sehr effizient ihre Kanalkommunikation steuern.

4.4.2 Gebrauchtmaschinenmärkte

Im B2B-Geschäft gab es immer schon Märkte für gebrauchte Produkte. Allerdings waren diese Märkte sehr schwerfällig, da die Informationen nur über Printmedien verbreitet wurden, und die Verteilung dieser Informationen zeit- und kostenintensiv war. In den letzten Jahren sind eine Reihe von Gebrauchtmaschinenbörsen im Internet entstanden (z. B. surplex.com, resale.de, buyused.com, machinestock.com, eamtm.com). Diese Börsen bieten sehr aktuelle und wesentlich umfassendere Informationen über die angebotenen Maschinen, sodass diese Märkte deutlich attraktiver geworden sind.

Das hat natürlich auch Konsequenzen für das Neugeschäft: Ein Anbieter neuer Maschinen muss sich stärker mit der Konkurrenz durch Gebrauchtmaschinen (auch der eigenen Marke) auseinandersetzen. Andererseits kann er viel einfacher den Neukauf durch das „Herauskaufen" der Gebrauchtmaschine forcieren, weil er relativ sicher sein kann, einen Käufer für die Gebrauchtmaschine zu finden.

Die größte Schwachstelle für das Geschäft mit Gebrauchtmaschinen liegt allerdings in der Beurteilung der Qualität der Produkte. Da es sich stets um Unikate handelt, ist der einfache Einkauf über das Internet problematisch. Diese Fragestellung wird allerdings in letzter Zeit dadurch gelöst, dass entweder die Hersteller für die gebrauchten (und ggf. wiederaufgearbeiteten) Maschinen eine Garantie übernehmen oder Institutionen wie der TÜV eine bestimmte Qualität bescheinigen. Auf jeden Fall ist das Gebrauchtmaschinengeschäft eine interessante Bereicherung für B2B-Märkte.

In jüngster Zeit ist auch eBay in den industriellen Markt eingestiegen und hat Business eBay gegründet. Durch die Verwendung des bekannten eBay Bewertungssystem wird durch die Benutzer sichergestellt, dass keine schwarzen Schafe im System sind. Besonders erfolgreich hat sich Business eBay im Dienstleistungsbereich etabliert und hat durch spektakuläre Aktionen, wie das Vermarkten von Werbezeiten in Radio und Fernsehen, seine Bekanntheit gesteigert.

5. Lösungen in der Praxis

Welche Vertriebswege werden in der Realität bevorzugt? Die Diskussion hat gezeigt, dass es – vor allem im B2B-Geschäft – nicht den einen perfekten Vertriebsweg gibt. Zu viele Gründe sprechen für oder gegen einen bestimmten Vertriebsweg, sodass in der Praxis häufig Mischformen anzutreffen sind.

5.1 Multi-Channel-Vertrieb

Sobald mehrere unterschiedliche (und durchaus konkurrierende) Vertriebswege einge-setzt werden, spricht man von Multi-Channel-Vertrieb. Nach *Homburg/Schäfer/Scholl* (2002) können die aus einem Kanalmix resultierenden Kombinationen in folgender Matrix dargestellt werden:

	Kein indirekter Kanal	Ein indirekter Kanal	Mehrere indirekte Kanäle
Mehrere direkte Kanäle	Multipler Direktvertrieb	Anbietergeprägtes Multi-Channel	Differenziertes Multi-Channel
Ein direkter Kanal	Reiner Direktvertrieb	Zweigleisig (Duo-Channel)	Händlergeprägtes Multi-Channel
Kein direkter Kanal	–	Reiner indirekter Vertrieb	Multipler indirekter Vertrieb

Tab. 2: Basisformen von Multi-Channel-Vertriebssystemen
Quelle: *Homburg/Schneider/Schäfer* (2002)

Wird ein ausgeprägter Multi-Channel-Vertrieb eingesetzt, so ist es nötig, die Ziel-gruppen abzugrenzen, die über den jeweiligen Kanal angesprochen werden. Auf diese Weise kön-nen die entstehenden Kanalkonflikte minimiert werden.

Für einen Hersteller von Kopiergeräten, der eine sehr gemischte Klientel bedient, kann folgende Organisation sinnvoll sein:

Kundensegmente					
	Behörden	Großunter-nehmen	Copy-Shops	KMU	Sonstige Kunden
Außendienst	Verkauf, Beratung, Wartung				
Innendienst	Verkauf, Beratung, Wartung, Hilfestellung bei kleineren technischen Problemen				
Internet			Verkauf, Information		
Großhandel			Lagerhaltung, Verkauf, Beratung, Wartung		
Facheinzelhandel				Lagerhaltung, Verkauf, Beratung, Wartung	

Vertriebskanäle (vertical axis label)

Abb. 6: Coverage-Matrix für einen Hersteller von Kopiergeräten
Quelle: *Homburg/Schneider/Schäfer (2002)*

Liest man diese Matrix spaltenweise, so ist abzulesen, welches Kundensegment über welche Kanäle angesprochen wird: Ein Copy-Shop kann die Produkte über den Innendienst, das Internet oder den Großhandel erwerben, während sonstige Kunden auf den Facheinzelhandel zurückgreifen. Nur Großunternehmen werden direkt betreut.

5.2 Zufriedenheit mit Vertriebslösungen

Wie zufrieden sind die Unternehmen mit den Vertriebswegen? In der Vertriebsumfrage 2002 hat die Absatzwirtschaft Unternehmen u. a. nach der Zufriedenheit mit den Vertriebswegen befragt:

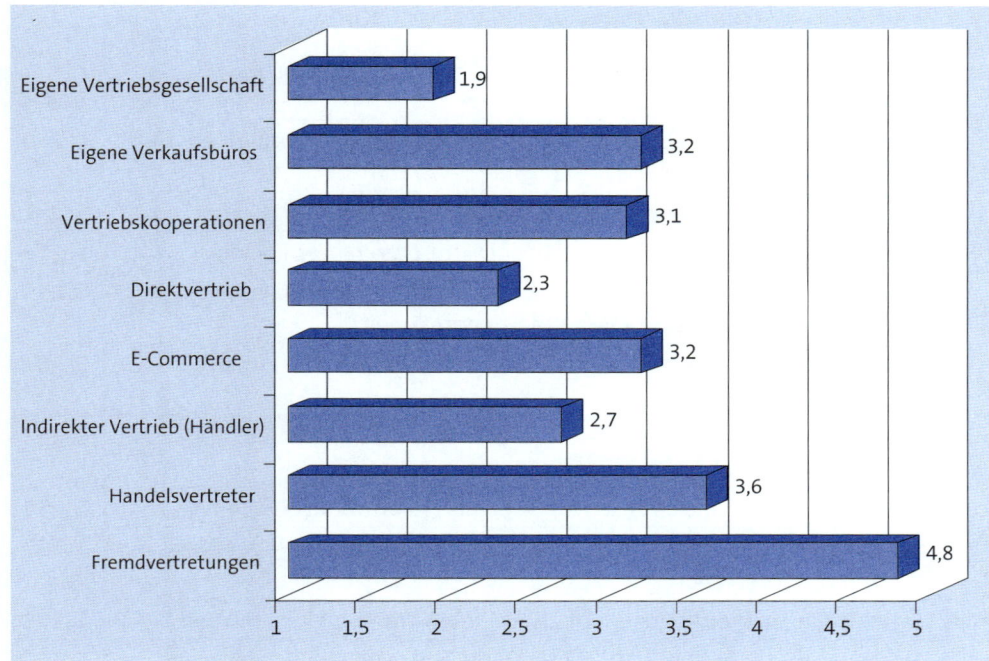

Abb. 7: Zufriedenheit mit Vertriebswegen (1: deutlich über dem Durchschnitt, 5: deutlich unter dem Durchschnitt)

Quelle: *Hanser* (2002)

Es zeigt sich, dass mit den direkten Vertriebsformen eine deutlich höhere Zufriedenheit erzielt werden konnte als mit den indirekten; insbesondere die Handelsvertreter schneiden sehr schlecht ab. Methodisch ist allerdings anzumerken, ob in dieser Befragung die Fragen richtig gestellt wurden, also ob die Befragten unter „Zufriedenheit" auch die Kosten der einzelnen Vertriebswege subsummiert haben oder aber ob sie lediglich die Zufriedenheit mit den Ergebnissen dokumentiert haben.

Aufgabe 17 > Seite 475

Aufgabe 18 > Seite 476

Lösung

1.	Welche Distributionswege herrschen im Business-to-Business-Marketing vor?	S. 244
2.	Welche Vorteile bietet der Direktvertrieb?	S. 245
3.	Welche Nachteile hat der Direktvertrieb?	S. 246
4.	In welchen Fällen ist ein Direktvertrieb zu empfehlen?	S. 247
5.	Was versteht man unter Direct-Marketing?	S. 247
6.	Welche Alternativen bieten sich für die Einrichtung eines indirekten Vertriebes für einen Anbieter auf Business-Märkten?	S. 250
7.	Welche Vorteile bietet ein Vertrieb über Distributoren bzw. Händler?	S. 251
8.	Welche Nachteile hat ein Vertrieb über Distributoren bzw. Händler?	S. 252
9.	In welchen Fällen ist ein Vertrieb über Distributoren bzw. Händler für einen Anbieter auf Business-Märkten zu empfehlen?	S. 253
10.	Was sind OEMs und welche Bedeutung haben diese im Business-to-Business-Marketing?	S. 254
11.	Welche Bedeutung haben Beratungsunternehmen für Anbieter auf Business-Märkten?	S. 255
12.	In welchen Fällen sind Lizenzen ein geeigneter Distributionsweg?	S. 255
13.	Welche Aufgaben hat der Marketingbereich eines Anbieters, der über Distributoren vertreibt?	S. 257
14.	Zu welchen Themen sollte ein Distributionsvertrag Regelungen vorsehen?	S. 258
15.	Nach welchen Kriterien sollte ein Distributor die von ihm vertretenen Hersteller auswählen?	S. 260
16.	Was sind Kanalkonflikte?	S. 262
17.	Welche grundsätzlichen Optionen hat ein B2B-Anbieter beim Vertrieb über das Internet?	S. 263
18.	Was versteht man unter Disintermediation?	S. 264
19.	Erläutern Sie das Konzept eines „Elektronischen Marktplatzes"!	S. 264
20.	Welcher Distributionsweg bietet sich für Produkte hoher Komplexität und niedriger Marktfragmentierung an?	S. 265
21.	Welcher Distributionsweg bietet sich für Produkte mittlerer Komplexität und hoher Marktfragmentierung an?	S. 266
22.	Grenzen Sie einen horizontalen zu einem vertikalen Marktplatz ab!	S. 266
23.	Was versteht man im B2B-E-Commerce unter einem „Katalog"? Warum sind Kataloge sehr wichtig?	S. 267
24.	Welche speziellen Probleme bestehen beim Vertrieb von Gebrauchtmaschinen über das Internet?	S. 268
25.	Was ist ein Multi-Channel-Vertrieb?	S. 269
26.	Mit welchen Distributionslösungen besteht bei Unternehmen die größte/kleinste Zufriedenheit?	S. 271

I. Vertrieb

Wie immer die in Kapitel H. diskutierten Entscheidungen über die geeigneten Distributionsalternativen für einzelne Branchen, Unternehmen oder Sortimentsbereiche auch ausfallen mögen: In jedem Fall stellt sich die Frage, wie das Marketing – vor allem der Vertrieb – auf der Stufe zwischen der letzten verkaufenden Organisation und der Endabnehmer-Organisation gestaltet werden kann. Im Falle des Direktvertriebs wird der Hersteller diese Funktion übernehmen, während bei einer Distributoren- bzw. Händlerlösung dieser Absatzmittler die Vertriebsfunktionen übernimmt. In diesem Kapitel sollten die für beide Alternativen gemeinsamen Aspekte der Organisation des Marketing-Bereichs mit der wichtigsten Vertriebsform im Business-to-Business-Marketing – dem persönlichen Verkauf – diskutiert werden.

1. Bedeutung der Akquisitionsalternativen

In der Untersuchung von *Droege/Backhaus/Weiber* (1993) wurde die Bedeutung der verschiedenen Akquisitionsalternativen erfragt. Die Ergebnisse sind in folgender Abbildung dargestellt:

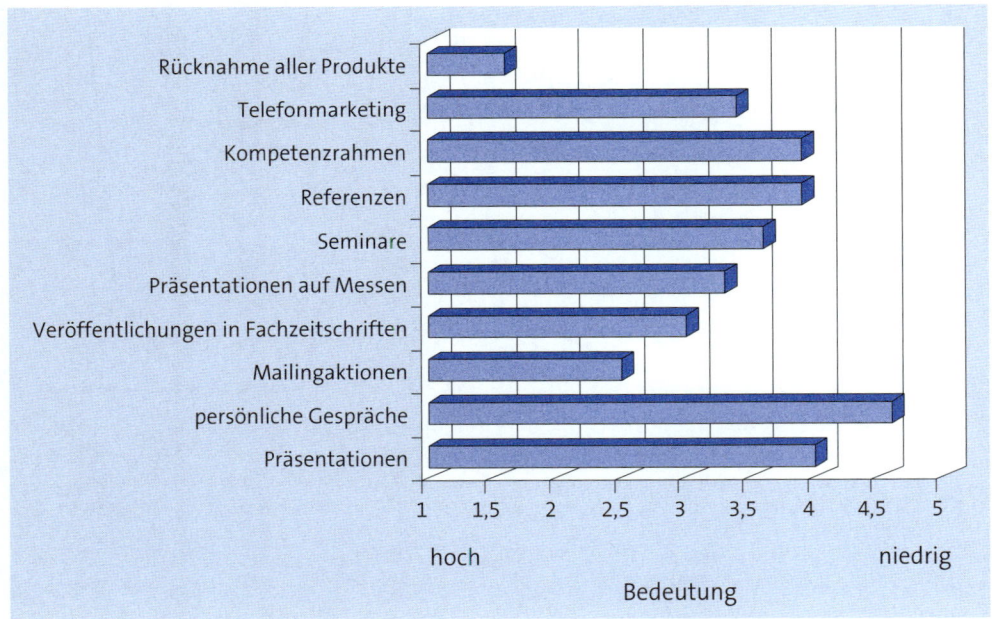

Abb. 1: Bedeutung der Akquisitionsalternativen im Business-to-Business-Marketing
Quelle: *Droege/Backhaus/Weiber* (1993)

Über alle untersuchten Branchen hinweg zeigt es sich, dass nach wie vor die Elemente des persönlichen Verkaufs – das persönliche Gespräch, Präsentationen, Referenzen und persönliche Betreuung auf Messen – die weitaus bedeutendsten Instrumente der Akquisition sind.

Eine Darstellung des Kommunikationszyklus hat *Gall (1994)* gegeben. Hier wird die Kommunikationsintensität eines Wägetechnik-Anbieters über den zeitlichen Ablauf eines Beschaffungsvorgangs deutlich.

Für jede der unterschiedlichen Phasen sind die adäquaten Kommunikationsinstrumente angegeben. Es zeigt sich, dass der persönliche Verkauf eine deutlich höhere Kommunikationsintensität erzeugt bzw. dass die im Bedarfsfall erforderliche Kommunikationsintensität durch kein anderes Medium zufriedenstellend substituiert werden kann.

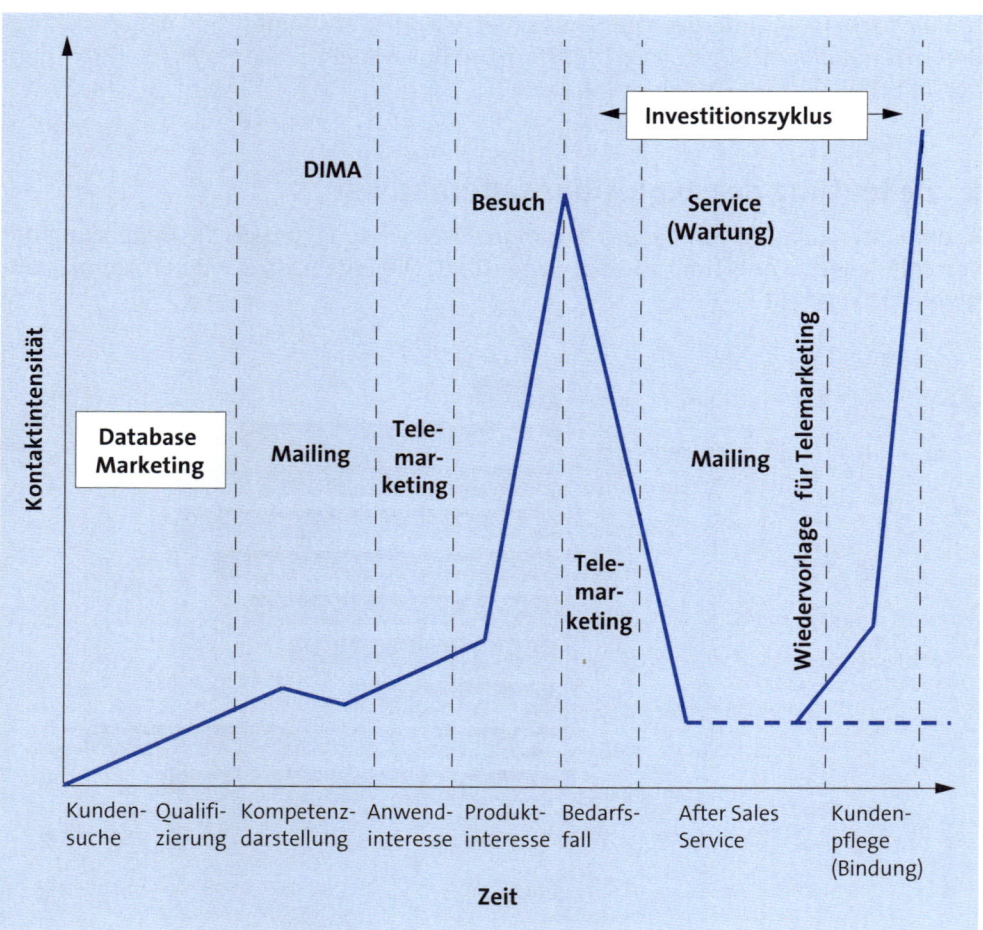

Abb. 2: Kontaktintensität während des Verkaufsprozesses

2. Aufbau und Organisation einer Vertriebsorganisation

2.1 Aufgaben und Tätigkeiten des Vertriebes

Die wichtigste Aufgabe des Vertriebes ist selbstverständlich das Verkaufen. Auf dem Wege dorthin sind allerdings eine Reihe von Tätigkeiten durchzuführen, die vordergründig nichts direkt mit dem Verkaufen zu tun haben; werden diese Aufgaben aber unzureichend oder gar nicht ausgeführt, so wird eine Vertriebsorganisation mittel- und langfristig keinen Erfolg haben. Die wichtigsten dieser Tätigkeiten sollen jetzt analysiert werden, wobei es sich als Gliederungsmöglichkeit anbietet, die Tätigkeiten danach zu unterscheiden, ob sie bei oder mit dem Kunden, intern für den Kunden oder nur intern beim Anbieter durchgeführt werden.

2.1.1 Tätigkeiten des Vertriebs bei oder mit dem Kunden

Der Aufbau einer guten **persönlichen Beziehung** zu den wichtigsten Mitarbeitern der Kundenorganisation ist für den Erfolg des Vertriebes von entscheidender Bedeutung. Im Vordergrund steht dabei die Beziehung zwischen dem oder den verantwortlichen Außendienst-Mitarbeitern des Anbieters und den Mitgliedern der Buying Centers beim Kunden; darüber hinaus sind auch die Kontakte zwischen den verschiedenen Managementfunktionen des anbietenden Unternehmens und des Kunden herzustellen und zu pflegen. Diese Kontakte sind permanent beizubehalten, auch wenn bei einem Kunden gerade keine aktuelle Beschaffung zu erwarten ist. Es macht keinen guten Eindruck, wenn Vertriebsleiter und Vertriebsdirektoren den Kunden nur besuchen, wenn große Entscheidungen bevorstehen oder andere wichtige aktuelle Probleme zu lösen sind. Gerade Besuche des Managements in „verkaufsschwachen" Zeiten können Gelegenheit zu Gesprächen bieten, die zur Vertiefung des gegenseitigen Verständnisses zwischen den beiden Unternehmen dienen. Oft werden gerade in solchen Gesprächen, die nicht durch hektische Verkaufssituationen geprägt sind, kreative Projekte geboren, die für die weitere Geschäftsentwicklung auf beiden Seiten große Auswirkungen haben können; auf jeden Fall sind derartige Gespräche, die auch bei Veranstaltungen und Messen stattfinden können, der Kundenzufriedenheit sehr zuträglich.

Sind gute Verbindungen zum Kunden etabliert, so ist es nicht schwer, eine permanente **Ist-Analyse des Kunden** aus Sicht des Anbieters durchzuführen. Dazu gehört:

► Analyse der Zusammensetzung und der Machtstrukturen im Buying Center

► Ermittlung von Entwicklungstendenzen in Bezug auf die angebotenen Produkte

► die Erfassung von tatsächlichen und geplanten Installationen von Wettbewerberprodukten beim Kunden.

Neben diesen eher passiven Aufgaben muss der Vertrieb ein aktives Pre-Procurement betreiben, er muss den Kundenbedarf wecken und verstärken und die regelmäßige Information aller wichtigen Kundenabteilungen über das aktuelle Lösungsangebot in technischer wie wirtschaftlicher Hinsicht sicherstellen.

Ist eine konkrete Beschaffungssituation entstanden, muss sich der Vertrieb schnell in die Problemanalyse des Kunden einschalten und eigene Lösungsvorschläge erarbeiten und präsentieren. Im positiven Fall folgen dann die „klassischen" Tätigkeiten des Vertriebs, nämlich Verhandlung von Konditionen und Abschluss von Verträgen, die hier nicht weiter vertieft werden sollen.

Mit dem Abschluss des Vertrages ist aber die Tätigkeit des Vertriebs keineswegs beendet. Zum einen behält der Vertrieb bis zur betriebsbereiten Übergabe der Problemlösung seine Verantwortung; zum anderen sind in der Regel zusätzliche Dienstleistungen (wie Schulung der Kundenmitarbeiter) anzubieten, abzuschließen und zu implementieren. Gelingt es dem Vertrieb, in dieser After-Sales-Phase eine hohe Kundenzufriedenheit zu erzielen, so kann er eine gute Grundlage für das Erweiterungs- oder Folgegeschäft legen.

In einem späteren Zeitraum sollte der Vertrieb außerdem die Erfahrungen des Kunden mit den installierten Produkten sammeln und insbesondere Kritik bzw. Verbesserungsvorschläge an das eigene Produktmanagement weitergeben.

2.1.2 Interne Tätigkeiten des Vertriebs für den Kunden

Die Tätigkeit des Vertriebes für den Kunden beschränkt sich nicht nur auf die Tätigkeit beim Kunden. Vielmehr sind eine Reihe von zum Teil sehr zeitaufwändigen Arbeiten für den Kunden zu leisten, die überwiegend intern oder zusammen mit anderen kooperierenden Anbietern durchzuführen sind.

In der Akquisitions- und Vor-Angebotsphase gehört dazu vor allem die Erstellung von **Problemlösungskonzepten** bis hin zu vollständigen Angeboten. Die Komplexität dieser Angebote variiert im Bereich des Business-to-Business-Marketing von Branche zu Branche; bei den hier überwiegend betrachteten technischen Produkten ist damit häufig ein beachtlicher personeller und sachlicher Aufwand verbunden. Die vom Kunden oft nur grob geschilderten Probleme müssen mit den aktuellen – und vielleicht zukünftigen – Lösungsmöglichkeiten durch Produkte des Anbieters in Einklang gebracht werden. Die Außendienstmitarbeiter sind dabei zusätzlich auf den Sachverstand von Spezialisten angewiesen.

Die erarbeiteten Lösungskonzepte müssen dann – meist in mehreren Iterationen – mit den verschiedenen Mitgliedern des Buying Center diskutiert und einem sachlich akzeptablen und finanzierbaren Angebot zugeführt werden.

Ein wichtiger Aspekt in diesem Zusammenhang ist die **Qualitätskontrolle von Angeboten**. Gerade bei komplexen Produkten ist es oft schwer oder fast unmöglich, die Korrektheit einer angebotenen Konfiguration zu beweisen. Da andererseits Fehler in der Angebotserstellung unabsehbare finanzielle Folgen für den Anbieter haben können, haben viele Anbieter für ihre Produkte Expertensysteme bzw. Konfiguratoren entwickelt, die nach Eingabe der gewünschten Eigenschaften eine zulässige Konfiguration ermitteln bzw. die Fehlerhaftigkeit einer vorgeschlagenen Lösung nachweisen. Mit diesen Systemen lassen sich die technischen Rahmenbedingungen in vielen Fällen effizient und zuverlässig verifizieren.

Hinzu kommen allerdings häufig noch „weiche" Randbedingungen; darunter sind die konkreten Einsatzbedingungen und -erwartungen zu verstehen, die der Kunde mit der zu beschaffenden Lösung verbindet. Es nützt wenig, dem Kunden zwar ein in sich konsistentes System anzubieten und zu verkaufen, das aber bestimmte Anforderungen des Kunden nicht erfüllen kann. Dazu gehören auch Anforderungen, die der Kunde in der Beschaffungssituation noch gar nicht geäußert hat oder die er noch gar nicht kennen kann, auf deren Existenz ein seriöser Anbieter aber hätte hinweisen müssen. Es ist für den Vertrieb ein schwieriger Balanceakt, auf derartige Dinge hinzuweisen: Die Berücksichtigung von Produkteigenschaften, die zur Lösung von Problemen dienen, die der Kunde zurzeit noch gar nicht sieht, verteuern meist das Angebot, vor allem im Vergleich zu einem Wettbewerber, der für derartige Fälle keine Vorsorge trifft. Andererseits kann die Sorgfalt, mit der ein Anbieter auf derartige Notwendigkeiten eingeht, den Kunden von der Kompetenz des Anbieters überzeugen und preisgünstigere Wettbewerberangebote fachlich unattraktiv erscheinen lassen.

Ein Beispiel für ein derartiges Problem ist der gesamte Komplex der Datensicherung bei Computersystemen. Kleinere Unternehmen, die zum ersten Mal ein Netzwerk installieren, können durch das zusätzliche Angebot von Datensicherungssystemen irritiert werden, weil sie naiverweise davon ausgehen, dass in Computern keine Daten verloren gehen können. Anbieter, die dieses Problem unberücksichtigt lassen, können preiswerter anbieten. Im Problemfall werden diese Anbieter jedoch erklären müssen, warum sie keine Vorsorge für Datenverlust getroffen haben und den Kunden möglicherweise wegen dieser schlechten Beratung für immer verlieren.

Für den Kunden ist außerdem eine ständige **Auskunftsbereitschaft** sicherzustellen. Diese Aufgabe hört sich trivial an, ist aber in der Praxis nicht einfach zu realisieren. Da über die konkrete Situation bei einem Kunden oder Interessenten in der Regel nur sehr wenige Außendienstmitarbeiter genau informiert sind, ist für den Fall der Abwesenheit entsprechende Vorsorge zu treffen (auch der inzwischen weitverbreitete Einsatz von Mobiltelefonen löst dieses Problem nicht, da die betreffenden Mitarbeiter in vielen Situationen – z. B. beim Besuch anderer Kunden – nicht erreicht werden können).

Als günstig hat sich für diese Fälle eine gestufte „Hotline" bewährt, die versucht, zunächst die Dringlichkeit und Qualität des Anrufes zu ermitteln und den Anruf dann an eine entsprechende interne Funktion weitergibt.

Zur Verbesserung der Auskunftsbereitschaft trägt zudem ein entsprechendes Kunden-Informationssystem bei, in dem jede durchgeführte und geplante Aktion verzeichnet ist und für – berechtigte – Benutzer sichtbar wird.

Neben diesen Tätigkeiten, die für den Kunden konkret spürbar sind, sind eine Reihe von Arbeiten nötig, deren Effekt der Kunde nur sehr bedingt oder gar nicht bemerkt. Dazu gehört vor allem die gründliche **Besuchsvor- und -nachbereitung**. Eine konsequente Erledigung der in der Vergangenheit vereinbarten Aktionen und die Vorbereitung eines Berichts über die Ergebnisse derartiger Aktivitäten gehören genauso dazu wie die qualifizierte Vorbereitung von Vorschlägen, die dem Kunden bei einem Besuch gemacht werden sollten.

Auf eine Vertiefung des gesamten Bereichs der Verkaufsgesprächsführung soll hier verzichtet werden. Näheres findet sich z. B. im Band „Verkaufsgesprächsführung" in dieser Reihe (*Weis*, 2003).

Nach einem Besuch sind **Besuchsberichte** zu erstellen bzw. in das entsprechende Informationssystem einzugeben. Vor allem sind die Daten über die Kunden und alle Ansprechpartner ständig aktuell zu halten, denn es kann außerordentlich unangenehm sein, wenn bei Mailing-Aktionen die Gesprächspartner nicht korrekt angeschrieben werden. Da bei größeren Kunden eine Vielzahl derartiger Personen – oft mit einer beachtlichen internen Fluktuationsrate – zu verwalten ist, ist dies eine permanente Aufgabe, die allerdings auch äußerst unbeliebt ist.

In der Nachverkaufsphase sind einer Reihe von **anbieterinternen Prozessen** zu überwachen, die zwar von anderen Abteilungen verantwortlich durchgeführt werden, deren korrekte Abwicklung für den Vertrieb aber von größter Wichtigkeit ist. Dazu gehört zunächst die Überwachung der Auftragsbearbeitung, denn wenn bereits bei der Eingabe der Aufträge Abweichungen vom Kundenauftrag auftreten, ist dies später nur mit erheblichem Aufwand zu korrigieren.

In der nachfolgenden Phase ist auch die Auftragsabwicklung, insbesondere die Einplanung von Lieferzeiten, zu überwachen. Sind die mit dem Kunden vereinbarten oder von ihm erwarteten Liefertermine nicht einzuhalten, muss der Vorgang entweder intern eskaliert (und gelöst) werden oder es muss mit dem Kunden frühzeitig eine Einigung über eine Lieferterminverschiebung getroffen werden. Eine sorgfältige Nacharbeit dieser Dinge ist bei vielen Außendienstmitarbeitern nicht sonderlich beliebt, aber gerade Verkäufer, die diese Teilaufgaben korrekt erledigen, werden das besondere Vertrauen ihrer Kunden gewinnen und langfristig erfolgreicher sein, als so genannte „Starverkäufer", die zwar viele Aufträge erhalten, bei denen aber die erforderlichen Nacharbeiten weder zur Kundenzufriedenheit noch zum Image des Anbieters beitragen.

2.1.3 Interne Tätigkeiten des Vertriebs

Zu den internen Aufgaben des Vertriebes zählen eine Reihe von Planungstätigkeiten, die für den Vertrieb selbst, aber auch für das gesamte anbietende Unternehmen von großer Bedeutung sind. Eine mehr oder weniger genaue kurz- und mittelfristige **Kundenplanung** sollte mindestens Angaben enthalten über

► geplante Abschlüsse gruppiert nach Produkten und Kunden

► Abschlusstermine mit subjektiven Wahrscheinlichkeiten

► Liefer- bzw. Installationstermine mit subjektiven Wahrscheinlichkeiten.

Eine derartige – permanent fortzuschreibende – Planung ist für die Außendienstmitarbeiter selbst sehr wichtig, zwingt sie doch den einzelnen Mitarbeiter zu einer strukturierten und regelmäßigen Überprüfung seiner Geschäftschancen in seinem Gebiet.

Das Vertriebsmanagement wird die Planungen regelmäßig mit den Mitarbeitern durchsprechen und Anregungen für die Forcierung bestimmter Produkte in bestimmten Marktsegmenten geben. Zudem kann durch eine Hochrechnung der mit den Wahrscheinlichkeiten gewichteten Planzahlen ein brauchbares Bild der kurz- und mittelfristig zu erwartenden Volumina gewonnen werden.

Der Einsatz subjektiver Wahrscheinlichkeiten ist grundsätzlich problematisch, weil persönliche Einschätzungen sehr unterschiedlich ausfallen können; allerdings gibt es einige einfache Korrekturhilfen: Zum einen werden die Mitarbeiter versuchen, möglichst realistische Wahrscheinlichkeiten anzugeben. Bei zu optimistischen Angaben werden sie im Fall eines Misserfolg sehr genau begründen müssen, warum sie dem Projekt eine hohe Wahrscheinlichkeit zugeordnet haben; bei zu pessimistischen Angaben wird der Mitarbeiter Schwierigkeiten haben, einen Plan zu entwickeln, der die Erfüllung seiner Vorgaben vorsieht; er wird dann sehr intensiv mit seinem Vorgesetzten die einzelnen Projekte durchsprechen müssen, um zu realistischen Einschätzungen zu kommen.

Ein weiteres Korrektiv ist der Vergleich der Planzahlen der Vergangenheit mit den tatsächlich eingetretenen Ergebnissen jedes Mitarbeiters. Aus diesem Vergleich lässt sich leicht ersehen, welche Mitarbeiter grundsätzlich zu pessimistisch oder zu optimistisch geplant haben. Es gibt auch die Möglichkeit, die Mitarbeiter durch Zahlung von Prämien zur Planungsgenauigkeit anzuhalten.

Durch einen Vergleich der von den Mitarbeitern subjektiv ermittelten Planzahlen mit dem Stand zum gleichen Zeitpunkt des Vorjahres lassen sich Tendenzen erkennen, bei denen die subjektiven Wahrscheinlichkeiten weitgehend eliminiert sind (sofern sich bei der Zusammensetzung der Mitarbeiter oder des Gebietes keine gravierenden Änderungen ergeben haben).

Die so gewonnenen Planzahlen sind für den Vertrieb sehr wichtig, da damit für den Planungszeitraum eine gute Abschätzungsmöglichkeit der Entwicklung der einzelnen Produkte und Märkte besteht. Durch Vergleich dieser bottom-up-Planung mit den ursprünglichen top-down-Plänen des Unternehmens lassen sich Fehlentwicklungen frühzeitig erkennen und entsprechende Maßnahmen durch Nutzung aller Instrumente des Marketing-Mix einleiten. Ein ähnliches „Frühwarnsystem" kann auch für die Entwicklung der Vertriebskosten genutzt werden.

Die **Aus- und Weiterbildung der Vertriebsmitarbeiter** ist eine weitere wichtige Aufgabe des Vertriebes. Auf den technologisch oft anspruchsvollen Märkten des Business-to-Business-Marketings ist es unabdingbar, bei den Mitarbeitern jederzeit ein aktuelles Qualifikationsniveau sicherzustellen. Im Gegensatz zum Konsumgütermarketing, bei dem viele Kunden nur geringe Produktkenntnisse haben, verfügen viele Mitarbeiter des Buying-Centers über ausgezeichnete Produkt- und Anwendungskenntnisse. Vertriebsmitarbeiter, die diesen Kundenmitarbeitern fachlich nicht adäquat gegenübertreten können, werden vom Kunden nicht akzeptiert werden.

Diese Mitarbeiterausbildung kann einen erheblichen Kostenfaktor darstellen; bei einem durchaus realistischen Wert von 10 - 15 Arbeitstagen Schulung pro Jahr und Mitarbeiter werden allein für die entgangene Arbeitszeit 5 % - 8 % der Personalkosten erreicht; hinzu kommen noch die Kosten der Schulung selbst; viele Anbieter haben dafür eigene Schulungszentren geschaffen, in denen z. T. auch Kunden ausgebildet werden.

2.2 Alternativen beim Aufbau einer Vertriebsorganisation

Für eine Realisierung der vielfältigen Aufgaben des Vertriebes ist es notwendig, den Vertrieb zielgerichtet zu organisieren. Üblicherweise besteht der Vertrieb zunächst aus einem Außendienst, also den Mitarbeitern, die die unmittelbare Kundenverantwortung haben und überwiegend nach ergebnisbezogenen Modellen bezahlt werden (siehe 3.2); daneben ist der Einsatz eines effizienten Innendienstes empfehlenswert, der den Außendienst von internen Aufgaben entlasten kann. Die Innendienstmitarbeiter erhalten überwiegend Festgehälter; es gibt aber auch Ansätze, die Motivation der Innendienstmitarbeiter mit geeigneten Bonussystemen zu steigern und insbesondere die teilweise gravierenden Einkommensunterschiede zwischen Außen- und Innendienst zu verringern. Eine Tätigkeit als Innendienstmitarbeiter kann eine Entwicklungsstufe zum Außendienstmitarbeiter sein, da viele Innendienstmitarbeiter über gute Produkt- und Kundenkenntnisse verfügen und nach einer entsprechenden Ausbildung auch als Außendienstmitarbeiter eingesetzt werden können.

Die Steuerung des Außendiensts, des Innendiensts sowie ggf. zusätzlicher Support-Bereiche übernimmt das Vertriebsmanagement, sodass folgende Organisationsform häufig in der Praxis anzutreffen ist:

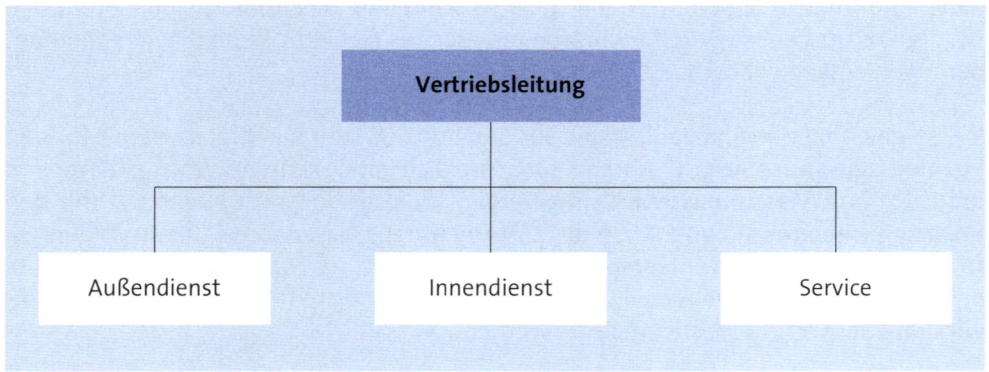

Abb. 3: Typische Vertriebsorganisation im Business-to-Business-Marketing

Bei den verschiedenen Unternehmen besteht eine Vielzahl von Organisationsformen für den gesamten Vertriebsbereich; dieses Thema soll hier nicht weiter vertieft werden; vielmehr sollen die Kernpunkte des persönlichen Verkaufs auf Business-Märkten erarbeitet werden. Dazu gehört die Zuordnung der Außendienstmitarbeiter zu den Kunden und Interessenten sowie der gesamte Komplex der Außendienststeuerung.

Wichtig für die Organisation des Außendienstes ist eine eindeutige Zuordnung der Außendienstmitarbeiter zu „Gebieten"; darunter sind eindeutig abgrenzbare Gruppen von

Kunden und Interessenten zu verstehen; als Abgrenzungskriterium kommen geografische Gebiete, Produktgruppen und Branchen infrage sowie Kombinationen dieser drei Kriterien. Bei den Kunden/Interessenten kann unterschieden werden zwischen

▶ Bestandskunden, also Kunden, die überwiegend Produkte des Anbieters einsetzen

▶ Wettbewerbskunden, die überwiegend Produkt der Wettbewerber einsetzen und

▶ (bisherige) Nichtverwender der angebotenen Produkte.

Bei den beiden letzten Kategorien handelt es sich um Neukundenpotenzial; dieser Bereich wird in Abschnitt 2.2.5 gesondert angesprochen.

Eine eindeutige Zuordnung durch eine „Gebietszuweisung" ist deswegen erforderlich, weil auf Business-Märkten die Kunden nicht in ein Ladengeschäft kommen, sondern von den Außendienstmitarbeitern aktiv betreut werden müssen. Nur durch eine Gebietszuweisung kann sichergestellt werden, dass für jeden Kunden und Interessenten eine eindeutige Verantwortung besteht und nicht mehrere Außendienstmitarbeiter des gleichen Anbieters die gleichen Produkte bei einem attraktiven Kunden anbieten, während ein vermeintlich unattraktiver Kunde von keinem Außendienstmitarbeiter betreut wird.

2.2.1 Gebiets-/geografieorientierte Vertriebsorganisation

Die in den meisten Fällen nächstliegende Organisationsform ist die Bildung von geografischen Gebieten, also z. B. Bundesländern, Postleitzahlbereichen oder anderen Abgrenzungen.

Eine derartige Organisationform hat folgende Vorteile:

▶ **Kurze Wege:** Bei einer konstanten Zahl der Außendienstmitarbeiter (im Vergleich zu den anderen Alternativen) ergeben sich relativ kleine geografische Gebiete, sodass geringere Reisekosten und -zeiten aufzuwenden sind.

▶ **Klare Zuständigkeiten:** Auch für die Kunden und Interessenten ist nachvollziehbar, wer der für sie verantwortliche Mitarbeiter ist.

▶ **„One face to the customer":** Wegen der kurzen Wege und der klaren Zuständigkeiten kann sich der Außendienstmitarbeiter als der Vertreter seines Unternehmens präsentieren, er kann seine Marketingaktivitäten an spezielle regionale Besonderheiten anpassen und auch vielfältige lokale Kontakte zu den Kundenmitarbeitern knüpfen (Vereine, Kammern etc.).

▶ Dadurch kann eine **enge Beziehung** zwischen Kunden und Verkäufer entstehen.

▶ **Mitarbeiter gut austauschbar:** Obwohl es generell nicht günstig ist, bestehende Kundenbeziehungen durch einen personellen Wechsel aufzugeben, sind Mitarbeiter in geografischen Gebieten besser austauschbar, weil sie fachlich eine sehr ähnliche „Allround"-Qualifikation entwickeln müssen.

▸ **Risikoausgleich der Verkäufer über Branchen:** Da in einem geografischen Gebiet meist viele verschiedene Branchen vertreten sind, ist das Risiko einer negativen Entwicklung einzelner Branchen eher begrenzt.

▸ **Geringer Aufwand an Führungskräften:** Wegen der Gleichartigkeit der Mitarbeiter und der kurzen Wege ist eine große Kontrollspanne möglich.

▸ **Neukunden-Akquisition relativ einfach:** Durch vielfältige Kontakte der Außendienstmitarbeiter in ihrem Gebiet und durch Kontakte von Kunden zu bisherigen Nicht-Kunden können potenzielle Neukunden relativ leicht identifiziert und akquiriert werden.

Eine geografieorientierte Gebietszuweisung hat aber auch einige sehr **bedeutsame Nachteile**, die in jeder konkreten Situation gegen die Vorteile abgewogen werden müssen:

▸ **Keine Spezialisierung der Verkäufer auf einzelne Produkte:** Da die Verkäufer das gesamte Produktangebot vertreten, werden sie nur bei wenigen Produktbereichen ein besonders tiefes Fachwissen aufbauen können; auf technologisch orientierten Business-Märkten besteht das Risiko, dass derartige Verkäufer vom Kunden nicht akzeptiert werden. Das fallweise Einschalten von Produktspezialisten kann das Problem mildern, verursacht aber einen entsprechenden Kosten-, Personal- und Management-Aufwand.

▸ **Keine Spezialisierung der Verkäufer auf einzelne Branchen:** Ähnliches gilt für die Branchenkenntnis der Verkäufer. Branchen unterscheiden sich nicht nur in der Nachfrage nach unterschiedlichen Produkten und Lösungen; vielfach sind auch Vertragsbedingungen und andere Usancen sehr unterschiedlich, sodass es für branchenfremde Außendienstmitarbeiter sehr schwierig ist, von den Kunden akzeptiert zu werden.

▸ **Hoher Ausbildungsaufwand:** Da der geografieorientierte Verkäufer die gesamte Produktpalette vertreten muss, sind permanent alle Verkäufer über alle Produkte fortzubilden.

▸ **Die Produktsteuerung ist schwierig:** Das Vertriebsmanagement hat wenig Möglichkeiten, den Verkauf bestimmter Produkte zu forcieren, da die Verkäufer auf „bequeme" Produkte ausweichen können. Sollen dennoch bestimmte Produktvorgaben gemacht werden, so kann ein sehr kompliziertes Incentive-System entstehen.

▸ **Risiko für Verkäufer durch wirtschaftliche Entwicklung im Gebiet:** Zwar hängt der Verkäufer nicht von der Entwicklung einzelner Branchen oder Produktsegmente ab, er hat aber keine Chance, Fehlentwicklungen in strukturschwachen Gebieten zu kompensieren.

Aus diesen Überlegungen folgt, dass eine rein geografische Gebietsorganisation nur in folgenden Fällen zu empfehlen ist, wenn

▸ die Produktpalette aus wenigen und ähnlichen Produkten besteht und wenn

▸ die Produkte wenig branchenspezifisch sind.

2.2.2 Produktorientierte Vertriebsorganisation

Bei einer produktorientierten Gebietszuweisung ist ein Verkäufer nur für **ein** Produkt oder **eine** Produktgruppe des Anbieters verantwortlich. Geht man von einer im Vergleich zu anderen Organisationsalternativen konstanten Zahl von Außendienstmitarbeitern aus, folgt daraus, dass die geografischen Gebiete dieser Verkäufer wesentlich größer werden müssen, da zur Abdeckung des gesamten Produktspektrums mehrere Mitarbeiter parallel bei den gleichen Kunden eingesetzt werden müssen.

Diese Form der Gebietszuweisung hat einige bedeutende **Vorteile:**

► **Hoher Produktskill möglich:** Es müssen nur wenige Produkte beherrscht werden,

► deswegen ist insgesamt **geringer Ausbildungsaufwand** nötig.

► **Höhere Motivation des Verkäufers:** Er fühlt sich als „Experte", da er vermutlich fachlich kompetenter ist als die meisten Kundenmitarbeiter.

► **Die Produktsteuerung ist einfach:** Der Mitarbeiter erhält konkrete Vorgaben für „seine" Produkte und kann nicht auf „bequeme" Produkte ausweichen; dadurch sind schnelle und gezielte Maßnahmen für einzelne Produkte möglich.

Gegen die Produktorientierung sprechen vor allem einige der Punkte, die für die geografische Organisation sprechen:

► **Lange und doppelte Wege** wegen des großen und mehrfach belegten Gebietes.

► **Interne Konkurrenz:** Da mehrere Verkäufer mit verschiedenen Produktgruppen bei demselben Kunden akquirieren, kann eine interne Konkurrenz entstehen, vor allem dann, wenn Lösungen für die Kunden sowohl mit der einen als auch mit der anderen Produktgruppe möglich sind. Neben der daraus resultierenden Doppelarbeit kann eine Verunsicherung des Kunden eintreten, die der Entwicklung der Geschäftsbeziehung nicht förderlich ist.

► **Keine enge Beziehung zwischen Kunden und Verkäufer:** Mehrere Verkäufer des gleichen Anbieters, die für verschiedene Produktgruppen zuständig sind und die zudem noch ein großes geografisches Gebiet zu betreuen haben, können keine besonders engen Beziehungen zu den Mitgliedern des Buying Center entwickeln.

► **Nicht immer klare Zuständigkeiten:** Vor allem, wenn Schnittstellenprobleme zwischen verschiedenen Produkten des gleichen Anbieters auftreten, können sich für den Anbieter sehr negative Effekte ergeben, wenn aufgrund der Betreuungsform keine schnellen Lösungen entwickelt werden können.

► **Keine Spezialisierung der Verkäufer auf einzelne Branchen** (wie bei der geografischen Organisation).

► **Abhängigkeit des Verkäufers vom Produktlebenszyklus „seiner" Produkte:** Hat der Verkäufer Produkte, die am Ende des Lebenszyklus stehen, so hat er nur geringe Chancen, ein akzeptables Ergebnis zu erreichen, es sei denn, es ist rechtzeitig ein Nachfolgeprodukt verfügbar, für dessen Vertrieb seine Qualifikation ausreicht: So hatte IBM große Schwierigkeiten, die zahlreichen Schreibmaschinenverkäufer nach Auslaufen dieser Produktgruppe auf die nachfolgenden Personal Computer umzuschulen, da vielfach die fachliche Qualifikation der Mitarbeiter für die Betreuung der vergleichsweise komplexen PCs nicht ausreichte.

▶ **Mitarbeiter schwer austauschbar:** Wegen der engen Produktspezialisierung sind die Mitarbeiter nur innerhalb der Produktorganisation austauschbar; ein Austausch in dieser Organisation führt regelmäßig zu großen geografischen Veränderungen für den Mitarbeiter (Versetzungen oder lange Reisewege mit entsprechenden Kosten).

▶ **Neukunden-Akquisition schwierig:** Da jeder einzelne Produktspezialist nur Teile der gesamten Produktpalette anbieten kann, können Neukunden, die Produkte aus mehreren Gruppen benötigen, nur schwer akquiriert werden.

Die **Produktorganisation ist daher zu empfehlen,** wenn die Produktpalette aus sehr unterschiedlichen Produktgruppen besteht und wenn die Produkte so hohe Beratungsfähigkeiten erfordern, dass jede andere Organisationform ausscheidet. Außerdem empfiehlt sie sich, wenn die Produkte wenig branchenspezifisch sind oder wenn die Kundenabteilungen ebenfalls nach Produkten organisiert sind.

2.2.3 Branchen- bzw. kundenorientierte Vertriebsorganisation

Als dritte „reine" Organisationsform kommt eine **branchen**orientierte Außendienst-Organisation infrage; dabei bestehen die Gebiete aus eindeutig abgrenzbaren Branchen oder Subbranchen (z. B. Banken, Speditionen, Universitäten etc.). Bei Konstanz der Mitarbeiterzahl gilt zunächst, ebenfalls wie bei der Produktorganisation, dass das geografische Gebiet notwendigerweise größer wird – es sei denn, dass die Branchen geografisch extrem konzentriert sind, wie z. B. Banken in Frankfurt/Main.

Die Branchenorientierung hat einige Vorteile, die sich wenig von der geografischen Organisation unterscheiden: klare Zuständigkeiten und „one face to the customer". Ob es gelingt, eine sehr enge Beziehung zwischen Kunden und Verkäufer zu erreichen, hängt von der geographischen Fragmentierung der Branche ab. Daneben treten einige spezielle Vorteile der Branchenorganisation:

▶ Anpassung der Marketingaktivitäten an spezielle **branchenbezogene Besonderheiten**

▶ **hohes Maß an Branchenkenntnissen** möglich

▶ **hohe Akzeptanz** beim Kunden, die insbesondere gilt, wenn der Verkäufer ursprünglich aus der Branche kommt

▶ **frühes Erkennen von Veränderungen** der Bedarfsentwicklung einzelner Branchen.

Die Gegenargumente entsprechen zum Teil ebenfalls der Situation bei der geografischen Gebietsverteilung:

▶ **Lange Wege:** Die Firmen der Branche sind geografisch weit verstreut und oft schwer zu erreichen.

► **Keine Spezialisierung der Verkäufer auf einzelne Produkte:** Dieser Punkt wird allerdings dadurch gemildert, dass in vielen Branchen nicht das gesamte Produktspektrum des Anbieters nachgefragt wird. So wird bei einem Anbieter von Informationstechnik ein Bankenbetreuer keinen CAD-Skill benötigen, während ein Betreuer von Maschinenbauunternehmen keine Kenntnisse über Bankenterminals und Geldautomaten haben muss.

► Hinzu kommt ein spezielles Problem der Branchenorganisation: Da der gleiche Verkäufer **Kunden betreut, die im Wettbewerb miteinander** stehen, kann es bei der Diskussion innovativer Projekte, die dem Kunden eindeutige Wettbewerbsvorteile verschaffen, zu Vertrauensproblemen der Kunden kommen.

► Die **Abhängigkeit der Verkäufer von der Branchenkonjunktur** ist sehr stark ausgeprägt.

► Der Verkäufer ist **nur innerhalb der Branche einsetzbar.**

► Es besteht – gerade bei hochqualifizierten Kräften – eine **besondere Abwerbungsgefahr** der Verkäufer durch Kunden.

Die Branchenorientierung ist zu empfehlen, wenn der Bedarf der Branchen sehr unterschiedlich ist und wenn das Gebiet wenige, aber große Kunden enthält.

2.2.4 Gemischte Organisationsformen

Da die Fälle, in denen eindeutig eine „reine" Organisationsform empfohlen werden kann, eher selten sind, werden in der Praxis Mischformen eingesetzt. Eine typische Realisierung der verschiedenen Arten der Gebietszuweisung ist in folgendem Beispiel dargestellt:

Beispiel

1. Stufe: nur Großkunden, getrennt nach Branchen, z. B.:

► Banken und Versicherungen

► Industrie

► Handel und Dienstleistungen

► öffentlicher Dienst

(Kunden und Interessenten ohne Großkundenpotenzial können in diesem Beispiel von anderen Vertriebseinheiten des Anbieters oder aber auch über gänzlich andere – z. B. indirekte – Vertriebswege betreut werden.)

2. Stufe: geografisch

z. B. Banken/Versicherungen Norddeutschland

3. Stufe: Produktspezialisten in Overlay-Struktur:

Für jeden Kunden wird ein Mitarbeiter eingesetzt, der als eindeutiger Primär-VB („Vertriebsbeauftragter"), die Gesamtverantwortung für den Kunden (oder auch für mehrere Kunden) hat. Daneben treten für einzelne Produktsegmente Produkt- oder „Overlay"-VBs, die bei einer größeren Gruppe von Kunden speziell für ihre Produkte verantwortlich sind. Das Beispiel einer solchen Außendienst-Organisation, die eine gebietsnahe und branchennahe Betreuung mit Produktspezialisten kombiniert, könnte folgendermaßen aussehen:

Primär		Sekundär (Overlay)		
Kunden	Kunden-VB	PC-VB	Drucker-VB	Software-VB
Kunde 1	Müller	Adam	Bauer	Winn
Kunde 2	Müller	Adam	Bauer	Winn
Kunde 3	Müller	Adam	Bauer	Winn
Kunde 4	Schulze	Adam	Bauer	Winn
Kunde 5	Schulze	Adam	Bauer	Winn
Kunde 6	Schulze	Adam	Bauer	Winn
Kunde 7	Schulze	Adam	Bauer	Winn

Tab. 1: Kundenstrukturbeispiel

Während Müller und Schulze die Gesamtverantwortung für die Kunden 1 - 3 bzw. 4 - 7 (jeweils für die gesamte Produktpalette) haben, betreuen Adam, Bauer und Winn alle Kunden nur mit ihrer jeweiligen Teil-Produktpalette. Abschlüsse von Druckern beim Kunden 5 werden demnach sowohl dem Primär-VB Schulze wie auch dem Overlay-VB Bauer gutgeschrieben.

Dubinsky/Barry haben für den amerikanischen Markt folgende Verteilung von Gebietsstrukturen ermittelt:

Gebietsstruktur	Kleinere und mittlere Unternehmen	Groß-unternehmen
Geografische Orientierung	68 %	75 %
Kombination von Produkt- Kunden- und Geografie- Orientierung	41 %	60 %
Produktorientierung	41 %	30 %
Branchenorientierung	19 %	38 %

Tab. 2: US-amerikanischer Markt Vertriebsverteilung von Gebietsstrukturen
Quelle: *Dubinsky/Barry* (1982)

Die Gesamtergebnisse aller Mitarbeiter hängen jeweils von dem Ergebnis in ihrem speziellen Kunden/Produkt-Gebiet ab und können – auch in Abhängigkeit von ihrer persönlichen Vorgabe – sehr unterschiedlich ausfallen.

2.2.5 Neukunden-Gebiete und -Akquisition (prospecting)

Die geografische und die branchenmäßige Organisation sind für das Gewinnen von Neukunden grundsätzlich geeignet. Dennoch empfiehlt es sich in vielen Fällen, diese Aufgaben speziellen Mitarbeitern oder sogar ganzen Abteilungen zu übertragen. Die Ursache dafür liegt in den deutlich unterschiedlichen Abläufen und Chancen bei der Neukundenakquisition. Im Normalfall ist diese Tätigkeit im Vergleich zur Betreuung bestehender Kunden relativ aufwändig, sodass es schwer fällt, Mitarbeitern mit gemischten Gebieten angemessene Vorgaben für das Gewinnen von Neukunden zu geben. Mitarbeiter, die ausschließlich ein Gebiet mit Neukundenpotenzial zu betreuen haben, können ihre Vorgabe nicht durch Kompensation bei bestehenden Kunden erreichen.

Die schwierigste Aufgabe bei der Neukundenakquisition ist das Identifizieren der potenziellen Kunden; dazu können Hilfsmittel genutzt werden wie:

- ► Adressbücher, Adressverlage, Internet
- ► Hinweise von Bestandskunden (deren Kunden, Lieferanten, Wettbewerber)
- ► Telemarketing, Direkt-Marketing
- ► Messen, Ausstellungen
- ► Anzeigen (mit Antwortcoupon)
- ► Stellenanzeigen
- ► „cold calls" (Besuche ohne Vorankündigung, z. T. erstaunlich erfolgreich).

In manchen Branchen lohnt sich beim Neukundenpotenzial eine Unterscheidung in tatsächliche bisherige Nicht-Verwender des Produktes und bisherige Wettbewerberkunden. Während bei Nicht-Verwendern eine große Überzeugungsarbeit zu leisten ist, stehen bei Wettbewerberkunden die Fragen der Migration von dem Wettbewerbersystem im Vordergrund bzw. die Probleme, die entstehen, wenn die installierten Systeme des Wettbewerbs gemeinsam mit den neu abzuschließenden Systemen des Anbieters betrieben werden sollen. Da diese beiden Neukundensituationen ebenfalls sehr unterschiedliche Anforderungen an die Vertriebsmitarbeiter stellen, wird der Neukunden-Bereich häufig in diese beiden Arbeitsbereiche unterteilt.

Ein besonderes Problem dieser Organisationsform liegt allerdings in der Entwicklung der zukünftigen Betreuung der gewonnenen Neukunden. Da es die Aufgabe der speziellen Neukunden-Vertriebsmitarbeiter ist, Neukunden zu akquirieren, kann ein gewonnener Neukunde nicht länger von diesen Mitarbeitern betreut werden, da sonst im Gebiet dieser Mitarbeiter eine Mischform von Neukunden- und Bestandskunden auftreten würde. Es ist daher eine Regelung zu treffen, wie die gewonnenen Neukunden in die normale Betreuung für Bestandkunden überführt werden können. Dadurch tritt in der Regel eine personelle Änderung der Betreuung ein, die gerade bei frisch gewonnenen Neukunden negative Auswirkungen haben kann.

2.3 Spezielle Organisationsformen

2.3.1 Key-Account-Management

Beim Key-Account-Management werden für die wichtigsten Kunden spezielle Kunden-betreuer bestimmt, die die Gesamtverantwortung für den (Groß-)Kunden haben. Die Primär-VBs im Beispiel aus 2.2.4 sind eine mögliche Ausprägung der Key-Account-Ma-nager. In einer weiteren Stufe ist es möglich, dass diese Aufgabe direkt von Führungs-kräften aus dem Vertriebsmanagement übernommen wird.

Für die Einordnung der Kunden in Key-Accounts können Methoden des Kunden-Portfo-lio-Analyse eingesetzt werden, die in Abschnitt 4.4 erläutert werden.

In einer Untersuchung der Universität Erlangen-Nürnberg wurden 297 Einkäufer über ihre Meinung zur Betreuung durch ihre Lieferanten befragt (*Ivens, 2003*). Es zeigt sich, dass die Wahrnehmung des Key-Account-Status durchaus unterschiedlich ausgeprägt ist.

2.3.2 Interdisziplinäres Projektmanagement

Eine besonders weitgehende Ausprägung des Key-Account-Managements ist ein in-terdisziplinäres Projektmanagement, bei dem ein Team aus Mitgliedern des Vertriebs und dem F&E-Bereich gebildet wird, um in innovationsstarken Situationen wichtige Kunden gewinnen oder halten zu können. In vielen Fällen gehören zu dem Team auch Mitarbeiter der entsprechenden Kundenbereiche (Lead-User-Konzept, vgl. J.6.3). Durch eine derartig frühe und enge Verzahnung von Anbieter und Kunden werden dem Wett-bewerb extrem große Eintrittsbarrieren entgegengesetzt.

2.3.3 Betreuung von Kunden mit mehreren Standorten

Ein spezielles Problem tritt bei der Betreuung von großen Kunden mit mehreren Stand-orten auf. Während der Kunde häufig eine zentrale Betreuung bei der Firmenzentrale wünscht, besteht bei den Außenstellen der Wunsch nach einer direkten lokalen Betreu-ung an den einzelnen Standorten.

Dabei können eine Reihe von Schwierigkeiten auftreten:

▶ Die **Koordination der Vertriebsstrategie** durch den Anbieter wird erschwert, da es so-wohl beim Kunden als auch beim Anbieter unterschiedliche Auffassungen in Zentrale und den Außenstellen geben kann.

▶ Die **Gutschrift der Ergebnisse** bei den verschiedenen Außendienstmitarbeitern wird schwierig, da nicht immer klar ist, wo die eigentliche Leistung erbracht wurde.

▶ Wünscht der Kunde ausdrücklich keine lokale Betreuung, so wird der Anbieter die-sem Kundenwunsch entsprechen müssen; **lokale Wettbewerber** werden allerdings weiterhin direkt lokal akquirieren und treffen an dieser Stelle auf keinerlei lokalen Widerstand des Anbieters.

2.4 Outsourcing von Vertriebsaktivitäten

Die Praxis, bestimmte betriebliche Aufgaben zeitweise oder auf Dauer anderen Unternehmen zu übertragen („Outsourcing"), ist bisher vor allem bei Tätigkeiten anzutreffen, die nicht zum Kernbereich eines Unternehmens gehören, sondern eher als „lästige Pflicht" empfunden werden, wie z. B. die Buchhaltung (vor allem bei kleineren Unternehmen) oder der Betrieb der Informationssysteme.

Der Gedanke, auch Teile des Vertriebes auf andere Unternehmen zu übertragen („Außendienstleasing") ist demgegenüber relativ neu und nicht unproblematisch, da es sich beim Vertrieb um einen der Kernbereiche des Unternehmens handelt. Dennoch gibt es Situationen, in denen eine Vergabe von Außendienstaufgaben an einen außenstehenden Dienstleister Vorteile bietet (vgl. *Hanser, 1994*).

Im Vordergrund steht dabei eine Unterstützung des herstellereigenen Außendienstes in Fällen besonders hoher einmaliger Belastungsspitzen, wie sie z. B. bei der Einführung eines neuen Produktes entstehen können. Durch parallelen Einsatz von zusätzlichen Außendienst-Mitarbeitern des Outsourcing-Anbieters (z. B. bei B- und C-Kunden) wird die Dauer der Marktdurchdringung deutlich verkürzt; der eigene Außendienst kann die wichtigen A-Kunden intensiver betreuen; die Rentabilitätsschwelle kann früher erreicht werden; gleichzeitig werden deutliche Markteintrittsschwellen für Wettbewerber errichtet.

Besonders interessant ist eine solche Vorgehensweise, wenn sich eine derartige Neuprodukteinführung auf bisher für das Unternehmen neuen Absatzwegen oder Märkten abspielt. Eine derartige Markterweiterung ist immer mit einem hohen Risiko verbunden. Führt man eine solche Aktion mit eigenen – möglicherweise speziell dafür neu eingestellten – Mitarbeitern durch, so entsteht im Fall eines Misserfolgs neben den allgemeinen Problemen eines „Flops" zusätzlich noch ein Personalproblem. Dies lässt sich vermeiden, wenn die Neueinführung durch eine Dienstleistungsfirma durchgeführt wird. Die Kosten sind besser kalkulierbar; im Erfolgsfall besteht die Möglichkeit, die entsprechenden Mitarbeiter der Dienstleistungsfirma in den eigenen Außendienst zu übernehmen.

Neben diesem fallweisen Einsatz von Außendienstleasing kann auch eine regelmäßige Zusammenarbeit erfolgen; dafür bietet sich die Betreuung von weniger bedeutenden Absatzkanälen an, deren Betreuung durch den eigenen Außendienst unwirtschaftlich ist.

Ebenso wie bei der Einführung neuer Produkte ist auch am Ende des Produktlebenszyklus der Einsatz eines zusätzlichen externen Außendienstes zu erwägen. Die alten Produkte können so – möglicherweise auf bisher nicht genutzten Absatzwegen – abverkauft werden. Der Einsatz des eigenen Außendienstes ist in diesen Fällen meist nicht mehr wirtschaftlich; der eigene Außendienst ist zudem in dieser Phase des Produktlebenszyklus mit dem Vertrieb neuer Produkte beschäftigt; ein gleichzeitiger Abverkauf alter Produkte durch die gleiche Vertriebsorganisation könnte die Kunden unnötig irritieren.

3. Steuerung einer Vertriebsorganisation, insbesondere einer Außendienstorganisation

Im Abschnitt 2. wurden verschiedene Alternativen erarbeitet, wie eine Vertriebsorganisation etabliert werden kann. Dies allein reicht aber für einen erfolgreichen Einsatz des Vertriebes nicht aus. Ein erfolgversprechende Vertriebsorganisation benötigt zusätzlich adäquate und operationale Ziele und Steuerungsinstrumente, die geeignet sind, diese Ziele zu erreichen. In diesem Abschnitt soll daher erläutert werden, welche Möglichkeiten sich auf diesem Gebiet anbieten.

3.1 Außendienststeuerung

Zunächst ist zu klären, was unter Außendienststeuerung zu verstehen ist; dabei ist auch zu berücksichtigen, dass die Steuerung von Außendienstmitarbeitern einige spezielle Besonderheiten gegenüber der Steuerung anderer Mitarbeiter im Unternehmen aufweist.

3.1.1 Abgrenzung und Klärung des Begriffs Außendienststeuerung

Außendienststeuerung ist die *„beabsichtigte Einflussnahme auf das Verhalten der Außendienstmitarbeiter zum Erreichen der von der Vertriebsleitung vorgesehenen Ziele"* (*Rudolphi, 1981, S. 16*). In diesem Zusammenhang sind vor allem die **Ziele** genauer zu betrachten.

Die Ziele der Vertriebes leiten sich aus den Zielen des Unternehmens ab. Geht man davon aus, dass das Unternehmensziel Gewinnmaximierung oder Maximierung der Kapitalrendite (ROI) ist, so ist zu fragen, welchen Beitrag der Vertrieb dazu leisten kann.

Der Gewinn ergibt sich aus Erlösen - Kosten. Auf die wesentlichen Kosten des Unternehmens, vor allem auf die Produktions- und Finanzierungskosten, hat der Vertrieb keinen unmittelbaren Einfluss, allenfalls kann er die Kosten des Vertriebs selbst beeinflussen; diese Kosten machen jedoch bei produzierenden Unternehmen einen relativ geringen Anteil der Gesamtkosten aus.

Der Vertrieb kann seinen Beitrag demnach vor allem auf der Erlösseite leisten. Da eine isolierte Steigerung von Umsätzen ohne Berücksichtigung der Kosten wenig sinnvoll ist, ist es besser, den Gewinn als Summe der Deckungsbeiträge - Fixkosten zu definieren. Hierbei wird deutlicher, dass der Vertrieb in erster Linie hohe Deckungsbeiträge erzielen muss.

Die Summe der Deckungsbeiträge bestimmt sich aus der Multiplikation der Einzel-Deckungsbeiträge mit den Absatzmengen. Der Vertrieb muss daher versuchen, das Deckungsbeitrags-Maximum aus Einzeldeckungsbeiträgen und Mengen zu erreichen; dabei sind als Nebenbedingungen vor allem die Fertigungskapazitäten und die Kapazität des Vertriebes zu berücksichtigen.

Neben diesen betriebswirtschaftlichen Zielen (deren Eignung zur Steuerung in Abschnitt 3.2.2 noch genauer analysiert wird) hat der Vertrieb eine Reihe von weiteren Zielen, die für eine reibungslose Arbeit erreicht werden müssen: Die Arbeitszufriedenheit der Mitarbeiter im Vertrieb muss sichergestellt werden; diese Arbeitszufriedenheit ist wichtig, um einen maximalen Einsatz der Mitarbeiter für das Unternehmen und eine geringe Fluktuation der Mitarbeiter zu ermöglichen. Außerdem muss jederzeit ein akzeptables Qualitätsniveau der Mitarbeiter beibehalten werden.

3.1.2 Besondere Probleme von AD-Mitarbeitern im Gegensatz zu anderen Mitarbeitergruppen im Unternehmen

Diese personenbezogenen Ziele leiten über zu der Frage, warum die Steuerung von Außendienstmitarbeitern sich von der Steuerung anderer Mitarbeiter im Unternehmen (z. B. von Arbeitern in der Produktion oder von Mitarbeitern im Rechnungswesen) so deutlich unterscheidet.

Da Außendienstmitarbeiter einen großen Teil ihrer Arbeitszeit außerhalb des Unternehmens verbringen, haben sie eine sehr isolierte Position; sie können sich einerseits seltener mit Vorgesetzten oder Kollegen austauschen, andererseits hat der Vorgesetzte nur wenig Möglichkeiten, ihre konkrete Arbeitsweise zu beurteilen.

Da diese Mitarbeiter zudem die meiste Zeit bei ihren Kunden verbringen (sollten), können leicht Rollenkonflikte und Rollenunklarheiten entstehen. Es ist zwar auf jeden Fall Aufgabe des Außendienstmitarbeiters, die Probleme seines Kunden sehr gut zu verstehen; es kann aber leicht der Fall eintreten, dass der AD-Mitarbeiter dabei die Interessen seinen Unternehmens für weniger bedeutsam hält.

Hinzu kommt, dass die instabile, nicht kontrollierbare Umwelt des Außendienstes eine objektive Leistungsmessung erschwert; dies wird von vielen AD-Mitarbeitern als Belastung empfunden. Diese Situation wird zusätzlich dadurch erschwert, dass der AD-Mitarbeiter eine große Entscheidungsfreiheit genießt und häufig in sehr innovativen Situationen tätig wird.

Die permanente Konfliktsituation zwischen Anbieter und Nachfrager, in der sich der Außendienstmitarbeiter dauernd befindet, kann zu Loyalitätsproblemen führen. Diese können sichtbar werden in Versprechungen, die der Mitarbeiter beim Kunden macht, die er aber nur mit Schwierigkeiten intern bei seinem Unternehmen durchsetzen kann.

Als weitere psychische Belastung kommen Stress und Angst hinzu, weil die Ergebnisse nicht allein vom Mitarbeiter, sondern auch vom Kunden abhängen und weil schlechte Ergebnisse erhebliche materielle und immaterielle Konsequenzen für den AD-Mitarbeiter haben können.

Aus diesen Argumenten wird deutlich, dass ein Mitarbeiter, der im Unternehmen unter mehr oder weniger direkter Aufsicht seiner Vorgesetzten arbeitet und ein festes Einkommen bezieht, wesentlich leichter zu steuern ist.

3.2 Instrumente der Außendienststeuerung

Als Steuerungsinstrumente können alle Maßnahmen bezeichnet werden, die geeignet sind, dem Außendienstmitarbeiter eine Verhaltensorientierung zu geben, mit der sich für ihn ein Anreiz ergibt, ihr zu folgen (*Rudolphi, 1981*). Als Steuerungsinstrumente kommen dabei Regelungen für die Aktivitäten des Außendienstes, für seine Ziele und für materielle und immaterielle Anreize infrage.

3.2.1 Aktivitätenregelungen

Die Aufgaben des Vertriebes und vor allem des Außendienstes wurden in Abschnitt 2.1 erarbeitet. Die konkrete Durchführung einzelner Aufgaben kann als Aktivität bezeichnet werden. Da nicht immer alle AD-Mitarbeiter von sich aus alle erforderlichen Aktivitäten in der erforderlichen Quantität und Qualität durchführen, ist es Aufgabe des Vertriebsmanagements, diese Aktivitäten zu steuern, wobei unter dem Begriff „Steuern" die Vorgabe von Zielen und die Überwachung der Durchführung zu verstehen ist.

Die wichtigste Aufgabe des Außendienstes sind die **Besuchsaktivitäten**. Dazu gehören Besuche verschiedener Mitarbeiter des Buying Center, die Initiierung von Besuchen anderer Vertreter des anbietenden Unternehmens (z. B. Spezialisten, höheres Management) beim Kunden sowie Besuche kooperierender und ergänzender Anbieter.

Daneben stehen die **Kommunikationsaktivitäten** des Außendienstes, also die inhaltliche Gestaltung der direkten Kommunikation zwischen Anbieter und Abnehmer, die Entwicklung von Problemlösungvorschlägen (komplexe, kundenindividuelle Angebote) und vor allem das Durchsetzen der Preisforderungen, das Aushandeln von Rabatten, Vertragsbedingungen sowie von Lieferterminen.

Auch die **internen Tätigkeiten** können als Aktivitäten bezeichnet werden; sie umfassen die Ausarbeitung von Angeboten, die Überwachung der administrativen Prozesse (Auftragsbearbeitung, Rechnungslegung, Zahlung, Garantieabwicklung) und auch die selbstständige Gestaltung der eigenen Fortbildung. Der Planungstätigkeit (z. B. 30-60-90-Tage-Planung) kommt ebenfalls eine herausgehobene Bedeutung zu.

Aus dieser Auflistung zeigt sich, dass es eine Fülle von Aktivitäten gibt, deren Durchführung durch den Außendienstmitarbeiter zwingend erforderlich ist; die tatsächliche Ausführung muss vom Vertriebsmanagement auf geeignete Weise überwacht werden; Informationssysteme des Database-Marketing und des CAS können dazu eine wertvolle Hilfestellung sein.

Zur Steuerung der Besuchstätigkeit ist es in vielen Fällen üblich, allgemeine Besuchsnormen (z. B. Anzahl der Besuche pro Tag oder Woche) einzuführen, um den Mitarbeitern die Erwartungshaltung ihres Managements deutlich zu machen. Dabei kann auch mit nach Kunden differenzierten Besuchsnormen gearbeitet werden. Basis dieser Regelungen ist die Sales-Response-Funktion, also die Beziehung zwischen der Anzahl der Besuche und dem Verkaufsergebnis bei dem entsprechenden Kunden. Leider lassen sich keine allgemeingültigen Regeln für eine derartige Funktion feststellen;

Vertriebsmitarbeiter neigen allerdings dazu, Besuche bei unangenehmen Kunden eher zu vermeiden und lieber Kunden zu besuchen, bei denen sie ein besseres Gesprächsklima erwarten. Diese subjektive Erwartung entspricht aber nicht immer den realen Geschäftsmöglichkeiten.

Die Besuchsaktivitäten sollten aber auch unter Kostengesichtspunkten geplant werden. Gerade in geografisch großen Gebieten ist eine Optimierung von Reisekosten und -zeiten nötig.

Bei den internen und den Kommunikationsaktivitäten kommen als Zielgrößen für die AD-Steuerung folgende Aktivitäten infrage:

- Anzahl und Qualität der Angebote, die vom Mitarbeiter in einem bestimmten Zeitraum erstellt wurden
- Zahl der durchgeführten Präsentationen, Kundenveranstaltungen etc.
- Qualität der Aufträge, dabei ist vor allem auf die Vollständigkeit und die Installierbarkeit zu achten
- Einhaltung der Zahlungsbedingungen: Zeit zwischen dem vereinbarten Zahlungstermin und dem tatsächlichen Eingang der Zahlung
- Lieferabwicklung: Einhaltung der vom Kunden gewünschten Liefertermine; Vermeiden von Problemen bei Divergenzen zwischen gewünschtem und realisierbaren Liefertermin
- Abwicklung der Garantie: Umfang der erforderlichen Garantiearbeiten (ein relativ hohes Garantieaufkommen bei einem Kunden kann seine Ursache in einer schlechten Ausbildung der Benutzer beim Kunden haben; die Planung dieser Ausbildung ist Aufgabe des AD-Mitarbeiters).

Eine zu extensive Vorgabe derartiger Aktivitäten kann allerdings auch in das Gegenteil umschlagen: Es besteht stets die Gefahr der Demotivation der Außendienstmitarbeiter durch ein zu enges Netz von Vorgaben. Es ist Aufgabe des Vertriebsmanagements, an dieser Stelle das richtige Maß an Vorgaben und Freiheiten zu treffen.

3.2.2 Die Eignung verschiedener Kenngrößen als Zielvorgaben

Aktivitätenregelungen können nur die Ausgangsbasis für eine erfolgreiche Tätigkeit des Vertriebes sein. Für den Vertriebserfolg entscheidend sind die bei den Kunden erzielten quantitativen Ergebnisse. Diese Ergebnisse können in verschiedenen Dimensionen gemessen werden. In diesem Abschnitt soll untersucht werden, welche der betriebswirtschaftlichen und sonstigen Kenngrößen in welchen Situationen als Zielvorgaben geeignet sind und welche Aspekte bei der Auswahl als Zielvorgabe zu berücksichtigen sind. Die Wahl einer derartigen Kenngröße als Zielvorgabe ist Voraussetzung für die Festlegung einer konkreten Zielvorgabe (siehe 3.2.3) und für die materiellen und immateriellen Konsequenzen, die aus dem Erfüllungsgrad der Zielvorgaben für den Außendienstmitarbeiter entstehen (siehe 3.2.4 und 3.2.5).

Bei diesen Überlegungen wird die Eignung einer Kenngröße als Vorgabe für „einfache" Vertriebsmitarbeiter betrachtet; Vorgaben an höhere Hierarchiestufen im Vertriebsmanagement können davon abweichen.

Als Kenngrößen für Zielvorgaben kommen betriebswirtschaftliche Größen wie Gewinn, Umsatz und Deckungsbeitrag infrage; daneben haben auch andere Kenngrößen wie Absatzmengen oder Punktsysteme ihre Vorteile und ihre entsprechende Bedeutung in der Praxis.

Der **Gewinn** als Vorgabe an einen Außendienstmitarbeiter erscheint wenig sinnvoll, da zum einen der konkrete Gewinn eines einzelnen Geschäfts mit einem Kunden kaum zu ermitteln ist, zum anderen in den Gewinn sehr viele Faktoren einfließen, die vom AD-Mitarbeiter nicht zu beeinflussen sind, sodass eine Gewinnvorgabe weder operational noch fair wäre. Für höhere Managementlevel ist ein Bereichsgewinn allerdings eine durchaus akzeptable Vorgabedimension.

Die Vorgabe von **Umsatzwerten** ist hingegen in der Praxis weit verbreitet. Dafür sprechen einige **positive Argumente**:

► Der Umsatz ist sehr einfach zu messen.
► Es besteht keine Gefahr, dass Mitarbeiter, Kunden und Wettbewerber einen Einblick in die Rentabilitätssituation der einzelnen Produkte gewinnen.
► Es erfolgt eine automatische Anpassung an Preisänderungen.

Diesen Vorteilen stehen allerdings einige sehr gravierende **Nachteile** gegenüber:

► Eine Umsatzvorgabe ist sehr problematisch, wenn Mitarbeiter im Außendienst Einfluss auf Preise bzw. Rabatte haben; bei einer reinen Umsatzvorgabe können die AD-Mitarbeiter durch hohe Rabatte beachtliche Umsätze erreichen, die für das Unternehmen jedoch nicht die notwendigen Deckungsbeiträge erwirtschaften.
► Es ist keine Steuerung auf spezielle Produkte möglich: Eine Steuerung auf besonders rentable oder auf marketingstrategisch besonders wichtige Produkte ist mit einer Umsatzvorgabe nicht zu erzielen.
► Die Berücksichtigung der Kosten des Außendienstes ist schwierig, weil die Kosten im Vergleich zum Umsatz relativ gering sind.

Reine Umsatzvorgaben sind daher nur zu empfehlen, wenn das Angebot des Unternehmens aus relativ rentabilitäts-homogenen Produkten besteht und wenn der Außendienst eine sehr geringe Preisflexibilität hat.

Der **Deckungsbeitrag** spielt ebenfalls eine wichtige Rolle als Vorgabegröße. Auch hier seien zunächst die **Vorteile** dargestellt:

► Deckungsbeitragsziele führen zu einer starken Orientierung des Außendienstes an der Rentabilität; er wird quasi automatisch auf die rentablen Produkte des Unternehmens gelenkt.

► Ein deckungsbeitragsorientiert arbeitender Außendienstmitarbeiter wird versuchen, hohe Rabatte zu vermeiden, da diese überproportional seinen Deckungsbeitrag beeinflussen (bei einem „Anfangs"-Deckungsbeitrag von 30 % führt ein Rabatt von 10 % auf den Basispreis zu einer Reduzierung des Deckungsbeitrages von 30 auf 20 Prozentpunkte, als um 33 % des „Anfangs"-Deckungsbeitrages).

► Dadurch wird der Außendienst generell zu kosten- und ertragsbewusstem Handeln angehalten.

Leider stehen der praktischen Realisierung einer deckungsbeitragsorientierten Zielvergabe ebenfalls einige sehr schwerwiegende **Gegenargumente** gegenüber:

► Der Deckungsbeitrag ist schwierig zu ermitteln und aktuell zu halten; dies gilt vor allem für das Projektgeschäft, bei dem die Vorkalkulation nur grobe Anhaltspunkte für den tatsächlich eintretenden Deckungsbeitrag geben kann. Behilft man sich in solchen Fällen mit festen Verrechnungssätzen, so entfernt man sich bereits von der reinen Deckungsbeitragsorientierung.

► Selbst wenn es gelingt, für jedes Produkt den Deckungsbeitrag zu ermitteln, besteht damit eine große Gefahr, dass Wettbewerber und Kunden zu viel Einblick in die Rentabilitätssituation des Anbieters erhalten, denn es ist nie auszuschließen, dass derartige Vorgabezahlen nach außen gelangen.

► Eine Steuerung auf strategisch wichtige – aber noch relativ unrentable – Produkte ist ebenfalls nicht möglich.

Eine reine Orientierung an den Deckungsbeiträgen ist daher nur bei kleineren Unternehmen bzw. Profit-Center angeraten, bei denen die Deckungsbeiträge relativ leicht zu ermitteln sind und die Gefahr, dass die Werte nach außen gelangen, weniger groß ist. Auf jeden Fall ist ein sehr straffes Preis- und Kostenmanagement im Außendienst erforderlich.

Als Alternative zur Verwendung der betriebswirtschaftlichen Kenngrößen sind in vielen Fällen **Punktsysteme** ein geeigneter Kompromiss. Dabei wird für jedes Produkt ein Punktwert ermittelt und vorgegeben. Diese Werte können durchaus proportional zu den Deckungsbeiträgen sein. Gelangen diese Punktwerte nach außen, so entsteht damit kein großer Schaden.

Für ein Punktsystem spricht demnach:

▶ Obwohl die Punktwerte zum Deckungsbeitrag proportional sein können, ist kein direkter Einblick in die Rentabilität der Produkte möglich – weder für die Mitarbeiter noch für Kunden und Wettbewerber.

▶ Da Punktwerte auch unabhängig von der Rentabilität eines Produkts festgelegt werden können, ist eine gezielte Steuerung des Vertriebes auf strategische Produkte möglich.

▶ Die Punktwerte sind jederzeit änderbar (allerdings ist dabei die zeitliche Stabilität eines Vorgabesystems zu beachten).

Die **Nachteile** von Punktsystemen liegen vor allem in der Administration eines derartigen Systems:

▶ Ein Punktsystem ist deutlich schwieriger zu administrieren als Umsatz- oder Deckungsbeitragszahlen; während die betriebswirtschaftlichen Daten im Rechnungswesen ohnehin anfallen, ist für das Punktsystem eine eigene „Nebenbuchhaltung" erforderlich.

▶ Bei Preisänderungen ändern sich die Punktwerte nicht automatisch; es ist jeweils darüber zu entscheiden, wie die Punktwerte angepasst werden sollen.

▶ Die Berücksichtigung von Rabatten ist schwierig.

▶ Auch die Kosten des Außendienstes können in ein Punktsystem nur mit Schwierigkeiten einbezogen werden.

Aus diesen Gründen kommt ein Punktsystem eher für größere Unternehmen mit einem breit gefächerten Produktprogramm infrage.

Ein sehr einfaches System ist die **Vorgabe von Absatzmengen** bzw. Stückzahlen. Der Hauptvorteil dieses Systems liegt in der Einfachheit; der größte Nachteil besteht in der fehlenden Berücksichtigung der Rentabilität. Dieses System kommt daher vor allem infrage, wenn die Produkte des Unternehmens ein ähnliches Preis- und Rentabilitätsniveau haben und wenn der Außendienst keine große Preisflexibilität hat.

Eine andere Situation, in der die Vorgabe von Mengenzielen sinnvoll ist, liegt vor, wenn kurzfristig unter Vernachlässigung der Rentabilität ein hoher mengenmäßiger Marktanteil durchgesetzt werden soll (z. B. um durch eine starke Präsenz eigener Produkte einen Marktstandard durchzusetzen).

Wie eine neuere Untersuchung von *Krafft/Frenzen/Jeck* (2002) zeigt, ist allerdings der Umsatz noch immer die am meisten genutzte Bemessungsgrundlage für die Entlohnung im Vertrieb:

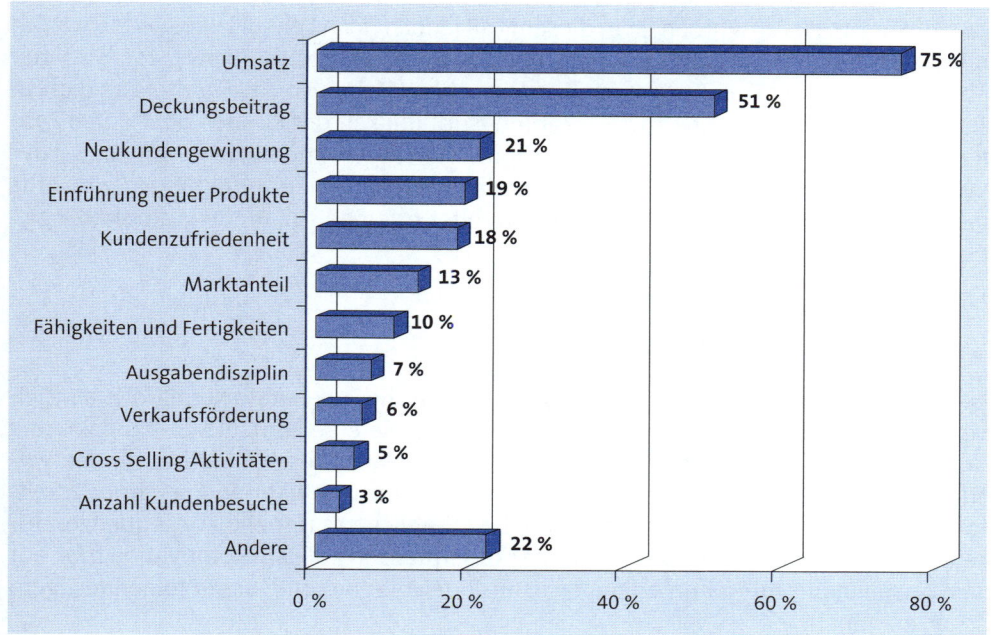

Abb. 4: Nutzung unterschiedlicher Bemessungsgrundlagen für die Entlohnung von Vertriebsteams
Quelle: *Krafft/Frenzen/Jeck* (2002)

Offensichtlich nutzen viele Unternehmen mehrere Bemessungsgrundlagen, wobei Umsatz und Deckungsbeitrag deutlich im Vordergrund stehen (diese Aussage gilt nur für Vertriebs**teams**, es ist aber davon auszugehen, dass es bei einzelnen Vertriebsmitarbeitern nicht wesentlich anders aussieht).

Unabhängig von der als Zielvorgabe gewählten Kenngröße ist in jedem Fall eine zusätzliche Fragestellung zu klären: die **zeitliche Dimension der Erfüllung**. Im Gegensatz zu einfachen Geschäften des Konsumgütermarketings beanspruchen Beschaffungsprozesse im Business-to-Business-Marketing in der Regel eine beachtliche Zeit. Während der gesamten Zeit ist der Außendienstmitarbeiter aktiv an dem Projekt tätig. Wann aber tritt der für die Zurechnung zu einer Zielvorgabe erforderliche Erfolg ein? Ein typischer Beschaffungsvorgang gliedert sich im günstigsten Fall in die Phasen

Anfrage → Angebot → Auftrag → Lieferung → Rechnung → Zahlungseingang.

Dieser Vorgang kann sich über Monate, manchmal sogar über Jahre erstrecken. Es ist daher die Frage zu stellen, **wann** die verkäuferische Leistung – bezogen auf die Zielvorgabe – erbracht ist und eine entsprechende Gutschrift auf dem Vorgabekonto des Mitarbeiters erfolgen soll.

Während die Bearbeitung von Anfragen und die Erstellung von Angeboten bereits bei den Aktivitätenregelungen diskutiert worden ist, ist die Zuordnung des Erfolges zu einer der späteren Phasen durchaus problematisch. Für den Außendienstmitarbeiter ist sicherlich der Termin des Auftrags bzw. des Vertragsabschlusses der entscheidende Zeitpunkt. Für das Unternehmen ist in diesem Fall jedoch noch kein betriebswirtschaftlich relevantes Ereignis eingetreten; der Erfolg aus Sicht des Rechnungswesens ist daher eher bei Termin der Rechnungserstellung zu sehen. Aber auch das Ergebnis an diesem Termin kann z. B. durch eine spätere Zahlungsunfähigkeit des Kunden oder durch Zahlungsverweigerung bzw. -kürzung aufgrund von Mängeln modifiziert werden. Bei der Vorgabe von Zielen ist daher auch zu regeln, zu welchem Zeitpunkt eine Gutschrift des Ergebnisses für den Außendienstmitarbeiter erfolgen soll und wie sie später ggf. belastet werden kann.

3.2.3 Festlegung der Zielvorgaben

Ist die für die konkrete Situation des Vertriebsbereiches geeignete Kenngröße als Zielvorgabe gewählt worden, so stellt sich die Frage, wie eine konkrete Zielvorgabe (die auch als Quote bezeichnet wird) bemessen werden soll. Diese Quote hat für den Vertriebsmitarbeiter eine entscheidende Bedeutung für den gewählten Abrechnungszeitraum, da der Erfüllungsgrad dieser Vorgabe erhebliche materielle Konsequenzen für sein Einkommen, aber auch immaterielle Konsequenzen auf seine Motivation bzw. auf sein Ansehen im Unternehmen haben kann. Eine Vorgabe sollte daher folgende Eigenschaften haben:

► Sie sollte **realistisch** sein: Die Vorgabe von unrealistisch hohen (aber auch von unrealistisch niedrigen) Quoten kann zu erheblicher Demotivation bei den Vertriebsmitarbeitern führen.

► Sie sollte **herausfordernd** sein: Der Mitarbeiter sollte ein überdurchschnittliches Einkommen nur bei einer überdurchschnittlichen Leistung erreichen können. Vorgaben, die nicht herausfordernd sind, können die meist ohnehin vorhandenen Spannungen zwischen den Vertriebsmitarbeitern und anderen Mitarbeitern des Unternehmens, die ein Festgehalt beziehen, verstärken.

► Auf jeden Fall sollte die Quote für den Mitarbeiter **nachvollziehbar** sein: Das Vertriebsmanagement muss dem Mitarbeiter mehr oder weniger genau erklären können, bei welchen Kunden er mit welchen Produkten seine Vorgabe erfüllen kann. Dieses Ziel ist in vielen Fällen nicht immer leicht zu erfüllen, da gerade bei sehr innovativen Anbietern im Lauf der Vorgabeperiode (z. B. ein Jahr) mit einer Vielzahl von neuen Produkten zu rechnen ist, sodass der Mitarbeiter am Anfang des Jahres nicht wissen kann, mit welchen Produkten er z. B. im Oktober seine Vertriebschancen verbessern kann.

► Insgesamt sollte die Vorgabe – gerade im Vergleich der Vertriebsmitarbeiter untereinander – **akzeptabel und fair** sein.

Zur Ermittlung der Vorgaben kann eine Vielzahl von Methoden – auch gemischt – genutzt werden. Die wichtigsten Basismethoden sollten kurz vorgestellt werden:

Bei **statistischen Methoden** auf Basis der Vorjahre wird versucht, aus Vergangenheitsdaten eine mehr oder weniger komplexe Hochrechnung für die Planperiode durchzuführen. Diese Methode degeneriert im einfachsten Fall auf eine Berechnung des Ist-Ergebnisses des Vorjahrs mit einem linearen Zuschlag von x %. Der Vorteil der statistischen Methoden liegt in ihrer Einfachheit und Nachvollziehbarkeit; allerdings sind sie im Business-to-Business-Marketing gerade für kleine Vertriebsgebiete nur mit sehr großer Vorsicht geeignet, da ein Kunde, der im Vorjahr eine große Beschaffung durchgeführt hat, diese Beschaffung im Planjahr vermutlich nicht wiederholen wird. Gibt es in dem Gebiet keine weiteren Kundenpotenziale in der gleichen Größenordnung, wird der Außendienstmitarbeiter eine derart hochgerechnete Vorgabe nicht erreichen können. Statistische Vorgaben sind daher nur für sehr große und homogene Gebiete und vor allem für höhere Hierarchiestufen im Vertriebsmanagement geeignet.

Potenzialanalysen sind eine wesentlich aufwändigere, aber auch korrektere Basis für die Festlegung von Vorgaben. Dabei wird für jedes Gebiet aufgrund von vorliegenden oder noch zu beschaffenden Marktforschungsdaten das tatsächliche Potenzial ermittelt und die Vorgabe auf dieser Basis festgelegt. Hierbei tritt allerdings das oben skizzierte Problem auf, dass das Potenzial für Produkte, die noch nicht dem Vertrieb zur Verfügung stehen, schlecht bestimmt werden kann, sodass durch Neuankündigungen von Produkten im laufenden Jahr erhebliche Potenzialveränderungen eintreten können. In solchen Fällen muss auch überlegt werden, die Vorgaben entsprechend anzupassen.

Ein weiteres Kriterium für die Bestimmung von Vorgaben können einfache **vertriebstechnische Daten** sein, die in die Arbeitsbelastung einfließen, also z. B. Anzahl der Kunden, Fahrstrecken etc.; auch die Erfahrung und das Basiseinkommen eines Mitarbeiters können in die Bestimmung der Vorgabe einfließen, denn von einem erfahrenen Mitarbeiter kann ein besseres Ergebnis erwartet werden als von einem Junior-Verkäufer.

3.2.4 Materielle Entlohnungsanreize

Materielle Entlohnungsanreize bestehen vor allem in Geld, das die Außendienstmitarbeiter in Abhängigkeit von dem Erfolg ihrer Vertriebstätigkeit erhalten. Daneben können auch Sachleistungen als Prämien gewährt werden (z. B. wertvolle Konsumgüter oder Reisen). Diese Sachleistungen habe eine deutliche immaterielle Komponente, da sie meist als „Auszeichnung" für besondere Vertriebsanstrengungen gelten; diese Sachleistungen sollen daher hier nicht weiter vertieft werden, sondern im Abschnitt 3.2.5 zusammen mit anderen immateriellen Anreizen dargestellt werden.

In diesem Abschnitt ist zu klären, wie aus einer gewählten Kenngröße (z. B. Umsatz) und aus einer festgelegten Vorgabe (z. B. 1 Mio €) ein System entwickelt werden kann, das die Konsequenzen aus unterschiedlichen Zielerreichungsgraden für das Einkommen der Mitarbeiter festlegt.

Ein solches **Incentive-System** muss mindestens zu folgenden Bereichen eine Festlegung treffen:

1. Die **Bemessungsgrundlage der Vorgabe**, also z. B. Umsatz, Deckungsbeitrag oder Stückzahlen muss festgelegt werden; es ist dabei durchaus möglich, mehrere Vorgaben zu vergeben, z. B. eine Umsatzvorgabe und eine Vorgabe in Stückzahlen für bestimmte Produkte. Auf diese Weise können bestimmte strategische Produkte zusätzlich forciert werden.

2. Die **Behandlung des zeitlichen Aspekts** eines Projekts, also die Klärung der Frage, wann dem Außendienstmitarbeiter Umsatz oder Stückzahlen gutgeschrieben werden; dabei ist es möglich, zu verschiedenen Zeitpunkten jeweils Teile des Gesamtvolumens gutzuschreiben, z. B. 50 % des Umsatzes bei Auftragseingang und 50 % bei Rechnungsstellung. Eine andere Möglichkeit zur Lösung dieses Problems besteht darin, getrennte Vorgaben für Auftragseingang und für berechnete Umsätze vorzugeben; ein Projekt wird dann in der jeweiligen Phase der entsprechenden Vorgabeart gutgeschrieben.

3. Die **Höhe der Vorgabe** und die **Festlegung der Gebietszuweisung**: Vorgabe und Gebiet stehen normalerweise in einem engen Zusammenhang, da eine Änderung des Gebietes eine Potenzialveränderung darstellt und daher eine Änderung der Vorgabe erforderlich macht.

4. Die **Berechnungsmethode des Incentives**: Hier ist festzulegen, welches Einkommen sich in Abhängigkeit vom Zielerreichungsgrad des Mitarbeiters ergibt. Es gibt eine Vielzahl von derartigen Regelungen, von denen hier nur einige besonders wichtige genannt werden sollen:

Bei linearen Modellen wird das Einkommen linear an die Quote gekoppelt; bei 100 %iger Erfüllung werden 100 % gezahlt, bei 50 %iger Erfüllung nur 50 %. Daneben sind degressive und progressive Systeme gebräuchlich; vor allem die Überschreitung der Vorgabe sollte mit einer progressiven Bezahlung honoriert werden. Allerdings sollte eine zu hohe Überschreitung durch eine degressive Honorierung neutralisiert werden (bei Erfüllungsgraden von über 200 % ist die Frage zu stellen, ob die Vorgabe korrekt ermittelt wurde. Um den meist schwierigen und unangenehmen Vorgang einer Quotenänderung abzuwenden, kann die Incentive-Zahlung bei über 200 % auf Null zurückgehen).

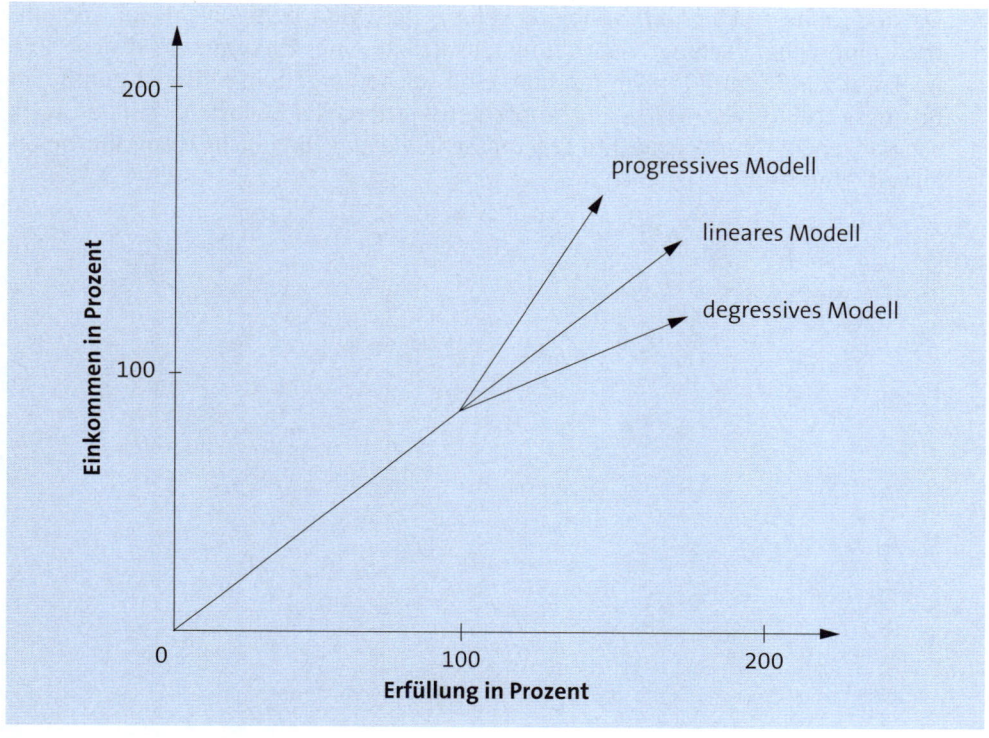

Abb. 5: Lineares, progressives und degressives Incentive-Modell

5. Das **Basiseinkommen** jedes Mitarbeiters ist festzulegen. Mitarbeiter haben meist aufgrund unterschiedlichen Alters, Betriebszugehörigkeit und Qualifikationen ein unterschiedliches Basiseinkommen. Dieses Einkommen wird vielfach als das 100 %-Einkommen bezeichnet; es wird gezahlt, wenn alle Vorgaben zu 100 % erreicht werden.

6. Eine **Festlegung des variablen Teils** des Einkommens ist erforderlich. Ein rein lineares Modell würde einen Mitarbeiter, der nur 30 % der Zielvorgabe erzielt und daher nur 30 % des Einkommens erhält, in existentielle Schwierigkeiten bringen. Es ist daher üblich, nur einen Teil des Einkommens dem Incentive-System zu unterwerfen, der übrige Teil wird als Grundgehalt monatlich fest ausgezahlt. Es besteht die Möglichkeit, die Mitarbeiter über die Höhe des variablen und des fixen Anteils selbst entscheiden zu lassen (z. B. 30 % variabel, 70 % fix), auf diese Weise kann eine noch stärkere Identifikation des Mitarbeiters mit den ihm vorgegebenen Zielen erreicht werden.

7. Da auch eine solche Fix/Variabel-Regelung den Mitarbeiter nicht vor Einkommenseinbrüchen schützt, ist häufig zusätzlich eine **Einkommensabsicherung** (z. B. auf 70% oder 80%) vorgesehen; eine solche Vorgehensweise ist gerade im Business-to-Business-Marketing empfehlenswert, da der Bedarf der Kunden stark schwanken kann und schlechte Ergebnisse in vielen Fällen nicht vom Mitarbeiter zu vertreten sind.

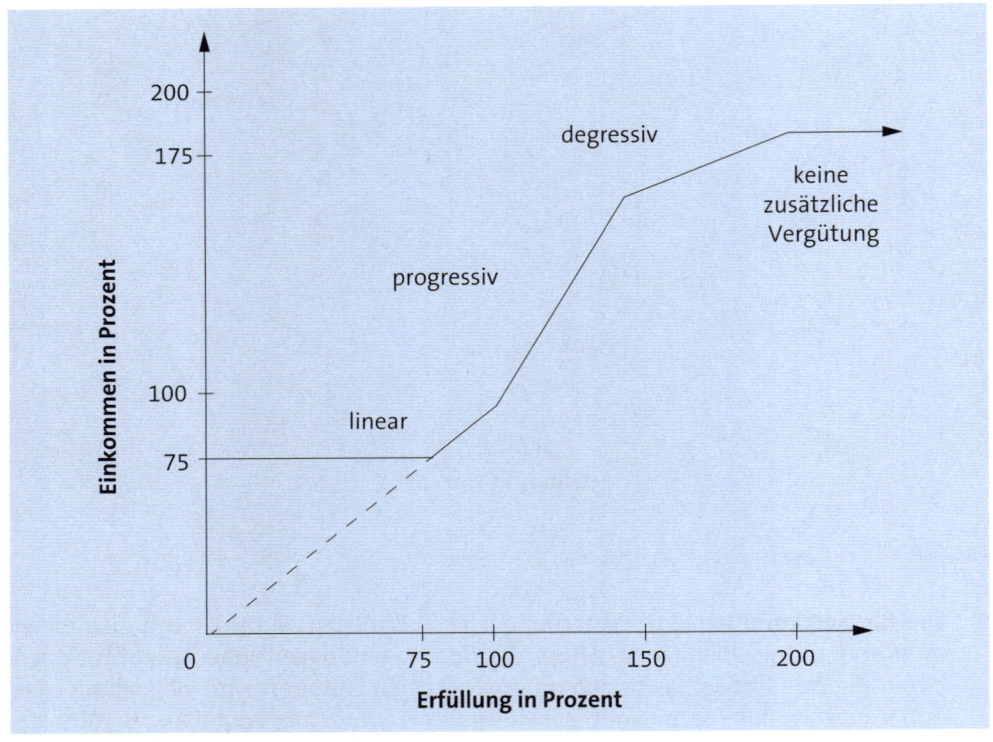

Abb. 6: Incentive-Modell mit Absicherung bei 75%, progressivem Verlauf zwischen 100% und 150%, degressivem Verlauf zwischen 150% und 200%, keine zusätzliche Honorierung bei Ergebnissen über 200%

Neben diesen Mindestvoraussetzungen sollte ein Incentive-System festlegen, wie im Laufe des Abrechnungszeitraums, z. B. eines Jahres, die Zwischenzahlungen an die Mitarbeiter zu bestimmen sind. Denkbar ist ein monatlicher Vergleich des Ist-Ergebnisses mit einer linear bestimmten Monatsvorgabe oder mit einer Monatsvorgabe, die den saisonalen Verlauf des Geschäfts berücksichtigt (in vielen Branchen des Business-to-Business-Marketings ist ein derartiger saisonaler Verlauf zu beobachten; vor allem zum Ende eines Kalenderjahres steigt das Geschäft stark an, da viele Kunden aus steuerlichen oder aus Budget-Gründen eine Lieferung im laufenden Jahr verlangen. Dagegen ist in den Sommermonaten oft ein zögerlicher Auftragseingang zu verzeichnen, da die Buying Center bei den Kunden urlaubsbedingt keine Entscheidungen treffen können).

Eine andere Variante der Incentive-Auszahlung besteht darin, den Mitarbeitern über 11 Monate des Jahres einen festen Abschlagsbetrag zu zahlen und erst nach Abschluss des Jahres eine Schlussabrechnung durchzuführen. Dieses System ist eine erhebliche verwaltungsmäßige Erleichterung; andererseits ist es wegen der gleichmäßigen Zahlungen für viele Mitarbeiter nicht sehr motivierend. Zudem kann dieses System zu Rückzahlungen durch den Mitarbeiter führen und ist daher nur mit großer Vorsicht anzuwenden.

Die bisher beschriebenen Vorgabesysteme sahen eine kontinuierliche Orientierung am prozentualen Ergebnis vor. Daneben gibt es die Möglichkeit, Prämien oder Boni an die Erfüllung (oder Übererfüllung) bestimmter Ziele oder Aufgaben zu knüpfen. Bei einem solchen Ja/Nein-Ziel wird der Bonus gezahlt, wenn 100 % oder mehr der Vorgabe erreicht wurden; bei 99 % oder weniger wird nichts gezahlt.

Derartige Ziele können als Ergänzung eines prozentualen Incentive-Systems infrage kommen und können zur gezielten Steuerung auf bestimmte Produkte, Kunden oder Aktivitäten genutzt werden.

Auch in diesem Fall ist es möglich und aus Motivationsaspekten sinnvoll, dem Mitarbeiter die Wahl zwischen verschiedenen Vorgaben zu überlassen. Im Beispiel kann der Mitarbeiter die individuelle Zuwachsrate wählen; in Abhängigkeit von dem tatsächlichen Erfüllungsgrad erhält er dann die entsprechende Prämie:

Individuelle Zuwachsrate	Erreicht: > 100 %	Erreicht: > 110 %	Erreicht: > 120 %
< 5 % (1)	-	-	-
5 bis < 7,5 % (2)	2.000	2.500	3.000
7,5 bis < 10 % (3)	5.000	5.500	6.000
10 bis < 12,5 % (4)	10.000	11.000	12.000
ab 12,5 % (5)	15.000	17.500	20.000

Tab. 3: Beispiel für Mitarbeiterleistungszulagen
Quelle: *Koinecke* (1992)

Hat ein Mitarbeiter im Vorjahr 1 Mio € Umsatz erreicht und entscheidet sich für die Klasse 3 (Wachstum 7,5 % bis unter 10 %), so erhält er bei einem Ergebnis von 1.075 bis 1.099 Mio € einen Bonus von 5.000 € ; bei einem Ergebnis von über 1.183 Mio € (= 110 % seiner selbstgewählten Mindestvorgabe von 1.075 Mio €) einen Bonus von 6.000 € . Hätte er bei diesem Ergebnis die Klasse 5 gewählt, so würde der Bonus 17.500 € betragen.

Daneben gibt es die Möglichkeit, ein gewisses „Basisergebnis" überhaupt nicht (oder nur mit dem Fixum) zu honorieren. Provisionen werden nur für Ergebnisse gezahlt, die oberhalb dieser Grenze liegen, möglicherweise dann aber sehr schnell und stark ansteigen. *Gieringer/Hettler (2003)* berichten von sehr positiven Erfahrungen mit diesem Ansatz.

Ein weiterer wichtiger Aspekt ist die **Team-Honorierung**. Bei großen Kunden des Business-to-Business-Marketings ist es aus Gründen der Arbeitsbelastung, der Qualifikationen aber auch der Risikoteilung empfehlenswert, mehrere Mitarbeiter im Team für einen oder mehrere Kunden einzusetzen. Neben der in 2.2.4 vorgestellten Form einer Overlay-Struktur gibt es weitere Möglichkeiten, ein Team in das Incentive-System einzubinden.

Bei der ersten Lösung wird eine gemeinsame Vorgabe für das Team vergeben, jedes Team-Mitglied erhält den gleichen Ergebnisprozentsatz des Teams bezogen auf sein persönliches Zieleinkommen. Auf diese Weise können erfahrene und jüngere Mitarbeiter in Teams eingesetzt werden.

Eine andere Lösungsmöglichkeit besteht darin, jedem Teammitglied individuelle Vorgaben und Ergebnisse zuzuordnen; daneben wird eine zusätzliche Prämie gezahlt, die an das Erreichen des Teamergebnisses gebunden ist.

3.2.5 Immaterielle Entlohnungsanreize

Neben den materiellen Entlohnungsanreizen haben immaterielle Anreize eine nicht zu vernachlässigende Bedeutung im Vertrieb. Ein Vertriebsmitarbeiter will nicht nur ein seiner Leistung entsprechendes Einkommen erreichen; vielmehr ist er aus den im Abschnitt 3.1.2 dargestellten Gründen sehr daran interessiert, ein hohes Maß an Anerkennung durch seine Kollegen und Vorgesetzten zu erhalten.

Die einfachste – und oft wirksamste – Form der Anerkennung ist die Hervorhebung der Leistungen durch den Vorgesetzten, vor allem, wenn dies in einer unternehmensöffentlichen Form geschieht. Dazu gehören insbesondere Belobigungen in Vertriebsmeetings und Hauszeitschriften. Der materielle Wert der bei dieser Gelegenheit überreichten Preise und Urkunden steht in keinem Verhältnis zu dem Imagegewinn für den Mitarbeiter. Mittelfristig können derartige Anerkennungen selbstverständlich auch materielle Konsequenzen durch eine beschleunigte Karriere haben.

Beispiel

Ein typisches Beispiel für solche Anerkennungen sind Incentive-Reisen, zu deren Teilnahme sich nur Außendienstmitarbeiter mit einem bestimmten Mindestergebnis qualifizieren können. Obwohl der materielle Wert der Reise keine große Bedeutung hat, entwickelt sich bei vielen Mitarbeitern ein „sportlicher" Ehrgeiz, sich für diese Reise zu qualifizieren und dabei notwendigerweise die Vertriebsziele zu erreichen.

Durch derartige Wettbewerbe kann ein Unternehmen recht kostengünstig ein beachtliches Motivationspotenzial bei den Außendienstmitarbeitern aktivieren. Zudem ist durch eine geschickte Gestaltung der Wettbewerbsbedingungen eine Forcierung bestimmter Produkte oder aber eine Verstärkung des Geschäfts in verkaufsschwachen Zeiten möglich.

3.2.6 Loss Reports (Lost Order Reports)

Für den Fall, dass bei einem Vertriebsprojekt nicht der gewünschte Auftrag erhalten wurde, sondern ein Wettbewerber erfolgreich war, ist es zweckmäßig, einen Bericht zu erstellen bzw. dem Vertriebsmanagement die Ursachen dieses Misserfolges zu präsentieren. Eine solche Vorgehensweise hat vor allem zwei Vorteile:

1. Die genaue Analyse der Gründe für den Misserfolg kann dazu führen, an der Verbesserung der vertrieblichen Positionierung zu arbeiten. Möglicherweise war das Produkt nicht geeignet, der Preis falsch, der Vertriebsweg nicht optimal oder die Kommunikation mit dem Kunden unzureichend. Nur wenn eine systematische Ursachenforschung betrieben wird, ist eine Verbesserung der Angebotssituation überhaupt möglich.

2. Neben dieses sachliche Argument tritt ein psychologisches: Wenn die Vertriebsmitarbeiter wissen, dass sie im Falle eines Misserfolges die Gründe dafür dem Vertriebsmanagement ausführlich erläutern müssen, führt das zu einem erheblichen Druck auf die Mitarbeiter. Es gibt Unternehmen, bei denen diese Loss Reviews in Abhängigkeit von der Größe des verlorenen Projektes vor dem Geschäftsstellenleiter, dem Regionalleiter oder dem nationalen Vertriebsleiter präsentiert werden müssen. Da es nicht gerade karrierefördernd ist, in einer solchen Situation vor dem Vertriebsmanagement auftreten zu müssen, werden die Vertriebsmitarbeiter noch stärker daran interessiert sein, einen Vertriebserfolg zu erreichen.

3.3 Lösungen in der Praxis

In der Praxis ist folgende Verteilung der Vergütungssysteme zu beobachten:

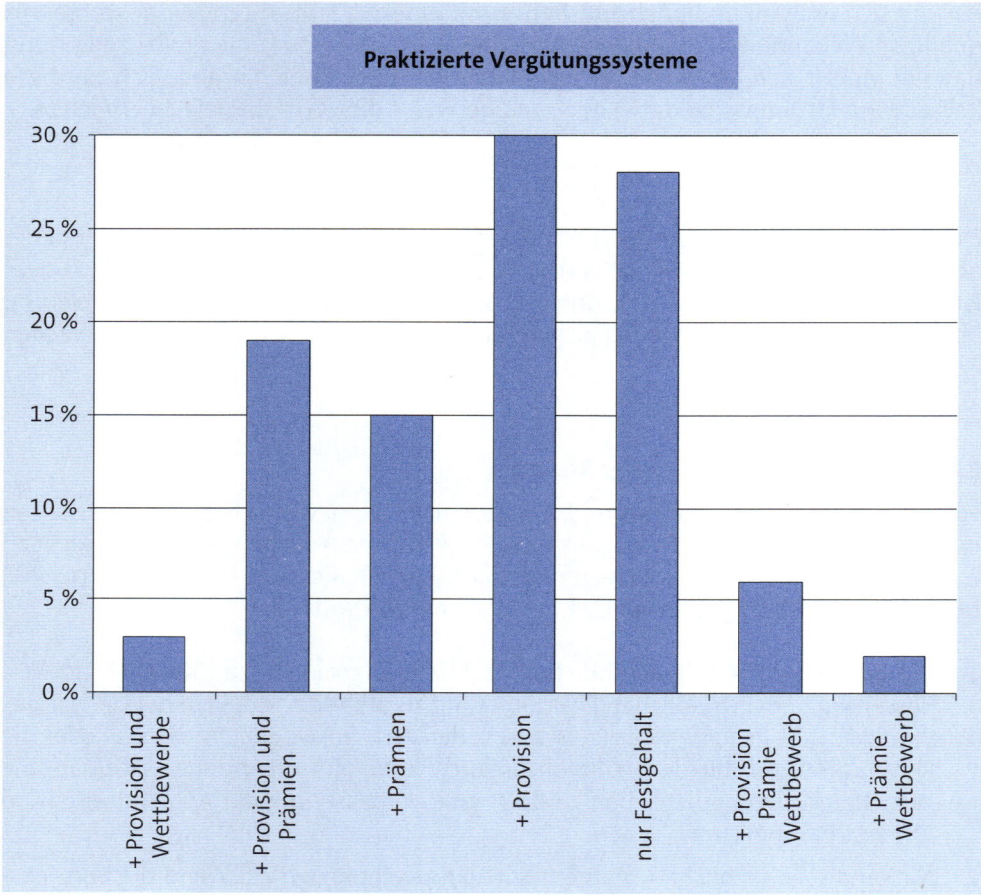

Abb. 7: Praktizierte Vergütungssysteme in Deutschland
Quelle: *asw 8/94, S. 55* (Studie der *Kienbaum* Vergütungsberatung)

Es zeigt sich, dass 72 % der Unternehmen ein mehr oder weniger erfolgsorientiertes Bezahlungsmodell einsetzen, lediglich 28 % zahlen ein Festgehalt.

3.4 Anforderungen an Vertriebs-Mitarbeiter

Die Auswahl geeigneter Mitarbeiter für den Außendienst ist nicht einfach. Zum einen sind fachlich qualifizierte Personen oft nicht bereit, sich den drei wichtigen – durch einen Einsatz im Außendienst unvermeidbaren – Unterschieden gegenüber einer „geregelten" Tätigkeit in einer Fachabteilung zu stellen:

▶ Das erfolgsabhängige Einkommen wirkt vielfach abschreckend.

▶ Eine Verkaufstätigkeit im Außendienst ist oft als „Klinkenputzen" mit einem Negativimage belegt.

▶ Die psychisch wie physisch anstrengende Außendiensttätigkeit wird als wenig erstrebenswert empfunden.

Andererseits sind Mitarbeiter, die diese Nachteile gern in Kauf nehmen, oft weder persönlich noch fachlich hinreichend qualifiziert, um das Unternehmen bei wichtigen Kunden adäquat zu vertreten.

Tatsächlich sind die Anforderungen an einen Außendienstmitarbeiter sehr vielfältig und ausgesprochen hoch. *Williams/Seminerio* (1985) haben untersucht, welche Eigenschaften die beschaffenden Unternehmen bei den Außendienstmitarbeitern der Anbieter als besonders wichtig erachten:

Eigenschaft	Prozent der Nennungen
Gründlichkeit und Zuverlässigkeit	65,0
Kenntnis der eigenen Produktlinien	58,9
Bereitschaft, sich für die besonderen Anforderungen des Kunden im eigenen Unternehmen einzusetzen	54,3
Marktkenntnis und die Bereitschaft, den Kunden darüber auf dem aktuellen Stand zu halten	40,6
Verständnis für die Einbindung der angebotenen Produkte in den Bedarf des Kunden	23,1
Kenntnis der Produkte des Kunden	18,3
Geschicklichkeit beim Verhandeln mit den verschiedenen Abteilungen des Kunden	16,3
Gute Vorbereitung der Kundenbesuche	12,4
Regelmäßigkeit der Kundenbesuche	8,7
Gute fachliche Ausbildung	7,4

Tab. 4: Beispiel für Mitarbeitereigenschaften

Aus diesen Prioritäten der Kunden lassen sich folgende Schwerpunkte für die Ausbildung und das Training der Außendienstmitarbeiter ableiten:

► **Verkaufstechniken** mit Schwerpunkt einer guten Organisation der eigenen Arbeit und der Vor- und Nachbereitung von Kundenbesuchen

► **Produktkenntnisse** mit Schwerpunkt auf Anwendungen und Kundennutzenargumentation

► **Branchen- und Marktkenntnisse** mit dem Schwerpunkt, den Einfluss des Geschäfts der Kunden auf deren Bedarf erkennen zu können

► **Wettbewerbskenntnisse** mit Schwerpunkt der Kenntnis der Stärken und Schwächen der eigenen und der Wettbewerberprodukte.

3.5 Pro-aktives Marketing „nach innen", Nutzung der Serviceorganisation

Aus dem existierenden Mangel an guten Vertriebsmitarbeitern folgt, dass zunächst ein intensives Marketing nach innen, also innerhalb der übrigen Unternehmensbereiche, durchgeführt werden muss, um potenzielle Mitarbeiter für den Außendienst zu gewinnen. Im Vordergrund muss dabei stehen, die drei skizzierten Vorbehalte gegenüber einer Vertriebstätigkeit abzubauen. Eine Einstellung von „fertigen" Vertriebsmitarbeitern von außen (insbesondere vom Wettbewerb) sollte das letzte Mittel sein, da die Anpassung an die spezielle Unternehmenskultur oft wesentlich länger dauert als ursprünglich angenommen.

Daneben sollte versucht werden, bei bereits bestehenden personellen Ressourcen eine bessere Vertriebsorientierung ihrer Tätigkeit zu erreichen. Dafür kommt vor allem der Servicebereich eines Unternehmens infrage. *Bieletzki (1994)* hat folgende Vorschläge gemacht, um zu einer besseren Zusammenarbeit zwischen dem technischen Außendienst und den Vertriebsmitarbeitern im Außendienst zu gelangen:

► Einführung eines verzahnten Informationssystems zwischen Vertrieb und Technischem Außendienst

► Sensibilisierung der Techniker für Kaufsignale des Kunden

► adäquate Behandlung und Honorierung von Verkaufstipps des Kundendienst-mitarbeiters durch den Vertrieb

► gemeinsames Auftreten von Techniker und Verkäufer beim Kunden

► detaillierte Abstimmung der Vorgehensweise beim Kunden zwischen Vertrieb und Technik

► Zusammenarbeit bei der Reklamationsbearbeitung zwischen Vertrieb und Kundendienst

► Einführung von Motivationsprogrammen für die Mitarbeiter des Technischen Außendiensts zur Unterstützung des Vertriebs.

4. Kundenbeziehungsmanagement

Der Vertrieb ist allerdings nur eine (und zwar ganz besonders wichtige) Phase in einer Kundenbeziehung. Zu einer umfassenden Kundenbeziehung gehören alle Phasen, von dem Gewinnen von Neukunden bis zum Beenden der Kundenbeziehung – auch Kundenbeziehungen haben einen Lebenszyklus. Bevor auf die einzelnen Teilaufgaben und Methoden eingegangen wird, ist es sinnvoll, den gesamten Lebenszyklus tabellarisch darzustellen:

	Potenzielle Kunden		Aktuelle Kunden			Verlorene Kunden	
Art der Beziehung	potenziell	neu	stabil	gefährdet	nicht attraktiv	wiedergewinnbar	nicht wiedergewinnbar
Ziel: Kundenbeziehung	initiieren	stärken	festigen	sichern	abbauen	wiedergewinnen	
Aufgaben	Lead-Management	Neukundenprogramme	CRM im engeren Sinn	Beschwerdemanagement	Beziehungsauflösungsmanagement	Rückgewinnungsmanagement	

Tab. 5: Kundenlebenszyklus
Quelle: *Stauss/Seidel (2002, S. 31)*

4.1 Computereinsatz in Vertrieb und Marketing (CRM, CAS)

In den letzten Jahren hat sich der Einsatz von Computern im Vertrieb (und auch in den benachbarten Marketingfunktionen) deutlich vergrößert. Bevor dies genauer analysiert werden kann, ist eine Abgrenzung zu anderen Aspekten des Computereinsatzes in den Bereichen Marketing und Vertrieb hilfreich.

Das Internet hat an den beiden „Außenseiten" eines Unternehmens, dem Einkauf (Buy-side) und dem Vertrieb (Sell-side) zu entsprechendem Einsatz von IT-Systemen geführt. Dazwischen sind die – größtenteils internen – Systeme von Marketing und Vertrieb anzusiedeln, wobei allerdings eine enge Verzahnung sowohl mit den Systemen der Buy-side wie auch – vor allem – mit den Systemen der Sell-side bestehen sollte:

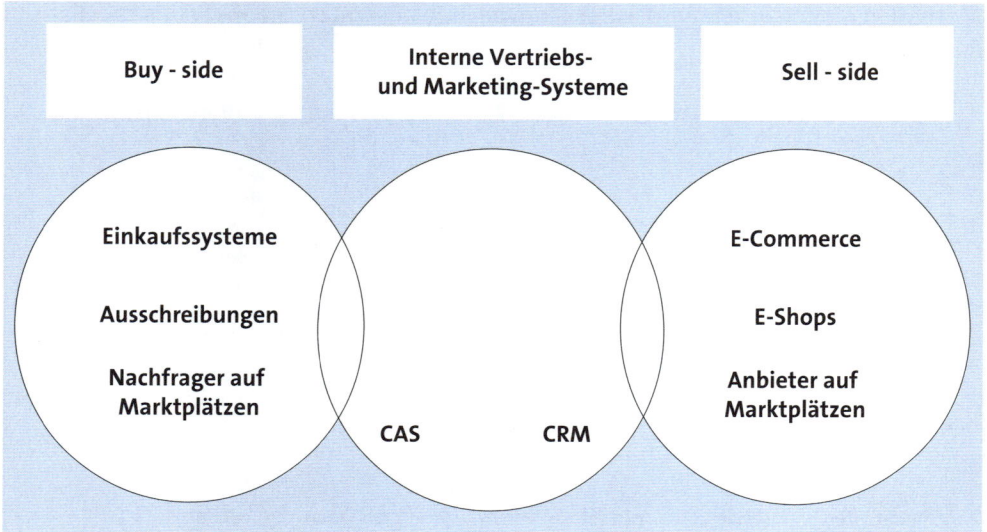

Abb. 8: IT-Systeme in Einkauf, Marketing und Vertrieb

Die Aspekte von Buy- und Sell-side sind in Abschnitt H.4. angesprochen worden, sodass sich dieser Abschnitt auf die Diskussion der eher internen Systeme konzentrieren kann.

4.2 CAS-Systeme

Der Begriff CAS (Computer Aided Selling) ist schon seit vielen Jahren gebräuchlich (in den USA wird heute eher von SFA [Sales Force Automation] gesprochen). Unter CAS im engeren Sinn versteht man den vertriebs- und kundennahen Einsatz von Computern, zumeist in einem Notebook, das der Vertriebsmitarbeiter ständig zur Verfügung hat.

Typische CAS-Anwendungen sind Pflege der Adress-, Kontakt- und Termindatenbank, Erfassung und Verwaltung jedes einzelnen Vertriebsprojektes, Mitführen sämtlicher Produktinformationen bzw. Konfiguratoren, die bei einem Kundengespräch nötig sind. Da diese Notebooks typischerweise entweder in Räumen des Kunden oder in eigenen Räumen eingesetzt werden, ist durch den Einsatz von Wireless-LANs eine permanente Internet-Verbindung bei diesen Haupteinsatzorten gegeben.

CAS im weiteren Sinn ist eine Einbindung der CAS-Informationen in ein Database-Marketing. Das Database-Marketing erfasst und steuert alle kundenbezogenen Marketingaktivitäten (z. B. Einladungen, Zusendung von Informationsmaterial, Messebesuche etc.) und erfasst auch den Response der Kunden, sodass nach einiger Zeit ein gutes Kundenprofil entstehen kann.

Für die Zusammenfassung all dieser Funktionalitäten hat sich in letzter Zeit der Begriff CRM (Customer Relationship Management) eingebürgert. Die einzelnen Schritte sind zumindest für gute B2B-Firmen nicht neu, während der Einsatz derartiger Systeme in B2C-Unternehmen in den letzten Jahren offenbar das große Thema war und ist. (Anmerkung des Autors: Offenbar sind zumindest diejenigen Finanzdienstleister und Telekommunikationsanbieter [ausnahmslos Marktführer], mit denen es der Autor privat als Kunde zu tun hat, noch nicht sehr weit mit der Umsetzung dieser Dinge: Bei jedem Anruf muss er seinen komplizierten Namen buchstabieren – offenbar gelingt es diesen Unternehmen nicht einmal, die beim Anruf übermittelte Telefonnummer sofort in ihr System einzulesen, sodass eigentlich auf dem Bildschirm des Call-Center-Agenten sofort eine Maske mit den Kundendaten stehen könnte. Dass dies möglich ist, zeigen Taxi-Unternehmen, die spätestens beim zweiten Anruf Namen und Adresse des Anrufers an der Telefonnummer erkennen).

Im B2B-Bereich ist es aufgrund der deutlich geringeren Kundenzahlen und des ohnehin vorhandenen Direktvertriebes wesentlich einfacher, einen systematischen Kontakt zu den einzelnen Kunden herzustellen und zu pflegen. Das ist natürlich für B2C-Unternehmen wesentlich schwerer und für Hersteller, die über den Handel verkaufen (und daher gar keinen Kontakt zum Endverbraucher haben) noch immer fast unmöglich.

4.3 CRM-Grundlagen

„CRM – Customer Relationship Management – ist eine kundenorientierte Unternehmensausrichtung, die mithilfe moderner Informations- und Kommunikationstechnologien versucht, auf lange Sicht profitable Kundenbeziehungen durch ganzheitliche und differenzierte Marketing-, Vertriebs- und Servicekonzepte aufzubauen und zu festigen" (Hippner, 2000).

Aus dieser Definition folgen einige wichtige Anforderungen an das CRM:

▶ **Ganzheitlich:** Die Systeme müssen erlauben, alle Aspekte des Kunden integriert und auf einen Blick darzustellen. Dieses Ziel wird verfehlt, wenn es nicht möglich ist, alle Umsätze eines Kunden mit dem Anbieter aggregiert darzustellen. Insbesondere wenn es sich bei dem Kunden um ein größeres Unternehmen mit zahlreichen Konzerngesellschaften im In- und Ausland handelt, und ein Teil des Geschäftes über Vertriebspartner (Händler) abgewickelt wird, ist es in der Tat sehr schwer, genau zu ermitteln, welchen Umsatz dieser Kunde tatsächlich mit Produkten des Anbieters macht. Aber wenn dies nicht gelingt, sind viele auf den Ist-Daten aufbauende Ideen schon im Ansatz unbrauchbar.

▶ **Differenziert:** Anspruchsvolle B2B-Kunden erwarten nicht Standardlösungen, sondern maßgeschneiderte Individuallösungen (wollen aber leider dafür nur den Standardpreis zahlen ...). Dazu gehören auch die spezielle Betreuung im Vertrieb mit den entsprechenden Kosten. Dies muss erfasst werden und abfragbar sein, um den Wert der Kunden ermitteln zu können.

▶ **Lange Sicht:** Dieses Ziel ist in letzter Zeit – vor allem aufgrund des aus den USA eindringenden Quartalsdenkens – eher in den Hintergrund getreten. Gleichwohl ist der Aufbau einer Kundenbeziehung eine Aufgabe, die auf eine längere Frist ausgelegt sein sollte, es sei denn, der Kunde erweist sich als unprofitabel oder das Management legt mehr Wert auf kurzfristige Zahlen („sell and forget").

▶ **Profitabilität:** Nur mit profitablen Kunden kann ein Unternehmen langfristig Geld verdienen. Eine wichtige Aufgabe eines CRM-Systems liegt daher darin, den Wert eines jeden Kunden zu ermitteln. Für die Vergangenheit sollte das relativ einfach sein, sofern alle relevanten Kundendaten integriert zur Verfügung stehen. Im zweiten Schritt wäre eine Schätzung über die zukünftige Entwicklung des Kunden zu erstellen, um zu bestimmen, bei welchen Kunden eher investiert werden sollte oder nicht.

4.3.1 Stufen des CRM

Generell unterscheidet man drei Stufen des CRM: operatives, kommunikatives und analytisches CRM.

Operatives CRM

In diesem Bereich ist das gesamte CAS anzusiedeln, also Anwendungen, die direkt vom Vertrieb genutzt werden. Hinzu kommen die Marketing-Anwendungen wie die Planung, Durchführung und Kontrolle von Kampagnen wie Direct Mail, Messen etc.

Kommunikatives CRM

Möglichst direkte One-to-one-Kommunikation mit dem Kunden ist Ziel des kommunikativen CRM. Dazu gehört vor allem der Betrieb eines möglichst effizienten Call-Centers, das auch durch zusätzliche technische Möglichkeiten (E-Mail, SMS etc.) unterstützt wird. Auch die gesamte integrierte Bearbeitung von Kundenanfragen kann diesem Bereich des CRM zugeordnet werden, ebenso ein effizientes Beschwerdemanagement (soweit im Unternehmen überhaupt vorhanden).

Analytisches CRM

Sind operatives und kommunikatives CRM im Einsatz, so entstehen im Lauf der Zeit erhebliche Datenbestände. Die Auswertung und Analyse dieser Daten ist Aufgabe des analytischen CRM. Basis des aCRM ist die Einrichtung eines Data Warehouse, also einer integrierten Datenbank mit allen Kundenaktivitäten. Die Auswertungsmöglichkeiten dieses Data Warehouses werden als Data Mining bezeichnet, also das Suchen und Finden von vermuteten oder neu zu entdeckenden Zusammenhängen bei den Kundendaten. Das aCRM ist besonders wichtig für Unternehmen, die eine sehr große Zahl von Kunden betreuen (und auch Zugriff auf die einzelnen Daten haben), vor allem also auf B2C-Unternehmen. Im B2B-Bereich wurden entsprechende Auswertungen auch früher schon durchgeführt, nur fehlte damals der klangvolle Begriff CRM.

4.3.2 Nutzen von CRM

Während die Kosten der Einführung eines CRM-Systems (zumindest ex-post) recht gut erfasst werden können, sind die unterschiedlichen Nutzenkomponenten schwerer zu erfassen und zu quantifizieren. Zwar weisen die Marketingbroschüren der Anbieter von CRM-Lösungen (z. B. *Siebel*) auf recht kurze Amortisationszeiten von teilweise weniger als 1 Jahr hin, ob und wie das aber in einem bestimmten Fall erreicht werden kann, sei dahin gestellt, zumal einige dieser Nutzenaspekte eher qualitativ sind und die Bewertung nicht einfach ist. Dennoch seien hier einige dieser Nutzenkategorien vorgestellt:

▶ **Arbeitszeit der Vertriebsmitarbeiter:** In verschiedenen Untersuchungen wird Vertriebsmitarbeitern immer wieder ein erstaunlich hoher Anteil an verkaufsfremder Zeit bescheinigt (teilweise bis zu 70 % der Arbeitszeit). Gelingt es, nur einen Teil dieser Zeiten durch ein CRM-System einzusparen, so lassen sich entweder mit der gleichen Vertriebsmannschaft deutlich bessere Ergebnisse erzielen – oder die Vertriebsmannschaft könnte entsprechend reduziert werden.

▶ **Verkürzung des Sales-Cycle:** Durch effizienteres Arbeiten im Vertrieb kann die Zeit bis zum Abschluss in vielen Fällen deutlich verkürzt werden.

▶ **Verbesserung der Abschlussraten:** Ein CRM-System erlaubt eine bessere Steuerung und Überwachung der Verkaufsaktivitäten; daher ist mit einer Erhöhung der Abschlussraten, also der Erfolgsquote bei Angeboten, zu rechnen.

▶ **Umsatzerhöhung:** Durch gezieltere Kundenbearbeitung und eine stärkere Präsenz am Markt kann es gelingen, die Umsätze zu erhöhen.

▶ **Größere Kundenzufriedenheit:** Ein Lieferant, der ein gutes CRM-System einsetzt, wird in der Regel eine Verbesserung der Zufriedenheit seiner Kunden erreichen können. Jederzeitige Auskunftsfähigkeit und schnelle Reaktionen in ungeplanten Problemfällen erfreuen jeden Kunden mehr als das endlose Warten in überlasteten Hotlines oder Call-Centern.

Selbst wenn jeder dieser Effekte nur zwischen 5 % und 10 % liegen sollte, können damit insgesamt beachtliche Ergebnisverbesserungen erreicht werden, die eine gute Amortisation der erforderlichen Investitionen erwarten lassen.

4.3.3 Schwierigkeiten bei der Einführung von CRM

Ähnlich wie früher bei reinen CAS-Lösungen ist auch bei der Einführung von CRM-Systemen mit Schwierigkeiten zu rechnen. Hauptproblem ist nach wie vor die unzureichende **Akzeptanz der Systeme bei den Mitarbeitern**, insbesondere den Vertriebsmitarbeitern im Außendienst. CRM führt in letzter Konsequenz eben nicht nur zu einem gläsernen Kunden, sondern auch zu einem gläsernen Mitarbeiter: Es ist jederzeit nachvollziehbar, wer wann was gemacht (oder auch nicht gemacht) hat. Das Vertriebsmanagement hat jederzeit den Überblick über alle Vertriebsprojekte und kann bei Mitarbeitern, die Schwächen zeigen, jederzeit „motivierend" eingreifen – allerdings nicht immer zur Freude der Mitarbeiter.

Obwohl die Systeme inzwischen ziemlich ausgereift sind, gibt es immer noch **Schwächen in der Funktionalität** der Systeme, insbesondere wenn es sich um Speziallösungen für ein bestimmtes Unternehmen handelt. Ein IT-System kann leider nicht immer all das, was ein erfahrener Vertriebsmitarbeiter vorher „aus dem Kopf" gemacht hat.

Oft unterschätzt wird auch der **Ausbildungsbedarf** bei CRM-Systemen: Wenn Mitarbeiter, die das System ohnehin nicht lieben, auch noch schlecht in der Nutzung ausgebildet werden, muss man sich über einen Misserfolg nicht wundern. Überschätzt wird hingegen in der Regel der zu erwartende Erfolg eines derartigen Systems. Diese Überschätzung wird vor allem getrieben von den Versprechungen der Verkäufer der CRM-Software und CRM-Services, die ihr Geschäft umso besser machen können, je größer der Nutzen ist, den sie ihren Kunden in Aussicht stellen können. Auch hier wäre eine Mäßigung sicher hilfreich, aber die IT-Branche lebt schon seit Jahrzehnten mit diesem Problem.

4.4 Kundenportfolio-Analyse

Neben der Organisation und der zielgerichteten Steuerung des Vertriebs ist es notwendig, die zu bearbeitenden Kunden einer Analyse zu unterziehen. Die in den meisten Vertriebsorganisationen übliche Unterteilung der Kunden nach Umsätzen in A-, B- und C-Kunden ist leider nur wenig hilfreich. In der Literatur sind eine Reihe von weitergehenden Ansätzen entwickelt worden, die in der Praxis bisher allerdings nur selten berücksichtigt werden.

Campbell/Cunningham (1983) haben eine Reihe von Klassifikationskriterien vorgeschlagen und eine dem Produktlebenszyklus ähnliche Einteilung der Kunden empfohlen:

Kriterium	Kunden von morgen	Wichtige Kunden von heute	Heutige Standard- kunden	Kunden von gestern
Umsatzvolumen	Niedrig	Hoch	Durch- schnittlich	Niedrig
Einsatz der Vertriebsressourcen	Hoch	Hoch	Durch- schnittlich	Niedrig
Alter der Geschäfts- beziehung	Neu	Alt	Durch- schnittlich	Alt
Anteil des Anbieters am Einkaufs- volumen des Kunden	Niedrig	Hoch	Durch- schnittlich	Niedrig
Rentabilität des Kunden für den Anbieter	Niedrig	Hoch	Durch- schnittlich	Niedrig

Tab. 6: Klassifikationskriterien für Kundenportfolios nach Produktlebenszyklus

Die Analyse der Rentabilität eines Kunden ist von besonderer Bedeutung: Gerade bei umsatzstarken A-Kunden sind oft wegen des großen vertrieblichen Aufwandes und der geringen Margen nur geringe Deckungsbeiträge zu erzielen, während vermeintlich unattraktive B-Kunden vielfach deutlich rentabler sind.

Eine andere Einteilungsmöglichkeit ist die Einteilung der Kunden nach den Kriterien „Zukunft des Kunden" (bezogen auf seine eigene Geschäftsentwicklung) und auf die „Wettbewerbsposition" des Anbieters. Aus diesen Kriterien kann ein Portfolio entwickelt werden; für jede Kundenart sind die empfohlenen Aktionen angegeben:

	Kunde hat großes Wachstum	Kunde hat mittleren Erfolg	Kunde hat keine Zukunft
Kunde bevorzugt den Anbieter	Idealkunde **Bevorzugen, pflegen**	Brot- und Butter-Kunde **Bevorzugt besuchen, pflegen**	Barzahlungskunde **Kritisch beobachten, auf Zahlungs-bedingungen achten**
Kunde ist anbieter-neutral	Potenzieller Idealkunde **Umwerben, hohen Aufwand betreiben**	Quo-Vadis-Kunde, Standardkunde **Umwerben, kostenbewusst akquirieren**	Mitnahmekunde **Wenig Aufwand, kein Service**
Kunde bevorzugt Wett-bewerber	Beobachtungs-kunde **Situations-bedingter Aufwand**	Karteikunde **Gelegentlich beobachten, eher meiden**	Zu meidender Kunde **Kein Aufwand, nicht besuchen**

Tab. 7: Klassifikationskriterien für Kundenportfolios nach Wettbewerbsposition
Quelle: *asw 5/94, S. 54*, am Beispiel der Firma Hugo Boss

Ein weiteres Hilfsmittel für eine zielgerichtete Steuerung der Vertriebsaktivitäten kann die Analyse einzelner Großkunden sein. Für diese Untersuchung bietet es sich an, die Geschäftsentwicklung mit dem Kunden nach dem Wachstum in einzelnen Produktgruppen zu überprüfen und insbesondere auf die Nutzung neuerer Produkte zu achten:

	Neue Produkte	Aktuelle Produkte	Veraltete Produkte
Hohes Wachstum	1	2	3
Mittleres Wachstum	4	5	6
Niedriges Wachstum	7	8	9
Sinkende Umsätze	10	11	12

Tab. 8: Klassifikation von Großkunden

Ein Erfolg versprechender Kunde sollte die Umsätze auf der Diagonalen (also den Feldern 1, 5, 8, 12) haben; in einer solchen Situation ist davon auszugehen, dass für den Kunden die Produkte des Anbieters optimal seinen Bedarf treffen. Sollten wesentliche Umsätze des Kunden in anderen Feldern angesiedelt sein, so ist dies ein Warnsignal für den Vertrieb und sollte zu entsprechenden korrigierenden Maßnahmen Anlass geben.

4.5 Analyse des Kundenwertes

In letzter Zeit machen sich die Unternehmen zunehmend Gedanken über den Wert eines Kunden bzw. den Wert einer Kundenbeziehung. Vordergründig versteht man darunter die Summe der mit diesem Kunden über die Dauer der Kundenbeziehung zu erzielenden Umsätze oder Deckungsbeiträge. Dieser Wert wird oft auch als „Customer Lifetime Value" (CLV, CLTV) bezeichnet. Es existiert eine Vielzahl von Methoden zur Berechnung dieses Wertes, nähere Informationen finden sich z. B. bei *Cornelsen (2000)* und *Crossconsulting (2002)*.

Neben diesen quantitativen Verfahren sind allerdings auch qualitative Aspekte einer Kundenbeziehung zu betrachten: Dazu gehören weiche Faktoren wie das Informations- und das Referenzpotenzial. Das Beratungsunternehmen Crossconsulting hat im Jahre 2002 bei einer Befragung von Unternehmen aus dem B2B-Bereich folgende Erkenntnisse gewonnen:

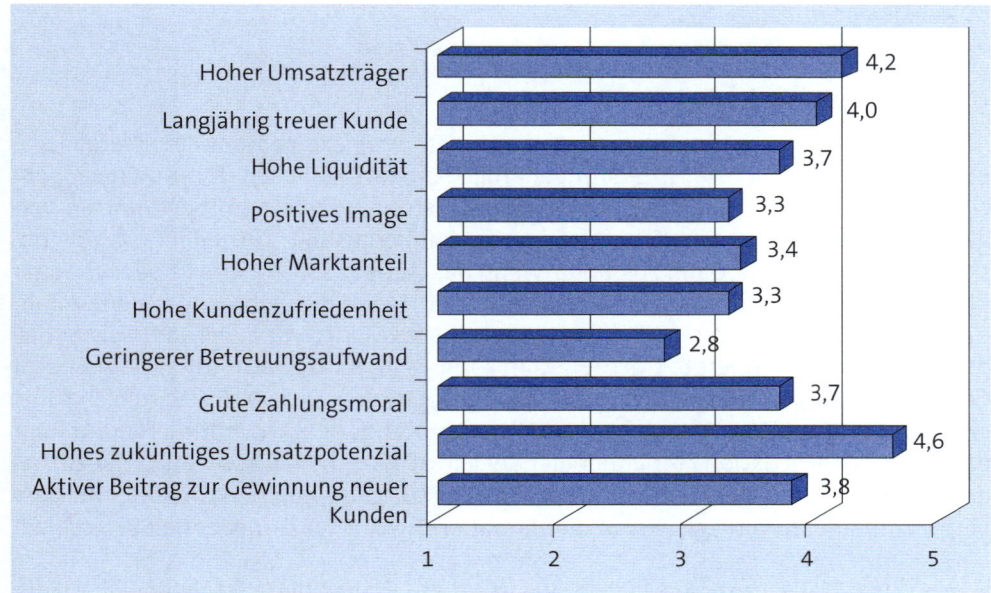

Abb. 9: Kategorisierung „wertvoller Kunden" (1: trifft nicht zu, 5: trifft voll zu)
Quelle: *Crossconsulting (2002, S. 51)*

Interessant dabei ist, dass offenbar hohe Umsätze der Vergangenheit und hohes Umsatzpotenzial für die Zukunft nach wie vor im Vordergrund stehen – die Rentabilität wird nicht genannt. Bei den Methoden der Wertbestimmung werden anspruchsvollere Methoden nur von einer Minderheit der Unternehmen eingesetzt, es dominieren einfache ABC-Analysen nach Umsatz, die persönliche Einschätzung und Kundenbefragungen:

Methode	Eignung	Einsatz in %
Klassische ABC-Analyse (nach Umsatz)	3,5	87
Persönliche Einschätzung	3,5	74
Kundenbefragung	2,9	70
ABC-Analyse nach Deckungsbeitrag	4,1	48
Kundenportfolio	3,4	39
Scoring-Modell	4,0	30
Expertenbefragung	2,4	22
Customer Lifetime - Value Berechnung	3,5	9

Tab. 9: Verfahren zur Kundenwertbestimmung (1: nicht geeignet, 5: voll geeignet)
Quelle: *Crossconsulting (2002, S. 51)*

Obwohl Verfahren wie ABC-Analyse nach Deckungsbeiträgen bzw. Scoring-Modelle als gut geeignet angesehen werden, werden sie nur von 48 % bzw. 30 % der befragten Unternehmen genutzt. Die CLV-Berechnung setzt kaum jemand ein (9 %), sie wird auch nicht als besonders geeignet angesehen – möglicherweise wussten die befragten Personen nicht genau, was darunter eigentlich zu verstehen ist, denn immerhin sehen sie die ABC-Analyse nach Umsatz als ebenso geeignet an.

4.6 Kundenzufriedenheit

Als Kundenzufriedenheit wird das Ergebnis eines komplexen psychischen Vergleichsprozesses bezeichnet. Die Ist-Leistung, nämlich die tatsächliche Erfahrung nach dem Gebrauch eines Sachgutes oder einer Dienstleistung, wird einem bestimmten Vergleichstandard des Kunden (Soll-Leistung) gegenübergestellt. Zufriedenheit, eine positive Emotion, kommt dann zustande, wenn das Ist dem Soll entspricht oder es sogar übersteigt. Demzufolge entsteht Unzufriedenheit, wenn die wahrgenommene Erfahrung schlechter als der Vergleichsstandard ist. Dieses Modell wird auch als Basismodell der Kundenzufriedenheit betrachtet. Man kann es in der Literatur unter dem Begriff Confirm/Disconfirm-Paradigma (C/D-Paradigma) finden. Der Soll/Ist-Vergleich führt entweder zur Bestätigung (Confirm) oder Nichtbestätigung (Disconfirm). Hierauf folgt dann als direkte Reaktion Zufriedenheit oder Unzufriedenheit. Das Ausmaß der Zufriedenheit, das bei exakter Übereinstimmung der wahrgenommenen Leistung mit dem Vergleichsstandard vorliegt, wird als Konfirmationsniveau der Zufriedenheit bezeichnet.

Eine positive Diskonfirmation liegt vor, wenn die Ist-Leistung die Soll-Leistung übertrifft. Hierbei entsteht ein Zufriedenheitsniveau, das über dem Konfirmationsniveau liegt. Ist hingegen die Ist-Leistung unterhalb der Soll-Leistung (negative Diskonfirmation), so führt dies zu einem Zufriedenheitsniveau, das unterhalb des Konfirmationsniveaus liegt, es herrscht also Unzufriedenheit.

Es wird davon ausgegangen, dass das wahrgenommene Leistungsniveau und der Vergleichsstandard nicht vollkommen unabhängig voneinander sind. Im Falle einer Diskrepanz wird vielmehr zwischen diesen beiden Größen (Diskonfirmation) von einer nachträglichen Korrektur der Erwartungen bzw. der wahrgenommenen Leistung ausgegangen. Dies wiederum führt schließlich zu einer Verringerung oder zu einer Vergrößerung der Diskonfirmation.

Generell ist dabei zu beachten, dass auch ein auf eine Leistung bezogener Zufriedenheitswert davon beeinflusst wird, wie zufrieden die Person im Allgemeinen ist; Zufriedenheit ist also auch persönlichkeitsbedingt.

In der Literatur existieren hinsichtlich der sprachlichen Operationalisierung der einzelnen Modellkomponenten unterschiedliche Ansätze. Als Vergleichsstandard, also der Soll-Komponente, werden Begriffe wie zum Beispiel „Bedürfnisse", „Werte", „Normen", „Ziele", „Erwartungen" und „Anspruchsniveau" verwendet. Hier sei noch erwähnt, dass die beiden Letzten die gängigsten Begriffe sind. Außerdem sind die Begriffe „Erfahrungen" und „Ideale", zum einen als eigene Form, zum anderen als Unterkategorie der

Erwartung zu finden. Am besten ist wohl die Charakterisierung der Soll-Komponente durch die Bezeichnung „Anspruchsniveau". *Kroeber-Riel* definiert es als „ein vom Individuum als verbindlich erlebter Standard der Zielerreichung". Hierdurch wird bestimmt, welche Alternativen befriedigend sind und akzeptiert werden bzw. welche nicht angenommen werden. Der Begriff beinhaltet sowohl Zielnormen als auch Leistungserwartungen. Konsumenten können aber auch Erfahrungen Dritter in ihren Vergleichsstandard einbeziehen. Dies und die Tatsache, dass es sich bei allen bisher erwähnten Konstrukten um personenbezogene Eigenschaften handelt, zeigt, dass das Anspruchsniveau bezüglich einer Leistung von Person zu Person verschieden sein kann. Außerdem sind diese Vergleichsstandards nicht statisch. Das heißt, dass sich diese Aspekte mit den äußeren Lebensumständen und den gesammelten Erfahrungen kontinuierlich verändern. Deshalb sollten die Kundenzufriedenheit und die damit verbundenen Soll- und Ist-Komponenten regelmäßig neu gemessen werden.

Im B2B muss noch ein weiterer Einflussfaktor beachtet werden. In diesem Bereich ist der Kunde schließlich selbst ein Unternehmen. Die gekauften Güter zur Erstellung eigener Güter und Dienstleistungen beeinflussen die Anforderungen der nachgelagerten Abnehmer und das Anspruchsniveau des Kunden. Ändern sich die Anforderungen und Erwartungen der Endkunden, so ändern sich unter Umständen die Ansprüche aller beteiligten Elemente in der Wertschöpfungskette.

Oftmals wird die Ist-Komponente als subjektiv wahrgenommene Leistung definiert. Daher handelt es sich also nicht zwangsläufig um die objektiven Leistungskriterien eines Gutes oder einer Dienstleistung. Dies lässt bereits auf die Notwendigkeit subjektiver Verfahren zur Messung der Kundenzufriedenheit schließen.

Das Ergebnis, also die Kundenzufriedenheit stellt die dritte Komponente des Vergleichsprozesses dar. Für das Ergebnis gibt es prinzipiell drei mögliche Kategorien:

▶ Wenn Ist = Soll wird das Anspruchsniveau bestätigt; es liegt Kundenzufriedenheit vor.

▶ Wenn Ist > Soll ist der Kunde ebenfalls zufrieden.

▶ Wenn Ist < Soll resultiert aus dieser Untererfüllung Unzufriedenheit.

Mit der Konkretisierung des Begriffs „Kundenzufriedenheit" befassen sich unterschiedliche Autoren mit unterschiedlichen Ansätzen und prinzipiell mit zwei Problemstellungen. Bei diesen Problemstellungen geht es jeweils um die Gesamtzufriedenheit als Konstrukt aus Teilzufriedenheiten (*Mittal & Kamakura, 2001*). Es geht hierbei um die Frage, ob sich positive und negative Teilzufriedenheiten ausgleichen (*Helm, 2000*) können, sowie, ob einzelne Leistungsaspekte gleichermaßen zu Zufriedenheit bzw. Unzufriedenheit führen können. Es geht also um das Problem der Gewichtung einzelner Segmente. Es wurde hier bisher keine einheitliche Lösung gefunden.

4.6.1 Auswirkung von Kundenzufriedenheit

Unumstritten ist die Tatsache, dass unter den aktuellen Marktbedingungen jedes Unternehmen eine gewisse Kundenorientierung vorzunehmen hat. Bei hohem Wettbewerbsdruck durch sich stark ähnelnde Produkte lassen sich Wettbewerbsvorteile oft nur durch die Erhaltung und das Ausweiten bestehender Kundenbeziehungen erreichen. Unternehmen, die kundenorientiert handeln, können sich von den Auswirkungen der Kundenzufriedenheit auch in finanzieller Hinsicht Gewinn versprechen.

Kundenzufriedenheit kann interpersonell und intertemporär unterschiedliche Formen annehmen, angefangen bei „begeistert" bis hin zu „enttäuscht/verärgert". Dies beeinflusst natürlich auch das Handeln des Kunden und zieht wiederum entweder positive oder negative Konsequenzen für das Unternehmen mit sich.

Wer seine Kundenzufriedenheit verbessert, kann Umsatzsteigerungen und Kosteneinsparungen erreichen. Konsequenzen hoher Kundenzufriedenheit können z. B. wie folgt aussehen:

► Die **Wiederkaufrate:** Sie steigt, je vertrauter und zufriedener ein Kunde mit der Leistung des Anbieters ist.

► Das **Cross-Buying-Potenzial:** Es steigt, da es wahrscheinlicher ist, dass ein Kunde auch ein anderes Produkt des Unternehmens kaufen wird, wenn er mit einer Leistung zufrieden ist.

► **„Mundpropaganda":** Ein überzeugter, zufriedener Kunde erzählt Dritten von der guten Leistung des Anbieters, macht somit kostenlose Werbung und kann dem Unternehmen dadurch zu Neukunden verhelfen.

► **Kundentreue:** Die Dauer steigt und die Wechselbereitschaft sinkt.

► **Stammkunden:** Diese zeigen eine eher geringere Preisempfindlichkeit.

► **Stammkundenzahl:** Die Wahrscheinlichkeit, mehr Stammkunden zu gewinnen, steigt. Dies verringert wiederum die Marketing- und Vertriebskosten eines Unternehmens, da die Geschäftsbeziehung routinierter wird und damit der Informations- und Koordinationsbedarf abnimmt. (Einen Neukunden zu gewinnen ist ca. fünf Mal teurer als einen Stammkunden zu erhalten.)

► **Erwirtschafteter Gewinn:** Dieser steigt mit der Dauer der Geschäftsbeziehung.

Kundenzufriedenheit kann neben den positiven Konsequenzen auch durch weitere Informationen aus der Kundenzufriedenheitsmessung einen ökonomischen Vorteil bringen. Finanzielle Mittel können zum Beispiel effektiver eingesetzt werden, vorausgesetzt natürlich, dass bekannt ist, was dem Kunden wichtig ist. Somit kann der Fokus auf diese Faktoren gelegt werden, und die unwichtigeren Elemente können etwas vernachlässigt werden.

Wie bereits erwähnt kann Kundenzufriedenheit eine höhere Kundenbindung bewirken. Jedoch darf hieraus nicht geschlussfolgert werden, dass eine hohe Kundenzufriedenheit zwangsläufig Kundenbindung mit sich bringt, bzw. Kundenbindung immer mit Zufriedenheit einhergeht. Kundenzufriedenheit ist zwar ein wesentlicher Einflussfaktor hinsichtlich der Kundenbindung, das Verhältnis ist allerdings nicht direkt proportional.

Herrscht geringe Zufriedenheit bzw. Unzufriedenheit, ist die Wahrscheinlichkeit einer Abwanderung höher, eventuell sogar hoch. Ist der Kunde gerade nicht mehr unzufrieden, aber auch nicht wirklich zufrieden, fühlt er sich dem anbietenden Unternehmen nicht verbunden, er wird aber auch nicht aufgrund kleinerer Zufriedenheitsschwankungen sofort abwandern. Wenn die Zufriedenheit des Kunden allerdings über das Mittelmaß hinaus gesteigert werden kann, so wächst die Bereitschaft des Kunden zur Bindung an das Unternehmen stark. Mit weiter steigender Zufriedenheit wird jedoch ein Optimum erreicht. Das heißt, hier ist der Kunde absolut loyal dem Unternehmen verbunden. Auch mit großem Aufwand kann man dies dann nicht mehr steigern.

Zusätzlich zur Kundenzufriedenheit gibt es noch weitere Faktoren, die die Kundenbindung beeinflussen, z. B.:

► Image eines Anbieters

► Wechselbarrieren, sprich ökonomische, psychische und soziale Aspekte, die den Kunden von einem Wechsel des Anbieters abhalten

► situative Einflüsse, wie die Wettbewerbssituation, Politik und Gesellschaft.

Der Einfluss dieser Faktoren ist sehr stark branchenabhängig. Auf den B2B-Märkten sind diese z. B. generell weniger wichtig als in der Konsumgüterbranche. Anbietende Unternehmen sollten jedoch nicht nur die Vorteile, die eine hohe Kundenzufriedenheit bringen kann, betrachten, sondern auch die Auswirkungen, die eine KundenUNzufriedenheit bewirken kann.

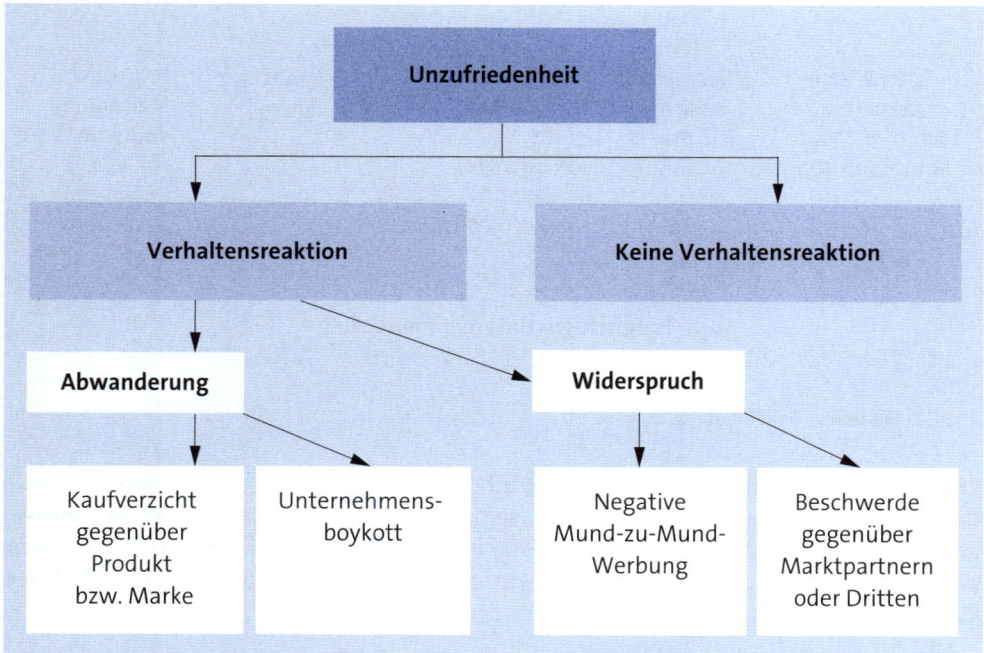

Abb. 10: Folgen der Kundenunzufriedenheit

Wie dem Schaubild entnommen werden kann, müssen die Unternehmen bei Unzufriedenheit mit Kundenabwanderung, aber auch mit Widerspruch rechnen. Letzteres
beinhaltet unter anderem negative Mund-zu-Mund-Werbung, und diese verbreitet sich
meist weiter und schneller als positive Äußerungen.

Widerspruch kann sich auch durch Beschwerden äußern. Beschwerden können nicht
nur gegenüber dem betreffenden Unternehmen geäußert werden, sondern zum Beispiel auch bei Verbraucherschutzeinrichtungen oder Medien. Möglich ist natürlich aber
auch, dass ein Kunde zunächst gar nicht reagiert, also obwohl er unzufrieden ist, dem
Unternehmen vorerst weiter treu bleibt.

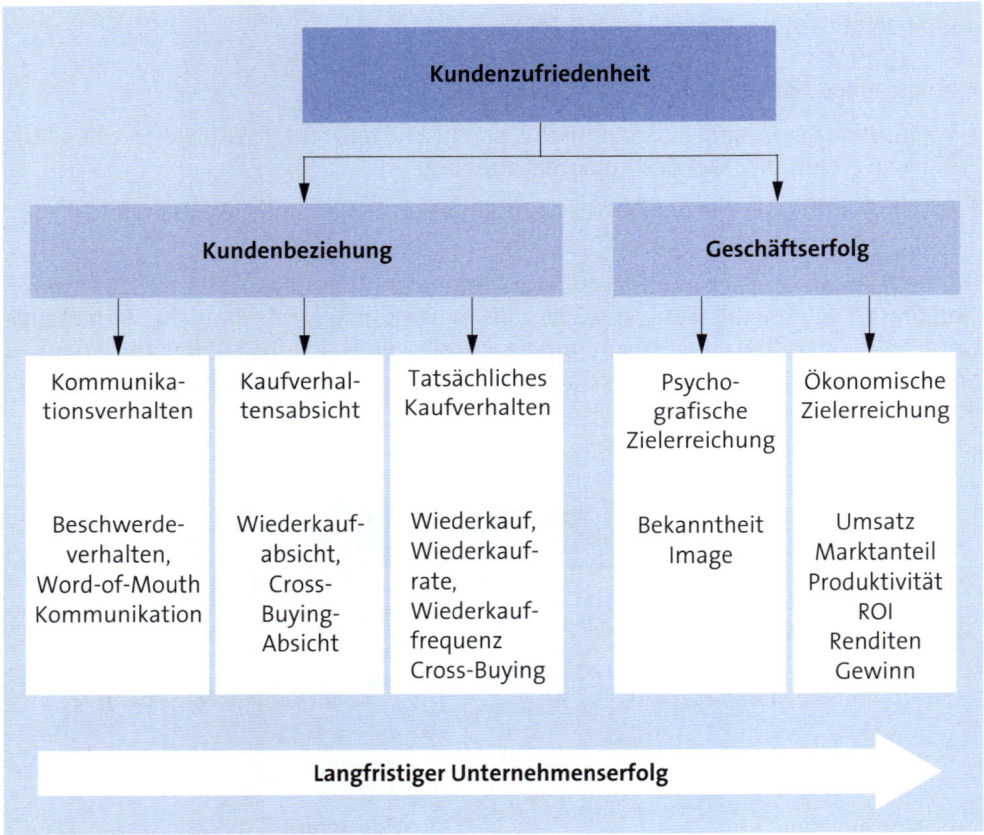

Abb. 11: Kundenzufriedenheit

Ein ökonomischer Nutzen aus Kundenzufriedenheitsmessungen, im obigen Schaubild
dargestellt, ergibt sich jedoch nicht von selbst. Einer Umfrage der M + M Forschungs-
gruppe Management und Marketing Kassel im Jahr 2002 zufolge haben Unternehmen,
die Umsatzsteigerungen, Gewinnsteigerungen und Kosteneinsparungen verzeichnen
konnten, folgende Kriterien erfüllt:

► regelmäßige Kundenbefragungen

► Analyse der Kundenbefragungen und daraus Erarbeitung von Verbesserungsmöglichkeiten

► weitgehende Umsetzung der Verbesserungen

► Einbindung der Ergebnisse der Befragungen in bestehende Führungs- und Steuerungsinstrumente wie Prämien- und Anreizsysteme und kontinuierliche Verbesserungsprozesse.

4.6.2 Verfahren zur Messung der Kundenzufriedenheit

Bezüglich Kundenzufriedenheitsmessungen gibt es mehrere Vorgehensweisen. Je nach Anwendungsgebiet existieren unterschiedliche Messansätze mit unterschiedlicher Komplexität und Informationsqualität. Zur Konzeption einer Kundenzufriedenheitsmessung ist es notwendig, verschiedene Messverfahren auf ihre Anwendungsfähigkeit hin zu analysieren. Dies soll im Folgenden erläutert werden.

4.6.2.1 Methodik von Kundenzufriedenheitsmessungen

Die Tabelle zeigt die verschiedenen Kundenzufriedenheitsmessverfahren:

Messung der Kundenzufriedenheit		
Subjektiv	A. Wahrnehmung	Objektiv
Ereignis	B. Orientierung	Merkmal
Implizit	C. Direktheit	Explizit
Eine	D. Dimensionalität	Mehrere
Ex ante/ex post	E. Zeitpunkt der Messung	Ex post

Tab. 10: Systematisierung von Verfahren zur Messung der Kundenzufriedenheit

Objektive vs. subjektive Verfahren

Kundenzufriedenheitsmessverfahren können grundsätzlich in objektive und subjektive Messverfahren unterschieden werden. Objektive Verfahren erfassen die Kundenzufriedenheit anhand beobachtbarer Größen bzw. Indikatoren, welche nicht durch die persönliche, also subjektive Wahrnehmung beeinflusst sind. Sie können also nicht durch subjektive Wahrnehmung verzerrt werden. Solche Indikatoren sind z. B. Marktanteil, Gewinn oder Umsatz. Problematisch bei diesem Verfahren ist allerdings, dass die verwendeten Größen auch durch weitere Faktoren wie z. B. Konjunktur beeinflusst werden.

Objektive Verfahren werden aufgrund dieser externen Einflüsse zur umfassenden validen Messung der Kundenzufriedenheit als ungeeignet befunden. Subjektive Messverfahren erfassen dagegen die vom Kunden subjektiv wahrgenommene Zufriedenheit. Es werden also nicht bestimmte Kennzahlen festgestellt, sondern es werden die Verhaltensweisen und zu Grunde liegenden Emotionen der Kunden analysiert. Die folgenden Ausführungen beziehen sich daher auf subjektive Verfahren.

Ereignis- vs. merkmalsorientierte Verfahren

Des Weiteren unterscheidet man ereignis- und merkmalsorientierte Verfahren. Ereignisbezogene Verfahren betrachten bestimmte Kundenkontaktereignisse, z. B. einen Vertragsabschluss. Hierzu gibt es vier Messinstrumente – die Kontaktpunktanalyse, die Frequenz-Relevanz-Analyse, die Analyse von Standardereignissen und die Critical Incident Technique. Ereignisorientierte Verfahren eignen sich also dazu, um punktuelle Leistungsverbesserungen vornehmen zu können. Für eine umfassende Messung sind derartige Methoden wegen des zeitlichen eingeschränkten Betrachtungshorizonts jedoch nicht geeignet.

Alternativ kann das merkmalsgestützte Verfahren angewandt werden. Die Kundenbeziehung wird hier nicht mehr prozessbezogen analysiert, sondern in einzelne Produkt-, Service- und Interaktionsmerkmale zerlegt, welche die Kundenbeziehung charakterisieren. Aufgrund der Mängel der ereignisbezogenen Verfahren liegt der Fokus der weiteren Ausführungen auf den merkmalsorientierten Verfahren.

Implizite vs. explizite Verfahren

Anhand der Direktheit der Messung kann eine weitere Unterscheidung vorgenommen werden, nämlich zwischen impliziten und expliziten Verfahren. Bei impliziten Verfahren werden Indikatoren verwendet, über welche Rückschlüsse auf die Zufriedenheit der Kunden gezogen werden können. Es wird z. B. das Beschwerdeverhalten analysiert oder es werden Außendienstmitarbeiter befragt. Dies ist jedoch nur möglich, wenn sich die Kunden auch aktiv beschweren, und dies stellt auch das grundsätzliche Problem dieses Verfahrens dar. Bei Umkehrschlüssen ist außerdem Vorsicht geboten, denn man darf nicht aufgrund geringer Reklamationen auf Zufriedenheit schließen. Wie bereits im vorigen Abschnitt erwähnt, unterscheidet sich das Verhalten enttäuschter Kunden erheblich.

Beim Einsatz expliziter Verfahren zur Messung wird eine direkte Befragung der Kunden vorgenommen. Hierbei soll der Erfüllungsgrad von Erwartungen bzw. die empfundene Zufriedenheit gemessen werden.

Ein- vs. mehrdimensionale Verfahren

Bei der Dimensionalität kann man zwischen ein- und mehrdimensionalen Verfahren unterscheiden. Bei eindimensionalen Verfahren wird eine inhaltliche Dimension zur Messung verwendet, man fragt z. B. nach der Gesamtzufriedenheit.

Bei mehrdimensionalen Verfahren wird hingegen die Gesamtzufriedenheit in Teilzufriedenheiten mit einzelnen Leistungsmerkmalen aufgeteilt, es werden alle Merkmale abgefragt, die für den Kunden relevant sind. Enthält die Messung falsche, bzw. fehlen der Messung bestimmte Kriterien, kann das Bild stark verzerrt werden. Es sollte daher eine Vorstudie angefertigt werden. Da sowohl in der Wissenschaft als auch in der Praxis mehrdimensionale Verfahren generell präferiert werden, beziehen sich alle weiteren Ausführungen auf diese Form der Messung.

Ex ante-/ex post- vs. ex post-Verfahren

Schließlich kann die Kundenzufriedenheitsmessung nach dem Zeitpunkt der Messung unterschieden werden. Bei der mehrdimensionalen Messung gibt es verschiedene Vorgehensweisen. Zum einen können die Erwartungen der Kunden an die Leistung eines Produktes bzw. Dienstleistung vorab, also ex ante, ermittelt werden, andererseits kann danach, also ex post, die Beurteilung der empfangenen Leistung erfragt werden. Ersteres ist jedoch sehr aufwändig und zeitintensiv, daher ist die ex post-Ermittlung die gängigere Variante.

4.6.2.2 Durchführung von Kundenzufriedenheitsmessungen

Die nachfolgenden Ausführungen beziehen sich auf subjektive, explizite, mehrdimensionale, merkmalsorientierte, ex post-Kundenzufriedenheitsmessungen. Zunächst werden die Anforderungen an eine Konzeption und ihre Bestandteile näher erläutert. Danach sollen Pretests, Datenerhebungen und Dateneingaben detailliert aufgezeigt werden. Die folgende Abbildung zeigt den kompletten Ablauf bzw. die Durchführung einer Kundenzufriedenheitsmessung, inklusive der Umsetzung der abgeleiteten Maßnahmen.

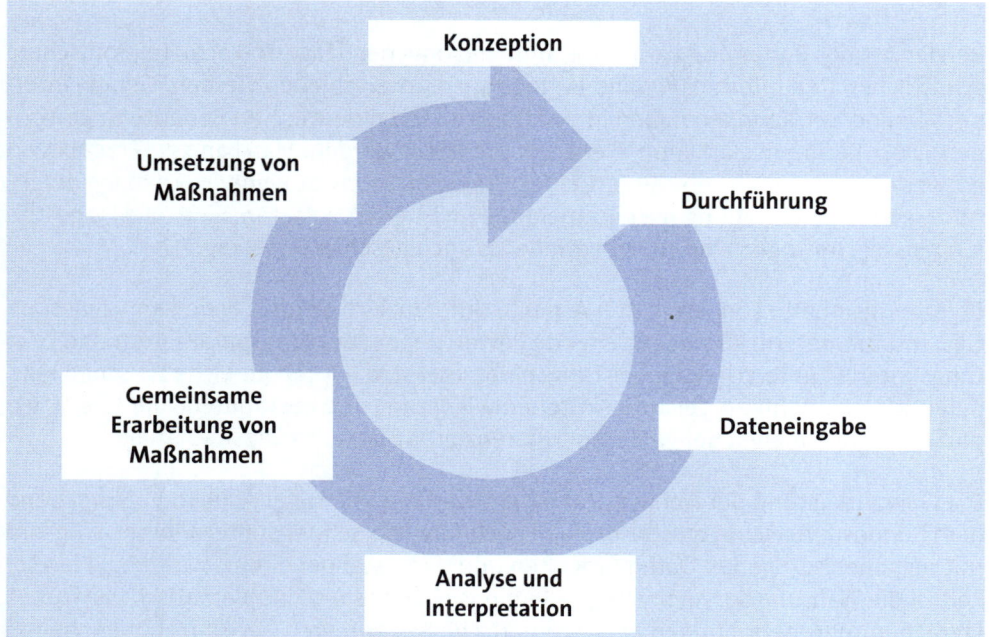

Abb. 12: Übersicht über die Durchführung einer Kundenzufriedenheitsmessung und die Umsetzung der abgeleiteten Maßnahmen

Konzeption einer Kundenzufriedenheitsbefragung

Hierzu gibt es eine ganze Reihe von Entscheidungsfeldern, es müssen unter anderem die Zielgruppe, die Stichprobengestaltung, die Art der Befragung und Fragestellung, der Inhalt der Befragung und die Anonymität der Befragung festgelegt werden. Bezüglich der Auswahl der Zielgruppe bzw. Zielgruppen muss eine Auswahl der zu befragenden Kundengruppen getroffen werden und die zu befragenden Ansprechpartner ausgewählt werden.

So sind zum Beispiel nur Kundengruppen sinnvoll, die über Erfahrung mit dem entsprechenden Produkt bzw. mit der Kundenbeziehung verfügen, um Auskunft geben zu können. Die Auswahl nach einem konkreten Ansprechpartner ist im Privatkundenbereich recht einfach. Im B2B-Bereich gestaltet sich dies jedoch oft schwieriger, gerade wenn ein Buying Center existiert. Hier macht es Sinn, gleich mehrere Personen zu befragen.

Bezüglich der Gestaltung der Befragungsstichprobe kann man zwischen einer Voll- und mehreren Teilerhebungen unterscheiden. Vollerhebungen werden vor allem bei einer kleinen Kundenzahl angewandt. Es ist jedoch auch möglich, beide Verfahren miteinander zu verbinden, also z. B. bei einem Kunden bzw. Unternehmen eine Vollerhebung durchzuführen und bei einem anderen eine Teilerhebung. Generell lässt sich sagen, dass eine Vollerhebung der Idealfall ist, jedoch oftmals aus Kostengründen nicht durchführbar ist.

Differenzierungskriterien sind bei der Bestimmung des Stichprobenumfangs einer Teilerhebung ausschlaggebend. Hierzu zählen Kriterien, nach welchen bei der Analyse der Kundenzufriedenheitsergebnisse unterschieden werden soll. Häufig sind dies soziodemografische Kriterien.

Bei der Art der Befragung kann zwischen persönlichen (Face-to-Face), telefonischen, schriftlichen und Internet-/Online-Befragungen unterschieden werden. Gerade Internet-/Online-Befragungen haben in den letzten Jahren deutlich an Bedeutung gewonnen. Diese Befragungsart kann wiederum unterteilt werden. Man kann die Fragebögen entweder elektronisch verschicken, eine offene Befragung auf einer Homepage durchführen oder die Befragung nach Anmeldung im Internet zulassen. Sinnvolle Fragestellungen der Umfragen sind sowohl offene als auch geschlossene Fragen.

Befragungsinhalte können in drei Aspekte differenziert werden. Man kann zwischen Gesamtparametern, also übergreifende Bewertungen, Leistungsparametern und Leistungskriterien unterscheiden. Leistungsparameter sind Kontaktbereiche zwischen Kunden und Unternehmen, Leistungskriterien wiederum sind Bestandteile der Leistungsparameter und dienen der weiteren Differenzierung der Leistungsmerkmale.

Die Gewährleistung der Anonymität ist ein weiterer wichtiger Aspekt. Entsprechend dem Bundesdatenschutzgesetz müssen auch Marktforschungsunternehmen sorgsam mit personenbezogenen Daten umgehen und das Datengeheimnis wahren. In letzter Zeit ist die Wahrung der Anonymität allerdings nicht mehr so problematisch wie früher. Da sich immer mehr Kunden an systematische Befragungen gewöhnt haben, haben sie oftmals sogar keine Probleme oder möchten sogar offenes und direktes Feedback geben. Gerade im B2B-Bereich ist die Anonymität kaum noch ein Problem, denn hier handelt es sich oft um „rationale" Geschäftsbeziehungen. Daher ist eine Weitergabe ihrer Antworten und Angaben für diese Personen akzeptabel.

Vom Pretest über die Durchführung hin zur Dateneingabe

Die gesamte Kundenzufriedenheitsmessung sollte mit einem Pretest beginnen. Dieser dient dazu, durch zufällig ausgewählte Kunden die inhaltliche Qualität des Fragebogens zu überprüfen, um u. a. feststellen zu können, ob er logisch aufgebaut, vollständig ist und die Fragen verständlich und eindeutig formuliert sind. Nach den Erfahrungswerten kann der Pretest als persönliches Interview bei repräsentativen Zielgruppen empfohlen werden.

Die darauf folgende Durchführung der Datenerhebung ist abhängig von der ausgewählten Art der Befragung. Generell, unabhängig von der Befragungsart, wird jedoch empfohlen, den Kunden vorab ein Ankündigungsschreiben zukommen zu lassen. Dies steigert oftmals die Akzeptanz eines Fragebogens und der Befragte kann sich schon im Vorfeld eine Meinung bilden oder auch nötige Informationen besorgen. Des Weiteren können mehr aktuelle Ansprechpartner identifiziert werden.

4.6.2.3 Auswertung von Kundenzufriedenheitsmessungen und Umsetzung der abgeleiteten Maßnahmen

Grundsätzlich kann man den Ablauf einer Kundenzufriedenheitsmessung hinsichtlich der Auswertung der Ergebnisse und der Umsetzung der Maßnahmen in sechs Schritte unterteilen:

► Festlegung der Analysegrundlagen

► Berechnung der aggregierten Ergebnisse in Form von Indizes

► Differenzierung der Ergebnisse nach Kundenart/-segment

► Berechnung Detailergebnisse (Leistungsparameter und -kriterien)

► Bestimmung der Wichtigkeiten der Leistungsparameter

► Umsetzung der abgeleiteten Maßnahmen.

Als Analysegrundlagen hat sich in der Praxis die Transformation der Kundenzufriedenheitswerte auf eine 0 - 100-Skala als gut erwiesen, da dies die Unterschiede deutlicher macht, jedoch nicht die Ergebnisse verändert.

Durch Mittelwert- oder Faktorbildung über Einzelfragen kann eine Verdichtung der Urteile zu Leistungsparametern, also Indizes, vorgenommen werden. Dies sollte der erste Analyseschritt sein, um aggregierte Ergebnisse der Befragung zu berechnen. Zugleich muss aber auch die Reliabilität und Validität der Leistungsparameter geprüft werden. Hierzu kann man zwischen vielen erprobten statistischen Verfahren wählen. Anschließend wird die Kundenzufriedenheit und ihre Unternehmensbindung in Form eines Kundenzufriedenheits- bzw. Kundenloyalitätsindex (KZI/KLI) dargestellt.

Nun wird der KZI und der KLI einer detaillierten Analyse unterzogen, natürlich unter Beachtung der zuvor festgelegten Differenzierungskriterien. Des Weiteren ist es empfehlenswert, im Anschluss eine KZI-KLI-Matrix aufzustellen, beide Indizes also zusammenzuführen. In dieser Matrix werden die Kunden in zufriedene, unzufriedene, gebundene und ungebundene Kunden unterteilt. Oftmals geht eine hohe Zufriedenheit sicherlich mit einer hohen Kundenbindung einher und umgekehrt. Dennoch ist auch die Möglichkeit einer hohen Zufriedenheit mit einer geringen Kundenbindung vorhanden. Gerade dann ist großes Kundenbindungspotenzial vorhanden und das jeweilige Unternehmen sollte ein Kundenbindungsmanagement/-programm angehen.

Eine Detailanalyse der Gesamtparameter kann oft bereits viele Einblicke in Defizite geben. Aussagekräftig sind Defizitanalysen aber nur, wenn die unterschiedlichen Leistungsparameter und -kriterien mit einem Detaillierungsgrad untersucht werden, der so hoch wie möglich ist. Eine solche Analyse sollte zuerst global für alle Beteiligten und schließlich nach Segmenten differenziert stattfinden.

Leistungsparameter mit einer bestimmten Wichtigkeit zu versehen, ist für die Ableitung von Maßnahmen zur Kundenzufriedenheitssteigerung entscheidend. Man kann die Wichtigkeit direkt erfragen oder über zwei verschiedene Verfahren indirekt berechnen. Aus verschiedenen Gründen ist letzteres die bessere Alternative.

Oftmals führen Unternehmen gute Kundenzufriedenheitsmessungen durch, scheitern allerdings anschließend an der Umsetzung der abgeleiteten Maßnahmen. Bei der Analyse der Daten stehen die Ergebnisse im Vordergrund, daher sollten im optimalen Fall bereits vor der Durchführung einer Messung Möglichkeiten erarbeitet werden, wie die potenziellen Ergebnisse umgesetzt werden könnten. Man unterscheidet hierbei drei Ansätze:

► Maßnahmen zur Leistungsverbesserung und zur Behebung von aktuellen Defiziten

► systematischeres Kundenmanagement

► Kundenorientierung der Unternehmens verbessern, stärkere Fokussierung.

Nur durch systematische Vorgehensweisen bei den möglichen Entscheidungsoptionen können viele Probleme bei der Kundenzufriedenheitsmessung vermindert oder sogar eliminiert werden. Denn diese entstehen häufig durch die Anwendung inadäquater Instrumente und mangelnder Planung. Des Weiteren sollte die Grundlage von Kundenorientierungs-, -bindungs- und Kundenmanagementmaßnahmen eine systematisch durchgeführte, reliable und valide Messung sein.

4.7 Beschwerdemanagementsysteme

Ein Unternehmen, das ein strukturiertes Beschwerdemanagement einsetzen will, sollte zu folgenden Aspekten eindeutige Regelungen treffen und durchsetzen.

4.7.1 Beschwerdebereitschaft, Eingangswege

Es muss sowohl intern wie extern klar sein, an welcher Stelle des Unternehmens Beschwerden vorgetragen werden können (am besten an jeder) und was mit schriftlich eingehenden Beschwerden zu tun ist. Jede eingegangene Beschwerde ist festzuhalten und mit einer Kennzeichnung zu versehen. Diese Kennzeichnung sollte man auch dem Beschwerdeführenden mitteilen, damit er bei späteren Nachfragen leicht den Bearbeitungsstand seiner Beschwerde erfahren kann. (Im B2C-Bereich ist dies offenbar nur selten üblich. Hier werden Beschwerden häufig eher – z. B. durch den Einsatz teurer Hotline-Telefonnummern – erschwert, um Beschwerdeführer möglichst von Beschwerden abzuhalten.)

4.7.2 Beschwerdebearbeitung

Im Unternehmen ist klar zu regeln, wer – ggf. differenziert nach Größenordnung des Problems – über Beschwerden informiert wird und wer darüber entscheidet. Auch ein Zeitplan für die Behandlung von Beschwerden ist vorzusehen; bei längerer Bearbeitungsdauer sollte dem Beschwerdeführer ein Zwischenbescheid gegeben werden. Bei der Entscheidung über eine Beschwerde ist neben rein juristischen Schuldfragen auch der Wert der durch diese Beschwerde möglicherweise gefährdeten Kundenbeziehung zu berücksichtigen.

4.7.3 Beschwerdereporting, Beschwerdecontrolling

Hat ein Unternehmen ein effizientes Beschwerdemanagementsystem, so sollte es nicht schwer sein, aus diesem System differenzierte Berichte über die Häufung von Beschwerden bei bestimmten Produkten, in bestimmten Regionen oder bei bestimmten Kundengruppen abzurufen. Das Beschwerdecontrolling würde darauf aufbauend Korrekturmaßnahmen anregen, die sich von der Behebung von Qualitätsproblemen über die Modifikation vertraglicher Regelungen bis hin zu personellen Maßnahmen im Vertrieb erstrecken können.

4.8 Kundenrückgewinnungsmanagement (KRM)

In vielen Fällen ist es nicht zu vermeiden, dass ein Unternehmen Kunden verliert. Die Gründe dafür lassen sich in drei Klassen einteilen:

1. wegfallender Bedarf des Kunden (broken-away-reasons)
2. Probleme auf Seiten des Lieferanten (pushed-away-reasons)
3. attraktivere Angebote des Wettbewerbs (pulled-away-reasons).

Der Bedarf des Kunden entfällt beispielsweise, wenn ein Unternehmen auf andere Materialien umstellt, die das Unternehmen nicht anbietet. In diesem Fall wird es schwer sein, den Kunden zurückzugewinnen, es sei denn, das Unternehmen erweitert seine Produktpalette.

In den Fällen 2. und 3. ist es durchaus sinnvoll, systematische Versuche zu unternehmen, diese ehemaligen Kunden wieder zurückzugewinnen. Die entsprechenden Verfahren werden unter dem Begriff „Kundenrückgewinnungsmanagement" (KRM) bzw. „Customer Recovery Program" (CRP) oder auch „Win-Back-Management" zusammengefasst. In der Literatur (insbesondere *Sauerbrey/Henning, 2000*) finden sich interessante Beispiele für erfolgreiche KRM-Maßnahmen. Grund dafür kann sein, dass ein ehemaliger Kunde inzwischen festgestellt hat, dass der neue Anbieter auch keinen perfekten Service liefert; wenn dann noch ein gutes Angebot des ehemaligen Lieferanten eintrifft, gerät der Ärger über Probleme in der Vergangenheit oft in den Hintergrund. Bei B2B-Kunden kann ein KRM auch deswegen leichter erfolgreich sein, weil das Personal im Buying Center des Kunden stark wechselt und oft schon nach kurzer Zeit dort andere Meinungen vorherrschen. Im B2C-Bereich mag das schwieriger sein, weil eine Verärgerung über ein Unternehmen möglicherweise dazu führt, dass man nie mehr etwas mit diesem Unternehmen zu tun haben will.

Ein KRM sollte aus folgenden Aktivitäten bestehen (vgl. *Winkelmann, 2000*):

1. **Identifikation der verlorenen Kunden:** Dies ist im B2B-Bereich relativ leicht, weil für jeden Kunden Angaben über die Umsätze vorliegen. Allerdings reichen die nackten Umsatzzahlen für eine Verlustanalyse nicht aus, denn ein Umsatzrückgang kann z. B. auch durch den Einkauf über die Muttergesellschaft erklärt werden.

2. **Migrationsanalyse:** Hier geht es darum, detailliert zu analysieren, welche Kunden aus welchen Gründen verloren wurden. Dabei sind die Verluste mindestens nach den o. g. drei Klassen zu gliedern, ggf. ist eine feinere Gliederung erforderlich.

3. **Kundenqualifizierung:** Vor Beginn der Win-Back-Aktion sollte der ehemalige Kunde möglichst genau analysiert werden: Wie hoch ist sein Bedarf? Welche vertraglichen Vereinbarungen bestehen mit Wettbewerbern – und vor allem – wie ist die Zufriedenheit mit dem Angebot des Wettbewerbs?

4. **Planung von kunden- oder kundengruppenindividuellen Kampagnen:** Der Kunde hatte gute Gründe, die Geschäftsbeziehung zu beenden. Es müssen für einen erfolgreichen Win-Back-Versuch neue Argumente zusammengestellt werden, die es dem ehemaligen Kunden ermöglichen, sich auch ohne Gesichtsverlust wieder mit dem alten Lieferanten zu beschäftigen. Eine gute Gelegenheit ist immer die Ankündigung neuer Produkte, denn diese konnte der Kunde nicht kennen – möglicherweise leisten diese Produkte genau das, was der Kunde in der Vergangenheit bemängelt hat. In manchen Branchen werden für Win-Back-Aktivitäten speziell geschulte Vertriebsmitarbeiter eingesetzt, die sich besonders gut mit den Aufgaben einer Re-Migration zum ehemaligen Lieferanten auskennen, vor allem im System-Geschäft.

5. **Nachbetreuung:** Gerade zurückgewonnene Kunden sind besonders kritisch. Es ist daher sehr empfehlenswert, diese Kunden noch für einige Zeit besonders intensiv zu betreuen und häufig Zufriedenheitsanalysen durchzuführen.

6. **KRM-Controlling:** Da es sich beim KRM um ein strukturiertes Programm handelt, sind in regelmäßigen Abständen die Ergebnisse des KRM zu analysieren und die Erträge den Kosten gegenüberzustellen. Wichtige Win-Back-Kunden sind weiter genau zu beobachten und können, wenn sie wieder zu loyalen Kunden geworden sind, als besonders gute Referenzen genutzt werden, weil sie auch glaubhaft über den Wettbewerb sprechen können.

5. Empirische Ergebnisse: der Sales-Excellence-Ansatz

Homburg + Partner (2001, 2002) haben untersucht, welche Faktoren für einen erfolg-reichen Vertrieb die größte Bedeutung haben. Sie unterscheiden dabei zwischen vier Kategorien, die mehrere Unterpunkte enthalten:

► **Vertriebsstrategie:**
- Qualität des strategischen Kundenmanagments
- Klarheit der Wettbewerbspositionierung des Vertriebs
- Systematik der Channel Selektion
- Systematik des Channel Managments
- Systematik der Preispolitik
- Qualität der strategischen Vertriebsplanung
- Systematik der strategischen Ausrichtung des E-Commerce

► **Vertriebsmanagement:**
- Kundenorientierung der Aufbauorganisation
- Qualität der Kundenorientierung der Ablauforganisation
- Qualität der operativen Vertriebsplanung
- Qualität der Personalentwicklung
- Qualität der Personalführung
- Qualität des leistungsorientierten Vergütungssystems
- Funktionalität der Vertriebskultur

► **Kundenbeziehungsmanagement:**
- Sozialkompetenz der Mitarbeiter
- Fachkompetenz der Vertriebsmitarbeiter
- Qualität/Systematik des Call-Centers
- Qualität/Systematik des Internet-Auftritts
- Systematik des Einsatzes der Kundenbindungsinstrumente
- Systematik des Service-Managments
- Qualität/Systematik des Beschwerdemanagments
- Qualität des Key Account Managments

► **Informationsmanagment:**
- Qualität der Informationssysteme
- Qualität der grundlegenden Informationen über Kunden

- Qualität der Informationen über Kundenzufriedenheit/-bindung
- Qualität der Informationen über Wettbewerber
- Qualität der Informationen über den Markt
- Qualität der Informationen über interne Prozesse
- Systematik der Nutzung von CAS/CRM-Systemen

Auf Basis dieser Kriterien definieren *Homburg u. a.* vier Profile der Sales-Excellence:

Champions	professionell in allen vier Bereichen
Macher	stark im Vertriebs- und Kundenbeziehungs-management, aber fehlender strategischer Überbau und mangelhaftes Informations-management
Aktivisten	stark im Kundenbeziehungsmanagement, aber fehlende Systematik im Vertriebs-management, im Informationsmanagement und in der Vertriebsstrategie
Papiertiger	besondere Stärken in der Planung und in der Informationsbeschaffung, aber fehlende Anwendung dieser Informationen im Vertrieb und beim Kunden

Tab. 11: Profile für Verkaufserfolg

Insgesamt konstatieren *Homburg + Partner* ein „trauriges" Bild des Vertriebs in Deutschland. Probleme sehen sie insbesondere in den Bereichen Informations- und Kundenbeziehungsmanagement:

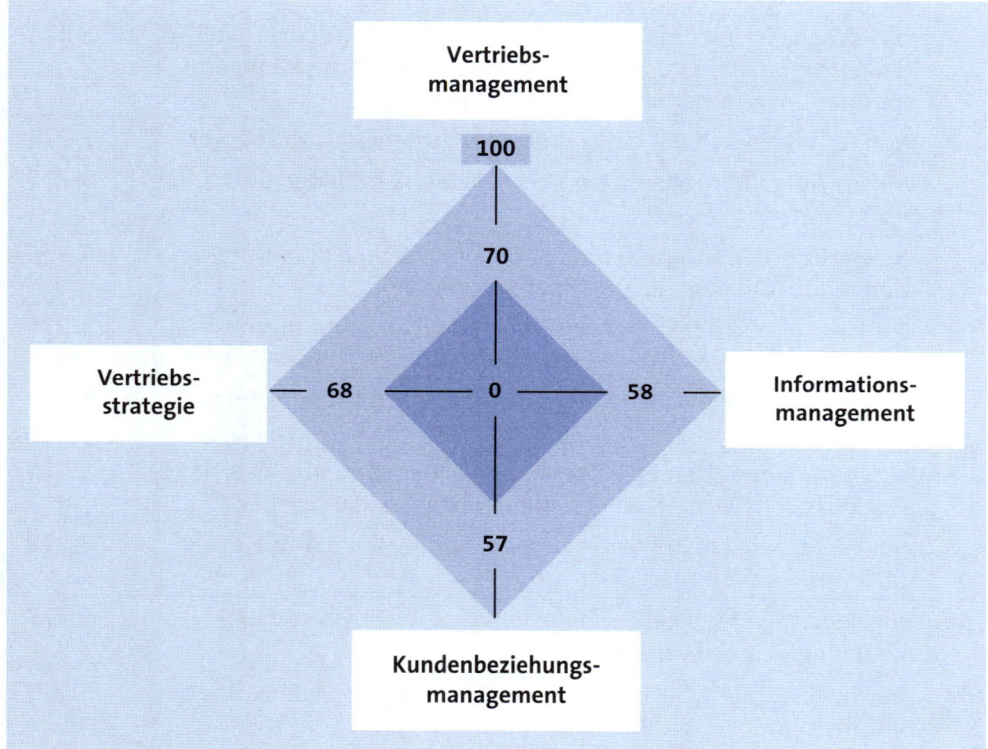

Abb. 13: Sales-Excellence in Deutschland
Quelle: *Homburg + Partner (2001/2)*

Bei der Aufgliederung nach Branchen zeigt sich, dass der Bereich Maschinenbau in allen vier Dimensionen weniger professionell ist als der Durchschnitt, während die Telekommunikations- und IT-Branche und besonders die Chemie in allen Disziplinen besser als der Durchschnitt abschneiden.

Ein weiteres Ergebnis dieser Studie ist die Aussage zum Zusammenhang zwischen Sales Excellence und Unternehmenserfolg: *Homburg + Partner* ermitteln für die beiden Kriterien Vertriebsstrategie und Vertriebsmanagement einen linearen Zusammenhang, während bei den Kriterien Kundenbeziehungsmanagement und Informationsmanagement der Grenznutzen sinkt; eine Excellence von mehr als 80 Punkten in diesen Disziplinen steigere den Unternehmenserfolg nur noch marginal und sei daher wirtschaftlich nicht sinnvoll.

Aufgabe 19 > Seite 477

Aufgabe 20 > Seite 478

Aufgabe 21 > Seite 478

Lösung

1.	Welche Akquisitionsalternativen haben im Business-to-Business-Marketing die größte Bedeutung?	S. 273
2.	In welchen Phasen des Kommunikationszyklus mit dem Kunden können im Business-to-Business-Marketing moderne Methoden der Informationsverarbeitung genutzt werden?	S. 274
3.	Wonach lassen sich die Tätigkeiten des Vertriebes klassifizieren?	S. 274
4.	Welche Aufgaben gehören zur Ist-Analyse eines Kunden durch den Vertrieb?	S. 275
5.	Welche internen Tätigkeiten müssen beim Vertrieb auf Business-Märkten für den Kunden durchgeführt werden?	S. 276
6.	Wie kann die Qualität von Angeboten im Business-to-Business-Marketing sichergestellt werden – und warum ist dies sehr wichtig?	S. 276
7.	Welche Bedeutung haben Vor- und Nachbereitung von Kunden-besuchen?	S. 277
8.	Welche anbieterinternen Prozesse sind in der Phase nach Vertrags-abschluss vom Vertrieb durchzuführen bzw. zu überwachen?	S. 278
9.	Welche Teilbereiche sollte die Kundenplanung beim Anbieter umfassen?	S. 278
10.	Wie beurteilen Sie die Brauchbarkeit von subjektiven Projekt-schätzungen durch Vertriebsmitarbeiter?	S. 279
11.	Welche Bedeutung hat die Aus- und Weiterbildung von Vertriebs-mitarbeitern?	S. 279
12.	Welche Kunden- und Interessenten-Arten lassen sich aus Sicht der Vertriebsorganisation unterscheiden?	S. 281
13.	Welche großen Klassen von Gebietsorganisationen gibt es?	S. 281
14.	Welche Vorteile bietet eine geografieorientierte Gebietsorganisation?	S. 281
15.	In welchen Fällen ist eine geografieorientierte Gebietsorganisation zu empfehlen?	S. 282
16.	Welche Vorteile bietet eine produktorientierte Gebietsorganisation?	S. 283
17.	In welchen Fällen ist eine produktorientierte Gebietsorganisation zu empfehlen?	S. 284
18.	Welche Vorteile bietet eine branchenorientierte Gebietsorganisation?	S. 284
19.	In welchen Fällen ist eine branchenorientierte Gebietsorganisation zu empfehlen?	S. 285
20.	Beschreiben Sie gemischte Formen von Gebietsorganisationen!	S. 285
21.	Was versteht man unter einer Overlay-Struktur und welche Probleme können damit gelöst werden?	S. 285
22.	Welche Vorgehensweise empfehlen Sie für die Neukunden-Akquisition im Business-to-Business-Marketing?	S. 287

23.	Was versteht man im Business-to-Business-Marketing unter Key-Account-Management?	S. 288
24.	In welchen Fällen ist ein interdisziplinäres Projektmanagement des Vertriebes zu empfehlen?	S. 288
25.	Welche zusätzlichen Schwierigkeiten treten bei der Betreuung von Kunden mit mehreren Standorten auf?	S. 288
26.	In welchen Situationen ist Outsourcing von Vertriebsaktivitäten zu empfehlen?	S. 289
27.	Warum ist die Steuerung von Außendienstmitarbeitern im Gegensatz zur Steuerung anderer Mitarbeiter besonders schwierig?	S. 291
28.	Beschreiben Sie die wichtigsten Instrumente der Außendienststeuerung!	S. 292
29.	Diskutieren Sie die Eignung des Gewinns als Vorgabe für Außendienstmitarbeiter!	S. 293
30.	Diskutieren Sie die Eignung des Umsatzes als Vorgabe für Außendienstmitarbeiter!	S. 294
31.	Diskutieren Sie die Eignung des Deckungsbeitrags als Vorgabe für Außendienstmitarbeiter!	S. 295
32.	Welche Vor- und Nachteile bieten Vorgaben auf Basis von Punktsystemen?	S. 296
33.	In welchen Fällen ist die Vorgabe von Absatzmengen sinnvoll?	S. 296
34.	Welche Bemessungsgrundlagen werden in der Praxis am meisten eingesetzt?	S. 297
35.	Welche zeitlichen Stufen können bei Aufträgen im Business-to-Business-Marketing unterschieden werden – und welche Konsequenzen hat dies für ein Vorgabesystem?	S. 297
36.	Nach welchen Grundsätzen sollten Zielvorgaben festgelegt werden?	S. 298
37.	Welche Verfahren zur Festlegung von Zielvorgaben kennen Sie?	S. 299
38.	Welche Anforderungen sind an Vertriebsmitarbeiter zu stellen?	S. 306
39.	In welchen Schwerpunkten sind Vertriebsmitarbeiter regelmäßig zu schulen?	S. 308
40.	Was ist unter „Marketing nach innen" zu verstehen?	S. 308
41.	Wie kann die Serviceorganisation eines Anbieters für den Vertrieb genutzt werden?	S. 308
42.	Erläutern Sie die einzelnen Phasen des Kundenbeziehungsmanagements!	S. 309
43.	Was versteht man unter CRM und unter CAS?	S. 309
44.	Welche Anforderungen werden an CRM gestellt?	S. 311
45.	Welche Stufen des CRM unterscheidet man?	S. 312
46.	Wo liegt der Nutzen von CRM?	S. 313

47.	Welche Schwierigkeiten bei der Einführung von CRM sind zu beobachten?	S. 313
48.	Nach welchen Kriterien kann das Kundenportfolio klassifiziert werden?	S. 314
49.	Nach welchen Kriterien sollte eine Großkundenanalyse durchgeführt werden?	S. 314
50.	Sind große Kunden immer auch die profitabelsten Kunden?	S. 315
51.	Was versteht man unter CLV bzw. CLTV?	S. 316
52.	Welche Kriterien werden bei der Bestimmung des CLV berücksichtigt?	S. 317
53.	Diskutieren Sie unterschiedliche Definitionen von Kundenzufriedenheit!	S. 318
54.	Beschreiben Sie die wichtigsten Auswirkungen von Kundenzufriedenheit!	S. 320
55.	Welche Verfahren zur Messung von Kundenzufriedenheit sind gebräuchlich?	S. 323
56.	Erläutern Sie die wesentlichen Schritte bei der Durchführung einer Kundenzufriedenheitsmessung!	S. 325
57.	Warum ist es für einen Anbieter auf Business-Märkten wichtig, ein Beschwerde-Management-System zu etablieren?	S. 329
58.	Welche Phasen werden beim Beschwerdemanagement unterschieden?	S. 330
59.	Was versteht man unter Kundenrückgewinnungsmanagement (KRM)?	S. 329
60.	Aus welchen Aktivitäten besteht das KRM?	S. 330
61.	Welche vier Kriterien kennzeichnen den Sales-Excellence-Ansatz?	S. 331

J. Kommunikations-Strategien

In Kapitel I. wurde bereits das für das Business-to-Business-Marketing bedeutendste Marketing-Instrument – der persönliche Verkauf – ausführlich dargestellt. In diesem Kapitel sollen die übrigen Komponenten des klassischen Marketing-Instruments „Kommunikation" auf ihre Eignung und Bedeutung für das Business-to-Business-Marketing untersucht und diskutiert werden.

1. Kommunikationsprozess im Business-to-Business-Marketing

1.1 Ziele der Marketingkommunikation auf Business-Märkten

Ziele der Marketingkommunikation sind:

1. Das Produkt (oder die Dienstleistung) soll potenziellen Kunden bekannt gemacht werden.

2. Es sind Informationen bereitzustellen, um potenziellen Kunden die Möglichkeit zu geben, zu prüfen, ob das Produkt für ihre Bedürfnisse geeignet ist.

3. Nach Möglichkeit ist zur „sofortigen" Verwendung des Produkts zu Versuchszwecken zu ermutigen.

4. Es ist auf einen Wiederholungskauf des Produktes hinzuwirken und eine habituelle Einstellung zum Kauf des Produktes zu entwickeln.

5. Es soll ein möglichst großes Volumen Gewinn bringender Verkäufe erreicht werden.

Um diese Ziele ganz oder teilweise zu erreichen, haben sich die „klassischen" Kommunikationselemente des Marketings entwickelt, mit denen auf den (potenziellen) Kunden eingewirkt werden kann:

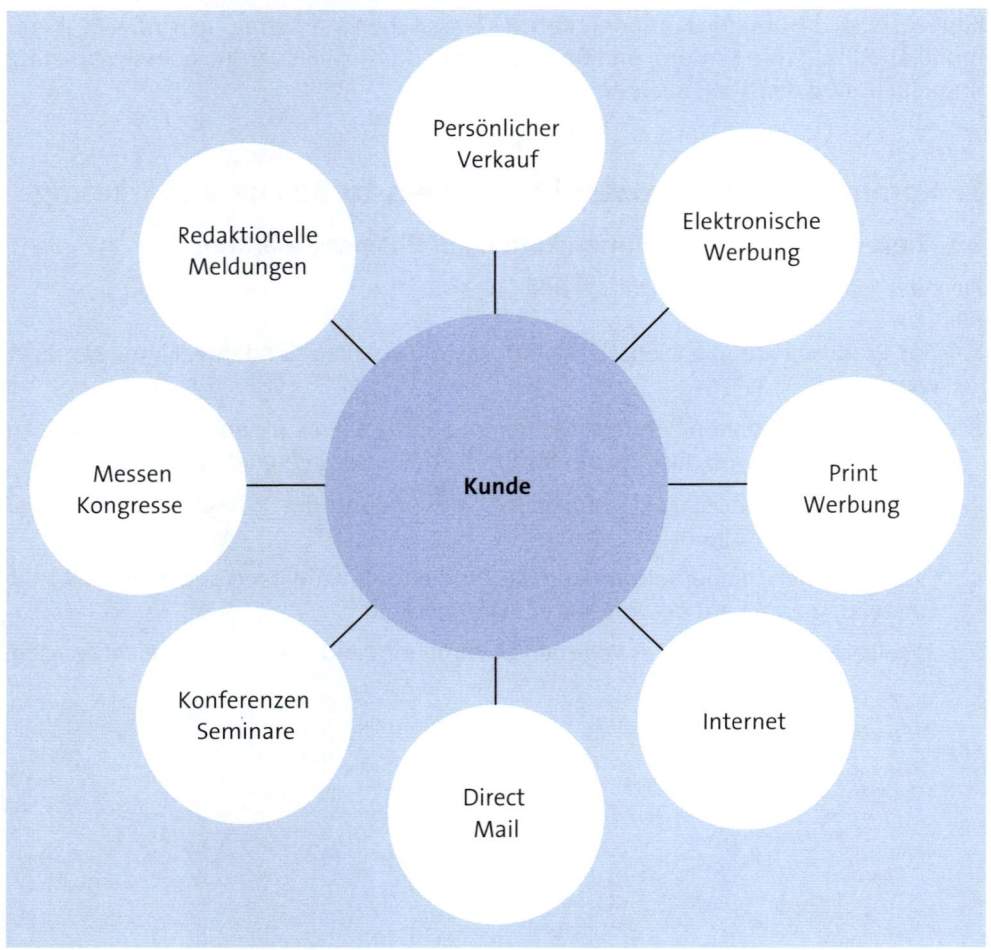

Abb. 1: Kommunikationsinstrumente im Marketing

Schott (1994) hat (speziell für den Markt der Informationssysteme) eine andere Ziel-
formulierung entwickelt und ihnen die verschiedenen Kommunikationsinstrumente
gegenübergestellt.

Ziele	Instrumente					
	Werbung	Messen, Aus- stellungen	ÖA	Verkaufs- förderung	Persön- licher Verkauf	Glaub- würdig- keits- politik
Bekanntheitsgrad erhöhen	+	+	+	0	0	+
Aufbau eines positiven Image	+	+	+	0	0	+
Senkung der Nachfrager- informationskosten	0	+	0	0	0	+
Vertrauen in die Qualität der Lösungen	-	-	-	-	+	+
Vertrauen in Leistungsfähigkeit und Wirtschaftskraft	0	+	0	-	+	+

Tab. 1: Kommunikationsmatrix (+: gute Eignung, 0: bedingt geeignet, -: kaum geeignet)
Quelle: *Schott* (1994, S. 90)

Aus dieser Übersicht ist zu erkennen, dass an den verschiedenen Zielen mit einem jeweils unterschiedlichen Mix der Kommunikationsinstrumente gearbeitet werden muss.

Vor der Diskussion der einzelnen Kommunikationsinstrumente sollen die Kommuni-
kationsprozesse bei Ablauf von Beschaffungsentscheidungen auf Business-Märkten
untersucht werden.

1.2 Der allgemeine Ablauf des Kommunikationsprozesses

Die Bedeutung der einzelnen Kommunikationsinstrumente im zeitlichen Ablauf des Verkaufsprozesses kann nach *Weis* (1983) in folgender Abbildung dargestellt werden:

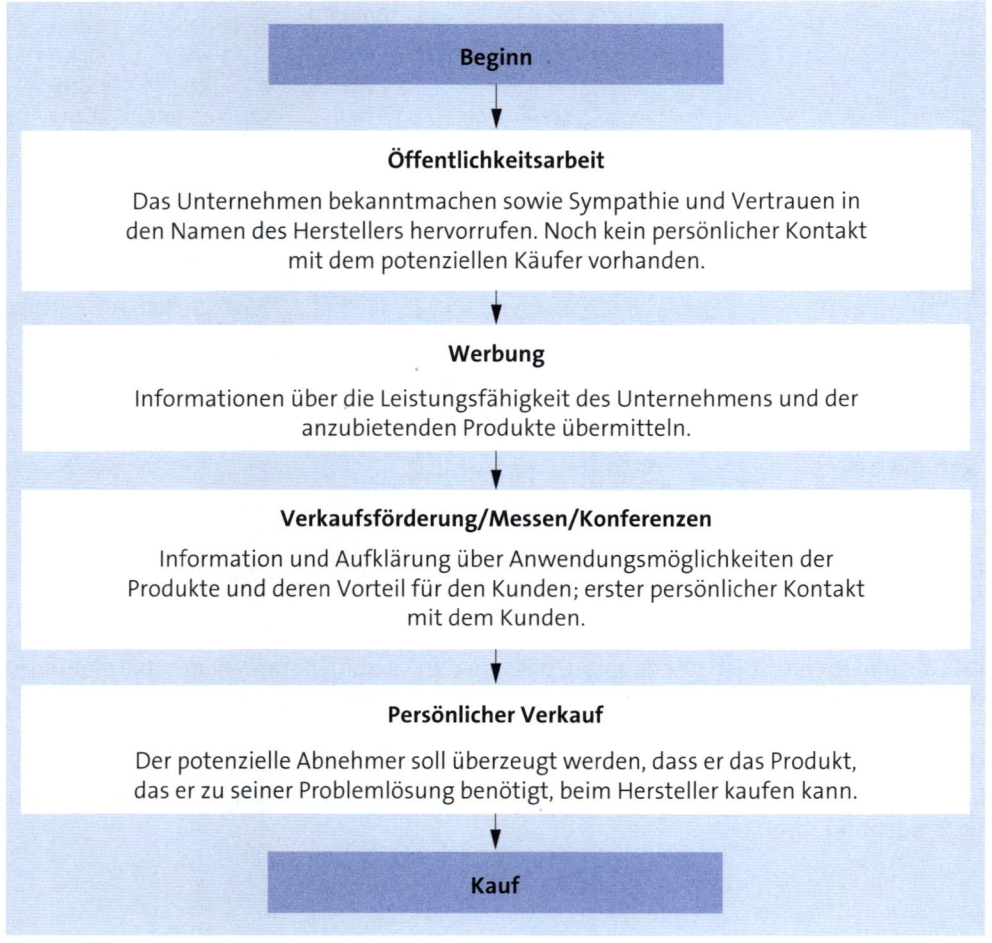

Abb. 2: Allgemeiner Ablauf des Verkaufsprozesses

1.3 Information und Risiko im Entscheidungsprozess

Bei Beschaffungen hoher Komplexität (hoher Innovationsgrad, schlechte Überschaubarkeit der finanziellen und technischen Konsequenzen, große Bedeutung für mehrere Unternehmensbereiche) hat das beschaffende Unternehmen in der Regel ein erhebliches Informationsdefizit. Der Anbieter hat daher – durchaus im eigenen Interesse – die Aufgabe, in den verschiedenen Phasen des Kommunikationsprozesses vor, während und auch nach der Beschaffung durch Steigerung der Abnehmerqualifizierung zu einem Abbau dieses Informationsdefizits beizutragen und damit eine Verringerung zumindest der subjektiven Beschaffungsrisiken zu erreichen. Ein

Anbieter, der in diesem Bereich deutliche Vorteile gegenüber seinen Wettbewerbern vorweisen kann, wird seine Erfolgschancen deutlich erhöhen.

Baaken (1994) hat für nicht-triviale Beschaffungen mit hohem Innovationsgrad folgende Thesen aufgestellt:

- ▶ *„Die Entscheidungsträger durchdringen weder die Potenziale der Technologie, noch haben sie ausreichende Kenntnis über die Konsequenzen der Einführung der Innovation.*

- ▶ *Die mittlere Führungsebene ist häufig überfordert, die konkrete technische, organisatorische und soziale Einbettung des Systems zu planen.*

- ▶ *Das Management ist oft nicht in der Lage, eine fundierte Entscheidungsgrundlage zu erarbeiten.*

- ▶ *Mitarbeiter sind auf die Anwendung und Bedienung von neuen Systemen und Maschinen nicht ausreichend vorbereitet.*

- ▶ *Das Marktangebot für den Kunden ist oft nicht überschaubar.*

- ▶ *Die Änderung des Preis-Leistungsverhältnisses ist rasant.*

- ▶ *Das Investitionsvolumen für neue Technologien ist hoch.*

- ▶ *Der Kunde befindet sich bis zu einer kompletten Systemlösung in einem permanenten Kaufprozess.*

- ▶ *Die Anfangsinvestition und die Nachinvestition ist im Vorfeld der Entscheidung kaum zu quantifizieren.*

- ▶ *Der Abnehmer ist für einen langfristigen Zeitraum an den einzelnen Lieferanten gebunden."*

Die in einem Buying Center vertretenen Funktionen des beschaffenden Unternehmens sind von den in diesen Thesen formulierten Problemen in höchst unterschiedlicher Weise tangiert. Der Anbieter hat daher die – schwierige – Aufgabe, für jede relevante Kombination von Problem und Fachfunktion einen geeigneten Kommunikationsansatz zu finden.

2. Öffentlichkeitsarbeit (Public Relations)

Aufgabe der Öffentlichkeitsarbeit (Public Relations, PR) ist es, zwischen einem Unternehmen und den wichtigsten Bereichen der „Öffentlichkeit" eine allgemeine Kommunikation zu etablieren, um einerseits Ansichten und Ziele des Unternehmens bekanntzumachen, andererseits aber auch um Auffassungen der relevanten Öffentlichkeit aufzunehmen und im Unternehmen weiterzugeben.

2.1 Unterschiedliche Bedeutung der Öffentlichkeitsarbeit auf Business-Märkten

Dies gilt allgemein für das Konsumgüter- wie auch für das Business-to-Business-Marketing. Da die Öffentlichkeitsarbeit schwergewichtig das Unternehmen und weniger die einzelnen Produkte des Unternehmens darstellt, hat die Öffentlichkeitsarbeit beim Business-to-Business-Marketing eine vergleichsweise größere Bedeutung als beim Konsumgütermarketing.

Dies liegt daran, dass in vielen Fällen der Name des Unternehmens und der Name der Produkte identisch sind (z. B. SIEMENS, IBM) oder aber zumindest die interessierte Öffentlichkeit weiß, welches Unternehmen welche Produkte auf Business-Märkten anbietet. Im Gegensatz dazu sind den Konsumenten häufig zwar die Marken der Markenartikelanbieter geläufig, nicht jedoch die Namen der anbietenden Unternehmen. Firmen wie Unilever, Procter&Gamble oder Beiersdorf sind den wenigsten Konsumenten ein Begriff, während entsprechende Marken wie Rama, Ariel oder Nivea einen hohen Bekanntheitsgrad genießen. (Die Beiersdorf AG hat den Versuch, die Bekanntheit des Unternehmens mit der Dachmarke „bdf …" zu erhöhen, vor einigen Jahren aufgegeben).

Anbieter auf Business-Märkten haben dagegen nur in den seltensten Fällen eine etablierte Marke, die vom Unternehmensnamen deutlich abweicht. Positive wie negative Informationen über das Unternehmen können daher beim Business-to-Business-Marketing unmittelbare Konsequenzen auf das gesamte Produktspektrum eines Anbieters haben, während beispielsweise eine Negativmeldung über Unilever den Rama-Absatz nur wenig beeinflussen dürfte.

Gegenüber den verschiedenen Teilöffentlichkeiten sind folgende Funktionen wahrzunehmen:

► **Informationsfunktion:** Vermittlung von Informationen nach außen (Öffentlichkeit) und nach innen (Mitarbeiter).

► **Kontaktfunktion:** Aufbau und Aufrechterhaltung von Verbindungen zu allen für das Unternehmen relevanten Lebensbereichen.

► **Führungsfunktion:** Repräsentation geistiger und realer Machtfaktoren und Schaffung von Verständnis für bestimmte Entscheidungen.

► **Imagefunktion:** Aufbau, Änderung und Pflege des Vorstellungsbildes vom Unternehmen, seinen Zielen, Produkten und Mitarbeitern.

► **Harmonisierungsfunktion:** Die Öffentlichkeitsarbeit sollte sowohl zur Harmonisierung der wirtschaftlichen und gesellschaftlichen Verhältnisse als auch vor allem der innerbetrieblichen Verhältnisse (human relations) beitragen.

► **Absatzförderungsfunktion:** Anerkennung in der Öffentlichkeit kann den Verkauf fördern.

▶ **Stabilisierungsfunktion:** Erhöhung der „Standfestigkeit" des Unternehmens in kritischen Situationen aufgrund der stabilen Beziehungen zu den Teilöffentlichketen.

▶ **Kontinuitätsfunktion:** Bewahrung eines einheitlichen Stils des Unternehmens nach innen und nach außen und in der Zukunft (corporate identity).

Im Folgenden werden die für die Öffentlichkeitsarbeit wesentlichen Teilöffentlichkeiten aufgeführt.

2.2 Kunden

Dieser Bereich der Öffentlichkeitsarbeit überschneidet sich zum Teil mit dem Bereich der Werbung, denn gerade auf den Business-Märkten spielt das Vertrauen in die aktuelle und zukünftige Leistungsfähigkeit eines Anbieters eine beachtliche Rolle. Die Grenze zwischen Öffentlichkeitsarbeit (Image-Anzeigen) und Werbung ist daher schwer zu ziehen. Diesem Bereich der Öffentlichkeitsarbeit sind alle Maßnahmen zuzuordnen, die den Kunden allgemeine Informationen über das Unternehmen und seine generelle Produktpalette verschaffen sollen. Geeignete Maßnahmen dafür sind z. B. Kundenzeitschriften und Werksbesichtigungen.

2.3 Mitarbeiter und Gewerkschaften

Die Bedeutung einer aktuellen und systematischen Information aller Mitarbeiter des Unternehmens (insbesondere auch des Betriebsrates und der Gewerkschaften) kann nicht hoch genug einschätzt werden. Ein Verständnis der allgemeinen Unternehmenssituation, der Unternehmensziele und der auf dem Weg dorthin vorgesehenen Strategien sind vordergründig v. a. für die Mitarbeiter selbst und für ihre Motivation wichtig. Daneben ist über die privaten Kontakte der Mitarbeiter in ihren Familien und Freundeskreisen eine beachtliche Breitenwirkung zu erzielen, die durchaus als sekundärer Effekt zu würdigen ist. Geeignete Medien für die Information der Mitarbeiter sind Aushänge, Mitarbeiterzeitschriften und – in letzter Zeit zunehmend – elektronische „Bulletin-Boards" im firmeninternen E-Mail-System.

2.4 Aktionäre und Banken

Diese Zielgruppe ist vordergründig vor allem an dem finanziellen Ergebnis des Unternehmens interessiert. Der Geschäftsbericht und andere Mitteilungen sollten aber auch als Darstellung des Unternehmens genutzt werden, da gerade auf Business-Märkten viele Aktionäre und Banken potenzielle Kunden sein können.

Die Bedeutung dieses Bereichs ist in letzter Zeit deutlich gewachsen; Grund dafür sind die gesteigerten Publizitätspflichten auch bei größeren mittelständischen Unternehmen. Dieses neue Tätigkeitsfeld wird als „Investor Relations" bezeichnet.

2.5 Lieferanten

Die Information der Lieferanten über die Situation des Unternehmens wird häufig vernachlässigt. Dabei wird übersehen, dass ein positives Firmen-Image auch bei Lieferanten seinen Eindruck hinterlassen kann und daher möglicherweise im Einkauf zu einer besseren Verhandlungssituation führen kann – zumindest könnte bei Lieferengpässen eine bevorzugte Behandlung durch die Lieferanten erreicht werden. Außerdem ist zu berücksichtigen, dass die Lieferanten in vielen Branchen Gesprächspartner haben und so ein gutes Firmen-Image mit geringem Aufwand an wichtige Positionen potenzieller Kunden transportiert werden kann.

2.6 Staatliche Stellen

Die verschiedenen Behörden, mit denen ein Unternehmen zwangsläufig Kontakt hat, sind ebenfalls wichtige Zielgruppen der Öffentlichkeitsarbeit. Neben der Tatsache, dass diese Organisationen möglicherweise auch als Kunden infrage kommen bzw. bei öffentlichen Beschaffungsprozessen mitwirken könnten, ist eine regelmäßige Information und Kontaktpflege zu empfehlen, um in Fällen, in denen das Unternehmen auf eine Unterstützung durch diese Behörden angewiesen ist, auf bereits bestehende Kontakte zurückgreifen zu können.

2.7 Presse und andere Meinungsführer

Die wichtigste Aufgabe des Bereichs Öffentlichkeitsarbeit ist sicherlich die Presse-arbeit. Dabei sollten diejenigen Presseorgane im Vordergrund stehen, die für die Märkte des Unternehmens von besonderer Bedeutung sind, auf Business-Märkten vor allem die Fachzeitschriften; daneben ist auch die lokale Presse von Bedeutung; für größere Unternehmen kommen auch überregionale Zeitungen oder das Fernsehen infrage.

Neben der unternehmensbezogenen Öffentlichkeitsarbeit wird eine branchenbezogene Information durch die Unternehmensverbände geleistet. Diese Arbeit ist vor allem für kleinere und mittlere Unternehmen von besonderer Bedeutung, da deren PR-Möglichkeiten – insbesondere im überregionalen Bereich – naturgemäß sehr begrenzt sind.

2.8 Informelle Ratgeber

Die Bedeutung einer guten Öffentlichkeitsarbeit wird deutlich, wenn betrachtet wird, welche Quellen Führungskräfte in Entscheidungssituationen nutzen. *Strothmann* (*1994*) hat dies untersucht und festgestellt, dass im Durchschnitt 2,6 Quellen als „informelle" Ratgeber genutzt werden. Im Vordergrund stehen dabei Kooperationspartner, Mitglieder im Unternehmensverband und freie Berater. Gerade diese Gruppen sollten daher über eine entsprechend ausgerichtete Öffentlichkeitsarbeit angesprochen werden.

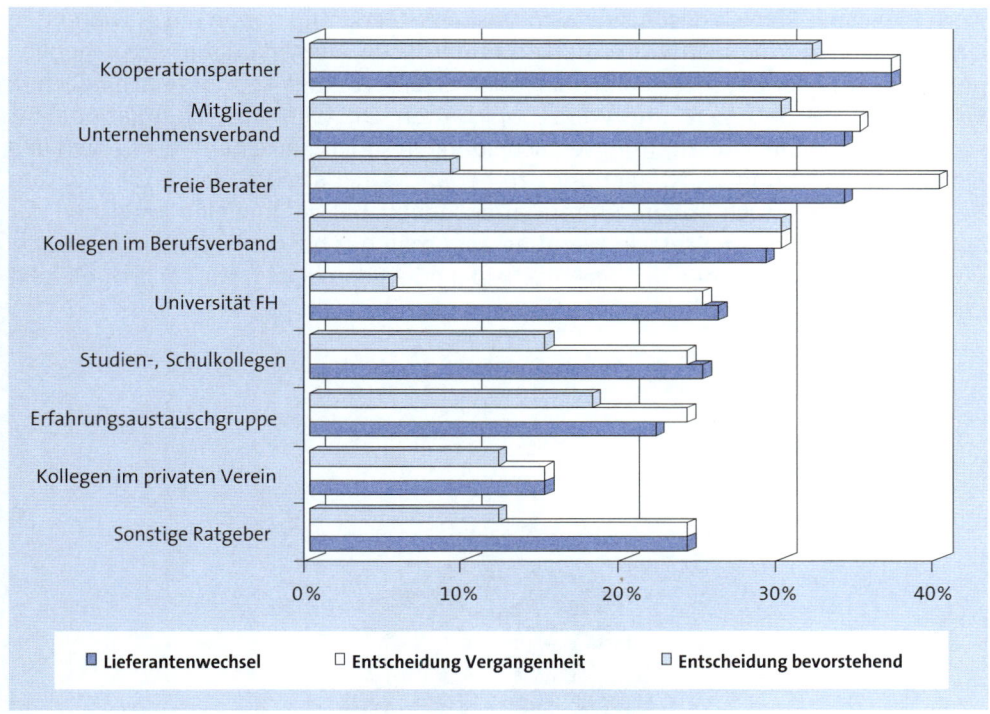

Abb. 3: Nutzung informeller Ratgeber bei Beschaffungsentscheidungen
Quelle: *Strothmann (1994, S. 93)*

3. Werbung

Nieschlag/Dichtl/Hörschgen definieren Werbung als den *„bewussten Versuch, Menschen durch Einsatz spezifischer Kommunikationsmittel zu einem bestimmten absatzwirtschaftlichen Verhalten zu bewegen".* Dies gilt sowohl für die Bereiche des Konsumgütermarketings als auch des Business-to-Business-Marketings. Für die weitere Diskussion ist an dieser Definition besonders wichtig, das es darum geht, **Menschen** zu beeinflussen. Organisationen, die das Ziel von Anbietern auf Business-Märkten sind, können nur über die einzelnen Personen innerhalb (und auch außerhalb) dieser Organisationen erreicht werden.

Die Bedeutung der Werbung wird im Business-to-Business-Marketing allgemein als deutlich geringer beurteilt als im Konsumgütermarketing, wo insbesondere bei Markenartiklern Werbung **das entscheidende Marketing-Instrument** ist. Gleichwohl wird die Bedeutung der Werbung von Businessanbietern häufig zu stark unterschätzt. Einen guten Hinweis auf die Bedeutung der Werbung in diesem Bereich gibt die in Abb. 4 dargestellte „klassische" Anzeige des Verlagshauses McGraw-Hill (das mit dieser Anzeige Kunden für seine Fachzeitschriften akquirieren wollte – also selbst Werbung auf Business-Märkten betreibt).

Auch in diesem Bereich des Business-to-Business-Marketing haben die gravierenden Unterschiede zum Konsumgütermarketing deutliche Auswirkungen: Die erheblich geringere Zahl der potenziellen Zielpersonen erfordert einen sehr unterschiedlichen Einsatz von Werbeträgern und Werbebotschaften. Die (vermeintliche) Rationalität von organisationalen Beschaffungsentscheidungen spricht in keiner Weise gegen den Einsatz von Werbung; es ist allerdings zu beobachten, dass die Werbung in diesem Bereich einen deutlich höheren Informationsgehalt hat als in vielen Bereichen der Konsumgüterwerbung; Lifestyle-Werbung wird man nur bei denjenigen Investitionsgütern antreffen, bei denen für den Entscheider oder Benutzer ein starker Image-Effekt entstehen kann, z. B. bei Firmen-Jets, Büromöbeln oder Laptops.

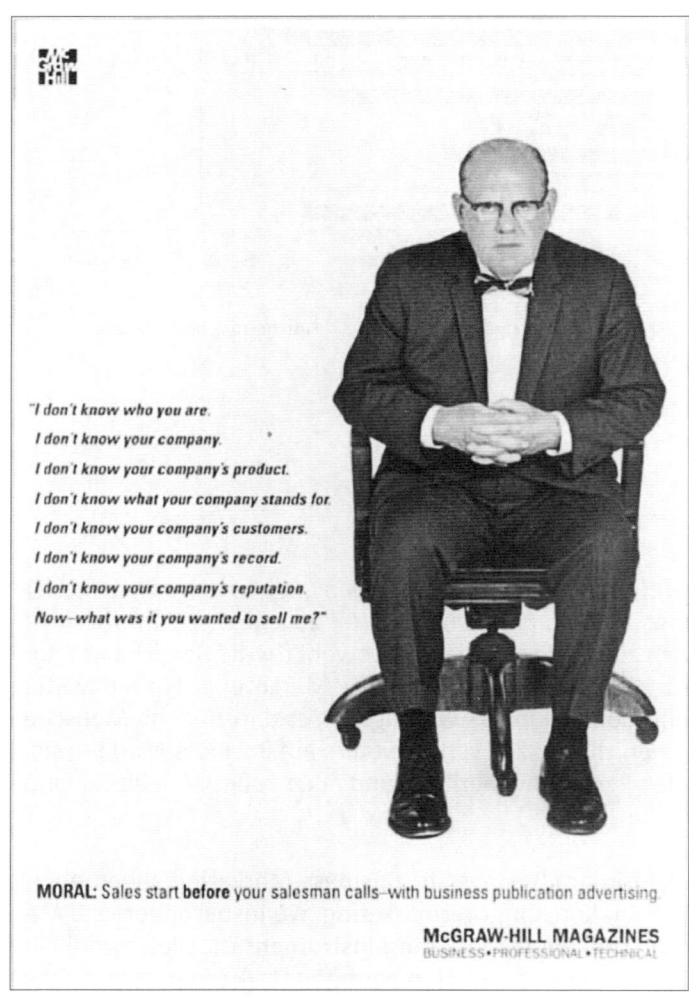

Abb. 4: Anzeige des Verlagshauses McGraw-Hill

3.1 Ziele der Werbung auf Business-Märkten

Die Ziele der Werbung hat *Weis* (*1983*) folgendermaßen beschrieben:

1. Bekanntmachung von Produkten bzw. Problemlösungen

a) Erlangung eines bestimmten Bekanntheitsgrades für ein neues oder verbessertes Produkt bzw. eine Problemlösung

b) Erhöhung des Bekanntheitsgrades eines Produkts oder einer Problemlösung

c) Erhaltung des Bekanntheitsgrades eines Produkts oder einer Problemlösung

d) Rückgewinnung des Bekanntheitsgrades eines Produkts oder einer Problemlösung

2. Information über Funktion und Einsatzmöglichkeiten von Produkten

a) Informationen über Funktion und Arbeitsweise eines Produktes

b) Darstellung des Kosten-Nutzen-Verhältnisses bei Einsatz eines bestimmten Produktes

c) Beispiele bisheriger und zukünftiger Einsatzmöglichkeiten eines Produktes

3. Stärkung des Vertrauens in ein Produkt

a) Aufbau eines positiven Images für das Produkt

b) Festigung des vorhandenen Images eines Produktes

c) Bildung, Erhaltung, Förderung von Präferenzen für die betrieblichen Leistungen

d) Beiträge zur Erreichung einer Konsonanz bei den bisherigen Käufern (z. B. im Rahmen der „Nachverkaufswerbung")

4. Unterstützung der Absatzmöglichkeiten

a) Abgrenzung des neuen Produkts von den eigenen Produkten, die schon bisher im Programm angeboten werden

b) Abgrenzung des neuen Produkts von Konkurrenzprodukten

c) Positionierung des Produkts

d) Hinweise für die sofortige Anforderung eines Außendienstmitarbeiters seitens der potenziellen Abnehmer

e) Motive für den sofortigen Entschluss zum Kauf eines Produkts

f) gezieltes Timing der Werbung in Abstimmung mit den übrigen marketingpolitischen Instrumenten

3.2 Schwerpunkte der Werbemedien in der Business-Werbung

Aus diesen Zielen und der relativ speziellen Zielgruppe der Werbung lässt sich leicht ableiten, dass die Medien in einem deutlich anderen Mix genutzt werden müssen als im Konsumgütermarketing. *Mulcahy* berichtet für den US-Markt von folgender Verteilung der Werbeausgaben:

Verteilung der Werbeausgaben	% des Gesamtbudgets
Fachpresse	33
Broschüren, Kataloge, Sales, Promotion, Materialien	22
Fernsehwerbung	11
Messen, Ausstellungen	10
Internet-Werbung	8
Direct Mail (Print)	6
Direct Mail (E-Mail)	3
Seminare	3
Newsletter	2
Plakatwerbung	2

Tab. 2: Verteilung des Kommunikationsbudgets US. 2001
Quelle: *Mulcahy (2001)*

Die Werbung auf Business-Märkten wird in der Praxis offenbar sehr zielgerichtet – und daher von der allgemeinen Öffentlichkeit fast unbemerkt – platziert, denn weniger als 10 % der Werbung wendet sich an diese allgemeine Zielgruppe.

Dieses Ergebnis korreliert recht gut mit Untersuchungen über die Rangfolge, die potenzielle Entscheidungsträger innerhalb der beschaffenden Unternehmen den verschiedenen Informationsquellen – zu denen in einem hohen Maß auch Werbung gehört – zuordnen:

Informationsquellen	Rangwert		
	1.	2.	3.
1. Fachzeitschriften	70	44	27
2. Fachliteratur	47	32	22
3. Berufskollegen anderer Firmen	17	24	20
4. Gespräche mit Verkaufsingenieuren anderer Firmen	13	11	19
5. Besuch von Tagungen, Seminaren, Kongressen	12	19	28
6. Dokumentation, Informationsdienste	10	14	15
7. Besuch von Messen und Ausstellungen	10	13	25
8. Gespräche mit Mitarbeitern des eigenen Hauses	9	20	18
9. Druckschriften, Prospekte, Kataloge	6	12	16
10. Anzeigen in Zeitungen und Zeitschriften	3	4	7
11. Sonstige Informationsquellen	3	5	0

Tab. 3: Rangfolge von Medien bei potenziellen Entscheidungsträgern
Quelle: *Weis (1983, S. 157)*

Die Bedeutung der von der Werbung direkt beeinflussbaren Quellen (alle außer 3, 4 und 8) entspricht in ihrer Reihenfolge den Ausgaben der Werbetreibenden. Bei den Informationsquellen 3, 4 und 8 handelt es sich um fachkundige Personen, die wiederum selbst einen großen Teil ihrer Informationen durch Werbung erhalten können.

Dieser „Sekundäreffekt" kann genutzt werden, wenn sich Anbieter von klassischen Investitionsgütern werblich direkt an Konsumenten wenden, um auf diese Weise Druck auf die Verwender ihrer Anlagen auszuüben. Dies ist z. B. der Fall, wenn ein Hersteller besonders umweltschonender Maschinen Konsumenten auf die Vorteile seiner Produkte hinweist. Dabei kann er die Konsumenten veranlassen, beim Kauf von Konsumgütern diejenigen Anbieter zu bevorzugen, die in ihrer Fertigung entsprechende umweltschonende Maschinen einsetzen.

Da die Fachzeitschriften offenbar sowohl von den werbetreibenden Anbietern als auch von den potenziellen Nachfragern als wichtigstes der unpersönlichen Kommunikationsmedien angesehen werden, ist es sinnvoll, sich mit der unterschiedlichen Wirkung von Werbung und redaktionellen Beiträgen zu beschäftigen.

Hart (1994) berichtet von einer entsprechenden Untersuchung von knapp 500 Anzeigen in drei Fachzeitschriften:

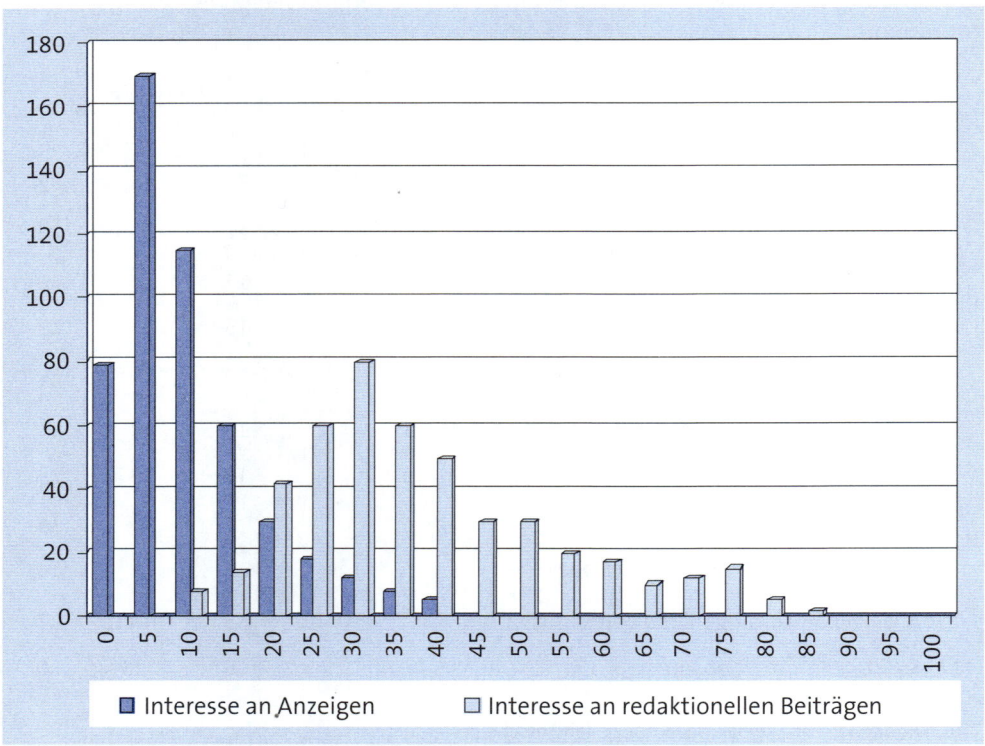

Abb. 5: Interesse an Anzeigen und redaktionellem Teil bei Lesern von Fachzeitschriften
Quelle: *Hart (1993, S. 163)*

Bei dieser Untersuchung wurde der Anteil der Leser ermittelt, die an einem bestimmten redaktionellen Beitrag oder an einer bestimmten Anzeige Interesse zeigten. Das Interessenprofil zeigt bei der Werbung eine recht enge Verteilung mit einem Mittelwert von 9,9 %, während das Interesse an redaktionellen Beiträgen zwischen 10 % und 90 % recht breit verteilt ist mit einem Spitzenwert bei 35 %. Da redaktionelle Beiträge eine deutlich höhere Aufmerksamkeit erreichen, versuchen alle Anbieter, Berichte über ihre Produkte – besonders über Innovationen – in den redaktionellen Teil zu lancieren. Für bereits etablierte Produkte ist es günstig, (positive) Erfahrungsberichte von Benutzern im redaktionellen Teil zu veröffentlichen, da dies auf sehr glaubwürdige Weise zum Abbau der in B.2.4. skizzierten subjektiven Risiken beitragen kann.

Bei dieser Untersuchung wurde das „Interesse" gemessen – wieweit dieses Interesse sich konkret in Vorteile bei Beschaffungen niederschlägt, ist dabei nicht bekannt. Im Rahmen dieser Betrachtung soll nicht weiter auf die werbetheoretischen und werbepraktischen Probleme wie etwa die Ermittlung und Interpretation von Recall-Werten oder die Werbeerfolgskontrolle eingegangen werden; dies wird in der entsprechenden Fachliteratur ausführlich diskutiert.

Bei der Abwägung der Argumente, die für oder gegen Werbung auf Business-Märkten sprechen, sollten auf jeden Fall folgende Erkenntnisse einer Untersuchung von Morill berücksichtigt werden (frei übersetzt nach *Chisnall, 1989*).

▶ Die Meinung der Käufer über den werbetreibenden Anbieter wird verbessert – dies bedeutet letztlich eine Erhöhung des Marktanteils für diesen Anbieter.

▶ Werbung dient als wertvolles „Einführungs"-Instrument für neue Kunden; die Vertriebskosten dafür werden gesenkt.

▶ Eine fehlende Kontinuität der Werbung ist der häufigste Fehler bei Produktneueinführungen. Aus der Analyse von 100 Flops ergab sich, dass 90 % weniger als 5 Seiten Werbung pro Jahr in einer Fachzeitschrift geschaltet hatten.

▶ Bei einer adäquaten Häufigkeit ist die Werbung auf Business-Märkten wirtschaftlich, da sich die gesamten Vertriebskosten um 10 bis 30 % senken lassen.

▶ In einem Markt, der besonders stark beworben wird, steigen die Vertriebskosten eines nicht-werbenden Anbieters um 20 % bis 40 %.

▶ Unternehmen können sicher auch ohne Werbung verkaufen; eine gut geplante Werbestrategie verbessert aber die Profitabilität.

▶ Die Verkäufer können effektiver eingesetzt werden; die Kosten der Werbung werden durch gesteigerten Absatz und höhere Profitabilität mehr als wettgemacht.

3.3 Kommunikation mit Entscheidern

Der Verband der deutschen Fachpresse hat im Jahre 2001 durch TNS Emnid die Leistungsanalyse Fachmedien 2001 durchführen lassen (*Deutsche Fachpresse/TNS Emnid, 2001*). Einige Ergebnisse dieser Studie sind insbesondere für den B2B-Bereich interessant.

3.3.1 Entscheiderstrukturen

Bei der Untersuchung wurde von 30,9 Mio berufstätigen Personen in Deutschland ausgegangen. Davon sind:

Gruppe	Anzahl	%	Beschreibung
Professionelle Entscheider und Entscheidungsbeteiligte	14,2 Mio	45,9	Beteiligt an Entscheidungen hinsichtlich Anschaffungen und Lieferantenauswahl (zumindest bedarfsfeststellend) und mindestens eine der Informationsquellen genutzt
Profesionelle Entscheider	7,2 Mio	23,2	Funktional leitende Personen und Bruttoeinkommen mindestens 3.000 €
Top-Entscheider	1,9 Mio	6,0	Dergl. und verantwortlich für ein jährliches Einkaufsvolumen von mindestens 50.000 €

Tab. 5: Beispiel Entscheidungskompetenz in Deutschland

(Methodisch anzumerken ist, dass bei der Befragung Beamte eliminiert wurden, weil diese nach Auffassung des Marktforschungsinstitutes offenbar keine Entscheidungskompetenz besitzen und auch an der Entscheidungsvorbereitung nie beteiligt sind.)

3.3.2 Informationsquellen der Entscheider

Für jede dieser Gruppen wurden die typischen Informationsquellen abgefragt:

Medium	Entscheidungs-beteiligte (7,0 Mio)	Professionelle Entscheider (5,3 Mio)	Top-Entscheider (1,9 Mio)
Außendienst	56 %	52 %	81 %
Direktwerbung	38 %	64 %	89 %
Messen	27 %	47 %	59 %
Fachzeitschriften	81 %	87 %	95 %
Wirtschaftspresse	21 %	44 %	59 %
Internet	52 %	63 %	87 %

Tab. 6: Genutzte Informationsquellen in den letzten 12 Monaten nach Entscheidertypen
Quelle: *Dt. Fachpresse/Emnid (2001, S. 11)*

Die Fachpresse ist über alle Entscheidergruppen das wichtigste Informationsmedium. Auffällig ist die bereits sehr starke Nutzung des Internets, vor allem bei den Top-Entscheidern. Allerdings könnte die Tatsache „Nutzung" allein ein falsches Bild abgeben, weil auch der Umfang der zeitlichen Nutzung zu betrachten ist. Beispielsweise ist ein mehrtägiger Messebesuch von der Kommunikationsintensität anders zu beurteilen als ein kurzes Durchblättern einer Fachzeitschrift. Daher wurde in dieser Untersuchung auch versucht, die zeitliche Nutzung dieser Quellen für ein Jahr hochzurechnen (Basis: alle Entscheider und Entscheidungsbeteiligte, 14,2 Mio).

Medium	Nutzung in den letzten 12 Monaten	Anzahl der Kontakte (Basis: Benutzer)	Dauer der Kontakte (Basis: Benutzer)	Nutzungsintensität pro Jahr in Stunden (Basis: Zielgruppe insgesamt)
Außendienst	58 %	23,7 Besuche pro Jahr	48,3 Min. pro Besuch	9:41
Direktwerbung	54 %	9,4 Mailings pro Monat	68,9 Min. pro Monat	7:07
Messen	39 %	2,3 Besuche pro Jahr	4,4 Tage pro Jahr	13:06
Fachzeitschriften	85 %	3,5 Titel pro Jahr	5:08 Std. pro Monat	51:42
Wirtschaftspresse	34 %	2,9 Titel pro Jahr	4:26 Std. pro Monat	17:18
Internet	61 %	5,4 Angebote pro Monat	12:69 Std. pro Monat	90:50

Tab. 7: Nutzungs- und Kontaktintensität von Informmationsquellen durch Entscheider
Quelle: Dt. Fachpresse/Emnid (2001, S. 12)

Beeindruckend ist vor allem die hohe Nutzungsintensität des Internets – offenbar ist dieses Medium für alle Arten von Entscheidern und Entscheidungsbeteiligten eine selbstverständliche Informationsquelle geworden. Deutlich nach dem Internet, aber auch deutlich vor den anderen Medien hält die Fachpresse ihre wichtige Position.

3.4 Product Placement

Wenn Markenprodukte in Film und Fernsehen als Teil der Handlung zu sehen sind, spricht man von Product Placement. Dies war bisher vor allem für Konsumgüter üblich. In letzter Zeit ist dies aber auch im B2B-Geschäft zu beobachten. So sind im Bond-Film „Die another day" (2002) Industrieroboter der Firma KUKA deutlich zu erkennen. KUKA konnte mit dieser Art der Kommunikation Zielgruppen erreichen, zu denen das Unternehmen bisher keinen Zugang hatte und so das Bild der Marke verstärken (Rose, 2002). In „Casino Royal" (2006) kam der neue Schaufellader W 190 von New Holland zum Einsatz, er war geradezu ein wesentlicher Akteur in dem Film und wurde dem Hauptdarsteller Daniel Craig gefahren, um einen bösen Buben zu fangen. New Holland, die neue Marke für die schweren Bau- und Agrarmaschinen von Fiat Industrial nutze den Auftritt um die neue Positionierung zu kommunizieren und um den Kontakt zu ihren bisherigen potentiellen Kunden zu verstärken. New Holland hatte mit den Sponsoring die Möglichkeit, den Film vor der Einführung in den Kinos in den geschlossenen Veranstaltungen zu zeigen und die Emotionen aus dem Film auf die Kundenbeziehung zu übertragen (*Pfoertsch, 2007*).

4. Messen und Ausstellungen

Messen haben auf Business-Märkten eine gegenüber dem Konsumgütermarketing wesentlich größere Bedeutung. Gerade bei speziellen Produkten ist den Mitgliedern eines Buying Centers klar, dass der beste Überblick über den Stand des aktuellen Angebots aller konkurrierenden Anbieter auf einer Messe gewonnen werden kann. Die für den Besuch einer Messe notwendigen Reisekosten und -zeiten werden daher vom Unternehmen zur Verfügung gestellt. Ein solcher – auch mehrtägiger – Messebesuch kann für das beschaffende Unternehmen sehr wirtschaftlich sein, weil auf einer Messe sehr effizient eine Fülle von Informationen über alternative Anbieter gesammelt werden kann; eine vergleichbare Informationssammlung ohne Messebesuch kann wesentlich mehr Zeit und Geld erfordern.

Demgegenüber werden nur wenige Konsumenten bereit sein, zur Beurteilung von Konsumgütern eine Reise zu unternehmen (vielleicht mit Ausnahme besonders hochwertiger Konsumgüter, wie sie z. B. auf der BOOT in Düsseldorf gezeigt werden). Viele der Konsumgütermessen wenden sich daher explizit oder implizit eher an Fachbesucher (professionelle Verwender oder Wiederverkäufer) und akzeptieren die lokalen Konsumenten nur an einigen Messetagen als Besucher.

Für die anbietenden Unternehmen sollte die Beteiligung an einer Messe ebenfalls wirtschaftlich sein, da mit einem zwar erheblichen, aber hochkonzentrierten Aufwand die Zielgruppe sehr gut erreicht werden kann. In letzter Zeit haben allerdings einige wichtige Anbieter auf die Präsenz bei der CEBIT verzichtet, da offenbar Kosten und Nutzen nicht mehr in einem ausgewogenen Verhältnis standen. Dies kann auch daran liegen, dass die CEBIT inzwischen immer mehr den Charakter einer Konsumgütermesse angenommen hat und sie daher für Anbieter auf Business-Märkten nicht mehr wirtschaftlich die Zielgruppe erreicht.

Nach einer AUMA-Umfrage vom Oktober 2011 bei 700 deutschen B2B-Unternehmen machen Messen rund 40 % des Kommunikationsbudgets aus, im Durchschnitt knapp 300.000 €. Die Messekosten setzen sich typischerweise wie folgt zusammen, wobei die Standgestaltung und Ausstattung den höchsten Anteil von ca. 44 % haben.

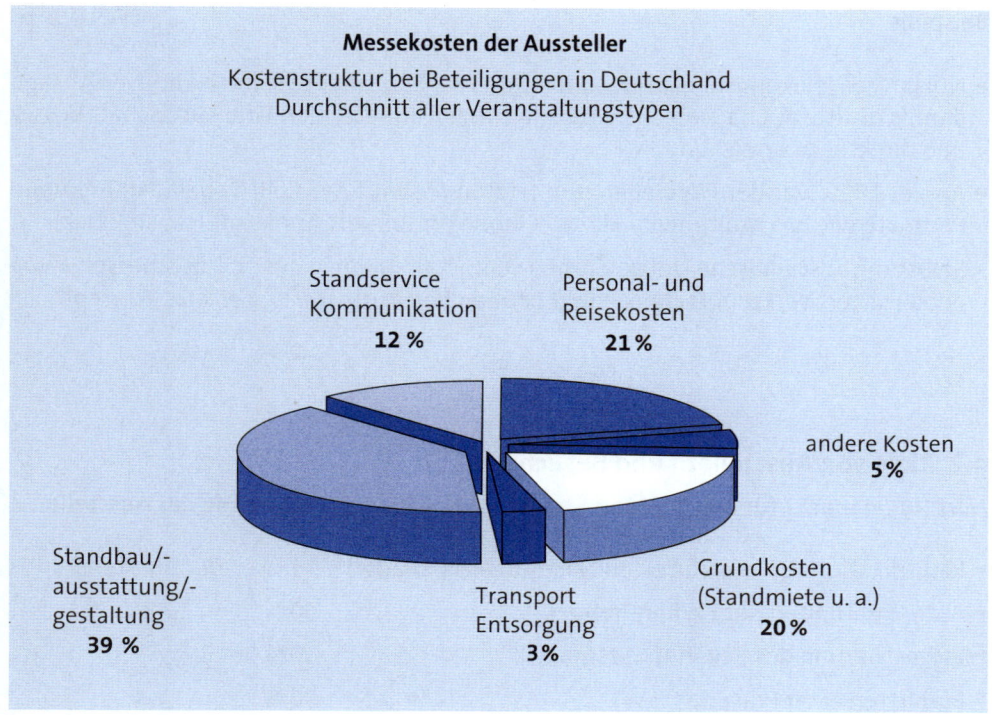

Abb. 6: Durchschnittliche Messekosten für Aussteller

4.1 Arten von Messen

Auf den hier betrachteten Märkten für Geschäftskunden lassen sich drei Arten von Messen bzw. Ausstellungen unterscheiden:

► **technische Mehrbranchen-Messen** (z. B. die Hannover-Messe, die sich selbst gern als „der Welt größte Kombination von Fachmessen" bezeichnet)

► **Fachmessen** (z. B. BAUMA für Baumaschinen, DRUPA für Druck- und Papiermaschinen, CEBIT und ORGATECHNIK für Informationsverarbeitung und Büroorganisation)

► **Hausmessen:** Diese werden von **einem** Hersteller oder **einem** Distributor veranstaltet. Die Hausmessen haben für die Besucher den Vorteil, dass sie meist regional in seiner Nähe stattfinden und daher nur geringe Reisekosten und -zeiten aufzuwenden sind. Der Nachteil ist darin zu sehen, dass auf einer Hausmesse nur die Produkte ausgestellt sind, die von dem veranstaltenden Hersteller oder Distributor vertreten werden, und Informationen über wichtige andere Anbieter demnach nicht beschafft werden können. In den letzten Jahren haben Hausmessen immer mehr an Bedeutung gewonnen.

Beispiele

► Nokia: Der Telekommunikationsanbieter etwa begründete seine Hannover-Absage damit, künftig auf hauseigene Veranstaltungen zu setzen, um die Kundschaft besser und direkter zu erreichen.

► Apple: 1999 war der Hersteller zum letzten Mal auf der CeBIT, spektakuläre neue Produkte wie das Multimedia-Handy iPhone präsentiert Apple auf Hausmessen.

► Selbst mittelständische Unternehmen veranstalten ihre eigenen Hausmessen – wie etwa Härter Werkzeugtechnik – und nennen den Auftritt ein „geniales Konzept".

4.2 Ziele von Ausstellern und Besuchern

Hart (1993) macht für den US-Markt folgende Angaben über die **Ziele der Aussteller**:

► Identifikation von qualifizierten Nachfragern („Leads")   71 %   der Aussteller

► Aufrechterhalten des Firmen-Images   60 %

► Intensivierung des Bekanntheitsgrades   60 %

► Etablieren einer Präsenz   56 %

► Einführen eines neuen Produktes   31 %

► Verkaufsabschlüsse   25 %

► Reaktion auf neue Produkte testen   13 %

► Händlerunterstützung   8 %

► Gewinnen von neuen Händlern   3 %

Die **Ziele der Besucher** sind nach der gleichen Quelle:

► Information über neue Produkte   56 %   der Besucher

► Besuch spezieller Firmen   23 %

► (allgemeine) Informationsbeschaffung über Produkte   13 %

► allgemeines Interesse   10 %

► Besuch von Seminaren   6 %

Es überrascht nicht, dass für die Besucher der sofortige Abschluss von Verträgen nicht das Ziel eines Messebesuchs ist – eher ist es erstaunlich, dass offenbar 25 % der Aussteller dieses Ziel verfolgen. Aus der Systematik des organisationalen Beschaffungsverhaltens ist eigentlich klar, dass der Messebesuch einer Vor-Informationsphase zuzuordnen ist, sodass auf der Messe noch keine konkreten Entscheidungen getroffen werden können. Wenn auf Messen dennoch – oft sehr publikumswirksam – Verträge abgeschlossen werden, so handelt es sich um Geschäfte, die schon seit längerem verhandelt werden und bei denen lediglich die konzentrierte Aufmerksamkeit der Medien auf der Messe zur Plazierung der Abschlussbotschaft genutzt wird. Auf Messen können Vertriebsprojekte jedoch wesentlich beeinflusst werden, da oft sowohl Anbieter als auch Kunden auf hohem Management-Level vertreten sind und bereits angearbeitete Beschaffungssituationen durch Spitzengespräche erheblich vorangebracht werden können.

4.3 Messevorbereitung aus Marketingsicht

Gerade bei Fachmessen, die nur jährlich stattfinden, ist über die Gestaltung des Messestandes hinaus eine gründliche Vorbereitung für den Erfolg der Messe aus Anbietersicht unabdinglich. Ziel dieser Vorbereitung ist es, dass die wichtigsten Kunden und Interessenten die Messe besuchen und vor allem auch den Messestand des Anbieters aufsuchen. Persönliche Einladungen (ggf. mit Gutschein für die Eintrittskarte zur Messe), Messehinweise in der normalen Anzeigenwerbung, Aufkleber auf der Geschäftspost, Telefonmarketing und ähnliche Aktivitäten sind rechtzeitig vor Messebeginn zu planen und durchzuführen. Der Außendienst muss frühzeitig über das konkrete Ausstellungsangebot informiert sein, denn oft ist die Messe die einzige Gelegenheit, verschiedene Experten (z. B. aus dem Forschungs- und Entwicklungbereich) des anbietenden Unternehmens an einem Ort und zu einer Zeit mit Vertretern des Kunden oder Interessenten zusammenbringen zu können. Der Außendienst wird daher versuchen, möglichst viele Termine für Vorführungen und Fachgespräche vor Messebeginn mit seinen Gesprächspartnern zu fixieren.

4.4 Messedurchführung

Während der Messe ist vor allem dieses „Besuchsprogramm" effizient abzuwickeln. Daneben sind natürlich auch die bisher nicht bekannten Interessenten zu betreuen und mit entsprechenden Informationen zu versorgen. Eine Messe ist zudem eine hervorragende Plattform für eine gute Pressearbeit („Keine Messe ohne Presse"); hier bestehen gute Möglichkeiten, im redaktionellen Teil der Medien erwähnt zu werden und vielleicht noch kurzfristig zusätzliche Messebesucher oder Interessenten zu aktivieren.

4.5 Messenachbereitung

Viele gut geplante und gut durchgeführte Messen erreichen dennoch nicht ihre maximale Wirkung, weil die Bearbeitung der qualifizierten Nachfragen („Leads") nicht konsequent genug durchgeführt wird. Die Zusendung von Informationsmaterial und der Besuch eines Außendienstmitarbeiters muss zügig im Anschluss an die Messe erfolgen, um das artikulierte Interesse verstärken zu können. Da der Interessent sicher auch bei Wettbewerbern nachgefragt hat, ist Zeit bei der Messenachbereitung ein entscheidender Faktor, der in der Praxis leider nicht immer hinreichend gewürdigt wird.

5. Verkaufsförderung auf Business-to-Business-Märkten

5.1 Anteile der Verkaufsförderung am Marketingbudget auf Business-Märkten

Das amerikanische Marktforschungsunternehmen Cahners Research hat für den US-Markt folgende Entwicklung der Aufteilung der Marketingbudgets im Business Marketing ermittelt:

	1999	1996	1993	1991	1989	1988	1987
Werbung in Fachzeitschriften	23	27	22	23	23	22	21
Allgemeine Printwerbung	6	6	2	5	6	7	8
Öffentlichkeitsarbeit	7	5	5	5	7	7	7
Marktforschung	4	3	5	4	4	5	6
Telemarketing	3	5	6	7	6	9	9
Internet	9	6					
Messen/Ausstellungen	18	22	18	18	18	16	16
Direktwerbung	10	10	11	12	12	9	8
Promotions	9	7	10	8	10	12	12
Händlerunterstützung	5	6	13	11	9	9	9
Branchenbücher	5	6	6	5	5	3	4
Andere	1		2	1	2	1	1
Summe Verkaufsförderung	**48**	**51**	**58**	**54**	**54**	**49**	**49**

Tab. 8: Aufteilung der Marketingbudgets im Business-Marketing
Quelle: *CARR-Report Nr. 510.1e*

Der Anteil der Verkaufsförderung ist demnach über die vergangenen Jahre langsam angestiegen. Die Nutzung des Internets hat dabei an Bedeutung zugenommen.

Dies deckt sich mit Untersuchungen der GfK für Deutschland. Dort wurde 2011 im Investitionsgüterbereich ein deutlich höheres Wachstum prognostiziert als im Konsumgüter- oder Dienstleistungsgeschäft.

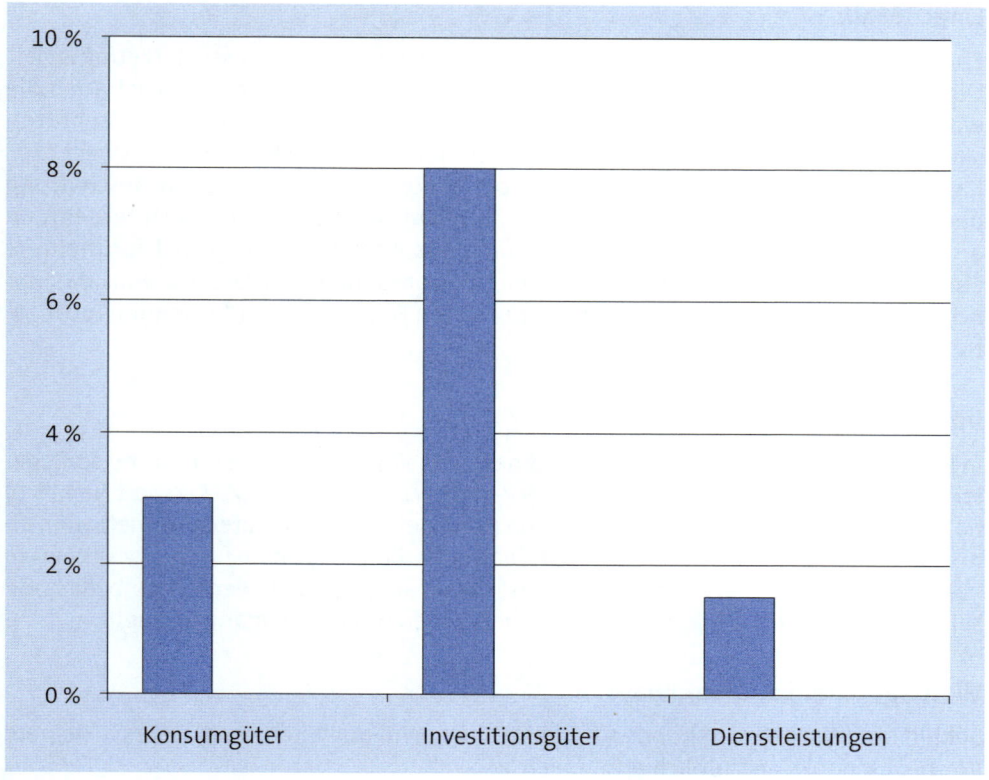

Abb. 7: Prognostiziertes Wachstum des branchenbezogenen Investitionsvolumens in Verkaufsförderung im Jahre 1996 in Deutschland

5.2 Schwerpunkte der allgemeinen Verkaufsförderungsinstrumente in den einzelnen Phasen der Beschaffung

5.2.1 Vorakquisitionsphase (Pre-Procurement)

In der ersten Phase der Akquisition eines Business-Kunden besteht noch kein Kontakt zum Kunden. In vielen Teilmärkten ist die Zahl der möglichen Kunden allerdings so klein bzw. überschaubar, dass eine direkte Ansprache möglich ist. In größeren Märkten muss über andere Wege der Kontakt zum Kunden hergestellt werden.

Fachzeitschriften:

Ein sehr wichtiges Medium für diese erste Kontaktaufnahme sind Fachzeitschriften; Anzeigen und insbesondere positive Berichte im redaktionellen Teil können potenzielle Kunden veranlassen, weiteres Informationsmaterial beim Anbieter anzufordern. Dabei ist vor allem zu berücksichtigen, dass über Fachzeitschriften auch Personen im Buying Center angesprochen werden können, die bisher noch keinen oder einen geringen Kontakt zum Anbieter hatten.

Direct Mail:

Ebenfalls aufgrund der überschaubaren Kundenzahl im Business-Marketing spielt Direct Mail eine sehr große Rolle. Direct Mail ist in diesem Bereich meist auch die wirtschaftlichste Lösung, denn die Kontaktkosten der Werbung in Fachzeitschriften sind oft beachtlich und erreichen bzw. übertreffen häufig die Kosten einer Direct Mail Kampagne. Eine besondere Schwierigkeit bei Direct Mail ist allerdings die Beschaffung der hinreichend qualifizierten Adressen: Es reicht nicht aus, nur das Unternehmen anzuschreiben. Vielmehr müssen personalisierte Adressen – möglichst für mehrere Entscheidungsträger in einem Unternehmen – vorhanden sein. Das Material, das von Adressverlagen gekauft werden kann, ist in vielen Fällen in dieser Beziehung nicht aktuell oder genau genug.

Internet:

In letzter Zeit ist die Bedeutung von Internet für die Informationsbeschaffung stark gestiegen. Nach einer Umfrage von Cahners Research im US-Markt (*CARR-Report* Nr. 825.0) haben 49 % der Leser von Fachzeitschriften in den letzten 12 Monaten Internetseiten eines Herstellers zur Information genutzt. Dieses Medium ist gerade für Business-Märkte hervorragend geeignet, da inzwischen fast davon ausgegangen werden kann, dass ein sehr großer Anteil von Business-Kunden über einen Internet-Zugang verfügt.

Werbegeschenke, Give-aways:

Sobald der Kontakt zum Kunden hergestellt ist, sind auch in diesem Bereich kleinere Werbegeschenke erstaunlich erfolgreich.

5.2.2 Anfragephase

Während im Konsumgütermarketing der indirekte Vertrieb – meist über Ladengeschäfte – überwiegt, ist auf Businessmärkten vorwiegend der persönliche Verkauf anzutreffen (direkt vom Hersteller oder über entsprechende Handelspartner). Es könnte daher der Eindruck entstehen, dass weitere Verkaufsförderungsmaßnahmen in dieser Phase nicht notwendig seien, da der entsprechende Außendienst von der Anfragephase an die Kunden entsprechend betreuen kann. Tatsächlich ist es aber weder möglich noch wirtschaftlich, alle Kunden und Interessenten vollständig zu betreuen.

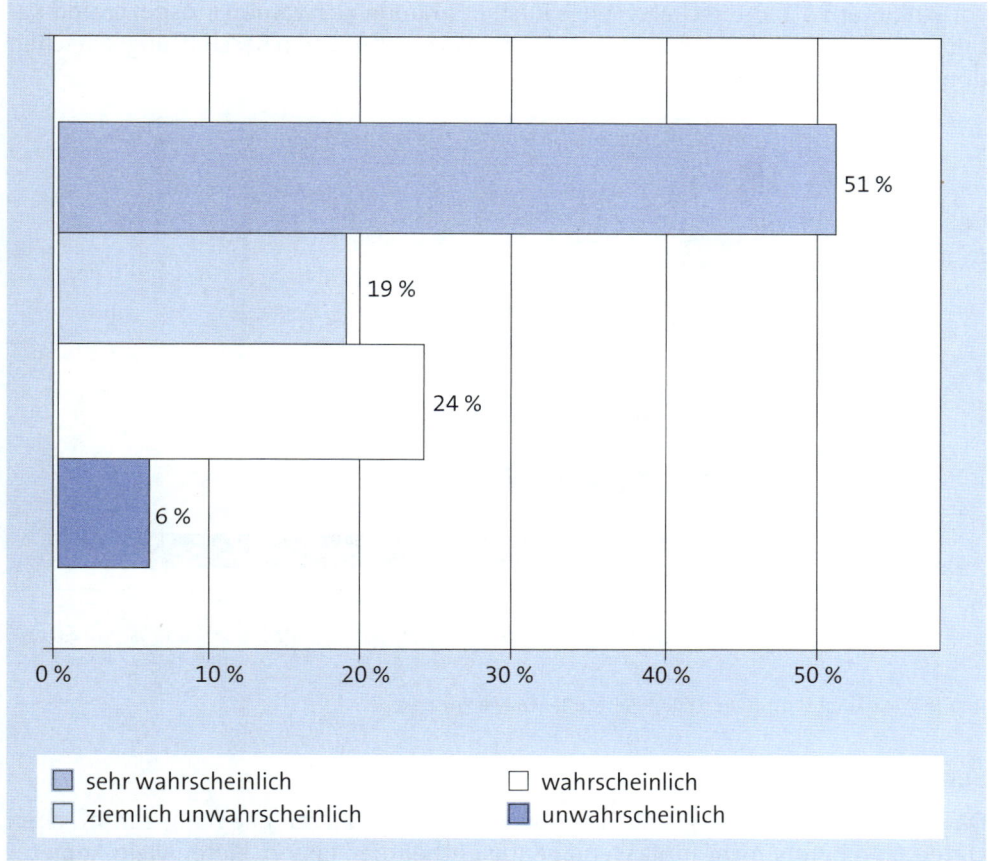

Abb. 8: Wahrscheinlichkeit, dass in letzter Zeit ein Verkäufer den Kunden besucht hat

In einer US-Untersuchung (*CARR Report Nr. 550.4*) wurden Leser von Fachzeitschriften befragt, wie groß die Wahrscheinlichkeit ist, dass sie bei Auftreten eines Bedarfs in letzter Zeit Kontakt mit dem Außendienst hatten. Demnach ist nur ein Viertel der (potenziellen) Kunden in letzter Zeit besucht worden, sodass der Einsatz zusätzlichen Verkaufsförderungsmaterials durchaus notwendig und sinnvoll ist.

Prospekte und Kataloge:

Sobald ein Kontakt zum Kunden bzw. Interessenten hergestellt ist, müssen – vor allem bei hocherklärungsbedürftigen Produkten – große Mengen von Informationen dem Kunden zugänglich gemacht werden. Prospekte und Kataloge sind das einfachste Medium, um hier einen Einstieg zu finden. Im Gegensatz zu eher livestyle-orientierten Consumerprodukten kommt es hierbei weniger auf eine „schöne" Darstellung an, vielmehr sollten derartige Unterlagen dem Kunden erlauben, die Möglichkeiten der angebotenen Produkte und Dienstleistungen genau abschätzen zu können. Da die Nutzer dieser Unterlagen qualifizierte Fachleute sind, muss das fachliche Niveau dieser Unterlagen entsprechend gestaltet sein. Die Bedeutung dieser Unterlagen wird von Anbietern oft unterschätzt: Viele Business-Kunden bewahren Prospekte und Kataloge längere Zeit auf und ziehen sie für die Vorbereitung von Beschaffungsentscheidungen zu Rate (*CARR Report Nr. 550.21*).

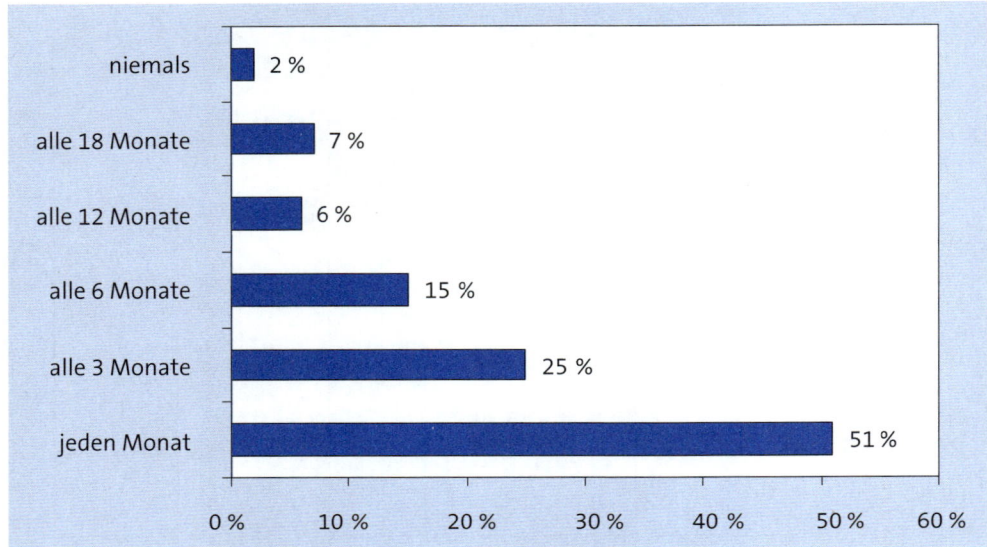

Abb. 9: Wie häufig konsultieren Kunden Unterlagen wie Prospekte etc.?

Seminare:

Da sich die Nutzungsmöglichkeiten von Business-Produkten allein aus schriftlichen Unterlagen häufig nicht umfassend genug entnehmen lassen, bieten viele Anbieter Seminare an, in denen die Anwendungsmöglichkeiten der Produkte umfassend präsentiert werden und auch ein erster Gesprächskontakt mit potenziellen Anwendern hergestellt werden kann.

Konfiguratoren:

Viele der auf Business-Märkten angebotenen Produkte sind so kompliziert, dass selbst Fachleute eine den Kundenwünschen entsprechende Konfiguration eines Produktes nicht einfach erstellen können. Um den Kunden (aber auch den eigenen Außendienst) bei der fehlerfreien Konfiguration eines (Sub-)Systems zu unterstützen, stellen viele Anbieter Konfigurationsprogramme zur Verfügung; dabei werden zunächst die Anforderungen erfasst, die das Produkt erfüllen soll. Das eingearbeitete Expertensystem ermittelt dann die erforderliche technische Konfiguration. Solche Programme können auch über das Internet verbreitet werden. Besonders interessant sind derartige Systeme zur Unterstützung von Ingenieurbüros, Planern, Architekten etc.: Der Anbieter stellt in diesem Fall umfangreiche – auch grafische – Software zur Verfügung, die es dem Nutzer erleichtert, Produkte des Herstellers bei der Entwicklung seiner Pläne zu berücksichtigen.

5.2.3 Verhandlungs- und Abschlussphase

Auf Businessmärkten wird die Verhandlungs- und Abschlussphase normalerweise durch den persönlichen Verkauf durchgeführt. Dabei können die bereits oben erwähnten Verkaufsförderungsinstrumente vom Verkäufer selektiv eingesetzt werden. Unterstützt wird dies häufig durch ein CAS (Computer Aided Selling)-System, das auf einem Laptop installiert ist. Dadurch ist der Verkäufer in der Lage, dem Kunden vor Ort auch komplizierte Fragen zu beantworten, ein System zu konfigurieren, entsprechende Preise zu ermitteln und sogar vor Ort ein vollständiges Angebot zu machen.

5.2.4 After-Sales-Phase

Auch nach dem Abschluss sind weitere Maßnahmen sinnvoll, um den Verkauf abzusichern und eine gute Grundlage für das Folgegeschäft zu legen. Schwerpunkte dabei sind vor allem die Installationsbetreuung und die Schulung der Benutzer.

5.3 Spezielle Verkaufsförderungsinstrumente beim Direktvertrieb

Direktvertrieb ist die im Business-Marketing vorherrschende Vertriebsform. Dabei ist zunächst an die Vertriebsbeziehung zwischen Hersteller und dem professionellen Endabnehmer zu denken, also z. B. an die Beziehung zwischen einem Automobilzulieferer und dem Automobilhersteller. Viele der für den Direktvertrieb wichtigen Aspekte gelten aber auch in der letzten Stufe des indirekten Vertriebs auf Business-Märkten, also in der Beziehung zwischen einem Händler und seinem professionellen Endkunden. Ein Systemhaus der Informationstechnik wie z. B. CompuNet hat gegenüber seinen Kunden ebenfalls einen Direktvertrieb, obwohl es sich aus Sicht der Hersteller (= Lieferanten von CompuNet) um einen indirekten Vertrieb handelt.

5.3.1 Promotions für Mitarbeiter (Incentive-Systeme)

Das wichtigste – und wahrscheinlich auch wirksamste – Instrument der Verkaufsförderung in diesem Bereich sind Promotions für Vertriebsmitarbeiter. Es handelt sich dabei um zeitlich befristete Sonderaktionen zur Förderung des Verkaufs bestimmter Produkte. Diese Promotions werden zusätzlich zu einem bestehenden ergebnisabhängigen Bezahlungssystem eingesetzt. Typische Beispiele sind Vertriebswettbewerbe, bei denen diejenigen Mitarbeiter, die von einem bestimmten Produkt in einer vorgegebenen Zeit die meisten Abschlüsse erreichen, eine Prämie (häufig eine Reise) erhalten. Neben dem materiellen Wert des Preises entwickelt sich in vielen Fällen bei den Verkäufern ein sportlicher Ehrgeiz, denn das Gewinnen eines derartigen Wettbewerbs ist auch mit einer Imagesteigerung der betreffenden Personen verbunden.

Sachlich sind derartige Wettbewerbe eher skeptisch zu beurteilen: Wenn ein derartiger Wettbewerb nötig ist, zeigt dies implizit an, dass die Mitarbeiter offenbar über ihr normales Bezahlungssystem nicht hinreichend motiviert sind, die Unternehmensziele zu verfolgen. Dies kann entweder daran liegen, dass das Bezahlungssystem nicht richtig eingesetzt wird oder dass es bei den Mitarbeitern generell an Motivation fehlt. Erschwerend kommt häufig dazu, dass sich bei Unternehmen mit einer breiten Produktlinie mehrere Wettbewerbe überschneiden, da eine solche Promotion für viele Produktmanager das einzige Mittel ist, ihre Produktziele zu erreichen. Die Vertriebsmitarbeiter sind dann häufig verwirrt oder gewinnen Wettbewerbe, über die sie gar nicht genau informiert waren.

5.3.2 Mitarbeiterschulung

Gerade bei hocherklärungsbedürftigen technischen Produkten ist eine verstärkte Ausbildung der Vertriebsmitarbeiter häufig die bessere Verkaufsförderung, denn nur wer sein Produkt sehr gut kennt, wird damit außerordentliche Erfolge erringen können. Leider wirkt diese Ausbildung meist nicht kurzfristig genug, sodass auf diese Methode in der Hektik des Geschäft eher weniger zurückgegriffen wird.

5.4 Spezielle Verkaufsförderungsinstrumente beim indirekten Vertrieb

Vertreibt ein Hersteller seine Produkte über einen indirekten Kanal, sind die Einflussmöglichkeiten auf den Vertrieb wesentlich geringer als bei einem Direktvertrieb. Ein Händler und seine Vertriebsmitarbeiter haben ihre eigenen Ziele, die sich nicht immer mit den Zielen des Herstellers decken, insbesondere wenn der Händler auch Produkte eines Wettbewerbers dieses Herstellers vertreibt. Um dennoch den Händlervertrieb kurzfristig beeinflussen zu können, sind daher Verkaufsförderungsmaßnahmen in diesem Bereich sehr beliebt.

5.4.1 Promotions für Händler

Ein großer Teil der Verkaufsförderungsmaßnahmen wendet sich direkt an den Händler. Es handelt sich dabei vor allem um preisliche Maßnahmen, also befristet wirksame Sonderrabatte, die meist für bestimmte Produkte oder bestimmte Produktbündel gelten. Die Rabatte können dabei auch in Naturalien bestehen (z. B. 11 für 10 etc.) oder in Verlängerungen der Zahlungsfrist. Diese Maßnahmen gehören zum Instrumentarium des Push-Marketings und werden von Herstellern insbesondere kurz vor Stichtagen eingesetzt, um das Lager des Händlers zu füllen und die eigenen Zahlen zu schönen.

Werden solche Promotions sehr häufig eingesetzt, wirken sie allerdings eher kontraproduktiv: Die Händler gewöhnen sich schnell daran und bestellen erst, wenn die entsprechende Promotion angekündigt wird.

5.4.2 Promotions für Vertriebsmitarbeiter der Händler

Händlerpromotions bewirken eine Reduktion der Einkaufskosten für den Händler und damit eine Erhöhung der Abverkaufschancen – sei es, weil sich bei gleichbleibenden Verkaufspreisen die Marge verbessert oder weil der Händler die günstigeren

Einkaufskonditionen an die Kunden weitergibt. Diese Effekte sind aber vom Hersteller nicht direkt zu beeinflussen. Daher versuchen viele Hersteller, den Vertriebsmitarbeitern des Handels direkt persönlich Promotions anzubieten (ähnlich wie für eigene Mitarbeiter, vgl. 5.3.1).

Die Situation unterscheidet sich aber in zwei wichtigen Punkten von den Promotions für einen eigenen Direktvertrieb:

1. Eine Promotion für Händlermitarbeiter greift in die Marketing- und Vertriebsstrategien eines Händlers – und damit in seine Margensituation – ein.

2. Möglicherweise konkurriert eine derartige Promotion mit Promotionprogrammen von Wettbewerbern.

Aus diesen Gründen ist es sehr schwer, bei der Geschäftsleitung eines Händlers die Bereitschaft zur Teilnahme an derartigen Verkaufsförderungsprogrammen zu erreichen: Ein Händler wünscht es sicher nicht, wenn seine Verkäufer wegen des Wettbewerbs eines Herstellers Produkte bevorzugen, die für den Händler eher eine geringere Rentabilität aufweisen.

5.4.3 Promotions für Händlerbetreuer

Ein Hersteller, der über einen Handelskanal vertreibt, hat normalerweise einen Außendienst, der diese Händler betreut. Für diese Händlerbetreuer können Promotions und Wettbewerbe wie unter 5.3.1 erwähnt durchgeführt werden.

5.4.4 Händlerqualifizierung

Ähnlich wie beim Direktvertrieb ist Ausbildung auch beim Vertrieb über Händler ein wichtiges Instrument. Im Gegensatz zum Direktvertrieb hat die Ausbildung der Händlermitarbeiter vielleicht eine noch größere Bedeutung, da ein Händler üblicherweise mehrere konkurrierende Anbieter vertritt und seine Vertriebsmitarbeiter vor allem auf diesem Wege zu einer gewissen Herstellertreue gebracht werden können.

6. Weitere wichtige Kommunikationsinstrumente auf Business-Märkten

6.1 Kompetenzzentren

Da es in vielen Branchen schwierig ist, das Produktangebot – z. B. aus Platz- oder Gewichtsgründen – auf einer Messe adäquat zu präsentieren, andererseits aber den Kunden die Gelegenheit gegeben werden muss, die Funktionalität neuer Systeme tatsächlich überprüfen zu können, sind viele Anbieter dazu übergegangen, in Kompetenzzentren beispielhafte Lösungen ihrer Produkte und Systeme zu installieren und permanent vorführbereit zu halten. Neben den erforderlichen Produkten des Anbieters wird in diesen Zentren der personelle Sachverstand des Anbieters konzentriert, sodass Kunden dort sehr eingehend über die Eignung der verschiedenen Produkte zur Lösung ihres Investitionsproblems beraten werden können. Es handelt sich dabei im Prinzip um eine permanente und sehr spezialisierte Hausmesse eines Anbieters.

Diese Kompetenzzentren verursachen zwar erhebliche Kosten; verglichen mit der Alternative, viele Messen mit entsprechend hohen Kosten besuchen zu müssen, ist dies aber in vielen Fällen die kostengünstigere und auch sachlich effizientere Lösung für den Anbieter. Hinzu kommt, dass die in einem Kompetenzzentrum mit dem Kunden zu erörternden Fragestellungen einen erheblichen Zeitbedarf auch auf Seiten des Kunden erfordern, sodass ein Messebesuch dafür ohnehin nicht ausreichend wäre.

In der Praxis versucht man daher, auf Messen nur eine kleine Demonstration der entsprechenden Produkte vorzuhalten und mit den Kunden/Interessenten Folgetermine für den Besuch des entsprechenden Kompetenzzentrums zu vereinbaren.

6.2 Referenzen

Bei Produkten, die bereits im Markt installiert sind, ist der Besuch eines Referenzkunden ein besonders wichtiges – und oft entscheidendes – Kommunikationsinstrument. Neben der Vorführung der reinen Funktionalität der Produkte und ihrer Einbindung in eine konkrete Unternehmensumgebung kann der Interessent von dem Referenzkunden auch Aussagen über dessen Erfahrungen mit den Leistungen des Anbieters vor, während und nach der Installation erhalten. Da diese Informationen vom Anbieter nicht gefiltert werden können, genießen sie beim Interessenten naturgemäß eine außerordentlich hohe Glaubwürdigkeit. Bei der Auswahl der Referenzkunden ist daher darauf zu achten, dass die Erfahrungen dieses Kunden tatsächlich sehr positiv sind, da sonst ein sehr negativer Effekt für den Anbieter entstehen kann.

Schwierig wird es allerdings, wenn der Referenzkunde und der Interessent untereinander Wettbewerber sind und der Referenzkunde daher wenig Interesse hat, seinem Wettbewerber Informationen über seine – ihm möglicherweise Wettbewerbsvorteile verschaffende – Installation zu geben. Es ist daher notwendig, mehrere Referenzkunden aus verschiedenen Branchen(zweigen) aufzubauen, um dieses Problem umgehen zu können.

6.3 Prototypen, Lead-User, User-Groups

Bei sehr innovativen Produkten, bei denen noch keine Referenzinstallation oder kein Kompetenzzentrum aufgebaut werden konnte, kommt die enge Zusammenarbeit mit einem Schlüsselkunden (Lead-User) infrage, bei dem ein Prototyp der neuen Produkte installiert wird. Diese Vorgehensweise hat zudem den Vorteil, dass noch nicht fertig entwickelte Produkte durch die Zusammenarbeit mit einem wichtigen Kunden den Anforderungen zumindest dieses Kunden angepasst werden können. Ist dieser Kunde richtig ausgewählt, so werden die aus einer derartigen Zusammenarbeit resultierenden Produkte bei vielen anderen Kunden ebenfalls Akzeptanz finden. Ein Beispiel dafür ist der Flugzeugbau, bei dem große Luftverkehrsgesellschaften mit dem Hersteller zusammenarbeiten und auf diese Weise die für ihren Bedarf idealen Produkte erhalten können. Gleichzeitig ist es für einen Anbieter wie Airbus ein sehr positiver Effekt, wenn er z. B. die Lufthansa als Lead-User gewinnen kann.

Neben der Konzentration auf einzelne Lead-User kommt bei vielen Produktklassen die Zusammenarbeit mit Zusammenschlüssen von Benutzern (User-Groups) infrage. Viele Systemanbieter haben die Vorteile dieser Vorgehensweise erkannt und fördern derartige Gruppierungen durch gezielte Beratung oder sogar durch finanzielle Unterstützung.

6.4 B2B-Clubs

Kundenclubs kennt man aus dem Konsumgütermarketing, Beispiele dafür sind verkaufsseitig ausgerichtete Clubs wie die Buchclubs, oder als Kundenbindungs-instrument etablierte Clubs wie IKEA Family. Ist dieser „emotionale" Gedanke auch im rationalen B2B-Geschäft möglich und sinnvoll?

In der Tat gibt es zahlreiche B2B-Clubs (*Thunig*, 2002). Diese Clubs sind zumeist Angebote, die ein Hersteller seinen Händlern macht; bekannt sind z. B. Grohe Profi Club, die Märklin Händlerinitiative oder das Forum Gelb, der Business Club der Deutschen Post AG. Ziel aus Herstellersicht ist dabei vor allem eine stärkere Bindung der Clubmitglieder, also der Händler, an die eigenen Produkte. Aus Kunden-sicht kann die Mitgliedschaft in einem derartigen Club sehr sinnvoll sein, weil auf diese Weise die Kooperation unter den Kunden/Händlern verstärkt werden kann – ein Hersteller wird große Schwierigkeit haben, neue Konzepte gegen den Widerstand maßgeblicher Clubmitglieder durchzusetzen.

Oft gibt es innerhalb eines B2B-Clubs unterschiedliche Klassen von Mitgliedern, die sich nach Loyalität etc. orientieren. Auf diese Weise wird unter den Mitgliedern ein gewisser Wettbewerbsdruck erzeugt, denn es dient auch dem Ego des Geschäftsführers eines Händlers, bei einem großen Händlermeeting vom Vorstand des Herstellers mit einer Auszeichnung bedacht zu werden.

Daraus folgt allerdings, dass meist nur Marktführer bzw. Anbieter mit einer starken Marke einen derartigen Club etablieren können, da nur hier das Interesse der Kunden (Händler) entsprechend ausgeprägt ist. In vielen Fällen sind die Kunden auch bereit, beachtliche Mitgliedsbeiträge zu entrichten und auch für die Teilnahmen an einzelnen Veranstaltungen zu bezahlen, sodass der Club für den Hersteller oft – verglichen mit anderen Kommunikationsalternativen – sehr wirtschaftlich ist.

7. Kommunikation über das Internet

Neben diese etablierten Kommunikationsmedien ist in letzter Zeit eine intensive elektronische Kommunikation mit Kunden und Interessenten getreten. Die stärkere Verbreitung und Nutzung dieser Medien (wie Internet, Elektronische Post (E-Mail), Zugriff auf Datenbanken, CD-ROM, Expertensysteme) muss zunächst nicht notwendig einen wesentlichen Qualitätssprung gegenüber den klassischen Medien wie Telefon, Brief oder gedruckten Kataloge bedeuten. Entscheidend dabei ist vielmehr das Kommunikationskonzept, das hinter einem systematischen und abgestimmten Einsatz dieser Medien steht.

Die Ursache für die stärkere Verbreitung dieser Medien hat drei Hauptgründe:

1. Aus Anbietersicht:
   Die Wirtschaftlichkeit des Einsatzes der herkömmlichen Medien – zu denen z. B. auch eine mit Mitarbeitern zu besetzende Hot-Line gehört – ist immer weniger gegeben und eine kostenadäquate Berechnung dieser Leistungen ist in den meisten Fällen nicht durchzusetzen.

2. Aus Kunden/Interessentensicht:
   Der Kreis der Nachfrager scheint eine selbstständige Beschäftigung mit den Produkten der Anbieter zu schätzen, ohne dass er allerdings bereit ist, dafür allzu viel zu bezahlen

3. Kostenentwicklung von Informationssystemen:
   Die Verfügbarkeit der entsprechenden Informationssysteme zu akzeptablen Kosten ist kein Hindernis mehr zur Einführung von Konzepten, die vor wenigen Jahren noch als utopisch gegolten haben.

Der Einsatzbereich dieser Medien beginnt beim Nachfrager vor allem im Zeitpunkt der konkreten Beschäftigung mit Beschaffungsalternativen und setzt sich weit in den After-Sales-Bereich fort. Die Existenz derartiger Informationssysteme ist in vielen Beschaffungssituationen bereits jetzt ein oft entscheidendes Produktmerkmal geworden.

7.1 Online- vs. Offline-Kommunikation

Die Einsatzgebiete des Internets bzw. des E-Commerce wurden bereits in den entsprechenden Kapiteln diskutiert. Für den Bereich der Kommunikation lassen sich die Unterschiede zwischen klassischer Offline-Kommunikation und neuer Online-Kommunikation in folgender Darstellung zusammenfassen:

Offline	Online
Werbung	
▸ Einseitige (one-way) Kommunikation ▸ Push: Aktionen gehen vom Anbieter aus, der seine Werbebotschaft an die Zielgruppe richtet. ▸ Einheitliche Werbebotschaft für alle ▸ Statische Produktpräsentationen ▸ Anzeige und redaktionelle Inhalte stehen nebeneinander ▸ Anonyme Ansprache der Kunden	▸ Interaktion im Medium ▸ Pull ist möglich: Aktion geht (auch) vom Benutzer aus, der (selektiv) Werbebotschaften aufruft. ▸ Individualisierte Ansprache des Kunden ▸ Dynamische (animierte) Produktpräsentation ▸ Anzeige und redaktionelle Inhalte sind verknüpfbar ▸ Persönliche Ansprache des Kunden
PR	
▸ Getrennt von den übrigen Kommunikationsinstrumenten	▸ Auf Website eingebettet in übrige Aktivitäten: Unternehmensinformationen, Geschäftsberichte, Pressemitteilungen etc.
Verkaufsförderung	
▸ Maßnahmen/Angebote für alle einheitlich ▸ Kommunikation persönlich oder schriftlich	▸ Exklusive passwortgeschützte Bereiche für unterschiedliche Bereiche möglich (Außendienst, Händlerorganisation) ▸ Interaktive, individualisierte Gestaltung von Online-Schulungen möglich
Messen und Ausstellungen	
▸ Persönlicher Kontakt steht im Vordergrund ▸ Präsentation des gesamten Marketing-Mixes	▸ Persönlicher Kontakt kann vorbereitet werden, ergänzt durch „virtuelle Messe" temporär oder permanent ▸ Möglichkeit zur Demonstration des erweiterten Kommunikationsspektrums

Tab. 9: Vergleich des Kommunikationsmix online/offline
Quelle: *Langner* (2002, S. 187)

Mit der Einführung der iPod und Tablet PC hat sich hier eine Reihe von neuen Möglichkeiten eröffnet. Kataloge und Firmeninformationen können damit leicht und in hoher Qualität den Nutzer zur Verfügung gestellt werden. Damit wird die Darstellung von Referenzen erleichtert, Kommunikation verbessert, Bestellungen erleichtert und somit eine allgegenwärtige Präsenz erreicht. Exemplarisch sei hier nur die Firma Sandvik aus Schweden erwähnt, die das ganze Sprektrum an Kommunikations- und Interaktionsmöglichkeit nutzt.

7.2 Kundenbetreuung über das Internet (Digital Customer Care, E-Care)

Neben der Kommunikation, ist in letzter Zeit das umfassendere Konzept der Kundenbetreuung über Netzwerke (Digital Customer Care [DCC], E-Care) entstanden. Die im
Vergleich zum Business-to-Consumer-Bereich unterschiedlichen Schwerpunkte lassen
sich in folgender Tabelle zusammenfassen:

Business-to-Business-Bereich	Business-to-Consumer-Bereich
Optimierung der Wertschöpfungskette (insbes. Senkung von Prozesskosten) steht im Vordergrund	Ausschaltung von Handelsstufen ist eine primäre Absicht
Erhöhte Anforderungen an Sicherheit, Zuverlässigkeit, Wirtschaftlichkeit und Kompatibilität	Tendenziell geringere Anforderungen bei den genannten Produkten
Abwicklung der Transaktionen über Warenwirtschaftssysteme mit standard-gleichen Applikationen	Elektronische/Schriftliche Auftragsbestätigung
Hohe Komplexität der technischen und organisatorischen Implementation	Stark reduzierte Komplexität der Implementation
Notwendigkeit hoher Investitionen	Niedrigerer Kostenaufwand erforderlich (Bsp. Kostenlose Shop-Anbieter)
Langfristigkeit etablierter Geschäftsbeziehungen	Gegenwärtig noch oftmals kurzfristige Kundenbeziehung mit einmaliger Transaktion
Oftmals individuell ausgestaltete Verträge	Oftmals standardisierte Transaktionen
Funktionale und klar strukturierte Seiteninhalte	Ansprechende, poppige Aufbereitung der Seiten
Unternehmensspezifische Inhalte und Angebote	Personalisierte Inhalte und Angebote

Tab. 10: Unterschiede der Online-Kundenbetreuung

Für die verschiedenen Phasen einer Geschäftsbeziehung sind DCC-Leistungen mit unterschiedlich großer Komplexität einsetzbar:

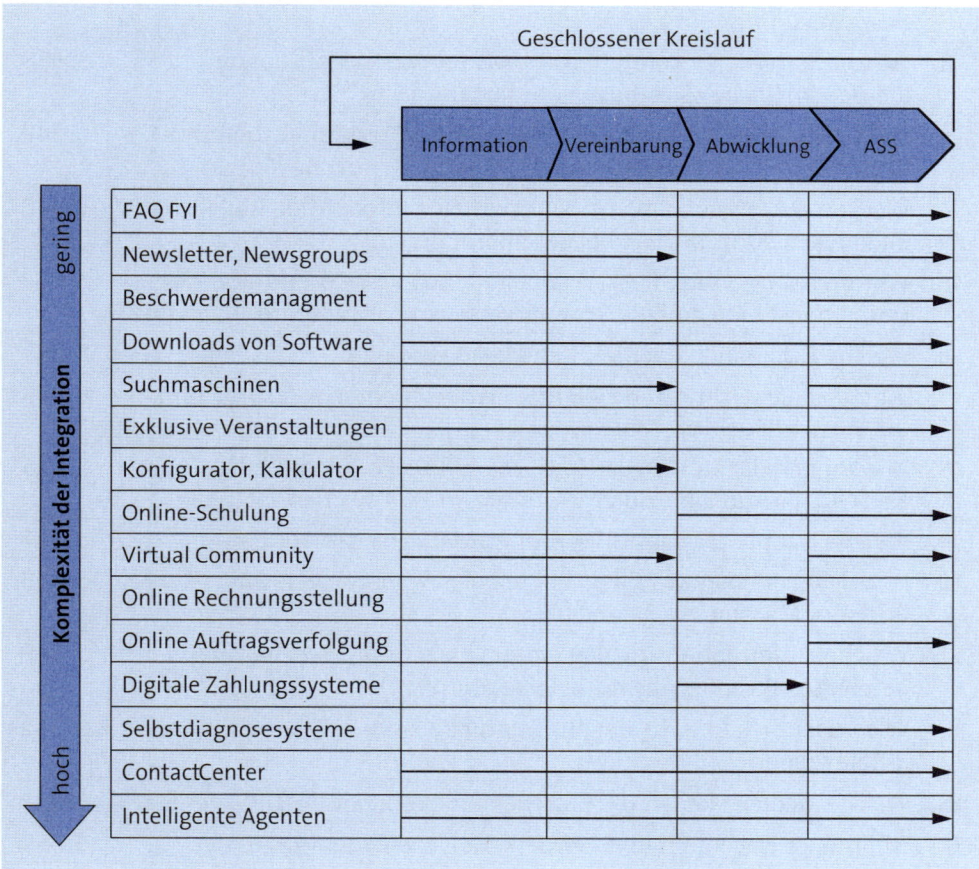

Abb. 10: DCC-Dienstleistungen in verschiedenen Phasen einer Geschäftsbeziehung
Quelle: *Reisige (1999)*

Diese DCC-Leistungen können über die verschiedenen Technologieplattformen wie PC, Tabletcomputer und Smart Phone angeboten werden.

		Lösung
1.	Welche Ziele hat die Marketingkommunikation im Business-to-Business-Marketing?	S. 337
2.	Welche klassischen Kommunikationselemente wirken auf den Kunden im Business-to-Business-Marketing ein?	S. 338
3.	Beschreiben Sie den allgemeinen Ablauf der Kommunikation im Business-to-Business-Marketing!	S. 340
4.	Welcher Zusammenhang besteht zwischen Information und Risiko im Entscheidungsprozess bei Beschaffungen?	S. 340
5.	Warum hat die Öffentlichkeitsarbeit im Business-to-Business-Marketing meist eine größere Bedeutung als im Konsumgütermarketing?	S. 342
6.	Welche Funktionen hat die Öffentlichkeitsarbeit?	S. 341
7.	Was sind die wichtigsten Zielgruppen der Öffentlichkeitsarbeit im Business-to-Business-Marketing?	S. 343
8.	Wie können die Kunden des Business-to-Business-Marketings – also Organisationen – durch Werbung erreicht werden?	S. 345
9.	Welche Hauptziele hat die Werbung auf Business-Märkten?	S. 347
10.	In welchen Medien wird der Großteil der Werbebudgets auf Business-Märkten ausgegeben?	S. 348
11.	Welchen Informationsquellen ordnen die an einer Beschaffung beteiligten Personen die höchste Bedeutung zu?	S. 349
12.	Wie lassen sich Entscheider als Zielgruppe einer B2B-Kommunikation differenzieren?	S. 352
13.	Welche Medien werden von Entscheidern besonders intensiv genutzt?	S. 352
14.	Ist Product Placement im B2B-Marketing von Bedeutung?	S. 353
15.	Welche Arten von Messen gibt es im Business-to-Business-Marketing?	S. 355
16.	Welche Hauptziele verfolgen die Aussteller bei Messen im Business-to-Business-Marketing?	S. 356
17.	Welche Hauptziele haben die Besucher von Messen im Business-to-Business-Marketing?	S. 356
18.	Welche Maßnahmen gehören aus Marketing-Sicht zur Messe-Vorbereitung?	S. 357
19.	Welche Maßnahmen gehören aus Marketing-Sicht zur Messe-Durchführung?	S. 357
20.	Welche Maßnahmen gehören aus Marketing-Sicht zur Messe-Nachbereitung?	S. 357
21.	Welche Arten von Verkaufsförderung sind auf Business-Märkten gebräuchlich?	S. 358
22.	Erläutern Sie Schwerpunkte der Verkaufsförderung in den einzelnen Verkaufsphasen!	S. 359

23.	Grenzen Sie Verkaufsförderung in direktem und indirektem Vertrieb gegeneinander ab!	S. 363
24.	Was versteht man unter einem Kompetenzzentrum?	S. 366
25.	Welche Bedeutung haben Referenzen im Business-to-Business-Marketing?	S. 366
26.	Was sind Lead-User?	S. 367
27.	In welchem Bereich werden B2B-Clubs erfolgreich eingesetzt?	S. 367
28.	Wie können die neuen elektronischen Medien in der Kommunikation mit Kunden und Interessenten im Business-to-Business-Marketing genutzt werden?	S. 369
29.	Wie lässt sich Online-Kommunikation im B2B-Bereich zur Unterstützung von Verkaufsförderung und Messen einsetzen?	S. 370

K. Internationalisierung

In diesem abschließenden Kapitel wird die Internationalisierung von Business-to-Business-Unternehmen in den Mittelpunkt der Betrachtungen gerückt. Wie wir bisher gelernt haben, sind Unternehmen mit industriellen Produkten und Service im Wesentlichen auf internationale Märkte ausgerichtet. Dafür gibt es viele Gründe, die wir im Einzelnen darstellen werden. Unternehmen mit Endprodukt- und Serviceangeboten kümmern sich mehr um regionale und nationale Märkte, das lässt sich an Brauereien oder den Friseuren sehr einfach verdeutlichen; für Business-to-Business-Unternehmen ist die Internationalisierung und die Betreuung von weltweiten Kunden eine wesentliche Voraussetzung für den Geschäftserfolg. In diesem Kapitel werden wesentliche Hinweise für die Bewältigung von internationalen Herausforderungen gegeben (weitere Hinweise findet der Leser in *Hering/Pförtsch/Wordelmann, 2009*).

1. Internationalisierung im Business-to-Business-Marketing

1.1 Anforderung in den internationalen Business-Märkten

In den letzten 50 Jahren konnte in allen wesentlichen Industrien festgestellt werden, dass Märkte immer internationaler werden. Unter anderem verändert werden sie durch die zunehmende Integration der unterschiedlichen Wirtschaftsregionen. Die Europäische Union (EU) nahm dabei eine Vorreiterrolle ein, aber auch Nord- und Südamerika haben mit NAFTA und MERCOSUR Organisationsformen etabliert, die eine größere Integration der regionalen Wirtschaft fördern sollen. Für den asiatisch-pazifischen Raum wurde 1967 die ASEAN Organisation gegründet, deren Expansion im asiatischen Raum weiter voranschreitet. Weitere Regionen, wie etwa der Mittlere Osten, werden diesen Beispielen folgen.

Außerdem gibt es eine ungeheuere Nachfrage aus den so genannten **„Emerging Economies"** wie etwa China und Indien (die Sichtweise der chinesischen Firmen und deren Internationalisierungsstrategien finden Sie in *Xing/Yeung/Liu/Pförtsch, 2011*). Die großen Business-to-Business-Unternehmen haben sich seit den beiden Weltkriegen darauf eingestellt. Beispielhaft sei hier Caterpillar aus den USA und SIEMENS aus Deutschland genannt. Sie haben kontinuierlich ihre weltweite Position ausgebaut. Auch kleine und mittlere Unternehmen müssen aktiv in neue Märkte vordringen und in grenzüberschreitenden Märkten ihre Wettbewerbsposition stärken. Dies erfordert ein umfassendes Wissen über Marktstrukturen, internationale Wettbewerber sowie Besonderheiten wirtschaftlicher, kultureller und politischer Art. Unternehmen brauchen Marketing-Instrumente, um auf den häufig unbekannten Märkten zu bestehen. Bedarfsgerechte Informationen sind Voraussetzung für die Entwicklung einer **Internationalisierungsstrategie** und deren Umsetzung.

Gegenwärtig gibt es eine massive Verschiebung der wirtschaftlichen Aktivitäten von den alten Märkten in Europa, Nordamerika und Japan zu den neuentstehenden Märkten in den sich entwickelnden Ländern, was zu einer Ausweitung des internationalen Geschäftsgeschehens führt. Bis vor kurzem waren die USA das große Industrieland, 1963 hatte dieses Land 40 % der weltweiten Weltwertschöpfung, 1996 waren es 20 %, heute sind es noch ca. 15 %. China nahm in 1996 mit 11 % des Welt-Exportanteils den Platz 3 ein (*Hill, 2007*). Heute schätzt man, dass ca. 10 % des Weltexports aus China kommen; das heißt, es entwickelt sich eine strukturelle Verschiebung der wirtschaftlichen Bedeutung einzelner Regionen. China steigerte in 2007 seine Exporte um 27 %. In 2011 hatte China Exporte im Wert von 1.9 Milliarden $ und hat Deutschland als **Exportweltmeister abgelöst**.

Diese Einsichten müssen zu den einzelnen Unternehmen gebracht und verstanden werden, um sie auf die **Herausforderungen** und **Chancen** vorzubereiten. In 1973 waren 50 % der Top-500-Unternehmen amerikanische Unternehmen, heute sind es noch 30 % (siehe www.fortune.com), in naher Zukunft werden es weniger als 10 % sein. In 2000 wurden 10, 2007 wurden bereits 23 chinesische Unternehmen unter den umsatzstärksten Unternehmen in der Fortune-500-Liste aufgeführt, in 2011 waren es 79. Seit ca. 20 Jahren haben sich die meisten großen Unternehmen der Welt den gegenwärtigen Herausforderungen gestellt. Beispielhaft sei die Robert Bosch GmbH genannt, die in der Fortune-500-Liste auf Platz 111 steht, 2007 war sie auf dem 145. Platz. Bosch hatte 2007 ca. 223.000 und 2011 302.500 Mitarbeiter, auf den oberen Managementebenen werden ca. 2.000 Personen jährlich auf neue Stellen außerhalb ihres Standortes transferiert, 1990 waren das im wesentlichen Deutsche, die ins Ausland gegangen sind, 2012 sind es noch ca. 30 % Deutsche, die ihren Standort verlassen, ca. 30 % Ausländer, die nach Deutschland kommen und ca. 30 % Nicht-Deutsche, die in andere Länder gehen.

Für die meisten großen Unternehmen ist das Erobern internationaler Märkte ein bekannter Sachverhalt, bei dem langjährige Erfahrungen bestehen. In kleinen und mittleren Unternehmen (KMU) gestaltet sich die Situation weit schwieriger, speziell weil für die meisten Unternehmen die Globalisierung noch in weiter Ferne ist und erst an den **Internationalisierungsstrategien** gearbeitet werden muss. In jüngster Zeit hat sich die erhöhte Nachfrage nach internationalem Markenmanagement von Industrieunternehmen und die Entwickelung von Branding-Konzepten für mittelständische und große Business-to-Business-Unternehmen in den Vordergrund der Internationalisierungsbestrebungen geschoben (*Kotler/Pfoertsch, 2006*). International Business besteht zu mehr als 80 % aus Business-to-Business-Geschäften (siehe Abb. 1, *Hill, 2007*). Eine globale Marketingstrategie, die weltweite Abnehmer mit ähnlichen Geschmäckern und Präferenzen widerspiegelt, kann mit der Massenproduktion eines standardisierten Outputs gleichgestellt werden. Hier können die Stückkosten beachtlich durch die Erfahrungskurve und andere Kostendegressionen reduziert werden. Allerdings kann die Ignoranz der jeweiligen Länderunterschiede in Geschmäckern und anderen Präferenzen immense Konsequenzen mit sich bringen und im schlimmsten Fall sogar zum Bankrott führen.

Ein kritischer Punkt des B2B-Marketing ist, **Marktlücken zu identifizieren**, sodass neue Produkte entwickelt werden können, um diese Lücken zu schließen. Um neue Produkte entwickeln zu können, benötigt man Forschung und Entwicklung. Jedoch sollte bei der Produktentwicklung auf die **Marktbedürfnisse** eingegangen werden, welche wiederum nur vom Marketing definiert werden können. Zudem kann nur der Marketingbereich bezüglich der Frage, ob global und standardisiert produziert werden sollte oder doch lokal und kundenspezifisch, kompetent entscheiden.

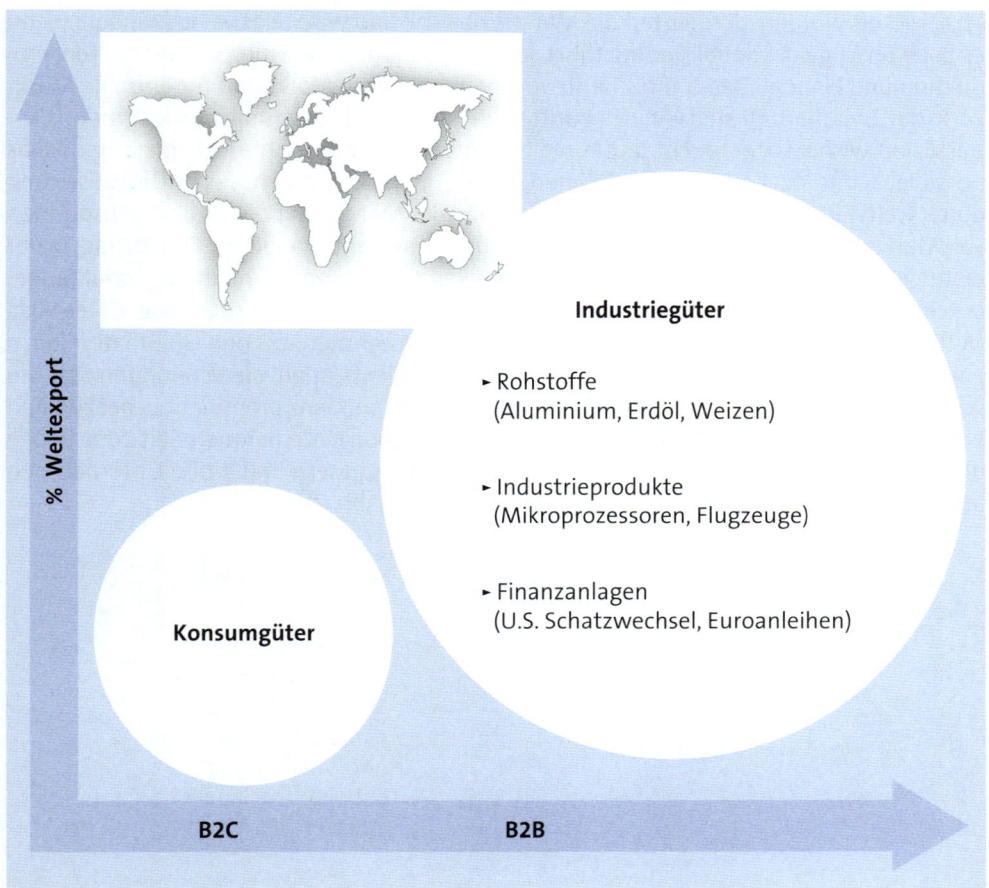

Industriegüter

➤ Rohstoffe
(Aluminium, Erdöl, Weizen)

➤ Industrieprodukte
(Mikroprozessoren, Flugzeuge)

➤ Finanzanlagen
(U.S. Schatzwechsel, Euroanleihen)

Konsumgüter

% Weltexport

B2C   **B2B**

Abb. 1: Anteil des B2B am Weltexport

Im nächsten Abschnitt wird zunächst näher auf die Globalisierung der Märkte eingegangen, um dann die Marktsegmentierung detaillierter zu beleuchten. Anschließend
soll die Bedeutung der vier Elemente des Marketing-Mixes bei zunehmend internationalen Ausrichtungen näher erläutert werden.

1.2 Herausforderung der Globalisierung der Märkte und der Marken

1983 schrieb *Theodore Levitt* in einem berühmten Artikel in der Harvard Business Review
über die Globalisierung der Märkte. Seine Argumente sind zur Basis einer lang andauernden
Diskussion geworden, nämlich darüber, welche Auswirkungen die Globalisierung der Märkte auf die Abnehmer hat und wie sich das Verhalten verändert. *Levitt* zufolge entwickelt
sich die Welt zu einem gemeinsamen Volk, angetrieben durch einen mächtigen Motor – der
Technologie. Durch diesen Motor kommt es zu einer Ausweitung der Bereiche Kommunikation, Transport und Reisen. Das Ergebnis hiervon ist seiner Ansicht nach die Entstehung
neuer globaler Märkte für standardisierte Produkte. Bisher bestimmten Unterschiede nationaler Präferenzen und Standards die Einzugsbereiche der Märkte. Auch wie Geschäfte

abgewickelt wurden, definierten die Märkte, das soll und wird alles verschwinden, wenn es nach *Levitt* geht. Globalisierung führt so zu einer Standardisierung von Produkten, Produktion und Handel. Das traf bis heute in einem gewissen Maße und für einzelne Märkt zu. In der Zwischenzeit sind wir in der dritten Phase der Globalisierung angekommen: „Global Vision with a Local Touch" lautet die gegenwärtige Philosophie – „Think as global as possible, act as local as necessary." Gerade heute, in der dritten Phase der Globalisierung durch weltweite Mergers, die Online-Vernetzung der Märkte und das radikale Ausdünnen von Marken-Portfolios, bekommt diese Philosophie eine entscheidende Bedeutung. In der ersten Phase gingen im Wesentlichen US-amerikanische Konzerne mit Ihren Produktangeboten in die unterschiedlichen nationalen Märkte, so etwa Boeing, EXXON oder Caterpillar. Mitte der 80er Jahre schlossen sich die großen Unternehmen aus den G8-Staaten (dazu gehören Frankreich, Deutschland, Großbritannien, Italien, Japan, die Vereinigten Staaten von Amerika, Kanada seit 1976 und Russland seit 1998) an. Ganz prominent in der zweiten Phase waren das in der Elektronik-Industrie die japanischen Unternehmen. Seit 2000 folgen die mittelständischen Unternehmen aus den Industrieländern und große Unternehmen aus den unterschiedlichen Entwicklungsländern (siehe Abb. 2).

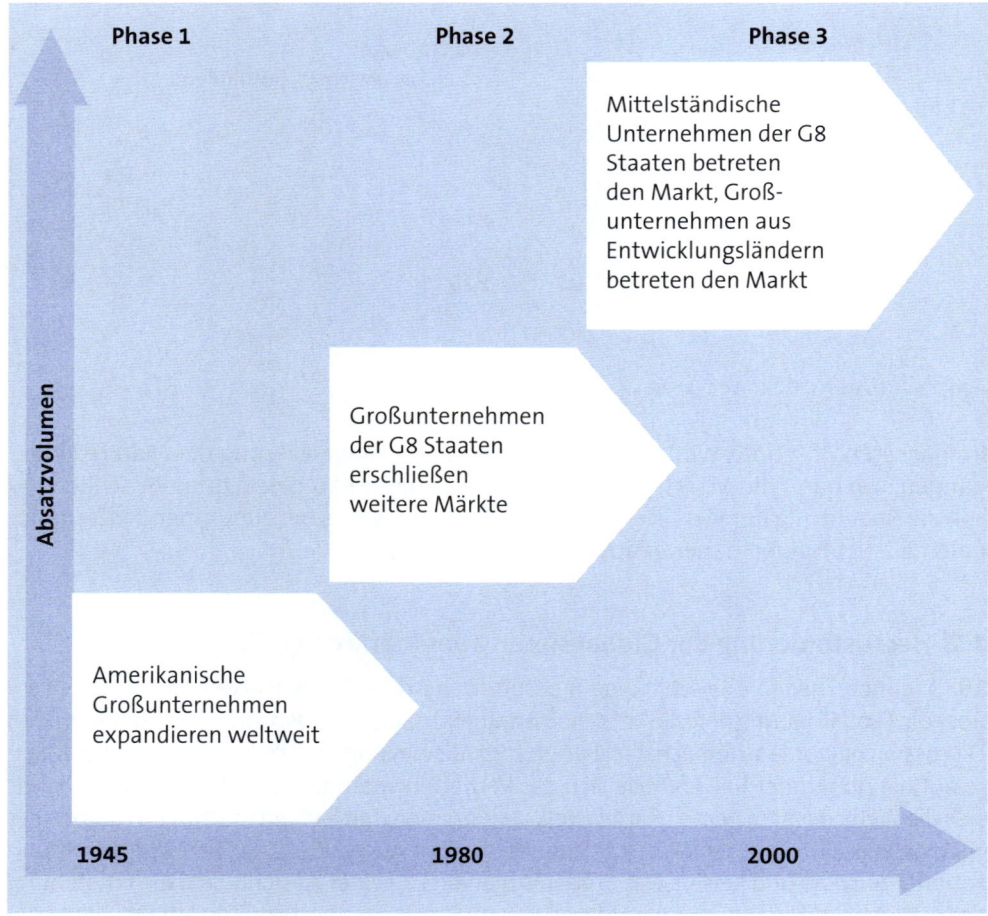

Abb. 2: Phasen der Globalisierung

Ebenso erfordert das Durchsetzen internationaler Marken die Notwendigkeit, globale Markenstrategien zu entwickeln, um sie möglichst weltweit durchsetzen zu können, ohne dabei lokale Anforderungen aus dem Blick zu verlieren. Diese Globalisierung, wie *Levitt* sie beschreibt, ist bei vielen Konsumgütern die Regel, bei Investitionsgütermärkten noch die Ausnahme. Dennoch hat *Levitt* für den Bereich B2B insofern Recht, indem er das Argument vorbringt, dass moderne Transportmöglichkeiten und Kommunikationstechnologien die Konvergenz der Anforderungen und Präferenzen in weit entwickelten Nationen fördern, und das sind schließlich mehr als 80 % des gesamten Industriebedarfs.

Mit der zunehmenden Globalisierung und dem verstärkten Eindringen ausländischer Wettbewerber wird die Internationalisierung zu einem notwendigen Überlebenskonzept großer und kleiner Unternehmen und das nicht nur in Europa, sondern auch in Ländern wie China und Indien. 2000 waren ca. 20 % aller Warentransaktionen durch globales Wirtschaften veranlasst, in 2030 werden es nach einer Prognose (*McKinsey*, *2007*) 80 % sein.

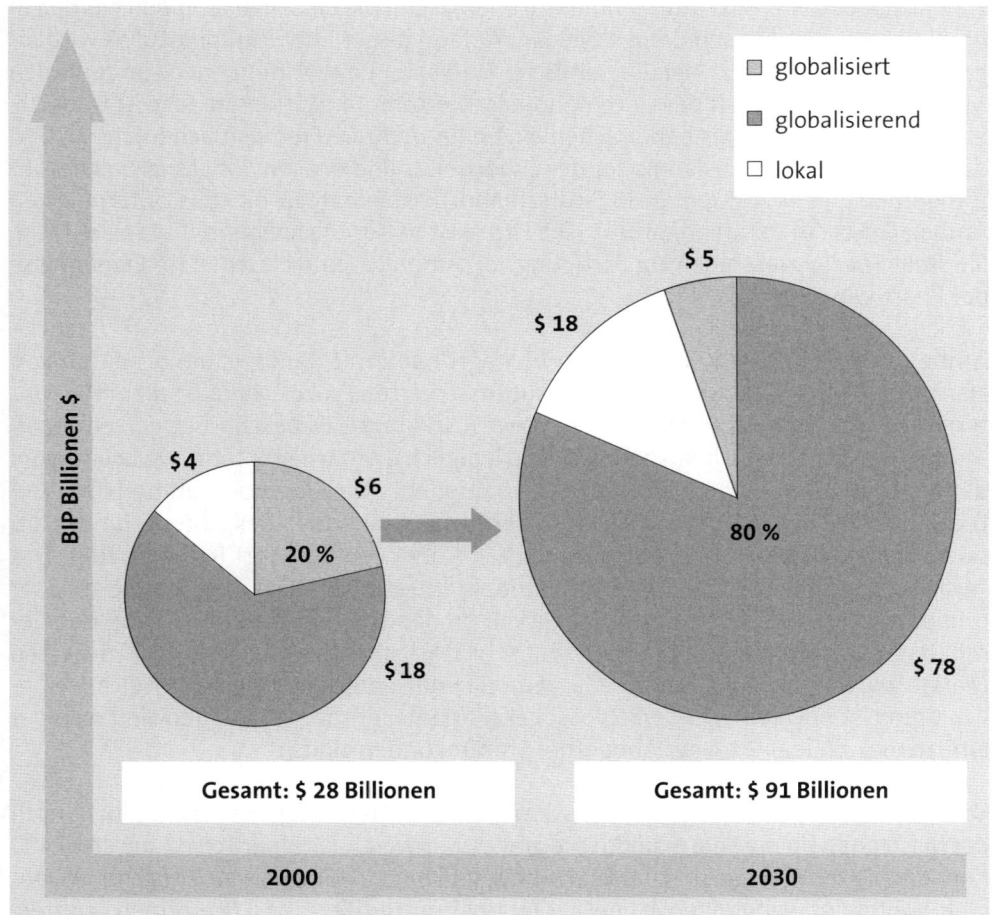

Abb. 3: Anteil der globalen Wirtschaft

Die Unternehmen, die schon in vielen Ländern und Kontinenten tätig sind, sehen sich mit stetig wandelnden Anforderungen der Adaption und Koordination konfrontiert (*Hering/Pfoertsch/Wordelmann*, 2001). Im anschießenden Kapitel wird darauf eingegangen, wie B2B-Marketing durchgeführt werden kann, um Wettbewerbsvorteile zu erzeugen, zu halten oder auszubauen. Dies kann auf vielfältige Weise erreicht werden, wie etwa durch Reduzierung der Kosten in der Wertschöpfungskette oder durch Differenzierung (siehe Abschnitt 3 und *Porter*, 1999) oder durch Positionierung und zielgerechtes Vorgehen. Des Weiteren soll durch das Verständnis der Internationalisierung der Wert eines Unternehmens bzw. seiner Produkte gesteigert werden, indem Kunden und ihre Bedürfnisse besser weltweit betreut werden können (*Rappaport*, 2002).

2. Internationalisierung der Unternehmen

Bei erfolgreichen Unternehmen erfolgt der Internationalisierungsprozess stufenweise. Dies bedeutet, dass mehrere Etappen notwendig sind, um sich vom exportorientierten zum auslandsbasierten Unternehmen zu entwickeln. Die einzelnen Etappen werden in Abbildung 4 schematisch dargestellt. Am Anfang dieser Entwicklungsstufen wird direkt meist nur exportiert, der einheimische Markt steht dabei immer noch im zentralen Mittelpunkt des Handels des Unternehmens. Die Kommunikationssprache ist Deutsch, ganz wenige Mitarbeiter beherrschen eine oder mehrere Fremdsprachen, meist sind das nur der Vertrieb-Ausland oder der Exportleiter und dessen Assistenz. Solche Unternehmen gibt es zur Genüge in Deutschland, beispielhaft sei hier das Unternehmen Ambeg GmbH in Berlin angeführt. Die Firma ist in der Maschinenbaubranche tätig. Sie stellt Spezialmaschinen zur Fertigung von Ampullen und Flaschen für Erzeugnisse der Pharmaindustrie her.

Ambeg wurde 1926 als Familienbetrieb gegründet, mit der Idee, die bis dahin von Hand gefertigten Ampullen in einem automatisierten Prozess herzustellen. Das Unternehmen besitzt auf diesem Gebiet etwa 300 Patente. Es beschäftigt derzeit ca. 50 Mitarbeiter. Für das Auslandsgeschäft sind lediglich 2 Mitarbeiter tätig, welche sowohl den Vertrieb als auch den Einkauf und die Kundenbetreuung übernehmen. Der Vertriebsleiter besitzt eine 40-jährige Berufserfahrung innerhalb des Unternehmens. Im Ausland ist kein Mitarbeiter tätig, da man nur über den Standort Berlin verfügt. Das Auslandsgeschäft wird zu 50 % über Handelsvertreter, der Rest über Handelshäuser und durch den direkten Export abgewickelt. In den USA läuft nur ein Drittel des Geschäfts über Handelsvertreter. Hier wird sehr stark direkt vertrieben. Die wichtigsten Märkte wie Nordamerika, Südamerika, Europa und Südostasien werden erreicht, lediglich China ist noch ein nicht erschlossener Markt der Firma. Neukunden sind weniger ein Thema, da über 90 % der Abnehmer Stammkunden sind.

Vom Umsatz, der ca. 10 Mio. beträgt, werden zwei Drittel im Ausland erzielt. Im Bereich der Maschinen für die Pharmaindustrie gibt es weltweit nach einer Schätzung etwa 400 Kunden. Die Technologie und das Know-how sind nur auf diese Nische konzentriert, obwohl weitere Anwendungen in der Glasverarbeitung größere Märkte eröffnen könnten. Die Firma konzentriert sich nur auf ihr bisheriges Geschäft.

Als zweite Stufe der Internationalisierung versuchen Unternehmen oft ein gemeinsames Projekt, sei es bei einem Großkunden oder für einen Regierungsauftrag mit einem ausländischen Partner zu realisieren. Eine solche Projektphase kann sich über viele Jahre hinziehen. Beispielhaft sei hier das Unternehmen MAPAL Dr. Kress KG in Aalen/Baden-Württemberg genannt. Viele der heute 21 weitweiten Niederlassungen entstanden aufgrund intensiver Kundenprojekte, die sich dann zu eigenen Zweigniederlassungen oder Firmengründungen entwickelten. Auch können Unternehmen gekauft oder ein Joint Venture mit einem anderen Unternehmen eingegangen werden. Diese Stufen erfordern mehr Expertise über Märkte und Vorgehensweisen.

Ein erfolgreicher Internationalisierungsprozess muss nicht alle in Abb. 4 aufgezeigten Stufen einzeln durchlaufen. Wir konnten bei erfolgreichen Unternehmen feststellen, dass sie oft nur einige dieser Stufen auf ihrem Weg zum internationalen Erfolg zurücklegen (*Hering/Pfoertsch/Wordelmann, 2001*). Oft wechseln Unternehmen von der zweiten auf die 4 oder 5 Stufe, nachdem genügend Grundwissen und Mitarbeiter vorhanden sind, dass ein eigenständiges Unternehmen (whole owned subsiduary) oder ein gemeinsames Unternehmen (Joint Venture) gegründet wird.

Mit zunehmender Internationalisierung nehmen die Auslandsaktivitäten für die Mitarbeiter zwangsläufig zu. Damit entsteht eine größere Komplexität im Unternehmen, die einen höheren Organisationsaufwand und höhere Kompetenzen erfordern. Gleichzeitig geht die Einflussnahme vom Stammhaus zurück und die Notwendigkeit zur Eigensteuerung nimmt zu. Im der folgenden Abbildung werden die einzelnen Stufen vorgestellt (Abb. 4).

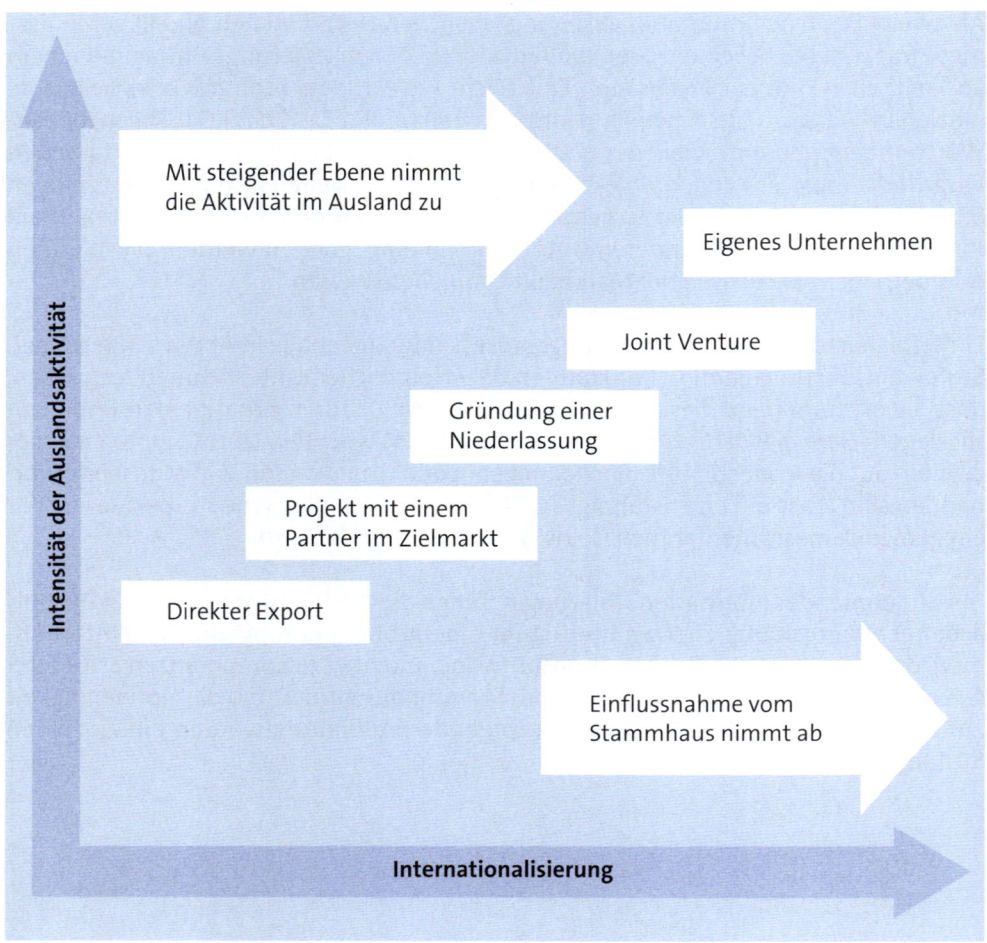

Abb. 4: Prozes der Internationalisierung

Dieser Internationalisierungsprozess der Unternehmen erzeugte grundsätzliche Veränderungen in den einzelnen Märkten und in der Konstellation der Märkte zueinander. *Kenichi Ohmae (1990)* postulierte für die 90er das Entstehen der Triade und veranlasste viele Unternehmen, sich in den großen Märkten Europa, Nordamerika und Japan zu engagieren. Viele große Unternehmen erkannten die Chancen und orientierten ihre Unternehmen an der Triade und entwickelten globale Strategien. Unternehmen wie Caterpillar oder ThyssenKrupp setzten solche globale Strategien um, andere Unternehmen wie die ehemalige DaimlerChrysler AG müssen ihre hochgesteckten Ziele revidieren. Insgesamt gesehen haben die Globalisierungsstrategien der Unternehmen die Globalisierung hervorgerufen. In der Zwischenzeit hat sich die Triade weiterentwickelt, neben den drei großen Triade-Märkten haben sich viele kleine Länder zu großvolumigen Markteinheiten entwickelt und aus der Triade ist heute ein Himmelsgestirn (constellation) geworden.

Dieser Wandel erzeugte zusätzliche Komplexität und erfordert unterschiedliches Agieren auf den verschiedenen Funktionsebenen der Unternehmen. Als ein erfolgreiches deutsches B2B-Unternehmen sei die Firma Trumpf aus Ditzingen bei Stuttgart genannt, die Maschinen für die Blechbearbeitung vermarktet. Sie bediente die Triadestaaten in den 90ern und ist heute in allen bedeuteten regionalen Märkten vertreten. Neben den Elektronikmärkten beliefert sie auch Automobilunternehmen und ihre Zulieferer mit ihren Maschinen. Um die Veränderung in den Märkten zu verdeutlichen, soll in der nächsten Abbildung der Wandel in der Automobilindustrie beispielhaft dargestellt werden. Die angegebenen Stückzahlen beziehen sich auf verkaufte Pkw pro Land/Region und können ansatzweise die notwendigen Maschinen und Teileinvestitionen quantifizieren (Abb. 5).

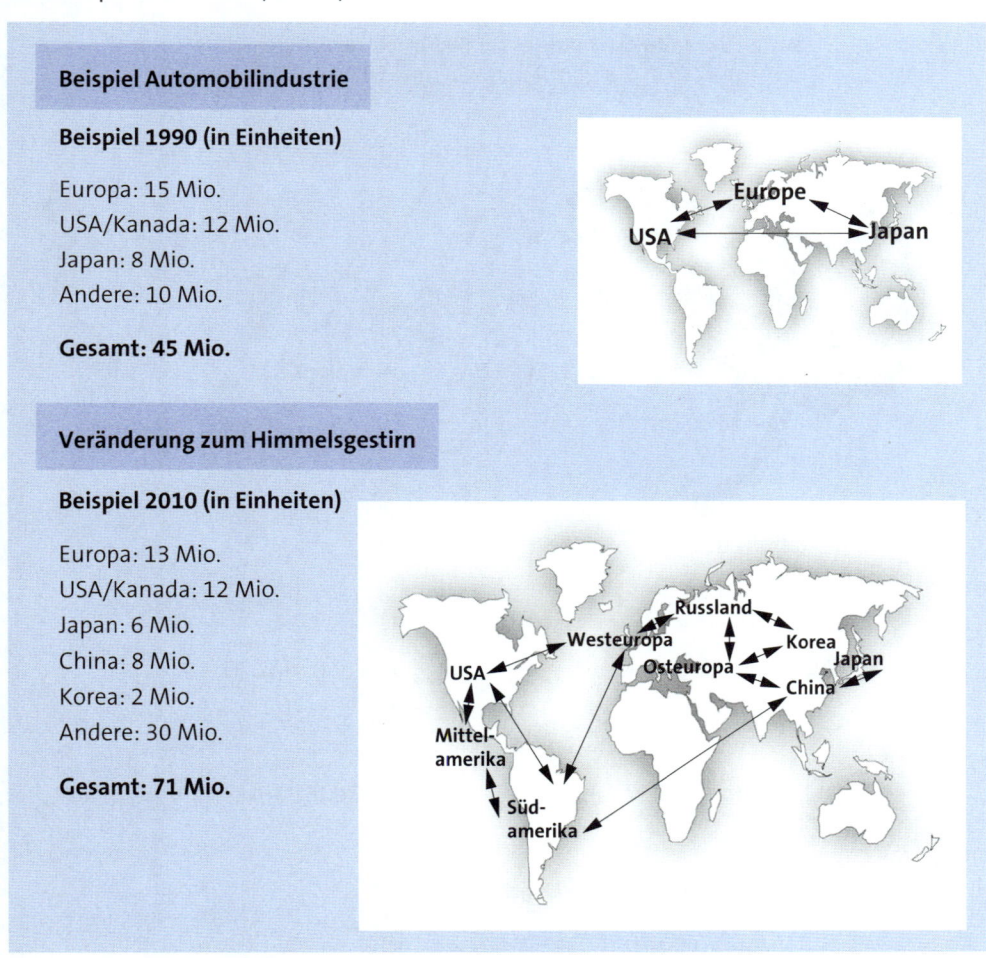

Beispiel Automobilindustrie

Beispiel 1990 (in Einheiten)

Europa: 15 Mio.
USA/Kanada: 12 Mio.
Japan: 8 Mio.
Andere: 10 Mio.

Gesamt: 45 Mio.

Veränderung zum Himmelsgestirn

Beispiel 2010 (in Einheiten)

Europa: 13 Mio.
USA/Kanada: 12 Mio.
Japan: 6 Mio.
China: 8 Mio.
Korea: 2 Mio.
Andere: 30 Mio.

Gesamt: 71 Mio.

Abb. 5: Wandel der Marktkonstellationen am Beispiel Automobilindustrie

Die tatsächlichen Volumen und Dynamiken der Märkte sind recht unterschiedlich, deswegen ist es für B2B-Untenehmen notwendig, sich mit den einzelnen Situationen umfassend vertraut zu machen. Eine interessante Darstellung des Volumens des Industriemarktes Elektro-Einrichtungen soll den Lesern die Größenordnung der einzelnen

Märkte, ausgedrückt in Flächendimensionen, verdeutlichen. Das Gesamtvolumen von 2,49 Billionen Euro wurde umgerechnet auf die Fläche, und zwar jeweils pro Land. Durch diese Darstellung wird deutlich, welchen Anteil welche Märkte am Weltmarkt haben. Die USA und Japan sind deutlich als größte singuläre Märkte zu identifizieren. Wichtig dabei ist anzumerken, dass es sich hier um eine Darstellung bezogen auf einen Stichtag handelt und die jährlichen Wachstumsraten, die für Investitionsentscheidung und zum Steuern der Ressourcen von großer Wichtigkeit sind, nicht dargestellt sind.

Die Konsequenzen für die einzelnen Unternehmen sind nicht einfach abzuschätzen, doch die Zukunft muss erweisen, ob „die guten Unternehmen der Zukunft heimatlos" sein werden.

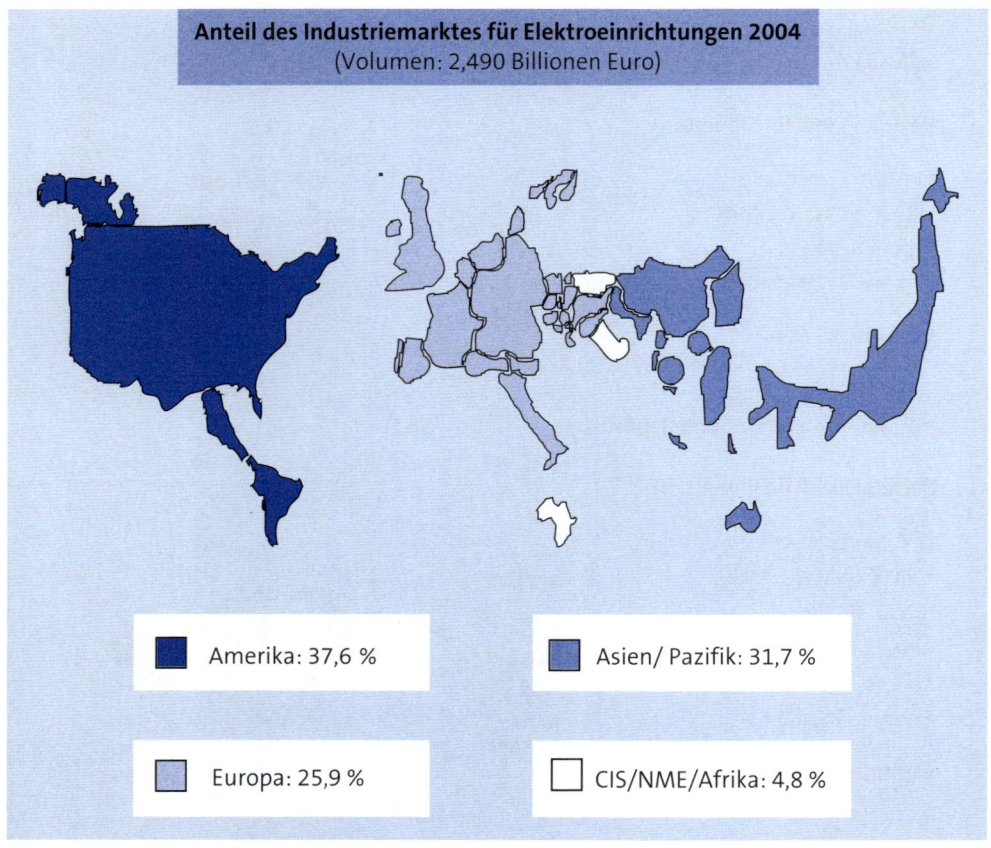

Anteil des Industriemarktes für Elektroeinrichtungen 2004
(Volumen: 2,490 Billionen Euro)

■ Amerika: 37,6 %   ■ Asien/ Pazifik: 31,7 %

■ Europa: 25,9 %   □ CIS/NME/Afrika: 4,8 %

Abb. 6: Situation des Industriemarktes Elektro-Einrichtungen 2004

3. Internationale Marktsegmentierung und Positionierung

Wie in Abschnitt 2. dargestellt, entstehen Marktsegmentierungen durch die Identifikation von Abnehmergruppen, deren Einkaufsverhalten sich von anderen in vielerlei Hinsicht unterscheidet. Auch internationale Märkte können in große und kleine (Nischen-) Segmente unterteilt werden. Die aus dem Konsumgütermarketing bekannten Kriterien zur Einteilung von Segmenten wie geografische, demografische (Leben, Werden, Vergehen menschlicher Bevölkerung) oder zu beobachtendes Käuferverhalten (Preisverhalten, Mediennutzung, Produktwahl) können im B2B-Bereich eher schwerer eingesetzt werden. Hier stehen produktspezifische und prozessgetriebene Kriterien im Vordergrund.

Da die **verschiedenen Segmente** oftmals unterschiedliches Einkaufsverhalten aufweisen, passen die Unternehmen ihren Marketing-Mix oft von Segment zu Segment an. Folglich wird das präzise Design eines Produktes, die Preisstrategie, die Distributionskanäle und die Wahl der Kommunikationsstrategie entsprechend variiert. Das Ziel ist es, den Marketing-Mix an das Einkaufsverhalten der Abnehmer in einem gegebenen Segment optimal anzupassen und dabei die Verkäufe in diesem Segment zu maximieren. Erfolgreiche B2B-Unternehmen haben das bis zur Perfektion optimiert. Mit dem Einsatz von **Preference Maps** (*Schlich/Mc Ewan, 1992*) können Segmente in der Value Chain (Wertschöpfungskette) identifiziert werden und dann optimal bedient werden. (*Vitale/Giglierano/Pförtsch, 2010*). Die zielgenaue Segmentierung ist auch Voraussetzung der Bildung von strategischen Geschäftseinheiten. Strategische Geschäftseinheiten können auf Unternehmensebene, Segmentierungen auf der Ebene einzelner strategischer Geschäftseinheiten konzipiert werden.

Die Festlegung einer **Segmentierung** ist ein kreativer Vorgang und kann nach unterschiedlichen Kriterien erfolgen. Oft entscheidet die adäquate Segmentierung über den Erfolg im Markt. Die Identifizierung der Markt-/Kundensegmente ist Voraussetzung dazu und dient zur Sicherung der Konkurrenzfähigkeit des Unternehmens und damit zur Sicherung der Erlöse. Ein Unternehmen muss ein Wertangebot für seine Zielkunden und Marktsegmente identifizieren und messen. Die Wertangebote in den einzelnen Segmenten sind die treibenden Faktoren für den Erfolg beim Kunden. Ein Unternehmen kann nie 100 Prozent seiner Kunden voll zufriedenstellen. Deshalb ist eine intelligente Segmentierung und Identifikation potenzieller Kunden sehr wichtig. So bietet IBM Software- und Service-Lösungen zur Verwaltung der Wertschöpfungskette und zur Optimierung der Wertschöpfungskette an. Dabei sollen die Betriebskosten gesenkt werden (durch eine Automatisierung der Einkaufs- und Lieferprozesse), die Effizienz erhöht (durch Integration von Verkaufsvorhersagen und Bestandsverwaltung) und die Produktionszyklen verkürzt (durch Aufbau einer bedarfsgesteuerten und flexiblen Lieferkette) werden. Diese Form der Segmentierung mithilfe der Wertschöpfungskette ist ein neuer Ansatz, der in vielen Unternehmen noch nicht bewusst eingesetzt wird. Natürlich verhalten sich Unternehmen intuitiv oft richtig und wenden dieses Prinzip erfolgreich an. Zum ersten Mal haben *Anderson*, *Kumar* und *Narus* 2007 in ihrem Buch „Value Merchants" diesen Zusammenhang umfassend dargestellt und belegt, sodass wir ihn hier für die Internationale Segmentierung dringend empfehlen können (siehe Abb. 7).

Wenn Manager in internationalen Unternehmen Marktsegmente im Ausland festlegen wollen, müssen ihnen auch die folgenden zwei Hauptprobleme klar sein, und sie müssen sie in ihr Managementverhalten einbauen. Es gibt

► Unterschiede in der Struktur von Marktsegmenten zwischen Ländern und

► es existieren Segmente, die nationalen Grenzen überschreiten.

Diese Tatsachen und die konsequente Befolgung der gewählten Segmentierung können zu vielfältigen Konflikten in der Organisation und zwischen den Mitarbeitern führen.

Ein wichtiges Marktsegment in einem fernöstlichen Land vermag zum Beispiel keine Parallele in dem Heimatland des Unternehmens haben – und umgekehrt. Das Unternehmen muss aber jeweils einen **einheitlichen Marketing-Mix** entwickeln, um ein effizientes Beschaffungsverhalten eines bestimmten Segmentes in einem bestimmten Land durchzuhalten.

Ähnliche Konflikte können beim Überschreiten von Ländergrenzen in einzelnen Segmenten entstehen. Dies fordert die Fähigkeit internationaler Unternehmen heraus, die globalen Märkte als eine einzige Einheit zu sehen und eine globale Strategie zu entwickeln. Segmente können jedoch nur nationale Grenzen überschreitend bedient werden, wenn die Abnehmer des Segments einzelne, jedoch auf jeden Fall wichtige Ähnlichkeiten aufweisen.

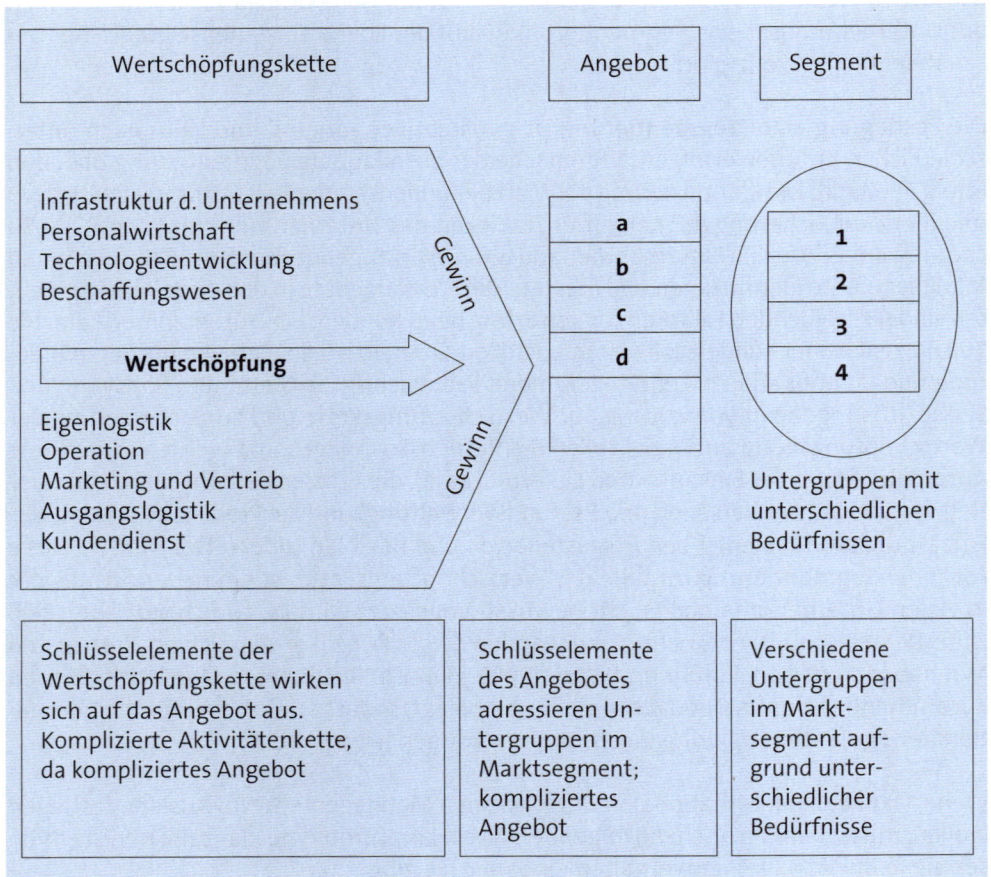

Abb. 7: Segmentierung durch Identifikation von Kundennutzen in der Wertschöpfungskette

Diese Ähnlichkeiten müssen in einem einheitlichen Beschaffungsverhalten enden. Bei Investitionsgütern kommt dieser Aspekt häufiger vor als auf den Konsumgütermärkten. Die Anforderungen an die **Segmentierungskriterien** können wie folgt spezifiziert werden:

► **Relevanz:** Maßgebender Indikator für das zu erwartende Kaufverhalten.

► **Messbarkeit:** Möglicvhkeit der Erhebung der Ausprägungen der Merkmale bei den Käufern.

► **Erreichbarkeit:** Möglichkeit der gezielten Ansprache und Bearbeitung des Segmentes.

► **Substanziell:** Ausreichende Größe und Gewinnpotenzial zur wirtschaftlichen Bearbeitung des Segmentes.

► **Zeitliche Stabilität:** Bestand des Segmentes über den Zeitraum der Planung.

Die Anwendung dieser Segmentierungskriterien ermöglichen eine klare Abgrenzung bis hin zum einzelnen Kunden in den nationalen oder internationalen Märkten. Am Beispiel der **Weidmüller GmbH & Co. KG, Detmold** wollen wir das deutlich machen:

Beispiel

Das Unternehmen entwickelt, produziert und vertreibt Produkte aus dem Bereich der elektrischen Verbindungstechnik sowie der Funktions- und Kommunikationselektronik. Für OEM-Anbieter setzt das Unternehmen weltweit Maßstäbe in Bezug auf Engineering, Beschaffung, Produktion und Logistik kundenspezifischer Lösungen. Es liefert unter anderem Steckverbindungen für die Industrieautomatisierung. Als Unternehmensgruppe ist Weidmüller stark international ausgerichtet und verfügt über eigene Produktionsstätten, Vertriebsgesellschaften und Vertretungen in mehr als 70 Ländern. Höchste Anforderungen an Qualität und Service machen Weidmüller zu einem kompetenten und flexiblen Partner für seine Kunden auf der ganzen Welt. Weidmüller erzielte im Geschäftsjahr 2006 einen Umsatz von 443 Mio. € und beschäftigt derzeit weltweit insgesamt rund 3.000 Mitarbeiter. In 2011 waren es 620 Mio. € und 4400 Mitarbeiter. Bei genauer Analyse der Kundenstrukturen können Schwerpunkte in Deutschland/ Schweiz/Österreich, USA und China/Japan festgestellt werden. In den letzten Jahren verstärkte sich das Engagement in Fernost. Das sind die Standorte der Hersteller für Industrieautomatisierungselektronik. Weidmüller liefert dafür Steckverbindungen in jeder Kombination. Hauptkunden sind Siemens A&D, Allen Bradley, Fanuc, etc. Damit ist das Segment der Hersteller (OEM's) klar identifiziert. Diese Hersteller haben ihre Hauptstandorte und eingespielte Einkaufsprozesse, benötigen regelmäßige fertigungsbezogene große Stückzahlen. Das nächste Segment sind Wartungs- und Serviceabteilungen dieser Hauptkunden, sie brauchen kurzfristig kleine Mengen. Diese Kunden sind die Kunden der Kunden und zwar in unterschiedlichen Industrien und Konzentration. Sie befinden sich weltweit an anderen Standorten (meist Abhängigkeit vom Rohstoff, z. B. Sägewerke in Waldgebieten) mit wieder unterschiedlichen Konzentrationen.

Damit kommen wir zur einer weiteren **Herausforderung der B2B-Unternehmen bei der Segmentierung:** Auf welche Segmente sollen sie sich konzentrieren? Sollen sie sich auf Großkunden oder Anwendungen einlassen? Meist gibt es kein entweder-oder, sondern ein sowohl-als-auch. Aber dennoch steht die große Frage der Allokation der Ressourcen im Raum und damit die Frage nach der **Positionierung**: Wofür steht das Unternehmen und seine Produkte? Positionierung wird somit verstanden als: *„to ensure that the main differences between the focal product and its competitors occupy a distinct position in the minds of customers"* (Lilien/Rangaswamy/De Bruy, 2007).

Beispiel

Beispielhaft sei hier die Aktion im Business-to-Business-Bereich von BT (British Telecom) aufgezeigt, die ihre Position als globaler Anbieter von IT- und Netzwerkdiensten ausbauen will. Neben dem bisherigen Geschäft, der Vermittlung von Telefonaten über das Festnetz, das im Wesentlich auf Großbritannien und die Commonwealth-Staaten begrenzt ist, hat BT den Bereich BT Global Services in den letzten Jahren neu aufgebaut. BT Global Services unterstützt das Outsourcing von IT-Bereichen, installiert die Telekommunikationsinfrastruktur für Unternehmen und Organisationen etc. Nach dem Aufbau seines Produktspektrums hat BT Global Services die Kommunikation mit der Zielgruppe verstärkt. Mit einer B2B-Kampagne und dem Sponsoring von namhaften Veranstaltungen (World Economic Forum) verfolgt BT das Ziel, sich im Geschäftsumfeld gegen Unternehmen wie IBM, Accenture, HP und den anderen Telekommunikationsanbietern zu positionieren. Hier kann BT bereits auf bedeutende Vertragsabschlüsse für IT- und Netzwerk-Services mit Kunden wie Unilever, der Abbey-Bank, dem National Health Service (NHS) und National Air Traffic Control Services (GB) verweisen. Durch die aktive Kundenansprache und die Promotion-Kampagne soll das Bewusstsein für BTs Kompetenz auf diesem Gebiet bei den relevanten Entscheidungsträgern in Unternehmen und öffentlichen Einrichtungen verstärkt werden. Das Produktangebot wurde entsprechend aufgegliedert und die Mitarbeiter vorab geschult. Seit 2007 hat BT einen zweistelligen Marktanteil erworben.

Der nächste konzeptionell notwendige Schritt für Unternehmen ist das **Targeting**, d. h. die Auswahl des Zielmarktes und die zielgerichtete Aktion im Marketing-Mix. Ein ausgewählter Zielmarkt (target market) ist jener Markt (Gesamtmarkt, Segment, Nische ...), den ein Unternehmen bearbeiten möchte, wie etwa die Industrieautomatisierungshersteller bei Weidmüller oder die Banken bei BT. Bei der Auswahl spielen einerseits die Attraktivität des Segments und andererseits die Ziele und Kompetenzen des Unternehmens eine Rolle. Unter Einbeziehung der internationalen Dimensionen kann dies ein sehr komplexer Zusammenhang sein, der vom Management verstanden und konsequent umgesetzt werden muss.

Prinzipiell haben die Unternehmen die Wahl zwischen:

► **Einzelsegmentmarketing, konzentriertes Marketing (single-segment concentration, concentrated marketing):** Auswahl eines Zielmarktes, dies ist oft bei kleineren und familiengeführten Unternehmen zu finden, bei der Expansion konzentrieren sie sich oft auf viele Einzelsegmente.

► **Selektive Spezialisierung (selective specialization):** Unterschiedliche Produkte für mehrere Zielmärkte, dieses Vorgehen erfordert ein umfassendes Wissen über die einzelnen Zielmärkte und bedarf der kontinuierlichen Anpassung der Produkte an die Zielmärkte.

► **Produktspezialisierung (product specialization):** Einheitliches Produkt für verschiedene Zielmärkte, meist verwendet am Anfang der Internationalisierung. Solange Märkte nicht entwickelt sind, sind einheitliche Produktangebote absetzbar.

► **Marktspezialisierung (market specialization):** Unterschiedliche Produkte für den gleichen Zielmarkt, bei Konzentration auf den Heimatmarkt ist dies ein gängiges Konzept, bei der Bedienung von mehreren Ländern führt dies zu einer enormen Produktkomplexität.

► **Volle Marktabdeckung (full market coverage):** Alle Produkte für alle Zielmärkte; eine anspruchsvolle Herausforderung.

4. Anforderungen an internationale Produkteigenschaften

Ein Produkt kann als Bündel von Attributen betrachtet werden. Zum Beispiel können die Ausprägungen von Attributen wie Wirtschaftlichkeit, Design, Qualität, Leistung oder Komfort die Produkteigenschaften einer speziellen Automarke ausmachen. Bei einem Business-Hotel wären es Produkteigenschaften wie Erreichbarkeit, Ausstattung für Konferenzen und Tagungen, Atmosphäre, Qualität, Komfort oder Service. Konsumenten und industrielle Produkte verkaufen sich weltweit, wenn ihre Attribute den Bedürfnissen der Abnehmer entsprechen, sowie der Preis adäquat ist. Bedürfnisse variieren jedoch von Land zu Land in Abhängigkeit der Kultur und dem Niveau der wirtschaftlichen Entwicklung. Die Möglichkeit der Unternehmen, ein und dasselbe Produkt weltweit zu verkaufen, wird weiterhin dadurch behindert, dass in vielen Ländern die Produktstandards und regulatorischen Bedingungen unterschiedlich sind. Konzentrierte Globalisierungsstrategien haben dies als oberstes Ziel, aber bis dahin ist oft ein weiter Weg speziell für kleine und mittlere Unternehmen.

4.1 Kulturelle Unterschiede

Länder unterscheiden sich in einer Reihe von Aspekten, inklusive der sozialen Struktur, Sprache, Religion und historischer Situation. Diese Unterschiede haben enorme Folgen für Marketingstrategien auch im Business-to-Business. Der wohl wichtigste Aspekt von kulturellen Unterschieden ist die Bedeutung von Traditionen in einem Land. Situationen können sich ändern und dann entstehen neue Märkte. China mit seinem großen Hunger nach Konsumgütern und dem starken Bedürfnis, die Infrastruktur entsprechend zur Verfügung zu stellen, ist dafür ein aktuelles Beispiel. Verantwortlich sind dafür im Wesentlichen die staatlichen Planungsbehörden und die SOEs (State Owned Enterprises). In diesem chinesischen Umfeld haben B2B-Unternehmen die Notwendigkeit, ihre Kundenbeziehungen auf der Basis von Guanxi (gemeinsam) aufzubauen. In den aufstrebenden islamischen Staaten wie Iran und Pakistan ist das gute Verständnis des religiösen, politischen Beziehungsgeflechtes hilfreich (siehe auch *Yeung/Xiu/Pförtsch/Liu, 2011*).

Auch wenn es gerade im Lebensmittelbereich oder bei den Textilien in der Konsumgüterbranche einige Annäherungen in Geschmack und Präferenzen zwischen den Ländern gibt, ist dies jedoch eher die Ausnahme hinsichtlich aller Märkte weltweit. Die weltweite individuelle Anpassung von Industriegütern und Dienstleistungen ist eine Selbstverständlichkeit, doch das Anpassen von Bedienungsanleitungen, Warnschildern, Softwareprogrammen etc. an die landesspezifischen Besonderheiten sollte hier speziell hervorgehoben werden. Die Farbe Rot bedeutet in China etwas Positives, und negative Botschaften, etwa an der Börse, werden grün angezeigt.

Die Notwendigkeit sich anzupassen ist kein Muss für den Geschäftserfolg, speziell im Premium-Segment gelingt es einigen Herstellern sich erfolgreich zu behaupten.

Beispiel

Beispielhaft sei hier nur SCANIA, der schwedische Nutzfahrzeuganbieter, genannt. Er bietet seine LKW-Qualitätsprodukte weitweit ohne Modifikationen in ca. 100 Länder an. In den USA und Kanada sind sie nicht vertreten, da ihre Produkte den lokalen Anforderungen und Standards nicht entsprechen. Im Bereich Busse arbeiten sie mit lokalen Aufbauherstellern zusammen, die die Busse den nationalen Bedürfnissen anpassen.

4.2 Produkt- und technische Standards

Das Abnehmerverhalten war bisher durch den Stand der wirtschaftlichen Entwicklung geprägt und beeinflusst. Unternehmen in hochentwickelten Ländern, wie z. B. den USA, tendieren dazu, eine Menge Extras an Produktattributen zu entwickeln und anzubieten. Diese Attribute werden jedoch in den weniger entwickelten Ländern meist nicht nachgefragt, da hier die Präferenz des Beschaffungsverhaltens bei Basisprodukten und deren Langlebigkeit liegt. In jüngster Zeit hat sich dieses Verhalten geändert, und für Industriegüter trifft das nur beschränkt zu. Hochleistungswasserturbinen werden nach Brasilien und Afrika geliefert, und die Chinesen bestellen hoch entwickelte Produktionsanlagen.

Des Weiteren sind Abnehmer in hoch entwickelten Ländern oftmals nicht gewillt ihre präferierten Produkte gegen Produkte mit niedrigeren Preisen einzutauschen. Diese Abnehmer zahlen lieber mehr, um entsprechende zusätzliche Leistungen und Attribute, welche an ihren Geschmack angepasst sind, zu erhalten. In den sich entwickelnden Ländern sind die Märkte gespalten, etwa in einen Markt für Luxusgüter für die Expatriates sowie die Wohlhabenden und den lokalen Markt. Diese Situation kann auch für Industriegüter zutreffen. Wichtiger sind jedoch die Notwendigkeiten für die Anpassung an Produktstandards.

Die Vorgaben der staatlichen Kontrollorgane halten immer noch die nationalen Standards hoch.

Beispiel

Zum Beispiel hat Japan die Anwenderspannung von 110 Volt, jedoch zwei unterschiedliche Frequenzbereiche: 50 Hertz in Ost-Japan einschließlich Tokio und 60 Hertz an der Westseite und im Landesinnern.

Für Industrieprodukte ist speziell wichtig, nach welchen regulatorischen Bedingungen Produkte ausgerichtet werden müssen.

Beispiel

So sind die deutschen VDE-Normen (Verein Deutscher Elektroingenieure) den US-amerikanischen UL-Standards (Underwriter Laboratories) weit überlegen, weil diese bereits in den 20er- und 30er-Jahren des letzten Jahrhunderts festgelegt wurden. Aber dennoch müssen die Produktangebote in den USA von ULs abgenommen werden.

Spezielle Regelungen der nationalen Regierungen können Massenproduktion und Marketing von standardisierten Produkten behindern. Aber auch Unterschiede bei technischen Standards können die Globalisierung der Märkte einschränken. Manche dieser Unterschiede resultieren eher aus historisch bedingten Entscheidungen als aus Regierungstätigkeiten. Ihre Langzeiteffekte sind jedoch enorm, und Unternehmen müssen ihr Verhalten danach ausrichten. In China wird die Missachtung nationaler Standards gerne als Anlass genommen, internationale Wettbewerber einzuschränken. Normen hingegen sind technische Spezifikationen, die von anerkannten Normungsgremien wie DIN, DKE, CEN, CENELEC, ETSI, ISO und IEC entwickelt und beschlossen wurden. Normen und Standards schaffen die Voraussetzung für effiziente technische und wirtschaftliche Lösungen, damit u. a. Produkte unterschiedlicher Hersteller im Verbund miteinander funktionieren, elektrische und elektronische Geräte störungsfrei nebeneinander arbeiten. Es sollen Verletzungen und Schäden sicher abgewendet werden (elektrischer Schlag, Brände, Gefahren durch Hitze, Strahlung, chemische Substanzen, mechanische Verletzungen), IT-Produkte informationssicher und vertrauenswürdig gestaltet werden. Damit wird die Qualitätssicherung einheitlich und vergleichbar.

Standards und genormte Verfahren beschleunigen die Einführung gleichartiger Produkte von unterschiedlichen Herstellern. Normen und Standards dienen der Rationalisierung. Sie sind nicht nur ein Qualitätsmerkmal oder eine Schutzfunktion. Sie helfen Geld sparen und schützen getätigte Investitionen. Sie bringen einen Gewinn für alle Beteiligten in der Wirtschaft, in der Verwaltung und im privaten Haushalt und unterstützen die Internationalisierung, soweit sie nicht durch staatliche Richtlinien beschränkt werden.

5. Internationale Distributionsstrategie

Die Distributionsstrategie ist ein weiteres kritisches Element jedes Marketing-Mixes. Im internationalen Marketing von Business-to-Business-Unternehmen kommen hier zum bisher Bekannten noch weitere Dimensionen an Herausforderungen hinzu. Die Abb. 8 stellt ein idealtypisches Distributionssystem vor, welches Großhändler und Einzelhändler beinhaltet.

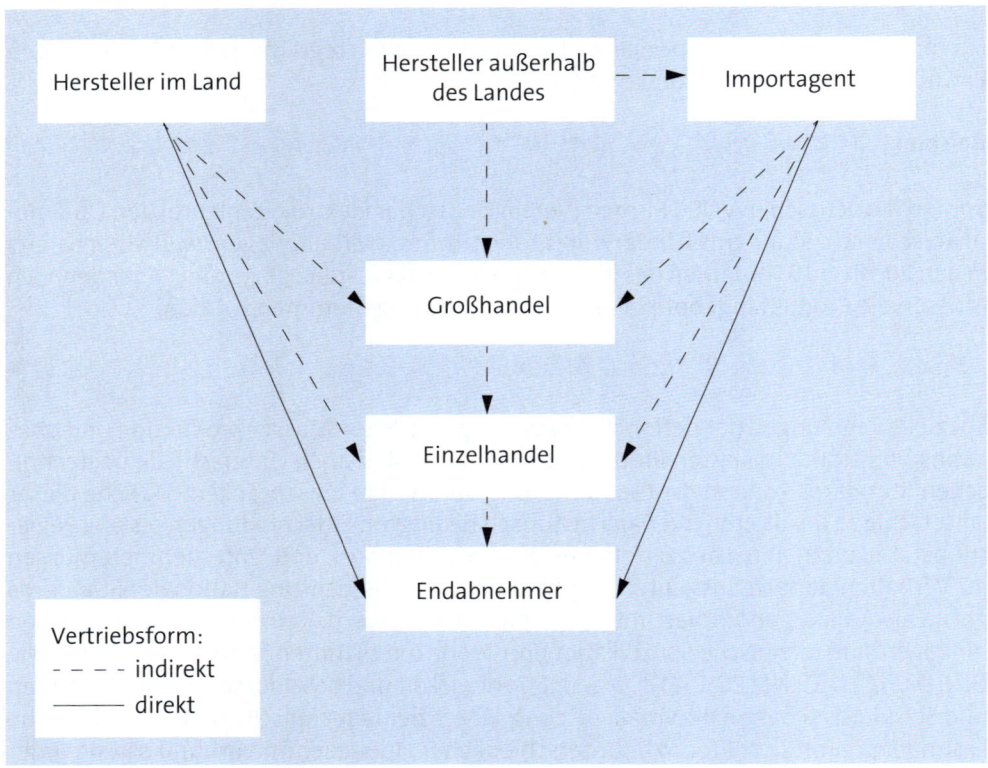

Abb. 8: Idealtypisches Distributionssystem für ein Land

Zwei Ausgangspunkte sind möglich. Wenn das Unternehmen im Zielland produziert, kann es direkt an Endabnehmer, Großhändler oder Einzelhändler im Land verkaufen. Das Gleiche gilt für Unternehmen, die außerhalb des Ziellandes produzieren, nur dass sie die zusätzliche Möglichkeit haben, ihre Produkte an einen Importagenten zu verkaufen, welcher wiederum mit den Großhändlern bzw. Einzelhändlern verhandelt.

Die Bedingungen für die Wahl der Distributionsstrategie sind sowohl von unternehmensspezifischen als auch von Landessituationen und dem Wettbewerb abhängig. So war z. B. Mercedes-Benz Nutzfahrzeuge in den 80er-Jahren des letzten Jahrhunderts gezwungen, in Brasilien eigene Fertigungen aufzubauen, um den „local content"-Anforderungen zu entsprechen. In Argentinien, Bolivien und den anderen kleinen südamerikanischen Ländern etablierten sie Agenten. In China waren und sind JV für strategische Industriezweige wie Automobil, Luftfahrt, Chemie etc. erforderlich.

Die Vorteilhaftigkeit eines Vertriebskanals muss langfristig, für einen Zeitraum von 10 bis 20 Jahren im Sinne des Produktlebenszyklusmodells gesehen werden. Denn die Agenten von Mercedes-Benz waren jüngst nicht bereit, ihren Einfluss aufzugeben, als das Unternehmen entschied, eigene Verkaufsniederlassungen zu gründen. Dabei sollten möglichst auch landesspezifische Entwicklungsveränderungen antizipiert werden. Oft ist das nicht möglich oder kann auch aufgrund individueller Zielsetzungen nicht realisiert werden. Der kurze Vertriebsweg, d. h. der Direktvertrieb ist nicht immer möglich und kann auch in unterschiedlichen Formen der Anwendung gesehen werden. Auch ist er stark von technologischen Bedingungen und Möglichkeiten wie Internet, Electronic Data Interchange (EDI) etc. abhängig.

Direkter Marktzugang über den direkten Verkauf, die klassische Form des B2B-Marktkanals in Deutschland, ist im internationalen Geschäft meist nur schwer möglich. Die Größe der Märkte, wie etwa in Nordamerika, bedarf der Unterstützung durch **Distributoren**. Viele Unternehmen haben das sehr spät erkannt und viel Lehrgeld beim Markteintritt speziell in den großen monolithischen US-Markt bezahlt. Der Markt in Japan hat andere Spielregeln zu beachten, hier ist Kundenservice und mehrstufige Vertriebswege ein wesentliches Differenzierungsmerkmal, das durch japanische Unternehmen über viele Jahre verfeinert wurde und von ausländischen Unternehmen dann auch gefordert wird. In China ist die Einführung über vertraute Mittelsmänner eine wichtige Möglichkeit in den Markt und mit den potenziellen Kunden in Kontakt zu kommen. Der sprichwörtliche **Guanxi** ist notwendig. Wer es nicht hat, muss teuer dafür bezahlen.

Zu diesen landesspezifischen Besonderheiten kommt noch hinzu, dass die anfänglichen Markteinstiegskosten sehr hoch sind, deswegen müssen die Bedingungen der indirekten Vertriebswege verstanden und Bedingungen für ihren Einsatz überprüft werden. Für den indirekten Vertriebsweg sind international weitere wichtige Aspekte wie nationales Recht zu beachten.

5.1 Unterschiede zwischen Ländern

Die wesentlichen vier Hauptunterschiede der indirekten Distributionssysteme sind die Dichte des Handels, die Kanallänge, die Exklusivität der Kanäle und ihre Qualität. Diese werden im Folgenden näher erläutert.

Dichte der Distributoren

In manchen Ländern ist das Handelssystem sehr dicht, in anderen verstreut. In dichten Systemen versorgen weniger Händler den Markt. Bei fragmentierten Systemen gibt es jedoch viele Händler und keiner hat einen bedeutenden Marktanteil. Viele Unterschiede wurzeln in der Tradition und Geschichte eines Landes. Beispielsweise in den USA hat die Wichtigkeit der Energieversorgung und die erst jungen städtische Gebiete zu einer konzentrierten und dichten Distributionsstruktur geführt. In Japan dagegen, wo die Einwohnerdichte wesentlich höher ist, sind städtische Gebiete in den alten Städten nach dem zweiten Weltkrieg rasch herangewachsen. Somit hat sich dort ein fragmentiertes System mit vielen kleinen Geschäften gebildet, die gut zu Fuß zu erreichen sind. Hinzu kommt, dass z. B. in Japan kleine Händler durch das Rechtssystem geschützt werden. Generell ist in entwickelten Länder eine Neigung zu dichteren Strukturen zu beobachten.

Länge des Distributionskanals

Die Länge eines Distributionskanals bezieht sich auf die Anzahl der Zwischenstufen zwischen Produzent und Endabnehmer. Die Wahl der Unternehmen für einen langen oder kurzen Kanal ist Teil von strategischen Entscheidungen. Die wichtigste Bestimmungsgröße zur Auswahl ist das vorhandene Distributionsnetz. Ist dieses fragmentiert, tendieren Unternehmen zu längeren Kanälen, da es einfacher und auch günstiger ist, den Großhandel zwischenzuschalten. Ist das Einzelhandelssystem jedoch sehr dicht, braucht man nur geringen Vertriebsaufwand und die angeforderten Mengen bzw. der Umfang einzelner Bestellungen kann sehr groß sein.

Anders als im Endkonsumentengeschäft ist es bei B2B wesentlich, ob ein neuer Marktteilnehmer ein Produkt/eine Technologie verdrängen will oder ein neues Verfahren bzw. eine neue Technologie einführt. Sollen Mitbewerber verdrängt werden, ist zu beachten, dass durch die Langlebigkeit von B2B-Produkten immer eine installierte Basis vorhanden ist. Deswegen müssen als erstes die Distributoren überzeugt werden, das neue Produkt ihren Kunden anzubieten. Bei einer neuen Technologie ist die Kundenentscheidung vorrangiger, und die Distributoren brauchen einen guten Grund, auch diese Produkte zu führen.

Die rasche Entwicklung des Internets in den letzten Jahren hat dazu beigetragen, die Distributionskanäle zu verkürzen. Viele internationale Unternehmen, die in einem anderen Land Fuß fassen möchten, bieten Abnehmern die Möglichkeit, ihre Unternehmenswebsite in der jeweiligen Landessprache und den landesspezifischen Anpassungen zu lesen. Nichtsdestotrotz sind gerade im Business-to-Business-Bereich auch weiterhin ausführliche Beratungen und individuelle Zusammenstellungen von Nöten. Das Internet fördert jedoch die Aufmerksamkeit von Abnehmern – auch oder sogar gerade – für ausländische Unternehmen.

Exklusivität des Distributionskanals

Wenn ein Distributionskanal exklusiv ist, ist es sehr schwer für Outsider, in diesem Fuß fassen zu können. Auch die Exklusivität variiert von Land zu Land. Japan wird z. B. als Muster eines exklusiven Systems vorgestellt, denn dort dauern die Beziehungen zwischen Produzent, Händlern und auch Einzelhändlern oft schon Jahrzehnte lang an. Viele dieser Beziehungen basieren auf der unausgesprochenen Absprache, dass die Distributoren keine Produkte von Konkurrenten führen. Im Gegenzug wird den Distributoren eine attraktive Handelsspanne gewährt. Trotzdem ist es nicht unmöglich, auch in solche exklusive Kanäle einzudringen.

Beispiele

► Als Beispiel sei hier die Firma Caterpillar genannt, die durch ein JV mit Mitsubishi Heavy Construction die Möglichkeit bekam, eine flächendeckende Marktabdeckung in Japan zu erreichen.

▶ Der Automobilzulieferer Robert Bosch GmbH entschloss sich, seinen Aftermarket Service weltweit exklusiv zu gestalten und verzichtete seit 2005 darauf, andere Automobilwerkstätten direkt zu beliefern. Aufgrund der Produktbreite gab es Anfangsschwierigkeiten, in der Zwischenzeit sind die Bosch Car Service sehr erfolgreich.

Qualität des Distributionskanals

Qualität verweist auf Expertise, Kompetenz und Geschicklichkeit eines Unternehmens in einem Land, sowie seine Fähigkeit, die Produkte internationaler Unternehmen zu verkaufen und zu unterstützen. Die Qualität ist in den meisten entwickelten Nationen oft sehr gut, jedoch fehlt es in entstehenden Märkten und weniger entwickelten Nationen an qualitativ guten Kanälen. Bei Letzterem können die internationalen Unternehmen die Qualität fördern, indem sie sich möglichen Verbesserungen widmen. So können z. B. umfangreiche Ausbildungen und Unterstützung für bereits existierende Händler angeboten werden.

Weitere Unterschiede im Vertriebskanal kommen ständig hinzu, etwa bedingt durch die unterschiedliche Verbreitung von Kommunikationstechnologien.

Beispiel

So hat z. B. in Korea die Kommunikation über soziale Netzwerkangebote auch die Vermarktung von Industriegütern erreicht. Gegenwärtig betrifft das im Wesentlichen noch die jüngeren Mitarbeiter, aber erste Tendenzen für eine generelle Akzeptanz sind sichtbar.

5.2 Wahl der Distributionsstrategie

Welchen Kanal sollte ein Unternehmen international wählen? Sollte es sich dafür entscheiden, direkt zu verkaufen oder eher indirekt über Distributoren? Sollte das Unternehmen einen Großhändler einschalten oder doch einen Importagenten? Oder wäre ein eigener Kanal am sinnvollsten? Wie werden die Aktionen weltweit koordiniert?

Die optimale Strategie kann durch die relativen Kosten und Gewinne der jeweiligen Alternative ermittelt werden. Jedoch variieren auch diese von Land zu Land, in Abhängigkeit der oben dargestellten Faktoren. Daher müssen international agierende Unternehmen dies bei ihrer Wahl beachten.

Da jede Zwischenstufe bzw. jeder Zwischenhändler seinen eigenen Preisaufschlag addiert, tendieren längere Kanäle generell zu höheren Endabnehmerpreisen, oder aber die Marge des Herstellers leidet unter der Kanallänge. Daher neigen viele Unternehmen dazu, die Distributionskanäle möglichst kurz zu halten.

Allerdings kann dies nicht verallgemeinert werden, wie man im vorigen Abschnitt „Länge des Distributionskanals" gesehen hat. In sehr fragmentierten Regionen macht es für internationale Unternehmen Sinn, längere Kanäle zu nutzen und dann gegebenenfalls die Distributionsstrategie wieder zu ändern. Wie anfänglich dargestellt, ist die langfristige Betrachtung der Strategiewahl und deren Exekution von herausragender Bedeutung. Die Siemens AG hatte in den frühen 80er-Jahren versucht, den US-amerikanischen Markt, vergleichbar wie in Deutschland, direkt zu bedienen und musste schmerzhaft feststellen, dass dies nur mithilfe von Distributoren und Veredlern (Value Added Reseller, VAR) zu bewältigen war.

Beispiele

► Heute hat Siemens in den USA ein Duales System, in dem Direktvertrieb und Vertrieb über Distributoren mit starker Unterstützung aus der Landesgesellschaft und dem Stammhaus zum Erfolg führen konnten. In der Zwischenzeit wurden unterschiedliche Unternehmenszukäufe getätigt und die Vertriebssysteme dieser Unternehmen in die bestehenden Vertriebe integriert, sodass Siemens in seinem Kerngebiet der elektrischen Komponenten und der Automatisierung zum Marktführer aufgestiegen ist.

► Ein erfolgreiches mittelständisches Unternehmen, das seinen eigenen Weg in dem schwierigen US-amerikanischen Markt von Ost nach West gefunden hat, ist Würth – der Schraubenspezialist. 1969 hatte die Firma, die sich in den USA WURTH USA nennt, mit zwei Personen anfangen. Heute hat sie 450 eigene Verkäufer und 5 Distributionszentren, mit denen 40.000 Kunden betreut werden. Stolz berichtet die Geschäftsleitung heute, dass 98,5 % aller Bestellungen innerhalb von 24 Stunden geliefert werden. Ein erstaunlicher Erfolg, der aber erst nach ca. 40 Jahren und mit viel Aufwand möglich wurde.

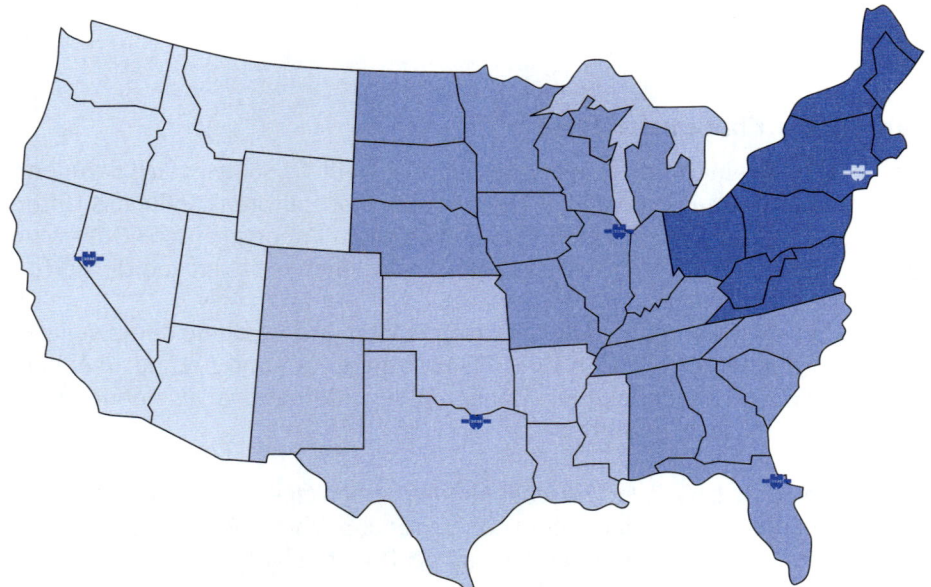

Abb. 9: Verteilung der Distributionszentren für WURTH USA

Ähnlich schwierige Marktbedingungen finden wir heute in China und Indien vor. Anders als in den USA, wo deutsche Unternehmen einen bereits etablierten Markt vorfanden, ist in den großen „emerging markets" noch alles im Aufbau begriffen, Märkte und Marktbedingungen werden neu geschaffen. In China übt die Planungswirtschaft einen großen Einfluss auf die Neuinvestition aus, wogegen in Indien regionale Regierungen und kommunale Entscheidungen den Markteintritt stark beeinflussen. Russland und Brasilien sind die anderen großen Märkte der BRIC-Staaten (Brasilien, Russland, Indien und China), die neue Möglichkeiten für deutsche Unternehmen eröffnen. Zu den letztgenannten Ländern bestehen meist schon Wirtschaftsbeziehungen, aber der gegenwärtige Wachstumsschub eröffnet völlig neue Perspektiven. In der Vergangenheit hatten diese Staaten schon mehrfach große Hoffnungen geweckt, leider wurden diese von politischen Entwicklungen wieder zunichte gemacht.

6. Internationale Kommunikationsstrategien

Ein weiteres kritisches Element des Marketing-Mixes ist, wie die Attribute des Produktes am besten zum Kunden kommuniziert werden. Dies betrifft speziell die Anforderungen an den Auftritt des Gesamtunternehmens und das Ausmaß der landesspezifischen Kommunikation. Die bestehenden und potenziellen Kunden müssen über das Produkt- und Serviceangebote informiert werden. Dazu gibt es unterschiedliche Möglichkeiten, die von Bussiness-to-Business-Firmen unterschiedlich genutzt werden.

Anders als im Konsumgüterbereich sind im internationalen Vertrieb die Möglichkeiten für eine effektive Marketingkommunikation durch die unterschiedlichen Landessprachen, die Entfernungen zum Heimatmarkt und sehr oft auch ein reduziertes Kommunikations-Budget stark eingeschränkt. Langfristige Kundenbeziehungen und Mundpropaganda ersetzen zum Teil den Aufwand für externe Marketingkommunikation. Typischerweise gibt ein B2B-Unternehmen 0,5 % bis 3 % vom Umsatz für Marketingkommunikation aus. In Phasen der starken internationalen Expansion kann dieser Betrag auch größer sein, aber 1,5 % sind ein guter Anhaltpunkt für die Metall verarbeitende Industrie. In diesen Schätzungen sind die Kosten für das eigene Vertriebsteam nicht eingeschlossen. Die Vergleichszahl für Konsumgüterunternehmen beträgt durchschnittlich 10 % vom Umsatz.

Sind charismatische Unternehmensgründer oder Führungskräfte in die Vermarktung von Industriegütern eingeschlossen, dann wird oft auf eine professionelle Kommunikation verzichtet. Im internationalen Geschäft ist das meist nicht möglich, weil die zeitliche Verfügbarkeit des Managements oder die Verbreitungsgeschwindigkeit der persönlich überbrachten Information der limitierende Faktor ist. Beispielhaft soll hier der Industriebereich „Druckvorstufe für Verpackungen" genannt werden. Die Industrie wird in Europa durch Familienunternehmen bestimmt. Um in den asiatischen Markt einzusteigen, können die Unternehmen mit ihren bestehenden Kunden in diese Länder gehen oder ihre Produktangebote professionell an Neukunden kommunizieren. Wenn die Unternehmen professionell externe Marketingkommunikation in Europa bisher nicht gemacht haben, dann sind die Einstiegskosten dazu und der Markteinstieg in Asien sehr kostenaufwändig. Die Firma Janoschka + Co. GmbH hat diesen Weg im Bereich Dekor gewählt. Die Firma Schatt Decor GmbH dagegen nutzt das ganze Spektrum der vorhandenen Marketingkommunikation und hat eine nach wenigen Jahren dominierende Position in China erringen können.

Je nach Industrie sind in Deutschland folgende Marketingkommunikationen von Wichtigkeit für das internationale Geschäft:

1. Messebeteiligung
2. Public Relations (PR) und Investor Relations (IR)
3. Broschüren, Kataloge
4. Druckanzeigen, Radio und TV-Spots
5. Internet
6. Call Center
7. andere.

Je nach Anzahl der marktteilnehmenden Unternehmen sind Messen von großer Bedeutung. Je vielfältiger und umfangreicher die Zahl, umso besser lassen sich die Entscheider und Informanten auf Messen konzentrieren. So hat die Baugeräteindustrie die alle 3 Jahre stattfindende Messe BAUMA. Hier kommen bis zu 500.000 Besucher aus 190 Ländern für bis zu 5 Tage nach München und informieren sich über die neuesten Entwicklungen. Die Teilnahme für die Firmen dieser Industrien ist absolut notwendig. Circa 3.300 Aussteller (2007: 3.000) präsentierten ihre Produkte und Leistungen in München 2010.

Der gegenwärtige Trend für solche Messe-Veranstaltungen ist die Fokussierung auf Spezial- oder firmenspezifische Messen.

Beispiele

So bietet z. B. die oberfränkische Möbelindustrie in einer Woche im Oktober Interessenten aus dem In- und Ausland mit zunehmendem Erfolg an, in ihre Firmen zu kommen und ihre Produkt- und Serviceangebote in Hausmessen kennen zu lernen. In der Automobilindustrie finden solche Messen sowohl bei den Zulieferern oder auch bei den OEMs statt.

Je nach Industrie kann der Aufwand für die Messe zwischen 30 % und 50 % der gesamten Messekommunikation liegen.

Auch der Bereich von PR und IR wird immer wesentlicher. Industrieunternehmen, die diese Instrumente beherrschen, können auch die Informationsversorgung der bestehenden und potenziellen Kunden beherrschen. Dazu ist es notwendig, eine langfristige Beziehung mit den Beteiligten der Pressearbeit aufzubauen. Nach dem Prinzip „schlechte Nachrichten sind gute Nachrichten" sind Journalisten natürlich mehr an den Katastrophenmeldungen aus den Unternehmen als an den guten Zahlen interessiert. Wenn jedoch eine langfristige Beziehung besteht, können auch schwierige Zeiten gemeistert werden. Das gilt nicht nur für Deutschland, sondern weltweit. Natürlich sind die Spielregeln anders, aber wenn zum Beispiel in China beachtet wird, dass Journalisten einen Fahrtkostenzuschuss erhalten, die Unternehmensnachricht den Richtlinien der Kommunistischen Partei entspricht und die Planungsziele besser erreicht werden können, dann besteht auch berechtigte Hoffung, dass die Nachricht über einen neuen Service Center in der Fach- oder auch der Tagespresse erscheint. Die Bandbreite der vorzufindenden Ausgaben ist sehr breit, einige Unternehmen geben nur 1 % vom Kommunikations-Budget aus, andere dagegen um die 10 %.

Broschüren und Kataloge sind für einzelne Industrien (Elektro, Elektronik etc.) besonders wichtig. Die physisch gedruckten Exemplare sind oft durch ihre Größe dominierende Attribute in jedem Einkaufsbüro. Durch Cross-Media-Publisher kann die Konsistenz für Internet, CD und andere Medien sichergestellt und der direkte Online-Einkauf gefördert werden. Die Online-Medien sind dem Gedruckten in vielfältiger Hinsicht überlegen. Der Internetauftritt kann kontinuierlich auf dem neuesten Stand gehalten werden, die Darstellung kann in bester Farbqualität und – wenn nötig – in dreidimensional ausgeführt und es kann der Übergang zum Direktkauf über einen Onlineshop ermöglicht werden. Trotzdem wird oft der Katalog gefordert, als haptisches Erlebnis, als ultimative Bestätigung der Existenz des Unternehmens. In den letzten fünf Jahren hat sich der Anteil der Kosten für gedrucktes Material dramatisch reduziert, zur gleichen Zeit sind die Aufwendungen für die Gestaltung und den Internetauftritt stark angestiegen, je nach Industrie sprechen wir hier von 10 % - 20 % der Marketingkommunikation.

Druckanzeigen, Radio und TV-Anzeigen sind bekanntermaßen sehr kostenintensiv. Wenige Unternehmen haben sich zu solchen Investitionen entschlossen. Unternehmen, die diesen Weg gegangen sind, haben das oft mit anderen strategischen Absichten gemacht. So sei hier etwa evonik oder IBM Services genannt.

Beispiele

Der neue Industriekonzern evonik, der aus der Degussa hervorgegangen ist, hat mit großem Medienaufwand seine Umfirmierung und Neuausrichtung kommuniziert. Für IBM Service steht die Erzeugung eines Pull-Effekts für ihr Service-Angebot im Mittelpunkt der Massenkommunikation, neben Print und Radio setzen sie auch Call-Center-Anrufe ein.

Abb. 10: evonik-Werbung 2008

Internet-Kommunikation und ein spezielles Extranet, d. h. der exklusive Zugang von Kunden oder potenziellen Abnehmern ermöglicht die gezielte Kommunikation. Die landesspezifische Anpassung entsprechend den industriespezifischen Besonderheiten sind hier von herausragender Bedeutung (*Natisch*, *2005*). In der folgenden Abbildung wird eine typische Verteilung von Marketingkommunikationsausgaben für die Baumaschinenbranche wiedergegeben:

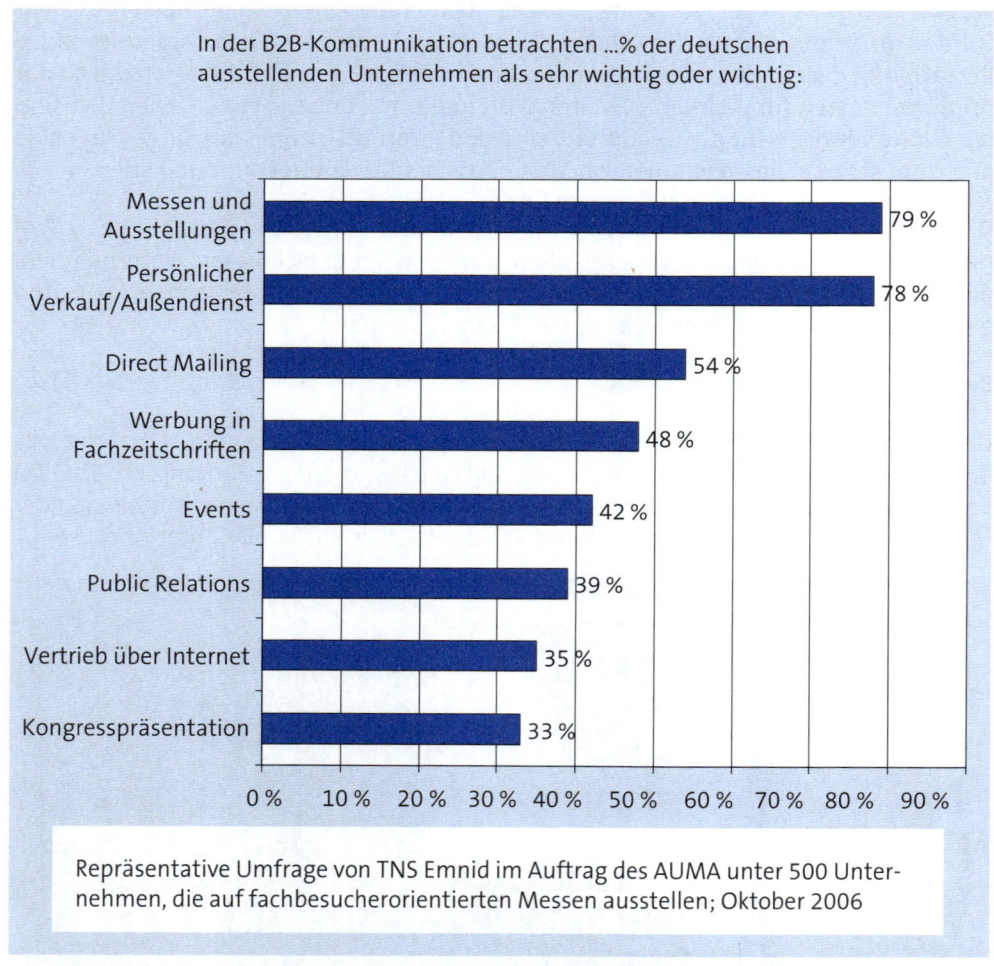

Abb. 11: Wichtige Marketingkommunikation im Business-to-Business
Quelle: *AUMA* Messetrends 2007

In jüngster Zeit wird die Integration mit Foren und Blogs in die Internetaktivitäten immer wichtiger. Die Zahl von businessorientierten Blogs im Bereich Marketing, Werbung und Kommunikation hat im vergangenen Jahr 2007 erneut sehr stark zugenommen. Podcasting, d. h. Audio Blogging, wird bereits von vielen Unternehmen angewandt. Gegenwärtig konzentrieren sich die Aktivitäten noch auf Endkonsumenten, aber einige Unternehmen setzen für die Gewinnung von neuen Mitarbeitern auf diese Medien.

Internet-Applikationen wie YouTube und Second Life (SL) sind im Kommen. So hat zum Beispiel GE für die Rekrutierung in China eine SL-Insel installiert und betreibt ihre Erstansprache von potenziellen Kandidaten sehr effizient. Weitere Anwendungen aus dem Bereich von Web 2.0 werden kommen und auch das Product Placement von B2B-Produkten wird an Bedeutung gewinnen.

Beispiel

Verwiesen sei hier nur auf die Platzierungen von KUKA Robotern und NEW HOLLAND Baumaschinen in den James Bond Filmen „Die Another Day" und „Casino Royal" (*Pfoertsch, 2007*).

Im Folgenden soll auf die Barrieren internationaler Kommunikation eingegangen werden. Hierzu werden verschiedene Faktoren untersucht, um zu ermitteln, welche Kommunikationsstrategie in welchem Land am besten eingesetzt werden kann. Anschließend wird die globale Werbung näher erläutert und betrachtet.

6.1 Barrieren der internationalen Kommunikation

Internationale Kommunikation fällt immer dann an, wenn ein Unternehmen Marketing benutzt, um seine Produkte in einem anderen Land zu verkaufen. Die Effektivität der internationalen Kommunikation kann stark durch drei kritische Variablen gefährdet werden: kulturelle Barrieren, Effekte von Quellen bzw. Herkunftsländern und der so genannten Störeffekte (Noise Level).

Kulturelle Barrieren

Kulturelle Barrieren können es deutlich erschweren, eine Botschaft über verschiedene Länder hinweg zu kommunizieren. Aufgrund kultureller Unterschiede kann eine Nachricht in einem Land eine ganz andere Bedeutung haben als in einem anderen Land.

Der beste Weg für ein Unternehmen, um kulturelle Barrieren zu überwinden, ist das interkulturelle Verständnis und die Aus- und Weiterbildung der Führungskräfte und Mitarbeiter. Des Weiteren sollten Unternehmen lokale Investitionen in Anpassung tätigen, um z. B. mit lokalen Werbeagenturen zusammenzuarbeiten, etwa mit dem Ziel, eine lokale Marketingbotschaft zu entwickeln. Wenn ein Unternehmen den direkten lokalen Marktzugang vorzieht, dann empfiehlt es sich auch, zeitnah lokale Mitarbeiter einzustellen und den Vertrieb in nationale Hände zu legen. IBM hat dies in Japan erfolgreich in den 80er-Jahren praktiziert und dann in den 90ern in China weiterentwickelt und damit eine außergewöhnliche Erfolgsbasis gelegt. Jetzt baut IBM gerade beim Wiedereintritt in Indien ihre landeseigene Mannschaft mit vielen einheimischen Mitarbeitern auf. Auch mittelständische Unternehmen können mit diesem Vorgehen erfolgreich sein, wie der Medizintechnikhersteller Aesculap oder die Fischerwerke in Japan bewiesen haben.

Effekte von Quellen bzw. Herkunftsländern

Quelleneffekte entstehen, wenn der Empfänger einer Nachricht, wie z. B. ein potenzieller Abnehmer, die Nachricht anhand von Status oder Image des Senders bewertet. Daher können diese Quelleneffekte internationale Geschäfte fördern oder schädigen, wenn potenzielle Käufer eines Ziellandes Abneigungen gegen das jeweilige ausländische Unternehmen haben. Dieser „County of origin"-Effekt ist z. B. in China, was japanische Unternehmen betrifft, sehr negativ zu beobachten. Deutschland dagegen wird sehr positiv eingeschätzt. Dies zu nutzen und auszubauen kann ein anstrebenswertes Ziel sein.

Viele internationale Unternehmen versuchen, den negativen Quelleneffekten entgegenzuwirken, indem sie ihre ausländische Herkunft verbergen.

Beispiel

British Petroleum z. B. änderte seinen Namen in BP, als sie das große Tankstellennetzwerk von dem US-Konzern Mobil Oil erwarben. Somit lenkten sie von der Tatsache ab, dass einer der größten Betreiber von Tankstellen in den USA ein britisches Unternehmen ist.

Noise Levels

Störeffekte bewirken, dass die Wahrscheinlichkeit effektiver Kommunikation reduziert wird. Dieser Aspekt bezieht sich auf die Menge anderer Nachrichten und Informationen, die um die Aufmerksamkeit möglicher Abnehmer und Kunden zur gleichen Zeit konkurrieren.

Beispiel

In Entwicklungsländern sind z. B. weniger Firmen am Markt, und daher besteht auch weniger Konkurrenz. Der Noise Level ist hier also geringer als in einem entwickelten Land mit hohem Wettbewerb.

6.2 Push- gegen Pull-Strategien

Die wichtigste Entscheidung bezüglich der Kommunikationsstrategie ist die Wahl zwischen einer Push- und einer Pull-Strategie. Auch wenn individuelles Verkaufen als Promotionsinstrument sehr effektiv ist, ist es doch sehr aufwändig und auch kostspielig. Außerdem ist hier eine intensive Nutzung und das Einsetzen von Verkaufskräften notwendig. Bei der Pull-Strategie hingegen liegt der Fokus mehr bei der Kommunikation der Marketingbotschaften.

Üblicherweise wird im Industriegütermarketing mit einer Push-Strategie gearbeitet. Vertriebskräfte gewinnen nationale Kunden und überzeugen sie, mit den Firmen zusammenzuarbeiten. Innovation und die Kommunikation zum Kunden erzeugen einen Pull-Effekt. Der Kunde kommt auf das Unternehmen zu.

Es gibt auch Faktoren, die die relative Attraktivität dieser Strategien einschränken: Produkttyp und Kundenerfahrenheit, Länge des Distributionskanals und Verfügbarkeit von Medien. Diese sollen nun im Folgenden näher erläutert werden.

Produkttyp und Kundenerfahrenheit

Komplexe Produkte sind erklärungsbedürftig und werden bevorzugt von Verkaufsmitarbeitern den Kunden erklärt. Je wesentlicher die Anwendung für den Erfolg des Kundenunternehmens ist, umso näher zur Firmenspitze werden die Entscheidungen getroffen. Consultingleistungen werden durchgängig vom Topmanagement gekauft, so muss der Push ganz nach oben gerichtet sein.

Dies ist wiederum weniger intensiv in gut entwickelten Ländern, in denen das jeweilige komplexe Produkt bereits seit einiger Zeit gekauft und gebraucht wird, die Produktattribute gut verstanden werden, die Kunden sehr erfahren sind und eine bestimmte Qualität des Distributionskanals besteht.

Die „Kundenausbildung" ist vor allem dann wichtig, wenn die Abnehmer keine oder weniger Erfahrung mit dem Produkt und seinen Eigenschaften haben. Dies kommt häufig in Entwicklungsländern vor, oder aber in entwickelten Ländern, wenn z. B. ein neues komplexes Produkt eingeführt werden soll.

Länge des Distributionskanals

Je länger der Distributionskanal, umso mehr Intermediäre sind vorhanden, die von dem Produkt überzeugt sein müssen, um es weiterverkaufen zu wollen. Dies kann zur Ermüdung des Distributionskanals führen, was es wiederum schwer macht, in diesen einzusteigen. Wenn Unternehmen ihr Produkt durch viele Ebenen eines Distributionskanals bringen müssen, ist dies für das verkaufende Unternehmen entsprechend teuer. Unter diesen Umständen wird das Unternehmen eher versuchen, sein Produkt über die Pull-Strategie an den Mann zu bringen, und über PR oder Messen eine Nachfrage zu schaffen. Ist einmal eine gewisse Nachfrage vorhanden, fühlen sich die Intermediäre eines Distributionskanals dazu verpflichtet das Produkt zu führen. Massenwerbung kann also eine Möglichkeit sein, um die Kanalresistenz zu brechen.

Verfügbarkeit von Medien

Pull-Strategien beruhen auf dem Zugang zu Medien, um entsprechend werben zu können. In den USA gibt es eine enorme Verbreitung von Industriemagazinen und Internet, und dadurch ist es sehr einfach geworden, sehr gezielte Werbemaßnahmen zu erstellen und zu platzieren. Dieses Niveau der USA ist zwar auch in einigen anderen entwickelten Nationen zu finden, jedoch gibt es wenige so große monolithische Märkte.

Der Push-Pull-Mix

Der optimale Mix zwischen Push- und Pull-Strategien hängt von dem Produkttyp und der Kundenerfahrenheit, der Länge des Distributionskanals und der Verfügbarkeit der Medien ab.

Push-Strategien werden oftmals unter folgenden Bedingungen bzw. Voraussetzungen eingesetzt:

► für komplexe, neue Produkte

► bei sehr kurzen Distributionskanälen

► wenn sehr wenig Print- oder elektronische Medien zur Verfügung stehen.

Pull-Strategien hingegen werden hauptsächlich unter diesen Bedingungen verwendet:

► Massengüter, Ersatzteile, aber auch replizierbarer Service

► wenn die Distributionskanäle lang sind

► wenn genug Print- und elektronische Medien vorhanden sind, um die Marketingbotschaft zu transportieren.

6.3 Globale Werbung

In den letzten Jahren, angeregt durch die Arbeiten von Visionären wie *Theodore Levitt*, gab es Diskussionen über die Vor- und Nachteile von standardisierter Werbung auch in B2B-Bereichen. Daher soll nun im Folgenden ebenfalls auf die Pros und Kontras näher eingegangen werden.

Pro standardisierte Werbung

Hierzu sind drei positive Aspekte der globalen Werbung zu nennen. Erstens besteht durch globale Werbung ein enormer ökonomischer Vorteil, denn durch die Standardisierung werden die Kosten der Werterstellung gesenkt, da die Fixkosten der Werbeentwicklung auf viele Länder verteilt werden können. Zweitens sind kreative Talente sehr rar. Dementsprechend wird eine große Kampagne, in die sehr viel mehr Arbeit, Aufwand und Zeit investiert wird, wesentlich bessere Resultate erbringen, als 40 oder 50 kleinere Kampagnen. Zuletzt spricht für globale Werbung, dass viele Marken bereits global sind.

Beispiele

Im Industriegüterbereich sind hier große Firmen wie IBM, GE, Siemens oder Hitachi zu nennen, aber auch kleine Unternehmen wie SEW Eurodrive aus Bruchsal oder Phoenix Contact aus Blomberg, Westfalen. Ihre Schwerpunktsetzung auf den direkten Vertriebskanal und ihre kontinuierliche Produktinnovation beflügelte die Hinwendung zur globalen Kommunikation.

Contra standardisierte Werbung

Zwei Argumente sprechen gegen globale, standardisierte Werbung. Erstens, wie bereits zu Beginn dieses Kapitels erläutert, bestehen kulturelle Unterschiede zwischen Nationen, sodass Werbekampagnen bzw. Botschaften in einem Land vielleicht sehr gut ankommen, jedoch in einem anderen Land ihre Wirkung deutlich verfehlen können. Werbekampagnen, die an ein spezielles Land gerichtet sind, dürften daher effektiver sein als globale Botschaften.

Zweitens können Werbungsregulierungen die Einführung von standardisierter Werbung blocken. Zum Beispiel existierte bis 1997 in Deutschland das Verbot, Konkurrenten in Werbespots zu vergleichen und anzuprangern – in anderen Ländern, wie den USA, gilt das jedoch nicht. Hinzu kommen noch die produktspezischen, regulatorischen Unterschiede und Ausbildungsstände in einzelnen Ländern.

Beispiel

Ein klassisches Beispiel dafür sind der Personen- und Güterverkehr in verschiedenen Ländern. In den USA werden diesel-elektrische Systeme den Diesel- oder elektrischen Systemen in Europa vorgezogen. In Russland gibt es eine andere Spurbreite und in Indien ist Dampfantrieb immer noch eine Alternative. Indien ist das einzige Land, in dem Dampflokomotiven heute noch gebraucht werden. China hat die Fertigung von Kohlelokomotiven eingestellt, hat aber die Entscheidung für einen Technologiesprung zur Magnetschwebetechnik erst einmal vertagt und erweitert den bestehenden Shanghai-Maglev nicht bis nach Peking, sondern nur möglicherweise bis zum zweiten Shanghaier Flughafen Hongqiao. Die Verbindung Shanghai-Peking wird in konventioneller Bahn-Technologie umgesetzt. GE tut sich unter diesen Bedingungen schwer, sein spezifisches Diesel-Elektro-Konzept weltweit zu vermarkten.

Handeln mit Länderunterschieden

Einzelnen Unternehmen gelingt es, Vorteile aus globaler, standardisierter Werbung zu ziehen, indem sie die Unterschiede der Länder und Nationen in kultureller und rechtlicher Hinsicht erkennen und anwenden. Unternehmen können z. B. einzelne Aspekte auswählen und diese in ihrer Unternehmenskommunikation einsetzen und wiederum andere Eigenschaften den lokalen Gegebenheiten anpassen. Hierdurch ist es möglich, Kosten zu sparen bzw. zu reduzieren, gleichzeitig jedoch eine globale Markenwahrnehmung zu schaffen und doch die Werbekampagnen den verschiedenen Kulturen anzupassen.

Beispiel

Als positives Beispiel kann hier die Werbekampagne des Jahres 2012 von dem finnisch/deutschen Telekommunikationsanbieter Nokia-Siemens vorgestellt werden. Nokia-Siemens Networks führte eine globale Werbekampagne mit dem Slogan „Simple Truth" ein.

Diese globale Kampagne sollte eine Reduzierung von Werbungskosten und zudem eine Stückkostendegressionen einbringen. Außerdem wollte das Unternehmen mit Fortschreiten der Globalisierung ein einheitliches Markenimage aufbauen. Zugleich optimierte Nokia-Siemens seine Werbung für verschiedene Nationen und Kulturen. Das chinesische Konkurrenzunternehmen Huawei folgte diesem Konzept und entwickelte eine vergleichbare Kampagne.

Abb. 12: Globale Corporate Citizen Kampagne von Huawei

Für solch eine globale Kommunikation eignen sich auch einheitliche Themenschwerpunkte, die von einem oder mehreren ausgewählt und weltweit kommuniziert werden. Gegenwärtig ist die Schwerpunktsetzung „Green", d. h. die ökologisch ausgerichtete Unternehmenspolitik ein beliebtes Konzept. GE war hier Vorreiter. Ein anderes Thema wird sicherlich Corporate Social Responsibility (CSR), weitere Hinweise finden Sie dazu in *Koziol/Pförtsch/Heil (2006)*.

7. Internationale Preisstrategien

Eine internationale Preisstrategie ist eine wichtige Komponente des internationalen Marketing-Mixes. In diesem Abschnitt sollen drei Aspekte der internationalen Preisstrategie näher untersucht und erläutert werden. Zuerst soll näher auf die Preisdiskriminierung, also verschiedene Preise für ein und dasselbe Produkt, lediglich in verschiedenen Ländern, eingegangen werden. Dann wird die strategische Preisbestimmung näher erläutert. Zuletzt sollen behördliche Einflüsse, wie z. B. Preiskontrollen der Regierung und Antidumping-Vorschriften kurz vorgestellt werden.

Die bei vielen mittelständischen Unternehmen noch übliche „Preis plus"-Strategie soll hier nicht betrachtet werden, weil sie dem gegenwärtigen Stand der Internationalisierung nicht gerecht wird. Unternehmen, die immer noch der Philosophie anhängen

Inlandspreis + Auslandsaufschlage = Kundenpreis

bedienen entweder eine Nische oder haben ihren Markt bewusst eingegrenzt. Inwieweit sie dieses Vorgehen langfristig weiterverfolgen können sei dahingestellt.

7.1 Preisdiskriminierungen

Preisdiskriminierungen existieren, wenn für ein und dasselbe Produkt in verschiedenen Ländern verschiedene Preise verlangt werden. Preisdiskriminierung bedeutet, dass das zu verkaufende Unternehmen zu dem Preis verkauft, der dem Marktniveau im entsprechenden Land entspricht. In Märkten, in denen es viel Konkurrenz gibt, ist der Preis naturgemäß nicht so hoch wie in Märkten, in denen Unternehmen z. B. Monopole oder Marktdominanz erreicht haben. Preisdiskriminierung hilft einem Unternehmen, seine Gewinne zu optimieren; es macht also ökonomisch Sinn, verschiedene Preise in verschiedenen Märkten bzw. Ländern anzusetzen.

Zwei Konditionen müssen jedoch erfüllt sein, um eine effektive und profitable Preisdiskriminierung durchzuführen:

► Erstens muss das Unternehmen, welches Preisdiskriminierung durchführen will, in der Lage sein, die jeweiligen nationalen Märkte separat und getrennt zu halten. Denn wenn diese Voraussetzung nicht erfüllt ist, können Individuen und Unternehmen die Preisdiskriminierung umgehen, indem sie Arbitrage ausüben. Arbitrage tritt immer auf, wenn Individuen oder Unternehmen die unterschiedlichen Preise in verschiedenen Ländern ausnutzten, indem sie die billiger angebotenen Produkte in dem einen Land kaufen, und in dem Land, indem die Produkte teurer sind, die eingekauften Produkte wieder verkaufen.

► Die zweite Voraussetzung für eine erfolgreiche Preisdiskriminierung sind unterschiedliche Preiselastizitäten der Nachfrage in den verschiedenen Ländern. Denn anhand der Preiselastizität der Nachfrage kann gemessen werden, wie stark die Änderung der Nachfrage bei Änderung des Preises ist. Unelastisch bezeichnet den Fall, wenn eine größere Preisänderung des Produktes vorgenommen wurde, jedoch daraufhin nur eine geringe Änderung der Nachfrage dieses Produktes zu erkennen ist. Die Nachfrage ist hingegen elastisch, wenn auch nur die kleinste Änderung im Preis enorme Auswirkungen auf das Nachfrageverhalten des Kunden hat. Generell lässt sich sagen, dass ein Unternehmen einen höheren Preis in einem Land ansetzen wird, in dem die Nachfrage unelastisch ist.

Die Elastizität der Nachfrage für ein Produkt in einem gegebenen Land hängt von einer Vielzahl von Faktoren ab. Die zwei wichtigsten hierbei sind das Einkommenslevel und die Konkurrenzsituation des Unternehmens bzw. des Produktes. Die Elastizität tendiert dazu in Ländern, in denen das Einkommen geringer ist, größer zu sein, da man hier wesentlich preisbewusster lebt.

Je mehr Konkurrenten vorhanden sind, umso größer ist die Verhandlungsbasis der potenziellen Abnehmer, und daher ist es umso wahrscheinlicher, dass man von dem Unternehmen einkauft, das zu den geringsten Preise anbieten kann. Natürlich werden auch hier Faktoren wie gleichzustellende Qualität etc. miteinbezogen. Die Existenz vieler Konkurrenten verursacht also eine hohe Elastizität der Nachfrage. Wenn hingegen nur wenige Unternehmen auf dem Markt sind, die Zahl der Konkurrenten also begrenzt sind, ist der Preis als Waffe des Kunden weniger ausschlaggebend.

Daher ist es durchaus möglich, dass Unternehmen in Ländern, in denen begrenzte Konkurrenz besteht, höhere Preise verlangen als in Ländern, in welchen ein starker Konkurrenzkampf existiert.

7.2 Strategische Preisfindungen

Das Konzept der strategischen Preisfindungen soll in drei Ausprägungen vorgestellt werden: der räuberischen, der multiplen und der Preisfindung anhand der Erfahrungskurve. Jedoch vernachlässigen diese Verfahren teilweise Antidumping-Restriktionen, wie im Folgenden näher gezeigt werden soll.

Räuberische Preisfindung

Hier wird der Preis als Waffe eingesetzt, um schwächere Konkurrenten aus dem nationalen Markt zu vertreiben. Sind diese dann vom Markt verschwunden, werden die Preise angehoben um nun Profite einzufahren.

Voraussetzung einer solchen Strategie ist, dass das Unternehmen eine sehr profitable Position in einem Land, also auf einem anderen Markt haben muss. Hierdurch wird es dem Unternehmen möglich, in dem anderen Land die aggressive Preisstrategie durchzusetzen. Denn das Ziel ist es, die Konkurrenten vom Markt zu drängen, indem man zu sehr niedrigen Preisen anbietet. Das internationale Unternehmen wird hierbei also durch einen anderen Markt und dessen Profite gestützt, kleine nationale Konkurrenten gehen bei diesem Preisdruck jedoch schließlich zu Grunde.

Beispiel

Japanische Unternehmen waren z. B. lange Zeit im eigenen Land vor ausländischen Konkurrenten geschützt und konnten somit in Japan hohe Preise durchsetzen. Diese hieraus resultierenden Gewinne konnten verwendet werden, um z. B. in den USA eine aggressive Preisstrategie zu fahren.

Multiple Preisfindung

Dies wird zum Thema, wenn zwei oder mehr internationale Unternehmen gegeneinander in zwei oder mehreren nationalen Märkten konkurrieren. Denn in dieser Situation hat die Preisstrategie des einen Unternehmens in einem Markt Auswirkungen auf die Preisstrategie seines Konkurrenten in einem anderen Markt. Aggressive Preisfindung in einem Markt kann z. B. eine Reaktion eines Konkurrenten in einem anderen Markt auslösen.

Ein internationales Unternehmen muss also überlegen, wie seine globalen Konkurrenten auf Änderungen seiner Preisstrategie reagieren würden und dies in seine Pläne einkalkulieren. Weltweite Preisentscheidungen müssen daher auch zentral kontrolliert und genehmigt werden.

Preisfindung durch die Erfahrungskurve

Mit der Zeit lernen Unternehmen, durch ihre gesammelte Erfahrung ihre Produktion zu verbessern und können somit die Stückkosten senken. Daher existiert auch ein Zusammenhang zur räuberischen Preisfindung, denn hierdurch werden oft in kürzester Zeit große Mengen verkauft. Werden solche Stückzahlen erwartet, kann ein Unternehmen prophylaktisch den Preis senken, weil Stückkostenreduktion zu erwarten ist. Als Folge kann sich das Unternehmen schneller entlang der Erfahrungskurve herunterbewegen. Je niedriger ein Unternehmen auf der Erfahrungskurve ist, desto besser, da Kostenvorteile gegenüber denjenigen Unternehmen entstehen, welche sich weiter oben auf der Erfahrungskurve befinden. Die bekannten Beispiele kommen hier meist aus dem Elektronik- und Elektrobereich, wo vergleichbare Anwendungen aus der Konsumgüterindustrie für solch ein Verhalten übernommen wurden.

7.3 Behördliche Einflüsse auf Preise

Die Möglichkeit der Unternehmen, entweder Preisdiskriminierung oder strategische Preisfindung anzuwenden, kann durch nationale oder internationale Regulierungen begrenzt werden. Die wichtigsten Regulierungen sind Antidumping-Vorschriften und Wettbewerbsregulierungen und werden hier nun kurz dargestellt.

Antidumping-Vorschriften

Sowohl räuberische Preisfindung also auch die Preisfindung anhand der Erfahrungskurve kann gegen Antidumping-Regulierungen verstoßen. Dumping liegt immer dann
vor, wenn ein Unternehmen seine Produkte zu einem Preis verkauft, der niedriger ist
als die Produktionskosten.

Allerdings definieren viele Regulierungen Dumping sehr vage. So ist es z. B. nach Artikel
6 des GATT möglich, gegen Antidumping vorzugehen, wenn zwei Kriterien erfüllt sind:
Die Produkte werden zu einem geringeren als dem Marktpreis angeboten und verkauft,
und die inländische Branche erleidet hiervon Schäden.

Das Problem hierbei ist, dass der Begriff Marktwert nicht weiter erläutert wird. Durch
solche vage Formulierungen kommen schließlich Unklarheiten zu Stande, die zur Folge
haben, dass manche meinen, es sei Dumping, wenn ein Unternehmen seine Produkte
nicht in jedem Land zum gleichen Preis anbietet. Problemländer außerhalb Europas sind
gegenwärtig die USA und China; zwischen diesen und mit ihnen gibt es eine Reihe von
Kontroversen, die gegenwärtig nicht beigelegt sind.

Wettbewerbsregulierungen

Viele Industrieländer haben Regulierungen entwickelt, um den Wettbewerb zu fördern
und zu promoten sowie Monopole einzuschränken bzw. abzuschaffen und zu verbieten.
Solche Vorschriften haben Auswirkungen auf die Preisfindung der Unternehmen, denn
es begrenzt den Preis, den ein Unternehmen für ein Produkt festlegen kann.

8. Das Konfigurieren des Marketing-Mixes

Ein Unternehmen kann viele Aspekte seines Marketing-Mixes von Land zu Land variieren, um sich den lokalen Unterschieden der Kultur, den wirtschaftlichen und Wettbe-
werbsvoraussetzungen, Produkt- und technischen Standards, Distributionssystemen,
Regierungsregulierungen und Ähnlichem anzupassen. Solche Unterschiede verlangen
eine Variation der Produktattribute, Distributionsstrategie, Kommunikationsstrategie
und der Preisstrategie. Der kumulierte Effekt dieser Faktoren macht es den Unternehmen schwer, den gleichen Marketing-Mix weltweit anzuwenden.

So werden Finanzdienstleistungen z. B. oft als ein Bereich angesehen, in dem eine globale Standardisierung des Marketing-Mixes bereits zur Norm wurde. Auch wenn viele
Finanzdienstleister, wie z. B. HSBC, weltweit einheitliche Basisservices verkaufen und
gleiche Strukturen der Basisgebühren für ein Produkt haben, haben Unterschiede nationaler Regulierungen immer noch zur Folge, dass manche Aspekte der Kommunikationsstrategie von Land zu Land angepasst werden müssen.

Gerade weil sich Länder typischerweise immer noch in einer oder mehreren Dimensionen unterscheiden, sind kundenspezifische Anpassungen des Marketing-Mixes normal.
Es gibt jedoch, wie bereits gesehen, Möglichkeiten für die Standardisierung eines oder
mehrerer Elemente. In der Praxis ist die „Kundenanpassung gegen Standardisierung"-

Debatte keinesfalls eine Alles-oder-Nichts-Frage. Oftmals macht es Sinn, manche Aspekte zu standardisieren, jedoch andere kunden- bzw. länderspezifisch anzupassen, in Abhängigkeit der Konditionen der jeweiligen Märkte.

Entscheidungen, was standardisiert werden sollte und was nicht, sollten auf jeden Fall anhand von detaillierten Untersuchungen aller Elemente des Marketing-Mixes auf Kosten und Gewinnen basieren.

Die Konfiguration des internationalen Marketing-Mixes ist die ultimative Herausforderung für B2B-Unternehmen heute. Unter dem Einfluss von unterschiedlichen Kundenanforderungen (customers), den vielfältigen Wettbewerbern (competitors) und den dispersen Bedingungen im eigenen Unternehmen (company) entsteht eine Konstellation, die eine hohe Komplexität hat und zeitnahes und strategisches Agieren erfordert. Hinzu kommen noch länderspezifische Besonderheiten (country) und Währungsschwankungen (currency). Unternehmen, die Absatz- und Produktionsstandorte in chinesischem und/oder japanischem Raum haben (US-Dollar, Euro und Yuan ¥) wissen, wie vielfältig die Varianten sein können.

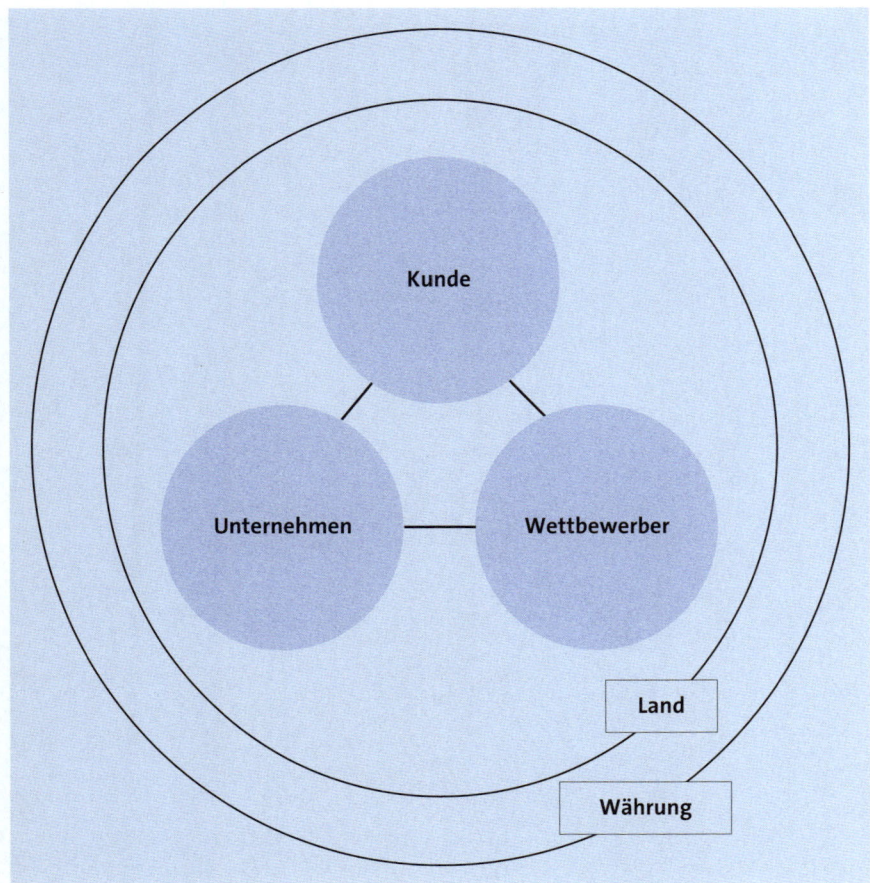

Abb. 13: Globale Herausforderungen, *Ohmae's* 5C

Kenichi Ohmae hat schon 1990 das 5C-Modell postuliert (*Ohmae, 1990*), und fortschreitende Globalisierung hat diesen Trend nur verstärkt. Mit seinen neuen Werken (*Ohmae, 2005, 2008*) hat er uns Wege aufgezeigt, die auch für B2B-Unternehmen von großer Bedeutung sind. Neben Herausforderungen in der Produktion, der Logistik und im Personalwesen bleibt das Marketing die Königsdisziplin für die Industrieunternehmen dieser Welt. Und die Unternehmen, die diese Herausforderungen annehmen, werden auch morgen noch kräftig mitmischen können.

Lösung

1.	Welche Bedeutung haben „Emerging Economies" für das Business-to-Business-Marketing?	S. 375
2.	Wie veränderte sich die Ausweitung des internationalen Geschäftsgeschehen?	S. 376
3.	Welche Herausforderungen entstehen für Unternehmen bei der Globalisierung der Märkte und der Marken?	S. 377
4.	Was sind die Stufen des Internationalisierungsprozesses?	S. 380
5.	Wie nennt man die Auswahl des Zielmarktes und die zielgerichtete Aktion im Marketing-Mix?	S. 384
6.	Was sind die Anforderungen an die Segmentierungskriterien, die auch international gelten?	S. 387
7.	Was sind die wichtigsten Aspekte für die Auswahl des Zielmarktes und die zielgerichteten Aktionen im Marketing-Mix?	S. 387
8.	Was sind die Anforderungen an internationale Produkteigenschaften?	S. 389
9.	Welche Auswirkungen haben Standards und genormte Verfahren für die internationale Produkteinführung?	S. 390
10.	Beschreiben Sie ein idealtypisches Distributionssystem für ein Land!	S. 392
11.	Charakterisieren Sie die Unterschiede zwischen Ländern im Distributionssystem!	S. 393
12.	Welche Marketingkommunikations-Instrumente sind für das internationale Geschäft von Wichtigkeit?	S. 397
13.	Welche Bedeutung haben Public Relations (PR) und Investor Relations (IR) für B2B-Unternehmen?	S. 398
14.	Ist Product Placement im B2B-Marketing von Bedeutung?	S. 401
15.	Was sind kritische Variablen in der internationalen Kommunikation?	S. 401
16.	Beschreiben Sie Unterschiede in einer Push- und einer Pull-Strategie?	S. 402
17.	Was sind Vor- und Nachteile von standardisierter Werbung im B2B-Bereich?	S. 404
18.	Beschreiben Sie eine „Preis plus"-Strategie!	S. 407
19.	Was ist bei der Durchführung von Preisdiskriminierung zu beachten?	S. 407
20.	Was sind die drei Ausprägungen der strategischen Preisfindungen?	S. 408
21.	Welche Einflüsse haben Behörden auf die Preisgestaltung?	S. 409
22.	Was sind die Aspekte zum Konfigurieren des internationalen Marketing-Mixes?	S. 410

Aaker, D. A., Brand Portfolio Strategy, New York 2004

Ackerschott, H., Strategische Vertriebssteuerung, Wiesbaden 1997

Albers, S., Entscheidungshilfen für den persönlichen Verkauf, Berlin 1989

Albers/Clement/Peters (Hrsg.), Marketing mit Interaktiven Medien – Strategien zum Markterfolg, Frankfurt 1998

Albers/Clement/Peters/Skiera (Hrsg.), eCommerce – Einstieg, Strategie und Umsetzung im Unternehmen, Frankfurt 2000

Albers/Hassmann/Somm/Tomczak (Hrsg.), Verkauf, Kundenmanagement, Vertriebssteuerung, eCommerce, Wiesbaden 1999

Albers/Herrmann (Hrsg.), Handbuch Produktmanagement – Strategieentwicklung – Produktplanung – Organisation – Kontrolle, 2. Auflage, Wiesbaden 2002

Albers/Krafft (Hrsg.), Vertriebsmanagement, Wiesbaden 2002

Amor, D., eBusiness (R)Evolution, Bonn 2000

Anderson/Kumar/Narus, Value Merchants, Boston 2007

Ansoff, H. I., Management-Strategie, München 1966

Arndt, T., Erfolgreich auf B2B-Marktplätzen – Effizienz und Produktivität in E-Procurements und Sales, Bonn 2002

AUMA (Hrsg.), Erfolgreiche Messebeteiligung 2006/2007, Berlin 2007

AUMA, Messetrends 2007: **http://87.193.156.131/_pages/start.aspx**

Baaken, T., Qualifizierung des Kunden als integrative Aufgabe im Technologiemarketing, Esslingen (AFM-Tagung) 1994

Baaken, T., Das Betreibergeschäft – Der konsequente Wandel vom Hersteller zum Dienstleister als Sicherungs- und Wachstumsstrategie, in: Schmengler/Fleischer (Hrsg.): Jahrbuch Marketing Praxis 1998, S. 163 - 168

Baaken, T. (Hrsg.), Business-to-Business-Kommunikation, Berlin 2002

Baaken/Simon, Abnehmerqualifizierung als Instrument des Technologie-Marketing, Berlin 1987

Backhaus/Büschken/Weiber, Industriegütermarketing – Übungsfälle und Lösungen, München 1998

Backhaus/Günter/Kleinaltenkamp/Plinke/Raffée, Marktleistung und Wettbewerb, Wiesbaden 1997

Backhaus/Schlüter, Die Marktorientierung deutscher Investitionsgüterhersteller, Münster 1993

Backhaus/Voeth, Industriegütermarketing, 8. Auflage, München 2007

Backhaus/Voeth (Hrsg.), Handbuch Industriegütermarketing, Wiesbaden 2004

Ballhaus/Seibold, Elektronische Marktplätze: Wie Effizienzreserven aktiviert werden, in: asw 1/2002, S. 28 - 31

Barksdale/Harris, Portfolio Analysis and the Product Life Time, LRP 6, 1982

Baumgarth, C., Unternehmens- und Markenführung im B-to-B-Bereich, Studie an der Universität Siegen 2006

Becker/Ehrhardt (Hrsg.), Business Netzwerke, Stuttgart 1996

Beinlich, G., Geschäftsbeziehungen zur Vermarktung von Systemtechnologien, Aachen 1998

LITERATURVERZEICHNIS

Belz, C. (Hrsg.), Industrie als Dienstleister, St. Gallen 1997

Belz/Bussmann u. a., Vertriebsszenarien 2005 – Verkaufen im 21. Jahrhundert, Wien 2000

Belz/Reinhold (Hrsg.), Internationales Vertriebsmanagement für Industriegüter, Wien/Frankfurt 1999

Bertsch, D. W., Konfrontation oder Kooperation – Intelligente Methoden einer zukunftsorientierten Zusammenarbeit zwischen Einkauf und Lieferant, Esslingen (AFM-Tagung) 1994

Bieberstein, I., Dienstleistungsmarketing, 3. Auflage, Ludwigshafen 2001

Bieletzki, H., Der Service als Absatzvorbereiter, in: asw 11/1994

Biermann, T., Dienstleistungs-Management, München/Wien 1999

Bingham, F. G., Business Marketing, 2nd ed., 2001

Bingham/Raffield, Business Marketing Management, Cincinnati, Ohio 1995

Blecher, T., Status quo des Supply Chain Management, Saarbrücken 2006

Bliemel/Fassott, Electronic Commerce: Herausforderungen – Anwendungen – Perspektiven, Wiesbaden 2000

Böcker, J., Marketing für Leistungssysteme, Wiesbaden 1995

Bogaschewsky/Müller, B2B-Marktplatzführer, Düsseldorf 2002

Bonart, T., Industrieller Vertrieb, Wiesbaden 1999

Bonoma, T. V., Who Really Does the Buying?, HBR May/June 1982, p. 111 - 119

Bonoma, T. V., The Marketing Edge, New York 1985

Bonoma/Johnston, The Social Psychology of Industrial Buying and Selling, IMM, 1978, p. 213 - 214

Bonoma/Shapiro, Segmenting the industrial Market, Lexington, Mass. 1984

Bonoma/Zaltman/Johnston, Industrial Buying Behavior, Cambridge, Mass. 1977

Bott, D., Investitionsgütermarketing, Merseburg 1994

Boysen, W., Interorganisationale Geschäftsprozesse, Wiesbaden 2001

Brandt/Schneider, Handbuch Kundenbindung, Berlin 2001

Brierty/Eckles/Reeder, Business Marketing, Englewood Cliffs 1997

Bruhn, M., Multimedia-Kommunikation, München 1997

Bruhn, M., Relationship Marketing, München 2001

Bruhn, M., Kommunikationspolitik, München 2003

Bruhn/Homburg, Handbuch Kundenbindungsmanagement, Wiesbaden 2002

Bruhn/Meffert, Handbuch Dienstleistungsmanagement, Wiesbaden 1998

Bruhn/Meffert, Fallstudien zum Dienstleistungsmarketing, Wiesbaden 2002

Bruhn/Stauss (Hrsg.), Electronic Services, Wiesbaden 2002

Buck, K., Neues Industriegüter-Marketing, Würzburg 1998

Bullinger, H.-J. u. a., Business Communities, Bonn 2002

Bullinger/Berres (Hrsg.), E-Business – Handbuch für Entscheider, 2. Auflage, Berlin u. a. 2002

Büschken/Meyer/Weiber (Hrsg.), Entwicklungen im Investitionsgütermarketing (Business-to-Business-Marketing), Wiesbaden 1998

Bussler, C., B2B Integration, Berlin/Heidelberg 2002

Bussmann/Honert, Potenziale: Wie der Vertrieb Erträge steigert, in: asw 12/2002 S. 28 - 32

Buvik, A., The industrial research framework, JBIM 16 6/2001, pp. 439 - 451

Cahners Research, CARR – Cahners Advertising Research Reports, **www.cahners.com**, 2002

Callender, J., Factoring Fundamentals: How You Can Make Large Returns in Small Receivables, Federal Way, Wa., USA 2003

Campbell/Cunningham, Customer analysis for strategy development in industrial markets, SMJ Oct/Dec, 1983

Caspar/Hecker/Sabel, Markenrelevanz in der Unternehmensführung – Messung, Erklärung und empirische Befunde für den B2B-Bereich, Münster 2002

Caspar/Metzler, Entscheidungsorientierte Markenführung – Aufbau und Führung starker Marken, Münster 2002

Cerwinka/Schranz, Wenn der Kunde laut wird: Professioneller Umgang mit Beschwerden, Wien 2009

Chisnall, P., Strategic Business Marketing, Hemel Hempstead 1995

Chonko/Enis/Tanner, Managing Salespeople, Needham Heights 1992

Conrady/Jaspersen/Pepels, Online-Marketing – Strategien, Neuwied Kriftel 2002

Conrady/Jaspersen/Pepels, Online-Marketing – Instrumente, Neuwied Kriftel 2002

Corey, E. R., Industrial Marketing: Cases and Concepts, Englewood Cliffs 1991

Cornelsen, J., Kundenwertanalysen im Beziehungsmarketing, Nürnberg 2000

Corsten/Gabriel, Supply Chain Management erfolgreich umsetzen, Heidelberg/Berlin 2002

Corsten/Gössinger, Einführung in das Supply Chain Management, München 2001

Coviello/Brodie, Contemporary marketing practices of consumer and business-to-business firms: how different are they?, in: JBIM 16 05/2001, pp. 382 - 40

CRM Expertenrat (Gieske, R. u. a.), Jahresgutachten 2003 des CRM-Expertenrates, Würzburg 2002

Crossconsulting (Hrsg.), Kundenwertmanagement, in: asw 1/2003, S. 51 - 52

Crossconsulting (Hrsg.), Kundenwertstudie 2002, Düsseldorf 2002

Crow/Lindquist, Buyers Differ in Evaluating Suppliers, IMM, 1982, p. 205 - 214

Cummings/Jackson/Ostrom, Differences between Industrial and Consumer Product Managers, IMM 1984

Davis, S. M., Brand Asset Management Driving Profitable Growth Through Your Brands, **Jossey-Bass,** New York 2000

Day, G. S., Managing the market learning process, in: JBIM 17 4/2002, pp. 240 - 252

Day/Michaels/Purdue, How Buyers Handle Conflicts, IMM, 1988, p. 153 - 169

Dehoff/Neely, Innovation and Product Development: Clearing the New Performance Bar, Chicago 2004

Dehr/Donath, Vertriebs-Management, München 1999

Deutsch, M., Electronic Commerce, Wiesbaden 1999

Deutsche Fachpresse, TNS Emnid (Hrsg.), Leistungsanalyse Fachmedien 2001, Berlin/Frankfurt 2001

Dienes, M., Der wertvolle Kunde – Potenzialabschöpfung durch optimierte Kundenwertberechnung, in: Direkt Marketing 12/2002, S. 34 - 35

Diller, H., Preispolitik, 3. Auflage, Stuttgart 2000

Dobler/Burt/Lee, Purchasing and Supply Management – Text and Cases, New York 1995

Droege/Backhaus/Weiber (Hrsg.), Strategien für Investitionsgütermärkte, Landsberg/Lech 1993

Dubinsky/Barry, Survey of Sales Management Practices, in: IMM 11, 1982, p. 133 - 141

Dwyer/Tanner, Business Marketing, Boston 2002

Eber, A. F., Fallstudien erfolgreicher Vertriebsstrategien, Wien 1993

Echterling/Fischer/Kranz, Die Erfassung der Markenstärke und des Markenpotenzials als Grundlage der Markenführung, Münster 2002

Eckles/Novotny, Industrial Product Managers: Authority and Responsibility, in: IMM, 1984, p. 3

Ehrmann, H., Marketing-Controlling, 4. Auflage, Ludwigshafen 2004

Ellinghaus, U., Werbewirkung und Markterfolg – Marktübergreifende Werbewirkungsanalysen, München 2000

Engelhardt/Günter, Investitionsgüter-Marketing, Stuttgart, Berlin 1981

Evans/Wurster, Web Att@ck – Strategien für die Internet-Revolution, München 2000

Eversheim, W., Innovationsmanagement für technische Produkte, Heidelberg 2002

Fargel, T. S.-L., Neukundenakquisition: Eine Erfolgsfaktorenanalyse für erklärungsbedürftige Produkte und Dienstleistungen, Wiesbaden 2007

Fink, D. H., Entlohnungssysteme im Investitionsgütermarketing, Marburg 1993

Fischer/Hieronimus/Kranz, Markenrelevanz in der Unternehmensführung – Messung, Erklärung und empirische Befunde für den B2C-Bereich, Münster 2002

Flory, M., Computergestützter Vertrieb von Investitionsgütern, Wiesbaden 1995

Ford/Gadde/Hakansson, Managing Business Relationships, New York 1998

Forschner, G., Investitionsgüter-Marketing mit funktionellen Dienstleistungen, Berlin 1989

Förster/Kreuz, Offensives Marketing im E-Business, Berlin 2002

Freter, H., Marktsegmentierung, Stuttgart 1983

Friege, C., Preispolitik für Leistungsverbünde im Business-to-Business-Marketing, Wiesbaden 1995

Fritz, W., Das Investitionsgütermarketing vor neuen Herausforderungen, Braunschweig 1993

Fritz, W., Internet, Marketing und Electronic Commerce., Wiesbaden 2000

Gall, H., Erfolgsfaktor im Vertrieb – Customer Oriented Marketing, in: asw 11/94

Gassmann/Friesike, 33 Erfolgsprinzipien der Innovation, München, Wien 2012

Gassmann/Sutter, Praxiswissen Innovationsmanagement – von der Idee zum Markterfolg. München, Wien 2008

Garber/Dotson, A method for the selection of appropriate business-to-business integrated marketing communications mixes, in: J of Marketing Communications, 8/1 – 2002, pp. 1 - 17

Gieringer/Hettler, Provisionen: Hat das klassische Modell ausgedient?, in: asw 01/2003, S. 46 - 49

Godar/O'Connor, Same Time Next Year – Buyer Trade Show Motives, im: IMM 30 (2001), pp. 77 - 86

Godefroid, P., Die herstellerfremden After Sales Service-Instrumente, in: Pepels, W. (Hrsg.): Kundendienstpolitik, München 1999

Gould, R., Creating the Strategy: Winning and Keeping Customers in B2B Markets, London and Philadelphia 2012

Gounaris/Avlonitis, Market orientation development: a comparison of industrial vs consumer goods companies, JBIM 16 05/2001, pp. 354 - 381

Griese/Sieber, Electronic Commerce – Aus Beispielen lernen, Wiesbaden 1999

Grönroos, C., Service Management and Marketing – A Customer Relationship Management Approach, 2nd ed., London 2000

Grünig/Gaggl, Process-based Strategic Planning, Heidelberg, New York 2006

Günter, B., Markt- und Kundensegmentierung in dynamischer Betrachtungsweise, in: Kliche 1990, S. 113 - 130

Günter, B., Kundenzufriedenheit steigern durch optimales Beschwerdemanagement, in: Hofmaier 1992, S. 379 - 393

Günter/Helm (Hrsg.), Kundenwert, Wiesbaden 2001

Haas, R. W., Business Marketing – a managerial Approach, Cincinnati, OH 1995

Hague, P., Branding in Business to Business Markets, White Paper, B2B International Ltd., 1996, available at http://www.b2binternational.com/ whitepapers.html, seen April 10, 2007

Hague/Jackson, The Power of Industrial Brands, Maidenhead 1994

Hahn, D. u. a. (Hrsg.), Handbuch industrielles Beschaffungsmanagement, Wiesbaden 2002

Hakansson, H. (Hrsg.), International Marketing and Purchasing of industrial Goods, Chichester 1982

Haller, S., Beurteilung von Dienstleistungsqualität, Wiesbaden 1995

Haller, S., Dienstleistungsmarketing, Wiesbaden 2002

Hammann, P., Markencontrolling. Motor oder Bremse für die Steigerung des Markenwertes?, in: Köhler/Majer/Wiezorek (Hrsg.), Erfolgsfaktor Marke, München 2001, S. 281 - 294

Hannig, U. (Hrsg.), Managementinformationssysteme in Marketing und Vertrieb, Stuttgart 1998

Hansen/Hennig-Thurau/Schrader, Produktpolitik, Stuttgart 2001

Hanser, P., Außendienst-Leasing: Mehr Umsatz stemmen, in: asw 7/1994, S. 28 - 33

Hanser, P., Absatzwirtschaft-Vertriebsumfrage 2002 – Professionalität zwischen Leistung und Kosten, in: asw 10/2002, S. 42 - 46

Harms, V., Kundendienstmanagement, Herne/Berlin 1999

Hart, N., Industrial Marketing Communications – Business-to-Business Advertising, Promotion and PR, London 1993

Hart, N. (Hrsg.), Effective Industrial Marketing, London 1994

Härting, N., Internetrecht, Köln 1999

Hartmann/Pahl/Spohrer, Lieferantenbewertung – aber wie?, Gernsbach 1997

Hauschildt/Chakrabarti, Arbeitsteilung im Innovationsmanagement, ZfO, 1988, S. 378 - 388

Hawes/Barnhouse, How Purchasing Agents Handle Personal Risk, IMM, 1987, p. 287 - 293

Heger, G., Anfragenbewertung im industriellen Anlagengeschäft, Berlin 1988

Heidrich/Lüder, Electronic Commerce – Grundlagen und praktische Umsetzung, Herne 2000

Helm, S., Kundenempfehlungen als Marketinginstrument, Wiesbaden 2000

Helmke/Uebel/Dangelmeier (Hrsg.), Effektives Customer Relationship Management: Instrumente – Einführungskonzepte – Organisation, Heidelberg 2012

Henkel, J., Preissetzung im E-Commerce, in: Reinhardt et al. (Hrsg.): E-Commerce, Stuttgart 2001

Hentrich, J., B2B-Katalogmanagement – E-Procurement und Sales, Bonn 2002

Hering/Pfoertsch/Wordelmann, Internationalisierung des Mittelstandes – Strategien zur Internationalen Qualifizierung von kleinen und mittleren Unternehmen, Gütersloh 2001

Herrmann/Hertel/Virt/Huber (Hrsg.), Kundenorientierte Produktgestaltung, München 2000

Herrmann/Homburg, Marktforschung, 2. Auflage, Wiesbaden 2000

Hettich, S. u. a., Customer Relationship Management (CRM), in WIS. 10/2000, S. 1346 - 1366

Hibler/Müllner, Factoring von A bis Z. Was Sie schon immer über Forderungsfinanzierung wissen wollten, Wien 2007

Hill, C. W. L., International Business: Competing in the Global Marketplace, 6th Edition, New York 2007

Hippner, H., CRM, online 2000

Hofmaier, R., Erfolgsstrategien in der Investitionsgüterindustrie, Landsberg/Lech 1994

Hofmaier, R. (Hrsg.), Investitionsgüter- und High-Tech-Marketing (ITM), Landsberg/Lech 1992

Hofmann/Maucher/Hornstein/den Ouden, Capital Equipment Purchasing: Optimizing the Total Cost of CapEx Sourcing, Heidelberg 2012

Höft, U., Lebenszykluskonzepte. Grundlage für das strategische Marketing- und Technologiemanagement, Berlin 1992

Höft, U., Multimedia- und Online-Kommunikation im B2B-Marketing, in: Baaken, Th. (Hrsg.): B2B-Kommunikation, Berlin 2002, S. 101 - 129

Holland, H., Direktmarketing, München 1993

Holland, H., Direktmarketing-Aktionen professionell planen, Wiesbaden 2001

Homburg, C., Kundennähe von Industriegüterunternehmen: Konzeption – Erfolgsauswirkungen – Determinanten, Wiesbaden 1995

Homburg, C., Kundenzufriedenheit, 4. Auflage, Wiesbaden 2001

Homburg/Schäfer/Schneider, Sales Excellence – Vertriebsmanagement mit System, Mannheim 2008

Homburg/Schäfer/Scholl, Wie viele Absatzkanäle kann sich ein Unternehmen leisten?, in asw 3/2002, S. 38 - 41

Hoppen, D., Vertriebsmanagement, München 1999

Hunter/Tietyin, Business to Business Marketing: Creating a Community of Customers, Lincolnwood 1997

Hutt/Speh, Business Marketing Management: A Strategic View of Industrial and Organizational Markets, 7th ed., Mason OH 2001

IBM Consulting Group (Hrsg.), Das eBusiness Prinzip, Frankfurt/Main 2000

Illik, J. A., Electronic Commerce – Grundlagen und Technik für die Erschließung elektronischer Märkte, München 2002

Impuls Management Consulting, Die Internetnutzung führender europäischer Maschinenbauer, München 2002

Impuls Management Consulting, Mehr Markterfolg durch Segmentierung im Service, in: Impuls Newsletter 10/2002a

Impuls Management Consulting, Die Krise als Chance – Wachstum durch innovative Servicestrategien in Zeichen der Krise, in: Impuls Newsletter 6/2002b

Impuls-Consulting, Die Internet-Nutzung führender europäischer Maschinenbauer – Chancen, Grenzen, Best Practice im internationalen Vergleich, München 2002

Irrgang, W., Strategien im vertikalen Marketing, München 1989

Irrgang, W. (Hrsg.), Vertikales Marketing im Wandel, München 1993

Ivens, B., Beziehungsstile im B2B-Geschäft, Nürnberg 2002

Ivens, B., Key-Account-Management – sind die Kunden wirklich „key", in asw 02/2003, S. 46 - 48

Jacob, F., Produktindividualisierung: ein Ansatz zur innovativen Leistungsgestaltung im Business-to-Business-Bereich, Wiesbaden 1995

Jain/Laric, A Framework for Strategic Industrial Pricing, IMM 4.80, 1980, pp. 75 - 80

Jenster, P. V., European Casebook on Managing Industrial and Business-to-Business Marketing, Hemel Hempstead 1994

Johnston/Bonoma, Purchase Process for Capital Equipment and Services, IMM, 1981, p. 253 - 264

Johnston/Bonoma (1981a): The Buying Center: Structure and Interaction Patterns, JoM Summer, p. 143 - 156

Kairies, P., Professionelles Produkt-Management für die Investitionsgüterindustrie, Sindelfingen 2001

Kamenz, U., Marktforschung 3. Auflage, Stuttgart 2001

Kaplan/Norton, The Balanced Scorecard. Translating Strategy into Action, Boston 1996

Kaplan/Norton, The Strategy-Focused Organization: How Balanced Scorecard Companies Thrive in the New Business Environment, Boston 2001

Keller, K., Strategic, Brand Management, 2nd ed., Upper Saddle River, NJ: Prentice-Hall 2003

Kesting/Rennhak, Marktsegmentierung in der deutschen Unternehmenspraxis, Wiesbaden 2008

Kirchherr, M., Franchising für Investitionsgüter, Frankfurt/Main 1996

Kirsch/Kutschker, Das Marketing von Investitionsgütern: Theoretische und empirische Perspektiven eines Interaktionsansatzes, Wiesbaden 1978

Kleinaltenkamp, M., Die Dynamisierung strategischer Marketing-Konzepte, ZfbF, 1987, S. 31 - 52

Kleinaltenkamp, M. (Hrsg.), Netzwerkansätze im Business-to-Business-Marketing, Wiesbaden 1994

Kleinaltenkamp/Ehret (Hrsg.), Prozessmanagement im Technischen Vertrieb, Berlin 1998

Kleinaltenkamp/Fließ, Berufsbilder und Weiterbildung im Technischen Vertrieb, Berlin 1995

Kleinaltenkamp/Fließ/Jacob (Hrsg.), Customer Integration, Wiesbaden 1996

Kleinaltenkamp/Plinke, Geschäftsbeziehungsmanagement im Technischen Vertrieb, Berlin 1997

Kleinaltenkamp/Plinke, Auftrags- und Projektmanagement – Projektbearbeitung für den Technischen Vertrieb, Berlin 1998

Kleinaltenkamp/Plinke, Markt- und Produktmanagement – Die Instrumente des Technischen Vertriebes, Berlin 1999

Kleinaltenkamp/Plinke, Technischer Vertrieb – Grundlagen, 2. Auflage, Berlin 2000

Kleinaltenkamp/Plinke (Hrsg.), Strategisches Business-to-Business-Marketing, Berlin 2000

Kliche, M. (Hrsg.), Investitionsgütermarketing, Wiesbaden 1990

Koch/Hilgenstock, Vertriebscoaching. Markterfolg im Team, Regensburg 1998

Koch, M., Wissensbasierte Unterstützung der Angebotsbearbeitung in der Investitionsgüterindustrie, München 1994

Köhler/Uebele, Segmentierung des Industrieelektronik-Marktes Würzburg 1983

Köhler/Best, Electronic Commerce (mit CD-ROM), München 2000

Kohli/Zaltmann, Measuring Multiple Buying Influences, IMM 17, 1988, p. 197 - 204

Koinecke, J., Effizientes Verkaufs-Management, 2. Auflage, Landsberg/Lech 1992

Kommunikationsverband (Hrsg.), Jahrbuch 2000 Best of Business-to-Business-Communication, Würzburg 2000

König/Völker, Innovationsmanagement in der Industrie, München/Wien 2002

Koppelmann, U., Beschaffungsmarketing, 3. Auflage, Berlin 1999

Koppelmann, U., Produktmarketing, 6. Auflage, Berlin 2000

Kotler/Pfoertsch, B2B Brand Management, Heidelberg/New York 2006

Kotler/Pfoertsch, Ingredient Branding: Making the Invisible Visible, Heidelberg, New York 2010

Kotler/Keller, Marketing Management, 14th ed., Upper Saddle River 2012

Kotler/Keller, Marketing Management, 14th ed., Boston 2011

Koziol/Pfoertsch/Heil, Social Marketing – Erfolgreiche Marketingkonzepte für Non-Profit-**Organisationen,** Stuttgart 2006

Krafft, M., Außendienstentlohnung im Licht der Neuen Institutionenlehre, Wiesbaden 1995

Krafft/Frenzen/Jeck, Anreizsysteme: wie Vertriebsteams entlohnt werden, in: asw 9/2002, S. 40 - 44

Kreutzer, R. T., Direct-Marketing für Investitionsgüter, in: Droege/Backhaus/Weiber 1993, S. 400 - 410

Krishnamurty, S., E-Commerce – Text and Cases, Mason OH 2003

Kroeber-Riel/Weinberg, Konsumentenverhalten, München 2003

Krogmann, C., Aufbau eines Scoring-Modells für die Bewertung von Lieferanten von Verkehrs- und Logistik-Dienstleistungen, Nordersted 2012

Kruse/Lux, E-Mail-Management, Wiesbaden 2000

Kuß, A., Ergänzungsheft zum „Investitionsgütermarketing", Hagen 1993

Lamons, B., The Case for B2B Branding: Pulling Away from the Business-to-Business Pack, Washington 2005

Langner, H., B2B-Kommunikation in electronic Business, in: Baaken, Th. (Hrsg.): B2B-Kommunikation, Berlin 2002, S. 167 - 189

Large, R., Strategisches Beschaffungsmanagement, Wiesbaden 2000

Lassoga, F., Business-to-Business-Marketing: Mit Emotionen profilieren, in: asw 06/1998, S. 84 - 89

Lauer, H., Konditionen-Management. Zahlungsbedingungen optimal gestalten und durchsetzen, Düsseldorf 1998

Lemke, F. et al., Supplier Base Management: Experiences form the UK and, IJLM 11 2/2000, pp. 45 - 58

Levitt, T., The Globalization of Markets, Harvard Business Review, Vol. 61, May - June, 1983, pp. 92 - 102

Lilien/Grewal, Handbook of Business-to-Business Marketing, Elgar Original Reference, Northampton, MA. 2012

Lilien/Rangaswamy/De Bruy, Principles of Marketing Engineering, Trafford 2007

Link, J. (Hrsg.), Handbuch Database-Marketing, Ettlingen 1997

Link, J. (Hrsg.), Wettbewerbsvorteile durch Online-Marketing, Berlin/Heidelberg 1998

Link/Weiser, Marketing-Controlling. Systeme und Methoden für mehr Markt- und Unternehmenserfolg, 2. Auflage, 2006

Link/Hildebrand, Database Marketing und Computer Aided Selling, München 1993

Link/Hildebrand, Verbreitung und Einsatz des Database Marketing und CAS. Kundenorientierte Informationssysteme in deutschen Unternehmen, München 1994

Link/Tiedtke, Erfolgreiche Praxisbeispiele im Online Marketing, Berlin/Heidelberg 1999

Linton/Walsh, Integrating innovation and learning curve theory: an enabler for moving nanotechnologies and other emerging process technologies into production. R&D Management 34, 5, S. 517 - 526

Lübcke/Petersen (Hrsg.), Business-to-Business-Marketing, Stuttgart 1996

Luczak, H. (Hrsg.), Servicemanagement mit System, Berlin 2000

Lynch, J., Managing the High-Tech Sales Forces, Wilmslow 1990

Malaval, P., Marketing Business-to-Business, Paris 1996

Malaval, P., Strategy and Management of Industrial Brands, Boston 2001

Malone/Siebel, Die Informationsrevolution im Vertrieb: Mit Computer Aided Selling zum totalen Verlaufserfolg, Heidelberg 2012

Marzian/Smidt, Vom Vertriebsingenieur zum Market-Ing. – Kunden gewinnen, Berlin 1999

Mattenkott/Schimansky (Hrsg.), Werbung – Konzepte und Strategien für die Zukunft, München 2002

Mattes, F., Electronic Business-to-Business, Stuttgart 1999

McKinsey & Company (Hrsg.), Unternehmertum Deutschland, Düsseldorf 2007

McNally, R., Simulation buying center decison processes: propositions, JBIM 17 2 - 3/2002, pp. 167 - 180

Meffert/Burmann/Koers (Hrsg.), Markenmanagement, Wiesbaden 2002

Meffert/Burmann/Kirchgeorg, Marketing: Grundlagen marktorientierter Unternehmensführung. Konzepte – Instrumente – Praxisbeispiele, 11. Auflage, Heidelberg 2011

MERCOSUR: Der Südamerikanische Gemeinschaftsmarkt wurde 1991 gegründet **http://www.mercosur.int**

Merz, M., Electronic Commerce. Marktmodelle, Anwendungen und Technologien, Heidelberg 1999

Messner, W., CRM bei Banken: Ein Vorgehensmodell zur Erarbeitung einer Strategie, Prozess- und Systemarchitektur, Norderstedt 2005

Metze/Pfeiffer/Schneider, Technologie-Portfolio zum Management strategischer Zukunftsge- schäftsfelder, Göttingen 1997

Meyer/Deichsel, Jahrbuch Markentechnik 2006/2007, Frankfurt 2007

Meyer/Fischer, Methoden zur Investitionsgütermarktforschung, Berlin 1975

Michaeli, R., Competitive Intelligence: Strategische Wettbewerbsvorteile erzielen durch syste- matische Konkurrenz-, Markt- und Technologieanalysen, Heidelberg 2006

Michel/Naudé/Salle, Business-to-business Marketing, Houndmills 2002

Micke K., Der Einsatz kommunikationspolitischer Instrumente zur Verbesserung des CRM (Customer Relationship Managements): Am Beispiel von vier verschiedenen Branchen (Handel, Industrie, Medien, Dienstleistung), München 2009

Mittal/Kamakura, Satisfaction, Repurchase Intent, and Repurchase Behavior: Investigating the Moderating Effect of Customer Characteristics, in: Journal of Marketing Research, 38 (1), 2001, pp. 131 - 142

Mohr, J. J., Marketing of High Technology Products and Innovation, Upper Saddle River 2001

Möntmann, H., Vertriebsingenieure: Aufstieg zum Treiber der Wertschöpfung, in: asw 4/2002, S. 38 - 42

Morris/Pitt/Honeycutt, Business-to-Business Marketing, London 2001

Mühlmeyer, J., Internationale Preisharmonisierung im Business-to-Business-Geschäft, St. Gallen 2001

Mulcahy, S., Business-to-Business-Advertising, Newton, MA 2001

Mulcahy, S., Evaluation the Costs of Sales Calls in B2B-Markets, Newton, MA 2002

Muther, A., Electronic Customer Care; die Anbieter-Kunden-Beziehung im Informationszeitalter, Berlin/Heidelberg 1999

Muther, A., Customer Relationship Management, Berlin u. a. 2002

NAFTA: North American Free Trade Agreement wurde 1994 eingerichtet. Detaillierte Informati- onen sind vom Sekretariat erhältlich **http://www.nafta-sec-alena.org**

Nagle/Holden, The Strategy and Tactics of Pricing, 3rd ed., Upper Saddle River 2001

Nagle/Holden/Larsen, Pricing – Praxis der optimalen Preisfindung, Berlin 1998

Nekolar, A., e-Procurement, Berlin/Heidelberg 2002

Neves/Zuurbier/Campomar, A model for the distribution channels planning process, in: JBIM 16 7/2001, pp. 518 - 539

Nieschlag/Dichtl/Hörschgen, Marketing, Berlin 19. Auflage 2002

Noch, R., Dienstleistungen im Investitionsgütermarketing: Strategien und Umsetzung, München 1995

o. V., Mehr Geld – Erhöhung der Messeetats, in: m+a report, Dezember 2002, S. 14

Ochs, G., Die Marktbearbeitung in Investitionsgütermärkten durch Segmentierung von Gate- keepern, München 1994

Oehler von, K., Corporate Performance Management. Mit business intelligence Werkzeugen, München 2006

Ohmae, K., Borderless World, Boston 1990

Ohmae, K., The Professional: A Manifesto for Business in the 21st Century, New York 2008

Ohmae, K., Next Global Stage: The Callenges and Opportunities in Our Borderless World, Upper Saddle River 2005

Olderog/Skiera, The Benefits of Bundling Strategies, in: Schmalenbachs Business Review, 1/2000, S. 137 - 160

O'Reilly/Gibas, Building Buyer Relationships, London 1995

Palloks-Kahlen, M., Kennzahlengestütztes Marketing-Controlling, in: Freidank/Mayer (Hrsg.), Controlling-Konzepte, 6. Auflage, Wiesbaden 2003, S. 671 - 702

Pasquier/Kammermann, Die Bedeutung der Marktforschung bei Schweizer Unternehmen, Bern 2003

Payne/Rapp, Handbuch Relationship Marketing – Konzeption und erfolgreiche Umsetzung, München 1999

Pepels, W., Einführung in das Preismanagement, München 1998

Pepels, W., Produktmanagement, München 1998

Pepels, W., Technischer Vertrieb, Berlin 1998

Pepels, W. (Hrsg.), Business-to-Business-Marketing – Handbuch für Vertrieb, Technik, Service, Wiesbaden 1999

Pepels, W. (Hrsg.), Kundendienstpolitik, München 1999

Pepels, W. (Hrsg.), Verkaufsförderung, München 1999

Pepels, W. (Hrsg.), Marktsegmentierung, Heidelberg 2000

Pepels, W. (Hrsg.), Handbuch Vertrieb, München 2002

Pepels, W. (Hrsg.), Absatzpolitik, München 1999

Pfähler/Wiese, Unternehmensstrategien im Wettbewerb, Berlin 1998

Pfeiffer, W. u. a., Technologie-Portfolio zum Management strategischer Zukunftsgeschäftsfelder, Göttingen 1987

Pflaum/Eisenmann, Verkaufsförderung, Landsberg 1993

Pfoertsch, W., When the going gets tough, the tough gets going: James Bond drives the New Holland – Product placement for B2B companies, B2B Marketing Trend Oct. 2007

Pfoertsch, W., Profitability, Growth, and Brand Value, The IUP Journal of Brand Management, 2012, p. 40 - 50

Pförtsch, W. (Ed.), Living Web, Verlag Moderne Industrie – Erprobte Anwendungen, Strategien und zukünftige Entwicklungen im Internet, Landsberg 1999, 2000

Pfoertsch, W., Mit Strategie ins Internet, Nürnberg 2000a

Pförtsch/Schmid, B2B-Markenmanagement: Konzepte – Methoden – Fallbeispiele, München 2005

Pfoertsch/Scheel, What's a Business-to-Business company? B2B knowledge of future business leaders. Advances in Business Marketing and Purchasing, Volume 16, Business and Industrial Marketing Management: Theory, Research and Executive Case Study Exercises, March 2012

Pfoertsch/Lindner, Erfolgsmessung von Ingredient Branding, in: Mattmüler/Michael/Tunder (Hrsg.), Ingredient Branding, Heidelberg 2009

Pfoertsch/Chen, Measuring the value of Ingredient Brand equity at multiple stages in the supply chain: A component supplier's perspective, Academy of Marketing Study Journal Special Issue Volume 15, August 2011, p. 71 - 82, and in Chinese in CEIBS International Business Review, 2011

Pfoertsch/Müller, Marke in der Marke – Macht und Bedeutung des Ingredient Branding, Heidelberg 2006

Pfoertsch, W., B2B Markenmanagement Exzellenz, b2b-excellence letter December 2006, 5. Jg., Nr. 4, University of St. Gallen, Switzerland 2006

Piller, F., Mass Customization. Ein wettbewerbsstrategisches Konzept im Informationszeitalter, Deutscher Universitätsverlag Frankfurt 2006

Plinke, W., Investitionsgütermarketing, in: MarketingZFP, 1991, S. 172 - 177

Plinke, W., Ausprägungen der Marktorientierung im Investitionsgütermarketing, in: ZfbF 9, 1992, S. 830 - 846,

Porter, M., From Competitive Advantage to Corporate Strategy. Harvard Business Review, May - June (3), 1987, p. 43 - 59

Porter, M. E., Wettbewerb und Strategie, München 1999

Pradel, M., Marketingkommunikation mit neuen Medien, München 1997

Quartapelle/Larsen, Kundenzufriedenheit, Berlin 1996

Rangan/Shapiro/Moriarty, Business Marketing Strategy – Cases, Concepts and Applications, Burr Ridge, Ill., 1995

Rapp, R., CRM als Führungsinstrument für Marketing und Vertrieb, in ZfB Ergänzungsheft I/2002 S. 21 - 33

Rapp, R., Kundenzufriedenheit durch Servicequalität, Wiesbaden 1995

Rappaport, A., Investieren nach Erwartungen: Aktienkurse und Markterwartungen als Basis für Anlageentscheidungen, Weinheim 2002

Reeder/Brierty/Reeder, Industrial Marketing: Analysis, Planning & Control, Pearson Higher Education; 2nd edition 1991

Reinecke/Sipötz/Wiemann (Hrsg.), Total Customer Care: Kundenorientierung auf dem Prüfstand, Wien/Frankfurt 1998

Reineke/Tomczak/Geis (Hrsg.), Handbuch Marketingcontrolling, St. Gallen/Wien 2001

Reiner, N., Preismanagement im Anlagengeschäft, Wiesbaden 2002

Reisige, M., Digital Customer Care – Eine empirische Analyse der internet-basierten Serviceaktivitäten deutscher Unternehmen, unveröffentlichte Diplomarbeit an der FH Emden 1999

Remmerbach, K.-U., Markteintrittsentscheidungen, Wiesbaden 1988

Remmerbach, K.-U., Integrierte Markteintrittsplanung, MarketingZFP 3, 1989, S. 173 - 178

Rentzsch, H.-P., Kundenorientiert verkaufen im Technischen Vertrieb: Erfolgreiches Beziehungsmanagement im Business-to-Business-Geschäft, Wiesbaden 1997

Richter, H. P., Investitionsgütermarketing, Leipzig 2000

Richter, M., Investitionsgütermarketing für CIM-Systeme, Frankfurt 1993

Rieger, J., Sponsoring im Investitionsgüter-Bereich, Wiesbaden 1996

Rieker, S., Kundenorientierung als tragender Erfolgsfaktor des Key Account Managements, in: Hofmaier, Investitionsgüter und HiTechmarketing, Landsberg, 1992, S. 355 - 378

Ries, K., Vertriebsinformationssysteme und Vertriebserfolg, Wiesbaden 1996

Riezebos, R., Brand Management, Harlow u. a. 2003

Robinson/Faris/Wind, Industrial Buying and Creative Marketing, Boston, Mass. 1967

Rolfes, L., Die Rolle des Verwenders im Buying-Center: Das Beispiel der Beschaffung und Vermarktung biotechnologischer Verbrauchsprodukte, Wiesbaden 2012

Rose, B., Industrieroboter im Filmpalast, in: VDI-N, 06.12.02, S. 15

Rost/Schulz-Wolfgram (IBM) (Hrsg.), eBusiness, Frankfurt/Main 2000

Rudolph, B., Kundenzufriedenheit im Industriegüterbereich, Wiesbaden 1998

Rudolphi, M., Außendienststeuerung im Investitionsgütermarketing: eine Problemanalyse unter praxeologischen Gesichtspunkten, Frankfurt/Main 1981

Rumler/Manschwetus (Hrsg.), Strategisches Internet-Marketing, Wiesbaden 2002

Rupp, M., Produkt- und Marketing-Strategien, Zürich, 1988, S. 70 - 72

Salminen, R. T., Success factors of a reference visit – a single case study, in: JBIM 16 06/2001, pp. 487 - 507

Saloner/Spence, Creating and Capturing Value – Perspectives and Cases on Electronic Commerce, New York 2002

Sarvary, M., B2B-Marketplaces: How to segment industries according to, Fontainebleau 2002

Sarvary/Elberse, Market Segmentation, Target Market Selection, and Positioning, Harvard Business Review, April 2006

Sauerbrey/Henning, Kundenrückgewinnung, München 2000

Schade, K., Stochastische Optimierung: Bestandsoptimierung in mehrstufigen Lagernetzwerken, Wiesbaden 2012

Schafmann, E., Emotionen im Business-to-Business Kaufentscheidungsverhalten, Aachen 2000

Schaible/Hönig, High-Tech-Marketing in der Praxis, München 1991

Scharnbacher/Kiefer, Kundenzufriedenheit – Analyse, Messbarkeit, Zertifizierung, München/ Wien 1998

Scheffler/Voigt (Hrsg.), Entwicklungsperspektiven im Electronic Business – Grundlagen – Strukturen – Anwendungsfelder, Wiesbaden 2000

Schlich/McEwan, Cartographie des Préférences. Un outil statistique pour l'industrie agro-alimentaire. Sciences des aliments, 12, 1992, S. 339 - 355

Schmucker S. H., Organisationsgestaltung und Personalpolitik im Innovationsmanagement: Eine empirische Studie zur Promotorenentwicklung auf Basis qualitativer Fallstudien in der Automobilzulieferindustrie, München/Mering 2008

Schneider W., Marketingforschung und Käuferverhalten: Effiziente Beschaffung und Analyse von Markt- und Kundeninformationen, München 2012

Schneider/Schnetkamp, E-Markets: B2B-Strategien im eCommerce, Wiesbaden 2000

Schott, E., Kommunikationspolitik für Informationssystem-Anbieter, in: asw 12/94, 1994 S. 88 - 93

Schrank/Litschke, Rationale Verhandlungen statt Preispoker (cash value pricing), in: asw 9/2002, S. 46 - 51

Schüring, H., Database-Marketing: Einsatz von Datenbanken für Direktmarketing, Verkauf und Werbung, Landsberg 1992

Schütze, R., Kundenzufriedenheit: After-Sales-Service auf industriellen Märkten, Wiesbaden 1992

Schwarz/Schlüter, Investgüterstudie: Unternehmen vernachlässigen ihre Kunden, VDI nachrichten 04.02.1994

Schwarz, T., Permission Marketing, Würzburg 2000

Schwarze/Schwarze, Electronic Commerce – Grundlagen und praktische Umsetzung, Herne/Berlin 2002

Senn, C., Key Account Management für Investitionsgüter, Wien 1997

Sexauer, H. J., Entwicklungslinien des CRM, in WISt 4/2002, S. 218 - 222

Sheth, J. N., A Model of Industrial Buying Behavior, JoM Oct. p., 1973

Sidow, H., Key Account Management – Wettbewerbsvorteile durch kundenbezogene Strategien, Landsberg 1997

Siebel/Malone, Total Sales Quality – Die Informationsrevolution im Vertrieb, Wiesbaden 1998

Simmet-Blomberg, H., Interkulturelle Marktforschung im europäischen Transformationsprozess, Stuttgart 1998

Simon, H., Preisstrategien für neue Produkte, Opladen 1976

Simon, H., Die Zeit als strategischer Erfolgsfaktor, ZfB, 1989, S. 70 - 93

Simon, H., Preismanagement, 2. Auflage, Wiesbaden 1992

Simon, H., Was ist die Leistung dem Kunden wert?, in: asw 2/1994, S. 74 - 77

Simon, H., Preismanagement Kompakt, Wiesbaden 1995

Simon, H., E-Business – quo vadis? Analyses and Perspectives, www.simon-kucher.com, 2001

Simon, H. (Hrsg.), Industrielle Dienstleistungen, Stuttgart 1993

Simon/Dolan, Profit durch Power Pricing, Frankfurt 1997

Simon/Homburg, Das Beschaffungsverhalten industrieller Unternehmen in Deutschland, Mainz 1994

Sitte, G., Technology Branding – Strategische Markenpolitik für Investitionsgüter, Wiesbaden 2001

Skiera, B., Verkaufsgebietseinteilung zur Maximierung des Deckungsbeitrags, Wiesbaden 1996

Skiera/Spann, Preisdifferenzierung im Internet, in: Schögel, M. et. al, RoadM@p to E-Business, St. Gallen 2002, S. 270 - 285

Skinner, R. N., Integrated Marketing: Making Marketing Work in Industrial and Business-to-business Companies, London etc. 1994

Späth, L. (Hrsg.), Top 100 Ausgezeichnete Innovatoren im deutschen Mittelstand, Überlingen 2006

Spiegel-Verlag (Hrsg.), Der Entscheidungsprozeß bei Investitionsgütern, Hamburg 1982

Spiegel-Verlag (Hrsg.), Innovatoren: Eine Pilotstudie zum Innovationsmarketing in Maschinenbau und Elektroindustrie, Hamburg 1988

Stauss/Seidel, Beschwerdemanagement – Fehler vermeiden – Leistung verbessern – Kunden binden, München 2002

Stippel, P., Konkurrenzabwehr im globalen Wettbewerb, in: asw 4/2002, S. 14 - 18

Strothmann/Kliche, Innovationsmarketing – Markterschließung für Systeme der Bürokommunikation und Fertigungsautomation, Wiesbaden 1990

Strothmann, K.-H., Investitionsgütermarketing, München 1979

Strothmann/Kliche, Innovationsmarketing, Wiesbaden 1989

Stuhldreier, U., Mehrstufige Marktsegmentierung im Bankmarketing, Ein Erfolgsfaktor, Wiesbaden 2002

Tanner, J. F., Leveling the playing field: factors influencing trade show success for small companies, in: IMM 31, 2002, pp. 229 - 239

Thome/Schinzer, Electronic Commerce – Anwendungsbereiche und Potenziale der digitalen Geschäftsabwicklung, München 2000

Thunig, C., Kooperatives Marketing: Mit B2B-Clubs Kunden führen, in: asw 12/2002, S. 100 - 103

Töpfer, A., Kundenzufriedenheit – Messen und Steigern, Neuwied 1996

Trott, P., Innovation Management and New Product Development, London 2002

VDI (Hrsg.), Der Vertriebsingenieur, Düsseldorf 1989

VDI-EKV (Hrsg.), Angebotsbearbeitung – Schnittstelle zwischen Kunden und Lieferanten (Kundenorientierte Angebotsbearbeitung für Investitionsgüter und industrielle Dienstleistungen, Düsseldorf 1998

VDI-EKV (Hrsg.), Vertriebspraxis 1998 – Kunden sprechen zu ihren Lieferanten: Vertriebsbenchmarking, Düsseldorf 1998

VDMA Nachrichten, Ausgabe: 09 – 2002, Marken im Maschinenbau, Sonderbeilage 2002

Vitale/Giglierano, Business-to-Business-Marketing – Analysis & Practice in a Dynamic Environment, Mason OH 2002

Vitale/Giglierano/Pfoertsch, Business to Business Marketing – Analysis and Practice, Prentice Hall, 1. edition, Upper Saddle River, New Jersey 2010

Wallbrecht/Clasen, Internet für Marketing. Vertrieb. Kommunikation, Neuwied 1997

Wamser, C., Electronic Commerce – Grundlagen und Perspektiven, München 2000

Weber, J. A., Partnering with Resellers in Business Markets, in: IMM 30, 2001, pp. 87 - 99

Weber, S., Electronic Business II – Elektronische B2B-Marktplätze, Erfurt 2001

Webster, F. E., Industrial Marketing Strategy, 3rd ed., New York 1991

Webster/Wind, Organizational Buying Behavior, Englewood Cliffs 1972

Weiber, R., Die Bedeutung von Standards bei der Vermarktung von Systemtechnologien, in: Droege/Backhaus/Weiber, S. 146 - 161, 1993

Weiber, R. (Hrsg.), Handbuch Electronic Business – Informationstechnologien – Electronic Commerce – Geschäftsprozesse, Wiesbaden 2000

Weiber/Adler, Informationsökonomisch begründetete Typologisierung von Kaufprozessen, ZfbF 1, 1995, S. 43 - 65

Weiber/Kollmann, Der virtuelle Wettbewerb – Marketing im Informationszeitalter, Wiesbaden 1999

Weinrauch/Andersen, Conflicts between Engineering and Marketing Units, IMM, 1982, p. 291 - 301

Weis, H. C., Marketingkommunikation in der Investitionsgüterindustrie, Frankfurt/Main 1983

Weis, H. C., Verkaufsgesprächsführung, 4. Auflage, Ludwigshafen 2003

Weis, H. C., Verkaufsmanagement, Ludwigshafen 2005

Weis/Steinmetz, Marktforschung, Herne 2012

Weiss, P. A., Die Kompetenz von Systemanbietern – ein neuer Ansatz zum Marketing von Systemtechnologien, Berlin 1992

Wengler S., Key Account Management in Business-to-Business Markets, Wiesbaden 2006

Whitney, J., Strategic Renewal for Business Units, Harvard Business Review, July - August, 1996, pp. 84 - 98

Williams/Seminerio, What Buyers Like form Salesmen, in: IMM, 1985, p. 75 - 78

Williams/Rao, Industrial Complaining Behavior, in: IMM, 1989, p. 299 - 304

Winkelmann, P., Innovatives Außendienst-Management, München 1999

Winkelmann, P., Operative Marktsegmentierung mit Hilfe von Kundenportfolios, in: Pepels, W. (Hrsg.): Business-to-Business-Marketing, Neuwied 1999, S. 112 - 129

Winkelmann, P., Vertriebskonzeption und Vertriebssteuerung, München 2005

Winkelmann, P., Marketing und Vertrieb, 6. Auflage, München 2008

Wirtz, B. W., Electronic Business, Wiesbaden 2000

Witte, E., Organisation von Innovationsentscheidungen – Das Promotorenmodell, Göttingen 1973

Woodside/Wilson, Contruction thick descriptions of marketers' and buyers' decision processes in business-to-business relationships, JBIM 15 5/2000, pp. 354 - 369

Wright, T. P., Factors affecting the cost of airplanes. Journal of the Aeronautical Science, 1936, S. 122 - 128

WTO, World Economic 2007, World Trade Organization, Geneva 2007

Xin/Yeung/Pfoertsch/Liu, The Globalization of Chinese Companies: Strategies for Conquering International Markets, Singapore 2011

Yankelovich/Meer, Rediscovering Market Segmentation, Harvard Business Review, February, 2006, pp. 122 - 131

Zentes/Swoboda/Morschett (Hrsg.), B2B-Handel – Perspektiven des Groß- und Außenhandels, Frankfurt 2002

Zerres/Zerres, Handbuch Marketing-Controlling, Heidelberg 2006

Zoeten/Hasenböhler/Amann, Industrial Marketing, Stuttgart 1999

Zwißler/Uremovic, Electronic Commerce und Business Systeme – Kriterien, Realisierungen und Entscheidungshilfen, Berlin 2000

Fallstudien

Übersicht über die Fallstudien

Fallstudie	Schwerpunkt	Seite
Stadtverwaltung Hamlin	Organisationales Beschaffungsverhalten, Buying Center, Ausschreibungen	432
AEC-Hildy	Buying Center, Beschaffungssituationen	439
Atlas Elektrowerkzeuge	Marktforschung	447
Rigi Wandplatten	Einführung eines neuen Produktes	455
AEC	Produktelimination	461
Industrie-Systeme Bielefeld	Preisverhalten bei einer Ausschreibung	464

Die Fallstudien sind Übersetzungen und Übertragungen von Fällen aus dem Buch „Business Marketing" von *Robert K. Haas*, Cincinnati 1995.

 Mit Extras im Internet

Die Lösungen zu den Fallstudien können Sie auf www.kiehl.de/b2b abrufen.

Fallstudie 1: „Stadtverwaltung Hamlin[1]"

Hintergrund

Hamlin ist eine größere Stadt in Nordrhein-Westfalen mit rund 100.000 Einwohnern. Dem Leiter der Abteilung Straßeninstandhaltung, Lars Blomquist, ist schon seit längerer Zeit aufgefallen, dass das Kommunikationssystem der Stadt verbessert werden muss, um zur ständig wachsenden Zahl seiner Mitarbeiter im Außendienst Kontakt zu halten. Jedes Fahrzeug und jeder Mitarbeiter muss jederzeit für Herrn Blomquist erreichbar sein, und die Außendienstmitarbeiter müssen sowohl miteinander als auch mit der Zentrale kommunizieren können. Mit dem derzeitigen System ist das nicht möglich.

In Herrn Blomquists Abteilung sind 60 Instandhaltungsarbeiter beschäftigt, jeder von ihnen braucht eine entsprechende Funkausstattung. Außerdem müssen die 23 Fahrzeuge und natürlich die Zentrale ausgestattet werden. Ein derartiges Kommunikationssystem ist relativ kompliziert, es gibt eine Vielzahl von Anbietern mit sehr vielen unterschiedlichen Lösungskonzepten.

Lars Blomquist hat um ein Gespräch mit Matthias Barth, dem Leiter der städtischen Kommunikationsabteilung, gebeten, um mit ihm den Bedarf der Abteilung Straßeninstandhaltung durchsprechen. Herr Barth ist ebenfalls der Meinung, dass die Kommunikation in diesem Bereich verbessert werden muss. Allerdings ist er zurzeit ausschließlich mit dem Entwurf eines Systems für die städtischen Notfall- und Rettungsdienste beschäftigt.

Das System, das momentan in der Abteilung Straßeninstandhaltung eingesetzt wird, ist ein älteres System der Maaß Elektronik GmbH; dieses System hat die Stadt Hamlin vor einigen Jahren von einer Nachbarstadt gekauft, in der ein neueres System eingeführt wurde. Das alte System erfüllte damals den Bedarf in Hamlin, aber durch das starke Wachstum der Stadt reicht es inzwischen einfach nicht mehr aus.

Herr Barth hat früher bei Maaß Elektronik gearbeitet und hat immer noch gute Kontakte zu dieser Firma. Er schlägt vor, mit der Maaß GmbH Kontakt aufzunehmen, um mögliche Lösungen in Erfahrung zu bringen. Er könnte Robert Schlinger anrufen, seinen früheren Chef, der inzwischen bei Maaß Vertriebsleiter ist.

---

[1] Nach „City of Brookings" in: *Haas, Robert W.:* Business Marketing, Cincinnati 1995; übersetzt und überarbeitet von *Hans* und *Peter Godefroid*

Die Fragen

Bevor ein Termin vereinbart wird, treffen sich Herr Blomquist und Herr Barth noch einmal und erarbeiten einen Fragenkatalog für das Treffen mit Herrn Schlinger.

1. Kann Hamlin das bisherige System behalten und einfach ein zusätzliches System installieren, um den Zusatzbedarf zu befriedigen?
2. Falls das möglich ist, was würde es kosten?
3. Wie weit könnte ein solches Zusatzsystem ausgebaut werden?
4. Wie lange würde es dauern, ein solches Zusatzsystem zu installieren?
5. Falls ein Zusatzsystem nicht möglich ist, was würde eine neues System kosten? Würde die Maaß GmbH das alte System in Zahlung nehmen?
6. Wie weit könnte ein neues System ausgebaut werden?
7. Wie lange ist die Lieferzeit für ein neues System?
8. Welche personellen Anforderungen sind in beiden Fällen zu erfüllen?
9. Falls zusätzliches Personal benötigt wird, welche Qualifikationen sind erforderlich?
10. Welche Schulungsmöglichkeiten bietet Maaß Elektronik?

Das Meeting

Am nächsten Mittwoch treffen sich Herr Blomquist und Herr Barth mit Herrn Schlinger und sprechen diese Fragen durch. Recht bald ist klar, dass es keinen Sinn macht, das alte System auszubauen – die Kosten für die Erweiterung des alten Systems liegen nur sehr knapp unter denen eines neuen Systems. Das alte System ist so alt, dass die Maaß GmbH es nicht in Zahlung nehmen kann. Lars Blomquist beginnt nun mit der Ausarbeitung eines Beschaffungsantrags für ein neues System.

Die Verzögerung

Drei Wochen vergehen nach dem Treffen mit Herrn Schlinger und trotz aller guten Vorsätze ist Herr Blomquist mit der Ausarbeitung eines Beschaffungsantrags noch nicht weiter. Herr Barth steht mitten in einer Auseinandersetzung zwischen der Abteilung Notdienste und dem Rathaus wegen des Ausbaus des Rettungs-Informationssystems und hatte daher keine Zeit für das Anliegen der Abteilung Straßeninstandhaltung. Herr Blomquist war durch den starken Wintereinbruch voll beansprucht und das Fehlen eines leistungsstarken Kommunikationssystems behinderte die Arbeit zusätzlich. Als Herr Schlinger Herrn Blomquist anruft, um sich nach dem Fortgang des Projekts zu erkundigen, erfährt er, dass das Projekt wegen dringender Arbeiten zurückgestellt wurde.

Herr Blomquist ist zunehmend unzufriedener mit dem unzulänglichen Kommunikationssystem – zwei Monate nach dem Treffen mit Herrn Schlinger konnte er immer noch nicht an dem Antrag arbeiten. Er ruft daher Herrn Schlinger an:

„Guten Tag Herr Schlinger, ich hatte bisher leider noch keine Zeit, mich um den Entwurf eines neuen Systems kümmern. Es war ein besonders harter Winter und Herr Barth ist anderweitig auch sehr beschäftigt. Aber wir brauchen unbedingt ein neues System – das würde meine Arbeit und die meiner Mitarbeiter sehr erleichtern. Wir könnten die Straßen schneller reparieren und die ganze Stadt hätte einen Nutzen davon."

„Wenn ich kann, werde ich Ihnen gerne helfen", antwortet Herr Schlinger aufmerksam.

Herr Blomquist fährt fort: *„Ich glaube, Sie kennen unsere Anforderungen. Könnten Sie nicht einen kompletten Vorschlag für mich ausarbeiten – mit allen Spezifikationen, personellen Anforderungen, Argumenten für ein neues anstelle des alten Systems, Ausbaumöglichkeiten etc.?"*

„Brauchen Sie auch einen Kostenvoranschlag?" fragt Herr Schlinger.

„Ja klar, aber Sie wissen sicher, dass das Ganze dann noch ausgeschrieben werden muss!"

„Natürlich. Ich werde sofort mit der Arbeit beginnen und einen meiner Systemingenieure daran setzen; ich glaube, dass ich das ganze in ein paar Wochen fertig haben kann."

„Danke, Herr Schlinger, ich freue mich darauf. Falls es noch Rückfragen gibt, wissen Sie ja, wo ich zu erreichen bin!"

„Bis bald, Herr Blomquist, wir bleiben in Kontakt!"

Nach zwei Wochen erhält Herr Blomquist Herrn Schlingers fertigen Vorschlag. Er besteht aus Spezifikationen für ein von Maaß Elektronik patentiertes 2-Wege-Kommunikationssystem. Die Ausrüstung soll 46.000 € kosten, für Installation und Training würden 5.000 € berechnet.

Herr Blomquist reicht diesen Vorschlag bei der Einkaufsabteilung der Stadt Hamlin ein und hofft, dass seine Abteilung das dringend benötigte System schnell bekommt.

Ein Problem entsteht

Frau Venske ist die Leiterin der Einkaufsabteilung der Stadt Hamlin. Als sie ihr Exemplar des Beschaffungsvorschlags erhält, ist sie erstaunt, da sie zum ersten Mal etwas von diesem Vorgang erfährt. Nachdem sie die Unterlagen sehr gründlich durchgearbeitet hatte, ruft sie Maaß Elektronik an, um ein paar weitere Informationen einzuholen. Dann schreibt sie folgende E-Mail an Herrn Blomquist und Herrn Barth:

Stadt Hamlin, Einkaufsabteilung, Gabi Venske

An: Matthias Barth, Kommunikationsabteilung
        Lars Blomquist, Straßeninstandhaltung

Betreff: Ihr Beschaffungsvorschlag eines Kommunikationssystems

Ich habe mit großem Interesse Ihren Beschaffungsvorschlag zur Kenntnis genommen.

Allerdings scheinen mir einige der Beschaffungsregeln unserer Stadt sowie allgemeine Regelungen für Beschaffungen im Öffentlichen Dienst nicht hinreichend berücksichtigt worden zu sein. Ich bitte Sie daher, sich nochmals mit diesen Regeln vertraut zu machen und dann einen Gesprächstermin mit mir zu vereinbaren.

Frau Venske, Herr Blomquist und Herr Barth treffen sich zwei Wochen später, um Herrn Schlingers Vorschlag zu besprechen. Maaß Elektronik hat in der Vergangenheit die Stadt immer mit qualitativ guten Leistungen beliefert. Dennoch gibt es ein Problem mit dem Vorschlag: die Spezifikationen sind so eng an das Maaß-System angelehnt, dass auf Basis dieser Spezifikationen kaum ein Wettbewerberangebot eingeholt werden kann. Da es eine Reihe von Firmen in Hamlin gibt, die Kommunikationssysteme anbieten, will Frau Venske diese nicht vom Beschaffungsprozess ausschließen. Sie setzt sich generell stark für die Auftragsvergabe an lokale Anbieter ein. Außerdem sei Maaß Elektronik in der Vergangenheit meist der teuerste Anbieter gewesen.

Die Beschaffungsregeln der Stadt sehen vor, dass bei Beschaffungen über 500€ drei Angebote eingeholt werden müssen, Beschaffungen über 10.000€ müssen generell öffentlich ausgeschrieben werden[1].

Alle drei sind sich einig, dass etwas getan werden muss, um die Kommunikationsprobleme in der Abteilung Straßeninstandhaltung zu lösen. Man ist sich auch einig, dass aufgrund ihrer hohen Arbeitsbelastung weder Herr Barth noch Herr Blomquist Zeit haben, einen detaillierten Vorschlag zu erarbeiten. Obwohl Herr Blomquist die Anforderungen seiner Abteilung genau kennt, hat er keine Zeit, nach Alternativen zu dem Maaß-System zu suchen oder die Spezifikationen in allgemeiner Form zu formulieren.

---

[1] Diese Regeln sind fiktiv und entsprechen nicht unbedingt den tatsächlichen Realitäten in Deutschland.

„Obwohl Kosten immer ein Rolle spielen, glaube ich, dass in diesem Fall Herr Blomquist die Anforderungen seiner Abteilung möglichst genau aufschreiben sollte und wir dann einen Berater beauftragen, ein genaues Pflichtenheft und die übrigen Ausschreibungsunterlagen zu erstellen", schlägt Frau Venske vor (obwohl sie normalerweise nicht gern Aufträge an Berater vergibt; in diesem Fall sieht sie aber keine andere Lösungsmöglichkeit).

Herr Barth entgegnet darauf: *„Das scheint mir eine ausgezeichnete Idee zu sein, um bald ausschreibungsfähige Unterlagen zu haben, ich habe übrigens eine Liste mit Beratern, die auf diesem Gebiet recht erfahren sind."*

„Ich habe ein paar Notizen; die Anforderungen meiner Abteilung kann ich Ihnen bis Ende nächster Woche zur Verfügung stellen", ergänzte Herr Blomquist.

Die Ausschreibung der Beratungsleistung wird verschickt

Frau Venske erstellt aus den Unterlagen, die sie von Herrn Blomquist erhält, ein Dokument von insgesamt 25 Seiten. Dieses Dokument enthält eine Beschreibung der Einkaufsrichtlinien der Stadt und die Anforderungen der Abteilung Straßeninstandhaltung. Außerdem werden die Berater gebeten, zu folgenden Punkten Stellung zu nehmen:

a) Erfahrung mit ähnlichen Projekten in der Vergangenheit
b) Beispielkonfigurationen und -spezifikationen
c) Zeitplan für dieses Projekt
d) Kosten
e) Liste der Mitarbeiter, die mit diesem Projekt betraut würden und deren Erfahrungen
f) ausführliche Darstellung des Unternehmens, insbesondere der finanziellen Situation

Das Dokument wird an die 30 Beratungsfirmen geschickt, die auf der Liste von Herrn Barth standen. Für das Kostenangebot wird ein Formblatt beigefügt, das von den Anbietern zu benutzen ist und für die Bearbeitung eine Frist von 30 Tagen festgesetzt.

Von den 30 Beratern antworten sieben innerhalb der 30 Tage Frist, fünf davon am letzten Abend mit Zustellung durch einen Kurierdienst. Die Angebote werden geöffnet und die geschätzten Kosten für die Beratungstätigkeit öffentlich verlesen. Drei der Anbieter sind bei der Angebotsöffnung anwesend und machen sich Notizen. Die Preisspanne der Angebote reicht von 7.000 € bis zu 28.000 €.

Nach der Eröffnung der Angebote verkündet Frau Venske: *„Die Auswahl des Beraters erfolgt nach Qualifikation, Erfahrungen in der Vergangenheit und nach den Kosten. Die Stadt hat einen Standard-Beratungs-Vertrag, der im Falle der Vergabe benutzt wird. Wir werden jetzt alle Angebote gründlich prüfen und innerhalb von zwei Wochen eine Entscheidung treffen. Vielen Dank für Ihre Anwesenheit."*

Ein Berater wird ausgewählt

Innerhalb der nächsten 35 Tage wird der Kreis der Bewerber auf zwei eingeschränkt. Diese beiden Beraterfirmen werden gebeten, eine Präsentation vor dem Stadtrat zu halten. Sowohl Herr Barth als auch Herr Blomquist sind anwesend. Zwei Wochen nach diesen Präsentationen wird der Auftrag an Amos & Fisch vergeben, eine große Beratungsfirma, die bereits viele Projekte für Gemeinden in der näheren Umgebung durchgeführt hat. Die Kosten für das Projekt sind mit 16.000 € veranschlagt.

Das Beratungsprojekt läuft

In enger Abstimmung mit Frau Venske, Herrn Barth und Herrn Blomquist beginnen die Mitarbeiter der Beratungsfirma mit der Arbeit. In den folgenden zwei Monaten werden Mitarbeiter aus den Bereichen Straßeninstandhaltung und Kommunikation befragt sowie Fachabteilungen benachbarter Gemeinden, um einen gewissen Grad von Kompatibilität sicherzustellen. Die Beratungsfirma untersucht den Markt und stellt Produkte, Firmen und Dienstleistungen zusammen, aus denen die Stadt auswählen kann. Als Ergebnis wird ein Pflichtenheft mit ausführlichen Spezifikationen für das zu liefernde Kommunikationssystem erstellt und vorgelegt.

Das Beratungsteam von Amos & Fisch erstellt ein Papier von 85 Seiten. Diese Ausschreibung wird an 25 Anbieter von Kommunikationssystemen verschickt und ein Zeitrahmen von 60 Tagen für die Bearbeitung angesetzt, innerhalb derer sie ihre Vorschläge präsentieren können.

Die Ausschreibung

12 der 25 Unternehmen antworten auf die Ausschreibung. Nur vier der Anbieter waren bei der Öffnung der Angebote vertreten – alle aus Hamlin oder der Nachbarstadt. Die Angebote schwanken zwischen 29.000 € und 67.000 € inklusive Installation und Anwender-Training. Das Amos & Fisch-Team benötigt weitere 45 Tage um die Angebote auszuwerten und stellt dann dem Stadtrat seine Empfehlung vor.

Inzwischen ist fast ein Jahr vergangen, seit Herr Blomquist und Herr Barth erstmalig über dieses Thema gesprochen hatten. Der Stadtrat von Hamlin erteilt den Auftrag der Firma „Hamlin-Kommunikation", einem lokalen Händler von Standard-Elektronik-Ausrüstungen. Der Preis beträgt 31.000 €, das System ist kompatibel mit den Systemen der beiden direkt angrenzenden Städte, sodass in Notfällen alle drei Städte ihre Ressourcen zusammenlegen können. Außerdem kann das System weiter ausgebaut werden, und zwar zu deutlich geringeren Kosten als bei allen anderen Anbietern. Nach weiteren zwei Monaten ist das System vollständig installiert, die Mitarbeiter sind in der Handhabung ausgebildet und die Übergabe ist erfolgt.

Fragen:

1. Vergleichen Sie die Beschaffungspraxis der Stadt Hamlin mit der Vorgehens-weise in privatwirtschaftlichen Unternehmen. Welche Unterschiede und Ähnlichkeiten sehen Sie?

2. Analysieren Sie die Einflüsse auf die Beschaffung. Wer spielt bei dieser Beschaffung welche Rolle? Welche Rollen sind besonders wichtig?

3. Gegenüber der Vergabe an Maaß Elektronik hat die Stadt letztlich nur wenig Geld gespart. Was hat die Stadt durch diesen langen und formalen Beschaffungsprozess verloren und was gewonnen?

4. Versetzen Sie sich in die Situation von Robert Schlinger von Maaß Elektronik. Hätten Sie genauso reagiert oder hätten Sie etwas anders gemacht?

Fallstudie 2: AEC-Hildy[1]

Jan Pohmann ging direkt nach Beendigung seines Studiums (Diplom in Marketing an der Freien Universität Berlin) zur AEC GmbH. Er absolvierte das achtmonatige Trainee-Programm von AEC; während dieser Zeit hatte er im Lager und in verschiedenen Werken gearbeitet, war im Marketingbereich der Zentrale tätig und verbrachte auch einige Wochen im Bereich „Kundenbeziehungen". Am Ende der 8 Monate glaubte er, das Geschäft von AEC zu kennen. Er wurde danach einem Vertriebsbereich zugewiesen.

AEC ist ein Anbieter eines breiten Spektrums von Verarbeitungsmaschinen, Komponenten und Teilen, Verpackungsmaterialien und Betriebsmitteln, die von der Nahrungsmittelindustrie benötigt werden. Die Produktlinien reichen von Großkochgeräten, Abfüllmaschinen und Materialsteuerungseinrichtungen über Ventile bis hin zu Schmierstoffen. AEC vertreibt die meisten dieser Produktlinien mit 8 Vertriebsgeschäftsstellen in den wichtigsten Märkten der Nahrungsmittelindustrie. Jede Vertriebsgeschäftsstelle wird von einem Geschäftsstellenleiter geführt und umfasst ein eigenes Lagerhaus, einen Außendienst, einen Innendienst mit Lagerverkauf und die entsprechenden Verwaltungsmitarbeiter.

Pohmann's erster Job im Vertrieb war der Innendienst mit Lagerverkauf in einer Geschäftsstelle in Norddeutschland. Den größten Teil seiner Zeit verbrachte er mit der telefonischen Beantwortung von Fragen und der Auftragsannahme. Außerdem kamen häufig Kunden zur Warenausgabe, denen er bei der Identifizierung von Teilen oder Anwendungen oder bei der Suche in den ausliegenden Katalogen helfen musste. Nach einigen Monaten durfte Pohmann drei Wochen Alexander Müller, einen Außendienst-Vertriebsbeauftragten, auf seinen Kundenbesuchen begleiten. Danach erhielt Pohmann sein erstes eigenes Vertriebsgebiet.

Nach sechs Monaten hatte Pohmann alle Kunden besucht und ihr Geschäft und ihre Probleme kennen gelernt. Nach einem Jahr kannte Pohmann die Nahrungsmittelindustrie fast besser als das Geschäft von AEC. Nach zwei Jahren wurde Pohmann in der Zentrale als der beste Nachwuchsverkäufer ausgezeichnet. Außerdem wurde er in eines der wichtigsten Vertriebsgebiete von AEC versetzt.

Pohmann's erste Woche in seinem neuen Gebiet war sehr arbeitsintensiv. Er verbrachte viel Zeit damit, Kontakt zu Kunden und Interessenten zu finden, die er aus primären und sekundären Quellen identifiziert hatte. Die meiste Zeit verbrachte er allerdings mit Hildy Marmelade, einem wichtigen und langjährigen Kunden von AEC und einem der größten Marmeladenhersteller.

---

[1] nach der Fallstudie „A week in the life of Jim Roberts, Industrial Sales Rep" aus *Haas, R.*: Business Marketing, Cincinnati 1995; übersetzt und überarbeitet von *Katrin Frank* und *Peter Godefroid*

Montag

Obwohl Pohmann mehrere Nahrungsmittelfabriken in der Umgebung während seiner ersten Woche im neuen Gebiet besuchte, verbrachte er die meiste Zeit mit Hildy, weil Hildy Stammkunde von AEC war. Pohmann wollte am Montag früh die Leiterin der Einkaufsabteilung besuchen und traf auf Anita Schmidt (die Sekretärin der Einkaufsabteilung). Er stellte sich vor und erklärte, dass er der neue Vertriebsbeauftragte von AEC in diesem Gebiet war und bat, Frau Braun, die Leiterin der Einkaufsabteilung, sprechen zu dürfen. Frau Schmidt sagte ihm, dass Frau Braun zurzeit sehr beschäftigt sei, aber dass sie später am Tag mit ihm sprechen könnte. Sie schlug vor, dass er Ralf Ohm, den Einkäufer für Fertigungsausrüstungen, besuchen sollte.

Pohmann diskutierte 30 Minuten mit Herrn Ohm über Fertigungseinrichtungen in der Nahrungsmittelindustrie und übergab ihm eine Reihe von aktuellen AEC-Katalogen und -Broschüren. Herr Ohm schien Pohmann zu akzeptieren und schlug vor, das Werk Nr. 3 zu besichtigen, das direkt neben der Hauptverwaltung lag. Sie verbrachten die nächste Stunde auf einem Rundgang durch das Werk; Herr Ohm zeigte Pohmann die verschiedenen Fertigungsstraßen und Pohmann konnte viele Personen kennen lernen: er sprach einige Minuten mit dem Werksingenieur (Johannes Schmalz), mit einigen Maschinenbedienern, der Qualitätskontrolle und mit Arnd Edwards, dem Leiter der Abteilung „Instandhaltung und Reparaturen". Sie beendeten den Rundgang mit einem kurzen Besuch bei Bernd Vandenberg, dem Werksleiter.

Während des Rundgangs sprach Pohmann kurz mit Gerd Mohrmann, dem Schicht-leiter der Abfüllanlage. Er hatte bemerkt, dass Mohrmann zwei sehr alte Maschinen bedienen musste, um Gefäße der Größe 16 abzudecken und die Etiketten aufzukle-ben. Er gab Mohrmann eine Broschüre über AEC's neue Abfüllmaschine GF6803 und wies darauf hin, dass die GF6803 beide Arbeitsgänge gleichzeitig erledigen würde – und zwar schneller und mit geringerem Aufwand. Mohrmann schien beeindruckt und sagte Ralf Ohm, dass Hildy eine GF6803 kaufen sollte. Ohm lachte und sagte Mohrmann, er möge das doch bitte seinem Vorgesetzten sagen.

Nach dem Gespräch mit dem Werksleiter kehrte Pohmann zur Einkaufsabteilung zurück. Frau Schmidt führte ihn sofort in das große und geschmackvoll eingerichtete Büro von Frau Braun. Sie war etwas zurückhaltend, hieß aber Pohmann bei Hildy willkommen und bot ihm ein Glas Orangensaft an. Sie erzählte Pohmann, dass sie die meisten Einkaufsentscheidungen an ihre Einkäufer delegiert hatte, die für die einzelnen Geschäftsbereiche und Produktgruppen zuständig waren; sie selbst werde nur bei besonders wichtigen Beschaffungen eingeschaltet und zwar zusammen mit den Managern, die für das jeweilige Projekt die operative und kostenmäßige Verantwortung hätten. Sie erläuterte die Grundlagen der allgemeinen Bestellroutine und die Zahlungsbedingungen von Hildy; etwas ausführlicher stellte sie das automatische Nachbestellsystem vor, das sie entworfen hatte.

Als er Frau Braun verließ, ging Pohmann noch kurz in Frau Schmidts Büro, um ihr dafür zu danken, dass der Termin bei Frau Braun so gut geklappt hatte. Frau Schmidt freute sich und sagte Pohmann, dass Ralf Ohm ihn eingeladen hatte, mit ihm und Johannes Schmaltz in der Cafeteria Mittag zu essen. Pohmann nahm diese Einladung gern an und besuchte am Nachmittag noch drei weitere Nahrungsmittelhersteller in der Gegend.

Dienstag

Am Dienstag wurde Pohmann klar, dass sich der Besuch bei Hildy auszuzahlen begann. Früh morgens erhielt er einen Anruf von Ralf Ohm mit der Bitte, ihm bei einer Wirtschaftlichkeitsanalyse für die Dampf-Bypass-Ventile zu helfen, die Hildy in den Großkochgeräten für Marmelade benutzte. Hildy kaufte regelmäßig bei AEC die R20-Ventile, aber Ohm überlegte, ob nicht vielleicht die billigeren R10-Ventile von AEC auch ausreichen würden.

Pohmann sagte ihm, dass er ihm gern helfen würde. Er fuhr sofort ins Werk von Hildy und traf sich mit Johannes Schmalz und Arnd Edwards, um Informationen über die Nutzung der Ventile bei Hildy zu beschaffen. Danach fuhr er in sein Büro zurück und ging seine eigenen Informationen durch, um die Wirtschaftlichkeitsanalyse durchführen zu können. Die dafür wesentlichen Informationen sind in Anlage 1 zusammengestellt.

Mittwoch

Am Mittwoch gab es großen Ärger bei Hildy. Arnd Edwards stellte fest, dass er keine Silikon-Schmiermittel mehr hatte; diese wurden gebraucht, um die Zuführungsarme der Abfüllmaschinen zu schmieren. Er rief beim Einkauf an, aber alle außer Frau Schmidt waren in einem sehr wichtigen Meeting bei Frau Braun. Edwards sagte Frau Schmidt, dass er in großen Schwierigkeiten war und dass er die Schmiermittel jetzt brauchte, und bat Frau Schmidt, ihm zu helfen.

Frau Schmidt schaute in die Akten und stellte fest, dass Hildy die letzten Male dieses Schmiermittel bei AEC gekauft hatte; sie nahm es daher auf ihre Kappe, Pohmann anzurufen und ihn zu bitten, zwei Kanister dieses Schmiermittels schnellstens zu liefern. Pohmann tat dies gern. Er fand heraus, dass AEC gerade eine Bestellung über 10.000 Dosendeckel Nr. 8 erhalten hatte; er half daher den Lagerarbeitern beim Beladen des Lkws, stellte noch zwei Kanister des Schmiermittels dazu (nicht ohne den Rechnungsbeleg anzufordern) und fuhr mit dem Lkw-Fahrer zu Hildy.

Edwards freute sich sehr, die Schmiermittel so schnell zu bekommen und sagte dies auch Bernd Vandenberg, dem Werksleiter, der zufällig anwesend war, als Pohmann die Lieferung brachte. Vandenberg nahm Pohmann beiseite und sagte ihm, dass Mohrmann ihn besucht habe und um Beschaffung einer AEC GF6803 gebeten habe, um die beiden alten Maschinen zu ersetzen. Vandenberg habe Johannes Schmalz den Auftrag gegeben, die technischen Voraussetzungen für die neue Maschine zu klären; Schmalz meinte daraufhin, dass es nützlich wäre, wenn Pohmann ihm bei der Entwicklung der Spezifikationen helfen könnte.

Pohmann saß mit Schmalz mehrere Stunden zusammen, um ein Konzept für die Umstellung auszuarbeiten. Die Verkabelung im Werk müsste ein wenig geändert werden, und Pohmann rief einen Statiker an, um festzustellen, ob der Boden die neue Maschine aushalten würde. Nachmittags um 16 Uhr waren sie mit dem Konzept fertig und gingen damit in das Büro von Bernd Vandenberg. Er fragte sie, was das Ganze kosten würde und war etwas schockiert, als er erfuhr, dass er von 110.000 € ausgehen müsste; er bat Schmalz, dennoch weiterzumachen und eine Einkaufsanforderung auszuarbeiten.

Vandenberg sage Pohmann auch, dass die ganze Angelegenheit einige Zeit dauern könnte, weil es sich um ein extrem kritisches Teil des Maschinenparks handelte. Er schlug vor, dass Pohmann ein formelles Angebot an Ralf Ohm schicken sollte, der für die Durchführung der Beschaffung verantwortlich sei. Außerdem bat er Pohmann, vor ihm und Frau Braun eine Präsentation seines Vorschlages zu machen. Sie würden seinen Vorschlag prüfen; im positiven Fall würde Ralf Ohm mit der Durchführung der Beschaffung betraut.

Donnerstag

Am Donnerstag erhielt Pohmann eine Ausschreibung von Ralf Ohm. Hildy hatte bisher die Deckel für die Gefäßgröße 40 bei zwei Wettbewerbern von AEC gekauft. Da man jetzt auf Single-Sourcing umsteigen wollte, wurden alle Anbieter gebeten, ein Angebot über 100.000 dieser Deckel abzugeben, die dann mithilfe des automatischen Bestellsystems abgerufen würden. Pohmann wusste, dass Ralf Ohm ein Lieferanten-Bewertungssystem benutzte (Anlage 3) und dass Hildy bei dem Anbieter mit dem niedrigsten gewichteten Preis kaufen würde.

Pohmann war sicher, dass die beiden einzigen Anbieter für diesen Auftrag die Firmen „Bäcker-Glas" und „Ajax-Behälter" sein würden. Beide hatten Hildy in der Vergangenheit mit Deckeln beliefert. Pohmann rief Ralf Ohm an, um ein paar Zusatzinformationen zu bekommen, aber Ohm war gerade im Werk. Frau Schmidt bot ihm ihre Hilfe an, und Pohmann war sehr erfreut, dass sie ihm einige Informationen über die Leistungen der beiden Wettbewerber in der Vergangenheit geben konnte. Mit den Informationen, die Frau Schmidt ihm gab, und nach einigen Anrufen bei anderen Kunden, konnte Pohmann eine Tabelle (siehe Anlage 2) zusammenstellen mit den Punkten, mit denen seiner Meinung nach AEC und die beiden anderen Anbieter aus Sicht von Hildy bewertet werden würden.

Im nächsten Schritt untersuchte Pohmann die Angebote der Wettbewerber in der Vergangenheit. Pohmann's Vorgänger war bei jeder Angebotsöffnung anwesend gewesen und hatte sorgfältige Aufzeichnungen hinterlassen. Nachdem Pohmann eine Weile diese Akten durchgesehen hatte, hatte er ein gutes Gefühl dafür, zu welchen Preisen die Wettbewerber anbieten würden. Er vermutete, Bäcker würde für 9,00 € pro Hundert Deckel anbieten, währende der Preis von Ajax-Behälter bei 8,80 € liegen dürfte. Um 17 Uhr war Pohmann soweit, sein Angebot auszuarbeiten.

Aufgaben:

1. In seiner ersten Woche als Vertriebsbeauftragter von AEC in seinem neuen Gebiet war Jan Pohmann in mehrere (potenzielle) Beschaffungsvorgänge bei Hildy Marmelade involviert:

   (1) die GF6803 Abfüllmaschine

   (2) die Dampf-Bypass-Ventile

   (3) das Silikon-Schmiermittel

   (4) die Deckel Nr. 40

   (5) die Deckel Nr. 8

   a) Zu welcher Produktklasse (aus Marketingsicht) gehören diese Produkte?

   b) Welche Kaufklasse besteht bei jedem dieser Vorgänge?

   c) Bitte geben Sie für jeden dieser Vorgänge an, wer nach dem Buying-Center-Modell welche „Rolle" spielt!

   d) Welche Person(en) wird bei jedem Vorgang den entscheidenden Einfluss auf die Beschaffung haben?

2. Versetzen Sie sich in die Lage von Jan Pohmann am Dienstag.

   a) Erarbeiten Sie eine Wirtschaftlichkeitsanalyse für die Dampf-Bypass-Ventile!

   b) Welches Ventil wird der Werksleiter kaufen wollen? Und welches Arnd Edwards? Welches Ventil sollte Hildy kaufen? Wie sollte sich Pohmann in dieser Sache verhalten?

3. Versetzen Sie sich in die Lage von Jan Pohmann am Donnerstag.

   a) Was ist der höchste Preis für die Deckel Nr. 40, bei dem Pohmann noch erwarten kann, den Auftrag zu erhalten?

   b) Falls Pohmann erfahren würde, dass Ajax für 7,00 € pro Hundert Deckel anbieten würde – was sollte er tun, um den Auftrag doch noch zu erhalten?

Anlage 1

Informationen für die Wirtschaftlichkeitsanalyse der Dampf-Bypass-Ventile

Hildy stellt pro Jahr 500.000 kg hochwertige Marmelade her, und zwar in fünf Super-Cook-Dampf-Kochern von AEC. Diese Geräte werden mit Dampf beheizt; der Dampf tritt durch zwei Dampf-Bypass-Ventile pro Kocher ein. Diese Ventile stehen unter sehr hohem Druck und großer Hitze; sie müssen regelmäßig ausgewechselt werden, um Ausfälle zu vermeiden und die notwendige Sicherheit zu gewährleisten.

Hildy verwendet zurzeit die AEC-Ventile vom Type R20; es wird überlegt, statt dessen die billigeren Typen R10 einzusetzen. Wie auch immer die Entscheidung ausfallen wird, Anfang November werden alle Ventile an allen Kochern ersetzt. Außerdem werden alle Dampfzuführungsleitungen erneuert, sodass es bei dieser Austauschinstallation keine „Probleminstallationen" (s. u.) geben wird.

Das R20-Ventil

Das R20-Ventil kostet für Hildy 80 € pro Stück; die Erstinstallation im November verursacht keine weiteren entscheidungsrelevanten Kosten, da es sich um eine geplante Überholung handelt. Erfahrungsgemäß muss das R20-Ventil zweimal pro Jahr ersetzt werden, um die Sicherheit zu gewährleisten und um Ausfälle zu vermeiden. Der Austausch ist normalerweise sehr einfach, da das R20 sehr benutzerfreundlich konstruiert ist; der Austausch kostet daher 8 € für Arbeitszeit und 4 € für Material.

Allerdings treten beim Austausch manchmal auch Probleme auf; falls das Ventil klemmt, muss das alte Ventil mit einem Schneidbrenner entfernt werden. Dies ist noch relativ einfach und kostet 16 € für Arbeitszeit und 4 € für Material. In seltenen Fällen bricht bei diesem Ausbau das Zuleitungsrohr und muss ebenfalls ersetzt werden; ins diesem Fall sind die Kosten 32 € bzw. 8 €. Aus Erfahrung weiß man bei Hildy, dass 9 von 10 Austausche unproblematisch sind; falls das Ventil beim Ausbau klemmt, bricht in 40 % der Fälle auch noch das Rohr.

Das R10-Ventil

Das R10-Ventil kostet für Hildy 30 € pro Stück; die Erstinstallation im November verursacht keine weiteren entscheidungsrelevanten Kosten, da es sich um eine geplante Überholung handelt. Erfahrungsgemäß muss das R10-Ventil fünfmal pro Jahr ersetzt werden, um die Sicherheit zu gewährleisten und um Ausfälle zu vermeiden. Der Austausch ist etwas schwieriger als beim R20-Ventil und kostet 16 € für Arbeitszeit und 8 € für Material.

Falls das Ventil klemmt und das Rohr bricht, kostet der Austausch 48 € bzw. 22 € pro Ventil; Falls das Ventil klemmt und das Rohr nicht bricht, werden nur 32 € bzw. 18 € gebraucht. Aus Gesprächen mit Kunden, die jetzt das R10-Ventil einsetzen, hat Pohmann erfahren, dass das Ventil bei 60 % der Austausche klemmt; in 70 % dieser Fälle bricht zusätzlich noch das Rohr.

Zusatzinformationen

Offenbar werden bei Hildy die Beschaffungskosten der Ventile den allgemeinen Betriebskosten des Werkes zugerechnet, also dem Verantwortungsbereich des Werksleiters. Die Kosten für Arbeit und Material beim Austausch werden der Instandhaltungs- und Reparaturabteilung von Arnd Edwards zugerechnet. Durch den Austausch entstehen keine Kosten für Produktionsausfälle, da die Austausche im Voraus geplant werden.

Anlage 2

Geschätzte Bewertung der möglichen Lieferanten

Kriterium	AEC	Bäcker-Glas	Ajax-Behälter
Qualität	1,05	1,00	1,40
Lieferung	- 0,01	- 0,01	0,07
Auftragsbearbeitung	- 0,02	- 0,02	0,03
Bestellabwicklung	- 0,005	- 0,005	0,01
Technische Zusammenarbeit	- 0,005	0	0
Einrichtungen	0	- 0,005	0
Finanzieller Status	0	- 0,01	0,02
Wert der AD-Besuche	- 0,01	0	0,01
Anteil am Geschäft des Anbieters	0,01	0	0,05

Anlage 3: Hildy Lieferanten-Bewertungs-System

1. Qualität (Kriterium: Zurückweisungsrate)	Punkte	2. Pünktliche Lieferung	Punkte
> 5 %	1,75	> 2 Wochen zu spät	+ 0,15
5 %	1,40	1 - 2 Wochen zu spät	+ 0,07
4 %	1,25	0 - 1 Woche zu spät	+ 0,01
3 %	1,10	0 - 1 Woche zu früh	- 0,01
2 %	1,05	1 - 2 Wochen zu früh	+ 0,02
< 2 %	1,00	> 2 Wochen zu früh	+ 0,05

3. Auftragsbearbeitung (Anzahl der Rückfragen während der Bestellphase)		4. Ablauf der Bestellungen (Auftragsbestätigung, Rechnung, Dokumentation)	
> 2 Rückfragen	+ 0,03	hervorragend	- 0,005
2 Rückfragen	+ 0,01	zufriedenstellend	0
1 Rückfrage	0	unzureichend	+ 0,01
keine Rückfragen und automatisch Information über den Bestellstatus	- 0,04		

5. Technische Zusammenarbeit		6. Ausstattung des Lieferanten (Kapazitäten, Verlässlichkeit, Technologie)	
hervorragend	- 0,005	hervorragend	- 0,005
zufriedenstellend	0	zufriedenstellend	0
unzureichend	+ 0,05	unzureichend	+ 0,05

7. Finanzielle Situation des Anbieters		8. Wert der Besuche durch den Außendienst	
sehr gut	- 0,02	regelmäßig, hilfreich, informativ	- 0,01
gut	- 0,01	nur regelmäßig	0
normal	0	hilfreich, aber unregelmäßig	+ 0,005
bedenklich	+ 0,02	sehr unregelmäßig	+ 0,01

9. Unser Geschäft als Anteil vom Gesamtgeschäft des Lieferanten	Punkte		
> 50 %	+ 0,05		
25 - 50 %	- 0,01		
10 - 25 %	0		
0 - 10 %	+ 0,01		

Fallstudie 3: Atlas Elektro-Werkzeuge[1]

Firmenhintergrund

Atlas Elektro-Werkzeuge ist ein großer Hersteller von elektrisch betriebenen tragbaren Werkzeugen und ein Hauptlieferant der Werkzeugindustrie. Die Firma ist gut eingeführt, operiert jetzt seit über 30 Jahren an ihrem gegenwärtigen Standort und hat einen guten Ruf in der Industrie. Atlas Elektro-Werkzeuge beliefert ganz Deutschland mit elektrisch betriebenen Handwerkzeugen für private Verbraucher und gewerbliche Kunden.

Produkt-Mix

Die Firma stellt sieben Basisprodukte her, die alle elektrisch betrieben werden. Obwohl es von jedem Produkttyp verschiedene Modelle gibt, besteht die Basis-Produktlinie aus (1) Schlagbohrern, (2) Handbohrmaschinen, (3) Schleifmaschinen, (4) Sägen, (5) elektrischen Schraubenziehern, (6) magnetischen Drehpressen und (7) elektrischen Schraubenschlüsseln.

Märkte

Atlas Elektro-Werkzeuge beliefert mit seiner Produktlinie in Deutschland fünf Hauptmärkte: Industrie, Bau, öffentlicher Sektor, Institutionen und Privatkunden.

Der industrielle Markt

Der industrielle Markt besteht aus Industrieunternehmen, die Handwerkzeuge als leichte Ausrüstung kaufen und sie hauptsächlich für die Produktion oder Wartung nutzen. Die Kunden in diesem Markt sind fast ausschließlich Industrieunternehmen der in Tab. 4 aufgeführten Branchen. In Umsatz ausgedrückt macht die Industrie den größten Anteil der bedienten Märkte aus. Die Produkte werden hauptsächlich im Direktverkauf an die größeren Kunden dieses Marktes vertrieben, und durch ein Netzwerk von Industriefachhändlern an mittelständische und kleinere Kunden verkauft.

Die Baubranche

Atlas Elektro-Werkzeuge werden in der Bauindustrie ebenfalls aggressiv vermarktet und von Bauunternehmern gekauft. Diese Kunden kaufen Werkzeuge von Baustoffhändlern, Elektro-Installations- und Eisenwarenhändlern, sowie Großhändlern. In Umsatz ausgedrückt ist die Baubranche der zweitgrößte unter den fünf Märkten der Firma Atlas.

---

[1] nach der Fallstudie „Atlas Power Tools" aus *Haas, R.*: Business Marketing, Cincinnati 1995; übersetzt und überarbeitet von *Katrin Frank* und *Peter Godefroid*

Der Öffentliche Sektor

Atlas vermarktet seine Produkte an Kunden des öffentlichen Sektors aller Stufen. Große öffentliche Kunden wie die Bundeswehr, Länderverwaltungen und größere Kommunen werden normalerweise von Direktverkäufern bedient. Kleinere lokale und Bezirksmärkte werden von Eisenwarengroßhändlern, Eisenwarenfachhändlern und Einzelhändlern bedient. Der öffentliche Sektor ist der drittgrößte, was den Umsatz angeht, aber er ist um einiges kleiner als der Bau- und Industriemarkt.

Institutionen

Atlas Elektro-Werkzeuge werden auch an Institutionen verkauft, wie Handels- und Berufsschulen. Der Umsatz dieser Kunden ist relativ klein, er übertrifft nur den Verkauf an Endkunden. Dieser Markt wird ausschließlich von Eisenwarenfachhändlern und Großhändlern bedient, Atlas hat keinen direkten Kontakt zu Kunden in diesem Markt.

Der Endkunden-Markt

Atlas Werkzeuge werden auch im Einzelhandel an Heimwerker verkauft, und zwar hauptsächlich über Fachgeschäfte und Baumärkte. Obwohl der Umsatz im Endkunden-Markt eine beträchtliche Größe hat, ist er der kleinste der fünf Märkte, die Atlas bedient.

Atlas verkauft die gleichen sieben Basisprodukte auf allen fünf Märkten mit geringen Unterschieden. Diese entstehen durch minimale Unterschiede in den Vorgaben, die durch Kunden verschiedener Märkte zu Stande kommen.

Marketing Organisation

Abb. 1 stellt die Marketing Organisation dar, die Atlas Elektro-Werkzeuge nutzt, um seine Produktlinie von sieben Produkten in fünf verschiedenen Märkten zu vermarkten. Wie das Organigramm zeigt, kombiniert die Firma operative und marktspezifische Vorgehensweisen in ihrer Organisation. Fünf Marktmanager sind verantwortlich für die Entwicklung von Marketing-Programmen für jeden der fünf Märkte. Atlas hält diese Spezialisierung für notwendig, da es Unterschiede im Kaufverhalten der verschiedenen Kunden in jedem Markt gibt. Leiter der Bereiche Werbung, Marktforschung, Verkauf, Verkaufsförderung und Logistik arbeiten mit den fünf Marktmanagern zusammen an der Formulierung und Umsetzung individueller Marketing-Programme und -Strategien. Die gesamte Marketing-Abteilung wird vom Direktor Marketing, Andreas Vollmer, geleitet, der an Atlas' Geschäftsführer berichtet.

Vollmer hat einige Bedenken über den Auftritt von Atlas im industriellen Markt, obwohl die Verkäufe in diesem Markt die aller anderen Märkte übersteigen. Er fragt sich, wo Atlas steht und wie es im Vergleich zu seinen Mitbewerbern abschneidet. Vollmer trifft sich mit Thomas Fuhrmann, dem Marktmanager für Industrie, und erklärt ihm seine Bedenken. Die beiden Männer stimmen überein, dass Atlas mehr Informationen benötigt, bevor über spezifische Strategien entschieden werden kann. Thomas Fuhrmann schlägt vor, zwei Marktforschungsstudien durchzuführen: Eine Studie untersucht die Industrieunternehmen der genannten Branchen, die andere Studie Fachhändler, die diese Werkzeuge vertreiben. In beiden Studien wird Fuhrmann die Daten auswerten, die zeigen, wie Atlas und Atlas' Werkzeuge im Vergleich zu Werkzeugen der Mitbewerber wahrgenommen werden. Vollmer stimmt Fuhrmann zu und bittet ihn, die Einzelheiten mit Stephan Haffner, dem Leiter der Marktforschungsabteilung von Atlas, auszuarbeiten. Die beiden Männer treffen sich und Fuhrmann erklärt Haffner, was er herausfinden möchte.

Haffner entwickelt nach Fuhrmanns Vorgaben zwei Studien. Seine Mitarbeiter bereiten die Fragebögen vor und entwickeln die Erhebungsmethoden. Als alles fertig ist, stellt Haffner sie Fuhrmann und Vollmer zur Freigabe vor. Vollmer schlägt nur eine kleine Änderung in einem der Fragebögen vor. Dann weist Haffner seine Mitarbeiter an, die Studien durchzuführen. Die Daten werden in beiden Studien per Postversand ermittelt. Sie werden analysiert, in Tabellenform gebracht und ein schriftlicher Bericht wird Vollmer und Fuhrmann übermittelt.

Erhebungsmethoden

Die Daten der zwei Studien werden folgendermaßen ermittelt:

Die Fachhändler-Untersuchung

Die Datengesamtheit wurde dem „Verzeichnis der Industriellen Fachhändler" entnommen. Aus einer Liste dieser Händler, die tragbare Elektro-Werkzeuge führen, wurden systematisch 1013 Firmennamen auf n'ter Basis gezogen. Die Endmenge verwendbarer Fragebögen wurde folgendermaßen erreicht:

1.013	versandte Fragebögen
... -17	unzustellbar
996	tatsächlicher Versand
342	Antworten
... -37	unverwertbare Antworten
305	**verwertbare Antworten**

Die Resultate von Herrn Haffners Fachhändler-Studie stammen von diesen 305 zurückgeschickten Fragebögen.

Die Verbraucherstudie

Anhand verschiedener Register entwickelt Herr Haffner eine Liste von Unternehmen der genannten Branchen. Von dieser Liste wählt er 1.000 Firmen auf einer Selektions-basis n aus, die der Musterzahl in jeder Branche entspricht, sodass sie proportional sind zur tatsächlichen Anzahl der Firmen in dieser Kategorie (geschichtete Auswahl). Auf diesem Wege versucht Herr Haffner sicherzustellen, dass ausgewählte Firmen nicht alle aus der gleichen Branche kommen, oder aus einigen geballten Branchen. Das Endmuster wird folgendermaßen bestimmt:

1.000	versandte Fragebögen
347	Antworten
- 11	unverwertbare Antworten
336	**verwertbare Antworten**

Die Resultate von Herrn Haffners Verbraucher-Studie werden diesen 336 ausgefüllten zurückgeschickten Fragebögen entnommen.

Studien-Ergebnisse

Beide Studien ergeben, dass Atlas Elektro-Werkzeuge einer von sechs Hauptliefe-ranten von elektrischen Handwerkzeugen auf dem industriellen Markt ist, obwohl zahlreiche andere Lieferanten auch in diesem Markt aktiv sind. Die Ergebnisse beider Studien zeigen Atlas' Position im Vergleich zu seinen fünf Hauptkonkurrenten und ei-ner „alle anderen"-Kategorie. Die beiden Studien zeigen viele interessante Punkte auf, wichtige Ergebnisse können den Tabellen 2 - 7 entnommen werden. Die Tabellen 2 und 3 stellen die Hauptergebnisse der Fachhändler-Studie dar; Tabellen 4 - 7 zeigen Hauptergebnisse der Verbraucherstudie.

Fragen:

1. Wie beurteilen Sie die Untersuchungsmethoden, die Herr Haffner benutzt hat? Welchen Einfluss haben diese Methoden auf die Interpretation der Daten?

2. Was sind die Stärken und Schwächen von Atlas Elektro-Werkzeuge auf den Indust-riemärkten, und zwar sowohl aus Sicht der Benutzer wie auch der Händler?

3. Was sind die Stärken und Schwächen der wichtigsten Wettbewerber von Atlas auf den Industriemärkten, und zwar sowohl aus Sicht der Benutzer wie der Händler?

4. Wie erklären sie die Unterschiede zwischen den Meinungen und Beurteilungen der Händler im Gegensatz zu den Benutzern?

5. Welche Hauptprobleme leiten Sie für Atlas aus diesen Untersuchungen ab?

6. Welche Marketingstrategien würden sie Atlas auf Basis der Untersuchungen emp-fehlen?

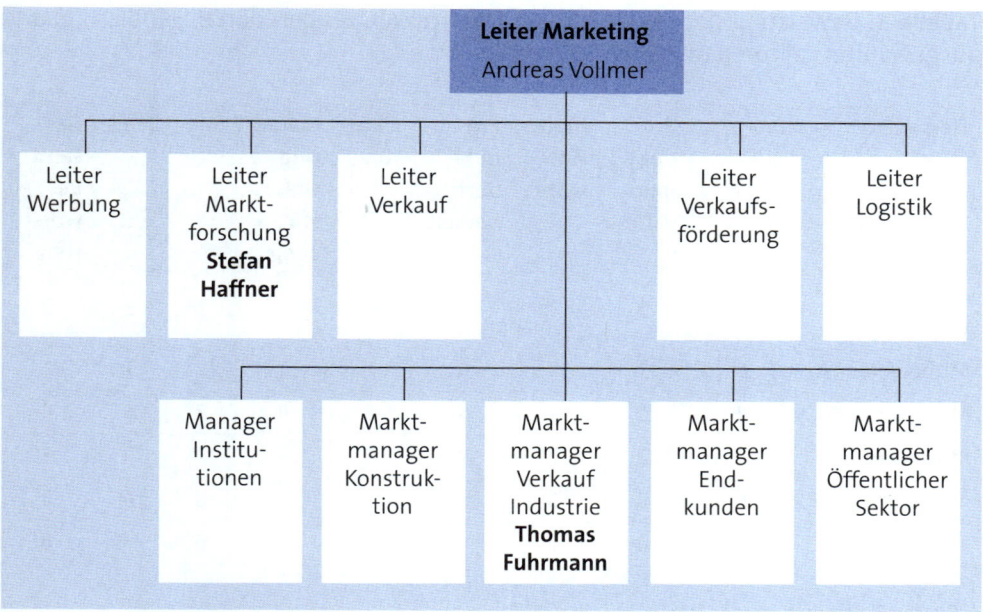

Abb. 1: Marketing-Organisation von Atlas

Tabelle 2: Prozentsatz der Händler, die tragbare Elektro-Werkzeuge von führenden Herstellern führen (n = 305)

Hersteller	Prozentsatz der Händler, die Werkzeuge dieses Herstellers führen
Atlas Elektro-Werkzeuge	44,6
Mitbewerber A	47,5
Mitbewerber B	24,6
Mitbewerber C	31,8
Mitbewerber D	20,0
Mitbewerber E	10,8
Alle anderen	13,5

Bitte beachten Sie: 100 % werden insgesamt überschritten, da viele Händler mehrere Hersteller führen

Tabelle 3: Bewertung der Hersteller von Elektro-Werkzeugen durch Händler anhand ausgewählter Faktoren (n = 305)

Hersteller	Pro-dukt-Qualität	Pro-dukt-Inno-vation	breite Aus-wahl	Pro-dukt-Verfüg-barkeit	Liefe-rung	Marke-ting-Unter-stüt-zung	Ser-vice	Preis	Ge-samt-Be-wer-tung
Atlas Werkzeuge	1	2	3	6	6	2	1	2	2
Mitbewerber A	2[1]	1	1	1	1	1	2	1	1
Mitbewerber B	4	5	4	2	2	4	3	4	4
Mitbewerber C	2[1]	3	2	4	5	3	4	3	3
Mitbewerber D	6	6	5	3	3	6	5	4	5
Mitbewerber E	5	4	6	4	4	5	6	6	6

[1] Gleiche Platzierung ist möglich.

Tabelle 4: Von Industrieunternehmen genutzte Einkaufsquellen beim Kauf von Elektro-Werkzeugen *(nach Unternehmensgröße, abhängig von der Mitarbeiterzahl (%))*

Einkaufsquelle	Alle Be-fragten	Unter 100	100 - 249	250 - 999	1.000 oder mehr Mitarbeiterzahl	
	(n = 285)	(n = 58)	(n = 62)	(n = 98)	(n = 52)	unbekannt (n = 15)
Direkt vom Hersteller	22	17	11	22	37	4
Von Fachhändlern						
Automobil	5	3	3	7	2	20
Eisenwaren	20	19	24	17	21	13
Metallbleche	1	5	2	0	0	0
Baustoffe	3	5	2	1	6	0
Industrie	71	64	73	79	64	73
Werkzeug	45	48	26	51	46	60
Elektronik	14	17	21	7	15	13
Installationen	3	3	6	1	4	0
Schweißer	7	14	5	6	6	7
Über Kataloge	0,4	2	0	0	0	0
Bei lokalen Händlern	0,7	0	0	1	2	0

Bitte beachten Sie: 100 % werden insgesamt überschritten, da viele Unternehmen aus mehreren Quellen Produkte beziehen. 51 Befragte beantworteten diese Frage nicht.

Tabelle 5: Abteilungen mit dem größten Einfluss auf Kaufentscheidungen, je nach Mitarbeiterzahl *(nach Unternehmensgröße, abhängig von der Mitarbeiterzahl (%))*

Abteilungen mit dem größten Einfluss auf Kaufentscheidungen	Unter 100 (n = 61)	100 - 249 (n = 64)	250 - 999 (n = 111)	1.000 oder mehr (n = 75)	Mitarbeiterzahl unbekannt (n = 25)
Oberste Führungsebene	21	12	2	1	0
Werks-Leitung	21	11	5	3	0
Herstellung/Produktion	10	16	17	13	8
Anlagenbau/Instandhaltung	43	61	73	81	32
Alle anderen[1]	5	0	3	0	0
Unbekannt	0	0	0	3	60

[1] z. B. Werkzeug-Raum-Manager, Werksingenieure, Mechanikermeister, Niederlassungsleiter und Umweltingenieure

Tabelle 6: Kauf-Vorlieben der Industrie: Meistgekaufte Marken je nach Produkttyp (n = 336)

Meistgekaufte Marke	Schlagbohrer (n = 168)	Handbohrmaschinen (%) (n = 351)	Schleifmaschinen (%) (n = 264)	Sägen (%) (n = 268)	Schraubenzieher (%) (n = 69)	Magnet-Drehpressen (%) (n = 79)	Elektrische Schraubenschlüssel (%) (n = 106)
Atlas Werkzeuge	18	9	9	8	7	16	7
Mitbewerber A	32	49	41	33	33	42	28
Mitbewerber B	22	17	16	30	9	0	9
Mitbewerber C	5	7	8	8	0	8	6
Mitbewerber D	1	2	2	2	7	0	1
Mitbewerber E	1	1	3	2	1	0	1
Alle anderen	21	15	21	17	43	34	48

Diese Tabelle ist folgendermaßen zu interpretieren: Von 336 befragten Firmen kauften 168 Schlagbohrer. Von diesen 168 kauften 18 % am häufigsten Atlas Schlagbohrer.

Tabelle 7: Persönliche Präferenzen für Marken Elektrischer Werkzeuge (n = 336) Meistbevorzugte

Meist bevorzugte Marke	Anzahl derer, die diese Marke als erste Wahl angaben	Anzahl derer, die diese Marke als zweite Wahl angaben	Anzahl derer, die diese Marke als dritte Wahl angaben	Anzahl derer, die diese Marke überhaupt angaben
Atlas Werkzeuge	28	17	12	57
Mitbewerber A	109	42	9	160
Mitbewerber B	36	33	14	83
Mitbewerber C	11	7	3	21
Mitbewerber D	4	3	0	7
Mitbewerber E	3	2	1	6
Alle anderen (14 andere Hersteller)	17	19	16	52

Bitte beachten Sie: Alle Antworten insgesamt übersteigen 336, da manche alle drei Auswahl-Möglichkeiten angegeben haben.

Fallstudie 4: Rigi Wandplatten GmbH[1]

Analyse des Scheiterns eines Erzeugnisses

Hintergrund

Werner Farmer, ein 32 Jahre alter Produktmanager für Wandplatten der Rigi-Wandplatten GmbH bereitet gerade seine nächste Strategieempfehlung vor. Er verwendet hierzu Methoden, die er während seines Marketingstudiums gelernt hat sowie seine Erfahrungen während seiner Tätigkeit bei einem Großunternehmen, das Fertigprodukte für den Konsumgütermarkt herstellte. Er beginnt seine Arbeit mit einer Analyse der Sachlage.

Die Rigi-Wandplatten GmbH ist ein Hersteller mit einem landesweiten Jahresumsatz von rund einer Milliarde Euro. Sie ist einer der führenden Lieferanten von Wandplatten für die Bauindustrie. An der Hochschule würde Farmer die Wandplattenhersteller als ein homogenes Oligopol bezeichnet haben. Die jährlichen Absätze dieser Branche belaufen sich auf etwa 1,9 Milliarden m². Die Wandplatten-Industrie besteht aus etwa einem Dutzend Herstellern (große Konzerne) mit praktisch identischen Produktprogrammen, Preisen, Verkaufsmethoden und Distributionssystemen. In den letzten Jahren haben indessen auch kleinere Firmen fühlbare Marktanteile in ihren Regionen erobert.

Kleine Gesellschaften können regional konkurrieren, weil der kritische Marketingfaktor in der Industrie in der Distribution liegt: Verfügbarkeit des Produktes und niedrige Transportkosten. Im Verhältnis zum Wert des Produktes schützen hohe Frachtkosten die Hersteller zudem vor überseeischer Konkurrenz.

Wie oben erwähnt sind die Marketing-Mixes der oligopolen Marktwettbewerber ziemlich ähnlich. Diese enge Übereinstimmung beruht zum Teil auf der konservativen Grundhaltung der Mitglieder dieser Grundstoffindustrie.

Marktstruktur

Endverbraucher von Wandplatten sind Bauunternehmer. Die Bauindustrie ist charakterisiert durch leichten Zugang, schwieriges Überleben, große Instabilität und mächtige Gewerkschaften, die sich auf lokale Bauvorschriften stützen können. Überall besteht großer Widerstand gegen Änderungen.

Im Gegensatz zu wenigen Herstellern gibt es viele Endverbraucher, von klein bis groß. Typisch ist, dass diese mit minimaler oder unzureichender Kapitalausstattung arbeiten. In der Tat betreiben viele Bauunternehmer häufig jedes Projekt unter einer selbstständigen Gesellschaft, sodass sie, wenn das Projekt schief geht, es in Insolvenz gehen lassen und ihre anderen Aktivitäten ohne Unterbrechung fortsetzen können.

Mangelnde Kapitalausstattung zwingt die Bauunternehmer oft dazu, „just in time" liefern zu lassen. Bevor dieser Ausdruck modern wurde, sagte man, sie lebten „Von der

---

[1] Aus: *Haas, Robert W.:* Business Marketing, Cincinnati 1995; übersetzt und überarbeitet von *Hans* und *Peter Godefroid*

Hand in den Mund". Des Weiteren kaufen Bauunternehmer nicht nur ein Bauteil für sich allein. Viele Tausende von leichten Ausrüstungsgegenständen, Verbrauchsmaterialien, Komponenten, Rohstoffen und Fertigprodukten werden beim Bau eines Gebäudes benutzt oder in es verbaut. Jedes Produkt wird in kleinen Mengen gekauft. Manche werden gleichzeitig benötigt, andere werden nacheinander benötigt. Verzögerungen werden außerordentlich teuer. Alles in allem zwingen diese Finanzierungs- und Verfahrensgegebenheiten die Käufer dazu, sich auf **eine** Quelle zu stützen. Ähnlich wie das Einkaufen eines Konsumenten in einem Supermarkt kaufen Bauunternehmer Sortimente.

Marketing-Mix

Der logische Vertriebsweg für die wenigen großen Hersteller von Wandplatten besteht darin, ihre Produktion in Wagenladungen an Baustoff-Großhändler auszuliefern. Daraufhin verkaufen diese Großhändler die Platten an Baustoffhändler und andere Wiederverkäufer, die jeweils in der Nähe von Bauunternehmen angesiedelt sind. Diese örtlichen Händler verkaufen viele Arten von Baumaterial in kleinen Mengen, so wie es ihre Kunden, die Bauunternehmer, wünschen. Endverbraucher können hier die verschiedenen Baustoffe, die von den Händlern auf Lager gehalten werden, so zusammenstellen, wie sie es gerade benötigen.

Diese Vertriebsart bestimmt auch die Art und Weise, in der Wandplatten verfügbar sein müssen. Bauunternehmer können es sich nicht leisten, auf die Verfügbarkeit einer bestimmten Marke von Wandplatten zu warten. Sie kaufen austauschbare Stücke, was immer ihr Lieferant gerade auf Lager hat. Deswegen ist die Höhe des Lagerbestandes bei jedem Händler eine kritische Größe.

Darüber hinaus haben die Großverteiler und die lokalen Baustoffhändler gute eigene Gründe, auf Standard-Wandplatten zu bestehen. Die Austauschbarkeit der einzelnen Fabrikate erlaubt es den Zwischenhändlern, mit niedrigen Beständen zu arbeiten. Am wichtigsten ist dabei für sie, dass die Austauschbarkeit die Preisverhandlungsfähigkeit des Händlers gegenüber den Herstellern stärkt. Durch das Ausspielen jedes Produzenten gegen seine Konkurrenten können die Händler Zugeständnisse erhalten.

Zwischen den Oligopolisten besteht ein heftiger nicht über den Preis laufender Konkurrenzkampf. Traditionsgemäß sind die Preise für ihre Fertigerzeugnisse gleich. (Vor einigen Jahren wurden sogar vier Wandplattenerzeuger wegen Preisabsprachen verurteilt). Während eines Baubooms steigen die Preise für Wandplatten hoch hinauf, die Preise fallen stark, wenn die Bautätigkeit zurückgeht.

Im Vertriebssystem der Wandplattenproduzenten herrscht Push-Marketing in Verbindung mit persönlicher Kundenbearbeitung vor. Der Schwerpunkt der Vertriebstätigkeit besteht darin, die Produktion der Fabrik bei den industriellen Großhändlern abzusetzen (welche ihrerseits ihre Käufe an ihre Kunden liefern). Große Produzenten verstärken die Anstrengungen der Grossisten indem sie eigenes Personal zur Beratung des Verkaufspersonals der Händler und der Architekten zur Verfügung stellen. Daneben beraten sie Bauunternehmer und versuchen so, sie zu beeinflussen, sich für eine bestimmte Marke zu entscheiden. Aber da die konkurrierenden Produkte und ihre Preise identisch sind, gibt es praktisch keine Bevorzugung einer Marke. Bescheidene Anzeigenaktionen haben ebenfalls zu keiner Markenbevorzugung geführt.

Klagen der Bauunternehmer

Die vorstehend geschilderten Elemente haben seit langem den Marketing Mix der großen Wandplattenproduzenten dargestellt. Aus diesem Grunde werden alle Änderungsvorschläge Farmers unweigerlich abgelehnt. *„So haben wir das hier immer gemacht"* sagte der Geschäftsführer, der seit 41 Jahren in der Gesellschaft tätig ist. Der Verkaufsleiter ist deutlicher, wenn auch nicht hilfreicher: *„Was immer für Fertigprodukte im B2C-Markt gilt, lässt sich nicht auf das B2B-Geschäft übertragen."* Obwohl Farmer das Urteil dieser erfahrenen Führungskräfte respektiert, glaubt er, dass eine seit langer Zeit geäußerte Klage der Bauunternehmer nicht länger unbeachtet bleiben sollte. Auf Fachmessen und anderen Zusammenkünften mit Endverbrauchern hat Farmer die gleiche Kritik immer wieder gehört: An der Stelle, an der die Ecken zweier Wandplatten zusammenstoßen ist eine unschöne Lücke. In den meisten Fällen kann der Bauunternehmer diese Unschönheit abdecken. Aber oft wölbt sich die Nahtstelle, besonders wenn die Temperatur wechselt. Es folgen dann Beschwerden des Käufers des Hauses und teure Reparaturen. Bauunternehmer sagen gerne: *„Wer diese Lücke schließt, wird Millionen verdienen."*

Die Geschäftsleitung der Rigi-Wandplatten GmbH hat diese Klagen auch oft gehört. Ihre übliche Antwort besteht darin, den Bauunternehmern ihr Mitgefühl zu versichern und darüber zu klagen, dass man dieses Problem nicht beseitigen könne. Tatsache ist, dass es niemand jemals versucht hat.

Aber diese konventionellen Weisheiten schrecken Werner Farmer nicht ab. Er beginnt nachts und an Wochenenden an den Produktionsanlagen herumzubasteln. Nach kurzer Zeit überwindet er den Fehler (die Lücke). Nur geringfügige Änderungen sind an den Maschinen notwendig, um eine glatte Fuge zu erzielen.

Begeistert von seiner Entdeckung geht Farmer vorsichtig und ohne Aufmerksamkeit im Hause zu erregen weiter vor. Er unterzieht eine Menge der geänderten Platten verschiedenen Tests. Zum Beispiel bestätigt die Prüfstelle der Versicherungsgesellschaften, dass das neue Produkt den gleichen Feuerschutz bietet wie das alte. Farmer stimmt sich auch mit Gewerkschaftsführern ab, die keine Einwände haben, und der Hausanwalt seiner Firma bestätigt ihm, dass Bauvorschriften keine Schwierigkeiten bereiten werden.

Farmers größte Befürchtung ist, dass sein Vorgesetzter Einspruch gegen die Einführung erheben wird. Farmer hat aber das Glück, dass der Verkaufsleiter gerade mit Urlaubsplänen beschäftigt ist. Ohne die Notiz sorgfältig zu lesen, genehmigt er Farmers Vorschlag, der vage eine leicht veränderte Marketingstrategie enthält.

Einführungsstrategie

Farmers Marketingstrategie lässt die meisten der traditionellen Elemente unverändert. Die einzigen Änderungen sind das verbesserte Produkt und die damit verbundenen Einführungsmaßnahmen. Die wichtigsten Ziele sind, alle Rigi-Kunden auf das verbesserte Produkt umzustellen und den Markanteil durch das Gewinnen von möglichst vielen Kunden der Konkurrenz zu vergrößern. Händler und Bauunternehmer werden davon unterrichtet, dass vom nächsten Monat an die Produktion der alten Platten eingestellt wird. Alle eingehenden Aufträge werden sofort in der neuen Version ausgeliefert. Auf diese Weise ist Rigi in der Lage, größere Einsparungen zu erzielen.

Einführungsmix

Farmer erläutert die Kampagne auf einer bundesweiten Verkaufskonferenz. Sein detailliertes Einführungsprogramm enthält Mustervorführungen der alten und der neuen Platte, um die Verbesserung herauszustellen. Vertriebsingenieure erklären die technischen Änderungen und erläutern die Testergebnisse.

Alle diese Informationen werden in Inseraten und Pressemitteilungen zusammengefasst. Auch werden die Muster des alten und des neuen Produktes auf verschiedenen Fachmessen ausgestellt. Später, nach der Einführung des Produktes, lädt Farmer zufriedene Bauunternehmer zu regionalen Verkaufsmeetings ein, wo sie sich für die Neuerung aussprechen.

Auf der Bundesverkaufskonferenz von Rigi kündigt Farmer dem Verkaufspersonal höhere Vorgaben an, um das Ziel eines höheren Marktanteils zu erreichen. Die Gesellschaft sponsert auch einen bundesweiten Verkaufswettbewerb mit attraktiven Preisen. Es werden keine weiteren Programmänderungen in Erwägung gezogen, Preise und Lieferungen sollen wie bisher gehalten werden.

Andere Mix-Elemente

Im Mittelpunkt der Vertriebskampagne steht natürlich die Produktneuheit, die den Markennamen „Glattwand" erhalten hat. Das neue Produkt ist in großen Mengen verfügbar, und es kann leicht nachgeliefert werden, weil die Bauunternehmer sehr preisempfindlich sind und Farmer keine Störungen seines Ziels eines größeren Marktanteils riskieren will. Die Vertriebsmethoden und die Preise bleiben unverändert.

Früher Erfolg

Von Anfang an ist die Reaktion auf das neue Produkt außerordentlich positiv – weit über Farmers Hoffnungen und Berechnungen hinausgehend. Im Hauptquartier von Rigi brechen bittere Rivalitäten zwischen Produktions- und Verkaufsleitern aus, da jeder den Verdienst für die Neuerung und den großen Erfolg für sich in Anspruch nimmt. Die Bauunternehmer haben endlich das Produkt, das sie so lange gefordert haben.

Die Gesellschaft beherrscht das Feld allein, da die Konkurrenten kein Produkt haben, mit dem sie dem Schritt von Rigi entgegentreten können. In ihrer Verzweiflung verbreiten die Konkurrenten falsche Gerüchte und andere Einschüchterungen, um die Neuerung der „Glattwand" abzuwehren. Obwohl diese Gerüchte nicht berechtigt sind, schaden diese Negativmeldungen der Marketingkampagne.

Spätere Misserfolge

Schnell genug indessen zeigen sich Tatbestände, die die Gerüchte unterstützen. Offenbar hat der unerfahrene Farmer nicht beachtet, dass die neue Wandplatte nicht für Stahlkonstruktionsbauten geeignet ist – allerdings ein sehr kleiner Teil des Marktes. Hätte er das gewusst, so hätte er diesen zu vernachlässigenden Marktsektor ausgeschlossen (z. B. durch Warnaufkleber oder anderes Informationsmaterial). Stattdessen gibt seine Unkenntnis den Konkurrenten die Munition, die sie benötigen, um die Neuerung schlecht zu machen.

Andere Probleme

Wie dem auch sei, die Schwierigkeiten in einem kleinen Marktsegment und das Aufbauschen dieses Nachteils durch die Verkäufer der Konkurrenz erweist sich als das geringste der Probleme des neuen Produkts. Farmer ist überrascht zu erfahren, dass gleiche Preise des Produzenten nicht gleiche Kosten für den Bauunternehmer bedeuten. Auf der Baustelle sind die „Glattwand"-Tafeln schwieriger zu verarbeiten. Aufhänge- und Einfügefacharbeiter, die mehr Zeit aufwenden müssen, fordern eine Erhöhung des Stückakkordsatzes, um den gleichen Stundenlohn zu erhalten, den sie für das Verarbeiten der alten Wandplatten ausgehandelt hatten. Bezogen auf die Gesamtkosten eines Gebäudes ist die Lohnerhöhung klein, aber keine der vielen Parteien, die an einem Bau beteiligt sind, ist bereit, sie zu übernehmen. Mit seiner Erfahrung als Mann der Fertigprodukte für den Endverbraucher hatte Farmer die Vorteile und Ersparnisse des Fertigerzeugnisses gesehen, aber er hatte es vernachlässigt, auch den Verarbeitungszyklus nachzuvollziehen.

Aber ein weiterer unerwarteter Schlag ist die Abneigung vieler Bauunternehmer gegen „Glattwand". Sie begrüßen die Idee, lehnen aber das Risiko ab, eine noch nicht bewährte Neuerung zu übernehmen. Wenn sich das neue Erzeugnis als unzureichend erweisen sollte – wie die Verkäufer der Konkurrenz behauptet haben – können kleine Bauunternehmer es sich nicht leisten, ihre Häuser neu zu bauen. Die etwas Zuversichtlicheren warten auf die Erfahrungen früher Anwender.

Aber das größte Hindernis, das wirklich die Einführungspläne über den Haufen wirft, kommt von den Wiederverkäufern. Das neue Produkt ist schnell ausverkauft und steht den Endverbrauchern nicht zur Verfügung. Nach der ersten begeisterten Begrüßung der Neuerung weigern sich die Händler nachzubestellen. Warum? „Glattwand" hat denselben Preis und bietet dieselben Margen wie das alte Produkt, aber es führt zu einer Erhöhung des Verwaltungsaufwands. Da das alte und das neue Produkt nicht gleichzeitig an einem Bau verwendet werden können, müssen die Zwischenhändler ihre Lagerbestände verdoppeln, sie trennen und separat buchmäßig erfassen. (Solange alle Erzeugnisse austauschbar waren, wurden verschiedene Marken gemischt und eine optische Kontrolle genügte.) Der Fortfall der Austauschbarkeit beraubt die Händler auch der Möglichkeit, die einzelnen Produzenten gegeneinander auszuspielen und Zugeständnisse von ihnen zu erreichen. (Diese Begründung wird natürlich nicht offen zugegeben.) All diese Probleme liefern genug Klatsch für eine Entscheidung der Händler, das Produkt zum Schutze der Interessen ihrer Kunden fallen zu lassen.

Was ist zu tun?

Inzwischen distanziert sich die Geschäftsleitung von Rigi von jeder Verbindung mit dem neuen Produkt. Sie häufen Vorwürfe auf Farmer, wobei seine mangelnde Erfahrung im industriellem Marketing und die Fehler in der Kampagne erwähnt werden.

Bei dem Versuch konstruktiver zu sein, zerbricht sich Farmer den Kopf, wie er seine Firma (und sich selbst) aus diesem Fiasko wieder herausbringen könnte.

Fragen für die Diskussion

1. Welche Gründe sehen Sie für den Misserfolg der „Glattwand"?
2. Welche Einführungsstrategie hätten Sie vorgeschlagen?
3. Welche Alternativen sehen Sie, aus der aktuellen Negativsituation wieder herauszukommen? Welche Ergebnisse erwarten Sie von dieser neuen Strategie?

Fallstudie 5: AEC – Auswahl auszusteuernder Produkte[1]

Einleitung

Frank Götze ist seit etwas über sechs Monaten Produktmanager für Hilfs- und Betriebsstoffe der AEC GmbH in Brandenburg/Havel. Vorher war er mehrere Jahre als Vertriebsbeauftragter im Außendienst von AEC tätig gewesen. AEC stellt Maschinen, Komponenten, Teile sowie Roh- und Hilfsstoffe, die in der Lebensmittelindustrie verwendet werden, her. Die Firma verkauft die meisten dieser Produktlinien über eigene Vertriebsniederlassungen in den Hauptzentren der Lebensmittelindustrie. Die Produktpalette geht von Lebensmittelkochen über Abfüllmaschinen, Lagerbewegungsausrüstung, Ersatzventile, Dichtungssätze bis zu Schmiermitteln. Die Liste der Erzeugnisse, die AEC zurzeit vertreibt, übersteigt 50.000 Lagerpositionen (LPs), und fast 30 % hiervon stehen in Götzes Liste der Hilfs- und Betriebsstoffe.

Die zunehmende Anzahl von LPs in AECs Gesamtangebot fiel Arnold Müller, dem Leiter des Vertriebs und Götzes unmittelbarem Vorgesetzten, auf. In der letzten Woche rief Herr Müller die Produktmanager der einzelnen Produktsparten zusammen und beauftragte sie, ihre Sparten mit dem Ziel zu überprüfen, Kandidaten für eine Streichung aus dem Gesamtprogramm der Firma zu finden. Herr Müller schlug vor, jeder von ihnen solle eine gründliche Analyse seiner Sparten durchführen, sich hierbei jede Gruppe einzeln vornehmen und ihm dann Bericht erstatten, sobald die Gesamtanalyse fertig sei.

Götze beschließt, mit der Produktgruppe „Schmiermittel" zu beginnen, da diese nur vier Hauptgruppen hat, die einen sehr großen wertmäßigen Umsatz bringen. Obwohl die Schmiermittel hauptsächlich für die nahrungsmittelverarbeitende Industrie gedacht sind, werden sie auch weitgehend in anderen Anwendungsgebieten benutzt. Alle vier AEC-Schmiermittel werden in der firmeneigenen Fabrik hergestellt und abgepackt, und alle vier werden zurzeit in sämtlichen Vertriebsniederlassungen von AEC auf Lager gehalten. Götze verbringt mehrere Tage damit, die nachstehenden Zahlen über die Schmierstoffgruppen zusammenzustellen:
Die Schmierstoffgruppen

Super-Grease

AECs ältester Schmierstoff, Super-Grease, ist ein konventionelles Schmierfett, das zu 100 % auf Erdöl basiert. Es ist für alte Maschinen geeignet. Es ist praktisch der einzige Schmierstoff, der für einige sehr alte AEC-Maschinen benutzt werden kann. Obwohl AEC es seit Jahren produziert, wird für die nächsten Jahre ein Marktanteil von nur 10 % erwartet. Super-Grease wird zurzeit für 29 € pro Packung verkauft, die direkten variablen Kosten für Arbeit, Material etc. betragen 18 € pro Packung. Der Transport von Super-Grease von der Fabrik zu den Vertriebsniederlassungen kostet 1 € pro Packung.

---

[1] nach *Haas, Robert*: Business-Marketing, übersetzt und überarbeitet von *Hans* und *Peter Godefroid*

Petro-Sil

Petro-Sil ist eine Mischung aus konventionellem Erdölschmierstoff und Silikon der 1. Generation. Dieses Schmiermittel war im Jahre 1983 eines der Ersten seiner Art und beherrschte den Markt über Jahre. Zurzeit hält Petro-Sil einen Marktanteil von 40 % im Erdöl/Silikon Bereich, und dieser Anteil scheint für die voraussehbare Zukunft stabil zu bleiben. Petro-Sil wird für 37 € pro Packung verkauft, die direkten variablen Kosten betragen 19 € pro Packung. Die Frachtkosten betragen wegen der sperrigen Schutzverpackung 2 € pro Packung.

Silicon I

1991 als erdölfreies Silikonschmiermittel von AEC eingeführt, ist dieses Mittel sehr gut geeignet für die meisten nach 1990 hergestellten Maschinen mit versiegelten Schmierkapseln. Silicon I hält zurzeit einen Marktanteil von 30 % in diesem Segment und müsste in der Lage sein, diesen Anteil zu halten. Silicon I wird für 41 € pro Packung verkauft, die direkten variablen Konten belaufen sich auf 24 € pro Packung und die Fracht kostet nur 1 € pro Packung.

Super-Silicon-Golden-Grease (SSGG)

Ein high-tech erdölfreier Silikon/Polymer-Schmierstoff, den AEC 2001 herausbrachte. Dieser Schmierstoff ist der zurzeit beste verfügbare für Hochleistungsabfüllmaschinen mit angelenkten Schwingarmen. AEC hat nur zwei größere Konkurrenten auf diesem Gebiet und beherrscht es derzeit mit einem Marktanteil von 50 %, ein Anteil, der auch weiterhin stabil gesehen wird. SSGG wird für 98 € verkauft und hat direkte variable Kosten von 62 €. Die Frachtkosten betragen nur 2 € pro Packung.

Aussagen über die Kosten der AEC

Alle vier Schmiermittel werden im Werk Brandenburg hergestellt, das für Abschreibungen, Wartung, Energie und andere die Produktion betreffende Gemeinkosten von zusammen 5.165.000 € p. a. hat. Die Verwaltungskosten des Werks belaufen sich auf 885.000 € p. a. und eine interne Umlage für Zweigwerksverwaltung von 500.000 € p. a. wird dem Werk als Gemeinkostenanteil belastet. Die Kostenrechner haben beschlossen, diese Gemeinkosten den einzelnen Erzeugnisgruppen auf Basis der produzierten Einheiten zu belasten (z. B. wenn 30 % der Produktionsmenge des Werkes aus Petro-Sil bestand, muss Petro-Sil 30 % der indirekten Kosten des Werkes tragen).

Zusätzlich hat AEC noch einige andere die Schmierstoffe betreffenden Kosten. Die Kosten, um die Schmiermittel in den Zweigstellen auf Lager zu halten (Lagerkosten) belaufen sich auf 12 % der Herstellkosten und die Verkaufsprovisionen betragen 20 % des Umsatzes. Die Firma wendet jedes Jahr 500.000 € für Anzeigenwerbung für ihre Hilfs- und Betriebsstoffprodukte auf, allerdings werden diese Kosten als Marketingkosten der AEC behandelt und den einzelnen Produktsparten nicht zugerechnet.

Informationen über die Branchengruppe

Studien des Verbandes der Schmierstoff-Hersteller zeigen eine Industrie mit vielen Zweigen, von denen viele in Umwandlung sind. Der Verband hat mengenmäßige Prognosen für verschiedene Zweige gemacht, einschließlich des Schmiermittelproduktionszweigs der AEC. Seine Schätzungen sehen wie folgt aus:

Marktsegment	Prognose (Packungen)	Jahreszuwachsrate
Silikon/Polymer	500.000	20%
Erdölfreies Silikon	2.500.000	10%
100% Erdöl	10.000.000	3%
Erdöl/Silikon-Gemisch	400.000	5%
Alle vier zusammen	13.400.000	

Offensichtlich ist der größte Markt der der konventionellen, billigen Erdölschmiermittel, und zwar aus verschiedenen Gründen: vorerst gibt es eine große Anzahl noch in Betrieb befindlicher alter Maschinen und viele von diesen sehen silikonfreie Schmierung vor (tatsächlich gibt es noch eine beachtliche Anzahl von AEC-Maschinen aus der Nachkriegszeit, die noch in Betrieb sind). Auch sehen viele Schmiervorrichtungen Schmierstoffe auf Erdölbasis vor, was auch für Schmiernippel und Buchsen gilt. Offensichtlich ist das Wachstum dieses Marktes trotz der Anziehungskraft des niedrigen Preises beschränkt.

Der zweitgrößte Markt ist der für erdölfreies Silikon, da dieser Typ Schmierstoff für viele nach 1990 hergestellten Maschinen, bei denen Silikon-Schmierung vorgesehen ist, gebraucht wird. Dieser Markt sollte weiterhin wachsen, insbesondere angesichts der Tatsache, dass dieser Schmierstoff-Typ viel billiger ist als das Spitzenprodukt Silikon/Polymer. Der kleinste Markt besteht für die Erdöl/Silikon Mischung. Dieser Schmierstoff findet Verwendung für Maschinen, die nachträglich für ihn angepasst wurden.

Nachdem er diese Zahlen zusammengetragen hat, beginnt Götze seine Analyse. Er weiß, dass er eine vollständige finanzielle Analyse machen muss, aber es gibt auch noch andere Dinge zu beachten. Er holt sich ein altes Buchhaltungsbuch aus dem Regal, lädt eine Tabellenkalkulation in seinen PC und fängt mit der Analyse an.

Aufgaben:

1. Machen Sie eine vollständige Analyse des Schmiermittel-Bereichs!

2. Welche Produktgruppe würden Sie als Erste aus dem Vertriebsprogramm entfernen? Welche Effekte beobachten Sie, wenn Sie dies Produkt aus dem Sortiment entfernt haben? Wie entwickelt sich der Gewinn von AEC?

3. Wählen Sie als Verteilungsschlüssel für die Verteilung der Gemeinkosten nicht die Mengen, sondern den Umsatz! Was ändert sich?

4. Welche Entscheidung empfehlen Sie in dieser Situation?

5. Würde sich an der Situation etwas ändern, wenn AEC in den nächsten Jahren ein Kapazitätsproblem bekäme?

Fallstudie 6: Industrie-Systeme-Bielefeld GmbH[1]

Vorbereitung einer Angebotes

Als Vertriebsleiter für industrielle Ausrüstungen der Industrie-Systeme-Bielefeld GmbH (ISB) ist Dirk Pehmann verantwortlich für den Verkauf und die Abwicklung einer breiten Produktpalette von Industriebedarf in Ostwestfalen. ISB ist ein autorisierter Händler mit einer Konzession für Gabelstapler, Vorderlader (kleine Bagger), Radlader und andere selbstfahrende Förderfahrzeuge. Ungefähr 40 % von Pehmanns Umsätzen kommen vom Handel mit Gabelstaplern der Marke „Superlift", welche in der Textil-industrie, der Möbelfertigung, bei Groß- und Einzelhändlern und in der Bauindustrie eingesetzt werden.

Treffen mit einem Vertriebsbeauftragten

Am 3. Januar 2003 traf Pehmann sich mit Klaus Jenning, dem Vertriebsbeauftragten von ISB für das westliche Gebiet von Ostwestfalen, um die Verkaufsvorgaben für das erste Quartal zu diskutieren. Während der Unterhaltung erzählt Jenning, dass er hart an einem potenziellen Neukunden in der Möbelindustrie in seinem Gebiet arbeitet. Er erwähnt, dass Pehmann eine entsprechende Ausschreibung in den nächsten Tagen erhalten werde.

Die neue Firma heißt AXI Einrichtungen, der Sitz ist in Minden, sie ist ein Hersteller für die mittlere Preisklasse von modernen und traditionellen Schränken und Polstermö-beln. Das Unternehmen wurde von ehemaligen Managern von Drechsler-Möbel aus Herford gegründet. Tatsächlich ist AXI's Einkäufer, K. Nauser, ein ehemaliger Einkäufer von Drechsler. AXI Einrichtungen hatte eine komplett neue Fabrik in Minden gebaut, und es wird ein begrenzter Produktionsbeginn im späten Frühjahr erwartet. AXI wird bis Ende März vier Gabelstapler benötigen, und es wird angenommen, dass mindes-tens 20 Gabelstapler bis zum Ende des Sommers gekauft werden.

Jenning erwähnt, dass er an Drechsler-Möbel als K. Nauser dort Einkäufer war, ein paar Maschinen verkaufen konnte. Jenning erzählt Pehmann auch, dass Nauser ihm bei seinem letzten Besuch vor Weihnachten erzählte, dass er hofft, dass sich die gute Beziehung zwischen ISB und AXI fortsetzt. An diesem Punkt diskutieren Jenning und Nauser AXI's Bedarf, und Jenning sagte, dass ISB's Equipment den gesamten Bedarf, den AXI benötigt, bedienen könnte. Nauser gibt Jenning die Zusicherung, dass er ISB zu einem Angebot für die Ausrüstungen auffordern werde und weist darauf hin, dass er nur Angebote von ISB und zwei der Hauptwettbewerber einholen wird: Lauber in Gütersloh und Althans in Hannover.

Jenning beendet das Treffen mit Pehmann mit der Bemerkung, dass die Preisfindung in dieser Angebotssituation in den Verantwortungsbereich des Vertriebsleiters fällt, aber macht sich stark für die Bitte von Pehmann, dass das Angebot mit einem spitzen

---

[1] aus *Haas, Robert*: Business Marketing, Cincinnati 1995, übersetzt und überarbeitet von *Thomas Hellmuth* und *Peter Godefroid*. Die Fallstudie wurde in deutsche Verhältnisse übertragen; technische und kaufmän-nische Daten entsprechen nicht unbedingt der Realität.

Bleistift kalkuliert wird und dass ein wettbewerbsfähiger Preis bei der bevorstehenden Ausschreibung erreicht werden kann. Jenning sagt, dass Nauser ein sehr preisbewusster Käufer ist und dass er sehr loyal ist. Wenn ISB eine Chance für die Zukunft bei AXI's Geschäften haben will, hänge es stark vom Anfangsangebot ab, ob man einen Fuß in die Tür bekommt. Pehmann erwidert, er werde Jenning's Kommentar bei der Angebotsformulierung berücksichtigen und ihn auf dem Laufenden halten.

Die Ausschreibung geht ein

Am 10. Januar erhält Pehmann die Ausschreibung von AXI Einrichtungen und beginnt mit der Arbeit an dem Angebot (siehe Anlage 1). Nachdem er die Spezifikationen in der Angebotsnachfrage gelesen hat, ist Pehmann's sofortige Reaktion, dass jedes der zwei ISB-Modelle (der Superlift 950 oder der Superlift 1100) für AXI's Erfordernisse geeignet wäre, aber er muss vorher genau das Anforderungsprofil prüfen, um sicher zu sein. Er braucht auch Informationen, wie die Wettbewerber mit den Anforderungen übereinstimmen.

Aus früheren Erfahrungen weiß Pehmann, dass die Modelle des Lauber Hightopper I und Hightopper II und auch die Modelle des Althans Liftstar GT und XL am geeignetsten für die Anforderungen sind. Dann fragte Pehmann den Büroleiter, ob er eine detaillierte Liste der Standard- und Zusatzausrüstungen vorbereiten könnte, die bei den Wettbewerbsmodellen verfügbar sind (siehe Anlage 2), und eine Zusammenstellung der letzten 20 Angebote und ihre Ergebnisse, für die ISB ein Angebot erstellte mit dem gleichen Zubehör für den Superlift 950 und 1100 für die Möbelindustrie in Ostwestfalen. Das Ergebnis des Vergleiches der Zusatzausrüstungen sind Anlage 2, die früheren Angebote Anlage 3 zu entnehmen.

Nach Durchsicht der Spezifikation der Ausrüstungen und des Vergleiches kann Pehmann den Anforderungen von AXI gerecht werden, wenn er dem Superlift 1100 einige wahlfreie Zusatzausrüstungen hinzufügt. Er kann auch mit einem hochgerüsteten Superlift 950 nahe an die Spezifikationen herankommen. Pehmann vergleicht auch die Spezifikationen der Konkurrenten, um zu sehen, welche ihrer Modelle am besten für AXI's Anforderungen geeignet sind. Zum Schluss analysiert er gründlich die früheren Angebote, um ein Muster zur Angebotsfindung unter Berücksichtigung der vorhergehenden Angebote erkennen zu können.

Pehmann's erste Erkenntnis bei seiner Untersuchung der früheren Angebote war, dass in der Mehrzahl der Fälle die Angebote mit dem niedrigsten Preis den Zuschlag erhielten. Aber es zeigte sich auch, dass einige der Angebote von Lieferanten den Zuschlag erhielten, die nicht den Spezifikationen der Käufer entsprachen. Ferner erkennt Pehmann, die Angebotsnummern 4, 8 und 15 als Angebote an die Firma Drechsler-Möbel, während Nauser dort Einkäufer war, und die Nummern 2, 9 und 19 als Angebote an Brohm-Einrichtungen, einem von AXI's direkten Konkurrenten in Minden an. Es zeigte sich, dass der Wettbewerb sehr hart war und Niedrigpreisangebote von den Kunden favorisiert wurden, solange sie den Spezifikationen der Käufer entsprechen.

Der Konflikt entsteht

Als Pehmann die früheren Angebote weiter überprüft, stört ihn, dass es anscheinend wichtig ist, das niedrigste Angebot zu erstellen. Kürzlich hatte Pehmann ein Gespräch mit dem Geschäftsführer von ISB, und der sagte ihm, dass seine Marge einen vollen Prozentpunkt unter der Zielmarge von 20 % liegt. Der Geschäftsführer legte Pehmann nahe, seine Marge schrittweise zu erhöhen. Gleichzeitig wurde Pehmann von ihm für den erreichten Marktanteil gelobt, und er drängte ihn, den Anteil durch aggressive Angebote weiter auszubauen.

Jennings frühere Bemerkung stört Pehmann auch etwas. Er weiß, dass Jenning Recht hat, dass es wichtig ist, AXI's erste Bestellung zu bekommen. Wenn ISB den Auftrag für diese vier Einheiten nicht bekommt, könnte sie den ganzen Kunden verlieren, was dem Marktanteil von ISB sehr schaden würde.

Die Vorbereitung des Angebotes

Mit diesen Gedanken im Kopf, setzte sich Pehmann an seinen PC und rief die Preisliste der Superlifte auf. Bevor Pehmann seine Kalkulation machen konnte, wusste er, dass er zuerst eine Strategie entwerfen musste, welche Einheiten ISB anbieten will (Superlift 950 und Superlift 1100) und welche Zusatzausrüstung und welcher aktuelle Preis in dem Angebot enthalten sein muss. Diese Strategie hängt von Pehmann's Ziel ab, seiner Abschätzung mit welchen Einheiten und zu welchem Preis die Konkurrenten erwartungsgemäß anbieten und Pehmann's Einschätzung für jede mögliche Angebotsstrategie das Angebot zu bekommen.

Aufgaben:

1. Entwickeln und begründen Sie auf Basis der verfügbaren Daten eine Angebotsstrategie für Pehmann und die ISB GmbH. Die Analyse sollte die früheren Angebote, die möglichen und wahrscheinlichen Angebote der Wettbewerber, die alternativ verfügbaren Möglichkeiten für ISB und die Modelle, Ausrüstungen und den Preis, mit dem Pehmann anbieten sollte, enthalten.

2. Bereiten Sie ein Angebotsschreiben für AXI Einrichtungen als Antwort für die Ausschreibung vor.

Anlage 1:

Angebotsanfrage der AXI Einrichtungen

Sehr geehrte Herren,

Bitte machen Sie uns ein Angebot für folgende Geräte

        4 mal   elektrischer Gabelstapler

                     Spezifikationen:
                     20 PS Motor
                     500 kg Mindest-Stapelkapazität
                     240cm Stapelhöhe
                     verstellbare 90 cm Gabel
                     Servolenkung
                     Vollgummireifen
                     Schaumstoff gepolsterter Sitz
                     Ladelichter
                     Sicherheitsausrüstung für den OSHA Standard
                     Achsstand max. 120 cm
                     gesamte Länge (ohne Gabel) max. 150 cm
                     Bodenfreiheit min. 35 cm

Die Angebote werden in unserem Büro in Minden am 10. Februar 2003 um 10 Uhr geöffnet. Die Bestellung erfolgt am 25. Februar 2003. Wir behalten uns das Recht vor, eines oder alle Angebote zu akzeptieren oder abzulehnen.

Bitte senden Sie uns ihr Angebot in einem versiegelten Umschlag mit der Aufschrift „Angebot für Gabelstapler 11/2/03". Für Ihre prompte Bearbeitung danken wir vielmals.

Hochachtungsvoll
K. Nauser, Einkäufer

Anlage 2

Anbieter	ISB Bielefeld		Lauber, Gütersloh		Althans, Hannover	
Charakte-ristiken	Superlift 950	Superlift 1100	High-topper I	High-topper II	Liftstar GT	Liftstar XL
Radstand in cm	120	120	117	123	120	120
gesamte Länge in cm (ohne Gabel)	150	150	150	158	150	150
Bodenfreiheit in cm	35	35	30	35	35	38
Gewicht in kg	1.050	1.250	1.000	1.100	1.050	1.250
Motor	18 PS. std. wahlweise 22 PS	22 PS. std. wahlweise 26 PS	16 PS. std. wahlweise 18 PS	19 PS. std. kein Wahl-Motor	20 PS. std. wahlweise 24 PS	25 PS. std. wahlweise 28 PS
Stapelhöhe in cm	225	240	220	240	240	255
Stapelkapa-zität in kg	475	550	450	525	500	600
Gabel in cm	90 verstellbar	90 verstellbar	85 fest	85 verstellbar	90 verstellbar	90 verstellbar
Reifen	Luft stand. wahlweise Vollgummi	Vollgummi stand.	Synthetik Luft stand. wahlweise vollsynthe-tisch	vollsynthe-tisch stand.	Vollgummi stand.	Vollgummi stand.
Sitz	Baum-wollkissen stand., wahlweise Schaum-stoff-Polste-rung	Baumwoll-polsterung stand., wahlweise Schaum-stoff-Polste-rung	Metall stand., wahlweise Schaum-stoff	Baumwolle, wahlweise Schaumstoff	Schaum-stoff-Polste-rung stand.	Schaumstoff-Polsterung stand.
Lackierung	4 Schicht Acryl	4 Schicht Acryl	2 Schicht Email	2 Schicht Email	4 Schicht Acryl	4 Schicht Acryl
OSHA Forderung	erfüllt	überschritten	erfüllt	erfüllt	erfüllt	erfüllt
Garantie	12 Monate für Teile und Hebewerk-zeug	12 Monate für Teile und Hebewerk-zeug	12 Monate für Teile und Hebe-werkzeug	12 Monate für Teile, 6 Monate für Hebewerk-zeug	12 Monate für Teile, 6 Monate für Hebewerk-zeug	12 Monate für Teile und Hebewerk-zeug
Sicherheits-gurt	Standard	Standard	nicht verfügbar	nicht verfügbar	wahlweise	Standard

Anbieter	ISB Bielefeld		Lauber, Gütersloh		Althans, Hannover	
Charakte-ristiken	Superlift 950	Superlift 1100	High-topper I	High-topper II	Liftstar GT	Liftstar XL
Werkzeug-satz	Standard	Standard	nicht verfügbar	nicht verfügbar	wahlweise	Standard
HD elektr. System	wahlweise	wahlweise	nicht verfügbar	wahlweise	wahlweise	Standard
Servolenkung	wahlweise	wahlweise	nicht verfügbar	wahlweise	Standard	Standard
Lade-Lichter	wahlweise	wahlweise	wahlweise	wahlweise	Standard	Standard
2-Wege Radio	wahlweise	wahlweise	wahlweise	wahlweise	wahlweise	Standard
Stapelhöhen-verstellung	nicht verfügbar	wahlweise	nicht verfügbar	nicht verfügbar	wahlweise 255 cm	nicht verfügbar
HD Schutz-scheibe	nicht verfügbar	wahlweise	nicht verfügbar	nicht verfügbar	Standard	Standard

Anlage 3: Übersicht über den Ausgang der letzten 20 Ausschreibungen (alle Preise ohne Frachtkosten) [Specs ok = Spezifikationen erfüllt]

	ISB			Lauber			Althans			
Ange-bot	Modell	Specs ok?	Preis	Modell	Specs ok?	Preis	Modell	Specs ok?	Preis	Auftrag an
1	S. 950	Nein	29.000	High-topper I	Nein	28.500	Lift-star GT	Ja	31.100	Lauber
2	S. 1100	Ja	31.500	High-topper II	Ja	30.900	Lift-star GT	Nein	31.200	Lauber
3	S. 1100	Ja	31.800	High-topper II	Nein	29.800	Lift-star GT	Ja	32.900	Lauber
4	S. 950	Ja	29.500	High-topper II	Ja	29.800	Lift-star GT	Ja	31.100	ISB
5	S. 1100	Ja	31.750	High-topper II	Nein	30.900	Lift-star GT	Ja	31.950	ISB
6	S. 1100	Ja	31.100	High-topper II	Ja	30.700	Lift-star GT	Nein	30.400	Althans
7	S. 950	Nein	28.600	High-topper I	Nein	28.700	Lift-star GT	Ja	31.100	ISB
8	S. 1100	Ja	30.300	High-topper II	Ja	30.400	Lift-star GT	Ja	33.700	ISB
9	S. 1100	Ja	31.400	High-topper II	Ja	29.750	Lift-star GT	Ja	31.100	Lauber
10	S. 950	Nein	30.100	High-topper I	Nein	28.900	Lift-star GT	Ja	30.900	Althans

Ange-bot	ISB			Lauber			Althans			Auftrag an
	Modell	Specs ok?	Preis	Modell	Specs ok?	Preis	Modell	Specs ok?	Preis	
11	S. 1100	Ja	31.900	High-topper II	Ja	30.900	Lift-star GT	Ja	33.200	ISB
12	S. 950	Ja	29.200	High-topper I	Ja	28.750	Lift-star GT	Ja	30.400	Lauber
13	S. 1100	Ja	31.100	High-topper II	Ja	31.000	Lift-star GT	Ja	30.900	Althans
14	S. 950	Ja	29.900	High-topper II	Ja	30.100	Lift-star GT	Ja	31.100	ISB
15	S. 1100	Ja	31.100	High-topper II	Nein	30.200	Lift-star GT	Ja	30.900	Althans
16	S. 1100	Nein	30.500	High-topper II	Ja	30.700	Lift-star GT	Ja	32.800	Lauber
17	S. 1100	Ja	30.600	High-topper II	Ja	30.900	Lift-star GT	Ja	31.950	ISB
18	S. 1100	Ja	31.100	High-topper II	Ja	30.700	Lift-star GT	Ja	30.400	Althans
19	S. 950	Ja	29.500	High-topper I	Ja	28.400	Lift-star GT	Ja	30.800	Lauber
20	S. 1100	Ja	30.800	High-topper II	Ja	30.900	Lift-star GT	Ja	31.100	Althans

Preisliste für Gabelstaplermodelle der ISB (in €)

Position	Einkaufspreis	Verkaufspreis
Superlift 950 Standardausrüstung	**22.190**	**29.587**

Sonderzubehör für SL 950:

Vollgummireifen	800	1.100
Schaumstoff gepolsterter Sitz	120	160
22 PS Motor	1.200	1.600
Starkstrom System	500	675
Servolenkung	1.100	1.475
Ladelampen	150	200
2-Wege-Funkanlage	380	510

Position	Einkaufspreis	Verkaufspreis
Superlift 1100 Standardausrüstung	**25.027**	**33.370**

Sonderzubehör für SL 1100:

Schaumstoff gepolsterter Sitz	100	135
26 PS Motor	1.600	2.135
Starkstrom System	600	800
Servolenkung	1.200	1.600
Ladelichter	150	200
2-Wege-Funkanlage	380	510
auf 255 cm erweiterte Ladehöhe	600	800
Sicherheits-Frontscheibe	210	280

Aufgabe 1: Unterschiede zwischen Business-to-Business- und Konsum-
gütermarketing

Beim Marketing von Gütern und Dienstleistungen erfolgt sowohl beim Business-to-Business-Marketing wie auch beim Konsumgütermarketing ein Austausch von Informationen, Geldern und sozialen Kontakten zwischen Anbieter und Kunden. Welche deutlichen Unterschiede sehen Sie zwischen beiden Arten des Marketing?

Lösung s. Seite 479

Aufgabe 2: Abgeleitete Nachfrage

Ist eine Preissenkung eine erfolgversprechende Marketing-Strategie, wenn die Nachfrage eines industriellen Kunden sinkt, weil die Nachfrage nach seinen Produkten sinkt?

Lösung s. Seite 479

Aufgabe 3: Dienstleistungen auf Business-Märkten

Welche Dienstleistungen werden auf den Märkten des Business-to-Business-Marketing angeboten? Bitte stellen Sie mindestens 10 Beispiele dar!

Lösung s. Seite 479

Aufgabe 4: Strategien für Out-Supplier

Sie sind „Out-Supplier". Sehen Sie eher eine Möglichkeit, bei dem Kunden ins Geschäft zu kommen durch Preissenkungen oder durch wesentliche Produktverbesserungen?

Lösung s. Seite 480

Aufgabe 5: Kontakte zum Marketing-Bereich der Kunden

Personen, die im Business-to-Business-Marketing tätig sind, sprechen selten mit den Marketing-Mitarbeitern ihrer Kunden. Welche Vorteile könnten solche Gespräche für den Anbieter haben?

Lösung s. Seite 480

Aufgabe 6: Strategien im Buying Center

Sie haben die Situation, dass beim Kunden ein junger, unsicherer Einkäufer die Rolle des Informations-Selektierers (gatekeeper) spielt. Sie können den Auftrag nicht erhalten, wenn es ihnen nicht gelingt, bestimmte Informationen den Entscheidern zu übermitteln. Leider will der Einkäufer diese Informationen nicht weitergeben; er kann auch nicht umgangen werden. Wie können Sie diese schwierige Situation zu ihrem Vorteil nutzen?

Lösung s. Seite 481

Aufgabe 7: Divergierende Ziele im Buying Center

Das Buying Center besteht aus einem Ingenieur, der technische Innovation ohne Rücksicht auf den Preis durchsetzen will, einem Einkäufer, der sehr kostenorientiert ist, und einem Produktionsmanager, der am liebsten gar keine Änderung haben will, um die Produktionsabläufe nicht zu gefährden. Welche Strategie würden Sie als Anbieter entwickeln, um diese sich widersprechenden Ziele zu berücksichtigen?

Lösung s. Seite 481

Aufgabe 8: Marketing mit Gremien

„Wenn man einem Gremium etwas anbieten will, ist es sinnvoll, zunächst dem gesamten Gremium eine Präsentation zu machen und danach Einwände und Probleme einzelner Mitglieder des Gremiums in Einzelgesprächen zu behandeln". Halten Sie diese Vorgehensweise für richtig?

Lösung s. Seite 481

Aufgabe 9: Make-or-Buy

Bei fast jeder industriellen Beschaffung stellt sich für den Beschaffer die Frage des Make-or-Buy. Der Anbieter steht daher mit dem Kunden selbst im Wettbewerb. Welche Argumente würden Sie benutzen, um den Kunden davon abzuhalten, das Produkt oder die Dienstleistung selbst zu erstellen?

Lösung s. Seite 481

Aufgabe 10: Konzept für eine Kundenzufriedenheitsuntersuchung

Die OCOMCO (Ostfriesische Computer Company) vertreibt und installiert kleinere und mittlere Computersysteme im professionellen Bereich. Die Kunden sind überwiegend KMUs, aber auch einige Zweigniederlassungen von Großunternehmen. Einsatzschwerpunkte sind kaufmännische Anwendungen (Rechnungswesen, DBM, CAS).

Die OCOMCO hat rund 20 Mitarbeiter und konnte im letzten Jahr mit den rund 100 Kunden einen Umsatz von 15 Mio€ erzielen. Leider gibt es keine systematischen Informationen über die Zufriedenheit der Kunden. Der Geschäftsführer hat Sie daher gebeten, ein Konzept für eine systematische Untersuchung der Kundenzufriedenheit zu entwickeln.
Bitte entwickeln Sie ein Konzept für die weitere Vorgehensweise. Sie sollten zu folgenden Punkten Stellung nehmen:

a) Ziel der Untersuchung
b) Auswahl der zu Befragenden und der Befragungsmethode
c) Struktur des Fragebogens
d) Wie häufig ist diese Untersuchung zu wiederholen und wie können die Ergebnisse praktisch umgesetzt werden?

Lösung s. Seite 482

Aufgabe 11: Marktsegmentierung

Die Marktsegmentierung soll einen Markt in homogene Gruppen von Kunden, die sich ähnlich verhalten, zerlegen. Warum ist die Entwicklung von effektiven Segmentierungsmethoden auf Business-Märkten weniger fortgeschritten als auf Konsumgütermärkten?

Lösung s. Seite 482

Aufgabe 12: Differenziertes Marketing- und Vertriebskonzept für identifizierte Segmente

Entwickeln Sie für die in Kapitel D.1.5 (S. 122) durch Clusteranalyse identifizierten drei Segmente einen differenzierten Ansatz für Marketing und Vertrieb! Dabei sollten Sie mindestens zu folgenden Themen Vorschläge machen:

▶ **Marketing:** Zielgruppen, Einsatz von Direktmarketing, Verstärkung von Kundenbindungsprogrammen, Einsatz von User-Gruppen, Betonung der Servicekompetenz

▶ **Vertrieb:** Einsatz von Key Account Management, Produkt-, Branchen- und Finanzierungsspezialisten. Bitte berücksichtigen Sie dabei, dass Ihnen nicht beliebig viele Vertriebsmitarbeiter zur Verfügung stehen!

Lösung s. Seite 483

Aufgabe 13: Ideen für neue Produkte

„Es ist viel besser für ein Unternehmen, wenn die Ideen für neue Produkte im Unternehmen selbst entstehen. Solange die Technologie „state-of-the-art" ist und das Preisniveau akzeptabel ist, wird auch ein Markt für diese Produkte zu finden sein." Kommentieren Sie diese Behauptung!

Lösung s. Seite 483

Aufgabe 14: Neue Produkte oder Weiterentwicklung von bestehenden Produkten?

Was ist wichtiger: Ständig neue Produkte zu entwickeln oder die bestehenden Produkte kontinuierlich zu verbessern? Begründen Sie Ihre Antwort!

Lösung s. Seite 483

Aufgabe 15: Händlerrabatte und Mondpreise

Sie vertreiben technische Produkte über ein einstufiges Händlernetz. Die Händler erhalten von Ihnen Rabatte zwischen 35 % und 45 % auf die Listenpreise. Durch den Wettbewerb der Händler untereinander geben viele Händler an Großkunden bis zu 30 Prozentpunkte ihres Rabattes weiter, sodass die Listenpreis reine „Mondpreise" sind. Was würden Sie als Anbieter in dieser Situation tun? Mit welchen Schwierigkeiten bei Händlern und Kunden müssen Sie rechnen?

Lösung s. Seite 484

Aufgabe 16: Preisfindung aus Kundennutzen

In dem Beispiel im Abschnitt G.1.1.2 (S. 215) wurde der Kundennutzen für eine bestimmte Datenkonstellation ermittelt. Bestimmen Sie für folgende Situationen die Mehrpreise, die der Kunde zu zahlen bereit sein sollte (die übrigen Annahmen ändern sich nicht):

Laufzeit pro Jahr in Std.	Energiekosten 0,20€/Einheit	Energiekosten 0,30€/Einheit	Energiekosten 0,40€/Einheit	Energiekosten 0,50€/Einheit
2.000				
3.000				
4.000				
5.000				

Lösung s. Seite 484

Aufgabe 17: Bonusprogramm für Händler

Im Rahmen des Push-Marketings wollen Sie für Ihre Händler ein Bonusprogramm einführen, das den Händlern einen Anreiz geben soll, bei Ihnen diejenigen Volumina abzunehmen, die Sie Ihren eigenen Planungen zu Grunde gelegt haben. Es wird vorgeschlagen, folgendes Bonusprogramm anzukündigen:

Jedem Händler werden – basierend auf seinem Vorjahres-Ergebnis – individuelle Quartalsvorgaben angeboten. Erreicht er die Quartalsvorgabe, so erhält er einen Bonus von 3 % auf den gesamten Umsatz. Umsätze, die über die Vorgabe hinausgehen, erhalten einen Zusatzbonus von 2 %.

Wie beurteilen Sie dieses Bonusprogramm?

Lösung s. Seite 484

Aufgabe 18: Analyse eines Distributionskonzepts

In der folgenden Abbildung ist das Distributionskonzept der IBM Deutschland dargestellt.

Märkte	Produkte		
	Großsysteme	Mittlere Systeme AS/400, RISC	PCs
Großkunden betreut durch	Direktvertrieb VI	Direktvertrieb VI	Autorisierte Systemhäuser VH
Mittelstand betreut durch	— —	Agenten, VARs IBM Mittelstand GmbH	Autorisierte Systemhäuser VH
Kleine Händler (nicht autorisiert) betreut durch	—	—	Distributoren (nur Teile der Produktpalette) VH
Privatkunden	—	—	Kleine Händler, Handelsketten wie comtech (nur low-end-Produkte)

Erläuterungen:

VI:	„Vertrieb Informationssysteme", Direktvertrieb der IBM
VH:	„Vertrieb Handelspartner", betreut die autorisierten IBM Handelspartner
IBM Mittelstand GmbH	Tochtergesellschaft zur Betreuung des Mittelstandes

(Quelle: Kontakte des Autors zu IBM)

Wie beurteilen Sie dieses Distributionskonzept?

Lösung s. Seite 485

Aufgabe 19: Umsatzplanung mit subjektiver Schätzung der AD-Mitarbeiter

Sie sind Vertriebsleiter bei einem Anbieter von Spezialmaschinen. Ihre wichtigsten Produkte sind die Modelle 1.000, 2.000 und 3.000. Ihre drei Außendienstmitarbeiter Meier, Müller und Schulz haben je 3 Kunden, bei denen Sie jeweils die gesamte Produktpalette anbieten können. Für Ihre Planung im April legen Ihnen die drei Mitarbeiter folgende Planung für die nächsten Monate vor:

Name	Kunde	Produkt	Monat	Chance	Umsatz
Meier	101	1.000	6	50 %	1.000.000
Meier	101	2.000	8	30 %	500.000
Meier	102	2.000	5	70 %	600.000
Meier	103	1.000	7	50 %	900.000
Meier	103	3.000	9	60 %	600.000
Müller	201	3.000	10	50 %	1.000.000
Müller	201	2.000	8	30 %	400.000
Müller	202	2.000	5	90 %	800.000
Müller	203	1.000	7	50 %	900.000
Müller	203	2.000	7	60 %	600.000
Schulz	301	1.000	5	90 %	1.000.000
Schulz	301	2.000	5	30 %	400.000
Schulz	302	2.000	7	50 %	300.000
Schulz	303	1.000	8	70 %	900.000
Schulz	303	2.000	8	60 %	600.000

Ermitteln Sie daraus für Ihre Planungsperiode bis Oktober:

a) den erwarteten Umsatz pro AD-Mitarbeiter
b) den erwarteten Umsatz pro Monat
c) eine kumulierte Umsatzschätzung pro Produkt und Monat.

Lösung s. Seite 486

Aufgabe 20: Beispiel einer Quotenermittlung

Sie sind Vertriebsleiter bei einem Anbieter von Spezialmaschinen. Im Vorjahr wurde ein Umsatz von 10 Mio. € erreicht; für das neue Planjahr ist eine Steigerung von 10 % vorgesehen. Die Ergebnisse im Vorjahr verteilten sich auf ihre beiden AD-Mitarbeiter im Verhältnis 40 : 60; das Potenzial der jeweiligen Gebiete wird von Ihnen als gleich hoch eingeschätzt.

Gebiet	Vorjahr	Gebietspotenzial
Meier	4 Mio	50 %
Schulze	6 Mio	50 %
Summe	10 Mio	100 %

Ermitteln Sie die Vorgabe für die beiden Mitarbeiter

a) auf Basis des Vorjahrs
b) auf Basis des Potenzials.

Welche Probleme ergeben sich? Welches Verfahren würden Sie vorschlagen?

Lösung s. Seite 488

Aufgabe 21: Berechnung des erfolgsabhängigen Einkommens

Ein Incentive-Modell sieht folgende Vergütungsregelungen vor:

Zielerreichungsgrad	Provisionsfaktor
bis 100 %	1.0
100 bis 150 %	1.5
150 bis 200 %	0.5
ab 200 %	0.0

Die Einkommensabsicherung beträgt 70 % des Zieleinkommens.

Bestimmen Sie das erreichte feste, variable und das gesamte Einkommen bei einem 100 %-Ziel-Einkommenvon 50.000 €

für die Zielerreichungsgrade 50 %, 75 %, 100 %, 125 %, 150 %, 175 %, 200 %, 250 %

und die Fix/Variabel-Relationen 30 : 70, 50 : 50, 70 : 30.

Bestimmen Sie außerdem für jeden Fall das durchschnittliche Gesamteinkommen pro erreichten Ergebnisprozentpunkt!

Lösung s. Seite 489

Lösung zu 1: Unterschiede zwischen Business-to-Business- und Konsumgütermarketing

Der entscheidende Unterschied zwischen Business-to-Business- und Konsumgütermarketing besteht in der **Abgrenzung der Kunden**. Während das Konsumgütermarketing auf private Konsumenten zielt, sind die Zielgruppen des Business-to-Business-Marketing Organisationen, sei es als Verbraucher, Verwender oder als Wiederverkäufer. Aus dieser Differenzierung lassen sich wesentliche Unterschiede im Marketing ableiten:

Die relativ geringe Zahl der in einen konkreten Markt vorhandenen potenziellen Kunden hat deutliche Auswirkungen auf die Ziele und einzusetzenden Methoden der Marktforschung, die Produktpolitik (z. B. durch Einbeziehung der Kunden), die Gestaltung der Kontrahierungspolitik (vor allem durch die Intransparenz der Konditionen), auf die Alternativen der Distributionspolitik und vor allem auf die Kommunikation, bei der der persönliche Verkauf im Vordergrund steht.

Das **Käuferverhalten** von Organisationen ist zwar nicht immer so rational, wie allgemein angenommen wird; gleichwohl sind die Abläufe von Beschaffungsprozessen und der Einfluss des Anbieters auf diese Entscheidungsprozesse deutlich anders als beim Konsumgütermarketing.

Lösung zu 2: Abgeleitete Nachfrage

Sinkt der Absatz eines industriellen Kunden (z. B. der Pkw-Absatz der Automobilindustrie), so sinkt der Bedarf dieser Industrie an Komponenten (wie Reifen, Einspritzpumpen etc.). Auch durch sinkende Preise der Zulieferer wird sich diese generelle Tendenz nicht ändern lassen, denn selbst wenn Preiszugeständnisse der Zulieferer an den Endkunden weitergegeben werden, wird das nur geringe Konsequenzen auf den Absatz haben (eher auf die Ertragslage der Industrie).

Gibt es mehrere Anbieter dieser Komponenten, so kann die Variation der Preise im Rahmen des Marketing-Mix **ein** geeignetes Marketing-Instrument sein. Daneben sollten die übrigen Komponenten der Kontrahierungspolitik (z. B. durch Rahmenverträge oder Finanzierungsangebote) genutzt werden, um die Nachfrageverminderung für **einen einzelnen** Anbieter zu neutralisieren. Auch alternative Angebote im Bereich der Produktpolitik, der Distribution und der Kommunikation können in diesem Fall genutzt werden, um sich von Wettbewerbern abzuheben.

Lösung zu 3: Dienstleistungen auf Business-Märkten

► Reinigung und Bewachung von Büro- und Betriebsflächen
► Beratung und Bearbeitung von konkreten Aufgaben in den Bereichen des Rechnungswesens, der Steuerberatung und der Wirtschaftsprüfung
► Werbung und Öffentlichkeitsarbeit
► Wartung von Betriebsanlagen

- Personalberatung
- Vermittlung von Leih-Arbeitskräften
- allgemeine Unternehmensberatung
- Leasing
- Dienstleistungen im Bereich der Informationsverarbeitung (Programmierung, Projektmanagement, Bereitstellung von Informationsinfrastruktur durch Netzwerke, Informationsdatenbanken etc.)
- Technische Dienstleistungen durch Ingenieurbüros
- Versicherungsdienstleistungen
- Finanzdienstleistungen
- Medizinische Dienstleistungen
- Rechtsberatung
- Logistikdienstleistungen z. B. durch Spediteure

und viele andere mehr

Lösung zu 4: Strategien für Out-Supplier

Wenn Sie „out-supplier" sind, ist davon auszugehen, dass der Kunde Gründe hatte, Ihr Angebot bei seiner Beschaffungsentscheidung nicht zu berücksichtigen (es sei denn, Sie haben gar nicht angeboten). Zunächst sollten Sie also versuchen, Informationen über die Argumente zu beschaffen, die gegen Ihr Angebot sprachen. Sollte der Preis tatsächlich das wesentliche Gegenargument gewesen sein, so könnten Sie tatsächlich mit deutlich niedrigeren Preisen eine Überprüfung der Beschaffungsentscheidung erreichen. Waren nicht der Preis, sondern wesentliche Produkteigenschaften das entscheidende Gegenargument, so könnten Sie mit wesentlichen Innovationen Erfolg haben.

In vielen Fällen helfen allerdings weder günstige Preise noch innovative Produkte weiter. Hat der Kunde sich bei seiner Beschaffung für ein System entschieden, zu dem Sie keine kompatiblen Produkte anbieten können, so haben Sie solange keine Chance, wie Sie nicht auch Produkte in dieser Systemumwelt anbieten können.

Lösung zu 5: Kontakte zum Marketing-Bereich der Kunden

Kontakte zum Marketing-Bereich der Kunden können frühzeitig wertvolle Informationen über mögliche quantitative und qualitative Änderungen auf den Absatzmärkten des Kunden liefern. Die Wünsche der „Kunden des Kunden" können so dem Anbieter rechtzeitig einen Anstoß zur Modifikation der Produktpolitik geben. Kontakte zum Marketing-Bereich können auch zu einer besseren Information dieser Zielgruppe über die besonderen Eigenschaften der Produkte des Anbieters beitragen und zu einer Bevorzugung der Produkte des Anbieters führen, sofern der Kunde Multiple Sourcing betreibt.

Lösung zu 6: Strategien im Buying Center

Versetzen Sie sich in die Situation des jungen und unsicheren Einkäufers. Er ist daran interessiert, bei seinen Vorgesetzten durch gute und innovative Vorschläge positiv aufzufallen. Sie sollten daher versuchen, ihm zu zeigen, wie er durch die Information, die Sie ihm – **und nur ihm** – geben, genau diese Ziele erreichen kann. Außerdem sollten Sie ihm gewisse Zugeständnisse bei den Konditionen signalisieren; einen derartigen Erfolg kann er dann ebenfalls positiv für sich verwenden.

Lösung zu 7: Divergierende Ziele im Buying Center

Sie sollten versuchen, mit jedem der Gesprächspartner einen Kriterienkatalog zu entwickeln, der seine Wünsche berücksichtigt. Wenn Sie diese verschiedenen Bewertungsschemata zu einem Gesamtansatz vereinigen, kann es gelingen, eine Kompromissformel zu finden, bei der jeder der Beteiligten seine Ziele – zumindest teilweise – berücksichtigt findet, er aber auch Ziele der anderen berücksichtigen kann, ohne sein Gesicht zu verlieren.

Lösung zu 8: Marketing mit Gremien

Es ist höchst gefährlich, ohne Kenntnis der einzelnen Interessenlagen einem Gremium einen Lösungsvorschlag zu präsentieren. Es ist dabei nicht auszuschließen, dass unnötigerweise in wichtigen Punkten die speziellen Ziele einzelner wichtiger Gremien-Mitglieder verletzt werden; derartige Aussagen können später nur mit erheblichem Aufwand und mit erheblichem Verlust an Glaubwürdigkeit wieder zurückgenommen werden oder auch nur modifiziert werden. Geschickter ist es, zumindest die wichtigsten Fraktionen im Buying Center zu identifizieren und in Einzelgesprächen die grundsätzlichen Alternativen zu klären. Daraufhin sollte ein Angebot entwickelt werden, das keine wesentlichen Interessenlagen verletzt; dieser Lösungsvorschlag kann dann dem Gremium präsentiert werden.

Lösung zu 9: Make-or-Buy

Die Hauptgründe, die für Outsourcing bzw. Fremdbeschaffungen sprechen, sind:

- proportionale Kosten (keine Anlagen, keine Fixkostenblöcke)
- möglicherweise geringere Kosten, da der Lieferant Vorteile auf der Lernkurve hat
- flexible Anpassung an Bedarfsänderungen
- keine Probleme mit Personal-Beschaffung oder -Abbau bei Bedarfsänderungen
- Konzentration auf das Kerngeschäft

Lösung zu 10: Konzept für eine Kundenzufriedenheitsuntersuchung

a) Hauptziel einer Kundenzufriedenheitsuntersuchung ist die direkte Information über den Zufriedenheitsgrad der Kunden – ohne auf die Filterung durch den eigenen Außendienst angewiesen zu sein. Ein positiver Nebeneffekt einer derartigen Untersuchung besteht darin, dass der Kunde bereits die Tatsache, dass er überhaupt um seine Meinung gefragt wird, positiv bewertet. Dadurch kann die Kunden/Lieferanten-Beziehung verbessert werden.

b) Die Auswahl der zu befragenden Kunden und Personen ist entscheidend für die Qualität des Ergebnisses. Da die Zahl der Kunden in diesem Fall überschaubar ist, bietet sich eine telefonische Befragung durch ein externes Institut an. Befragt werden sollten bei allen A-Kunden mehrere Entscheidungsträger, bei allen B-Kunden je ein Entscheidungsträger sowie diejenigen C-Kunden, die ein großes Potenzial haben. Bei den Niederlassungen von Großunternehmen ist es besonders schwierig, die Entscheidungsträger zu identifizieren.

c) Der Fragebogen kann in folgende Hauptgruppen unterteilt werden:

- ► generelle Zufriedenheit
- ► Zufriedenheit mit der Verkaufsberatung
- ► Zufriedenheit mit dem Produktangebot
- ► Zufriedenheit mit der Lieferung der Produkte
- ► Zufriedenheit mit der Kundenbetreuung
- ► „Hygienefragen" (Würden Sie wieder bei uns kaufen? Würden Sie einem Geschäftsfreund unser Haus empfehlen?)
- ► statistische Fragen.

d) Die Befragung muss regelmäßig wiederholt werden (jährlich, halbjährlich), denn nur so sind Tendenzen erkennbar. Identifizierte Schwachstellen sollten kurzfristig – ggf. mit Einbeziehung wichtiger Kunden – abgebaut werden. Bereiche, in denen das Unternehmen positiv beurteilt wurde, können in der Kommunikation genutzt werden (Werbung, Öffentlichkeitsarbeit, persönlicher Verkauf). Möglicherweise ist es sinnvoll, kundennahen Abteilungen (Vertrieb, Service) ein Bonusziel für das Erreichen eines bestimmten Kundenzufriedenheitsgrades vorzugeben.

Lösung zu 11: Marktsegmentierung

Obwohl die Zahl der privaten Konsumenten erheblich größer ist als die Zahl der Kunden auf Business-Märkten, gibt es offenbar wesentlich weniger unterschiedliche Verhaltensweisen bei den privaten Konsumenten. Zudem lassen sich diese durch statistische Verfahren wesentlich besser zu bestimmten Segmenten gruppieren. Derartige Ansätze haben im Business-to-Business-Marketing bisher aufgrund der offenbar sehr unterschiedlichen, zeitlich instabilen und sehr intransparenten Struktur der organisationalen Teilmärkte keinen großen Erfolg gehabt.

Lösung zu 12: Differenziertes Marketing- und Vertriebskonzept für identifizierte Segmente

	Segment 1	Segment 2	Segment 3
Zielgruppen	Geschäftsführung, Fertigung	Einkauf	Entwicklung
Direktmarketing	wenig	wenig	Ja
Kundenbindungs-programm	Ja, Lieferantentreue verstärken	Ja, Lieferantentreue aufbauen	Ja, Lieferantentreue aufbauen
Zur Mitarbeit in User-Group auffordern	Ja, da Endanwender	Nein, da Ausrüster	Nein, da Ausrüster
Servicekompetenz vorstellen	Ja, da Service wichtig ist	Nein	Nein
Key-Account-Management	Nur bei großen Kunden	Ja	Nein
Produktspezialisten	kaum	Ja, gefordert	Nein
Branchen-spezialisten	Maschinenbau	Anlagen- und Fahrzeugbau	Maschinenbau
Finanzierungs-spezialisten	Nein	Ja	Nein

Lösung zu 13: Ideen für neue Produkte

Dies ist ein sehr gefährliches Argument, das von vielen technologiegetriebenen Unternehmen benutzt wird. Von Kundenorientierung ist dabei nicht die Rede – die eigene F&E weiß offenbar besser, was der Kunde braucht. Gespräche mit Kunden können wesentlich vielversprechendere Entwicklungen initiieren als nur das Ideenpotenzial der eigenen F&E. Vor allem gilt: Wenn Sie nicht mit dem Kunden sprechen – Ihr Wettbewerber tut es.

Lösung zu 14: Neue Produkte oder Weiterentwicklung von bestehenden Produkten?

Diese Frage lässt sich nicht generell beantworten. Zunächst ist zu fragen, was ein „neues" Produkt ist. Handelt es sich tatsächlich um ein Produkt, das für den Anbieter und für den Markt neu ist („Weltneuheit"), so besteht neben der Erfolgschance eine erheblich Flop-Gefahr. Hinzu kommt, dass gerade auf den Märkten des Business-to-Business-Marketings eine Verträglichkeit mit den bisherigen Produkten des Anbieters oder des Marktes sichergestellt sein muss. Ein zu starkes inkompatibles Innovationstempo kann bei Kunden erhebliche Wartungs- und Ausbildungsprobleme generieren und daher mittel- und langfristig kontraproduktiv sein. In vielen Fällen ist daher die konsequente Verbesserung bestehender Produkte – auch zum Schutz der Investitionen der Kunden in die älteren Produkte – vorzuziehen.

Lösung zu 15: Händlerrabatte und Mondpreise

Sie könnten die Listenpreise und die Händlerrabatte so reduzieren, dass die Listenpreise dem tatsächlichen Marktpreis näherkommen (also z. B. Senkung der Listenpreise um 25 %; die Rabatte an die Händler dürfen dann nur noch zwischen 13 % und 27 % betragen, sodass sich Ihre Abgabepreise an den Händlerkanal nicht ändern). Dabei müssen Sie mit folgenden Schwierigkeiten rechnen:

► Händler, die mit ihren Kunden langfristige Rahmenvereinbarungen abgeschlossen haben, müssen diese Konditionen ändern – das ist oft nicht kurzfristig zu erreichen.

► Kunden, die sich an optisch hohe Rabatte gewöhnt haben, könnten irritiert sein.

► Händler, die bisher mit hoher Marge zu Ihren alten Listenpreisen verkaufen konnten, werden sehr verärgert sein, denn Preise *über* dem neuen Listenpreis werden sie kaum durchsetzen können.

Lösung zu 16: Preisfindung aus Kundennutzen

Laufzeit pro Jahr in Std.	Energiekosten 0,20 €/Einheit	Energiekosten 0,30 €/Einheit	Energiekosten 0,40 €/Einheit	Energiekosten 0,50 €/Einheit
2.000 Ersparnis: 16.000 KWh	3.200	4.800	6.400	8.000
3.000 Ersparnis: 24.000 KWh	4.800	7.200	9.600	12.000
4.000 Ersparnis: 32.000 KWh	6.400	9.600	12.800	16.000
5.000 Ersparnis: 40.000 KWh	8.000	12.000	16.000	20.000

Es zeigt sich deutlich, dass der Nutzen des geringeren Verbrauchs für unterschiedliche Kundensituationen (Verbrauch) und für unterschiedliche Kostenszenarien sehr unterschiedlich ausfällt.

Lösung zu 17: Bonusprogramm für Händler

Eine Orientierung der Bonusziele am Vorjahresumsatz belohnt Händler, die im Vorjahr wenig Geschäft mit Ihren Produkten gemacht haben, während Ihre größten Händler entsprechend hohe Vorgaben bekommen. Sie sollten daher großen und kleinen Händlern unterschiedliche Wachstumsraten und ggf. unterschiedliche Bonusprozentsätze vorgeben. Außerdem besteht die Gefahr, dass Händler, die nicht in direktem Wettbewerb miteinander stehen, ihre Einkäufe quartalsweise bei jeweils einem Händler „poolen", um dann den maximalen Bonus zu erreichen. Auf diese Weise kann es vorkommen, dass Sie hohe Bonusbeträge auszahlen müssen, ohne Ihre Umsatzziele erreicht zu haben.

Lösung zu 18: Analyse eines Distributionskonzepts

Kunden-Differenzierung

Die Aufteilung der Kunden in Großkunden, Mittelstand und Privatkunden ist logisch und allgemein üblich. Schwierigkeiten können vor allem in der Abgrenzung Großkunden zu Mittelstandskunden entstehen, und zwar bei kleineren und mittleren Unternehmen, an denen Großkunden beteiligt sind oder sich beteiligen. Es hängt dann von der jeweiligen Situation ab, ob eine Betreuung durch den IBM-Direktvertrieb (bei einem zentralen DV-Konzept des Kunden) oder durch die Agenten/VARs der IBM Mittelstands-GmbH (bei einem weitgehend offenen DV-Konzept des Kunden) vorzuziehen ist.

Produktdifferenzierung

Die Aufteilung der Produkte auf die einzelnen Kanäle und Märkte erscheint ebenfalls logisch. Allerdings ist das Konzept, auch große und mittlere Kunden mit PC-Produkten ausschließlich über einen indirekten Handelskanal zu bedienen sehr problematisch und führt zu erheblichen Friktionen: Inzwischen hat auch bei Großkunden der Anteil der PC-Ausgaben am gesamten DV-Beschaffungs-Budget fast immer die 50 %-Marke überschritten; fast jedes innovative DV-Projekt basiert auf der Einführung von Client-Server-Lösungen mit PC-Einsatz. Und genau dieses heutige Kerngeschäft darf der Direktvertrieb der IBM nicht bearbeiten – allenfalls zusammen mit einem Händler (Systemhaus), der möglicherweise ganz andere Vorstellungen von dem Projekt hat (und im entscheidenden Zeitpunkt aufgrund seiner system-immanenten Illoyalität dem Kunden ein Wettbewerber-Produkt anbieten kann).

IBM ist es nicht gelungen, auf das Umschwenken der Kunden auf die PC-Produkte durch eine adäquate Modifikation der Distributionsstruktur zu reagieren. Das organisationale Beharren auf den alten Strukturen aus der Zeit als Mainframe-Marktführer ist sicher eine der Ursachen der Probleme, die IBM 1992 bis 1994 hatte.

Eine ähnliche Situation zeigt sich im Mittelstandsmarkt. Auch hier ist der eigentliche Kanal der IBM-Mittelstands-GmbH gezwungen, die notwendigen und wichtigen PC-Produkte über einen anderen – konkurrierenden – Kanal dem Kunden zuzuführen. In diesem Fall kommt noch erschwerend hinzu, dass diese beiden Kanäle in vielen Fällen im Wettbewerb stehen: beispielsweise kann eine Steuerberatungsgesellschaft für ein Netz mit 12 Arbeitsplätzen mindestens 3 Alternativen mit IBM-Produkten einsetzen:

1. ein (kleines) System IBM AS/400 (mit proprietärem Betriebssystem)
2. ein IBM RISC (Unix)-System
3. ein PC-Netzwerk.

Der Mittelstandskanal kann davon nur die Lösungen 1 und 2 anbieten; entscheidet sich der Kunde für die PC Lösung (3), hat der Mittelstands-Kanal den Kunden verloren. Es ist leicht nachzuvollziehen, mit welcher Intensität der Kunde von dem Mittelstands-Kanal in Richtung (1) oder (2) bearbeitet wird, während ihm ein oder mehrere Systemhäuser PC-Netzwerke (3) anbieten. Für IBM selbst sind alle drei Lösungen durchaus als äquivalent zu betrachten. Die völlig unnötigen und kontraproduktiven Kanalkonflikte führen häufig dazu, dass sich der Kunde vollständig von einem Hersteller mit einem derart unverständlichen Kanalkonzept abwendet und einen Hersteller präferiert, dessen Distributionsorganisation „mit einer Zunge" spricht.

Insgesamt ist das vorliegende Distributionskonzept der IBM bestenfalls historisch verständlich; der heutigen Marktsituation trägt es jedoch in keiner Weise Rechnung. Es ist unverständlich, warum IBM ihren erfahrenen und hochqualifizierten Direktvertrieb daran hindert, seine Großkunden aus einer Hand mit umfassenden IBM-Lösungen zu versorgen. Mit der Aufgliederung der IBM in verschiedene GmbHs (z. B. IBM Systeme und Netze GmbH, IBM Bildungs-GmbH) sind sogar weitere Wettbewerber unter der Marke „IBM" entstanden, die oft überlappende oder konkurrierende Teillösungen anbieten. Dem Ziel des „one face to the customer" dient dies alles nicht.

Lösung zu 19: Umsatzplanung mit subjektiver Schätzung der AD-Mitarbeiter

a) Planung pro AD-Mitarbeiter

Name	Kunde	Produkt	Monat	Chance	Umsatz	Umsatz gewichtet	Summe
Meier	101	1.000	6	50 %	1.000.000	500.000	
Meier	101	2.000	8	30 %	500.000	150.000	
Meier	102	2.000	5	70 %	600.000	420.000	
Meier	103	1.000	7	50 %	900.000	450.000	
Meier	103	3.000	9	60 %	600.000	360.000	1.880.000
Müller	201	3.000	10	50 %	1.000.000	500.000	
Müller	201	2.000	8	30 %	400.000	120.000	
Müller	202	2.000	5	90 %	800.000	720.000	
Müller	203	1.000	7	50 %	900.000	450.000	
Müller	203	2.000	7	60 %	600.000	360.000	2.150.000
Schulz	301	1.000	5	90 %	1.000.000	900.000	
Schulz	301	2.000	5	30 %	400.000	120.000	
Schulz	302	2.000	7	50 %	300.000	150.000	
Schulz	303	1.000	8	70 %	900.000	630.000	
Schulz	303	2.000	8	60 %	600.000	360.000	2.160.000

b) Planung nach Monaten

Name	Kunde	Produkt	Monat	Chance	Umsatz	Umsatz gewichtet	Summe
Meier	102	2.000	5	70 %	600.000	420.000	
Müller	202	2.000	5	90 %	800.000	720.000	
Schulz	301	1.000	5	90 %	1.000.000	900.000	
Schulz	301	2.000	5	30 %	400.000	120.000	2.160.000
Meier	101	1.000	6	50 %	1.000.000	500.000	500.000
Meier	103	1.000	7	50 %	900.000	450.000	
Müller	203	1.000	7	50 %	900.000	450.000	
Müller	203	2.000	7	60 %	600.000	360.000	
Schulz	302	2.000	7	50 %	300.000	150.000	1.410.000
Meier	101	2.000	8	30 %	500.000	150.000	
Müller	201	2.000	8	30 %	400.000	120.000	
Schulz	303	1.000	8	70 %	900.000	630.000	
Schulz	303	2.000	8	60 %	600.000	360.000	1.260.000
Meier	103	3.000	9	60 %	600.000	360.000	360.000
Müller	201	3.000	10	50 %	1.000.000	500.000	500.000
							6.190.000

c) Kumulierte Umsatzschätzung pro Produkt und Monat

Name	Kunde	Produkt	Monat	Chance	Umsatz	Umsatz gewichtet	Summe
Schulz	301	1.000	5	90 %	1.000.000	900.000	900.000
Meier	101	1.000	6	50 %	1.000.000	500.000	1.400.000
Meier	103	1.000	7	50 %	900.000	440.000	1.850.000
Müller	203	1.000	7	50 %	900.000	450.000	2.300.000
Schulz	303	1.000	8	70 %	900.000	630.000	2.930.000
Meier	102	2.000	5	70 %	600.000	420.000	420.000

Name	Kunde	Produkt	Monat	Chance	Umsatz	Umsatz gewichtet	Summe
Müller	202	2.000	5	90 %	800.000	720.000	1.140.000
Schulz	301	2.000	5	30 %	400.000	120.000	1.260.000
Müller	203	2.000	7	60 %	600.000	360.000	1.620.000
Schulz	302	2.000	7	50 %	300.000	150.000	1.770.000
Meier	101	2.000	8	30 %	500.000	150.000	1.920.000
Müller	201	2.000	8	30 %	400.000	120.000	2.040.000
Schulz	303	2.000	8	60 %	600.000	360.000	2.400.000
Meier	103	3.000	9	60 %	600.000	360.000	360.000
Müller	201	3.000	10	50 %	1.000.000	500.000	860.000

Lösung zu 20: Beispiel einer Quotenermittlung

Gebiet	Vorjahr	Gebiets-potenzial	Vorjahr + 10 %	nach Markt-Volumen	Mittel-wert aus a u. b
			a	b	c
Meier	4 Mio	50 %	4,4 Mio	5,5 Mio	4,95 Mio
Schulze	6 Mio	50 %	6,6 Mio	5,5 Mio	6,05 Mio
Summe	10 Mio	100 %	11 Mio	11 Mio	11 Mio

a) Eine Verteilung der Vorgaben nur auf Basis des Vorjahres würde die unterschiedliche Durchdringung des Marktes unberücksichtigt lassen. Schulz würde für seine bisherige gute Arbeit „bestraft", während die offensichtlich noch größeren Reserven bei Meier nicht gewürdigt würden.

b) Eine Verteilung nach Marktvolumen scheint ebenfalls nicht adäquat zu sein, da die Vorgabe für Schulz unter seinem bisherigen Ist-Ergebnis liegt, während Meier sein Geschäft um 37,5 % steigern müsste.

c) Als Kompromiss bietet sich der Mittelwert aus beiden Vorgaben an; die Vorgaben wären dann mit 45 : 55 verteilt. Von Meier wird eine erhebliche Steigerung von 23,75 % erwartet, während Schulz sein gutes Geschäftsergebnis wiederholen muss.

Lösung zu 21: Berechnung des erfolgsabhängigen Einkommens

Fix/Variabel-Aufteilung 30 : 70

festes Einkommen	Zieler- reichungs- grad	Provisions- prozentsatz	variables Einkommen	Gesamt- einkommen	€ pro Ergebnis- prozent- punkt
15.000	50 %	50,0 %	17.500	35.000	700,00
15.000	75 %	75,0 %	26.250	41.250	550,00
15.000	100 %	100,0 %	35.000	50.000	500,00
15.000	125 %	150,0 %	52.500	67.500	540,00
15.000	150 %	200,0 %	70.000	85.000	566,67
15.000	175 %	212,5 %	74.375	89.375	510,71
15.000	200 %	225,0 %	78.750	93.750	468,75
15.000	250 %	225,0 %	78.750	93.750	375,00

* Einkommensabsicherung 70 % = 35.000

Fix/Variabel-Aufteilung 50 : 50

festes Einkommen	Zieler- reichungs- grad	Provisions- prozentsatz	variables Einkommen	Gesamt- einkommen	€ pro Ergebnis- prozent- punkt
25.000	50 %	50,0 %	12.500	37.500	750,00
25.000	75 %	75,0 %	18.750	43.750	583,33
25.000	100 %	100,0 %	25.000	50.000	500,00
25.000	125 %	150,0 %	37.500	62.500	500,00
25.000	150 %	200,0 %	50.000	75.000	500,00
25.000	175 %	212,5 %	53.125	78.125	446,43
25.000	200 %	225,0 %	56.250	81.250	406,25
25.000	250 %	225,0 %	56.250	81.250	325,00

Fix/Variabel-Aufteilung 70 : 30

festes Einkommen	Zieler-reichungs-grad	Provisions-prozentsatz	variables Einkommen	Gesamt-einkommen	€ pro Ergebnis-prozent-punkt
35.000	50 %	50,0 %	7.500	42.500	850,00
35.000	75 %	75,0 %	11.250	46.250	616,67
35.000	100 %	100,0 %	15.000	50.000	500,00
35.000	125 %	150,0 %	22.500	57.500	460,00
35.000	150 %	200,0 %	30.000	65.000	433,33
35.000	175 %	212,5 %	31.875	66.875	382,14
35.000	200 %	225,0 %	33.750	68.750	343,75
35.000	250 %	225,0 %	33.750	68.750	275,00